Holzfrei

Nr. 42 1953
S. 6805—7012 21. Oktober

Chemisches Zentralblatt

Vollständiges Repertorium für alle Zweige der reinen und angewandten Chemie

1830 gegründet. 1897—1945 von der Deutschen Chemischen Gesellschaft fortgeführt.
Im Auftrage der Deutschen Akademie der Wissenschaften zu Berlin, der Chemischen Gesellschaft in der Deutschen Demokratischen Republik, der Akademie der Wissenschaften zu Göttingen und der Gesellschaft Deutscher Chemiker
herausgegeben von Prof. Dr. Maximilian Pflücke

124. Jahrgang

1953

Chefredakteure: Dr. Eugen Klever und Prof. Dr. Maximilian Pflücke

Akademie-Verlag GmbH., Berlin — Verlag Chemie, GmbH., Weinheim/Bergstr.

Inhalt

Namenregister

Chemisches Zentralblatt

1953 Nr. 42 21. Oktober

A. Allgemeine und physikalische Chemie.

A₁. Kernphysik und Kernchemie.

Louis de Broglie, *Über die Beziehungen zwischen den Ladungs- und Massekoeffizienten in der Theorie des subtraktiven Feldes.* Neben der Relation $\sum_i \varepsilon_i = 0$ führt die Theorie des subtraktiven Feldes zur Voraussage des Auftretens einer Termreihe, die durch eine Anzahl von Feldern charakterisiert wird, die mit dem Elektron in Wechselwrkg. treten. (C. R. hebd. Séances Acad. Sci. **234.** 1505—07. 5/4. 1952.) GERHARD SCHMIDT. 80

H. C. Corben, *Die Stromdichte in der Quantenelektrodynamik.* Für die Stromdichte u. das elektromagnet. Feld werden Formeln abgeleitet. Die erste wird auf die bisherige red. im Falle der Abwesenheit eines elektromagnet. Feldes u. die zweite ebenfalls auf die bisherige im Falle der Abwesenheit eines Teilchenfeldes. (Physic. Rev. [2] **88.** 677. 1/11. 1952. Genua, Univ., Inst. of Phys.) WIEDEMANN. 80

R. T. Darling und **M. Lelchter,** *Gruppeneindeutigkeit durch den irreduziblen Volumencharakter von Ereignissen.* (Vgl. C. **1952.** 4088.) Die Ableitung der Massenquantelungsbedingung auf der Grundlage des irreduziblen Volumencharakters von Ereignissen schließt eine Mittelung der Differenzgleichung über die vierdimensionale Rotationsgruppe ein, was zu komplexen Werten für die Raum-Zeit-Variablen führt, die Integration der Differenzgleichung über die vollständige vierdimensionale unitäre Gruppe hebt jedoch die dynam. Gleichung auf. (Physic. Rev. [2] **84.** 598—99. 1/11. 1951. Columbus, O., Ohio State Univ., Dep. of Phys. and Astron.) GERHARD SCHMIDT. 80

H. O. Curtis und **E. S. Cotton,** *Wirkungen der Atmosphäre auf die durchdringende Höhenstrahlung.* (Sitzungsbericht.) Die vom 9/10. bis 22/11. 1950 mittels eines Höhenstrahlteleskops erhaltenen Daten wurden hinsichtlich des Einfl. der Atmosphäre auf die Strahlung analysiert. Es wurden die mittlere Höhe der μ-Mesonenerzeugung u. die Luftdichte im π-Mesonenbereich berechnet. (Physic. Rev. [2] **88.** 173. 1/10. 1952. Air Force Cambridge Res. Center.) WIEDEMANN. 85

Kirby Dwight, *Das magnetische Moment der Sonne und die tägliche Intensitätsschwankung der Höhenstrahlung.* Die gemeinsame Wrkg. der Magnetfelder von Sonne u. Erde wird berechnet, wobei die Breiten der Beobachtungsorte u. die Energieverteilung der Höhenstrahlung berücksichtigt werden. Die so erhaltenen Intensitätsschwankungen liegen bei einigen % der Gesamtintensität. Die Bahnkurven für verschied. magnet. Härten werden wiedergegeben. (Physic. Rev. [2] **78.** 40—49. 1/4. 1950. Princeton, N. J., Univ., Palmer Phys. Labor.) E. REUBER. 85

J. A. Simpson, *Die Intensitätsänderung der nucleonischen Komponente während magnetischer Stürme.* (Sitzungsbericht.) Messungen der Neutronen- u. Sternhäufigkeiten in Abhängigkeit von der Breite zeigten bei magnet. Stürmen oberhalb 50° N eine Abflachung der Intensitätskurven. Im Laufe von 5 Tagen verschob sich der Knick in der Intensitätskurve um 3° nach Norden mit einem Anstieg schneller Neutronen um 6%. (Physic. Rev. [2] **80.** 135. 1/10.; Bull. Amer. physic. Soc. **25.** Nr. 4. 20. 21/6. 1950. Chicago, Univ.) E. REUBER. 85

Juan G. Roederer, *Über die Absorption der Nucleonenkomponente der kosmischen Strahlung in —21° geomagnetischer Breite.* Auf —21° geomagnet. Breite (Tucuman, Argentinien) wurde mittels ILFORD G 5-Emulsionen zwischen 2630 u. 5330 m Höhe die Höhenabhängigkeit der sternerzeugenden Komponente der Höhenstrahlung bestimmt u. mit den Werten auf +48° (Wildspitze, Tirol) verglichen. Die Absorptionslänge beträgt $L_{21} = 149 \pm 2$ g/cm² Luft gegenüber $L_{48} = 127 \pm 3$ g/cm². Ein Vgl. der scheinbaren Intensitäten am Rande der Atmosphäre liefert $N_0^{48}/N_0^{21} \approx 4{,}9$. Vf. versucht das Sterngrößendiagramm in ein integrales Energiespektr. umzuformen, wozu er die Beziehung $E = 1500\,n_s + 155\,N_h - 100$ (MeV) mit n_s = Zahl der Schauerteilchen u. N_h = Zahl der „schweren" Bahnspuren benutzt. Ferner werden die Spektren auf die schwere Kernart (Ag u. Br) korrigiert. Vf. leitet die Absorptionslängen für n- u. p-Sterne in den einzelnen Energieintervallen von <1 BeV bis >6 BeV ab. Bei den ersteren nimmt sie mit zunehmender Energie ab, bei den p-Sternen ist es anscheinend umgekehrt. (Z. Naturforsch. **7a.** 765—71. Dez. 1952. Göttingen, Max-Planck-Inst. für Phys.) WIEDEMANN. 85

Anselm Citron, *Der Barometereffekt großer Luftschauer.* In Fortsetzung früherer Messungen (C. **1952.** 2955) wurden in zwei Serien auf 1230 m Höhe (Schauinsland) von 57 u. von 38 Tagen u. in zwei Serien auf 280 m Höhe (Freiburg) von 36 u. 40 Tagen 3-, 4- u. 5fach-Koinzidenzen bestimmt. Das Spektr. der Teilchendichte ist von der Form $H(D) \sim D^{-1,38}$. Die mittlere Teilchendichte der dichten Schauer (5fach-Koinzidenzen) verhält sich zu der der dünnen Schauer (3- oder 4fach-Koinzidenzen) wie 6,5 zu 1. Der Barometereffekt ist sowohl von der Teilchendichte als auch von der Jahreszeit abhängig. Im Sommer beträgt er ca. 12 %/cm Hg, im Winter ca. 7—9 %/cm Hg, jedoch liegt er zu dieser Zeit bei den dichteren Schauern höher als bei den dünnen. Die jahreszeitliche Änderung wird auf Temperatureffekte oder Dichteänderungen zurückgeführt. (Z. Naturforsch. **7a.** 712—21. Nov. 1952. Freiburg, Univ., Physikal. Inst.) WIEDEMANN. 85

James W. Broxon, *Barometer- und Außentemperaturkoeffizienten der Häufigkeit kleiner Höhenstrahlschauer.* (Sitzungsbericht.) Über 19 Monate wurde die Häufigkeit kleiner Höhenstrahlschauer, die in einer Ionisationskammer von 13,3 Liter wirksamen Vol. $1,2-1,9 \cdot 10^6$ Ionenpaare erzeugten, untersucht. Die mittlere Häufigkeit lag bei 10 pro Stunde. Im Mittel wurde ein Temperaturkoeff. von —0,98 %/°C u. ein barometr. Koeff. von —1,54 %/mm Hg gefunden. (Physic. Rev. [2] **80.** 135. 1/10.; Bull. Amer. physic. Soc. **25.** Nr. 4. 20. 21/6. 1950. Colorado, Univ.) E. REUBER. 85

James W. Broxon, *Neue Barometer- und Temperaturkoeffizienten für kleine Höhenstrahlschauer.* (Sitzungsbericht.) Für die kleinen Höhenstrahlschauer wurde ein negativer Barometerkoeff. von —4,6 %/mm Hg auf der Grundlage der täglichen Mittelwerte u. von —9,1 %/mm Hg bei monatlichen Mitteln ermittelt. Die Temperaturkoeffizienten ergeben sich zu —2,5 %/°C bzw. —2,2 %/°C. Die auf die monatlichen Mittel begründeten Werte sind weniger zuverlässig. (Physic. Rev. [2] **88.** 173. 1/10.; Nuovo Cimento [9] **9.** 1054. 1/11. 1952. Univ. of Colorado.) WIEDEMANN. 85

N. M. Duller, W. D. Walker und **J. D. Sorrels,** *Wechselwirkungen der Sekundärteilchen aus durchdringenden Schauern.* (Sitzungsbericht.) Die mittlere freie Weglänge geladener Sekundärteilchen aus Schauern in *C* beträgt 400 ± 100 g/cm² in C u. 750 ± 200 g/cm² in Pb. Für Sekundärteilchen aus Schauern in *Pb, Fe* oder ***Messing*** sind die Werte 1000 ± 200 g/cm² in C u. 900 ± 200 g/cm² in Pb. Die Sekundärteilchen aus Pb oder Fe haben einen kleineren Wirkungsquerschnitt für die Erzeugung durchdringender Schauer als die Sekundärteilchen aus C. Es werden ca. 4 mal soviel sek. durchdringende Schauer von geladenen als von neutralen Sekundärteilchen erzeugt. (Physic. Rev. [2] **88.** 172. 1/10. 1952. Rice Inst.) WIEDEMANN. 85

Darol Froman, *Kerndurchlässigkeit und Nucleonenquerschnitt für durchdringende Schauer erzeugende Höhenstrahlung.* (Sitzungsbericht.) Vf. leitet für die effektive Stoßlänge die Formel $L_e = A^{1/3}/N\pi k^2 [1 - \exp(-\alpha A^{1/3})]$ ab, die mit $\alpha = 0,44$ u. $k = 1,45 \cdot 10^{-13}$ cm mit den Messungen besser übereinstimmt als der geometr. Wert. Hieraus ergibt sich für einfallende Teilchen in der Kernmaterie eine mittlere freie Weglänge von $\lambda = 4k/3\alpha = 4,4 \cdot 10^{-13}$ cm. (Physic. Rev. [2] **88.** 172. 1/10. 1952. Los Alamos Sci. Labor.) WIEDEMANN. 85

K. Hogrebe, *Neutronenerzeugung in Blei durch kosmische Strahlung.* Die durch die Höhenstrahlung insgesamt sowie durch den ionisierenden Anteil in Pb bis zur Dicke von 31 cm erzeugten Neutronen wurden gemessen. Über dem Pb-Klotz von 50×50 cm Grundfläche befand sich ein Zählerteleskop. Zum Nachw. der Neutronen waren 7 mit BF_3 gefüllte Zählrohre in einem großen Rohr vereint u. die Zähldrähte parallel geschaltet, wodurch der Untergrund stark herabgedrückt wurde. Die Zweifachkoinzidenzen der Teleskopzähler wurden nach einer Verzögerung von 10 μSek. mit den Neutronenimpulsen zur Koinzidenz gebracht. An der gemessenen Neutronenintensität wurden Korrekturen angebracht für den Luftdruck, für zufällige Koinzidenzen, für die zeitliche Begrenzung der Ansprechwahrscheinlichkeit, für Verlust infolge Mehrfacherzeugung, ferner eine geometr. u. eine Schichtdickenkorrektur. Die Kurve für die gesamte sowie die für die ionisierende neutronenerzeugende Strahlung zeigt einen exponentiellen Abfall mit mittleren freien Weglängen von (320 ± 35) g/cm² bzw. (480 ± 120) g/cm² Pb; der Anteil der zweiten beträgt $(18,5 \pm 1)$ %. Ein Übergangseffekt bei 2 cm Pb wurde nicht bemerkt, er würde auch unterhalb der Meßgenauigkeit liegen, seine Ursache könnten (γ, n)-Prozesse sein. Dagegen findet sich bei 20 cm Pb die Andeutung eines Übergangseffekts. (Z. Naturforsch. **7a.** 772—80. Dez. 1952. Heidelberg, Univ., I. Physikal. Inst.) WIEDEMANN. 85

N. L. Allen und **E. Pickup,** *Zusammenstöße schwerer primärer Kerne in Emulsionen.* (Sitzungsbericht.) Es wird eine Übersicht über die verschied. Typen von Zusammenstößen einfallender prim. Kerne mit den Targetkernen in Ilford G 5-Emulsionen auf 85000 ft Höhe gegeben. (Physic. Rev. [2] **88.** 172. 1/10. 1952. Nat. Res. Counc. of Can.) Wiedemann. 85

J. Y. Mei und **E. Pickup,** *Enge Paare von Bahnen bei Schauern in Emulsionen.* (Sitzungsbericht.) In Schauern mit Teilchen minimaler Ionisation, die mit energiereichen Höhenstrahlsternen verbunden sind, kommen mehr eng benachbarte Paare ($\lesssim 4^0$ Trennung) vor, als der Statistik entsprechen würde. Messungen wurden an Schauern mit 6—20 Teilchen durchgeführt. Die Annahme eines intermediären, kurzlebigen neutralen Mesons zur Erklärung wird erwähnt. (Physic. Rev. [2] **88.** 172—73. 1/10. 1952. Nat. Res. Council of Canada.) Wiedemann. 85

L. Voyvodic, *Massenbestimmungen schneller Höhenstrahlmehrfachteilchen in Emulsionen.* (Sitzungsbericht.) Mit Ilford G 5-Emulsionen wurden nach der Korndichte-Mehrfachstreuungsmeth. die Massen von Höhenstrahlteilchen bestimmt. Dabei fanden sich zwei intermediäre Massen von 1210 ± 180 m_e u. 1330 ± 200 m_e. Bei der ersten handelt es sich vermutlich um ein geladenes V-Teilchen. (Physic. Rev. [2] **88.** 171—72. 1/10. 1952. Nat. Res. Council of Canada.) Wiedemann. 85

R. J. Finkelstein, *Das V-Teilchen und das zusammengesetzte Pion.* Vf. beschreibt das V-Teilchen durch eine Spinorwellenfunktion u. behandelt das Pion als Nucleon-Antinucleon-Paar (vgl. Fermi u. Yang, C. **1951.** I. 1106). Für die Rkk. $\pi \rightarrow \mu + V$ u. $V^0 \rightarrow \pi + p$ wird das Verhältnis der Lebensdauern berechnet, es ist unabhängig von sämtlichen numer. Einzelheiten der π-Struktur. Die Lebensdauer des V^0 ergibt sich zu $5{,}2 \cdot 10^{-10}$ Sek. für eine Zerfallsenergie $Q = 35$ MeV u. zu $2{,}2 \cdot 10^{-10}$ Sek. für $Q = 75$ MeV. Möglicherweise existieren zwei neutrale V-Teilchen mit einer Massendifferenz von 80 m_e. (Physic. Rev. [2] **88.** 555—58. 1/11. 1952. Los Angeles, Calif., Univ.) Wiedemann. 90

A. M. L. Messiah und **R. E. Marshak,** *Röntgenstrahlen aus dem π-Meson-Atom.* Die Kernabsorption der μ-Mesonen findet fast stets von der K-Schale aus statt, auch bei den schwersten Elementen findet bei μ-Mesonen im 2 p-Zustand ein Übergang nach 1 s statt, der Kerneinfang ist dann mit der Aussendung von K_α-Linien verbunden. Die Wechselwrkg. der π-Mesonen mit dem Kern dagegen ist so stark, daß sie nur bei den leichtesten Elementen die K-Schale erreichen. Das Verhältnis der Wahrscheinlichkeiten der Kernabsorption aus 2 p zum Übergang 2 p $\rightarrow$ s steigt mit Z^2 an. (Physic. Rev. [2] **88.** 678. 1/11. 1952. Rochester, N. Y., Univ. of Rochester.) Wiedemann. 90

G. Placzek, *Streuung von Röntgenstrahlen durch Atome.* (Sitzungsbericht.) Der inkohärente Streuwirkungsquerschnitt eines Atoms für Röntgenstrahlen hängt von der Abstandskorrelation der Elektronenpaare, die durch das Pauli-Prinzip verursacht werden, sowie von der Wechselwrkg. zwischen den Elektronen ab. Der Einfl. des bisher vernachlässigten Effektes wird eingehend diskutiert. Es wird gezeigt, daß die übliche Anwendung der Breitschen relativist. Korrektur auf den inkohärenten Wirkungsquerschnitt modifiziert werden muß. Diese Korrektur bezieht sich auf den Teil des Wirkungsquerschnitts, der der Streuung durch freie Elektronen entspricht. (Physic. Rev. [2] **86.** 588. 15/5.; Bull. Amer. physic. Soc. **27.** Nr. 1. 13. 31/1. 1952. Inst. for Advanced Study.) Gottfried. 90

Serge Slansky, *Über die Potentiale der Wellenmechanik des Photons und die Wechselwirkungen zwischen geladenen Teilchen.* Durch Modifizierung der in die Ausdrücke für die Photonenpotentiale eingehenden Operatoren läßt sich der Koinzidenzpotentialterm in den elektrostat. Wechselwirkungen durch Austausch longitudinaler Photonen eliminieren. Dieses Ergebnis spricht für die Existenz des pseudoskalaren Photons vom Spin Null. (C. R. hebd. Séances Acad. Sci. **236.** 782—84. 23/2. 1953.) Gerhard Schmidt. 90

S. Kichenassamy, *Neue Bemerkung über die Zusammenstöße zwischen Atomen und Elektronen.* (Vgl. C. **1952.** 6004.) Vf. gibt die Meth. zur Entw. einer allg. Theorie der Zusammenstöße zwischen Atomen u. Elektronen an, wodurch gleichzeitig die Anwendbarkeit der Meth. für die Best. der Wechselwrkg. zwischen M. u. Strahlung gerechtfertigt wird. (C. R. hebd. Séances Acad. Sci. **234.** 1530—32. 5/4. 1952.) Gerhard Schmidt. 90

Ming Chen Wang und **Eugene Guth,** *Über die Theorie der Mehrfachstreuung, insbesondere von geladenen Teilchen.* Die allg. Theorie der elast. Mehrfachstreuung von Teilchen mit stark anisotroper Streufunktion wird ohne die Näherung für kleine Winkel untersucht. Mit Hilfe der Legendreschen Kugelfunktion wird ein expliziter Ausdruck für die n. Näherung gewonnen. Die Einführung angenäherter Grenzbedingungen liefert die beste Annäherung an die Lsg. des SCHWARZSCHILD-MILNE-Problems. Das Problem der anisotropen Mehrfachstreuung wird durch die verallgemeinerte GOUDSMIT-SAUNDERSON-Verteilungsfunktion auf ein quasiisotropes als 1. Näherung zurückgeführt. Für die Vorwärtsstreuung werden dabei 3 verschied. Methoden angegeben. Die verallgemeinerte GOUDSMIT-SAUNDERSON-Verteilungsfunktion wird in Potenzen der Dicke des Streumediums entwickelt. Alle 3 Methoden lassen sich für die Einfachstreuung auf denselben Ausdruck reduzieren u. können für die Aufstellung eines beliebigen Einfachstreugesetzes benutzt werden. (Physic. Rev. [2] **84.** 1092—1111. 15/12. 1951. Notre Dame, Ind., Univ. of Notre Dame.) WERNER SCHULZ. 90

D. M. Skyrme, *Die Mehrfachstreuung von Protonen in dünnen Folien.* Ein im Cyclotron erzeugter, aus einem 8×25 mm²-Spalt austretender Protonenstrahl von 147 MeV trifft auf Ag- u. Pt-Folien von 26,2 u. 27,3 mg/cm² bzw. auf trägerfreie ILFORD G 5-Emulsion von 98,6 μ Dicke. Die gestreuten Protonen werden mit Kernplatten registriert. Der mittlere Streuwinkel u. die Winkelverteilungen stimmen mit der von VOYVODIC u. PICKUP (vgl. C. **1953.** **646**) modifizierten Theorie der Mehrfachstreuung von WILLIAMS überein. (Philos. Mag. [7] **44.** 191—203. Febr. 1953. Harwell, A. E. R.) EICHHOFF. 90

G. D. Freier, W. R. Stratton, R. J. S. Brown, H. D. Holmgren und **J. L. Yarnell,** *Winkelverteilung von durch 1,0 bis 3,02 MeV-Deuteronen gestreuten Protonen.* (Sitzungsbericht.) In Erweiterung der Verss. von SHERR u. Mitarbeitern (C. **1948.** II. 1148) wurde ein Deuteronenbündel aus einem Linearbeschleuniger in eine mit H_2 gefüllte Streukammer eingestrahlt, die Rückstoßprotonen wurden mit einem Proportionalzähler unter Laboratoriumswinkeln $< 90^0$, die gestreuten Deuteronen bei Winkeln $< 30^0$ gemessen. Der beobachtete Winkelbereich änderte sich mit der Energie. Bei allen Energien beträgt der Maximalwinkel 126,4⁰ im Schwerpunktssyst., der Minimalwinkel ist 60⁰ für 3,02 MeV bzw. 90⁰ für 1,00 MeV. (Physic. Rev. [2] **86.** 593. 15/5.; Bull. Amer. physic. Soc. **27.** Nr. 1. 18. 13/1. 1952. Univ. of Minnesota.) WEIGEL. 90

W. R. Stratton, G. D. Freier, G. R. Keepin, D. Rankin und **T. F. Stratton,** *Winkelverteilung von an Tritiumkernen gestreuten 1,5 bis 3,0 MeV-Deuteronen.* (Vgl. vorst. Ref.) (Sitzungsbericht.) Zur Messung diente die von CLAASSEN u. Mitarbeitern (C. **1952.** 1276) beschriebene Streukammer, deren Vol. auf 200 cm³ vergrößert wurde. Die monoenerget. Deuteronen wurden einem elektrostat. Beschleuniger entnommen. Die gestreuten Deuteronen u. Rückstoß-Tritonen wurden mit einem Proportionalzähler nachgewiesen, der Streuquerschnitt im Winkelbereich zwischen 45 u. 125⁰ (Schwerpunktssyst.) gemessen. Der Querschnitt zeigt als Funktion des Winkels ein typ. Minimum in der Nähe von 90⁰. Der Querschnitt innerhalb dieses Minimums sinkt monoton mit zunehmender Deuteronenenergie ab. (Physic. Rev. [2] **86.** 593. 15/5.; Bull. Amer. physic. Soc. **27.** Nr. 1. 18. 31/1. 1952.) WEIGEL. 90

D. G. Hurst und **N. Z. Alcock,** *Die Streulängen des Deuterons.* Die Winkelverteilung der Streuung von 0,0724 eV-Neutronen in D_2-Gas wird mit einem NaCl-Kristallspektrometer (mit BF_3-Zähler) gemessen u. mit theoret. Ergebnissen verglichen. Für das Verhältnis der Streulängen $a_{1/2}/a_{3/2}$ (entsprechend dem Spin 1/2 bzw. 3/2) ergeben sich die Werte $0{,}12 \pm 0{,}04$ oder $3{,}2 \pm 0{,}3$. Für die Streulängen selbst werden mit Hilfe des totalen Streuquerschnittes des freien Deuterons von $3{,}44 \pm 0{,}06$ barn die folgenden Wertepaare (in 10^{-12} cm) erhalten: $a_{1/2} = 0{,}07 \pm 0{,}03$ oder $0{,}826 \pm 0{,}012$; $a_{3/2} = 0{,}638 \pm 0{,}006$ oder $0{,}26 \pm 0{,}02$. (Canad. J. Physics **29.** 36—58. Jan. 1951. Chalk River, Ontario, Can., AEP., Nat. Res. Counc. of Canada.) WERNER SCHULZ. 90

W. C. Koehler, C. G. Shull und **E. O. Wollan,** *Die kohärenten Neutronenstreuquerschnitte des Eisens und seiner Isotope.* (Sitzungsbericht.) Aus Neutronenbeugungsmessungen werden die Streuquerschnitte für Fe, ^{54}Fe, ^{56}Fe u. ^{57}Fe bestimmt. Da beim Fe ferromagnet. Streueffekte auftreten, muß der Anteil der magnet. Streuung berücksichtigt werden. Im Falle von n. Fe u. ^{56}Fe werden Beugungsmaxima bei so großen $\sin \Theta/\lambda$-Werten erhalten, daß die magnet. Anteile klein sind. Im Falle der anderen Präpp., bei denen nur wenige Interferenzen beobachtet werden, sind die Daten der Formfaktorkurve von WICK u. STEINBERGER (Physic. Rev. [2] **76.** [1949.] 994) angepaßt. Folgende Werte werden erhalten (in Klammern kohärente Streuamplitude in 10^{-12} cm, kohärenter Streuquerschnitt in barn): ^{56}Fe (+0,999, 12,6), ^{54}Fe (+0,42, 2,2), ^{57}Fe (+0,23, 0,64) u. Fe (+0,956, 11,5). Zur Best. der relativen Streuphasen werden neben denjenigen an den red. Metallen auch Messungen an angereicherten Fe_2O_3-Präpp. ausgeführt. (Physic. Rev. [2] **81.** 327. 15/1. 1951; Bull. Amer. physic. Soc. **25.** Nr. 5. 39. 24/11. 1950. Oak Ridge Nat. Labor.) WEIGEL. 90

J. H. Roberts, E. Nakaji und **W. Solano,** *Neutronenenergiemessungen mit nichtgebündelten Neutronen unter Benutzung ^{6}Li-getränkter photographischer Platten.* (Sitzungsbericht.) Vff. beschießen rotierende Li-haltige C 2-Emulsionen (100 μ) mit Neutronen aus der Rk. $^7Li(p,n)^7Be$, die mittels Protonen aus einem elektrostat. Generator ausgelöst wurden. Die Plattenrotation dient zur Erzielung isotroper Einstrahlung von Neutronen mit 200, 400, 600 u. 1000 keV. Gleichzeitig werden feststehende Platten bestrahlt, um einen Vgl. der Auflösung gebündelter u. nichtgebündelter Neutronen zu erzielen. Bei 200 keV zeigen beide Neutronenarten etwa die gleiche Auflösung, bei 400 keV ist diejenige für nichtgebündelte Neutronen etwas schlechter, bei 600 u. 1000 keV merklich schlechter. (Physic. Rev. [2] **81.** 327. 15/1. 1951; Bull. Amer. physic. Soc. **25.** Nr. 5. 39. 24/11. 1950. Northwestern Univ.) WEIGEL. 90

Robert Karplus, Abraham Klein und **Julian Schwinger,** *Elektrodynamische Verschiebung von Energieniveaus des Atoms.* Die Modifikationen in der Feinstruktur u. Hyperfeinstruktur wasserstoffhaltiger Atome, die durch elektrodynam. Effekte hervorgerufen worden sind, sind im wesentlichen nur bis zur Größenordnung $\alpha = 1/137$ berechnet worden. Die Theorie wird in der Weise ergänzt, daß sie Effekte in der Größenordnung $Z\alpha^2$ einschließt. Der verbesserte theoret. Wert der LAMB-Verschiebung in H ergibt sich zu 1057,75 MHz. (Physic. Rev. [2] **84.** 597—98. 1/11. 1951. Cambridge, Mass., Harvard Univ.) GERHARD SCHMIDT. 95

Robert Karplus und **Abraham Klein,** *Elektrodynamische Verschiebung von Energieniveaus des Atoms.* 1. Mitt. *Hyperfeinstruktur.* (Vgl. vorst. Ref.) Vff. geben Methoden zur Behandlung vorgeschriebener Kernfelder oder eines beliebigen äußeren elektromagnet. Feldes bis zu höherer Approximation an u. erhalten Korrekturen an den FERMI-Formeln, die sich aus der Interferenz zwischen dem COULOMB-Feld u. den Dipolfeldern des Kerns ergeben. Diese Korrekturen sind u. a. für das gyromagnet. Verhältnis des Elektrons erforderlich. Der Wert der aus Hyperfeinstrukturmessungen abgeleiteten Hyperfeinstrukturkonstanten wird $\alpha^{-1} = 137{,}0364$. (Physic. Rev. [2] **85.** 972—84. 15/3. 1952. Cambridge, Mass., Harvard Univ.) GERHARD SCHMIDT. 95

Robert Karplus, Abraham Klein und **Julian Schwinger,** *Elektrodynamische Verschiebung von Energieniveaus des Atoms.* 2. Mitt. *Lamb-Verschiebung.* (1. vgl. vorst. Ref.) Vff. berechnen die zusätzliche Verschiebung in der Größenordnung $Z\alpha$ bzgl. der bekannten Werte für die LAMB-Verschiebung durch Abtrennung der nichtrelativist. Wirkungen von den relativist. Wirkungen. Das Matrixelement der Operatoren wird dabei von einem S-Zustand des wasserstoffähnlichen Atoms eingeschlossen. Unter Benutzung des neuen Wertes für α ergibt sich der verbesserte theoret. Wert für die LAMB-Verschiebung in einem Atom mit unendlich schwerem Kern zu 1058,42 MHz. Effekte endlicher Kernmasse u. Größe ändern diesen Wert auf 1057,8 MHz für *H* u. auf 1058,9 MHz für *D.* (Physic. Rev. [2] **86.** 288—301. 1/5. 1952.) GERHARD SCHMIDT. 95

Robert Karplus und **Abraham Klein,** *Elektrodynamische Verschiebung von Energieniveaus des Atoms.* 3. Mitt. *Die Hyperfeinstruktur des Positroniums.* (2. vgl. vorst. Ref.) Die von Vff. abgeleitete Integral–Differential-Gleichung für die GREENsche Elektron–Positron-Funktion enthält einen Elektron–Positron-Wechselwirkungsoperator, aus welchem funktionelle Ableitungen durch ein Iterationsverf. ausgeschaltet werden können. Der Operator enthält eine Wechselwrkg., die sich aus Quantenaustausch sowie aus virtueller Paarvernichtung ergibt. Die Wellenfunktionen des Elektron–Positron-Syst. sind die Lösungen der homogenen Gleichung, die auf die GREENsche Funktionsgleichung bezogen wird. Die Eigenwerte der Gesamtenergie des Syst. können durch ein vierdimensionales Störungsverf. erhalten werden. Die Übereinstimmung der Theorie mit dem Experiment ist gut. (Physic. Rev. [2] **87.** 848—58. 1/9. 1952.) GERHARD SCHMIDT. 95

Hin Lew, *Die Hyperfeinstruktur des Grundzustandes und das magnetische Kernmoment von Praseodym.* Die Messungen mittels der magnet. Atomstrahlresonanzmeth. ergaben für den Grundzustand des Atoms den Wert $I = 9/2$ u. $g_J = 0{,}727 \pm 0{,}005$. Da dieser Wert für g genau der des $^4I_{9/2}$-Zustandes mit RUSSEL-SAUNDERS-Kopplung ist, scheint sehr wahrscheinlich der Grundzustand von Pr ein $^4I_{9/2}$-Zustand in Übereinstimmung mit den Regeln von HUND für die $4f^36s^2$-Konfiguration von Pr zu sein. Weitere Unterss. ergaben unter der Voraussetzung, daß die Hyperfeinniveaus des $^4I_{9/2}$-Zustandes von den benachbarten Zuständen nicht gestört werden, für die Konstanten A u. B, die die Wechselwrkg. zwischen dem magnet. Kernmoment u. den Elektronen bzw. zwischen dem elektr. Quadrupolmoment u. den Elektronen wiedergeben, die Werte $+926{,}11 \pm 0{,}09$ bzw. $-12{,}9 \pm 1{,}0$ MHz u. $B/A = -0{,}014$. Die Abweichungen von der Intervallregel für die Hyperfeinstruktur können bei Pr nicht allein auf Störungen durch benachbarte Zustände oder durch ein elektr. Quadrupolmoment zurückgeführt werden. Weitere Abschätzungen ergaben für den Kern den g-Wert 1,53 u. für das magnet. Moment des Kerns den Wert $+3{,}8$ Kernmagnetonen. (Physic. Rev. [2] **89.** 530. 15/1. 1953. Ottawa, Can., Nat. Res. Counc., Div. of Phys.) V. Harlem. 95

C. W. Li, *Kernmassenbestimmungen aus Zertrümmerungsenergien: Sauerstoff bis Schwefel.* (Vgl. C. **1952.** 1772.) 29 Atommassen von A = 17—33 wurden aus den vorliegenden Q-Werten von insgesamt 46 Kern-Rkk. berechnet, die sich zum großen Teil überdecken u. gegenseitig stützen. Da die benutzten Q-Werte von geringerer Genauigkeit als die l. c. benutzten sind, wurden sie nach Möglichkeit mit Hilfe der Werte der fundamentalen Massendifferenzen aus l. c. statist. korrigiert. Eine Tabelle gibt die Atommassen auf 6 Dezimalstellen ($\pm$5—44 Einheiten der letzten Dezimale) u. die Massendefekte M–A in MeV auf 3 Dezimalstellen. Abweichungen von massenspektrometr. Daten werden diskutiert. (Physic. Rev. [3] **88.** 1038—42. 1/12. 1952. Pasadena, Calif., California Inst. of Technol., Kellogg Radiat. Labor.) Conrad. 100

Walter H. Johnson jr., *Die Masse von* ^{40}K. Mit einem doppelt fokussierenden Massenspektrometer nach Collins u. Mitarbeitern (C. **1952.** 4881) wurden die für das Zerfallsschema von ^{40}K wichtigen Massen ^{40}K, ^{40}Ar u. ^{40}Ca neu bestimmt unter Benutzung einer K-Probe mit 7,74% ^{40}K. Aus Messungen der gegenseitigen Dubletts u. gegen die Bezugsmasse $^{12}C^{16}O_2$ ergaben sich folgende Werte: ^{40}K 39,97654 $\pm$0,00008, ^{40}Ca 39,975127 $\pm$ 0,000011 u. ^{40}Ar 39,974940 $\pm$ 0,000015. Aus diesen Werten folgen für die Zerfallsenergien $^{40}K \rightarrow {}^{40}Ca$ u. $^{40}K \rightarrow {}^{40}Ar$ die Werte 1,30 $\pm$0,07 bzw. 1,49 $\pm$0,07 MeV. (Physic. Rev. [2] **88.** 1213. 1/12. 1952. Minneapolis, Minn., Univ. of Minnesota, Dep. of Phys.) Conrad. 100

H. A. Wilson, *Massen leichter Kerne aus Kernzertrümmerungsenergien.* Die Behauptung von Li u. Mitarbeitern (C. **1952.** 1772), daß es erst jetzt (1951) zum ersten Mal möglich ist, die Massen leichter Kerne ohne Zuhilfenahme massenspektroskop. Werte zu berechnen, wird unter Hinweis auf 2 frühere Literaturstellen des Vf. (1936 u. 1937) zurückgewiesen. (Physic. Rev. [2] **84.** 836. 15/11. 1951. Houston, Tex., Rice Inst.) Weigel. 100

G. R. Bishop, L. E. Beghian und **H. Halban,** *Die räumliche Verteilung in der Photozertrümmerung des Deuterons bei niedrigen Energien.* In einem mit D_2 gefüllten Proportionalzähler mit Al- oder Cu-Kathoden von 30 cm Länge u. 2,54 cm Durchmesser wurde die räumliche Verteilung der Protonen bei der Photozertrümmerung von D bestimmt. Als Quellen dienten ^{24}Na, ThC'', ^{72}Ga von 10 mC. Die zu erwartende Energiestreuung beträgt $\pm$12,4%, $\pm$13,7% bzw. $\pm$15,6%. Für das Verhältnis des photomagnet. zum photoelektr. Wirkungsquerschnitt wird 0,247 $\pm$0,007, 0,360 $\pm$0,008 bzw. 0,600 $\pm$0,02 ermittelt. (Physic. Rev. [2] **83.** 1052—53. 1/9. 1951. Oxford, Clarendon Labor.) Wiedemann. 103

H. W. Fulbright, J. A. Bruner, D. A. Bromley und **L. M. Goldman,** *Winkelverteilungen von Protonen und Tritonen aus von Deuteronen induzierten Reaktionen auf* ^9Be. Vff. untersuchen die Winkelverteilungen u. absol. Querschnitte der Rkk. ^{9}Be(d,p)^{10}Be (3,37 MeV), ^{9}Be(d,p)^{10}Be u. ^{9}Be(d,t)^{8}Be beim Beschuß mit 3,6 MeV-Deuteronen. Die Formen der beiden Protonenverteilungen entsprechen $l_n = 1$ in der Butlerschen Theorie. Die Spitzenquerschnitte dieser Rkk. betragen 3,1 $\pm$0,6 bzw. 4,5 $\pm$0,9 mbarn/Raumwinkel. Die Tritonenverteilung zeigt eine Spitze bei 0^0 u. bei 5^0 einen Querschnitt von 15,5 $\pm$3 mbarn/Raumwinkel. (Physic. Rev. [2] **88.** 700—02. 15/11. 1952. Rochester, N. Y., Univ. of Rochester.) H. Hauswald. 103

Virgil R. Johnson, *Angeregte Niveaus von* ^{11}C *und* ^{12}C *aus photographischer Plattenbeobachtung von Neutronenspektren.* Ausführliche Darst. des C. **1951.** II. 2552 referierten Sitzungsberichtes mit genaueren MeV-Werten für die Niveaus in ^{11}C u. ^{12}C. (Physic. Rev. [2] **86.** 302—07. 1/5. 1952. Madison, Wis., Univ. of Wisconsin.) Gerhard Schmidt. 103

Raymond Chastel, *Photodreiteilung von* ^{12}C *unter der Wirkung des 17,6 MeV-γ-Strahls von Lithium, das mit Protonen beschossen wird.* (Vgl. C. **1951.** I. 2117.) Zur Unters. der Energiebeziehung bei der Dreiteilung von ^{12}C nach der Rk. $^{12}C(\gamma, 3\alpha)$ werden für jeden Zertrümmerungsstern in ein Dreiecksdiagramm die Werte für die Winkel zwischen zwei Bahnen der α-Teilchen eingetragen. Für die drei α-Teilchen desselben Sterns ergeben sich maximale Energien von 1,3, 3,6 bzw. 4,6 MeV. Diese Ergebnisse lassen nur zu einem sehr geringen Prozentsatz die Annahme des Zweistufenmechanismus über ^8Be im Grundzustand zu. (C. R. hebd. Séances Acad. Sci. **233.** 1440—42. 3/12. 1951.) Gerhard Schmidt. 103

H. E. Gove und **N. S. Wall,** *Die Winkelverteilung der γ-Strahlen bei der Reaktion* $^{12}C(p,p'\gamma)$. Zur Unters. der Winkelverteilung der γ-Strahlen aus der Rk. $^{12}C(p,p'\gamma)$ in bezug auf das auftreffende Protonenbündel werden 7,1 MeV-Protonen aus dem MIT-Cyclotron verwendet. Die γ-Strahlen werden mit einem NaJ-Scintillationszähler in Verbindung mit einem RCA 5819-Photomultiplier nachgewiesen. Die Kammer befindet sich auf einem der beweglichen Arme der Streukammer. Die beobachteten γ-Strahlen rühren von Übergängen zwischen dem ersten angeregten Zustand von ^{12}C bei 4,45 MeV u. dem Grundzustand her. Die Verteilung kann durch den Ausdruck $I(\Theta) = 1 - 0{,}31 \cos 4\Theta$ wiedergegeben werden, der mit einer Zuordnung von zwei für den Drehimpuls des ersten angeregten Zustandes von ^{12}C übereinstimmt. (Canad. J. Physics **31.** 189—93. Febr. 1953. Cambridge, Mass., MIT, Labor. for Nucl. Sci. and Engng.) GERHARD SCHMIDT. 103

Marshall R. Cleland, Jonathan Townsend und **A. L. Hughes,** *Innere Paarbildung in ^{24}Mg-Kernen.* Die Paarbldg. in ^{24}Mg wird mit Hilfe einer (γ—γ)-Koinzidenzmeth. ermittelt, wobei die Positronen in Absorbern gebremst u. aus der Vernichtungsstrahlung bestimmt werden. Die der von der γ-Kaskade (2,76 u. 1,38 MeV) stammenden Koinzidenz überlagerte Koinzidenz der Vernichtungsstrahlung wird dadurch analysiert, daß die Winkelkorrelation bei der Vernichtungsstrahlung eine scharfe Spitze bei 180° bildet, während im anderen Fall die Korrelation annähernd unabhängig vom Winkel ist. Die Trennung der Paarbldg. in ^{24}Mg von der durch γ-Strahlen in dem ^{24}Mg umgebenden Material hervorgerufenen Paarbldg. erfolgt durch Verwendung von Substanzen mit verschied. Kernladungszahl. Mit Hilfe von ^{22}*Na* wird der Paarbildungskoeff. für den 2,76 MeV-Übergang in ^{24}Mg zu $(6{,}7 \pm 1{,}0) \cdot 10^{-4}$ in Übereinstimmung mit dem von ROSE (C. **1950.** II. 1430) berechneten Wert ermittelt. (Physic. Rev. [2] **84.** 298—304. 15/10. 1951. St. Louis, Mo., Washington Univ., Phys. Dep.) WERNER SCHULZ. 103

G. R. Grove und **John N. Cooper,** *Die γ-Strahlausbeute von Phosphor bei Protonenbeschuß.* (Vgl. C. **1952.** 802.) Bei der Rk. ^{31}P(p,γ)^{32}*S* wurde die γ-Strahlenausbeute in Abhängigkeit von der Energie der auftreffenden Protonen im Bereich von 400 bis 1700 keV bestimmt. Ausbeutemaxima wurden bei Protonenenergien von 440, 550, 650, 817, 890, 1067, 1100, 1129, 1162, 1265, 1421, 1458, 1495, 1538, 1583 u. 1610 keV beobachtet. Aus Absorptionsmessungen bei der stärksten Resonanzstelle von 1,265 MeV ergab sich eine Quantenenergie von 12 MeV. Es wird daher angenommen, daß der Compound-Kern durch einen einfachen Übergang in seinen Grundzustand zerfällt. (Physic. Rev. [2] **82.** 505—07. 15/5. 1951. Columbus, O., Ohio State Univ., Dep. of Phys.) WERNER SCHULZ. 103

Norton M. Hintz und **Norman F. Ramsey,** *Anregungsfunktionen bis 100 MeV.* Es wird eine Meth. beschrieben zur Best. von Anregungsfunktionen unter Benutzung von übereinandergeschichteten Folien als Target in einem inneren Cyclotron-Ionen-Bündel. Das Verf., das die COULOMB-Mehrfachstreuung zur Ablenkung u. die 180°-Fokussierung zur Trennung einzelner Energien heranzieht, hat den Vorteil guter Energieauflösung, hoher Intensität u. geringen Untergrunds. Absol. Anregungskurven werden für die Rkk. ^{12}*C*(p,pn)^{11}C; ^{24}*Na*, ^{22}*Na* u. ^{18}*F* aus ^{27}*Al*; ^{11}*B*(p,n)^{11}C u. ^{34}*S*(p,n)^{34}*Cl* bestimmt. Aus dem Verhältnis der β-Impulszahlen u. mit Hilfe der Rk. ^{12}C(p,pn)^{11}C werden die absol. Querschnitte bestimmt. Die Ergebnisse stimmen mit den gegenwärtigen Anschauungen über energiereiche Kern-Rkk. überein. (Physic. Rev. [2] **88.** 19—27. 1/10. 1952. Cambridge, Mass., Harvard Univ., Nucl. Labor.) WEIGEL. 103

W. J. Worthington jr., *Nickel 56.* Bei der Unters. der Spaltprodd. von *Zn*, das über 2 Std. mit 340 MeV-Protonen beschossen wurde, wurde ein neues akt. Ni-Isotop beobachtet. Die chem. Trennung u. Reinigung erfolgte nach der Meth. von DIAMOND u. HOLLANDER (private Mitt.). Die gleiche Aktivität konnte durch Beschuß von *Fe* mit α-Teilchen nach der Rk. ^{54}Fe(α, 2n)^{56}Ni erzeugt werden. Die Strahlung von ^{56}Ni wurde mit einem Scintillationsdetektor, der mit einem Impulsanalysator verbunden war, gemessen. Die Halbwertszeit ergab sich zu $6{,}0 \pm 0{,}5$ Tage. Beim Zerfall wurden mindestens vier γ-Strahlen mit Energien bei 0,16, 0,5, 0,8 u. $>$1,4 MeV beobachtet. Der Zerfall erfolgt mehr durch K-Einfang als durch Positronenemission. (Physic. Rev. [2] **87.** 158. 1/7. 1952. Berkeley, Calif., Univ. of California, Radiat. Labor., u. Dep. of Chem.) GERHARD SCHMIDT. 103

J. M. Cork, A. E. Stoddard, C. E. Branyan, W. J. Childs, D. W. Martin und **J. M. LeBlanc,** *Zusätzliche Daten über die radioaktiven Isotope von Zinn und Tellur.* Die spektrometr. Unterss. erstrecken sich auf Sn-Proben, die mit ^{112}Sn (72,5%), ^{116}Sn (89,6%), ^{122}Sn (45,8%) u. ^{124}Sn (83,1%) angereichert u. über zwei Monate im Meiler bestrahlt worden sind. Bei dem durch ^{112}Sn erzeugten ^{113}Sn zeigen sich drei Linien niedriger Energie, die AUGER-Ursprung besitzen u. mit *In*-Röntgenstrahlen auftreten. Die Halbwertszeit der angreicherten Probe ergibt sich zu 118 ± 2 Tagen. ^{117}Sn, aus ^{116}Sn durch Neutroneneinfang erzeugt, liefert vier Konversionselektronenlinien bei 126,7, 129,3, 151,5 u. 155,0 keV neben den von ^{113}In herrührenden Linien u. einer weiteren mit AUGER-Ursprung. Hierdurch wird die Existenz von zwei γ-Strahlen mit 155,9

u. 159,4 keV angezeigt. Die Halbwertszeit wird zu 14,0 ±0,5 Tagen bestimmt. ^{123}Sn, durch angereichertes ^{122}Sn erzeugt, zeigt keine γ-Strahlung. Die Halbwertszeit scheint bei 125 ± 3 Tagen zu liegen. Te-Präpp., die mit ^{120}Te (22,3 %), ^{122}Te (86,2 %), ^{126}Te (95,4 %) u. ^{128}Te (90 %) angereichert worden sind, liefern nach Neutronenbeschuß folgende Ergebnisse: ^{121}Te, 140 Tage Halbwertszeit, γ-Energien bei 81,8, 213,6 u. 575 keV (Z = 51); ^{123}Te, 121 Tage Halbwertszeit, γ-Energien bei 88,7 u. 159,2 keV; ^{125}Te, γ-Energien bei 109,6 u. 35,3 keV; ^{127}Te, 115 Tage Halbwertszeit, 88,7 keV-γ; ^{129}Te, 33,5 Tage Halbwertszeit, 106,0 keV-γ. Sämtliche beobachteten γ-Strahlen stellen isomere Übergänge in Te dar mit der wahrscheinlichen Ausnahme, daß der 575 keV-γ-Strahl in ^{121}*Sb* nach dem K-Einfang von ^{121}Te auftritt. (Physic. Rev. [2] **84**. 596—97. 1/11. 1951. Ann Arbor, Mich., Univ. of Michigan, Dep. of Phys.) Gerhard Schmidt. 103

John A. Harvey, *Energieniveaus in Blei und Wismut und Kernschalenstruktur.* Mit 14 MeV-Deuteronen aus dem MIT-Cyclotron werden Bi-Targets u. mit ^{206}Pb, ^{207}Pb u. ^{208}Pb angereicherte Pb-Targets beschossen. Die Protonen- u. Tritonenspektren werden mit Al-Absorbern u. einem Dreifachproportionalzähler gemessen. Nach sorgfältiger Analyse u. Auflösung in eine relativ kleine Zahl von Gruppen ergibt sich, daß die Protonenspektren aus allen vier Targets nahezu gleich verlaufen mit Ausnahme der langreichweitigen Gruppen aus den ^{206}Pb- u. ^{207}Pb-Targets. Eine auffallende Ähnlichkeit tritt auch bei den Tritonenspektren aus den vier Targets hervor. Die Einfachheit in den Spektren ergibt sich wahrscheinlich daraus, daß Restkerne mit abgeschlossenen oder nahezu abgeschlossenen Schalen von 82 Protonen u. 126 Neutronen vorliegen. Die Tatsache, daß eine (d,p)-Rk. hauptsächlich über einen Abstreif (stripping)-Prozeß erfolgt, bei dem nur das Neutron in den Kern eintritt, läßt vermuten, daß die Ähnlichkeiten der Spektren durch ein Einteilchenmodell des Kerns erklärt werden können. Die (d,t)-Rk. erfolgt hauptsächlich über einen pickup-Prozeß, bei dem das Einteilchenmodell wiederum Gültigkeit hat. Die beobachteten Energieniveaus werden mit den bekannten Niveaus aus Strahlungsübergängen verglichen. Unter Zuhilfenahme der Drehimpuls- u. der Paritätszuordnungen einiger dieser bekannten Niveaus können für viele der neuen Niveaus Drehimpuls- u. Paritätszuordnungen aus einem Schalenmodell mit starker Spin–Bahn-Kopplung vorgenommen werden. (Canad. J. Physics **31**. 278 bis 294. Febr. 1953. Cambridge, Mass., MIT, Labor. for Nucl. Sci.) Gerhard Schmidt. 103

C. A. Kienberger, *Die spezifische α-Aktivität von* ^{234}*U.* (Vgl. C. **1950**. II. 1090.) Bei einer Neubest. der spezif. α-Aktivität von ^{234}U wurde durch massenspektrograph. Analyse festgestellt, daß die chem. Reinheit des Uranoxyds größer als 99,95 % war. Die Oxydproben wurden in konz. HNO_3 gelöst, mit ^{234}U angereichert u. elektr. auf dünne Folien von 0,008—0,33 mg/cm² niedergeschlagen. Die Ausschlagsgröße für das mit ^{234}U angereicherte U wurde zu (0,6457 ±0,0013)·10⁷/Min./mg berechnet. Die prozentuale Rückstreuung der α-Teilchen an den einzelnen Folien betrug für *Au* 3,36 ±0,36, für *Pt* 3,31 ±0,32 u. für *Ni* 1,19 ±0,08. Da die verwendete Parallelplattenionisationskammer α-Teilchen innerhalb eines Winkels von 180° aufnimmt, wurde unter Zugrundelegung einer Zählwirksamkeit von 50,595 % bei Berücksichtigung der Gehh. von ^{235}U u. ^{238}U für ^{234}U eine spezif. α-Aktivität von (1,347 ±0,004)·10⁷ Zerfällen/Min./mg u. daraus eine Halbwertszeit von (2,520 ±0,008)·10⁵ Jahren berechnet. (Physic. Rev. [2] **87**. 520. 1/8. 1952. Oak Ridge, Tenn., Carbide and Carbon Chemic. Comp.)
Gerhard Schmidt. 103

A. G. Maddock, *Die Radioaktivität der schweren Elemente.* Zusammenfassender Bericht mit 206 Literaturzitaten. (Quart. Rev. (chem. Soc., London) **5**. 270—314. 1951. Cambridge.) Weigel. 103

J. G. Bayly, *Eine experimentelle Untersuchung eines divergierenden Kernreaktors.* Vf. vergleicht die experimentellen Messungen der Relaxationszeiten eines Kernreaktors (ZEEP) mit den theoret. Relaxationszeiten im Bereich von 1,6—186 Sekunden. Es zeigt sich, daß eine Übereinstimmung zwischen dem beobachteten Ansprechen u. theoret. dynam. Ansprechen eines Kernreaktors nur erwartet werden kann, wenn die Theorie des Reaktors nahezu vollständig ist. In dem vorliegenden Fall eines Schweren Wasser-Reaktors mit einem Graphitreflektor reicht das Alter–Geschwindigkeits-Modell für die Verlangsamung von Neutronen mit einer Korrektur für die dynam. Wrkg. des Reflektors aus, um die theoret. Ergebnisse in Übereinstimmung mit dem Experiment zu bringen. (Canad. J. Physics **31**. 182—88. Febr. 1953. Chalk River, Ontario, Can., A. E. of Canada, Chalk River Proj.) Gerhard Schmidt. 105

R. F. Geller, *Eine Übersicht von Keramiken für Kernreaktoren.* Überblick über die physikal. u. Kerneigg. von 24 keram. Stoffen, wobei 4 Metalle u. 2 Nichtmetalle zu Vergleichzwecken herangezogen werden. Von den keram. Stoffen werden u. a. der F., der lineare therm. Ausdehnungskoeff., die Wärmeleitfähigkeit, der Elastizitätsmodul sowie die Härte angegeben. Die Eigg. der einzelnen keram. Stoffe werden diskutiert, wobei sich zeigt, daß bei Meilern mit Tempp. von ca. 1000° nur keram. Stoffe Verwendung finden können. (Nucleonics **7.** Nr. 4. 3—17. Okt. 1950. Washington, D. C., Dep. of Comm., Nat. Bur. of Stand., Porcelain and Pottery Sect.) Gerhard Schmidt. 105

E. W. Titterton, *Der 1,2 MeV-Beschleuniger in der Australian National University.* Beschreibung des siebenstufigen Generatorkreises, der bei einer Belastung von 3 mA eine Endspannung von 1,2 MeV liefert, der Beschleunigungröhre sowie des Targetraumes, über dem die Beschleunigungsröhre angebracht ist. (Nucleonics **10.** Nr. 5. 28—29. Mai 1952. Canberra, Australian Nat. Univ., Res. School of Phys. Sci.) Gerhard Schmidt. 112

J. Vale, *Ölschwierigkeiten beim Berkeley-Cyclotron.* Zur Vermeidung der durch Ölkühlung auftretenden Schwierigkeiten werden für die Füllung des Wärmeaustauschers verschied. Ölsorten unter verschied. Temperaturbedingungen erprobt. Das Kühlsyst. des Cyclotrons erfährt keine höhere Öltemp. als 55°. (Nucleonics **10.** Nr. 5. 61—62. Mai 1952. Brekeley, Calif., Univ. of California, Radiat. Labor.) Gerhard Schmidt. 112

Francis L. Brannigan, Hanson Blatz und **Edward J. Kehoe,** *Schutzmaßnahmen beim Cyclotron.* Beschreibung der beim Cyclotronbetrieb auftretenden spezif. Gefahren (Feuer, Strahlenschäden usw.) u. der erforderlichen Schutzmaßnahmen. (Nucleonics **10.** Nr. 5. 20—24. Mai 1952. New York, N. Y., New York Operat. Off., AEC., Health and Safety Div.) Gerhard Schmidt. 112

Kenneth I. Roulston, *Ein einfacher Differential-Impulshöhenanalysator.* Wiedergabe des Schaltschemas für eine Mehrkanalanordnung. So sind z. B. für einen Zehnkanaldifferentialdiskriminator insgesamt 33 Elektronenröhren erforderlich. Die dead-time liegt bei 1 μSekunde. (Nucleonics **7.** Nr. 4. 27—29. Okt. 1950. Winnipeg, Can., Univ. of Manitoba, Dep. of Phys.) Gerhard Schmidt. 112

Jean Thibaud, *Nachweisverfahren für negative Teilchen mit erhöhtem Impuls, die gleichzeitig bei β-Spektren auftreten.* Beschreibung der Nachweisverff. (Trochoidenmeth.) für die C. **1952.** 6166 referierten Messungen. (C. R. hebd. Séances Acad. Sci. **232.** 495—97. 5/2. 1951.) Gerhard Schmidt. 112

Étienne Picard, Anatole Rogozinski und **Maurice Surdin,** *Verwendung einer drahtlosen Verbindung zwischen entfernten Zählern zur Koinzidenzbeobachtung.* Zur Erfassung der Auger-Schauer zunehmender Breite entwickeln Vff. eine drahtlose Meth. zur Feststellung der Koinzidenzen. Das Sender–Empfänger-Syst. arbeitet hierbei mit Frequenzen von 5 MHz bzw. 10000 MHz. Mit dieser Meth. werden Koinzidenzen zwischen Zählern, die 50 m voneinander entfernt sind, aufgenommen. Die Auflösungszeit der Anordnung liegt in der Größenordnung von 1 μSekunde. Auf die Anwendbarkeit der Meth. zur Auslösung von Ionisationskammern u. Nebelkammern wird hingewiesen. (C. R. hebd. Séances Acad. Sci. **232.** 503—05. 5/2. 1951.) Gerhard Schmidt. 112

M. Yasin, R. Ahmed und **P. S. Gill,** *Ein Geiger-Müller-Zählrohr aus Hartglas mit Außenkathode.* Kurzer Überblick über die Eigg. eines Zählrohrs aus Hartglas mit außenliegender Kathode („Aquadag"). (Nature [London] **167.** 647. 21/4. 1951. Aligarh, Muslim Univ., Phys. Dep.) v. Harlem. 112

Darleane Christian, Wayne W. Dunning und **Don S. Martin jr.,** *Rückstreuung von β-Strahlen in fensterlosen Geiger-Müller-Zählern.* Bei Einführung von β-Strahlern (^{32}P, ^{60}Co, ^{35}S, ^{63}Ni) in einen fensterlosen Geiger-Müller-Zähler werden Ausschlagszahlen erhalten, die im allg. nahezu 80% der radioakt. Zerfallsgrößen entsprechen. Die absol. Zerfallsgrößen können für einen fensterlosen Zähler nur angegeben werden, wenn der Rückstreuungsfaktor bekannt ist. Vff. zeigen, daß sich dieser Faktor bei Verwendung genügend dicker Rückstreuer experimentell bestimmen läßt. (Nucleonics **10.** Nr. 5. 41—43. Mai 1952. Ames, Io., Iowa State Coll., Inst. for Atomic Res., u. Dep. of Chem.) Gerhard Schmidt. 112

Gerald J. Hine, *Das Ansprechen von Geiger-Müller-Zählern und photographischen Emulsionen auf energiereiche Photonen.* Aus den Unterss. des Vf. geht hervor, daß photograph. Material für Photonen von 0,5—10 MeV geeicht werden kann. Bei diesem Verf. muß die photograph. Emulsion von ausreichenden Substanzschichten umgeben sein, um das Gleichgewicht zwischen der prim. u. sek. Strahlung zu gewährleisten. Ist die Emulsion von einer Substanz niedriger Kernladungszahl bedeckt, so kann eine lineare Eichung des Ansprechens der Emulsion unabhängig von der Photonenergie über einen weiten Bereich erhalten werden. Aus diesem Grunde läßt sich das Strahlungsfeld von 2—3 MeV-Röntgenstrahlen in einem Phantom nach der photograph. Meth. untersuchen, was bei Verwendung einer Strahlung niedriger Energie nicht möglich ist. (Nucleonics **7.** Nr. 4. 18—26. Okt. 1950. Cambridge, Mass., MIT, Dep. of Electric. Engng.) Gerhard Schmidt. 112

A_2. Optisches Verhalten der Materie.

Alexandre Dauvillier, *Über die Kosmogonie des Sonnensystems.* Vf. zeigt, daß die Hypothese der einmaligen u. sukzessiven Bldg. von Zwillingssternpaaren aus der Sonne in Abhängigkeit von den Massen u. den ursprünglichen Tempp. die von der Theorie erhobenen Einwände widerlegt u. die geochem. Häufigkeit der Elemente sowie die Existenz n. noch so kleiner Satelliten wie Mimas wiedergibt. (C. R. hebd. Séances Acad. Sci. **235.** 1081—84. 10/11. 1952.) GERHARD SCHMIDT. 113

M. Migeotte, L. Neven und **E. Vigroux,** *Feinstruktur der Absorptionsbande von Ozon bei 9,6 μ bei Beobachtung im Sonnenspektrum und im Laboratorium.* Mit Gitterspektrograph. u. Thermoelement wird auf dem Jungfraujoch die Feinstruktur von O_3 zwischen 9,346 μ u. 10,152 μ gemessen. Im Spektr. finden sich fast alle Details, die auch an O_3 im Labor. gemessen wurden. Die Wellenzahlen aller Linien, die auf der langwelligen Seite des Bandenzentrums liegen (P-Zweig), werden zusammengestellt u. in 4 Serien α, β, γ u. δ klassifiziert. Eine Intensitätsänderung wird nur in der α-Serie beobachtet. (Physica **18.** 982—84. Nov. 1952. Liège, Univ., Inst. d'Astrophys., Obs. royale d'Uccle, u. Paris, Inst. d'Astrophys.) RUDOLPH. 113

H. J. Bernstein, *Eine Hilfe bei Schwingungsanalysen.* Werden Frequenzen von Molekülschwingungen theoret. berechnet, so benutzt man dazu Kraftkonstanten, die aus einer einfachen Potentialfunktion für Schwingungen vom totalsymm. Typ gewonnen wurden. Die Frequenzen anderer Schwingungstypen sind dann nur Näherungen, u. die Übereinstimmung mit beobachteten Frequenzen ist mäßig. Vf. zeigt, daß die Summe der Differenzen zwischen beobachteten u. berechneten Frequenzen nahezu Null sein muß u. empfiehlt dies Kriterium als Kontrolle bei der Zuordnung von RAMAN- u. Ultrarotbanden zu Molekülschwingungen. (J. chem. Physics **18.** 1682. Dez. 1950. Ottawa, Can., Nat. Res. Counc., Div. of Chem.) A. REUTER. 114

J. C. Decius und **E. Bright Wilson jr.,** *Summenregeln für die Vibrationsfrequenzen isotoper Moleküle.* Vff. diskutieren eine neben der Produktenregel von REDLICH u. TELLER bestehende Summenregel, der die Quadrate der Frequenzen isotoper Moll. gehorchen. Im Fall gleicher Symmetrie kann sie getrennt für jeden Faktor der Säkulargleichung angewendet werden, während beim Auftreten niederer Symmetrieformen gruppentheoret. Betrachtungen erforderlich werden. Im Gegensatz zur Produktenregel kann die Summenregel jedoch nur auf 3 oder mehr Moll. angewendet werden. Mit Hilfe der Daten von HERZBERG wenden sie Vff. auf C_2H_2, C_2D_2 u. C_2HD, sowie auf H_2O, D_2O, HDO, die *deuterierten Methane* u. $H^{12}CN$, $D^{12}CN$, $H^{13}CN$ u. $D^{13}CN$ an u. zeigen, daß die Summe der Wurzeln beliebiger Moll. mit geringerer als der maximalen Symmetrie mit Hilfe der Summenregel für Moll. mit maximaler Symmetrie, z. B. CH_3D durch CH_4 u. CD_4, ausgedrückt werden kann. Eine weitere Regel läßt sich für die Summe der Produkte der Wurzeln ableiten. (J. chem. Physics **19.** 1409—12. Nov. 1951. Seattle, Wash., Univ., Dep. of Chem. and Chem. Engng.) WOELK. 114

A. Ss. Dawydow, *Zur Theorie der Dispersion von Molekülkristallen.* Der Einfluß der Wechselwrkg. der innermol. Schwingungen eines Molekülkristalls sowie der akust. u. Rotationsschwingungen auf Absorptionsbande u. Dispersionskurve im Frequenzbereich, entsprechend der Frequenz der innermol. Schwingungen, wird am Modell des eindimensionalen Molekülkristalls aus N (N sehr groß) gleichen anisotropen Moll. untersucht. Obwohl der direkten Lichtwrkg. nur die innermol. Schwingungen ausgesetzt sind, führt die Wechselwrkg. der Moll. bei $T \approx 0$ zu 2 Effekten: Verschiebung der Resonanzfrequenz $\omega_0 \to \Omega_Q$; Energieübertragung von den innermol. Schwingungen auf die akust. u. Rotationsschwingungen. Durch die Energieübertragung auf die akust. Schwingungen erfolgt die Absorption nicht nur bei der Resonanzfrequenz Ω_Q, sondern auch rechts (bei $D < 0$) u. links (bei $D > 0$) davon. Das Maximum der zusätzlichen Absorption liegt im Gebiet Ω_Q, ω_3, so daß der Abstand von der Bande Ω_Q nicht der Frequenz der akust. Schwingungen gleich ist. Die Energieübertragung auf die Rotationsschwingungen führt zur zusätzlichen Absorption im Frequenzbereich $\Omega_Q + \nu_0$, ω_1 mit einem scharfen Maximum im Gebiet $\Omega_Q + \nu_0$, dessen Abstand von Ω_Q gleich der Grenzfrequenz der Rotationsschwingungen ν_0 ist. Diese Absorptionsbanden beeinflussen die gewöhnliche im Gebiet der zusätzlichen Absorptionsbanden deformierte Dispersionskurve mit einer Resonanzfrequenz Ω_Q. Die qualitativen Ergebnisse gelten auch für das dreidimensionale Gitter. Die für das Infrarotspektr. entwickelte Theorie gilt mit einiger Annäherung auch für das sichtbare u. UV-Gebiet. (Известия Академии Наук СССР, Серия Физическая [Nachr. Akad. Wiss. UdSSR, physik. Ser.] **14.** 502—07. Juli/Aug. 1950.) LEBTAG. 114

S. S. Penner, *Die Emission von Strahlung von zweiatomigen Gasen.* 1. Mitt. *Näherungsrechnungen.* Es wird eine angenäherte Meth. zur Abschätzung der Strahlungswärmeübertragung von gasförmigen Strahlungsquellen vorgeschlagen. Auf Grund der neuen Meth. werden die Emissionsfähigkeiten für *CO*, *HJ*, *HBr*, *HCl* u. *HF* theoret. berechnet. (J. appl. Physics **21.** 685—95. Juli 1950. Erratum **22.** 1298. Okt. 1951. Pasadena, Calif., Inst. of Technol., Jet Propulsion Labor.) GOTTFRIED. 114

L. E. Benitez und **S. S. Penner,** *Strahlungsemission von Stickoxyd: Näherungsrechnungen.* Die nach einem von PENNER angegebenen Verf. (vgl. vorst. Ref.) berechneten wirksamen Bandenbreiten für die Grund- u. erste Oberschwingung von NO werden im Temperaturbereich von 300—3000° K angegeben. Daraus werden die oberen Grenzen für die zugehörigen Emissionsvermögen ermittelt. Vorhandensein eines Q-Zweiges hat keinen Einfl. auf die Näherungsrechnung. (J. appl. Physics **21.** 907—08. Sept. 1950.) LINDBERG. 114

Alan Berman, *Hyperfeinstrukturanomalien im* $^2P_{1/2}$*-Zustand des* ^{205}Tl *und* ^{203}Tl. In Fortsetzung früherer Verss. (C. **1951.** I. 560) wurden mittels der magnet. Resonanzmeth. am Atomstrahl Präzisionsmessungen der Hyperfeinstrukturaufspaltung des Grundzustandes von ^{205}Tl u. ^{203}Tl durchgeführt. Das experimentell bestimmte Verhältnis $\Delta\nu^{205}/\Delta\nu^{203}$ beträgt danach 1,00974 ± 0,00003, während sich das nach der Meth. der magnet. Kerninduktion aus dem Verhältnis g_I^{205}/g_I^{203} bestimmte Verhältnis der magnet. Momente zu 1,00986 ± 0,00005 ergibt. Es wird gezeigt, daß diese Differenz zwischen den beiden Verhältnissen durch Effekte erklärt werden kann, die von BOHR u. WEISSKOPF sowie von CRAWFORD u. SCHAWLOW vorausgesagt sind. Bes. kann die Übereinstimmung zwischen Theorie u. Vers. als Beweis für die Realität der von CRAWFORD u. SCHWALOW vorausgesagten Effekte, die anders bisher noch nicht direkt nachgewiesen werden konnten, ausgelegt werden. (Physic. Rev. [2] **86.** 1005—08. 15/6. 1952. New York, N. Y., Columbia Univ.) v. HARLEM. 118

M. A. Catalán und **F. R. Rico,** *Serien und Ionisationspotentiale in den Spektren I und II der Elemente der Palladiumgruppe.* (Vgl. C. **1953.** 5771.) In Analogie mit der Fe-Gruppe werden die Abstände der niedrigsten Niveaus der Konfigurationen 4 d^{n-1} 5 s u. 4 d^{n-1} 6 s zur Best. der Terme, RYDBERG-Zahlen u. α-Konstanten der I- u. II-Spektren der Pd-Gruppe verwendet. Für die Ionisationspotentiale (in V, Umrechnungsfaktor in cm^{-1} 8067,75) ergeben sich folgende Werte: *Rb I* 4,176, *Sr I* 5,692, *Y I* 6,377, *Zr I* 6,835, *Nb I* 6,881, *Mo I* 7,131, *Tc I* (7,226), *Ru I* 7,365, *Rh I* 7,461, *Pd I* 8,334, *Ag I* 7,574; Sr II 11,026, Y II 12,233, Zr II 12,916, Nb II 13,895, Mo II 15,717, Tc II 14,874, Ru II 16,597, Rh II 15,915, Pd II 19,418, Ag II 21,475, *Cd II* 16,904. (An. Real Soc. españ. Física Quím., Ser. A **48.** 328—38. Nov./Dez. 1952. Madrid, Univ., Inst. de Opt. Daza de Valdés.) R. K. MÜLLER. 118

S. E. Stephanou, J. P. Nigon und **R. A. Penneman,** *Die Lösungs-Absorptionsspektren von Americium(III), (V) und (VI).* Am(III), (V) u. (VI) u. Eu(III) werden in $HClO_4$-Lsg. auf ihre Absorption im Gebiet von 200—800 mμ untersucht (Abb.). Für jedes Absorptionsmaximum der Am-Verbb. wird der mol. Extinktionskoeff. angegeben. Bei Am(V) u. (VI) konnte keine Schwingungsfeinstruktur der Absorptionsspektren festgestellt werden. (J. chem. Physics **21.** 42—45. Jan. 1953. Los Alamos, N. Mex., Univ. of California, Los Alamos Scient. Labor.) D. HAHN. 118

Jean Brossel und **Francis Bitter,** *Eine neue „Doppelresonanz"-Methode zur Untersuchung der Energieniveaus des Atoms. Anwendung auf Hg* $^3P_1$. (Vgl. C. **1951.** I. 427.) Die Anregung von Atomen in einem Dampf durch polarisiertes Licht ruft eine ungleiche Anhäufung magnet. Unterniveaus des angeregten Zustandes hervor, wodurch die opt. Resonanzstrahlung teilweise polarisiert wird. Durch die Anwendung von Radiofrequenz- oder Mikrowellenfeldern bei einer magnet. Resonanzfrequenz werden Übergänge zwischen den Unterniveaus des angeregten Zustandes eingeführt. Der Polarisationsgrad der emittierten opt. Resonanzstrahlung wird bei Erfüllung der magnet. Resonanzbedingung geändert. Hierdurch sind Aussagen über die Struktur des Energieniveaus möglich. Die Verss. werden an dem $^3P_1$-Zustand sämtlicher Hg-Isotope durchgeführt. Die Ergebnisse zeigen an, daß die Erscheinungen der Doppelresonanz eine brauchbare Meth. zur Unters. der Struktur von Energieniveaus darstellen. Aus der Beobachtung der Resonanzlinienbreiten ergibt sich für alle Isotope eine mittlere Lebensdauer des $^3P_1$-Zustandes von $1{,}55 \cdot 10^{-7}$ Sekunden. Der g-Faktor des $^3P_1$-Zustandes für Isotope mit dem Spin Null ist, bezogen auf den g-Faktor des Protons, 1,4838 ± 0,0004. (Physic. Rev. [2] **86.** 308—16. 1/5. 1952. Cambridge, Mass., MIT, Res. Labor. of Elektronics.) GERHARD SCHMIDT. 121

R. B. Dingle, *Das Reflexionsvermögen von Metallen im Infrarot.* Zur Erklärung der großen Diskrepanzen zwischen den theoret. u. gemessenen Werten der Absorption von Metallen im Infrarot wird die Theorie mit Hilfe der Annahme erweitert, daß die Elektronen an der Metalloberfläche diffus gestreut werden. Für die Infrarotabsorption

z. B. von Ag oder verschied. Metallen bei He-Tempp. führt die erweiterte Theorie zu größenordnungsmäßig richtigen Werten. (Physica **18**. 985—88. Nov. 1952. Delft, Techn. Hogeschool, Labor. voor Techn. Phys.) RUDOLPH. 122

Dhetty Blet-Talbot, *Streuung von polarisiertem Licht durch Magnesiumoxyd.* Die Intensität des von MgO gestreuten, polarisierten Lichtes ändert sich mit dem Winkel zwischen Einfalls- u. Beobachtungsebene (Θ). Bei gegebenem Einfallswinkel steigen die Abweichungen zwischen den Maxima u. Minima des Streulichtes mit wachsendem Beobachtungswinkel an. Liegt die Schwingungsebene des Lichts $\parallel$ zur Einfallsebene, so liegen die Maxima in der Nähe von $\Theta = 90^0$ u. $\Theta = 270^0$. Liegt die Schwingungsebene des Lichtes $\perp$ zur Einfallsebene, so liegen die Maxima in der Nähe von $\Theta = 0^0$ u. $\Theta = 180^0$. (C. R. hebd. Séances Acad. Sci. **236**. 476. 2/2. 1953.) EICHHOFF. 122

A. Rousset und **R. Lochet,** *Molekular-Diffusion des Lichtes: Die Lord Rayleighschen Konstanten flüssiger Proben.* Ein Überblick über die Bestimmungen der RAYLEIGHschen Konstanten (RK) für Fll. zeigt, daß eine Anzahl von verschied. Autoren unter Benutzung photograph. Methoden zu unter sich übereinstimmenden Resultaten kommen, die erheblich niedriger als die von CARR u. ZIMM u. die aus einigen theoret. Betrachtungen erwarteten sind. Die erstere Resultatenreihe stimmt mit von Vff. abgeänderten theoret. Betrachtungen überein, aber weder diese noch die Best. der Mol.-Gew. erlaubt eine Bestätigung des absol. Wertes der RK. Die Vff. empfehlen die Annahme der photograph. bestimmten Werte. (J. Polymer Sci. **10**. 319—32. März 1953. Bordeaux, Fac. des Sci., Labor. de Phys. gén.) NIEMITZ. 122

R. O. Gumprecht und **C. M. Sliepcevich,** *Lichtstreuung durch große kugelförmige Teilchen.* Vff. greifen die von MIE (Ann. Physik **25**. [1909.] 377) entwickelte Theorie der Lichtstreuung durch kugelförmige Teilchen auf. Mit Hilfe dieser Theorie wird das Verhältnis R des MIEschen totalen Streukoeff. K_A u. zu dem scheinbaren oder aktuellen Streukoeff. K_a berechnet. Zum Vgl. werden Rechnungen mit Hilfe der Brechungstheorie ausgeführt. Bes. wird die Lichtstreuung von Teilchen mit Radien bis zu 30 μ betrachtet. Die berechneten Werte für R wurden dann experimentell an in W. suspendierten Glasperlen (Pyrexglas) überprüft. Ein Vgl. der berechneten mit den experimentell gefundenen Werten zeigte, daß letztere um 5% höher liegen. Diese Abweichung wird auf eine geringe Divergenz des als parallel angenommenen Lichtstrahls zurückgeführt. (J. physic. Chem. **57**. 90—95. Jan. 1953. Ann Arbor, Mich., Univ. of Michigan, Dep. of Chem. and Metall. Engng.) G. HEINRICH. 122

R. O. Gumprecht und **C. M. Sliepcevich,** *Messung von Teilchengrößen in polydispersen Systemen durch Messungen des Lichtdurchganges bei differentieller Sedimentation.* (Vgl. vorst. Ref.) Vff. beschreiben eine Meßmeth., deren mathemat. Grundlagen im wesentlichen aus einer Kombination der Anwendung des STOKESschen Gesetzes für die Sinkgeschwindigkeit u. einer abgewandelten Form der Lichtdurchgangsgleichung besteht. Die experimentelle Ausrüstung für die Durchführung der Unterss. besteht aus einer Absetzkammer, einer Lichtquelle mit Unterbrecher, einem Lichtfilter, einem opt. Lochlinsensyst., einem elektr. Verstärker u. einem Bandschreibgerät. Durch Differentiation der „Abfallkurve", die von dem Schreibgerät aufgezeichnet wird, ergibt sich die sogenannte Tropfengrößen-Frequenzverteilungskurve des Aerosols in der Absetzkammer. Als prakt. Beispiel wird die Analyse eines Aerosols, das durch Zerstäubung von Petroleum mit einer Dralldüse hergestellt wurde, mitgeteilt. (J. physic. Chem. **57**. 95—97. Jan. 1953.) G. HEINRICH. 122

S. Broersma, *Apparat zur Messung des Faraday-Effektes.* In Weiterentw. des früher (C. **1945**. I. 381) beschriebenen App. zur Messung des FARADAY-Effektes entwickelte Vf. eine Kompensationsmeth. speziell zur Messung der VERDETschen Konstanten von Gemischen von KW-stoffen. Das Prinzip der Meth. ist folgendes: In dem ersten Spulenkörper ist eine Röhre angebracht, die stets mit der Standardsubstanz gefüllt ist; die zweite Spule mit entgegengesetztem magnet. Feld enthält die zu messende Substanz. Durch Einjustieren des Stromverhältnisses der Spulen, das mit Hilfe eines Shunts geschieht, kann man die gesamte Rotation der Polarisationsebene gleich Null machen. Diese Kompensation ist deswegen von Vorteil, da der Unterschied in der VERDET-Konstante der Substanzen sehr oft sehr viel kleiner ist als die VERDET-Konstante selbst. Durch Messen des durch den Shunt fließenden Stromes kann das Verhältnis der Ströme relativ genau bestimmt werden. (Appl. sci. Res. B **1**. 143—48. 1950. New York, N. Y., Columbia Univ., Dep. of Phys.) GOTTFRIED. 122

Guy Mayer und **Jules Guéron,** *Kinetik der Entfärbung von durch Bestrahlung im Meiler von Châtillon gefärbten Gläsern.* Die Veränderung des Absorptionsspektr. der durch Bestrahlung im Meiler gefärbter Proben aus Glas u. geschmolzenem SiO_2 wird in Abhängigkeit von Temperungstemp. u. -dauer im Bereich von 200—2000 mμ mit einem

BECKMAN-Spektralphotometer untersucht. Der Ablauf der Entfärbung bei Glas nach Tempern bei 80—123°, beobachtet an 3 Banden mit dem Absorptionsmaximum bei 340, 420 u. 650 mμ, macht zwei gleichzeitig nach der 2. Ordnung ablaufende Rkk. wahrscheinlich mit einer Aktivierungsenergie (E) von ~ 20 kcal/Mol. Bei geschmolzenem SiO_2 treten 3 Banden mit Maxima bei 220, 300 u. 550 mμ auf. Beim Tempern zeigen die Banden bei 300 u. 550 mμ ab 200° ein Absinken der Absorption, die Bande bei 220 mμ erst ab 400°. Beim Tempern der Proben tritt Thermophosphorescenz auf. Unter Anwendung der Theorien für die Alkalihalogenide wird versucht, die experimentellen Ergebnisse zu erklären. (J. Chim. physique Physico-Chim. biol. **49.** 204—12. April 1952. Paris, Comm. à l'Énergie Atom., Serv. de Chim. Phys.) EICHHOFF. 125

—, *Darstellung von gefärbten Diamanten.* Es wird über Verss. über die Färbung von Diamanten unter dem Einfl. der Beschießung aus einem 40 MeV-Cyclotron (Berkeley, Calif., Univ.) berichtet. Vier Kapdiamanten wurden 5 Min. mit α-Teilchen beschossen (Stromstärke 2 μA); zwei der Steine wurden braun, zwei verloren ihre Kapfarbe u. wurden weißer. Bei Beschießung mit 15 μA hatte der Stein eine schöne turmalingrüne Färbung angenommen. Eine Reihe anderer Steine wurden mit Deuteronen von 10 bis 15 μA u. 20 MeV beschossen. Einige Steine hatten sich olivgrün, andere bläulichgrün wie Zirkon u. wieder andere turmalingrün gefärbt. Die auftretenden braunen Färbungen reichten von Hellbraun bis Dunkelgoldbraun. Die Farbänderung wird auf eine Verschiebung der Elektronen in dem Diamantgitter zurückgeführt. (Gemmologist **21.** 191—94. Okt. 1952.) GOTTFRIED. 125

A_3. Elektrizität. Magnetismus. Elektrochemie.

J. W. Smith, *Die Bedeutung von Polarisationsmessungen an Lösungen.* Für Systeme mit 2 Komponenten, von denen mindestens eine polar ist, gilt die Mischungsregel für die Molekularpolarisation nicht mehr. Außer Assoziationsvorgängen ist auch die Änderung der Polarisierbarkeit eines Mol. durch die Moll. der beiden Komponenten zu berücksichtigen. Eine Abschätzung dieses Effektes ergibt, daß er klein ist, wenn die eine Komponente (das „Lösungsm.") unpolar ist, aber sehr groß werden kann, wenn beide Komponenten polar sind. Die so abgeleiteten Gleichungen werden auf eine Reihe von Systemen mit nur polaren Komponenten (z. B. Nitrobenzol–Chlorbenzol, Aceton–Chlf. u. a., Literaturwerte) angewendet u. das Dipolmoment μ daraus berechnet. Die so für eine Komponente erhaltenen μ-Werte besitzen zwar die richtige Größenordnung, hängen aber stark von der Natur der anderen Komponente ab. (Trans. Faraday Soc. **48.** 802—08. Sept. 1952. Bedford Coll., Regent's Park.) FUCHS. 132

K. W. Wagner, *Die plötzliche Entladung in den festen Isolatoren.* Vf. berichtet über seine Ergebnisse auf obengenanntem Gebiet, die er seit 1905 in Deutschland gewonnen hat. Die plötzliche Entladung ist die Folge einer elektr. Erwärmung. (Rev. Ci. apl. **6.** 409—19. Sept./Okt. 1952. Berlin, Techn. Univ.) FAHLENBRACH. 132

Ss. Ss. Gutin, *Untersuchung der elektrischen Eigenschaften von dünnen Oxydfilmen nach der Methode des Gasentladungsplasmas.* Der spezif. Widerstand einer Al_2O_3-Schicht von 0,5 μ Dicke, der nach Messung mit metall. Elektroden zu $8 \cdot 10^{13}$ Ω·cm ermittelt war, wurde unter Anwendung der Meth. des Gasentladungsplasmas zu $4{,}5—7 \cdot 10^{18}$ Ω·cm gefunden. Hierbei wurden als Sonden Filme aus Ni u. aus Al verwandt, die zuvor mit einer Oxydschicht in wss. Lsg. von Borsäure u. Borax elektrolyt. bedeckt wurden, wodurch es möglich wurde, die Abhängigkeit des Stroms von der Spannung für die Metallsonde u. für diese mit Dielektrikum festzustellen. (Журнал Технической Физики [J. techn. Physik] **20.** 1210—12. Okt. 1950.) FÖRSTER. 135

A. E. Benfield, *Ein neuer piezoelektrischer Effekt?* Wahrscheinlich ruft ein mechan. Spannungsgradient in einem Metall einen kleinen elektr. Potentialgradienten hervor, ähnlich wie der Temperaturgradient beim THOMPSON-Effekt. Ein solcher Effekt ist bei der theoret. Betrachtung der maximalen Elektronenenergie im FERMI-DIRAC-Gas eines unter hydrostat. Druck stehenden Metalles vorhergesagt worden. Bei der Best. der PELTIER-Wärme für eine Anzahl von Metallen mit u. ohne Druckanwendung wurde ein ähnlicher Effekt beobachtet, der jedoch um ein Mehrfaches kleiner ist, als nach der Theorie zu erwarten wäre. Es ist zu klären, in welchem Maß diese Beobachtungen mit den vorgetragenen Vorstellungen übereinstimmen. (Physic. Rev. [2] **77.** 762. 1/3. 1950. Cambridge, Mass., Harvard Univ.) WERNER SCHULZ. 135

C. J. Gorter, *Eine mögliche Erklärung des Anwachsens des elektrischen Widerstandes dünner Metallfilme bei tiefen Temperaturen und kleinen Feldstärken.* Das Anwachsen des elektr. Widerstandes dünner Metallfolien bei tiefen Tempp. u. kleinen elektr. Feldstärken wird theoret. unter der Annahme berechnet, daß der Film aus getrennten Körnchen oder Blöcken besteht, zwischen denen eine Elektronenwanderung stattfindet. Für die Energie E werden 2 Formeln unter der Annahme abgeleitet, daß COULOMBsche Fernkräfte zwischen den Körnchen wirken bzw. die Blöcke ebene Kondensatoren bilden. Für homogene Feldverteilung ergeben sich Höchstwerte der Energie E_m bei bestimmtem Abstand (3,8 μ bei 1 V/cm im 1. Fall). Unter Annahme exponentiellen Widerstandsverlaufes mit dem Exponenten $-E_m/kT$ ergeben sich 2 Formeln für die Abhängigkeit des Widerstandes von der elektr. Feldstärke. Die experimentellen Werte scheinen nach einem vorläufigen Vgl. Zwischenwerte hinsichtlich der beiden für die Energieberechnung gemachten Annahmen anzunehmen. Eine zufriedenstellende Übereinstimmung zwischen berechnetem u. experimentellem Energieverlauf konnte jedoch nicht erzielt werden. (Physica **17.** 777—80. Aug. 1951. Leiden, Kamerlingh Onnes Labor.)

WERNER SCHULZ. 136

W. V. Houston, *Die Temperaturabhängigkeit des elektrischen Widerstandes.* (Vgl. C. **1952.** 7610.) Der elektr. Widerstand eines einfachen Metalls kann über ein weites Temperaturgebiet unter Berücksichtigung der therm. Schwingungen u. der Streuung individueller Ionen berechnet werden. An Hand der Beobachtungen von MAC DONALD u. MENDELSOHN (Proc. Roy. Soc. [London], Ser. A **202.** [1950.] 103) ist es möglich, einen Vgl. mit den experimentellen Werten von Zimmertemp. herab bis zu sehr tiefen Tempp. durchzuführen. Durch geeignete Wahl der Parameter läßt sich für *Li* u. *Na* einigermaßen eine Übereinstimmung zwischen den beobachteten Werten u. den berechneten erzielen, jedoch sind diese Werte nicht notwendigerweise in naher Übereinstimmung mit denjenigen Werten, die aus anderen physikal. Erscheinungen berechnet werden. Eine Näherungsmeth. unter Berücksichtigung aller drei n. Schwingungsarten mit einem gegebenen Fortpflanzungsvektor gibt ebenfalls einigermaßen Übereinstimmung mit den Beobachtungen. (Physic. Rev. [2] **88.** 1321—23. 15/12. 1952. Houston, Tex., Rice Inst.) V. HARLEM. 136

Salvador Velayos Hermida, *Theorie der Koerzitivkraft magnetischer Werkstoffe.* Bericht über die derzeitigen Theorien ferromagnet., bes. magnet. harter Werkstoffe. (Rev. Ci. apl. **6.** 385—408. Sept./Okt. 1952. Valladolid, Univ., Labor. de Fis.)

FAHLENBRACH. 137

R. Feldtkeller und **H. Hettich,** *Der Frequenzgang der magnetischen Nachwirkung bei Massekernen.* Die (temperaturunabhängige) JORDANsche Nachwrkg. ist bisher gewöhnlich durch einen frequenzunabhängigen Beiwert dargestellt worden, während sich für die (temperaturabhängige) RICHTERsche Nachwrkg. bei Übertragerblechen mit raumzentrierten Kristallen ein stark frequenzabhängiger Beiwert ergibt. Auch der JORDANsche Nachwirkungsbeiwert, der bei raum- u. flächenzentrierten Kristallen auftritt, erweist sich als nicht ganz unabhängig von der Frequenz. Die Verlusttrennung in Hysterese, Wirbelstrom u. Nachwrkg. gelingt, wenn der Frequenzgang der Induktivität (Messungen mit der MAXWELL-Brücke) berücksichtigt wird. (Z. angew. Physik **2.** 494—99. Dez. 1950. Stuttgart, TH, Inst. für Nachrichtentechnik.)

WERNER SCHULZ. 137

E. A. Nesbitt und **H. J. Williams,** *Mechanismus der Magnetisierung in Alnico V.* Es wurde nach der Meth. der BITTERschen Streifen der Mechanismus der Magnetisierung von Alnico V (14% Ni, 8% Al, 24% Co, 51% Fe, 3% Cu) untersucht. Die Probe wurde von 1300° mit 2—5°/Sek. auf 810° abgekühlt u. von da in Öl abgeschreckt, wobei sie sich von 900° an bis zu Zimmertemp. in einem Magnetfeld befand. Die ersten drei der mitgeteilten Bilder wurden so erhalten, daß die Probe während der Wärmebehandlung zunächst vertikal magnetisiert wurde, während bei den Beobachtungen ein horizontales Feld H_1 angelegt war. Für $H_1 = 0$ scheinen die Elementarbereiche in vertikaler Richtung zu liegen, bei steigendem Feld verschwinden entweder die Grenzen zwischen den Bereichen oder die Bereiche ziehen sich in der Breite zusammen, u. die ursprünglich horizontalen Linien, welche die Richtung der Magnetisierung angeben, drehen sich allmählich in eine vertikale Lage. Befindet sich die Probe nahe der Sättigung, so verschwinden die Grenzen, u. die ursprünglich horizontalen Linien sind vertikal ausgerichtet. In diesem Fall besteht der Mechanismus der Magnetisierung demnach im wesentlichen nur aus einer Rotation u. nicht aus einer Wandverschiebung. Die Magnetisierungskurve für diese Probe zeigt ein H_c von nur 17 Oe, der Knick in der Magnetisierungskurve liegt jedoch nahe bei 450 Oe. Dies zeigt, daß das Material eine hohe Anisotropie bei der Wärmebehandlung im Magnetfeld erhalten hat. Könnte man das Material in kleine Körner zermahlen, so daß für alle Richtungen die Änderung der Magnetisierung nur durch Rotation erfolgt, so könnte die nach der Magnetisierungskurve sich ergebende Anisotropie die Ursache für ein H_c von 400—600 Oe sein, die für Alnico beobachtet wird. Wird die Probe so behandelt, daß ein H_c von 600 Oe erreicht wird, so sind im remanenten Zustand die Elementarbereiche nicht sichtbar, wird aber ein entmagnetisierendes Feld von 400 Oe angelegt, so treten nadelförmige Bereiche auf. Weiteres Anwachsen des entmagnetisierenden Feldes bewirkt, daß die Gebiete mit entgegengesetzt gerichteter Magnetisierung anwachsen. Wenn die Sättigung erreicht ist, sind sie zusammengewachsen u. die Grenzen verschwunden. Im ersten Augenblick scheint es, daß das Vorhandensein dieser großen nadelförmigen Bereiche mit der Theorie der Koerzitivkraft nicht im Einklang ist. Dies ist aber nicht notwendig der Fall, da es möglich ist, daß die nadelförmigen Bereiche aus vielen kleinen Bereichen zusammengesetzt sind, die in gleicher Richtung orientiert sind. (Physic. Rev. [2] **80.** 112—13. 1/10. 1950. Murray Hill, N. J., Bell Teleph. Labors.) V. HARLEM. 137

F. Galperin, *Untersuchung der magnetischen Eigenschaften von geordneten Legierungen.* Es werden die fünf Legierungen Ni_3Mn, Ni_3Fe, *FeCo*, *MnBi* u. *CrTe* untersucht. Die paramagnet. Susceptibilität wird aus der Temp., die sich bei der Bldg. ferromagnet. Legierungen aus nichtferromagnet. Komponenten ergibt, bestimmt. In einer Tabelle werden die Werte für die Berechnung der atomaren magnet. Momente der genannten Legierungen angegeben. (Доклады Академии Наук СССР [Ber. Akad. Wiss. UdSSR] [N. S.] **75.** 647—50. 11/12. 1950.) A. KUNZE. 137

P. F. Váradi, *Über die Entstehungsbedingungen von Ferromagnetismus in Metallverbindungen und -lösungen.* Nach GISOLF (C. **1950.** II. 2648) ist es für das Auftreten von Ferromagnetismus in Metallverbb. eine notwendige, wenn auch nicht hinreichende Voraussetzung, daß die Verbindungslinien zwischen den Metallatomen, die miteinander in Austauschwechselwrkg. stehen, ein dreidimensionales Netzwerk bilden. Andererseits tritt Ferromagnetismus nur bei Atomen mit unkompensierter innerer Schale ein. Bei Komplexverbb. dieser Atome, bei denen die innere Schale mehr oder weniger kompensiert ist, nimmt der Ferromagnetismus zum Paramagnetismus ab oder verschwindet. Danach ist zu verstehen, warum Ferromagnetismus nicht in Lsgg. auftreten kann, da sich hier wegen der therm. Molekülbewegung kein Netzwerk ausbilden kann u. außerdem die innere Schale der Metallatome in polaren Lösungsmitteln durch die innere Schale der Moll. des Lösungsm. mehr oder weniger kompensiert ist. (Physica **16.** 920. Dez. 1950. Budapest.) KLEFFNER. 137

Roald K. Wangsness, *Antiferromagnetische Resonanz oberhalb der Curie-Temperatur.* Die Rolle, die die kurzreichende Ordnung beim Verschwinden der magnet. Resonanz bei antiferromagnet. Stoffen spielt, wenn der CURIE-Punkt erreicht wird, wird diskutiert. Die Voraussagen einer einfachen Theorie dieses Effektes sind in sehr guter Übereinstimmung mit den Versuchsergebnissen an *MnO*. Ferner werden die Beziehungen, die zwischen den Ergebnissen aus Resonanzverss. u. Neutronenbeugungsverss. bestehen, besprochen. (Physic. Rev. [2] **89.** 142. 1/1. 1953. White Oak, Md., U. S. Naval Ordnance Labor.) V. HARLEM. 137

Alfred Kastler, *Optische Methoden zur Untersuchung der magnetischen Resonanz.* Die Methoden zur Unters. der räumlichen Quantelung u. Best. der Quantenzahlen des Atoms u. des Kernspins können in magnet., opt. (einschließlich der Radiofrequenzspektroskopie) u. magneto-opt. Meth. eingeteilt werden. Die letztere Meth. liegt vor bei der Unters. des ZEEMAN-Effektes. Eine rein magnet. Meth. liegt vor beim STERN-GERLACH-Vers. u. seinen Verfeinerungen. Die magnet. Resonanzfrequenzmeth. gehört zu den magneto-opt. Methoden. Unter den rein opt. Methoden ist die Analyse der Multiplettstruktur der opt. Spektren zu erwähnen, welche zur Entdeckung des Spinelektrons u. zum Vektormodell von RUSSEL-SAUNDERS, u. die Analyse der Hyperfeinstruktur der Spektrallinien, die zur Entdeckung des Kernspins führte. Die Stärke der Polarisation der Resonanz- u. Fluorescenzstrahlung der Atome ist unmittelbar verbunden mit der ZEEMAN-Struktur der betreffenden Spektrallinie u. ist sehr empfindlich gegenüber einer Änderung dieser Struktur, hervorgerufen durch den Kernspin. Diese Polarisation ist das Ergebnis einer selektiven Anregung der m-Unterniveaus des angeregten Zustandes durch die erregende Strahlung. Da die magnet. Resonanz zwischen diesen Unterniveaus ihre Besetzung auszugleichen bestrebt, wird dadurch eine Depolarisation der ausgesandten Strahlung verursacht, u. dieser Effekt erlaubt den opt. Nachw. der magnet. Resonanz der angeregten Zustände. Die magnet. Resonanz des $6^3\,P_1$-Zustandes des Hg wurde auf diese Weise entdeckt. Opt. Anregung von Atomen durch nichtisotrope Strahlung, bes. durch einen parallelen Strahl zirkular polarisierten Lichts, gibt die Möglichkeit einer Besetzungsänderung der m-Unterniveaus des Grundzustandes oder der metastabilen Zustände, u. durch die opt. Wiederanregung dieser Zustände kann die Unsymmetrie der Besetzung geprüft werden. Wenn diese Unsymmetrie durch magnet. Resonanz zerstört wird, kann die Resonanz opt. festgestellt werden. Diese opt. Meth. scheint bes. anwendbar zu sein für die Analyse metastabiler Zustände u. für die Unters. der Hyperfeinstruktur der ZEEMAN-Linien in schwachen Feldern. (Physica **17.** 191—204. März/April 1951. Paris, École normale supérieure; Univ. de Paris, Labor. de Phys.) V. HARLEM. 137

E. M. Purcell, *Kernresonanz in Kristallen.* In Kristallen ist die Kernspin-Gitter-Relaxationszeit t_1 im allg. sehr groß, während die Spin-Spin-Relaxationszeit t_2 sehr klein ist. In sehr wenigen Fällen allerdings ist t_1 so groß, wie es in einem vollkommenen Kristall sein kann. Gewöhnlich enthält der vorhandene Relaxationsprozeß nicht die Gitterschwingungen, sondern innere Rotation der Moll. oder Ionen, oder beruht auf möglichen paramagnet. Verunreinigungen. Die Temperaturabhängigkeit von t_1 gibt wichtige Aufklärung über die innere Rotation. Verss. an NH_4Cl-, NH_4Br-, $CaSO_4 \cdot 2H_2O$-, $LiAl(SiO_3)_2$-, $NaNO_3$- u. LiF-Kristallen (eigene Verss. u. Literaturangaben) werden beschrieben u. die Zusammenhänge dieser Unterss. mit denen über die Linienform besprochen. Die Kopplung des elektr. Kernquadrupolmoments mit einem schwingenden Gitter kann viel stärker sein als der Dipoleffekt. POUND hat Beispiele gefunden, wo dieser Effekt bei Zimmertemp. vorherrschend ist, u. hat den Mechanismus dafür als Quadrupolkopplung durch selektive Sättigung der einen Linie eines Quadrupolmultipletts identifiziert. Die Relaxationszeit wich nicht sehr ab von der, die sich aus der entsprechend umgeänderten Theorie von WALLER ergibt. Die Existenz von Kristallen mit großer Relaxationszeit bei Zimmertemp. hat zu Verss. geführt über die Fortdauer der Kernpolarisation, wenn der Kristall aus dem Magnetfeld entfernt wird (im Effekt eine adiabat. Entmagnetisierung bei Zimmertemp.). Es ist möglich, das Feld im Kristall aufrechtzuerhalten ohne Umkehrung der Polarisation. Die Spintemp. ist dann negativ, u. der Kristall emittiert eher in Resonanz, als daß er absorbiert. Diese Verss. werfen eine Reihe interessanter Fragen auf über den Zustand des Syst., wenn H_0 vergleichbar mit oder kleiner ist als die inneren Felder, u. machen Resonanzunterss. in diesem neuen Gebiet möglich. (Physica **17.** 282—302. März/April 1951. Cambridge, Mass., Harvard Univ., Lyman Labor.) V. HARLEM. 137

T. G. Owe Berg, *Notiz über den Einfluß von Atomschwingungen auf den Paramagnetismus und auf die spezifische Wärme.* In Fortsetzung einer früheren Arbeit (vgl. C. **1952.** 6812) wird gezeigt, daß die in dieser Arbeit abgeleitete Formel für die Susceptibilität zu hohe Werte gibt. Dies wird erklärt durch einen Resonanzmechanismus zwischen den therm. Atomschwingungen u. den Oscillationen der Wechselwrkg. zwischen den Zuständen mit parallelen u. antiparallelen Spins. Diese Resonanz ergibt eine Energieabsorption, auf die die Spitze der spezif. Wärme zurückzuführen ist. Ein gleicher Mechanismus ist auch anwendbar auf die Spitze der spezif. Wärme, die mit der Ordnung in Legierungen verbunden ist. (J. Physique Radium **14.** 100—03. Febr. 1953. Avesta, Schweden.) V. HARLEM. 137

Warren E. Henry, *Spinparamagnetismus von Cr^{3+}, Fe^{3+} und Gd^{3+} bei den Temperaturen des flüssigen Heliums und in starken Magnetfeldern.* Die Messungen des relativen magnet. Moments in Abhängigkeit von H/T (vgl. C. **1953.** 1130) werden auf Fe-NH_4-Alaun u. Gd-Sulfat-Octahydrat ausgedehnt. Aus der guten Übereinstimmung mit der BRILLOUIN-Funktion u. nicht mit der LANGEVIN-Funktion wird auf Raumquantisierung der magnet. Dipole u. aus der Übereinstimmung bei Wahl von $g = 2$ ($L = 0$) u. den Abweichungen bei Wahl von $g = 2/5$ ($L = 3$) auf Unterdrückung des Bahnmoments durch das elektr. Feld der Kristalle geschlossen. Geringe Abweichungen zweiter Ordnung werden auf die Aufspaltung der magnet. Energieniveaus durch das Feld der Kristalle zurückgeführt. (Physic. Rev. [2] **88.** 559—62. 1/11. 1952. Washington, Naval Res. Labor.) WIEDEMANN. 137

Ikumi Kagawa und **Kukuji Katsuura,** *Aktivitätskoeffizient von Beiionen und Ionenstärke von Polyelektrolytlösungen.* Unter „Beiionen" verstehen Vff. einfache Ionen vom gleichen Ladungssinn wie der der polymeren Ionen. Von den wss. Lsgg. von *Natriumcarboxymethylcellulose* (I) + *KCl* wurde mit Hilfe der AgCl-Elektrode die Cl^--Ionenaktivität γ potentiometr. bestimmt u. daraus die Ionenstärke μ der Lsg. berechnet. Für KCl allein wurde bei 25° die Beziehung gefunden $-\log \gamma = 0{,}5\ \mu^{0{,}5} - 0{,}355\ \mu^{0{,}9}$. Bei Ggw. von I gilt die Beziehung $\mu = C_2 + k(C_1^2/C_2)^n$; darin bedeuten C_1 = Konz. von I (0,004—0,015 Mol/Liter), C_2 = Konz. von KCl (0,002—0,018 Mol/Liter), $n = 0{,}47$, $k = 0{,}457$ für einen Verätherungsgrad $\alpha = 1{,}33$ von I bzw. 0,417 ($\alpha = 0{,}930$) bzw. 0,372 ($\alpha = 0{,}885$). Aus den Verss. folgt, daß das LEWISsche Gesetz der Ionenstärke für Polyelektrolytlsgg. unter der Voraussetzung anwendbar ist, daß sich die eine gewisse Anzahl von Gegenionen enthaltende kinet. Einheit von I (das „Segment") wie ein Ion mit einer punktförmigen Ladung verhält. Daraus wird weiter der Grad β der freien (bzw. der Grad $1-\beta$ der gebundenen) Gegenionen berechnet. β ist prakt. unabhängig von C_1, aber abhängig von der Konz. C_3 der freien Gegenionen (bei steigendem C_3 geht β durch ein Minimum infolge des Eindringens von Beiionen in die Phase des polymeren Ions nach genügend starker Verminderung der Abstoßungskräfte zwischen den beiden letzteren Ionenarten durch die Gegenionen); β ist auch für sehr kleine Werte von C_3 kleiner als 0,5, ein Zeichen, daß keine völlige Dissoziation stattfinden kann. Schließlich

wird auf thermodynam. Basis der Unterschied der Aktivitätskoeffizienten von Beiionen u. Gegenionen diskutiert u. auf den Zusammenhang zwischen den Eigg. von Polyelektrolytlsgg. u. von einfachen Elektrolytlsgg. auf Grund der von den Vff. (vgl. C. **1953.** 3094) für Polyelektrolyte entwickelten Zweiphasenvorstellung hingewiesen. (J. Polymer Sci. **9.** 405—15. Nov. 1952. Nagoya, Japan, Univ., Fac. of Engng., Dep. of Appl. Chem.)
Fuchs. 138

Roger Cohen-Adad, *Der Einfluß des Harnstoffs auf die elektrische Leitfähigkeit von Elektrolyten.* 1. Mitt. *Untersuchung starker Elektrolyte* (*Salzlösungen*). Vf. untersucht den Einfl. wachsender Konzz. an Harnstoff (I) auf die Äquivalentleitfähigkeit (σ), die relative Viscosität (η) u. die DK. wss. Lsgg. von *KCl, KBr*, $NaNO_3$, $BaCl_2$, *NaCNO* u. NH_4Cl. Die zu beobachtende Verminderung der Beweglichkeit der Ionen ist auf die Änderung von σ u. der DK. des Milieus zurückzuführen, wobei sich die Versuchsergebnisse einmal durch die Waldensche Regel in bezug auf die Änderung von η u. zum anderen in bezug auf die Änderung der DK. durch die Gleichung von Onsager wiedergeben lassen, allerdings nur in sehr verd. Lösungen. Die Natur der genannten Ionen wird durch den Zusatz von I ebensowenig geändert wie ihr Hydratationsgrad. (Bull. Soc. chim. France, Mém. [5] **20.** 282—86. März 1953. Alger, Fac. des Sci., Labor. de Chim. Gén.)
Niemitz. 138

N. N. Greenwood und **R. L. Martin,** *Die Elektrochemie von Bortrifluorid-Koordinationsverbindungen.* 7. Mitt. *Ionendissoziationsgrade im geschmolzenen Zustand.* (6. vgl. C. **1953.** 5981.) Die elektr. Leitfähigkeit der BF_3-Komplexverbb. mit W., Alkoholen, Ae., Essigsäure u. Alkylacetaten (vgl. C. **1951.** II. 493. 3273; **1952.** 2129 u. l. c.) ist durch die Dissoziation dieser Koordinationsverbb. in Ionen bedingt. Ein Maß für den Dissoziationsgrad ist die „red. Leitfähigkeit" $\mu\eta$, d. h. das Prod. aus mol. Leitfähigkeit u. Viscosität, sofern das Verhältnis der Aktivierungsenergien von Viscosität u. Leitfähigkeit gleich 1 ist. (Die Richtigkeit dieser Beziehung wird am Beispiel von 22 Aminpikraten im geschmolzenen Zustand u. an einigen hochschm. anorgan. Salzen gezeigt.) Die Koordinationsverbb. mit W., Alkoholen u. Essigsäure sind zu 2—20% in Ionen dissoziiert; bei den Komplexen mit Ae. u. Estern beträgt der Dissoziationsgrad nur 0,04—0,2%. Stark dissoziiert sind die Verbb. mit H_3PO_4 u. $H_4P_2O_7$. (J. chem. Soc. [London] **1953.** 1427—32. Mai. Cambridge, Univ., Chem. Labor., u. Harwell, Berks., Atomic Energy Res. Establ.) Forche. 138

Hussein Sadek, *Über Mischungen von einer schwachen mit einer starken Säure in wässeriger Lösung.* Vf. untersucht Mischungen von starken Säuren (*HCl* u. $HClO_4$) mit schwachen Säuren (H_3PO_4, H_3AsO_4, CH_3COOH (I) u. H_3BO_3) bei 25° potentiometr. u. bestimmt die Überführungszahlen, um festzustellen, ob u. wieweit die Ionisation der schwachen Säure unter Bldg. eines Ionenpaares zurückgedrängt wird u. ob die Komplexbldg. auf eine Tripel-Ion-Bldg. nach Fuoss zurückzuführen ist. Aus den Unterss. an H_3PO_4:HCl (bzw. $HClO_4$) im Verhältnis 1:2 u. 1:3 geht hervor, daß sich H_3PO_4 als Nichtelektrolyt u. in wss. Lsg. nicht als „Base" verhält, so daß eine Tripel-Ion-Bldg. nicht begünstigt ist. Die Überführungszahl des Cl^- ist wesentlich größer als in reiner HCl-Lsg. (T_{Cl} in 1:2 Mischung 0,822, in 1:3 0,660). Potentiometr. Messungen an Mischungen von HCl mit den oben angeführten schwachen Säuren ergaben, daß die Säuremischungen stärker sauer sind als die reine starke Säure. Der p_H nimmt mit Ausnahme der H_3AsO_4-Mischungen 1:1, 1:2, 1:3 von H_3PO_4 über H_3AsO_4, I zu H_3BO_3 ab. Die Mischungen mit schwachen Säuren mit $HClO_4$ zeigen ein anderes Bild. H_3AsO_4- u. I-Mischungen mit $HClO_4$ aller Verhältnisse haben einen höheren p_H als $HClO_4$ allein. H_3BO_3:$HClO_4$ ist stärker sauer als $HClO_4$ allein. Mit steigender $HClO_4$-Konz. nehmen in den Mischungen mit H_3PO_4 die p_H-Werte ab, werden aber ab Verhältnis 1:2 größer als die der reinen $HClO_4$. Messungen der Cl^--Aktivität nach Guntelberg (Z. physik. Chem. **123.** [1926.] 199) zeigen, daß die p_{Cl}-Werte der Mischungen immer höher liegen, als die der reinen HCl. Liegt die schwache Säure als Ionen-Paar vor, so werden durch die hohe Polarität Wassermoll. angelagert. Durch die so eintretende Inhomogenität der Lsg. lassen sich die Meßergebnisse erklären. (J. Indian chem. Soc. **28.** 619—25. Nov. 1951. Alexandria, Ägypten, Faruk I Univ., Faculty of Sci., Chem. Dep.)
Moslé. 139

Harry Levin und **Charles F. Bonilla,** *Thermogalvanische Potentiale.* 1. Mitt. *Die Anwendung der Thermodynamik auf thermogalvanische Daten.* (*Eine Untersuchung der Silberchloridelektrode von 25° bis 90° C*). Vff. untersuchen die thermogalvan. Zelle $(Ag/AgCl)_{T_1}$/mol. MCl/$(AgCl/Ag)_{T_2}$, um Werte für die EMK. u. die Entropie des Cl^- zwischen 25° u. 90° zu erhalten. Als Elektrolyt wurde KCl, CsCl u. HCl verwandt. Es zeigt sich, daß der Einfl. von K^+ u. Cs^+ sowie von Änderungen der Elektrolytkonz. gering, der von H^+ jedoch beträchtlich ist. Die Daten u. Berechnungen ergeben, daß die EMK.- u. Entropiewerte nicht exakt durch die für reversible Prozesse gültigen thermodynam. Beziehungen bestimmt werden. Eine Korrektur durch SORET-Effekte gelingt nur, wenn die Temperaturdifferenz nicht größer als 10° ist. Der Einfl. von Entropieeffekten des Lösungsm., die nicht in die Aktivitätskoeffizienten eingehen, auf das Elektrodenpotential wird für möglich gehalten. Eine Anwendung derartiger thermogalvan. Messungen soll möglich sein, wenn die Temperaturdifferenzen nicht größer als 5—10° sind u. bei p_H-Werten zwischen 4 u. 10. Andernfalls können auch bei Korrektur durch die SORET-Koeffizenten nur sehr grobe Annäherungen erreicht werden. (J. electrochem. Soc. **98.** 388—94. Okt. 1951. Baltimore, Md., Johns Hopkins Univ.)

R. LEVI. 140

A_4. Thermodynamik. Thermochemie.

Erich Lange, *Über Temperatur und „Transenergiegehalt“.* Im Anschluß an frühere Veröffentlichungen (vgl. C. **1953.** 4965) untersucht Vf. den Zusammenhang zwischen dem Temperaturbegriff u. anderen Größen. Er setzt $T \equiv E^1$. E^1 stellt dabei die translator. kinet. Energie von 1 Mol eines idealen Gases bei der betreffenden Temp., den „Transenergiegehalt“, dar. Bei Einführung eines Energiemaßes von 12,46 Joule ≡1 Bolz erhält man für den Transenergiegeh. Maßzahlen, die mit der Maßzahl der Temp. in der KELVIN-Skala übereinstimmen. (Z. Elektrochem., Ber. Bunsenges. physik. Chem. **57.** 385—86. 1953. Erlangen, Univ., Inst. für physik. Chemie.) R. LEVI. 146

J. R. Partington und **H. H. Neville,** *Orthobare Dichten und Oberflächenspannung von Carbonylsulfid.* Die DD. des fl. COS wurden zwischen —100° u. +100°, die orthobaren DD. zwischen 30° u. dem zu 102,2° bestimmten krit. Punkt u. die Oberflächenspannung zwischen —100° u. +40° ermittelt. Die experimentell erhaltenen Werte für die DD. des fl. COS gehorchen mit befriedigender Genauigkeit der einfachen Beziehung $\varrho_l = 1{,}049 - 0{,}0029\,t - 6{,}76 \cdot 10^{-6}\,t^2$ u. sind etwas größer als die früher von anderen Autoren bestimmten. Vff. führen dies auf die Berücksichtigung der M. in der Dampfphase zurück. Die Kurve der orthobaren DD. bestätigt den beobachteten krit. Punkt bei +102,2° ± 0,2°. Der aus den experimentell erhaltenen Ergebnissen berechnete Parachor ergibt sich zu 108,3 bei 0° (theoret. Wert 119,7). (J. physic. Colloid. Chem. **55.** 1550—57. Dez. 1951. London, Univ., Queen Mary Coll., Chem. Dep.) WOELK. 148

A. Michels, R. J. Lunbeck und **G. J. Wolkers,** *Thermodynamische Eigenschaften von Stickstoff als Funktionen von Dichte und Temperatur zwischen —125° und +150° C und Dichten bis zu 760 Amagat.* Die thermodynam. Daten von N_2 wurden nach den von BENEDICT (J. Amer. chem. Soc. **59.** [1937.] 2224 u. 2233) bis 5800 at u. für Temp. zwischen —185 u. +200° veröffentlichten Werten berechnet u. in Tabellen zusammengefaßt. Übereinstimmung herrschte auf 0,2% oberhalb 0° u. bis 3000 at. Bei höheren Drucken stieg die Abweichung bis 1,5% bis 6000 at. Für Temp. unterhalb 0° gab BENEDICT eine Formel für PV als Funktion der Dichte. Für höhere Tempp. wurde eine Formel von MICHELS u. Mitarbeitern verwendet, deren Koeffizienten für N_2 tabellar. angegeben sind. Weitere Tabellen enthalten Werte für folgende thermodynam. Größen in Abhängigkeit von der Temp.: PV-Werte in Amagateinheiten; Innere Energie U_i; Energie U; Innere Entropie; Entropie S; Enthalpie H; Freie Energie F; Freie Enthalpie G; Innere kinet. Energie K; Spezif. Wärme C_v; Schallgeschwindigkeit. Die Zunahme der spezif. Wärme C_v bei Kompression von N_2 u. CO_2 wird zum Schluß in Kurven veranschaulicht. (Physica **17.** 801—16. Sept. 1951. Amsterdam, Gemeente Univ., Van der Waals Labor.)

MIETHING. 148

R. J. Lunbeck, A. Michels und **G. J. Wolkers,** *Thermodynamische Eigenschaften von Stickstoff als Funktionen von Druck und Temperatur zwischen 0 und 6000 Atmosphären und von —125° bis +150° C.* Aus den früher veröffentlichten Daten über thermo-dynam. Eigg. von N_2 in Abhängigkeit von der D. (vgl. vorst. Ref.) wurden die entsprechenden Daten in Abhängigkeit vom Druck berechnet. Es sind folgende Größen tabellar. festgehalten: PV, Entropie S, innere Energie U, freie Energie F, innere kinet. Energie K_i, freie Enthalpie G, spezif. Wärmen C_v u. C_p, der JOULE-THOMSON-Koeff. μ u. die Schallgeschwindigkeit c. Ferner werden ein TS-, HS- u. HP-Diagramm für den oben angegebenen Bereich gegeben. (Appl. sci. Res. A **3.** 197—210. 1952. Amsterdam, Gemeente Univ., Van der Waals Labor.) CRAMER. 148

E. U. Franck und **W. Stöber,** *Zähigkeit und molekularer Wirkungsdurchmesser des Fluors.* Die Zähigkeit des F_2 im Gaszustand wurde bei verschied. Tempp. zwischen 90 u. 417° K nach dem Prinzip der „schwingenden Scheibe“ in einer Quarzapp. gemessen u. mit den von HIRSCHFELDER, BIRD u. SPOTZ (C. **1949.** II. 393) u. von KANDA (Bull. chem. Soc. Japan **12.** [1937.] 463) gefundenen Werten verglichen. Aus der Temperaturabhängigkeit der Zähigkeit errechnet sich der Grenzwert des Stoßdurchmessers der

F_2-Moll. für sehr hohe Temppp. zu $d_\infty = 2{,}96$ Å. (Z. Naturforsch. **7 a.** 822—23. Dez. 1952. Göttingen, Univ., Inst. für physikal. Chem.) FORCHE. 148

Walter H. Prahl, *Eine algebraische Darstellung von Dampf–Flüssigkeits-Gleichgewichten.* Es wird eine empir. Gleichung für den Molanteil in der dampfförmigen u. in der fl. Phase eines bin. Gemisches aufgestellt, die eine gerade Linie darstellt. Aus der Geraden werden die Konstanten für das Gemisch *CCl_4-Methylalkohol* bei 55° ermittelt. Experimentelle Resultate werden damit ausgeglichen u. weitere thermodynam. Daten gewonnen. (Ind. Engng. Chem. **43.** 1767—70. Aug. 1951. North Tonawanda, N. Y., Durez Plastics and Chemicals Inc.) MIETHING. 150

Roger Gilmont, *Algebraische Darstellung von Dampf–Flüssigkeits-Gleichgewichten.* Vf. erklärt die in der gleichnamigen Arbeit von PRAHL (vgl. vorst. Ref.) veröffentlichten Gleichungen thermodynam. u. erweitert sie für weitere Konstanten. Zahlenmäßig wird die relative Verflüchtigung $\alpha = p/P = 1{,}201$ errechnet. — In der Erwiderung weist **Walter H. Prahl** darauf hin, daß die Gleichungen auf mehr als 2 Parameter ausgedehnt werden können, daß die Beziehungen auf Systeme in jedem Bereich mit der Genauigkeit des Vers. gelten u. wie die Molanteile der festen u. fl. Phase einfach berechnet werden. (Ind. Engng. Chem. **44.** 1450—51. Juni 1952. New York, N. Y., Emil Greiner Co.) MIETHING. 150

A. Musil und **Eva Schramke,** *Rechnerische Zerlegung der Total-Dampfdruckkurven in die Partialdruckkurven.* 2. Mitt. *Neue Methoden und deren praktische Durchführung.* (1. vgl. Acta physica austiaca **3.** [1949.] 137, vgl. auch C. **1950.** II. 267.) Zur Ermittlung der Partialkurven aus der Totalkurve u. damit der Ermittlung der interessierenden thermodynam. Aktivitäten der beiden Mischungsbestandteile wird in Zusammenarbeit mit HUBER eine Meth. entwickelt, die die Ausgleichsrechnung auf die MARGULESschen Lösungsfunktionen der DUHEM-MARGULESschen Gleichung anwendet. Diese Meth. besteht im wesentlichen in der Algebraisierung der transzendenten MARGULESschen Lösungsfunktion. Ferner wird eine Modifizierung dieser strengen Meth. angegeben, die ein vereinfachtes Rechenverf. darstellt. (Acta physica austriaca **3.** 309—19. 1950. Graz, Univ., Inst. für anorg. u. analyt. Chem.) FREIWALD. 150

Harry Stern, *Empirische Gleichungen für Versuchswerte, die drei Variable enthalten.* Unter Bezugnahme auf das Verh. des Partialdruckes von NH_3 über einer wss. Lsg. als Funktion von Temp. u. Konz. erklärt Vf. eine Meth., die es ermöglicht, experimentell gefundene Werte dreier variabler Größen in Form einer Gleichung auszudrücken. Hierdurch läßt sich zwischen wenigen verstreuten Punkten genau interpolieren u. ein Nomogramm bzgl. der drei Variablen zeichnen. (Ind. Engng. Chem. **44.** 2442—44. Okt. 1952. Pullman, Wash., State Coll. of Washington, Dep. of Chem. Engng.) OPPERMANN. 150

P. H. Schweitzer und **V. G. Szebehely,** *Gasentwicklung in Flüssigkeiten und Kavitation.* Für verschied. Fll. wurde an Hand von Messungen des Gasdruckes die Löslichkeit von *Luft* bei 70° F bestimmt. Für die durch $V_e = S p_e V_1/p_0$ (V_e = gelöstes Gasvol. beim Gleichgewicht, V_1 = Fl.-Vol., p_e = Gasdruck im Gleichgewicht, p_0 = Anfangsgasdruck) definierte Löslichkeitskonstante S wurde gefunden: *Hochsiedende Schmiermittel* (9 verschied. Sorten, die durch Angabe ihrer Viscosität charakterisiert sind) 7,75—9,18%, *niedrigsd. Schmiermittel* (4 Sorten) 9,70—11,30%, *Dieselöl* 11,98%, *Motortreibstoff* für Flugzeuge (3 Sorten) 17,20—25,14% u. *dest. W.* 1,84%. Ferner wurde für die gleichen mit Luft gesätt. Fll. die Geschwindigkeit der Gasabgabe beim heftigen Schütteln (400 Schwingungen/Min.) der Fll. gemessen. Die Ergebnisse lassen sich darstellen durch $-(p-p'_e)/p_0 = S(p_e-p'_e)\cdot \exp(-kt)/rp_0$ (p'_e = Endgleichgewichtsdruck, r = Verhältnis von Gasvol. zu Flüssigkeitsvol.). Die Halbwertszeit der Gasabgabe ($T_e = \ln 2/k$) ergibt sich für die gleichen Substanzen u. für r = 4 zu 11,6—51,4 Sek. bzw. 3,56—7,63 bzw. 0,30 bzw. 0,128—0,236 bzw. 3,86. Die Halbwertszeit für den Lösungsvorgang ist durchweg größer als T_e, sie beträgt 32,7—414 Sek. bzw. 6,14—10,22 bzw. 3,08 bzw. 1,214—2,595 bzw. 7,93. Die für die Entgasung erhaltenen Ergebnisse werden auf Grund von Kavitationsvorgängen in den Fll. erklärt. (J. appl. Physics **21.** 1218—24. Dez. 1950. State College, Pa., Pennsylvania State Coll.; Blacksburg, Virg., Polytechn. Inst.) FUCHS. 150

S. G. Reed jr., *Einige Beispiele schwacher Detonationen.* Vf. stellt heraus, daß einige irreversible Kondensationsprozesse, die bei Überschallströmung aus Düsen auftreten, als Beispiele schwacher Detonation angesehen werden können. Dabei findet eine plötzliche Kondensation von metastabilem, übersätt. Material statt, die durch eine Expansion eingeleitet wird. Die Kondensationsmenge steigt, solange die Temp. fällt. An Hand des HUGONIOT-Diagrammes wird der „Kondensationsstoß" von in Luft enthaltenem Wasserdampf erläutert (vgl. C. **1953.** 5779). (J. chem. Physics **20.** 1823—24. Nov. 1952. White Oak, Silver Spring., Md., Naval Ord. Labor.) CRAMER. 157

Hans Behrens, *Untersuchung über Aussehen und Gestalt von Brennflammen.* Die Vorgänge in Flammen untersuchte Vf. an Brennern mit düsenförmiger Austrittsöffnung, da diese bis fast an den Düsenrand eine homogene Geschwindigkeit des Brenngemisches aufweisen u. daher der Brennkegel geradlinig begrenzt ist. Vf. untersuchte die Flammen gasförmiger u. fl. KW-stoffe (wie CH_4, C_6H_6, C_2H_2, *Propan*, C_2H_4, *Butan*) sowie von H_2 im Gemisch mit Luft, O_2, CO_2, N_2 oder Ar u. schildert an Hand von Abbildungen die verschied. beobachteten Flammenausbildungen. Vf. studierte ferner die Verhältnisse an Frittenbrennern. (Z. physik. Chem. **196.** 78—101. Sept. 1950. Weil/Rh.)

ROEDER. 157

A_5. Grenzschichtforschung. Kolloidchemie.

B. Težak, E. Matijević und **K. Schulz,** *Koagulation hydrophober Sole in statu nascendi.* 1. Mitt. *Bestimmung von Koagulationswerten.* Vff. verweisen auf die Vorzüge, die die Unters. hydrophober Sole in statu nascendi für die Aufklärung der Koagulationswrkg. neutraler Elektrolyte bietet u. beschreiben die experimentelle Technik der Herst. der Lsgg., der Messungen u. der graph. Auswertung der erhaltenen Ergebnisse. Die Bldg. der Fällung wird mit einem Tyndallometer in Verb. mit einem PULFRICH-Photometer in versch. Spektralbereichen verfolgt. Eine Orientierung über die Änderung der Teilchengröße in verschied. Systemen ist mit der von TEŽAK angegebenen Meth. der tyndallometr. Dispersionsquotienten DQ_T möglich. An Hand einer Unters. des Syst. $AgBr-KNO_3$ erläutern Vff. eingehend die Brauchbarkeit der aus derartigen Messungen erhaltenen Diagramme zur Best. des Koagulationswertes. (J. physic. Colloid Chem. **55.** 1557—66. Dez. 1951. Zagreb, Univ., Faculty of Science, Labor. of Physical Chem.)

WOELK. 163

B. Težak, E. Matijević und **K. Schulz,** *Koagulation hydrophober Sole in statu nascendi.* 2. Mitt. *Einfluß der Konzentration des Sols und des stabilisierenden Ions auf die Koagulation von Silberchlorid, Silberbromid und Silberjodid.* (1. vgl. vorst. Ref.) Mit Hilfe tyndallometr. Messungen (l. c.) untersuchten Vff. die Beziehungen zwischen den Koagulationswerten von K^+-, Ba^{2+}- u. La^{3+}-Ionen u. der Konz. von Ag-Halogenidsolen in statu nascendi, der Konz. des stabilisierenden Ions u. der durch den Übergang von $AgCl \rightarrow AgJ$ bewirkten Änderungen. Im Bereich der Solkonzz. von $1 \cdot 10^{-4}$ bis $1 \cdot 10^{-5}$ n ergibt sich ein deutlicher Abfall der Koagulationswerte der 3 untersuchten Ionen mit steigender Solkonzentration. Die Unters. des Einfl. stabilisierender Ionen auf die Koagulationswerte führt zu Ergebnissen, die mit den von KRUYT erhaltenen übereinstimmen. In einem engen Gebiet niedriger Ionenkonzz. bewirkt eine Erhöhung der Konz. des stabilisierenden Ions eine Steigerung des Koagulationswertes der einwertigen Ionen, während der des 3wertigen Ions abnimmt u. der des 2wertigen nur unwesentlich beeinflußt wird. Eine Anwendung der Regel von BURTON-BISHOP auf diese Systeme ist auch nur auf dieses Gebiet geringer Konz. des stabilisierenden Ions beschränkt. Die Koagulationswerte des einwertigen Ions sind für AgCl am niedrigsten, das 3wertige Ion verhält sich umgekehrt, während das 2wertige annähernd gleiche Koagulationswerte für die 3 Sole hat. Auf Grund dieser Ergebnisse u. der anderer Autoren kommen Vff. zu dem Schluß, daß die Regel von BURTON-BISHOP in den meisten Fällen ein sek. Effekt der Änderung der Ladungsdichte auf das Sol-Teilchen ist. (J. physic. Colloid Chem. **55.** 1567—76. Dez. 1951.)

WOELK. 163

R. M. Barrer, *Eine neue Behandlung des Strömens von Gasen in Capillarsystemen.* Vf. teilt einige Ergebnisse von Unterss. der Porosität, des Krümmungsfaktors, des mittleren Capillardurchmessers r u. der inneren Oberfläche A mit, die er mit Hilfe der Meth. des Zeitverzugs (time lag method) erhalten hat. Diese Meth. führt zu Ergebnissen für r u. A, die charakterist. von den Werten, die mit den Methoden des stationären Fließens bestimmt wurden (vgl. ARNELL, Canad. J. Res., Sect. A **24.** [1946.] 103; **25.** [1947.] 191; **26.** [1948.] 129), abweichen. Eine Reihe von Anhaltspunkten machen es wahrscheinlich, daß mit der neuen Meth. die echte innere Oberfläche exakter bestimmt werden kann als mit den älteren Methoden. Die Meth. des Zeitverzugs wurde auf die Unterss. der Adsorption u. Diffusion von Gasen, die gemäß dem HENRYschen Gesetz adsorbiert werden, erweitert. Die Oberflächendiffusion in porösem „Vycor"-Glas (in dem ein hohes Verhältnis von Oberfläche zu Vol. mit sehr feinen Capillaren kombiniert ist), war bei der Zimmertemp. u. darüber mit der Volumendiffusion entlang den Capillaren in der Gasphase bei O_2, N_2, *Ar*, *Kr*, CH_4 u. C_2H_6 vergleichbar. Ein weiterer Vorteil der Meth. des Zeitverzuges ist die Möglichkeit, Gasgemische (z. B. $N_2-C_2H_6$) u. Isotopengemische (H_2, *HD*, D_2) durch eine Scheidewand zu trennen; dies war bei den Methoden des stationären Fließens wegen der zu kleinen Trennungsfaktoren nicht möglich. (J. physic. Chem. **57.** 35—40. Jan. 1953. Aberdeen, Scotland, Univ., Chem. Dep.)

G. HEINRICH. 165

J. Salvinien, J. J. Moreau und **R. Gaufrès,** *Theoretische und experimentelle Untersuchungen mehrerer stationärer Diffusionsvorgänge, die durch gegenseitige Fällung von zwei Reagentien bedingt werden.* Ausgehend von den Diffusionsformeln von FICK werden allg. Gleichungen für den Fall abgeleitet, daß zwei von entgegengesetzter Richtung herandiffundierende Stoffe A u. B unter Bldg. eines unlösl. Nd. AB reagieren u. durch Nachlieferung sich ein stationärer Zustand einstellt. Als vereinfachende Sonderfälle werden die Diffusion in einer dünnen rechteckigen, sektorförmigen u. kreisförmigen Lamelle betrachtet. Die zur Nachprüfung der theoret. Überlegungen durchgeführten Verss. in auf Glasplatten gegossenen, $BaCl_2$ bzw. K_2SO_4 enthaltenden Gelatineschichten ergaben für die Lage der Fällungsfront befriedigende Übereinstimmung mit der Theorie u. die Möglichkeit zur Messung von Diffusionskoeffizienten. (J. chim. physique Physico-Chim. biol. **50.** 1—5. Jan. 1953. Montpellier, Fac. des Sci., Inst. de Chim.)
HENTSCHEL. 171

David William Brubaker und **Karl Kammermeyer,** *Trennung von Gasen mit Hilfe von durchlässigen Membranen. Durchlässigkeit von plastischen Membranen für Gase.* In einer bildlich u. skizzenmäßig dargestellten App. wird die Durchlässigkeit u. Trennfähigkeit von Gasen, wie N_2, O_2, H_2, CO_2 u. Gemischen daraus, durch verschied. 0,002 bis 0,005 mm starke Kunststoff-Folien, z. B. aus *Vinylchlorid-Vinylacetat, Äthylcellulose, Polystyrol, Vinylchlorid, Vinylchlorid-Vinylidenchlorid* u. *Polyäthylen* usw., geprüft. Die Gasdurchlässigkeit der Folien, die von Bedeutung für ihre Verwendung bei der Gastrennung im Verpackungswesen u. für Ballonhüllen ist, wurde bei verschied. Tempp. untersucht. Auch der Einfl. wechselnder Mengen von Weichmachern in der Membran auf die Gasdurchlässigkeit wird mit einbezogen. Die Permeabilitätskonstante wurde ermittelt. Ihre Streuung beträgt 5—10%, hauptsächlich infolge der schwankenden Dicke der Membran. Die Temp. ist von wesentlichem Einfl. auf die Durchlässigkeit der Filme, u. dieser kann durch 2 Parameter ausgedrückt werden: die Durchlässigkeit bei unendlicher Temp. u. die Aktivierungsenergie des Durchganges. Die Werte dieser Parameter zeigen bei verschied. Gas–Film-Kombinationen Schwankungen, so daß Vff. raten, die Durchlässigkeit bei 2—3 Tempp. anzugeben. Menge u. Art des Weichmachers verursachen Änderungen in der Durchlässigkeit der Filme. Eine genaue Wahl der Verbb. u. der Versuchstechnik soll zu einer Entw. eines Filmes führen, der die gewünschten Durchlässigkeitseigg. besitzt. Versuchsergebnisse, bildliche Darst., Diagramme u. 28 Literaturhinweise im Original. (Ind. Engng. Chem. **44.** 1465—74. Juni 1952. Iowa City, Io., State Univ. of Iowa.)
K. O. MÜLLER. 171

Jacques Huetz, *Ein Beitrag zur Untersuchung des Viscositätskoeffizienten von Flüssigkeiten.* Ausgehend von den Gleichungen von NAVIER für die laminare Strömung von Fll. werden die Strömungsverhältnisse bes. für einen Viscosimetertyp untersucht, bei dem sich die Fl. zwischen zwei konzentr. Kugeln, von denen die innere rotiert, befindet. Die theoret. gewonnenen Ergebnisse werden mit den Messungen an *Ricinusöl* u. *Spindelöl* verglichen. Ferner werden die Kräftepaare u. Drehmomente für den Fall rotierender Kugeln, Rotationsellipsoide u. Zylinder untersucht, u. durch Sichtbarmachung der Konvektionsströme mit Al-Pulver gezeigt, daß bei nicht zu hohen Drehzahlen die Bewegung der Flüssigkeitsteilchen in Meridianebenen erfolgt u. sich durch die klass. Gleichungen von STOKES u. Mitarbeitern richtig wiedergeben läßt. In einem zweiten Teil wird für den Fall eines keilförmigen Ölfilms, wie er bei der Lagerschmierung auftritt, mittels einer näher beschriebenen App. die Druckverteilung unter Angabe eines numer. durchgerechneten Beispiels untersucht. Dabei wird gezeigt, daß in dem Ölfilm zwei Bereiche vorkommen: in dem einen sind die klass. Beziehungen nach REYNOLDS u. Mitarbeitern gültig, während bei höheren Winkelgeschwindigkeiten (über 59°) Abweichungen auftreten. (Publ. sci. techn. Ministère Air **1952.** Nr. 260. 1—70.)
HENTSCHEL. 172

A. Bielański, *Sorption von Wasserdampf an entwässertem Kaliumalaun.* In einer vom Vf. im einzelnen beschriebenen App. wurden zunächst Kaliumalaunkristalle bei 55° im Vakuum entwässert; die Endprodd. hatten die Zus. $K_2SO_4 \cdot Al_2(SO_4)_3 \cdot (2{,}65 \pm 0{,}25)H_2O$. Die Rehydratisierung wurde mit Wasserdampf von 4—94 mm Druck bei 45, 55 u. 62° unter Luftausschluß vorgenommen. Während der „ersten" Rehydratisierung, die durch die lineare Abhängigkeit der Gewichtszunahme von der Quadratwurzel der Zeit gekennzeichnet ist, war es nicht möglich, mehr als 7,7 Mol H_2O auf 1 Mol Alaun zuzufügen. Bei einem Wasserdampfdruck höher als 50—60% des Sättigungswertes folgte auf die relativ schnelle „erste" eine langsame „zweite" Hydratisierung, bei der sich eine klebrige undurchsichtige Schicht auf der Oberfläche der Probe bildete. Die „erste" Hydratisierung zerfällt in zwei verschied. Typen: 1. Die Hydratation bei tiefem Wasserdampfdruck; hierbei ist das Endprod. undurchsichtig u. die Aktivierungsenergie ist sehr gering. Dieser Typ ist mit der Sorption von W. durch entwässerte Zeolithe zu vergleichen. 2. Bei der Hydratation bei hohem Wasserdampfdruck beträgt die Aktivierungsenergie ca. 1500 cal pro Mol H_2O. Die Kurve $\Delta w - \sqrt{t}$ (Δw = Gewichtszunahme) ist ebenfalls linear, jedoch tritt bei diesem Typ ein scharfer Knick auf, bei dem die undurchsichtige Probe durchsichtig wird. Es ist wahrscheinlich, daß die Rehydratation bei hohem Wasserdampfdruck mit Capillarkondensation von Wasserdampf in den capillaren Poren des Alauns verbunden ist. Zwei Mechanismen für diesen Typ der Rehydratisierung werden diskutiert. Nach den bisherigen Verss. liegen keine Anzeichen dafür vor, daß die Hydratationsprodd. mit hohem oder tiefem Wasserdampfdruck definierte Hydrate des $K_2SO_4 \cdot Al_2(SO_4)_3$ bilden. Dieses wird durch Röntgendiagramme, die kein geordnetes Gitter aufweisen, bestätigt. (Bull. int. Acad. polon. Sci. Lettres, Cl. Sci. math. natur., Sér. A **1950.** 35–72. Jan./Dez. London, Imperial Coll., Dep. of Inorg. and Phys. Chem.; Krakow, School of Min. and Metall., Phys. Chem. Dep.) G. HEINRICH. 176

E. H. Huffman und **R. C. Lilly,** *Anionenaustausch von Komplexionen von Hafnium und Zirkonium in HCl–HF-Mischungen.* Vff. untersuchen die Trennungsmöglichkeiten von Zr u. Hf an dem stark bas. *IRA 400* an Stelle von *Dowex 1* in einem Gemisch von HCl u. HF. Die Adsorption der beiden Elemente gelingt in Lsgg. von 0,06 mol. HF zu 98–99,8%, wenn auf 5 cm^3 Lsg. 60 mg des Harzes angewandt werden. Zr sowie Hf liegen dann in Form der Fluorokomplexe vor. Eluiert wird mit 0,009 mol. HF u. 0,17 bis 0,23 mol. HCl. Auf Grund der Abhängigkeit des Verteilungskoeff. D von H^+-, Cl^--Ionen- u. HF-Konz. schließen Vff. auf die Ausbldg. gemischter Halogenkomplexe, deren unterschiedliche Ladungen eine Trennmöglichkeit von Zr u. Hf an die Hand geben. Die Desorption wird mit Hilfe von radioakt. ^{181}Hf u. ^{95}Zr messend verfolgt. (J. Amer. chem. Soc. **73.** 2902–05. Juni 1951. Berkeley, Calif., Univ., Radiat. Labor.) LINK. 177

Kurt A. Kraus und **George E. Moore,** *Anionenaustauschuntersuchungen.* 3. Mitt. *Protactinium in einigen HCl–HF-Mischungen: Trennung von Niob, Tantal und Protactinium.* (2. vgl. C. **1952.** 3780.) Die Trennung von Nb, Ta u. Pa gelingt in stark salzsaurer u. schwach HF-saurer Lsg. unter Verwendung von *Dowex 1.* Die beste Trennung wird, auch in Ggw. von Zr, durch Verwenden folgender Elutionslsgg. erreicht: 9 mol. HCl – 0,004 HF [entfernt Zr(IV) u. Pa(V)]; 9 mol. HCl – 0,18 mol. HF [entfernt Nb(V)]; 4 mol. NH_4Cl – 1 mol. HF [entfernt Ta(V)]. Die gute Abtrennung der einzelnen Ionen voneinander, trotz weitgehend ähnlicher chem. Eigg. der Elemente, wird auf die Bldg. unterschiedlich geladener Halogeno- u. Oxohalogenokomplexe zurückgeführt. Die Messungen wurden mit Hilfe von radioakt. ^{95}Zr, ^{95}Nb, ^{182}Ta u. ^{233}Pa durchgeführt. (J. Amer. chem. Soc. **73.** 2900–02. Juni 1951. Oak Ridge, Tenn., Nat. Labor.) LINK. 177

George E. Moore und **Kurt A. Kraus,** *Anionenaustauschuntersuchungen.* 4. Mitt. *Kobalt und Nickel in salzsauren Lösungen.* (3. vgl. vorst. Ref.) Vff. untersuchten das Anionenaustauschverh. von Ni(II)- u. Co(II)-Salzen in 0,5–12 mol. HCl an dem starkbas. *Dowex 1.* Während die Elutionskonstante E für Ni im gesamten Konzentrationsgebiet ca. 2,5 beträgt, sinkt der Wert von E für Co mit zunehmender HCl-Konz. bis auf einen Wert von 0,02 in 9 mol. HCl ab. Diese Adsorptionsunterschiede sind für eine Trennung der beiden Elemente ausreichend. Die zunehmende Adsorbierbarkeit von Co bei steigender HCl-Konz. wird durch Ausbldg. von $CoCl_3^-$- bzw. $CoCl_4^{2-}$-Komplexen in Analogie zum $FeCl_4^-$ (vgl. C. **1951.** II. 345) u. $GaCl_4^-$ erklärt. Ni bildet keine Chlorokomplexe. (J. Amer. chem. Soc. **74.** 843–44. 5/2. 1952. Oak Ridge, Tenn., Nat. Labor.) LINK. 177

Augustin Boutaric, I colloidi e le loro applicazioni. Milano: A. Garzanti. 1952. (117 S.) L. 150,—.

A₆. Strukturforschung.

R. M. Frank und **K. L. Yudowitch,** *Kleinwinkelröntgenstreuung kompakter, gleicher Teilchen.* Eine allg. Gleichung für die Intensitätsverteilung der Kleinwinkelröntgenstreuung eines Syst., bestehend aus gleichen (ident.) Teilchen, wurde abgeleitet. (Physic. Rev. [2] **88.** 759–60. 15/11. 1952. Tallahassee, Fla., State Univ., Phys. Dep.) SCHÄFF. 181

D. Sayre, *Einige Folgerungen aus einem Theorem von Shannon.* Vf. bespricht einige Folgerungen, die man aus einem von SHANNON (vgl. Proc. Instn. Radio Engr. **37.** [1949.] 10) aufgestellten Theorem für die Kristallstrukturanalyse ziehen kann. (Acta crystallogr. [Copenhagen] **5.** 843. 10/11. 1952. Philadelphia, Pa., Univ., Johnson Foundation for Medical Phys.) GOTTFRIED. 181

Harald Sørum, *Direkte Methoden zur Bestimmung von Kristallstrukturen.* Ausgehend von der dreidimensionalen PATTERSON-Synth. erörtert Vf. die verschied. Verff. der Kristallstrukturbest.: HARKER-Diagramm, „implication diagram", Best. ohne Verwendung nichtröntgenograph. Daten, „vector set"-Meth. u. deren Weiterführung mittels Bildpolygonen mit einem repräsentativen Punkt (wobei mehrere PATTERSON-Werte mit Werten für die Elektronendichte kombiniert werden können), Mindestwert-

funktion, Phasenbeziehungen u. ihre Auswertung zur Strukturbestimmung. — 19 Literaturhinweise. (Tidsskr. Kjemi, Bergves. Metallurgi **12.** 157—62. Nov. 1952.)
R. K. MÜLLER. 181

V. Luzzati, *Statistische Behandlung der Fehler bei der Bestimmung der Kristallstrukturen.* Es wurde die von WILSON (vgl. C. **1950.** I. 1828) entwickelte statist. Meth. auf die Best. der Gesetze der statist. Verteilung der Fehler ΔF in den berechneten Strukturfaktoren angewandt, wenn die Atomlagen die Fehler Δ r haben, jedoch ohne die Bedingung, daß die Δr unbestimmt klein sind. Mit Hilfe dieser Verteilungsgesetze wurde die Funktion $R = (\overline{\|F_0| - |F_c\|}) \div \overline{|F_0|}$ (F_0 = beobachteter, F_c berechneter Strukturfaktor) für zentrosymm. u. nichtzentrosymm. Strukturen berechnet, wobei eine Beziehung zwischen R u. dem Verteilungsgesetz der Δ r nachgewiesen werden konnte. Für den Fall, daß die Atomlagen einer n. Verteilung, unabhängig von der Orientierung, folgen, wird eine Meth. angegeben, um den mittleren Wert von $|\Delta r|$ aus den experimentell erhaltenen Werten $\|F_0| - |F_c\|$ herzuleiten. (Acta crystallogr. [Copenhagen] **5.** 802—10. 10/11. 1952. Paris, Labor. Central des Services Chim. de l'État.)
GOTTFRIED. 181

J. van Dranen, *Die Schrödinger-Gleichung und das Problem der Unabhängigkeit des π-Elektronensystems.* 1. Mitt. Bei genügend genauer Berechnung liefert die SCHRÖDINGER-Gleichung auch für Moll. exakte Ergebnisse. Vf. gibt ein Schema der verschied. Näherungsmethoden. In einem aromat. Mol. sind die π-Elektronen nicht mehr in bestimmter Bindung lokalisiert, sondern können sich durch das ganze Mol. bewegen. Daraus läßt sich die Resonanzenergie ableiten, die den Unterschied in der Reaktionsfähigkeit zwischen aromat. Moll. u. anderen Verbb. mit konjugierten Doppelbindungen erklärt. Wenn man die π-Elektronen als ein unabhängiges Syst. betrachtet, das sich in einem durch die Kerne u. die anderen Elektronen verursachten Potentialfeld befindet, läßt sich ihre Energie in bestimmten charakterist. Parametern ausdrücken. Während die „Molekülbahnen-(molecular orbital)-Meth." der Unabhängigkeit des π-Elektronensyst. Rechnung trägt, gilt dies nicht für die „Valenzbindungs-(valence bond)-Meth.", die bei Systemen, in denen alle Elektronen berücksichtigt werden (z. B. die Rk. $H + H_2$), vorzuziehen ist, bei aromat. Moll. dagegen nur mit Vorbehalt anzunehmende Ergebnisse liefert. (Chem. Weekbl. **49.** 125—30. 21/2. 141—47. 28/2. 1953. Amsterdam, Univ., Labor. v. alg. en anorg. Scheikunde.)
R. K. MÜLLER. 182

C. C. J. Roothan, *Eine Untersuchung von Zwei-Zentren-Integralen, die zu Berechnungen der Molekularstruktur brauchbar sind.* 1. Mitt. Bei Berechnung der Mol.-Struktur entweder nach der Valenzbindungsmeth. (VD) oder nach der Molekülbahn-Theorie (MO) u. dem LCAO-(lineare Kombinationen von Atombahnen)-Annäherungsverf. werden die Mol.-Wellenfunktionen aus den Atombahnen (AO) abgeleitet. Die Berechnungen der Energien, des Übergangsmomentes, der Bindestärke u. anderer physikal. Eigg. werden auf eine große Anzahl Integrale über die AO zurückgeführt. Mit Ausnahme der Elektronenaustauschintegrale (s. nachst. Ref.) erhält man bei der Benutzung von SLATER-Atombahnen nur 2-Zentren-(two-center)-Integrale. Für diese Integrale werden bequeme Formen abgeleitet; im einzelnen sind es folgende Typen: Überlappungsintegrale $\int \chi_a \chi_b \cdot dv$; Integrale für die kinet. Energie $-\frac{1}{2}\int \chi_a \Delta \chi_b \cdot dv$; Kernanziehungsintegrale $Z \int \chi_a (1/r_a) \chi_b \cdot dv$ u. $Z \int \chi_b (1/r_a) \chi'_b\, dv$ u. COULOMBsche Abstoßungsintegrale der Form $\iint \chi_a(1) \chi_b(2) (1/r_{12}) \chi'_a(1) \chi'_b(2)\, dv_1\, dv_2$, wobei χ_a, χ'_a, χ_b, χ'_b SLATER-Atombahnen mit den Zentren a u. b sind. (J. chem. Physics **19.** 1445—58. Dez. 1951. Chicago, Ill., Univ., Dep. of Phys.)
ZIMMER. 182

Klaus Rüdenberg, *Eine Untersuchung von Zwei-Zentren-Integralen, die zu Berechnungen der Molekularstruktur brauchbar sind.* 2. Mitt. *Die Zwei-Zentren-Austausch-Integrale.* (1. vgl. vorst. Ref.) Es werden Hilfsfunktionen angegeben, um die Elektron-Elektron-Austauschintegrale auch auf 2-Zentren-Integrale zurückzuführen. Weiter werden die SLATER-Atombahnen für die Quantenzahlen 1, 2 u. 3 u. die entsprechenden 65 Ladungsverteilungen aufgestellt u. ihre Überführung in eine Matrix mitgeteilt. Ausführliche Diskussion der mathemat. Ableitungen s. Original. — 43 Literaturzitate. (J. chem. Physics **19.** 1459—78. Dez. 1951.)
ZIMMER. 182

Charles R. Mueller und **Henry Eyring,** *Halblokalisierte Bahnen.* 1. Mitt. *Das Wasserstoffmolekül.* Zu einer abgekürzten quantenmechan. Berechnung von Moleküleigg. benutzt man bisher Atombahnen oder Molekülbahnen gemäß der LCAO-Theorie. Vff. führen nun eine 3. Art von Bahnen, die „halblokalisierten" (semilocalized) Bahnen, ein. Das Grundkriterium für die analyt. Form der neuen Bahnen ist, daß sie für gewisse Werte der veränderlichen Parameter sowohl Molekülbahn- als auch Atombahn-Form annehmen können. Bei der Übertragung der neuen Bahnen zur

Berechnung der Bindungsenergie des H_2-Mol. erweisen sie sich den bisherigen Bahnen überlegen. Vff. erhalten einen Wert von 4,20 eV, während mit Molekül- u. Atombahnen Werte von 3,603 bzw. 3,76 eV errechnet wurden. Der Wert liegt dicht bei dem von JAMES u. COOLIDGE (J. chem. Physics **1**. [1933.] 825) berechneten genauen Wert von 4,27 eV. Vff. betonen, daß die halblokalisierten Bahnen die genauesten Werte ergeben, die man durch eine Einelektronen-Eigenfunktionsannäherung erhalten kann. (J. chem. Physics **19**. 1495—97. Dez. 1951. Lafayette, Ind., Purdue Univ., Dep. of Chem.; Salt Lake City, Ut., Univ., Dep. of Chem.) ZIMMER. 182

Charles R. Mueller, *Halblokalisierte Bahnen. 2. Mitt. Ein Vergleich der Methoden der Atom-, Molekül- und halblokalisierten Bahnen für den zweiatomigen Fluorwasserstoff.* (1. vgl. vorst. Ref.) Vf. wendet die Meth. der halblokalisierten Bahnen zur Berechnung der Bindungsenergie im HF-Mol. an u. dehnt sie auf die Berechnung des Dipolmomentes aus. Die vorst. Eigg. werden zum Vgl. auch mittels der Atom- u. Molekülbahnen ausgerechnet. Dabei zeigt es sich, daß auch hierbei die Anwendung halblokalisierter Bahnen den beiden anderen Verff. überlegen ist. Bes. auffällig ist das Versagen der Atombahnmeth. zur Errechnung der Dipolmomente. Nachst. Werte wurden errechnet (Reihenfolge: Atom-, Molekül-, halblokalisierte Bahnen, experimentell gefundene Werte), Bindungsenergie in atomaren Einheiten (27,205 eV): —0,9688, 0,1352, 0,1648 u. 0,2440. Dipolmoment: 0,86, 0,67, 1,56 u. 1,91. (J. chem. Physics **19**. 1498—99. Dez. 1951. Lafayette, Ind., Purdue Univ., Dep. of Chem.) ZIMMER. 182

Kun Huang, *Gitterschwingungen und optische Wellen in Ionenkristallen.* Es wird das Ergebnis einer Berechnung der Schwingungen in isotropen einfachen Ionengittern mitgeteilt, in der in Erweiterung der üblichen Gittertheorie der Einfl. der Retardierung der COULOMB-Kräfte mittels der MAXWELL-Gleichungen im Ansatz erfaßt wird. Während die Longitudinalschwingungen durch die Retardierung nicht geändert werden, folgt für die Transversalwellen ein Verh., das nur für kleine Wellenlängen asymptot. mit den transversalen Gitterschwingungen bzw. den dispersionsfreien Lichtwellen der vereinfachten Theorien übereinstimmt. Im Bereich zwischen den longitudinalen u. transversalen Gittereigenfrequenzen werden die transversalen Wellen total reflektiert u. zeigen angrenzend die typ. Wellenlängenabhängigkeit der Dispersionskurve. (Nature [London] **167**. 779—80. 12/5. 1951. Liverpool, Univ., Dep. of Theor. Physics.) TELTOW. 190

B. M. Masslennikow und **W. I. Lichtman,** *Neue Methode zur Erzeugung von metallischen Einkristallen aus Schmelzen.* Unter Berücksichtigung des Umstandes, daß der Sammelkristallisation im Temperaturgebiet dicht unter dem F. eines Metalles eine entscheidende Bedeutung für die Größenausbldg. der Kristallite zukommt, wird eine Meth. angegeben, die es gestattet, stabförmige Einkristalle beliebiger Länge herzustellen. Eine Drahtprobe des Metalles wird in einem horizontal angeordneten Quarzrohr durch einen kleinen fahrbaren ringförmigen Ofen örtlich zum Schmelzen gebracht u. durch Verschieben des Ofens wieder erstarren gelassen. Bei genügend langsamer Verschiebung des Ofens kann der Draht zu einem Einkristall umkrist. werden. Die Verss. wurden mit *Al*, *Bi*, *Pb*, *Sn* u. *Zn* durchgeführt. Der Drahtdurchmesser betrug 0,5 mm, die Vorschubgeschwindigkeit des Ofens 2 mm/Minute. (Академия Наук СССР. Труды Института Физической Химии [Akad. Wiss. UdSSR, Arb. Inst. physik. Chem.] **1950**. Nr. 1. 145—49.) REINBACH. 190

J. Böhm und **J. Jäntsch,** *Röntgenweitwinkeldiagramme thermisch zersetzter Kristalle.* Es wird zuerst das von LINNIK (Z. Physik **61**. [1930.] 220) entwickelte Röntgenweitwinkelverf. zur Durchstrahlung von Kristallen eingehend beschrieben. Hierauf wird über die Erprobung der Meth. an den Umwandlungen 1. α-*AlOOH* $\xrightarrow{650^\circ}$ α-Al_2O_3; 2. α-*FeOOH* $\rightarrow$ α-Fe_2O_3; 3. γ-*FeOOH* $\rightarrow$ γ-Fe_2O_3 u. 4. $Mg(OH)_2$ $\xrightarrow{450,1100^\circ}$ *MgO* berichtet. Bei 1. u. 2. traten vor u. nach der Entwässerung unterschiedliche Reflexionshyperbeln auf, entsprechend den verschied. Kristallstrukturen; es zeigten sich jedoch auch gewisse Übereinstimmungen. Für 1. ergab sich die folgende Beziehung zwischen den Achsen der beiden Gitter: α-AlOOH (rhomb.) a—b—c $\rightarrow$ α-Al_2O_3 (orthohexagonal) c—a—b. Bei 3. u. 4. wurde nach dem Erhitzen ein Diagramm ohne Interferenzhyperbeln erhalten. Orientierende Verss. ergaben, daß das Fehlen der Hyperbeln nicht mit einem völligen Fehlen von Orientierung zusammenhängt. So gab bei 4. das Präp. eine „Faserstruktur“ entlang der 111-Richtung von MgO; dies gibt ein Weitwinkeldiagramm ohne Hyperbeln. (Collect. Trav. chim. Tchécoslov. **15**. 708—16. 1950.) GOTTFRIED. 195

J. Leonhardt, *Über einige kristallographische Arbeiten des Kieler Instituts in den Kriegsjahren (Struktur des monoklinen $FeSO_4 \cdot 7\,H_2O$; Zwillingsgitter, gesetzmäßige Verwachsungen, Realkristallstruktur).* Aufnahmen an $FeSO_4 \cdot 7\,H_2O$ ergaben für die monokline

Elementarzelle die Abmessungen a = 15,33 Å; b = 6,50 Å; c = 20,08 Å; β = 104,26° mit Z = 8; gegenüber dem kristallograph. Achsenverhältnis ist die b-Achse halbiert. Die einfach primitive Zelle mit Z = 4 hat die Dimension a' = 15,33 Å; b' = 6,50 Å; c' = 11,01 Å; β = 118° 12'. Raumgruppe ist C_{2h}^5. Durch PATTERSON- u. FOURIER-Analyse wurde die Struktur angenähert aufgeklärt. Sie besteht aus SO_4-Tetraedern u. Fe·6 H_2O-Oktaedern, die Schichten in (001) bilden. Die Parameter wurden nicht alle bestimmt. — Auf gittergeometr. Basis werden Zwillingsgitter, gesetzmäßige Verwachsungen u. Realkristallstruktur behandelt. (Fortschr. Mineralog. **26.** 83—87. 1947; ausg. 1950. Kiel.) GOTTFRIED. 195

Elysiario Tavora und **Fernando Peixoto,** *Gitterkonstanten des Tapiolits von Mecejana, Fortaleza County, Ceara.* Eine chem. Analyse u. Pulveraufnahmen dienten zur Identifizierung des Minerals der Zus. [(Fe, Mn), (Ta, Nb, Sn)$_2$O$_6$]. Weitere als Tantalit bezeichnete Proben konnten ebenfalls als Tapiolit identifiziert werden. Pulveraufnahmen beider Substanzen werden verglichen u. eine Tabelle mit den gefundenen u. berechneten Netzabständen des Tapiolits angegeben. Tapiolit besitzt Rutilstruktur mit a_0 = 4,752 u. c_0 = 9,230 Å. Aus dem Vgl. der experimentell gefundenen u. berechneten D. (7,82 bzw. 8,13)ergibt sich Z = 2. Die Raumgruppe ist P4/mnm. (An. Acad. brasil. Ci. **23.** 449—54. 31/12. 1951. Rio de Janeiro, Univ. do Brasil, u. Dep. Nac. da Producao Min.; Minas Gerais, Belo Horizonte, Inst. de Technol. Ind.) KRÖNERT. 195

G. W. Johnson, *Einige Beobachtungen über die Epitaxie von Natriumchlorid auf Silber.* Vf. untersucht die bei der Kristallisation von NaCl aus der Lsg. auf metall. Ag auftretenden Orientierungseffekte. Dabei wird eine ausgeprägte Orientierung beobachtet, 1. auf mit (100) u. (111) parallel der Oberfläche orientierten Ag-Filmen u. 2. auf einem polykristallinen Ag-Blech hoher Reinheit. (Vgl. auch C. **1950.** II. 742.) (J. appl. Physics **21.** 1057—62. Okt. 1950. Upton, Long Island, N. Y., Brookhaven Nat. Labor.) B. REUTER. 196

G. W. Spiwak, I. N. Prileshajewa, und **O. I. Ssawotschkina,** *Über die Natur der Metallätzung durch Ionenbombardement.* (Vgl. C. **1952.** 6980, 7299.) Proben von bei 500° (5—6 Std.) rekrist. u. elektr. poliertem *Al* werden als 3. Elektrode in ein Rohr eingeschmolzen, in dem (in Ar- oder Ne-Atmosphäre) ein Ionenbombardement (700 bis 1700 V) erfolgt. Die elektronenmkr. Unters. der nach verschied. Zeiten entnommenen Proben läßt 3 Stufen erkennen: Reinigung der Oberfläche, Ätzung mit Bldg. charakterist. kub. Ätzfiguren u. Konusbildung. Die Zerstäubung des Al bei 900—1700 V u. 100—250 μA/cm^2 führt zu überwiegender Zerstörung an den Würfelflächen, die auf die infolge Ggw. von O (als Verunreinigung des Al) erfolgende Bldg. von Ionenkristallen zurückgeführt wird. Die Konusbldg. bei höheren Stromdichten ist gekennzeichnet durch das Entstehen der oktaedr. (111)-Flächen durch Kondensation von Atomen auf der Konusoberfläche aus den beim Ionenbombardement gebildeten Metalldämpfen. Die Strukturänderungen bei der Ionenätzung sind also durch die Verdampfung des Metalles u. Kondensation in Ionen- u. Metallkristallen zu erklären. (Доклады Академии Наук СССР [Ber. Akad. Wiss. UdSSR] [N. S.] **88.** 511—14. 1 Tafel. 21/1. 1953. Moskau, Lomonossow-Univ., Physikal. Fakultät.) R. K. MÜLLER. 196

David Bohm und **David Pines,** *Anwendung der Kollektivbeschreibung auf die Elektronenwechselwirkungen in einem Metall.* (Sitzungsbericht.) Die mittels passender kanon. Transformation quantenmechan. ausgeführte Behandlung des Problems der Kollektivbeschreibung der Elektronenwechselwirkungen in einem Metall drückt zunächst die individuellen Elektronenkoordinaten u. -momente als Terme von Kollektivkoordinaten u. -momenten aus u. bezieht diese auf den Grundzustand des Systems. Der HAMILTON-Operator wird hierbei auf die Summe von drei Termmannigfaltigkeiten zurückgeführt. Die erste ist den harmon. Oscillatoren zugeordnet u. verknüpft die effektive kinet. Energie mit den Einzelelektronen, u. die dritte beschreibt die COULOMB-sche Wechselwrkg. der Elektronen unter Berücksichtigung der Abschirmung. Der Abschirmungsradius ergibt sich für ein typ. Metall zu ca. $^1/_3$ der Elektronendistanz, die ihrerseits $^1/_{10}$ der mittleren freien Weglänge bei Stößen zwischen Elektronen beträgt. Auf diesen Grundlagen machen Vff. die Voraussage, daß langsame Elektronen ihre Energie in ganzzahligen Vielfachen des Grundquantums der Kollektivschwingung auf den Grundzustand des Metalles übertragen können. (Physic. Rev. [2] **83.** 221. 1/7.; Bull. Amer. physic. Soc. **26.** Nr. 3. 30. 26/4. 1951. Princeton, Pa., Univ. of Pennsylvania.) R. WOLFF. 197

M. M. Karnauchow und **Ss. K. Tschutschmarew,** *Bestimmung der Verteilungsgeschwindigkeit einer Substanz in flüssigen Metallen (Methode der radioaktiven Indicatoren).* Zur Best. der Konzentrationsänderungen bei der Verteilung eines Stoffes im fl. Metall durch Diffusion wird eine Meth., die auf der Verwendung radioakt. Isotopen als Indicatoren u. Best. der Aktivität der Schmelze mit Hilfe des GEIGER-Zählers basiert, entwickelt. Auf Grund experimenteller Ergebnisse mit ^{60}Co u. ^{59}Fe als Indicator, werden die Diffusionskoeffizienten für Co u. Fe in geschmolzenem weichem Fe bei 1620°, sowie in einer eutekt. Fe–C-Schmelze bei 1220°, errechnet. (Известия Академии Наук СССР, Отделение Технических Наук [Nachr. Akad. Wiss. UdSSR, Abt. techn. Wiss.] **1953**. 82–95. Jan.) EHMCKE. 197

A. Guinier, *Beitrag der Röntgenstrahlen zur Untersuchung der Plastizität der Metalle.* Zusammenfassender Vortrag. — 18 Literaturzitate. (Métaux **26**. 427–32. Nov. 1951.) RUMPF. 200

A_7. Gleichgewichte. Kinetik.

H. v. Philipsborn, *Der allgemeine Fall der Restmethode.* Phasentheoret. Betrachtungen. (Fortschr. Mineralog. **26**. 99–104. 1947; ausg. 1950. Langlan/Mfr.) GOTTFRIED. 222

James A. Ibers und **Norman Davidson,** *Über die Wechselwirkung zwischen Hexacyanoferrat(III)-Ionen und a) Hexacyanoferrat(II)- oder b) Eisen(III)-Ionen.* Auf Grund opt. Messungen wird die Frage, ob Wechselwirkungsabsorption in wss. Lsgg. von $[Fe(CN)_6]^{3-}$ zwischen $[Fe(CN)_6]^{4-}$ bzw. Fe^{3+} auftritt, verneint. Wechselwirkungsabsorption zwischen Fe(II) u. Fe(III) erfordert nach MCCONELL u. DAVIDSON (C. **1951**. II. 1694) eine Brückenbindung zwischen den Atomen der beiden Oxydationsstufen, eine derartige „Brücke" ist in dem hier vorliegenden Falle nicht möglich. Vff. diskutieren auf Grund von Messungen der opt. Dichten u. Best. der Extinktionskoeffizienten von Lsgg. der Ionenstärke 1,0, die *$Fe(ClO_4)_3$*, *$K_3[Fe(CN)_6]$*. *$NaClO_4$* u. *$HClO_4$*, sowie $Fe(ClO_4)_3$, $K_3[Fe(CN)_6]$, *$NaNO_3$* u. *HNO_3* enthalten, die Gleichgewichtskonstanten für die Bldg. des ungeladenen Komplexes *$[FeFe(CN)_6]$*. (J. Amer. chem. Soc. **73**. 476–78. Jan. 1951. Pasadena, Calif., Gates and Crellin Labor. of Chem.) SPARMANN. 223

M. Bobtelsky und **C. Heitner,** *Spektrophotometrische Untersuchung der Citrat- und Tartratkomplexe von Ni, Co, Cu und Cr.* Die Absorptionskurven der komplex als Citrate u. Tartrate gebundenen Elemente Ni, Co, Cu u. Cr wurden im sichtbaren Spektralgebiet untersucht. Es werden die Änderungen im Absorptionsverh. diskutiert, die durch einen Überschuß des Komplexbildners oder durch Zusatz von Alkali verursacht werden, sowie Schlüsse über die Komplexstrukturen gezogen. (Bull. Soc. chim. France, Mém. [5] **18**. 494–502. Juli/Aug. 1951. Jerusalem, Univ.) WISSEROTH. 223

J. Chr. Gjaldbaek, *Die Löslichkeit von Wasserstoff, Sauerstoff und Kohlenmonoxyd in einigen nichtpolaren Lösungsmitteln.* GJALDBAEK u. HILDEBRAND (vgl. C. **1951**. I. 1853) zeigten, daß die Löslichkeit von N_2 in nichtpolaren Lösungsmitteln mit genügender Genauigkeit durch die Gleichung $-\log x_2 = -\log x_2^i + \log(\overline{V}_2/V_1) + 0{,}434\,(1 - \overline{V}_2/V_1) + \overline{V}_2\,(\delta_1 - \delta_2)^2/4{,}575\,T)$ wiedergegeben wird. Vf. untersucht nun, ob mit Hilfe dieser Gleichung auch die Löslichkeit anderer wenig lösl. Gase ausgedrückt werden kann. Die Werte für den BUNSENschen Absorptionskoeff. wurden bestimmt: H_2 in *Perfluor-n-heptan* (I), n-C_7F_{16}: 0,0141 (25°), 0,0167 (50°), in *CS_2*: 0,607 (25°); O_2 in I 0,546 (25°), in CS_2: 0,163° (25°); CO in I: 0,383 (25°), in *n-Heptan*: 0,263 (25°), in *Bzl*: 0,169 (25°), in CS_2: 0,133 (25°). Diese Daten u. die der Löslichkeiten in anderen Lösungsmitteln wurden zur Best. des Löslichkeitsparameters δ_2 benutzt. Dabei stehen die experimentell gefundenen Werte in guter Übereinstimmung mit den nach obiger Gleichung errechneten. Bei Anwendung der Gleichung auf die Löslichkeit von Gasen in polaren Lösungsmitteln konnte keine Übereinstimmung mit den experimentellen Befunden festgestellt werden. Die Abweichungen sind am größten beim Lösungsm. mit der höchsten Dielektrizitätskonstante. Vf. zeigt, daß die von SKIRROW (Z. physik. Chem. **41**. [1902.] 144) gefundene Änderung der Löslichkeit von CO in Bzl., in dem gleichzeitig z. B. Naphthalin gelöst ist, durch die Gleichung erfaßt wird. Auf der Basis von Löslichkeitsunterss. von CO in Alkoholen wurden die δ_2-Werte einiger 1 wertiger Alkohole errechnet. Dabei zeigte die berechnete Löslichkeit von H_2, N_2 u. O_2 in *Methanol* u. *A.* gute Übereinstimmung mit dem Experiment. (Acta chem. scand. **6**. 623–33. 1952. Kopenhagen, Pharm. Coll. of Denmark, Dep. of Inorg. Chem.) PLUST. 224

Tor Smedslund, *Dimethylsulfoxyd als Lösungsmittel für Schwefeldioxyd. Dimethylsulfoxyd* (I) hat ein beträchtliches Lösungsvermögen für SO_2. Bei 18° werden 60,13 %, bei 20° 59,12 %, bei 100° 17,9 %, bei 161° (leichte Zers.) 3,2 % SO_2 gelöst. — I mit 10 % W. löst bei 15° 54,3 %, bei 77° 22,1 %, bei 135° 6,0 %, bei 147° 2,5 % SO_2. — Die Beziehungen zwischen dem SO_2-Geh. der I-Lsg. u. dem SO_2-Partialdruck wurden geprüft. I hat eine stark erniedrigende Wrkg. auf den Dampfdruck des SO_2. I wäre geeignet zur Entfernung von SO_2 aus Gasgemischen. Verss. ergaben, daß 0,62 Liter I genügen,

um in einer wirksamen Gegenstromanordnung 7 Vol.-% SO_2/m^3 Luft zu entfernen. Das Gleichgewicht SO_2–Luft–I stellt sich sehr rasch ein. Die techn. Verwendung von I als Adsorbens für SO_2 scheitert an der Zersetzlichkeit von I, bes. in Ggw. von Säuren. (Finska Kemistsamfundets Medd. **59.** 40—43. 1950. Helsingfors, Centrallabor. Ab.)
BECKMANN. 224

G. Ss. Koschurnikow, *Einfluß von organischen Zusätzen auf die Auflösung von Kristallen.* Mittels eines Mikroskops mit Mikrometerskala wird die Lösungsgeschwindigkeit von $CuSO_4 \cdot 5\ H_2O$-Kristallen in der langen u. der kurzen Diagonale des Rhomboids (L bzw. K) bei Durchgang eines elektr. Stromes von $6 \cdot 10^{-5}$ A durch die gesätt., mit organ. Zusätzen versehene Lsg. untersucht. Wenn die Lösungsgeschwindigkeit ohne Zusätze als Einheit gewählt wird, beträgt sie bei Zusatz von *Anilin* L 0,79, K 0,65, von *Brombenzol* L 1,06, K 1,1, von *Nitrobenzol* L 1,2, K 1,5. Das Verhältnis der mittleren Lösungsgeschwindigkeiten L/K ist ohne Zusatz 1,9, mit Anilin 2,3, mit Brombenzol 1,85, mit Nitrobenzol 1,53. (Журнал Прикладной Химии [J. angew. Chem.] **25.** 1316—18. Dez. 1952.)
R. K. MÜLLER. 224

Eiji Suito, Nishio Hirai und **Koiji Taki,** *Messung der Teilchengrößenverteilung eines Pulvers durch thermische Analyse der Reaktionsgeschwindigkeit.* Mathemat. wird abgeleitet, daß die Änderung der Reaktionsgeschwindigkeit mit der Zeit $-d^2M/dt^2 = (2/9) \cdot n \cdot k^3 \cdot (\tau - t)$, also proportional der Teilchenzahl n ist, wenn k eine Konstante, τ die Zeit bis zur Auflsg. der Gesamtmasse des Pulvers u. t eine beliebige Zeit bedeuten; ferner, daß $\tau = (3/k)\ (3\pi\varrho/4)^{1/3} \cdot r_0$, also proportional dem anfänglichen Teilchendurchmesser r_0 ist, da die übrigen Glieder mit der D. ϱ konstant sind. Ein aus verschied. Teilchengrößen gemischtes Syst. gibt eine aus geraden Linien, die einzelnen bestimmten Teilchengrößen entsprechen, zusammengesetzte Kurve des 2. Differentialquotienten der M. nach der Zeit. Diese Kurve kann man zur Best. der Teilchengrößenverteilungskurve in ähnlicher Weise analysieren wie die Sedimentationskurve. Die Reaktionsgeschwindigkeit wurde nach dem Verf. der therm. Analyse (Bull. Inst. chem. Res., Kyoto Univ. [Kagaku Kenkyusho Hokoku] **17.** [1949.] 31) an 6 Arten $CaCO_3$ in 8,3 mol. Essigsäurepuffer untersucht. (Bull. Inst. chem. Res., Kyoto Univ. [Kagaku Kenkyusho Hokoku] **22.** 81—82. Sept. 1950. [Orig.: engl.].)
METZENER. 225

E. Abel. *Über den Verlauf der Reaktion zwischen Wasserstoffsuperoxyd und salpetriger Säure.* Da nach HALFPENNY u. ROBINSON (C. **1952.** 6982; J. chem. Soc. [London] **1952.** 939) H^+-Ionen die Rk. H_2O_2–HNO_2 beschleunigen, kann ein früher vom Vf. angenommener Reaktionsmechanismus (C. **1950.** II. 2169), bei dem H^+-Ionen gar nicht in den Reaktionsgleichungen auftauchen, in der angegebenen Form nicht zu Recht bestehen. Den von HALFPENNY u. ROBINSON aufgestellten Reaktionsmechanismus hält Vf. für unwahrscheinlich. Vf. stimmt mit ihnen nur darin überein, daß H_2O_2 sein Superoxyd-O nicht direkt an die HNO_2 abgibt. Vf. nimmt an, daß sich als erster Schritt eine mit ihren Komponenten im Gleichgewicht stehende salzartige Verb. bildet, u. zwar zwischen H_2O_2 als (schwache) Säure u. HNO_2, welche man als Nitrosylhydroxyd, $NO^+ \cdot OH^-$, auffassen kann. Dabei soll ein prakt. undissoziiertes, saures Nitrosylperoxyd nach der Gleichung $H_2O_2 + HNO_2 \rightleftharpoons HO_2^- \cdot NO^+ + H_2O$ entstehen. Dies Peroxyd soll sich in zeitbestimmender Rk. mit H^+ zu Nitrosylion (NO^+) u. H_2O_2 umsetzen. Dann folgen nach Ansicht des Vf. die Schritte $NO^+ + H_2O_2 \rightarrow NO^+ \cdot OH + OH \rightarrow NO^+\ (OH)_2 \rightarrow NO_2^+ + H_2O$ u. $NO_2^+ + OH^- \rightleftharpoons HNO_3$. Ob die Verb., die in der Literatur als persalpetrige Säure angesprochen wird, mit dem sauren Nitrosylperoxyd ident. ist, läßt sich nicht entscheiden. N_2O_4 kann nach der Gleichung $NO^+ + NO_3^- \rightarrow N_2O_4$ entstehen. Die Kinetik der Rk. zwischen H_2O_2 u. HNO_2 diskutiert Vf. an Hand der Versuchsergebnisse von HALFPENNY u. ROBINSON (l. c.). (Mh. Chem. **83.** 1111—15. 15/10.; S.-B. österr. Akad. Wiss., math.-naturwiss. Kl., Abt. IIb **161.** 1111—15. 1952. London.)
J. MATTNER. 225

Raymond Paul, Paul Buisson und **Nicole Joseph,** *Katalytische Aktivität von Nickelboriden.* Zur Darst. des aus Ni_2B (I) bestehenden Katalysators werden z. B. 27 cm^3 einer 10%ig. wss. $NaBH_4$-Lsg. unter Rühren im Laufe von ca. 20 Min. in 121 cm^3 einer 5%ig. wss. Lsg. von $NiCl_2 \cdot 6\ H_2O$ eingetragen; das ausgefallene schwarze I wird filtriert, gewaschen u. in absol. A. suspendiert. Ein Luftausschluß ist bei diesen Operationen nicht notwendig, doch verliert I beim Stehen unter Luftzutritt an Aktivität. I ist im Gegensatz zu RANEY-Ni (II) weder ferromagnet. noch pyrophor u. wird von HCl u. KJ_3 weniger stark angegriffen. Mit I u. II wurden vergleichende Hydrierverss. an *Safrol, Furfurol* u. *Benzonitril* ausgeführt. Die Aktivität von I ist fast ebenso groß wie die von II; am aktivsten sind aus Ni-Chlorid u. -Acetat hergestellte I-Proben; ferner ist bei p_H 5 (Zusatz von Eisessig) hergestelltes I aktiver als bei höheren p_H-Werten erhaltenes. Werden den Ni-Salzlsgg. 2% der Salze von Cr, Mo, W oder V zugesetzt, so werden Katalysatoren erhalten, die zum Teil noch aktiver als II sind. I zeigt nur geringe Ermüdungserscheinungen. I ist auch zur Ausführung von Isomerisierungs-Rkk. geeignet; z. B. wird *Furfuraldoxim* bei 100° in 1 Std. zu 80 % in *Pyromuconsäureamid* oder *Allylalkohol* in *Propionaldehyd* umgesetzt. (Ind. Engng. Chem. **44.** 1006—10. Mai 1952. Paris, Soc. des Usines Chimiques Rhône-Poulenc.) Fuchs. 227

B. Anorganische Chemie.

L. L. Bircumshaw und **T. R. Phillips,** *Die thermische Zersetzung von Kaliumperchlorat.* Vff. untersuchen die therm. Zers. von $KClO_4$ sowohl im Vakuum als auch bei niedrigen N_2-Drucken bei 530—550°. Die Verss. waren wenig reproduzierbar. Während der Zers. tritt Schmelzen ein, was auf die Bldg. anderer Salze, wie z. B. $KClO_3$, zurückzuführen ist. Bei den Verss. im Vakuum wird Cl_2 u. O_2 entwickelt. Unter N_2 entsteht kein Cl_2. Durch eine stöchiometr. Reaktionsgleichung kann der Vorgang nicht wiedergegeben werden. Wahrscheinlich laufen u. a. folgende Rkk. nebeneinander ab: $2\,KClO_4 = 2\,KCl + 4\,O_2$; $2\,KClO_4 = 2\,KClO_3 + O_2$; $4\,KClO_3 = 3\,KClO_4 + KCl$; $2\,KClO_3 = KClO_4 + KCl + O_2$. Die Versuchsergebnisse der Vff. weichen von denen, die Glasner u. Simchen (C. **1952.** 2139) erhalten haben, ab. Vff. führen dies auf Verunreinigungen in dem von Glasner u. Simchen verwendeten $KClO_4$ zurück. (Vgl. auch Glasner u. Weidenfeld, C. **1953.** 661.) (J. chem. Soc. [London] **1953.** 703—07. Febr. Birmingham, Edgbaston, Univ.) J. Mattner. 247

Herman B. van der Heijde und **A. H. W. Aten jr.,** *Tracer-Untersuchungen über die Bildung von Schwefel aus Schwefelwasserstoff und Schwefeldioxyd in wässerigen Lösungen.* Vff. untersuchten die Rk. $2\,H_2S + SO_2 = 3\,S + 2\,H_2O$ in wss. u. teilweise HCl-saurer Lsg. durch Einführen von ^{35}S in einen der beiden Reaktionspartner. Der gebildete S entsteht aus H_2S u. SO_2 im Verhältnis 2:1. Ein S-Austausch zwischen H_2S u. SO_2 vor der Rk. findet nicht statt. Die Ergebnisse werden auch an Hand der Unterss. anderer Autoren diskutiert. (J. Amer. chem. Soc. **75.** 754—55. 5/2. 1953. Amsterdam, Inst. voor Kernphysisch Onderzoek.) Moslé. 253

Walter Behne, Gerhart Jander und **Horstmar Hecht,** *Die Chemie im flüssigen Schwefeldioxyd.* 14. Mitt. *Solvolytische Erscheinungen in flüssigem Schwefeldioxyd.* (13. vgl. C. **1946. I,** 2359.) Es werden solvolyt. Umsetzungen in fl. SO_2 einer Reihe salzartiger u. säurehalogenidartiger Stoffe diskutiert. Ein Bombenrohr, das 8 Jahre mit gesätt. SO_2-Lsg. von *KJ* u. überschüssigem festem Salz stand, wurde geöffnet, der Nd. enthielt K_2SO_4, KJ u. *S*. Aus der SO_2-Lsg., die stark braun gefärbt war, krist. beim Einengen J_2 aus. Die Unters. eines Rohres, das eine bei 18° gesätt. SO_2-Lsg. von *KBr* enthielt, u. ebenfalls 8 Jahre bei Zimmertemp. aufbewahrt war, ergab als Rückstand K_2SO_4, in der Lsg. wurden S_2Br_2 u. Br_2 nachgewiesen. Der Reaktionsmechanismus wird folgendermaßen diskutiert: Durch Solvolyse entsteht aus KBr u. SO_2 zunächst in kleinem Ausmaße *Kaliumsulfit* bzw. *-pyrosulfit* u. *Thionylbromid* in einer schnellen Ionenreaktion. $SOBr_2$ ist relativ unbeständig u. wird durch Energiezufuhr, wie Licht oder Wärme, langsam zu S_2Br_2 u. Br_2 zersetzt. Das Br_2 oxydiert das K_2SO_3 zu K_2SO_4. Der Zerfall des $SOBr_2$ wird als geschwindigkeitsbestimmender Vorgang anzunehmen sein. Beim KJ ist der Mechanismus analog mit der Ausnahme, daß statt S_2J_2 hier S u. J_2 entstehen. Als Brutto-Rk. resultiert: $4\,KBr + 4\,SO_2 = 2\,K_2SO_4 + S_2Br_2 + Br_2$ u. $4\,KJ + 4\,SO_2 = 2\,K_2SO_4 + 2\,S + 2\,J_2$. Der Einfl. äußerer Bedingungen auf den Ablauf dieser Rkk. wird bei verschied. Tempp. u. verschied. Konzz. untersucht. Beim Erhitzen einer Lsg. von KJ in fl. SO_2 wird die Menge des gebildeten K_2SO_4 nicht wesentlich vergrößert; es scheidet sich bei Temperaturerhöhung leicht unlösl. KJ ab, das sich im Gegensatz zu gelöstem KJ dem solvolyt. Einfl. des SO_2 entzieht. KBr hat, wie auch KJ, einen stark negativen Temperaturkoeff. der Löslichkeit in SO_2; wird daher eine klare Lsg. dieses Salzes in fl. SO_2 von —10° mehrere Tage im Einschlußrohr auf +100° erhitzt, so scheidet sich ein Nd. von KBr, aber nicht von K_2SO_4 ab. Beim Stehen einer solchen Lsg. bei 0° am Tageslicht tritt bereits nach 1—2 Tagen eine deutliche, von freiem Br_2 herrührende Gelbfärbung u. Abscheidung eines Nd. von K_2SO_4 auf. Die Konzentrationsabhängigkeit dieser Solvolyse-Rkk. wurde an KJ-Lsgg. untersucht. Lsgg. einer Konz. von 0,05—0,25 mol. trüben sich schon nach einigen Min. bei —50°, konzentriertere von 0,5—2,5 mol. hielten sich bei niederen Tempp. tage- bzw. wochenlang unverändert. Die K_2SO_4- bzw. S-Abscheidungen waren in verdünnteren Lsgg. verhältnismäßig größer als in den konzentrierteren. Feuchtigkeitsspuren haben auf die Geschwindigkeit dieser Rkk. einen stark positiven Einfl., so daß auf die Abwesenheit von W. bes. sorgfältig geachtet werden muß. Die Abhängigkeit der Rkk. von der Art des Salzes wird diskutiert. *LiJ* solvolysiert in fl. SO_2 stärker. Eine 0,25 mol. Lsg. trübt sich schon nach kurzer Zeit bei —30°, bei Zimmertemp. tritt starke J_2-Abscheidung ein. Nach 1 Woche ist der Vorgang restlos beendet

u. Li_2SO_4 sowie freier S werden im Verhältnis 1:1 gefunden; LiJ ist im Eindampfrückstand nicht mehr zu finden, so daß vollständige Solvolyse angenommen wird. Von gleichem Einfl. auf die Solvolyseerscheinungen ist die Stärke des Säureanalogons. Der Fortschritt der Solvolyse ist wohl hauptsächlich auf den etwa erfolgenden Zerfall des Thionylhalogenids zurückzuführen; $SOCl_2$ ist bei weitem am beständigsten, $SOBr_2$ bereits weniger, recht instabil ist $SO(SCN)_2$, u. SOJ_2 ist nicht mehr existenzfähig. Hieraus erklärt sich, daß bei den Rhodaniden u. Jodiden eine stärkere Solvolyse eintritt als bei den Chloriden u. Bromiden, obwohl auf Grund des Elektrolytcharakters ein umgekehrtes Verh. zu erwarten wäre. Beim Behandeln von $SnCl_4$ u. $SiCl_4$ im Bombenrohr mit fl. SO_2 war bei 90—100° keine Solvolyse feststellbar. Dasselbe Ergebnis zeigte die Lsg. von $AlCl_3$ in fl. SO_2. Bei den Chloriden der 5. Gruppe zeigt sich hinsichtlich der Rk. mit fl. SO_2 eine deutliche Abstufung nach der Polarität der Verbb. oder dem metall. Charakter des mit dem Halogen verbundenen Elementes. PCl_5 reagiert sehr leicht unter Wärmeentw. mit fl. (wie auch mit gasförmigem) SO_2 gemäß $PCl_5 + SO_2 = POCl_3 + SOCl_2$. PBr_5 reagiert analog, allerdings wesentlich langsamer. Auf dieser Rk. basiert die zur Zeit wohl beste Darstellungsmeth. für $SOBr_2$. $SbCl_3$ u. $SbCl_5$ reagieren nicht mit fl. SO_2. VCl_4 zeigt bei Zimmertemp. keine Rk., beim Erhitzen auf 70° findet therm. Dissoziation zu VCl_3 u. Cl_2 statt. $NbCl_5$ löst sich klar in SO_2, bei Zimmertemp. trübt sich die Lsg. sehr langsam; der beim Erhitzen auf 60—70° gebildete Nd. besteht aus Nioboxychlorid. $TaCl_5$ u. $TaBr_5$ lösen sich wenig u. solvolysieren nicht mehr. Von den Chloriden SCl_2, SCl_4, WCl_6, $MoCl_5$ u. UCl_5 ergaben nur WCl_6 u. UCl_5 eine Umsetzung mit fl. SO_2. WCl_6 solvolysiert quantitativ gemäß: $WCl_6 + SO_2 = WOCl_4 + SOCl_2$. Die Rk. geht in der Kälte langsam, bei 60° schneller vonstatten. Das $WOCl_4$ krist. in prächtig langen, roten Nadeln. Die Rk. ist für die Darst. eines reinen, WO_2Cl_2-freien Wolframoxytetrachlorids geeignet. Beim UCl_5 ist die Rk. nicht so übersichtlich, bes. da kein reines Ausgangspräp. zur Verfügung stand; es wurde ein Gemisch von UCl_4 u. UCl_5 untersucht. UCl_4 allein reagiert nicht mit SO_2. Das Gemisch beider Chloride ergab eine klare, rotbraune Lsg., aus der nach mehrstd. Erhitzen auf 80—90° ein gelber Nd. ausfiel, er enthielt UO_2Cl_2, während die Lsg. UCl_4 u. $SOCl_2$ enthielt. Wahrscheinlich disproportioniert U^{5+} zu U^{4+} u. U^{6+}, das unbeständige UCl_6 solvolysiert dann zu UO_2Cl_2. Die Leichtigkeit der Solvolyse beim PCl_5 u. die Unmöglichkeit der Solvolyse beim $SbCl_3$ u. SCl_4 werden thermodynam. begründet. Es wird ferner das Ausmaß der Solvolyse bei *Acetaten* untersucht. Die Acetate sind in fl. SO_2 zum größten Teil ziemlich unlösl., es zeigte sich aber, daß bereits bei —50° eine solvolyt. Rk. eintritt. Um den Solvolysevorgang möglichst vollständig verlaufen zu lassen, wurden die jeweiligen Acetatsuspensionen auf 70—80° erhitzt. Bei einer derartigen Versuchsdurchführung unter vergleichbaren Bedingungen ergaben sich in der Reihe *Na-*, *K-*, NH_4*-* u. *Rb-Acetat* steigende Mengen Sulfit bzw. Pyrosulfit u. entsprechend abnehmende Mengen Acetat im Reaktionsprodukt. Es kann dies, z. B. beim $(NH_4)_2SO_3$, eine Möglichkeit zur Darst. von wasser- u. sulfatfreien Sulfiten sein: $2\,(NH_4)(CH_3COO) + 2\,SO_2 = (NH_4)_2SO_3 + SO(CH_3COO)_2$; $SO(CH_3COO)_2 \rightleftharpoons SO_2 + (CH_3CO)_2O$. Während die Solvolyse bei wasserfreiem Na- u. K-Acetat wegen ihrer geringen Löslichkeit erst nach monatelangem Stehen in geringem Ausmaße eintritt, tritt sie beim NH_4CH_3COO u. vor allem beim *Ammoniumphenylacetat* bedeutend schneller ein. Wasserfreies *Al-* u. *Tl(I)-Acetat* werden ebenfalls weitgehend solvolysiert. (Z. anorg. allg. Chem. **269.** 249—61. Sept. 1952. Berlin-Charlottenburg, TU, Anorg.-chem. Inst.; Greifswald, Univ., Chem. Inst.)

Sparmann. 253

Horstmar Hecht, Ruth Greese und **Gerhart Jander,** *Die Chemie in flüssigem Schwefeldioxyd.* 15. Mitt. *Solvolyse von Bromiden und Jodiden in flüssigem Schwefeldioxyd.* (14. vgl. vorst. Ref.) Es werden Solvolysevorgänge in fl. SO_2 bei Bromiden u. Jodiden der Elemente der 3.—6. Gruppe des Period. Syst. untersucht. Vff. unterscheiden 3 Reaktionstypen, die bei der Einw. von SO_2 auf die Halogenide der Elemente der 3.—6. Gruppe auftreten u. die zugleich den zunehmenden solvolyt. Charakter erkennen lassen: 1. die Bldg. der Solvate; 2. die Bldg. der Oxyhalogenide u. 3. die Bldg. der basenanalogen Sulfite bzw. der Oxydsolvate, die mehr oder weniger SO_2 adsorbieren oder anlagern können u. die den Oxydhydraten im Aquosyst. entsprechen. Obwohl auf Grund von Literaturdaten für die Rk. $2\,BCl_3\,(fl.) + 3\,SO_2\,(fl.) = B_2O_3\,(fest) + 3\,SOCl_2\,(fl.)$ —10,38 kcal sich ein endothermer Wärmeeffekt ergibt u. keine Solvolyse zu erwarten wäre, solvolysierte jedoch eine Lsg. von BCl_3 in fl. SO_2 während 10 Jahre zu B_2O_3 u. $SOCl_2$. BBr_3 reagiert unter Wärmeentw. mit fl. SO_2 selbst bei —70° recht heftig unter Bldg. von gallertartigem B_2O_3 u. $SOBr_2$. Eine Herabsetzung der Solvolysegeschwindigkeit konnte sowohl durch „Ansäuern“ des SO_2 mit $SOBr_2$ vor der Zugabe von BBr_3 als auch durch Verwendung einer Anlagerungsverb. $BBr_3 \cdot PBr_5$ erreicht werden. Bei der letzten Rk., deren vollständiger Umsatz erst nach 2—3 Tagen beendet war, wurden B_2O_3, $SOBr_2$ u. *$POBr_3$* erhalten. *BJ_3*, das in fl. SO_2 nur wenig mit gelblicher Farbe lösl. ist, reagierte erst beim Erhitzen im Bombenrohr: $4\ BJ_3 + 3\ SO_2 = 2\ B_2O_3 + 6\ J_2 + 3\ S$, wobei intermediär *$SOJ_2$* gebildet wird. Während die solvolyt. Umsetzung des *$AlCl_3$* in fl. SO_2 zwar durch Zugabe des basenanalogen *Tetramethylammoniumsulfits* herbeigeführt werden kann (JANDER u. IMMIG, Z. anorg. allg. Chem. **233.** [1937.] 303), ist eine reine SO_2-Lsg. des $AlCl_3$ selbst beim Erhitzen auf 70—80° beständig. Es sind jedoch bei Zimmertemp. *$(AlCl_3)_2 \cdot SO_2$* u. *$(AlCl_3)_2 \cdot 2\ SO_2$* als beständige Solvate festgestellt worden. *$AlBr_3$* färbt sich bei längerem Erhitzen mit fl. SO_2 allmählich rötlichgelb, ohne daß dabei das SO_2 durch $SOBr_2$ braun gefärbt wurde. Ohne Solvolyse findet nur Solvatbldg. statt, u. ein Solvat *$AlBr_3 \cdot 2\ SO_2$* wurde erhalten. *AlJ_3* solvolysierte beim Erhitzen im geschlossenen Bombenrohr auf 70—80° quantitativ gemäß $4\ AlJ_3 + 9\ SO_2 = 2\ Al_2(SO_3)_3 + 6\ J_2 + 3\ S$. Während bei der Solvolyse von KJ entstandenes J_2 imstande ist, das Sulfit zu Sulfat zu oxydieren, ist hier wahrscheinlich die Sulfitkonz. infolge der außerordentlich geringen Löslichkeit des $Al_2(SO_3)_3$ u. der schnellen Alterung zu klein, um auf die SO_2-Lsg. des J_2 reduzierend wirken zu können. Es ist auch möglich, daß das $Al_2(SO_3)_3$ als Oxydsolvat, *$Al_2O_3 \cdot 3\ SO_2$*, vorliegt. Abgesehen vom *$SiBr_4$* sind die SO_2-Lsgg. der Chloride u. Bromide der 4. Gruppe selbst beim Erhitzen auf 70—80° beständig. Beim *$ZrBr_4$* konnte das Vorliegen eines bei Zimmertemp. beständigen Solvats, *$ZrBr_4 \cdot 2\ SO_2$*, wahrscheinlich gemacht werden. Zur Solvolyse neigen in dieser Gruppe nur die Jodide, u. zwar auf Grund der starken Gleichgewichtsverschiebung durch die Zersetzlichkeit des SOJ_2. — *CJ_4* solvolysiert gemäß $2\ CJ_4 + SO_2 = 2\ CO + 4\ J_2 + S$, wobei durch therm. Dissoziation des CJ_4 *Tetrajodäthylen*, C_2J_4, entstehen kann. Während *$COCl_2$* u. SO_2 bei Temp. zwischen 200 u. 400° gemäß $SO_2 + COCl_2 = SOCl_2 + CO_2$ reagieren, beim Überleiten der beiden Gase über Kohlekatalysatoren bei 300° hauptsächlich nach $SO_2 + 2\ COCl_2 = SCl_4 + 2\ CO_2$ *Schwefeltetrachlorid* gebildet wird, konnte bei den üblichen Tempp. von 70—80° auch unter Zusatz von Aktivkohle keine solvolysierende Wrkg. des SO_2 auf das $COCl_2$ festgestellt werden. Beim *$COBr_2$* war ebenfalls keine Sulfitolyse in Richtung auf Bldg. von $SOBr_2$ feststellbar. Beim $SiBr_4$ u. *SiJ_4* konnte bei den Versuchsbedingunggen ein klar ersichtlicher Solvolysevorgang nicht ermittelt werden. In der Reihe der *Zr-Halogenide* tritt die Erscheinung hervor, daß das Bromid ein höheres Solvat bildet als das Chlorid, während das Jodid gemäß $ZrJ_4 + 3\ SO_2 = Zr(SO_3)_2 + 2\ J_2 + S$ sulfitolysiert wird. Bei der Darst. von ZrJ_4 aus Zr u. J_2 im Einschmelzrohr bei 650° hatte sich als Nebenprod. pyrophores *ZrJ_3* gebildet. In der 5. Gruppe ist deutlich eine Abstufung der Rk. mit fl. SO_2 in Abhängigkeit vom mehr oder weniger ausgeprägten metall. Charakter des mit dem Halogen verbundenen Elementes zu erkennen. Während *PJ_3* verhältnismäßig leicht solvolysierte, war dies beim *AsJ_3* nur noch in kaum erkennbarem Maße der Fall. Wegen der Möglichkeit der Oxydation des gegebenenfalls prim. gebildeten Phosphortrioxydes durch das bei der Zers. von SOJ_2 entstandene J_2 u. wahrscheinlicher Phosphoroxysulfidbldg. aus P_2O_3 u. S ist die Solvolyse-Rk. des PJ_3 sehr unübersichtlich, u. die Gleichung $4\ PJ_3 + 3\ SO_2 = P_4O_6 + 6\ J_2 + 3\ S$ gibt nur angenähert den Reaktionsverlauf wieder. Beim *SbJ_3* trat eine weißliche Trübung des SO_2 ein, die aber nicht näher untersucht wurde; *BiJ_3* bleibt völlig unverändert. Die Bromide des As, Sb u. Bi reagieren nicht mit fl. SO_2, sie bilden auch keine bei Zimmertemp. beständigen Solvate. *$NbBr_5$* reagiert analog $NbCl_5$ gemäß $NbBr_5 + SO_2 = NbOBr_3 + SOBr_2$. Beim *$WBr_6$* tritt Solvolyse zu Wolframdioxydibromid ein: $WBr_6 + 2\ SO_2 = WO_2Br_2 + 2\ SOBr_2$. — Darst. von $NbBr_5$: Durch Glühen entwässertes Nb_2O_5 wird mit der doppelten, nach der Gleichung $Nb_2O_5 + 5\ CBr_4 = 2\ NbBr_5 + 5\ COBr_2$, benötigten Menge CBr_4 im Bombenrohr für 12 Std. auf 160° erhitzt. Es bilden sich grobe, schwarzrote, grünlich schillernde Kristalle, die zur Entfernung von restlichem $COBr_2$ unter peinlichster Vermeidung des Zutritts von Luftfeuchtigkeit in einer P_2O_5-Trockenpistole im Vakuum bei 30—40° behandelt werden. $NbBr_5$ ist in geringem Maße in CCl_4 löslich. (Z. anorg. allg. Chem. **269.** 262—78. Sept. 1952. Greifswald, Univ., Inst. für anorg. Chem.; Berlin-Charlottenburg, TU, Anorg.-chem. Inst.) SPARMANN. 253

Viktor Gutmann, *Das Solvosystem Phosphoroxychlorid.* 3. Mitt. *Verbindungen des Phosphoroxychlorids und das Verhalten ihrer Lösungen.* (2. vgl. C. **1953.** 5147.) Es wird die Solvatbldg. einiger Metallhalogenide mit *$POCl_3$* (I) u. Leitfähigkeitsmessungen an Lsgg. von Halogeniden in I, die mit dem Solvens nicht zur Bldg. fester Solvate befähigt sind, beschrieben. Während wasserfreies *AlF_3* in I fast unlösl. u. kaum elektrolyt. dissoziiert ist, zeigen die übrigen wasserfreien Halogenide des Al erhebliche, mit steigender Temp. zunehmende Löslichkeit. Der Lösungsvorgang ist exotherm, die Farbe der Lsgg. nimmt in der Reihe F^-, Cl^-, Br^-, J^- zu u. dürfte auf undissoziierte Anteile der gelösten Stoffe zurückgehen. Die Löslichkeiten (in g AlX_3/1000 g I) sowie das spezif. Leitvermögen von Lsgg. (0,05 Mol in 1000 g I) (Zahlen in Klammern) betragen:

AlF_3 ca. 0,5 g (4,4·10^{-6}, wobei ein Bodenkörper vorhanden ist); *$AlCl_3$* 60,0 g (3,6·10^{-4}); *$AlBr_3$* 153 g (4,5·10^{-4}); *AlJ_3* 170 g (4,0·10^{-4}). Krist. $AlCl_3$ ist in $POCl_3$ unlöslich. Die Lsg. des $AlCl_3$ zeigt einen zunächst positiven Temperaturkoeff. der Leitfähigkeit, nach einem Maximum bei 40° fällt das Leitvermögen bis zum Kp. ab. Nach ca. 10—30 Std. beginnt aus konz. $AlCl_3$-Lsgg. ein Solvat *$AlCl_3 \cdot POCl_3$* als heller, schleimiger Nd. auszufallen. Es schm. bei 165°, ist in wasserfreien organ. Lösungsmitteln, wie CCl_4, Bzl., Xylol, unlösl. u. zeichnet sich durch therm. Beständigkeit bei 500° aus. Es wird angenommen, daß es, ähnlich dem $NaAlCl_4$, aus Ionen aufgebaut ist. Analog wurde *$AlBr_3 \cdot POCl_3$* als weißes, schwach gelbstichiges, hygroskop. Pulver, F. bei ca. 155°, erhalten. Wie beim $AlCl_3$ stellt das Leitvermögen der Lsgg. von $AlBr_3$ infolge Bldg. der schwerer lösl. Solvate eine Zeitfunktion dar. Aus AlJ_3-Lsgg. ließ sich ein Disolvat, *$AlJ_3 \cdot 2\,POCl_3$*, als tiefviolettes, hygroskop. Pulver isolieren, aus dem beim Lösen in W. J_2 frei wird u. das sich über 120° (unterhalb des F.) zersetzt. *$SbCl_5$* ist in I leicht lösl. u. erhöht vor allem bei sehr hoher Verdünnung die Leitfähigkeit des reinen Solvens beträchtlich. Bei höheren Konzz. wird ein Maximum durchlaufen. Bei längerem Stehen unter Feuchtigkeitabschluß tritt eine allmähliche Zunahme des Leitvermögens ein, die wahrscheinlich auf die zunehmende Bldg. von *$SbCl_5 \cdot POCl_3$* zurückzuführen ist. Die vollständige Bldg. dieser Verb. erfolgt augenblicklich, wenn man I zu wasserfreiem $SbCl_5$ zutropfen läßt, das weiße, lockere, hygroskop. Pulver wird vom W. sofort zers., ist in I lösl., in CS_2 geringfügig lösl., in CCl_4 unlöslich. Mit Bzl. oder Xylol entstehen stark gefärbte Lsgg., wobei nach erfolgter Zerlegung der Verb. durch das organ. Lösungsm. entstandenes *$SbCl_3$* auf das organ. Solvens chlorierend wirken dürfte. $SbCl_3$ ist ebenfalls leicht lösl. in I, seine Lsgg. sind nur schwach dissoziiert u. enthalten kein im festen Zustand isolierbares Solvat. 1000 g I lösen bei Raumtemp. 0,3 Mol *$TiCl_4$*, verdünntere Lsgg. sind gelb, konzentriertere gelbrot. Frisch hergestellte Lsgg. sind schwache Leiter, während Lsgg. des Disolvats, *$TiCl_4 \cdot 2\,POCl_3$* (vgl. RUFF u. IPSEN, Ber. dtsch. chem. Ges. **36.** [1903.] 1783), gemäß $TiCl_4 \cdot 2\,POCl_3 \rightleftharpoons 2\,POCl_2^+ + TiCl_6^{2-}$ stärker dissoziiert sind. Bei anteilweisem Lösen von $TiCl_4$ in I steigt das Leitvermögen stark an u. durchläuft noch bei hoher Verdünnung ein scharfes Maximum, dem bald ein Minimum folgt, sodann erfolgt ein regelmäßiger Anstieg bis zur Löslichkeitsgrenze. Die Lsg. von *$SnCl_4$* in I ist nur mäßig elektrolyt. dissoziiert. Eine Lsg. des festen Monosolvates, *$SnCl_4 \cdot POCl_3$*, in I ist bedeutend stärker dissoziiert als eine frisch hergestellte Lsg. von $SnCl_4$ in I. Vf. diskutiert die Bldg. des Disolvates, *$SnCl_4 \cdot 2\,POCl_3$*, dessen Dissoziationsdruck bei Raumtemp. relativ hoch liegt; unterhalb 1 Torr wird sehr rasch 1 Mol I/Mol $SnCl_4$ abgegeben u. das Monosolvat erhalten. Beide Verbb. werden durch W. schnell zers. unter Abscheidung von hydratisiertem SnO_2. Während *$SeCl_4$* fast unlösl. in I ist, bildet *$TeCl_4$* eine hellgelbe, mäßig dissoziierte Lsg., aus der *$TeCl_4 \cdot POCl_3$* als weißes, hygroskop. Pulver isoliert werden kann. Eine frisch hergestellte Lsg. von $TeCl_4$ in I zeigt zunächst ein höheres Leitvermögen als eine längere Zeit unter Feuchtigkeitsausschluß stehende Lsg. gleicher Konzentration. Es ist möglich, daß die Solvatisierung fortschreitet, wodurch eine geringere Ionenbeweglichkeit verursacht wird. Halogenide, die keine festen I-Solvate bilden, können in 2 Gruppen unterteilt werden: 1. mäßig bis schwach dissoziierte Lsgg. bildende Halogenide, u. 2. nichtleitende Lsgg. bildende Halogenide. *HgJ_2* bildet in sehr großer Verdünnung eine orangerote, mäßig elektrolyt. dissoziierte Lsg., es lösen sich ca. 4 g in 1000 g I. *$HgCl_2$* ist besser lösl., seine farblosen Lsgg. sind schwache Leiter, ihre Leitfähigkeit zeigt einen positiven Temperaturkoeffizienten. Die Hg(I)-Halogenide sind wie die des Cu(I) unlöslich. Wasserfreies *$ZnCl_2$* ist unter elektrolyt. Dissoziation mäßig lösl., Spuren von Hydratwasser setzen seine Löslichkeit jedoch bedeutend herab. Obwohl kein Solvat im festen Zustand erhalten werden kann, scheinen die in der Lsg. vorliegenden Ionen solvatisiert zu sein; die Leitfähigkeit der Lsg. zeigt einen negativen Temperaturkoeffizienten. *$SnBr_4$* bildet wesentlich stärker dissoziierte Lsgg. als das Chlorid, die Bldg. eines Solvats konnte nicht nachgewiesen werden. Beim Lösen von *$AsCl_3$* in I tritt keine erhebliche Dissoziation ein. Nach Zugabe von $SbCl_3$ zu I liegt der sofort gemessene Leitfähigkeitswert höher als der sich erst nach längerer Zeit einstellende Endwert. Es gelingt nicht, durch Abpumpen des Solvens an der Ölpumpe bei Zimmertemp. dieses vom gelösten $SbCl_3$ zu trennen. Es wird die Bldg. einer fl. Doppelverb. vermutet. Die tief dunkelrot gefärbte Lsg. von *J_2* in I ist teilweise elektrolyt. dissoziiert, seine Löslichkeit, aus dem Leitfähigkeitsbild abgelesen, beträgt ca. 38 g in 1000 g I. Eine tiefrote, in großer Verdünnung goldbraune Lsg. bildet *JCl*, deren Leitvermögen höher liegt als das einer gleichkonz. J_2-Lsg., trotzdem darf hieraus nicht eine wesentlich weitergehende Dissoziation des JCl durch das Solvens gefolgert werden (relativ hohes Leitvermögen). Da sowohl J_2 als auch geschmolzenes JCl Solvosysteme darstellen, läßt ihre relativ geringfügige Dissoziation in I auf keine nennenswerten Wechselwirkungen zwischen diesen Solvosystemen schließen. Bei Zugabe von PCl_3 zu I erfolgt eine Abnahme der spezif. Leitfähigkeit. Der scheinbare Rückgang der Eigendissoziation wird hervorgerufen durch die Verdünnung mit nichtleitendem PCl_3. Ähnlich erklären sich auch die ganz schwach steigende Tendenz der Lsgg. von $SOCl_2$ u. die schwach sinkende Tendenz der Lsgg. von $SiCl_4$ u. PBr_3, das in I eine citronengelbe Lsg. bildet. Halogenide der niederen Wertigkeitsstufen der Übergangselemente sind im allg. in I unlösl., z. B. VCl_3, $CrCl_3$, $MoBr_2$, WCl_2, WBr_2 u. $FeCl_2$. Eine Zusammenstellung der bisher in der Literatur beschriebenen u. hier nicht diskutierten I-Solvate vgl. Original. (Z. anorg. allg. Chem. **269**. 279—91. Sept. 1952. Wien, TH, Inst. für Allg. Chemie.) SPARMANN. 264

Rino Airoldi, *Die Darstellung des Berylliumammoniumarsenats und eine neue volumetrische Methode der Bestimmung des Berylliums.* (Vgl. C. **1953**. 2887.) Bei Zusatz von $(NH_4)_2HAsO_4$-Lsg. zu schwach ammoniakal. Lsg. von Be-Salz + NH_4NO_3, Ansäuern u. Stehenlassen auf dem Wasserbad wird $BeNH_4AsO_4 \cdot xH_2O$ (x maximal = 1) krist. erhalten, bei Darst. in der Kälte entsteht amorphes $BeNH_4AsO_4 \cdot 1{,}5\ H_2O$. Für die maßanalyt. Be-Best. wird folgendes Verf. vorgeschlagen: Einer Lsg. von Be-Salz (0,01—0,02 g Be^{2+}) in 250 cm^3 werden 5—10 g NH_4NO_3 oder NH_4Cl u. nach Auflsg. 5 g $(NH_4)_2HAsO_4$ zugesetzt; mit tropfenweise zugesetzter 6nHNO_3 stellt man auf p_H 4,2—4,5 (Methylrot) ein, hält bis zur Kristallisation auf dem Wasserbad, gibt 100 cm^3 heißes W. zu, stellt mit 1,5nNH_4OH auf p_H 6,5 (Methylrot) ein, gibt noch 2—3 cm^3 NH_4OH zu, hält noch 30 Min. auf dem Wasserbad, läßt nach Zugabe weiterer 4—5 cm^3 NH_4OH einige Std. stehen (p_H 6,5), filtriert, ohne das an der Gefäßwand haftende Salz abzulösen, wäscht Gefäß u. Filter mit 4mal 20—25 cm^3 1%ig. NH_4NO_3 (p_H 7), versetzt den Filterrückstand im Gefäß mit 140 cm^3 W., 5 g KJ u. 45 cm^3 konz. HCl, nach 5—6 Min. mit 150 cm^3 W. u. titriert mit n/10 $Na_2S_2O_3$, 1 cm^3 = 0,000451 g Be. (Ann. Chimica **43**. 15—24. Jan. 1953. Torino, Univ., Ist. di Merceologia.)
R. K. MÜLLER. 281

R. Flatt, G. Brunisholz und **P. Clerc**, *Beitrag zur Untersuchung des quinären Systems* $Ca^{2+}-NH_4^+-H^+-NO_3^--PO_4^{3-}-H_2O$. 7. Mitt. *Die bei 25° an Monocalciumphosphat, Monoammoniumphosphat und Ammoniumnitrat gesättigten Lösungen.* (6. vgl. C. **1953**. **5996**.) Im quinären Syst. $Ca^{2+}-NH_4^+-H^+-NO_3^--PO_4^{3-}-H_2O$ liegt der Darstellungspunkt aller gleichzeitig an $CaH_4(PO_4)_2$, H_2O u. $NH_4H_2PO_4$ gesätt. Lsgg. auf der gemeinsamen Fläche der „Sättigungsfestkörper" dieser beiden Salze. Diese Fläche, deren Kenntnis von prakt. Interesse für die Herst. von $NH_4H_2PO_4$ aus Phosphorit ist, wird im Löslichkeitsdiagramm des quinären Syst. durch 2 „Linien dreier Salze" begrenzt, die die an $CaH_4(PO_4)_2 \cdot H_2O$ („Ca^I"), $NH_4H_2PO_4$ („NH_4^I") sowie NH_4NO_3 („NH_4^0") bzw. dem Doppelsalz 5 $CaH_4(PO_4)_2 \cdot 4\ CaHPO_4 \cdot 4\ NH_4H_2PO_4 \cdot 10\ H_2O$ gesätt. Lsgg. darstellen. Es werden Darstellungspunkte für die „Fläche der 2 Salze" Ca^I + NH_4^I durch Löslichkeitsbestimmungen von $CaH_4(PO_4)_2 \cdot H_2O$ im Lösungsm. $Ca(NO_3)_2 + NH_4NO_3 + HNO_3 + H_2O$ bei Zusatz von überschüssigem Ca^I, NH_4^I u. NH_4^0 erhalten u. die Sättigungslinie der 3 Salze von einem Ende bis zum anderen verfolgt; es wird die Zus. der zu dieser Linie gehörenden Lsgg. angegeben, die bei 25° gleichzeitig an Ca^I, NH_4^I u. NH_4^0 gesätt. sind. Für die Isotherme des Syst. bei 25° werden die Koordinaten folgender invarianter Punkte angegeben, die mit 4 festen Phasen gesätt. Lsgg. darstellen: 1. gesätt. mit Ca^I, NH_4^I, NH_4^0 u. $(NH_4)_3H_9(PO_4)_4$, sowie 2. gesätt. mit Ca^I, NH_4^I, NH_4^0 u. Doppelsalz 5 $CaH_4(PO_4)_2 \cdot 4\ CaHPO_4 \cdot 4\ NH_4H_2PO_4 \cdot 10\ H_2O$. (Helv. chim. Acta **35**. 336—40. 1/2. 1952. Lausanne, Univ., Labor. de Chim. minéral. et analyt.)
v. DECHEND. 283

H. F. W. Taylor, *Hydratisierte Calciumsilicate.* 5. Mitt. *Der Wassergehalt von Calciumsilicathydrat(I).* (4. vgl. C. **1953**. 1936.) Der Wassergeh. von Calciumsilicathydrat(I), 1—1,5 $CaO \cdot SiO_2 \cdot xH_2O$(I) wurde untersucht durch Aufstellung von Entwässerungsisobaren u. durch Röntgenaufnahmen von teilweise bzw. vollständig unter verschied. Bedingungen entwässertem I. Diese Unterss. wurden an laboratoriumsmäßig nach 4 Methoden, durch Rk. von $Ca(OH)_2$-Lsg. u. SiO_2-Gel, durch Zers. von $Ca(NO_3)_2$ u. Natriumsilicat, durch Einw. von W. auf Ca_3SiO_5 u. hydrotherm. hergestellten I u. an natürlichem Riversideit durchgeführt. Gemessen wurde 1. der Einfl. der Änderung des Wasserdampfdruckes auf die Isobaren von I bestimmter Zus.; 2. Isobaren bei bestimmtem Dampfdruck (6 mm) für verschied. Mengen I ($CaO:SiO_2$ = 1:1); 3. Isobaren für Riversideit bei 6 mm; 4. Isobaren für I mit verschied. mol. Verhältnis von $CaO:SiO_2$; 5. Isobaren für $Ca(OH)_2$ u. für eine Mischung von $Ca(OH)_2$ mit I, sämtlich bei Tempp. von 21—520°; 6. Rehydratisierung von I bei Kühlung von verschied. Tempp. auf 20° bei 6 mm; 7. Dehydratisierung u. Rehydratisierungsisothermen für eine bestimmte Menge I; 8. röntgenograph. Unters. einer Faser von Riversideit nach Erhitzen auf verschied. Tempp.; 9. röntgenograph. Pulveraufnahmen von künstlichem I nach Erhitzen auf verschied. Tempp., u. 10. eine therm. Differenzanalyse mit geschmolzenem Kaolinit als Bezugsmaterial, deren Kurve eine endotherm. Spitze bei ca. 100°, die durch Verlust des interlamellaren W. entsteht u. eine exotherme bei ca. 800°, die der Rekristallisation eines anhydr. Rückstandes im Wollastonit entspricht, aufweist. Auf Grund der ausgeführten Unters. kommt Vf. zu dem Ergebnis, daß 3 deutliche Hydratisierungszustände bestehen mit Wassergehh. von ca. 2,5 (Mol), 1,0 u. 0,5, denen Schichtabstände (001) von 14,0 (Å) 10,4 u. 9,3 entsprechen. Red. des mol. Wassergeh. unter 1,0 ist von einem Schwinden der a- u. b-Achsen begleitet, u. es ist wahrscheinlich, daß diese Menge W. für die Struktur der Schichten erforderlich ist. Das ausgetriebene W. kann vollständig wieder aufgenommen werden, wenn der Geh. nicht unter 1,0 red. ist. Eine Art Hysteresis-Effekt tritt dabei auf, so daß der ursprüngliche c-Abstand nicht wieder erreicht wird. Der Wassergeh. von I, ausgedrückt als Verhältnis $H_2O:SiO_2$, ist unabhängig von dem $CaO:SiO_2$-Verhältnis für bestimmte, durch Temp. u. Feuchtigkeit gegebene Bedingungen. Dies scheint die Theorie zu bestätigen, daß der veränderliche CaO-Geh. durch eine Adsorption von verschied. Mengen $Ca(OH)_2$ an der Oberfläche von I zu erklären ist. Die Unters. der durch vollständige Entwässerung bei 800° gebildeten Prodd. zeigte die Bldg. von *β-Wollastonit*. Ein höherer Ordnungsgrad ist während des Entwässerungsvorganges aufrechterhalten, u. es muß eine strukturelle Ähnlichkeit zwischen I u. β-Wollastonit bestehen. (J. chem. Soc. [London] **1953**. 163—71. Jan. London, Univ., Birkbeck Coll., Res. Labor.) DICKHAUT. 283

Honoré Thibon, Jacques Charrier und **Robert Tertian,** *Thermische Zersetzung der Tonerdehydrate*. Proben von Tonerdehydraten werden im Labor. auf Tempp. bis 1500° erhitzt, bis 900° im elektr. Ofen, bei höheren Tempp. im Mekermuffelofen mit Propan-Luftgemisch. Von den erhaltenen Präpp. werden DEBYE-SCHERRER-Aufnahmen (Cu-Kα-Strahlung) gemacht u. absol. D., Brechungsindex u. Wasseraufnahme bestimmt (für letztere werden 2 Std. bei 300° getrocknete Proben 24 Std. in Wasserdampf-gesätt. Atmosphäre bei 25° gehalten). — Außer dem α-Al_2O_3, das jeweils als Endprod. des Glühprozesses entsteht, werden 5 Formen des Al_2O_3 gefunden, die in Übereinstimmung mit STUMPF u. Mitarbeitern (C. **1951**. I. 1986) als $\chi, \gamma, \eta, \vartheta$ u. $\varkappa$ bezeichnet werden, ferner δ 1, eine der δ-Formen der amerikan. Autoren nahestehende Form, u. $\varkappa'$, die vor der $\varkappa$-Form erscheint. Gitterabstände u. relative Intensitäten für die ersten 6 Formen (Tabelle) stimmen mit denen der amerikan. Autoren weitgehend überein. Aus *Hydrargillit* entstehen zwischen 200 u. 500° *Böhmit*, zwischen 600 u. 1000° $\varkappa'$, bis 1200° $\varkappa$ u. ab 1300° α, aus *Bayerit* entstehen nacheinander Böhmit $\rightarrow \eta \rightarrow \vartheta \rightarrow \alpha$, aus Böhmit $\rightarrow \eta \rightarrow \vartheta \rightarrow \alpha$, aus *Diaspor* direkt α — eine für Hydrargillit u. Böhmit von den amerikan. Autoren abweichende, für Bayerit u. Diaspor mit ihnen übereinstimmende Reihenfolge. Einzelne Verss. mit getrennten Glühungen jeweils 2 Std. bei 300°, 450°, 600°, 700° usw. ergeben bei groß-oberflächigem Hydrargillit u. Böhmit andere Reihenfolgen. — Die beobachteten Übergänge sind kontinuierliche Umwandlungen des Kristallgitters; parallel dazu geht die Änderung der physikal. Eigg., bes. des Brechungsindex. Der stetige Charakter der Umwandlungen geht namentlich aus Unterss. der Kristallform, der Anisotropie u. des Röntgendiagramms gut ausgebildeter Hydrargillitkristalle u. ihrer Glühprodd. hervor. In den letzteren bleibt die Form der ursprünglichen Kristalle erhalten (Pseudomorphie oder Epigenie), u. ihre Röntgenstrahlenbeugung läßt darauf schließen, daß sie aus vielen Mikrokristallen mit definierter kristallograph. Orientierung gebildet werden, zwischen denen Lücken sind; zwischen den verschied. Kristallgittern lassen sich Orientierungsbeziehungen finden. — Durch Zusatz von Mineralisatoren, wie Flußspat, NaF oder AlF_3, werden größere Einkristalle u. eine beschleunigte Umwandlung in die α-Form bei geglühtem Hydrargillit erzielt. — Wahrscheinlich sind die verschied. Umwandlungsprodd. keine definierten Kristallarten, sondern Zustände, die vom Ausgangshydrat u. den Arbeitsbedingungen abhängen u. sich durch geeignete Abänderung dieser Faktoren weiter vermehren lassen. Das diffuse Röntgendiagramm der bis 800 oder 900° erhaltenen Prodd. dürfte nicht von der Feinheit der Kristallite, sondern von der Unbestimmtheit der Atomanordnung herrühren u. die Vervollkommnung des Diagramms der oberhalb 900° geglühten Tonerden eine Folge partieller oder totaler Atomumordnung sein. (Bull. Soc. chim. France, Mém. [5] **18**. 384—92. Mai/Juni 1951. Gardanne u. Bourget, Cie. Péchiney, Centre d'Études de l'Alumine, Labor. de Rayons X.) v. DECHEND. 294

A. I. Awgusstinik und **L. W. Koslowski,** *Messung der dielektrischen Absorption und der Verluste als Methode zur Untersuchung der Bindungsfestigkeit der Ionen in Mineralien nach dem Glühen. Pyrophyllit* (I), *Talk* (II) u. *Kaolin* (III) wurden bei 500—1350° (in Abständen von je 100°) 1, 3 oder 5 Std. gebrannt. Die Messung der dielektr. Absorption ergab für **III** einen Anstieg bei 900—1050°, für **II** bei 800—900°, dem ein Abfall bei 1200 bzw. 1100° folgte. Der Anstieg zeigt einen starken Polarisationseffekt bei der Bindungslockerung der Ionen durch die Bldg. des unbeständigen γ-Al_2O_3 bei **III** u. der γ-Phase bei **II** bei dessen Übergang in *Klinoenstatit*. Ein Übergang in die β-Phase konnte bei II nicht beobachtet werden. Eine thermodynam. unbeständige γ-Phase des Al_2O_3 aus I fehlte. In Übereinstimmung mit der röntgenograph. u. kristall-opt. Unters. kann hieraus geschlossen werden, daß der *Mullit* direkt beim Gitterumbau von I entsteht. Die Messsungen bei 10^6 Hz am geglühten I u. II ergeben für die dielektr. Verluste von I ein starkes Maximum bei 800°, bedingt durch die starke Erhöhung der Leitfähigkeit beim Austritt von Al^{3+} aus dem Gitter. Bei II trat kein starkes Maximum auf. Hier wird Mg^{2+} in der γ-Phase (*Proto-* oder *Mesoenstatit*) gebunden. Die Messung der dielektr. Verluste bei den Phasenumwandlungen ergibt nur ein ungefähres Bild von der Ionenbeweglichkeit im Gitter. (Журнал Прикладной Химии [J. angew. Chem.] **25.** 265—76. März 1952. Leningrad, Technol. Lensowjet-Inst., Lehrstuhl für Keramik.) LEBTAG. 294

R. Trujillo und **E. Tejera,** *Das ternäre System $NaVO_3$—Na_2SO_4—H_2O.* Das Syst. wird bei 25° ± 0,5° nach SCHREINEMAKERS untersucht. Die Löslichkeiten u. DD. werden mitgeteilt. Als Bodenkörper treten auf *$NaVO_3 \cdot 2\ H_2O$* (I) u. *$Na_2SO_4 \cdot 10\ H_2O$* (II). Mit einer Lsg., die 20,86 Gew.-% Na_2SO_4 u. 1,48% $NaVO_3$ enthält (D. 1,86), stehen I u. II im Gleichgewicht. (J. Amer. chem. Soc. **75.** 741. 5/2. 1953. La Laguna, Canary Islands, Univ. Falcultad de Ciencias.) MOSLÉ. 330

R. S. Young und **K. G. A. Strachan,** *Verhalten von Titan, Vanadium und Zirkonium gegen Schmelzen.* Die mit 1—2 g Ti-, V- u. Zr-Blech ausgeführten Schmelzverss. hatten folgende Resultate: 1 Teil V bzw. Zr, mit 50 Teilen $NaHSO_4$ geschmolzen, lösen sich in 45 Min. vollständig, Ti in ca. 1 Stunde. 1 g V löst sich in 30 g geschmolzenem NaOH in 2 Std. vollständig, Ti größtenteils, Zr zeigt keinen Gewichtsverlust. Geschmolzenes Na_2CO_3 löst in 2 Std. V zum größten Teil, Ti zu 16%, Zr zu 5%. Eine Na_2O_2-Schmelze löst Ti unter sehr heftiger Rk. in 10 Min., ähnlich V in 2 Std., Zr zu 4%. (Chem. and Ind. **1953.** 154—55. 14/2. Johannesburg, South Africa, Diamond Res. Labor.) OPPERMANN. 330

Norman H. Nachtrieb und **Robert E. Fryxell,** *Die Extraktion von Eisen(III)-chlorid durch Isopropyläther.* 3. Mitt. (2. vgl. J. Amer. chem. Soc. **70.** [1948.] 3552.) Zur Klärung der anomalen Extraktion von $FeCl_3$ aus wss. Lsg. mit *Isopropyläther* (I) bestimmen Vff. die stöchiometr. Aktivitätskoeffizienten für $FeCl_3$ in einer mit $FeCl_2 \cdot 4\ H_2O$ gesätt. 5 F HCl durch Messen der EMK. der Kette $Pt/FeCl_2 \cdot 4\ H_2O/FeCl_3 + 5\ F\ HCl/Hg_2Cl_2/Hg$. Danach gehorcht die EMK. im Konzentrations-Bereich von $5 \cdot 10^{-3}$ bis 0,2 F $FeCl_3$ dem NERNSTschen Gesetz. E_0 ergibt sich zu —0,5906 V. Die daraus berechneten Aktivitätskoeffizienten der wss. Phase weichen nur wenig von 1 ab. Dagegen zeigen die aus den Verteilungskoeffizienten berechneten Aktivitätskoeffizienten der äther. Phase bereits bei Gehh. $< 10^{-2}$ F $FeCl_3$ ein rapides Abfallen von 1 gegen Null. Andererseits stimmen die EMK.-Werte von im Gleichgewicht befindlichen wss. u. I-haltigen Phasen überein. Dabei tritt bei Säuregehh. $> 4{,}5$ F in der wss. Phase für gewisse $FeCl_3$-Konzz. eine Mischungslücke unter Bldg. von 2 I-haltigen Phasen auf, deren HCl-Geh. in Ggw. von $FeCl_2 \cdot 4\ H_2O$ von 7,0 auf 4,5 F absinkt. Die tabellar. u. graph. mitgeteilten Ergebnisse werden diskutiert, wobei die n. Extraktion auf H-Brückenbldg. zwischen I u. Chlorosäuren des Fe(III) u. die anomale Extraktion auf Vielfach-H-Bindung u. Kettenbldg. zurückgeführt werden. (J. Amer. chem. Soc. **74.** 897—901. 20/2. 1952. Chicago, Ill., Univ. of Chicago, Inst. for the Study of Metals.) WEITBRECHT. 354

C. Mineralogische und geologische Chemie.

Robert L. Parker, *Eine kristallographische Hilfsprojektion.* Vf. beschreibt eine Zylinderprojektion, die sich bes. zur Herst. exakter Wiedergaben von Meßresultaten einzelner Teilgebiete eines Kristalls eignet. (Schweiz. mineralog. petrogr. Mitt. **30.** 492—94. 1950. Zürich.) GOTTFRIED. 372

D. Ss. Steinberg, *Zur Methodik der Plagioklasbestimmung unter dem Mikroskop durch Vergleich der Brechungsindices von Quarz und Plagioklas.* Der Vgl. des n_o von *Quarz* (I) mit n_g u. n_p von *Plagioklas* (II), des n_m von II mit n_o u. n_e von I oder des n_m von II mit n_o von I ergab eine Erleichterung der Auffindung der entsprechenden, sich berührenden Körner u. eine beschleunigte Best. von II, wenn folgende theoret. möglichen Fälle berücksichtigt werden: 1. Isotrop ist der I-Schnitt; II besitzt die höchste Interferenzfärbung. 2. Isotrop ist der II-Schnitt; die höchste Interferenzfärbung weist I auf. 3. Isotrop sind die Schnitte von I u. II. (Записки Всесоюзного Минералогического Общества [Schr. Allunions mineralog. Ges.] [2] **79.** 306—07. 1950. Swerdlowsk, Wachruschew-Berginst., Lehrstuhl für Petrographie.) LEBTAG. 372

D. Guimarães und **B. Brajnikov,** *Bemerkungen zum chronogeologischen Problem.* Die beiden als Erklärung für den zu hohen Pb-Geh. in U-haltigen Mineralien verbreiteten Hypothesen einer Verflüssigung oberflächlicher Zonen oder eines aus der Erdtiefe aufgestiegenen Pb-haltigen Magmas werden abgelehnt u. die Frage aufgeworfen, ob nicht doch die Pb-Isotopen sich noch weiter verändern können, was nur in außerordentlich langen geolog. Zeiträumen sich bemerkbar machen würde. (An. Acad. brasil. Ci. **24.** 311—14. 30/9. 1952. Belo Horizonte, M. Ge., Inst. de Tecnol. industr. [Orig.: französ.]) R. K. Müller. 378

F. Peixoto und **D. Guimarães,** *Probleme der Chronogeologie.* (Vgl. vorst. Ref.) Die Analysen von Proben von ***Monazit*** (I), ***Yttrotantalit, Polykras, Djalmait*** u. ***Samarskit*** (Tabellen) zeigen bei U-freiem **I** Neigung zu niedrigen Werten von Pb oder R (= Pb/U bzw. Pb/U + Th), bei U-haltigem **I** umgekehrt, bei U- u. Th-Mineralien Zunahme von Pb u. R mit fortschreitender Veränderung. (An. Acad. brasil. Ci. **24.** 315—27. 30/9. 1952.) R. K. Müller. 378

E. S. Larsen jr., N. B. Keevil und **H. C. Harrison,** *Methode zur Bestimmung des Alters von Eruptivgesteinen unter Verwendung der akzessorischen Mineralien.* In den n. Eruptivgesteinen ist die Hauptmenge des Pb in den *K_2O-Mineralien* u. die Hauptmenge der Radioaktivität in dem *Zirkon* u. anderen akzessor. Mineralien angereichert. Das Pb in den K_2O-Mineralien ist in der Hauptsache primär, im Zirkon in der Hauptsache aus radioakt. Umsetzungen entstanden. Aus dem in frischen Eruptivgesteinen abgetrennten Zirkon kann nach der spektrograph. Pb-Best. u. aus der Messung der α-Strahlung das Alter der Gesteine mit einer Genauigkeit von 90% errechnet werden. *Apatit* u. *Sphen* geben infolge ihres Geh. an prim. Pb zu hohe Alterswerte. (Bull. geol. Soc. America **63.** 1045—52. Okt. 1952.) Ensslin. 378

Harmon Craig, *Die Geochemie der stabilen Kohlenstoffisotope.* In der umfangreichen Arbeit werden mehrere hundert Proben verschiedenster geolog. Herkunft auf das $^{13}C/^{12}C$-Verhältnis massenspektrograph. untersucht. Die Bestimmungen haben eine Genauigkeit von ± 0,01% des Verhältnisses u. werden in ‰ als Abweichungen von einem Standardgas angegeben. Terrestr. organ. C u. Carbonatgesteine bilden zwei wohldefinierte Gruppen, wobei letztere über 20‰ reicher an ^{13}C sind (—24 bis —28 bzw. um ±0). Mariner organ. C liegt in einem Bereich zwischen diesen Gruppen (—10 bis —18). CO_2 der Atmosphäre erwies sich als ^{13}C reicher, als bisher angenommen wurde (—8 bis —10 statt —23). Eine Veränderung des $^{13}C/^{12}C$-Verhältnisses mit dem geolog. Alter konnte nicht festgestellt werden. Die Werte für Ergußgesteine liegen zwischen —20,9 u. —26,0, die für *Diamant* zwischen —2,4 u. —4,7, während die für *Graphit* von —35,5 bis —2,7 streuen. Wenn *Erdöl* von marinem, organ. Material stammt, muß ein erheblicher Wechsel in der Isotopenzus. stattgefunden haben. Ferner wurden an den vulkan. Gasen des Yellowstone-Parks die Verhältnisse an CH_4 u. CO_2 untersucht. (Geochim. cosmochim. Acta [London] **3.** 53—92. Febr. 1953. Chicago, Univ., Dep. of Geology, u. Inst. for Nuclear Studies.) Hiller. 378

Karl Hans Wedepohl, *Untersuchungen zur Geochemie des Zinks.* Vf. verwertet 130 spektralanalyt. Analysen von Mineralien u. Gesteinen zur Unters. der Geochemie des Zinks. Die angewandten Methoden werden im einzelnen angegeben u. gestatten die Best. bis zu 10^{-4}% Zn aus Silicaten u. Spinellen sowie von Zn aus ZnS. Hierbei werden die Vermutungen über die Wichtigkeit von ZnS für den Zn-Geh. in Eruptiven widerlegt. Bes. hoher Zn-Geh. in den Eruptiven findet sich im *Biotit* u. den *Amphibolen.* Es folgen nach der durchschnittlichen Zn-Konz.: *Pyroxene, Magnetite, Olivine, Feldspäte, Muskovite* u. *Quarz.* Die Bevorzugung der ersteren hängt mit ihrem OH-Geh. u. der damit gegebenen Möglichkeit zur Ausbldg. kovalenter Bindungen zusammen. Aus demselben Grunde sind in den Sedimenten *Kaolinit* u. *Montmorillonit* die Hauptträger des Zn-Gehaltes. Der Zn-Geh. in bas. Gesteinen beträgt durchschnittlich 0,0118%, in sauren 0,0045%, der Eruptive gesamt (mit intermediären Typen) 0,0051%. *Tone* u. *Tonschiefer* haben unter Berücksichtigung der Tiefseesedimente 0,0047% Zn, *Kalke* u. *Sande* haben weniger. Die Häufigkeitsangaben für Zn in der Lithosphäre mit 0,004% Zn werden bestätigt. (Geochim. cosmochim. Acta [London] **3.** 93—142. Febr. 1953. Göttingen, Univ., Mineralog.-petr. Inst.) Hiller. 378

Herbert O. Albrecht, *Der Kreislauf des Eisens am Beispiel der östlichen Küstenebene.* (Rocks and Minerals **27.** 472—77. Sept./Okt. 1952. Swarthmore, Pa., Franklin Inst.) Ensslin. 378

Paul Niggli, *Probleme der alpinen Gesteinsmetamorphose.* Zusammenfassende Übersicht über die geolog.-tekton. u. petrograph.-mineralog. Unters. der Schweizer Alpen in den letzten 50 Jahren. (Schweiz. mineralog. petrogr. Mitt. **30.** 500—38. 1950. Zürich.) Gottfried. 378

P. Schaufelberger, *Wie verläuft die Gesteinsverwitterung und Bodenbildung in den Tropen, insbesondere in Kolumbien?* Ganz allg. verläuft die Verwitterung in den Tropen ähnlich wie in der gemäßigten Zone. Die Verwitterungsprodd. sind *Hydrargillit, Goethit*

u. *Quarz*; in trockenem Klima tritt zuweilen auch *Calcit* in der Tonfraktion auf. In Abwesenheit von Humus beginnt die Verwitterung mit Lateritisierung. Tritt Humus auf, dann ist Hydrargillit nicht mehr stabil u. wandelt sich, wenigstens zum Teil, in *Kaolinit* um. Oberflächenlateritisierung besteht nur, wenn sie nicht durch Vegetation behindert wird. *Laterit* ist daher nicht ein Boden, sondern ein Gestein. In Anlehnung an die von Lang vorgeschlagenen Regenfaktoren kann man zusätzlich zu Laterit fünf Bodentypen unterscheiden. Man kann sie durch Vgl. der Niggli-Werte der Böden mit denen der entsprechenden Muttergesteine herleiten. Es wird die folgende Einteilung gegeben: Dschungelböden in perhumidem Klima, Waldböden in humidem Klima, Humusböden in semihumidem Klima, Bambusböden in semiaridem Klima, Kaktus- u. Kastanienböden in aridem Klima. Wichtig sind die Faktoren, die zeigen, bis zu welchem Grad Auswaschen die si-, c- u. alk-Werte beeinflußt hat. Diese Werte zeigen ein Verh., das von dem Bodenklima abhängt. (Schweiz. mineralog. petrogr. Mitt. **30.** 238—57. 1950. Chinchina, Kolumbien.) Gottfried. 378

I. S. Korin, *Bildung von Verwitterungslagerstätten in Abhängigkeit von der geologischen Struktur.* Es werden die Verwitterungslagerstätten auf Parzellen mit einfacher, zusammengesetzterer u. endlich verwickelter geolog. Struktur in anschaulichen Beispielen betrachtet. Für jede dieser Struktureigenheiten wird die wahrscheinliche Struktur von Erzlagerstätten, ihre Form bei verschied. Gegebenheiten (z. B. Verkarstung, Auftreten von Karsthöhlen u. dergleichen) angegeben u. prakt. Hinweise zu deren Ermittlung u. Unters. gegeben. Am Schluß wird die Verwitterung der gebildeten Lagerstätten in deren Abhängigkeit von der gesamtgeolog. Struktur näher betrachtet. (Известия Академии Наук СССР, Серия Геологическая [Nachr. Akad. Wiss. UdSSR, geol. Ser.] **1950.** Nr. 1. 139—53. Jan./Febr.) v. Wilpert. 378

E. Puffe, *Mineralfolge auf den Lagerstätten und Atombau.* Vf. kommt unter krit. Verwendung der Ergebnisse der verschiedensten Lagerstättenforscher sowie statist. Auswertung der auf Minerallagerstätten u. in Mineralprovinzen beobachteten Altersverhältnisse u. räumlichen Verteilung der einzelnen Mineralien u. Metalle zu einer n. Folge der Erzparagenesen im pluton. Bereich. Um eine Beziehung zum Atombau zu untersuchen, wurden die wichtigsten Metalle der magmatogenen Lagerstätten nach ihrem Ionenradius u. ihrer Ionenladung in ein doppelt-logarithmisches Netz eingetragen. Die erhaltenen Diagonalen stellen die Linien gleichen Ionenpotentials dar. Bis zum Ionenpotential 4,5 reicht etwa der hydrothermale Bereich, größere Ionenpotentiale charakterisieren die Metalle der pegmatit.-pneumatolyt. Bildungen. Es läßt sich ferner an Hand von Diagrammen nachweisen, daß die räumliche Veränderung in den p-t-Bedingungen bei der Bldg. in vertikaler u. horizontaler Richtung verschied. ist. (Fortschr. Mineralog. **28.** 64—68. 1949; ausg. Dez. 1950. Mechernich.) Gottfried. 378

P. Ja. Jarosch, *Anhydrit aus den Sulfidlagerstätten von Karabasch.* Der *Anhydrit* (**I**) tritt meistens in der Nähe der Erzkörper in 250—550 m Tiefe zusammen mit *Gips* u. *Calcit* im Erzfeld von Woroschilowo auf. Spaltbarkeit nach (010) u. (001), weniger deutlich nach (100), n_g 1,615, n_m 1,576, n_p 1,570, opt.-positiv, zweiachsig. **I** besteht aus 43,5 (Gew.-%) CaO, 55,77 SO_3, 0,42 H_2O (110°), Spuren von SrO u. BaO. Außerdem werden spektralanalyt. geringe Mengen Mn, Mg, Fe, Al, Ti u. Cu in der grauvioletten Varietät u. zusätzlich V in der blaugrünen Abart nachgewiesen. (Записки Всесоюзного Минералогического Общества [Schr. Allunions mineralog. Ges.] [2] **79.** 300. 1950.) Lebtag. 380

Willer Florencio, *Alvarolit, ein neues Mineral aus der Familie der Tantalate.* Das rotbraune Mineral mit D. 7,27, Härte 6,5, im Mittel 85,15 (%) Ta_2O_5 u. 14,85 MnO besteht im wesentlichen aus Mn-Tantalat. Opt. Eigg.: biaxial, opt. positiv, Extinktion 45°, Doppelbrechung $\beta-\alpha = 0{,}0058$, $\gamma-\alpha = 0{,}050$; $2\,V = 38-40°$, Brechungsindices $\alpha = 2{,}250$, $\beta = 2{,}255$, $\gamma = 2{,}3$, Pleochroismus X, Y sehr hell, Z gelbbraun, keine Fluorescenz. Vf. schlägt den Namen Alvarolit vor. (An. Acad. brasil. Ci. **24.** 261—66. 2 Tafeln. 30/9. 1952. Belo Horizonte, M.Ge., Inst. de Tecnol. industr.) R. K. Müller. 380

Rui Ribeiro Franco und **Murillo Cabral Porto,** *Graftonit von São Luiz do Paraitinga, São Paulo, Brasilien.* Die Analyse der Probe ergibt 38,20 (%) CaO, 31,80 FeO, 21,80 MnO, opt. Konstanten: $\alpha = 1{,}710$, $\beta = 1{,}716$, $\gamma = 1{,}735$, D. 3,756. Es handelt sich um ein Vork. in *Pegmatit.* (An. Acad. brasil. Ci. **24.** 267—71. 30/9. 1952. São Paulo, Univ., Fac. de Filos., Ci. e Letras.) R. K. Müller. 380

S. Kaitaro und **O. Vaasjoki,** *Meneghinit von Aijala, Südwestfinnland.* Der in der Sulfidlagerstätte von Aijala (SW-Finnland) vorkommende Meneghinit entspricht chem. der Formel $Pb_4Sb_2S_7$ mit ca. 3% Cu. Die d-Werte der Linien des Röntgendiagramms werden angegeben. Die Paragenese der Lagerstätte ist: Phase I *Pyrit, Arsenopyrit, Pyrrhotin, Chalkopyrit, Zinkblende*; Phase II *Bleiglanz, Sulfosalze, Gold, Wismutglanz*; Phase III *Markasit.* (Bull. Commiss. géol. Finlande **1950.** Nr. 150. 39—44.) Hiller. 380

Willer Florencio, *Eine neue Varietät des Zirkonits.* Das untersuchte Mineral mit D. 3,50—3,54, Härte 4,5, brauner Farbe, 27,43 (%) SiO_2, 51,08 $ZrO_2 + HfO_2$, kommt in *Pegmatit* im Staat Bahia (Macarani), Brasilien, vor, zusammen mit Monazit, Samarskit, Beryll, Gahnit, Silex usw. Auffällig ist das völlige Fehlen von P im Gegensatz zu Yamagutilith. Vf. schlägt für diese Varietät den Namen *Ribeirit* vor. (An. Acad. brasil. Ci. **24.** 249—59. 1 Tafel. 30/9. 1952. Belo Horizonte, M.Ge., Inst. de Tecnol. industr.) R. K. MÜLLER. 380

C. J. Sullivan und **R. S. Matheson,** *Uran–Kupfer-Lagerstätten, Rum Jungle, Australien.* (Econ. Geol. **47.** 751—58. Nov. 1952. Columbus, O., Ohio State Univ.) ENSSLIN. 384

Raoul-C. Mitchell, *Bemerkungen über die Bauxitlagerstätten von Jamaika.* Die Bauxite sind durch Verwitterung eines weißen Kalkes unter trop. Bedingungen entstanden u. enthalten 43—50 (%) Al_2O_3, 16—18 Fe_2O_3, 1,6—2,4 TiO_2, 1,9— 2,2 SiO_2, 0,3—2,8 P_2O_5, 0,1—1,2 CaO u. 15—16 H_2O^+. Die Hauptmineralien sind *Gibbsit* u. *Böhmit.* Diaspor tritt nicht auf. Die Erze werden abgebaut. (C. R. somm. Séances Soc. géol. France **1952.** 267—69.) ENSSLIN. 384

L. W. Pusstowalow, *Über die Fortschritte der Untersuchungen von sedimentären Gesteinen und sedimentären nützlichen Mineralien in der UdSSR.* Allg. Betrachtungen über die Entw. der Kenntnisse auf dem Gebiet der Sedimentgesteine, vor allem über neue Kohlenfunde (in Karaganda, Petschora, Ostsibirien) u. Erdöl in Ischimbai am Ural, Daghestan, Wolgagebiet, Krassnodar, Usbekistan, Turkmenien, Embengebiet, Grusien, Sachalin u. a.), ferner Al-Erze (Bauxit), Kalisalze (Ssolikamsk), Phosphorite, Fe- u. Mn-Erze (Kursk, Chalilowsk, Chopersk — Fe; Nikolsk, Tschiatur, Ussinsk in Westsibirien — Mn), Rohstoffe der Keramik u. feuerfesten Materialien. (Известия Академии Наук СССР, Серия Геологическая [Nachr. Akad. Wiss. UdSSR, geol. Ser.] **1950.** Nr. 1. 50—60. Jan./Febr.) v. WILPERT. 384

Baldanza Bartolo, *Untersuchungen über die Mineralbildungen der Monti Peloritani.* 1. Mitt. *Die Lagerstätte der Landschaft Tripi di Ali (Messina).* Die Unters. der tert. Kalksteine u. sek. Phyllite des Vork. u. der an ihrer Kontaktgrenze liegenden Metallerze läßt auf Pseudomorphose- u. Reabsorptionsvorgänge schließen. Vermutlich ist das Vork. auf einen hydrothermalen Prozeß bei mittlerer Temp. zurückzuführen u. gehört zum filon. Typ als Kontaktgestein zwischen einer sedimentären u. einer metamorphen Formation. (Periodico Mineralog. **19.** 1—40. 6 Tafeln. 1950. Messina, Ist. di Mineralogia.) R. K. MÜLLER. 384

A. A. Iwanow, *Kaliumsalze im Angar–Lena-Salzgebiet.* In den kambr. salzführenden Ablagerungen des Angar-Lena-Salzbeckens wurden K-Salze (*Sylvin, Carnallit* u. *Langbeinit*) festgestellt. Damit ist neben der Fundstätte im Pandschab (Indien) die 2. bisher bekannte Kalisalzablagerung im unteren Kambrium entdeckt worden. (Записки Всесоюзного Минералогического Общества [Schr. Allunions mineralog. Ges.] [2] **79.** 297—98. 1950.) LEBTAG. 384

J.-M. Vallet, *Geologische und petrographische Untersuchung des unteren Teiles des Val d'Hérens und des Val d'Hérémence (Valais).* Vier neue Gesteinsanalysen werden mitgeteilt. (Schweiz. mineralog. petrogr. Mitt. **30.** 322—476. 1950. Genf.) GOTTFRIED. 385

Franklyn B. Van Houten, *Tonmineralien in Sedimentgesteinen und daraus entstandenen Böden.* Vf. untersucht 43 Tonfraktionsproben von Sedimentgesteinen u. aus diesen entstandenen Böden. Es zeigt sich, daß die Tonmineralien in den Böden vom Muttergestein stammen. Aber bei einigen kaolinreichen Böden, im SO der USA, stammen die Tonminerale aus Coastal Plain-Lagern. *Illit* rührt aus Illit-reichen pleistocaenen Glaziallagern u. aus marinen Schiefertonen her. In vielen Sedimentgesteinen ist reichlich Illit enthalten, daher überwiegt der Illit auch in den daraus entstandenen Böden. Auch in alluvialen Ablagerungen stammt der Illit aus den weit verbreiteten illitreichen Böden, bei marinen Ablagerungen wird der Illit nicht verändert. Aber sowohl in den Böden als auch in den Meeresablagerungen zeigt der Illit einen geringeren K_2O-Geh. u. ein kleineres SiO_2/Al_2O_3-Verhältnis als der Illit der Sedimentgesteine. Er wird also beim Prozeß der Bodenbldg. verändert. (Amer. J. Sci. **251.** 61—82. Jan. 1953. Princeton, N. J., Univ., Dep. of Geol.) HILLER. 385

Joseph A. Mandarino, *Die Kalksteinkonkretionen vom Sault Ste. Marie, Michigan-Gebiet.* (Rocks and Minerals **27.** 461—67. Sept./Okt. 1952.) ENSSLIN. 385

W. T. Harry, *Basischer Hornfels von einem Gabbrokontakt bei Calingford, Irland.* Aus silur. Sedimenten bildeten sich im Kontakt mit einem Gabbro Hornfelse, welche aus Pyroxenen u. Labradoriten bestehen. Der Hornfels ist während der Metamorphose metasomat. verwittert. (Geol. Mag. **89.** 411—16. Nov./Dez. 1952. Dundee, Univ., Geol. Inst.) ENSSLIN. 385

Umberto Sborgi, E. Cerrai und **G. Santarella,** *Analyse der Quellwässer von Sant'Orsola bei Pergine, Provinz Trient.* (Vgl. C. **1951.** II. 796.) Vff. berichten über die chem. u. physikal.-chem. Untersuchungsergebnisse der Wässer der 3 Hauptquellen von Sant'Orsola. Die Auswertung des Zahlenmaterials zeigt, daß es sich um arsen-eisenhaltige Wässer unterschiedlicher Konz. handelt, die im wesentlichen den dieser Landschaft entsprechenden Charakter aufweisen, obwohl sie eine außerordentliche Vielzahl von Salzen, oft nur in geringen Mengen, enthalten. Die Quellen sind für medizin. Bäder geeignet. (Ann. Chimica **42.** 115—28. Febr. 1952. Milano, Univ., Ist. di Chim. gen.) ANIKA. 394

H. U. Dütsch, *Der Einfluß der Temperatur auf das atmosphärische Ozon.* A. u. E. VASSY (J. Physique Radium [8] **2.** [1941.] 81) hatten versucht, den atmosphär. O_3-Geh. aus den entsprechenden Variationen der Stratosphärentemp. u. der eingestrahlten Sonnenenergie J vollständig zu erklären u. einen entsprechenden Ansatz vorgeschlagen. Vf. weist nun auf die enorme Überschätzung des Temperatureinfl. auf das Gesamt-O_3 hin, was an Hand von zwei, nach der photochem. Theorie durchgerechneten Zahlenbeispielen belegt wird. Wegen der Hereinnahme der Tageslänge in den Ansatz zur Berechnung von J wird auch der Einfl. des wechselnden Sonnenstandes falsch eingeschätzt. Vf. lehnt auf Grund seiner Unterss. die von A. u. E. VASSY aufgestellte Hypothese ab. (Arch. Meteorol., Geophysik, Bioklimatol., Ser. A **2.** 386—400. 1950. Arosa, Lichtklimat. Observ.) GOTTFRIED. 396

K. Zeller, *Kritische Bemerkungen zur Frage der Temperaturabhängigkeit der Ozonverteilung.* Von A. u. E. VASSY (vgl. J. Physique Radium [8] **2.** [1941.] 81) war die Behauptung aufgestellt worden, daß zwischen der red. Dicke e der Ozonschicht in der Atmosphäre, der eingestrahlten Sonnenenergie J u. der mittleren Temp. T der O_3-Schicht eine Beziehung von der Form $e = J \cdot K(T)$ besteht, wo K(T) eine Funktion ist. Vf. unterzieht die Weise, in der A. u. E. VASSY von den Meßresultaten auf das obige Gesetz schließen, einer mathemat. Kritik mit dem Ergebnis, daß ein Beweis für die obige Beziehung nicht erbracht ist. (Arch. Meteorol., Geophysik, Bioklimatol., Ser. A **2.** 401—03. 1950. Arosa, Lichtklimat. Observ.) GOTTFRIED. 396

D. Organische Chemie.

D_1. Allgemeine und theoretische organische Chemie.

Gladys A. Anslow, Irene S. White und **Rika Sarfaty,** *Bestätigung für die Absorption von Polymeren und Dimeren in den UV-Spektren von Alkoholen.* (Sitzungsbericht.) Der Beweis für den Ursprung der langwelligen Absorption in den UV-Spektren von Alkoholen, der Verunreinigungen zugeordnet wurde (vgl. Discuss. Faraday Soc. [1950.] 333), wurde durch Vgl. mit den BECKMAN-Spektralphotometerkurven der Destillate von über Silicagel bzw. metall. Na hergestelltem n-Propanol u. n-Butanol erbracht. Bei beiden Verff. wird W. entfernt; bei Silicagel werden die Absorptionen, die auf Wasserstoffbrücken (vgl. Discuss. Faraday Soc. [1950.] Nr. **9.** 299) zurückgeführt wurden, ausgeprägter, wodurch weitere Polymerisation angezeigt wird; dagegen ändern sich die Spektren bei Verwendung von Na, das die Polymeren crackt, durch den Übergang der polymeren in die dimeren Anteile, wobei die Änderung von der 3. bzw. 2. Potenz der Konz. der Polymeren bzw. Dimeren abhängt. In den Spektren zahlreicher Isomerer von allen Alkoholen liegen diskrete Absorptionen im Bereich von 35000 bis 38000 cm^{-1} bei den Frequenzen der Glieder mit $\Delta\nu = 1, 2, 3$ des $^2\Sigma$-$^2\Pi$-Übergangs von nichtassoziiertem OH. Die bei n-Propanol, Butanol, Pentanol, Hexanol bzw. Octanol bei 38800, 35500, 33100, 30000 bzw. 28000 cm^{-1} hervorgerufenen stärkeren Absorptionen (D $\sim$ 10) können Spektren des Vorstadiums der Dissoziation sein. (Physic. Rev. [2] **88.** 154. 1/10. 1952. Smith College.) SCHÄFF. D 118

R. N. Haszeldine, *Spektroskopische Untersuchungen.* 2. Mitt. *Die Ionisationskonstanten und Ultrarotspektren einiger primärer und sekundärer halogenhaltiger Alkohole.* (1. vgl. C. **1953.** 5793.) Die in 50%ig. wss. A. gemessenen Ionisationskonstanten von prim. Alkoholen R–CH_2–OH (R = Perfluoralkyl, CH_2F–CF_2, CHF_2–$(CF_2)_3$, CHF_2, CF_2Cl oder CCl_3) u. von sek. Alkoholen CHRR'–OH (R = Perfluoralkyl, R' = Alkyl) sind ca. 10000mal größer als diejenigen der KW-stoffanalogen. Wenn sowohl R als auch R' Perfluoralkylgruppen sind, ist eine weitere zehnfache Zunahme der Acidität festzustellen. Die maximale Polarisation der Hydroxylgruppe wird also bereits durch die erste Perfluoralkylgruppe nahezu erreicht. Die mit steigendem F-Geh. abnehmende Basizität des O-Atoms kommt auch in den Kpp. u. in den UV- u. Ultrarotmessungen zum Ausdruck. Die zwischenmol. Wasserstoffbindung nimmt mit steigendem F-Geh. ab u. ist bei den sek. Alkoholen kaum noch vorhanden. Die Möglichkeit einer schwachen innermol. Wasserstoffbindung wird in Erwägung gezogen. (J. chem. Soc. [London] **1953.** 1757—63. Juni. Cambridge, Univ., Chem. Labor.) FORCHE. D 118

R. N. Haszeldine, *Spektroskopische Untersuchungen.* 3. Mitt. *Die Ultraviolett-absorptionsspektren von halogenhaltigen aliphatischen Jodverbindungen und die relative Beständigkeit von freien halogenhaltigen Alkylradikalen.* (2. vgl. vorst. Ref.) Vf. untersuchte eingehend die Zusammenhänge zwischen dem breiten UV-Absorptionsmaximum im Bereich von 250—350 mμ u. der Struktur von zahlreichen Jod- u. Polyhalogenjodverbindungen. Die Lage des Maximums ist ein empfindliches Kriterium für die Konst. von Halogenverbb. u. wird bes. durch Substitution am α- u. β-C-Atom beeinflußt. In den n-Alkyljodiden liegt das Maximum bei 257 mμ, in CBr_3J bei 346 mμ. Die bathochrome Verschiebung durch Substituenten nimmt in der Reihenfolge $H < F < Cl < Br < J$ zu. In den Verbb. $J-(CF_2)_n-J$ u. $J-(CH_2)_n-J$ sind die chromophoren Effekte der J-Atome additiv, wenn $n > 3$ ist; aber in den Verbb. mit $n = 2$ ist eine gegenseitige Beeinflussung der J-Chromophore festzustellen. Bei den F-Verbb. ist die bathochrome Verschiebung größer als bei den H-Verbindungen. Zur Erklärung der bei den einzelnen Verbindungstypen verschied. bathochromen Verschiebung können der auxochrome Effekt des Halogensubstituenten, die Resonanzstabilisierung eines Radikals u. ster. Effekte angenommen werden. Es werden die Reihenfolgen der relativen Stabilität von prim., sek. u. tert. Alkyl- u. Halogenalkyl-Radikalen aufgestellt. (J. chem. Soc. [London] **1953.** 1764—71. Juni.) FORCHE. D 118

George Rappaport, Murray Hauptschein, Joseph F. O'Brien und **Robert Filler,** *Fluorierte Ester.* 4. Mitt. *Der Einfluß benachbarter Fluoratome auf die Estercarbonyl-Frequenz.* (3. vgl. FILLER u. Mitarbeiter, C. **1953. 6858.**) Die Einführung von F in das Mol. eines Esters verschiebt die ultrarote Carbonylbande (5,75 μ) nach höheren Frequenzen. Wenn der Säureteil eines Esters oder Diesters perfluoriert ist, wie in den Verbb. $C_3F_7 \cdot CO_2CH_2CH_3$ (**I**), $CF_3CO_2(CH_2)_5O_2CCF_3$, $C_3F_7CO_2(CH_2)_3O_2CC_3F_7$, $C_3F_7CO_2(CH_2)_4O_2CC_3F_7$, $C_3F_7CO_2(CH_2)_5O_2CC_3F_7$, $C_3F_7CO_2(CH_2)_6O_2CC_3F_7$, $C_3F_7CO_2(CH_2)_{10}O_2CC_3F_7$, $C_5F_{11}CO_2(CH_2)_5O_2CC_5F_{11}$, $C_7F_{15}CO_2(CH_2)_5O_2CC_7F_{15}$, $C_9F_{19}CO_2(CH_2)_5O_2CC_9F_{19}$, $C_2H_5CH(CH_3)O_2 \cdot C(CF_2)_4CO_2CH(CH_3)C_2H_5$ u. n-$C_4H_9O_2C(CF_2)_4CO_2C_4H_9$ (vgl. 2. Mitt. FILLER u. Mitarbeiter, C. **1953.** 4028), liegt die Carbonylschwingung bei 5,57—5,60 μ. Ester u. Diester mit fluoriertem Alkoholteil, wie $C_3H_7CO_2CH_2CF_3$ (**II**), $C_3F_7CH_2O_2C(CH_2)_4CO_2CH_2C_3F_7$, $C_3F_7CH_2O_2C(CH_2)_5CO_2CH_2C_3F_7$, $C_3F_7CH_2O_2C(CH_2)_6CO_2CH_2C_3F_7$, $C_3F_7CH_2O_2C(CH_2)_7 \cdot CO_2CH_2C_3F_7$, $C_3F_7CH_2O_2C(CH_2)_8CO_2CH_2C_3F_7$ u. $C_3H_7CO_2CH_2(CF_2)_4CH_2O_2CC_3H_7$ (vgl. 3. Mitt.), zeigen die Carbonylbande bei 5,65—5,67 μ. Wenn sowohl der Säureteil als auch der Alkoholteil fluoriert ist, wie bei den Verbb. $C_3F_7CO_2CH_2CF_3$ (**III**), $C_3F_7CO_2CH_2 \cdot C_3F_7$, $C_7F_{15}CO_2CH_2C_3F_7$, $C_3F_7CH_2O_2C(CF_2)_3CO_2CH_2C_3F_7$, $C_3F_7CO_2CH_2(CF_2)_3CH_2O_2 \cdot CC_3F_7$ u. $C_3F_7CO_2CH_2(CF_2)_4CH_2O_2CC_3F_7$ (vgl. HAUPTSCHEIN u. Mitarbeiter, C. **1953.** 3225), erscheint die Carbonylschwingung bei 5,52—5,55 μ. Demnach kann man der Gruppe $-CF_2-COOCH_2-$ die CO-Bande 5,59 $\pm$ 0,02 μ, u. der Gruppe $-CH_2COOCH_2-CF_2-$ die Bande 5,66 $\pm$ 0,02 μ u. der Gruppe $-CF_2-COOCH_2CF_2-$ die Bande 5,53 $\pm$ 0,02 μ zuordnen. Eine Erklärung für die Bandenverschiebung läßt sich auf Grund des induktiven Effektes der stark elektronegativen Perfluoralkylgruppen geben. Die Ultrarotspektren von Buttersäureäthylester u. seinen fluorhaltige Analogen **I, II** u. **III** sind abgebildet. (J. Amer. chem. Soc. **75.** 2695—97. 5/6. 1953. Wright-Patterson Air Force Base, Ohio, Wright Air Dev. Center, Materials Labor.) FORCHE. D 120

John W. Weigl, *Infrarotspektrum von deuterierter Ascorbinsäure. Mitteilung über labile Wasserstoffatome.* Durch Auflösen von *Ascorbinsäure* (**I**) in schwerem W. wird deuterierte **I** (**Ia**) gewonnen. Die Infrarotspektren von **I** u. **Ia**, deren Banden zugeordnet werden, u. gleichzeitig ausgeführte massenspektrometr. Bestimmungen zeigen, daß $\sim$4,3 H-Atome pro Mol. **I** ausgetauscht werden, woraus geschlossen wird, daß **I** 5 austauschbare H-Atome enthält, von denen eines an C gebunden sein muß. (Analytic. Chem. **24.** 1483—86. Sept. 1952. Minneapolis, Minn., Univ. of Minnesota.) EICHHOFF. D 120

Kazuo Nakamoto, *Dichroismus von Benzolringen.* 3. Mitt. *Der Dichroismus von monomerem m-Nitronitrosobenzol.* (2. vgl. C. **1952.** 6988.) Im sichtbaren u. im UV-Gebiet wurden die Absorptionsspektren von monomerem *m-Nitronitrosobenzol* (**I**) im krist. Zustand u. in Lsg. quantitativ gemessen. Zunächst wurde das Spektr. von **I** in alkoh. Lsg. u. zum Vgl. das von *m-Dinitrobenzol* (**II**) zwischen 250 u. 750 mμ untersucht. Die Substitution einer der NO_2-Gruppen durch eine NO-Gruppe verursacht Auftreten der NO-Bande bei 750 mμ u. hat gleichzeitig bathochromen u. hyperchromen Einfl. auf die NO_2-Bande (330 mμ bei **II**, 390 mμ bei **I**). Die gleiche Substitution übt jedoch keine großen bathochrome u. hyperchromen Effekte auf die π- u. σ-Banden im UV-Gebiet aus. — Da **I** im kristallinen Zustand nicht monomer ist, wurde das Spektr. von Mischkristallen aus **II** u. **I** mit 25% **I** (erhalten durch Kristallisation von **I** u. **II** im mol. Verhältnis 1:1 aus A.) untersucht. Die Kristalle zeigen gerade Auslöschung u. haben dichroit. Eigg. — hellgrün im linear polarisierten Licht mit dem elektr. Vektor parallel der c-Achse u. hellgelb mit Licht parallel der b-Achse. Aus Röntgenaufnahmen von II u. dem Mischkristall ergab sich, daß die zwei Kristalle ähnliche Struktur besitzen; die ebenen Moll. von I u. II sind entlang der c-Achse derart angeordnet, daß die Molekülebenen nahezu parallel der a-Achse liegen u. gegen die b-Achse um ca. 20° geneigt sind. Aus dem erhaltenen Absorptionsspektr. des Mischkristalles erhält man das von reinem I durch Abziehen des II-Spektr. von dem des Mischkristalles. Da II im Sichtbaren keine Absorption besitzt, ist die beobachtete Absorption in diesem Gebiet dem reinen I zuzuschreiben. Es kann geschlossen werden, daß die $\perp$-Absorption hyperchrom im Verhältnis zu der $\|$-Absorption ist. Aus den Messungen im UV-Gebiet folgt, daß I u. II ähnliche dichroit. Eigg. besitzen u. daß der Dichroismus der π-Bande nicht stark durch die Substitution einer NO_2-Bande durch eine NO-Bande beeinflußt wird. (Bull. chem. Soc. Japan **25.** 255—58. Aug. 1952. Osaka, Univ., Fac. of Sci., Dep. of Chem. [Orig.: engl.].) GOTTFRIED. D 122

André Bernanose, Marcel Comte und **Paul Vouaux,** *Über eine neue Art der Lichtemission bei einigen luminescierenden organischen Verbindungen.* Es werden ein Verf. zur Fluorescenzerregung organ. Stoffe in starken elektr. Wechselfeldern beschrieben u. Beobachtungen über Elektrolumineszenzerscheinungen in der Art der DESTRIAUschen Elektrolumineszenz (J. Chim. physique Physico-Chim. biol. **33.** [1936.] 587) an den Verbb. *Gonacrin* u. *Acridinorange E* mitgeteilt. Das Verf. besteht darin, daß Cellophanhäute (ca. 0,022 mm stark), die 2—3 Std. in verd. Lsgg. der Fluorescenzstoffe getränkt u. nach Trocknung (bei 120°) zwischen einer Al-Unterlage u. einem Glimmerplättchen (ca. 0,07 mm dick) mit Paraffin luftfrei eingeschmolzen waren, über den Al-Träger u. eine (glycerinhaltige) elektrolyt. leitende Flüssigkeitselektrode auf der Glimmerplatte der Wrkg. von Wechselspannungen V bis 2500 V ausgesetzt wurden. Von einem bestimmten Spannungsschwellenwert (um 500 V) ab tritt in den Cellophanschichten eine mit V zunehmende Lichtemission J mit einer Bande über das gesamte sichtbare Spektralgebiet (Schwerpunkt im Blaugrünen) auf. Im Verlauf von J mit V zeigt sich eine Art Alterungseffekt, insofern, als die ersten an einer frischen Zelle gemessenen Intensitäten stets höher als bei darauffolgenden Erregungen liegen. Es werden Phosphorescenzerscheinungen beobachtet. Der nach Alterung stabile Verlauf J (V) entspricht relativ gut dem DESTRIAUschen für ZnS gefundenen Helligkeitsgesetz $J = A \cdot V^2 \cdot \exp(-B/V)$. Die Helligkeit der Elektrolumineszenz scheint stark von der Konz. des Fluorescenzstoffes im Cellophan abzuhängen. (J. Chim. physique Physico-Chim. biol. **50.** 64—68. Jan. 1953. Nancy, Fac. de Pharm., Labor. de Phys.) RUDOLPH. D 125

Hideo Akamatu und **Hiroo Inokuchi,** *Photoleitfähigkeit von Violanthron.* Die als Eigenhalbleiter zu betrachtenden Verbb. *Violanthron* (I), *Isoviolanthron* (II) u. *Pyranthron* (III) (vgl. C. **1951.** I. 839) zeigen Photoleitfähigkeit, die an aufgedampften Schichten als Funktion der Wellenlänge gemessen wird. Die Dunkelleitfähigkeit ist in der Größenordnung 10^{-12} bis 10^{-13} A bei 950 V/cm. Das Verhältnis von Dunkel- zu Photostrom war ca. 10—20. Die aus den Wellenlängenschwellenwerten bestimmten opt. Aktivierungsenergien sind für I, II bzw. III 0,84, 0,93 bzw. 1,14 eV gegenüber den aus der therm. Leitfähigkeitsgeraden bestimmten Werten 0,78, 0,75 bzw. 1,06 eV. Gleichzeitig werden für die drei Verbb. in krist. Zustand sowie in α-Methylnaphthalin- u. H_2SO_4-Lsg. die Absorptionsspektren aufgenommen. Die mitunter nicht sehr scharfen Absorptionskanten, die Elektronenanregungen zuzuschreiben sind, liegen zwischen 7000 u. 9000 cm^{-1}. Die Werte sind mit den Photoleitfähigkeitsmessungen vereinbar. (J. chem. Physics **20.** 1481—83. Sept. 1952. Toyko, Univ., Fac. of Sci.) RUDOLPH. D 135

Kurt Gingold, Eugene G. Rochow, Dietmar Seyferth, Albert C. Smith jr. und **Robert West,** *Ionisation organometallischer Halogenide.* (Vorl. Mitt.) Nach Unterss. der Vff. erweisen sich eine Anzahl von Methyl-, Äthyl-, Dodecyl-, Octadecyl- u. Phenylchlorsilanen als lösl. in wasserfreiem Dimethylformamid (I). Die Lsgg. besitzen große Leitfähigkeit, z. B. hat *Dimethyldichlorsilan* (II) bei 30° in 0,004 n Lsg. eine Äquivalentleitfähigkeit von 18 Ohm^{-1} u. in 1 n Lsg. eine solche von 0,5 Ohm^{-1}. Die Dissoziationskonstanten der untersuchten Verbb. sind ziemlich klein u. liegen zwischen 10^{-2} u. 10^{-4}. Die chem. Bedeutung der Ergebnisse liegt darin, daß genügend große Konzz. von Ionen des Typs R_3Si^+, R_2Si^{2+} u. RSi^{3+} verfügbar sind, um Oxydoreduktions-Rkk. oder Umsetzungen in I durchzuführen. Z. B. wird Cr_2O_7'' zu verschieden niederwertigen Cr-Stufen red., NH_4SCN setzt sich mit II zu der entsprechenden Thiocyanatverb. u. NH_4Cl um, Phosphorwolframsäure fällt Dimethylsilylphosphorwolframat aus, u. p-Nitrobenzoesäure löst sich in einer Lsg. von II in I auf, jedoch nicht in I allein oder in einer Mischung von I u. HCl. Organometallhalogenide des Ge u. Sn lösen sich ebenfalls in I unter Bldg. gutleitender Lsgg.; z. B. lassen sich aus entsprechenden Lsgg. $(CH_3)_2\cdot$

Sn^{2+}-Ionen durch einen Kunstharzkationenaustauscher abtrennen u. durch Auswaschen mit den entsprechenden Säuren zu Verbb., wie Dimethylzinnwolframat, -molybdat, -sulfid, -oxalat, -succinat, -naphthionat, -salicylat, -phthalat, -benzoat, -ferricyanid, -ferrocyanid, -jodat, -arsenat, -vanadat, -cyanat u. -antimonat umsetzen. Über die Darst., Reinigung u. Eigg. dieser Verbb. wird in Kürze berichtet werden. (J. Amer. chem. Soc. **74**. 6306. 20/12. 1952. Cambridge, Mass., Harvard Univ., Mallinckrodt Labor.) NIEMITZ. D 139

R. Brdička und **P. Zuman**, *Polarographisches Verhalten des Reduktons und des Cumarindiols.* Vff. untersuchten polarograph. die anod. Oxydation des *Reduktons* (I) u. des *Cumarindiols* (II) innerhalb eines großen p_H-Bereiches. Die Oxydationshalbwellenpotentiale dieser Substanzen, aufgetragen gegen p_H, ergeben ähnliche Kurven wie die anderer **Endiol**-Verbb., wie *Ascorbinsäure* u. a. Mit dieser ist die des I fast identisch. In Pufferlsgg. besteht zwischen II u. Reduktinsäure eine ähnliche Übereinstimmung, wobei ihre Halbwellenpotentiale ca. 30 mV positiver als die von I u. Ascorbinsäure sind. Die bisherigen potentiometr. Daten der Endiolverbb. werden mit den polarograph. verglichen. Dabei ergibt sich, daß im Gegensatz zu den anderen Endiolverbb. bei I die Beziehung zwischen den potentiometr. u. den polarograph. Daten wesentlich von der üblichen abweicht. Auf Grund einer Diskussion der Einstellungsmechanismen der Potentiale nehmen Vff. an, daß die polarograph. Halbwellenpotentiale die Redoxeigg. des Syst. I-*Mesoxaldialdehyd* besser charakterisieren als die potentiometr., die unter ungünstigen experimentellen Bedingungen ermittelt wurden. Außer der polarograph. Oxydation wurde auch die Red. von I untersucht, wobei die Säureform angegriffen wird, während die Ionenform inakt. ist. (Collect. Trav. chim. Tchécoslov. **15**. 766—79. 1950. Prag, Karls-Univ., Phys. Chem. Inst., u. Stockholm, Univ., Inst. for Res. in Org. Chem.) NIEMITZ. D 142

D. W. Scott, H. L. Finke, W. N. Hubbard, J. P. McCullough, G. D. Oliver, M. E. Gross, C. Katz, K. D. Williamson, Guy Waddington und **H. M. Huffman**, *3-Thiapentan: Wärmekapazität, Schmelz- und Verdampfungswärme, Dampfdruck, Entropie, Bildungswärme und thermodynamische Funktionen.* Experimentell wurden die folgenden Daten bestimmt: Die Wärmekapazität im fl. u. festen Zustand zwischen 15 u. 320° K, der Tripelpunkt (169, 21° K), die Schmelzwärme (2845 cal Mol^{-1}), der Dampfdruck ($\log p_{mm} = 6{,}92836 - 1257{,}833/t + 218{,}662$), die Verdampfungswärme (8185; 7906 u. 7591 cal Mol^{-1} bei 324,70, 344,16 u. 365,26° K), die Wärmekapazität des Dampfes ($C_p^0 = 2{,}76 \pm 9{,}4965 \cdot 10^{-2}\, T - 3{,}794 \cdot 10^{-5}\, T^2$ cal·$Grad^{-1}$·Mol^{-1}) von 350 bis 490° K, der 2. Virialkoeff. des Dampfes ($B = -385 - 26{,}76 \exp(1250/T)$ cm^3·Mol^{-1}), die Entropie im fl. Zustand (64,36 cal·$Grad^{-1}$·Mol^{-1} bei 298,16° K), die **Entropie** des Dampfes (90,43, 92,17 u. 94,02 cal·$Grad^{-1}$·Mol^{-1} bei 324,70, 344,16 u. 365,26° K) u. die Bildungswärme nach der Rk.: $4\,C + 5\,H_2 + S = (C_2H_5)_2S$ ($\Delta H^0_{298,16°\,K} = -28{,}5$ kcal·Mol^{-1}). Die Funktionen $-(F^0 - H^0_0)/T$, $(H^0 - H^0_0)/T$, $H^0 - H^0_0$, S^0 u. C_p^0 wurden aus spektroskop. Daten berechnet. Die freien Energien u. Gleichgewichtskonstanten für die Bldg. von 3-Thiapentan werden bis zu 1000° K angegeben. (J. Amer. chem. Soc. **74**. 4656—62. 20/9. 1952. Bartlesville, Okla., Bureau of Mines, Petr. Exp. Stat., Thermodyn. Labor.) W. KAUFMANN. D 146

Frank C. Magne, Edwin J. Hughes, Robert R. Mod und **Evald L. Skau**, *Binäre Gefrierpunktsdiagramme der Palmitinsäure mit substituierten Acetamiden und anderen Amiden.* Vff. stellen das bin. Gefrierpunktsdiagramm der *Palmitinsäure* (I) mit *Formamid, Propionamid, n-Butyramid, Isobutyramid, Chloracetamid, Phenoxyacetamid, Phenylacetamid, Stearamid, Benzamid, Malonamid, Succinimid, Cyanacetamid* u. *Harnstoff* auf, um ein Amid zu finden, welches wie Acetamid mit langkettigen, gesätt. Fettsäuren eine stabile, krist. Molekülverb. liefert. Jedoch ist dies bei keinem der 13 Kombinationen der Fall. Einige Amide sind im fl. Zustand mit I nicht mischbar. (J. Amer. chem. Soc. **74**. 2793—95. 5/6. 1952. New Orleans, La., Southern Reg. Res. Labor.) v. SCHIESZL. D 147

Robert Filler, *Fluorierte Ester.* 5. Mitt. *Untersuchungen über Oberflächenspannung und Parachor.* (4. vgl. RAPPAPORT u. Mitarbeiter, C. **1953**. **6843**.) Von den 11 nachst., fluorierten Estern u. Diestern wurde die Oberflächenspannung γ bestimmt, um den Einfl. von F festzustellen. Aus den γ-Werten von einigen dieser Ester wurde mit Hilfe der SUGDEN-Gleichung der Parachor P_F berechnet. — Die Einführung von F in das Mol. bedingt einen Abfall der Oberflächenspannung; der Unterschied ist mit dem bei KW-stoffen u. Fluorkohlenstoffen beobachteten vergleichbar (vgl. FOWLER u. Mitarbeiter. C. **1947**. 580). Im allg. sinkt der Wert von γ mit steigendem F-Gehalt. Eine Ausnahme bildet der bisher nicht beschriebene *Heptafluorbuttersäure-m-trifluormethylbenzylester* (I), $Kp._{0,8}$ 52—53°, $D.^{25}_4$ 1,491, n_D^{25} 1,3824. — Untersuchte Verbb.: C_2H_5·

$O_2C(CF_2)_4CO_2C_2H_5$, $\gamma^{27,0}$ 22,7 (Dyn/cm) [vgl. Adipinsäurediäthylester: 28,0], P_F 24,9. — $C_3H_7CH_2O_2C(CF_2)_4CO_2CH_2C_3H_7$, $\gamma^{26,0}$ 22,2. — $C_3F_7CH_2O_2C(CH_2)_4CO_2CH_2C_3F_7$, $\gamma^{25,8}$ 20,4, P_F 24,0. — $C_3H_7CO_2CH_2(CF_2)_4CH_2O_2CC_3H_7$, $\gamma^{26,0}$ 23,9. — $CF_3CO_2(CH_2)_5O_2CCF_3$, $\gamma^{26,2}$ 24,4. — $C_3F_7CO_2(CH_2)_5O_2CC_3F_7$, $\gamma^{26,3}$ 20,6, P_F 25,1. — $C_3F_7CO_2(CH_2)_6O_2CC_3F_7$, $\gamma^{26,2}$ 22,2, P_F 25,8. — $C_7F_{15}CO_2(CH_2)_5O_2CC_7F_{15}$, $\gamma^{26,2}$ 19,1, P_F 24,1. — $C(CH_2O_2CC_3F_7)_4$, $\gamma^{26,0}$ 18,5. — $(m)CF_3{-}C_6H_4CH_2O_2CC_3F_7$ (I), $\gamma^{26,5}$ 24,8. — $C_3F_7CO_2CH_2CH_3$, $\gamma^{26,0}$ 17,0. (J. Amer. chem. Soc. **75.** 3016—17. 20/6. 1953. Wright-Patterson Air Force Base, O., Wright Air Dev. Center, Materials Labor.) FORCHE. D 148

Langley R. Hellwig und **Matthew Van Winkle,** *Dampf–Flüssigkeit-Gleichgewichte für binäre Systeme mit Äthylalkohol.* Für bin. Systeme *A.–n-Butanol, A.–sek.-Butanol, A.–n-Pentanol* werden die Dampf–Fl.-Gleichgewichte bei 760 mm ermittelt. Azeotrope bilden sich in diesen Systemen nicht. Weiterhin werden die Systeme *A.–Aceton, A.–Methyläthylketon* (I) u. *A.–Methyl-n-propylketon* (II) untersucht. Das Syst. mit I bildet bei 50,1 Mol-% A. bei 74° u. das Sytst. mit II bei 96,2 Mol-% A. bei 78° ein Azeotrop. Versuchsergebnisse, Tabellen, Diagramme im Original. (Ind. Engng. Chem. **45.** 624—29. März 1953. Austin, Tex., Univ. of Texas.) K. O. MÜLLER. D 150

K. Hartley, H. O. Pritchard und **H. A. Skinner,** *Thermochemie von Metallalkylen. 4. Mitt. Quecksilberdiäthyl und Quecksilberdiphenyl.* (3. vgl. C. **1953.** 4505.) Die Wärmetönungen der Rkk. von Hg-Alkylen mit J_2, Br_2 u. Hg-Halogeniden werden calorimetr. bestimmt u. hieraus nach dem HESSschen Satz unter Hinzuziehung bekannter Daten die Bildungswärmen einiger Hg-Alkyle u. Hg-Alkylhalogenide in kcal Mol berechnet: $Hg(C_2H_5)_2$ $-9{,}9 \pm 1{,}7$; C_2H_5HgCl $32{,}3 \pm 1{,}5$; C_2H_5HgBr $24{,}25 \pm 1{,}5$; C_2H_5HgJ $14{,}25 \pm 1{,}6$; $Hg(C_6H_5)_2$ $-67{,}1$ oder $56{,}5 \pm 3$; C_6H_5HgCl 3,15 oder $-2{,}17 \pm 2{,}2$; C_6H_5HgBr 2,13 oder $-7{,}43 \pm 2{,}3$; C_6H_5HgJ $-12{,}4$ oder $-17{,}7 \pm 2{,}3$ (je nach den verwandten Daten). Die Energie für die Abspaltung der beiden C_2H_5-Gruppen wurde zu $45{,}1 \pm 6$ kcal Mol u. der beiden C_6H_5-Gruppen zu $55{,}5 \pm 4{,}5$ kcal Mol berechnet. (Trans. Faraday Soc. **47.** 254—63. März 1951. Manchester, Univ., Chem. Dep.) v. BOGDANDY. D 155

J. C. Hubbard und **D. Sette,** *Dispersion und Absorption von Ultraschall in Dämpfen von cis- und trans-Dichloräthylen.* (Sitzungsbericht.) (Vgl. C. **1953.** 2733.) Vff. messen Geschwindigkeit u. Absorption von Ultraschall in cis- u. trans-Dichloräthylen unter Drucken von 1,2—25 cm Hg-Säule bei 32°. Es ergeben sich zwei Dispersionsgebiete. Eins ist beiden Dämpfen gemeinsam u. liegt etwa bei f/p = 3,5 MHz/at. Das andere liegt für die cis-Verb. bei 30 MHz/at u. für trans-Verb. bei 90 MHz/at. (Physic. Rev. [2] **87.** 233—34. 1/7. 1952. Catholic Univ. of America.) FALKENHAGEN. D 159

T. J. Brice und **R. I. Coon,** *Einflüsse der Struktur auf die Viscosität von Perfluoralkyläthern und -aminen.* Von einigen Fluorkohlenstoffen, cycl. u. linearen Perfluoralkyläthern u. tert. Perfluoralkylaminen wurde die Viscosität bei verschied. Tempp. bestimmt. Außerdem wurden die für das viscose Fließen charakterist. thermodynam. Daten (E_{vis}, ΔF, ΔS, ΔE_v) berechnet. Die absol. Viscosität der linearen u. cycl. Perfluoräther ist niedriger als diejenige der linearen u. cycl. Fluorkohlenstoffe mit der gleichen C-Anzahl; bei der kinemat. Viscosität η/D ist der Unterschied infolge der geringeren D. der Perfluoräther nicht so groß. Die cycl. Fluorkohlenstoffe u. cycl. Perfluoräther haben eine höhere Viscosität als die linearen Fluorkohlenstoffe u. Perfluoräther mit gleicher C-Anzahl. Die beiden Isomeren des cycl. $C_5F_{10}O$ unterscheiden sich sowohl hinsichtlich ihrer Viscosität als auch in ihren sonstigen physikal. Eigg. weitgehend voneinander. — Die den Temperaturkoeff. der Viscosität bestimmende Aktivierungsenergie des viscosen Fließens E_{vis} steigt mit wachsendem Mol.-Gew. linear an. Die E_{vis}-Werte der Perfluoräther liegen unter den Werten der Fluorkohlenstoffe mit gleicher Struktur u. gleichem Mol.-Gewicht. — Die tert. Perfluoramine haben ähnliche Viscositäten u. Temperaturkoeffizienten der Viscosität wie die linearen Perfluormonoäther mit gleichem Mol.-Gewicht. Mit steigendem Mol.-Gew. tritt der Einfl. des einen N-Atoms nicht mehr in Erscheinung; so haben $(C_4F_9)_3N$ u. $(C_6F_{13})_2O$ annähernd denselben E_{vis}-Wert. — Während das Verhältnis von Verdampfungsenergie E_v zu E_{vis} für die meisten nichtkugelförmigen organ. Moll. ca. 4 ist, beträgt es bei den Perfluorverbb. nur ca. 2,3. Hieraus läßt sich E_v berechnen. — Die Perfluoräther haben geringere Dichten u. niedrigere Brechungsindices als die entsprechenden Fluorkohlenstoffe. Die Temperaturkoeffizienten der D. betragen 0,0025—0,0028 g/cm³/Grad. Die berechnete mol. Polarisierbarkeit der Perfluoräther ist höher als diejenige der analogen Fluorkohlenstoffe. — Untersucht wurden die nachst. Verbindungen. Die Zahlenangaben für A u. B beziehen sich auf die Viscositätsgleichung $\log \eta = (A/T) - B$. *n*-C_5F_{12}, Kp. 29,3°; $D.^{20}_4$ 1,6200; $\eta^{24,9}$ 0,4619 (Centipoise); E_{vis} 2,24 (kcal/Mol); ΔF 3,14 (kcal/Mol); ΔS $-4{,}0$; ΔE_v 6,05 (kcal/Mol). — *cycl.*-C_5F_{10}, Kp. 22,5°; $D.^{20}_4$ 1,6451; $\eta^{20,1}$

0,7670; E_{vis} 2,94; ΔF 3,30; ΔS −2,4; ΔE_v 5,76. — *n*-C_6F_{14}, Kp.$_{747}$ 56,1°; D^{25}_4 1,6771; D^t_4= 1,7471−0,0028t (25 bis −50°); n_D^{25} 1,2518; η^{25} 0,670; A = 568,8, B = 4,079; $\eta/_D^{25}$ 0,398; E_{vis} 2,60; ΔF 3,57; ΔS −2,95; ΔE_v 6,43. — *n*-C_8F_{18}, Kp.$_{725}$ 103,5—104°; D^{25}_4 1,7542; D^t_4 = 1,8192−0,0026t (80 bis −25°); n_D^{25} 1,2675; η^{25} 1,250; A = 706,5, B = 4,261; $\eta/_D^{25}$ 0,713; E_{vis} 3,24; ΔF 4,25; ΔS −2,59; ΔE_v 7,35. — F_3C—

CF_2

$CF-(CF_2)_3-CF-CF_3$, Kp. 101,5°; D^{25}_4 1,830; D^t_4 = 1,897−0,0027t; n_D^{25} 1,2835; η^{25} 1,883; E_{vis} 3,45; ΔF 4,38; ΔS −2,48; ΔE_v 7,32. —

O

$CF_2-CF_2-CF_2-CF-CF_3$, Kp.$_{743}$ 27,3°; D^{25}_4 1,6120; D^t_4 = 1,6845−0,0029t (25 bis −63°); n_D^{25} 1,2502; η^{25} 0,540; A = 560,0, B = 4,141; $\eta/_D^{25}$ 0,335; E_{vis} 2,56; ΔF 3,25; ΔS −2,28; ΔE_v 5,86. —

O

$CF_2-CF_2-CF_2-CF_2-CF_2$, Kp.$_{743}$ 33,4°; F. ca. −58°; D^{25}_4 1,6625; D^t_4 = 1,7325 −0,0028t (25 bis −56°); n_D^{25} 1,2580; η^{25} 0,716; A = 605,0, B = 4,158; $\eta/_D^{25}$ 0,433; E_{vis} 2,75; ΔF 3,38; ΔS −2,05; ΔE_v 5,99. — $C_2F_5OC_2F_4OC_2F_5$. Kp. 56—57°; D^{25}_4 1,5916; D^t_4 = 1,6616−0,0028t (25 bis −50°); n_D^{25} 1,2392; η^{25} 0,592; A = 598,0, B = 4,229; $\eta/_D^{25}$ 0,373; E_{vis} 2,74; ΔF 3,57; ΔS −2,50; ΔE_v 6,39. — $(n\text{-}C_4F_9)_2O$, Kp.101,0°; D^{25}_4 1,7103; D^t_4 = 1,7712−0,0026t (80 bis −25°); n_D^{25} 1,2607; η^{25} 1,118; A = 645,8, B = 4,111; $\eta/_D^{25}$ 0,655; E_{vis} 2,95; ΔF 4,26; ΔS −3,48; ΔE_v 7,32. — *cycl.*-$C_6F_{12}O$ (I), Kp.$_{731}$ 55,0°; D^{25}_4 1,6865; D^t_4 = 1,7540−0,0027t (25 bis −50°); n_D^{25} 1,2628; η^{25} 0,802; A = 620,0, B = 4,172; $\eta/_D^{25}$ 0,470; E_{vis} 2,84; ΔF 3,62; ΔS −2,30; ΔE_v 6,39. — *cycl.*-$C_8F_{16}O$ (II), Kp.$_{734}$ 102—103°; D^{25}_4 1,7602; D^t_4 = 1,8217 −0,0026t (80 bis −25°); n_D^{25} 1,2769; η^{25} 1,415; A = 728,0, B = 4,282; $\eta/_D^{25}$ 0,805; E_{vis} 3,34; ΔF 4,26; ΔS −2,46; ΔE_v 7,32. I u. II sind Gemische von α-substituierten Perfluortetrahydrofuranen u. α-substituierten Perfluortetrahydropyranen, vermutlich hauptsächlich die ersteren. — *cycl.*-$C_8F_{16}O_2$ (Struktur unbekannt), Kp. 101—101,9°; D^{25}_4 1,7304; D^t_4 = 1,7906−0,0025t (80 bis −25°); n_D^{25} 1,2721; η^{25} 1,285; A = 666,0, B = 4,118; $\eta/_D^{25}$ 0,743; E_{vis} 3,05; ΔF 4,31; ΔS −3,36; ΔE_v 7,32. — $C_2F_5 \cdot (OC_2F_4)_2OC_2F_5$, Kp.$_{735}$ 94—96°; D^{25}_4 1,6311; D^t_4 = 1,7022−0,0029t (80 bis −25°); n_D^{25} 1,2500; η^{25} 1,015; A = 659,9, B = 4,200; $\eta/_D^{25}$ 0,623; E_{vis} 3,02; ΔF 4,09; ΔS −2,90; ΔE_v 7,19. — $C_2F_5N(C_3F_7)_2$, Kp. 110°; D^{25}_4 1,7809; D^t_4 = 1,8435−0,0025t (80 bis −20°); n_D^{25} 1,2747; η^{25} 1,189; A = 663,5, B = 4,139; $\eta/_D^{25}$ 0,668; E_{vis} 3,04; ΔF 4,34; ΔS −3,40; ΔE_v 7,48. — $(C_2F_5)_2NC_3F_7$, Kp. 90,5°; D^{25}_4 1,7537; D^t_4 = 1,8190 −0,0026 t (80 bis −20°); n_D^{25} 1,2688; η^{25} 0,973; A = 641,7, B = 4,159; $\eta/_D^{25}$ 0,555; E_{vis} 2,94; ΔF 4,14; ΔS −3,29; ΔE_v 7,13. — *1.3.5*-$(CF_3)_3-C_6F_9$, Kp. 125,2; E_{vis} 3,62. (J. Amer. chem. Soc. **75.** 2921—25. 20/6. 1953. St. Paul, Minn., Minnesota Mining and Manufact. Co., Central Res. Dep.) Forche. D 172

Sidney A. Bernhard, *Über die Darstellung spezifischer Adsorbentien.* Vf. präpariert spezif. *Silicagel*-Adsorbentien für Orangefarbstoffe [*Methyl-* (**III**), *Äthylorange* (**I**) u. *p-Dimethylamino-p'-sulfonamidoazobenzol* (**II**)] aus *Na-Silicat*-Lsg., wenig Farbstoff u. HCl. Nach Darst., Trocknen u. Sieben wird der größte Teil des Farbstoffes mit Methanol eluiert. Die Adsorptionsstärke der gleichen Farbstoffe bzw. die prozentuale Zusatzadsorption gegenüber ohne Farbstoffzusatz dargestelltem Gel wird spektrophotometr. bestimmt. Die Ergebnisse zeigen Übereinstimmung mit denen von Dickey (C. **1949**. E. 23). Die Spezifität der untersuchten Gele für **II** u. **III** zeigt parallelen Gang, bei p_H 7,0 adsorbiert kein Gel **III** in nennenswertem Maße. Auch unter den günstigsten Bedingungen wurde weniger Farbstoff adsorbiert, als bei der Darst. ursprünglich im Gel vorhanden war. — Die Spezifität der Adsorption hängt von der ster. Konst. des p-Substituenten des Farbstoffes, der Dialkylaminogruppe, ab, sie ist unabhängig von der negativen Ladung der p'-ständigen Gruppe. (J. Amer. chem. Soc. **74.** 4946—47. 5/10. 1952. Pasadena, Calif., Inst. of Technol., Gates and Crellin Labor. of Chem.) Zanker. D 176

C. S. Clay, R. S. Bradford und **Ellis Strick,** *Eine mögliche Beziehung zwischen der Kernrelaxationszeit, T_2, und der Molekülstruktur.* Die Lösung der Gleichungen von Bloch führt zu den 2 experimentell bestimmbaren Parametern T_1 u. T_2. Unter gewissen Voraussetzungen ($T_1 > T_2$) kann T_2 als Maß für die Symmetrie des Mol. in bezug auf die Protonen angesehen werden. Lange T_2 entsprechen einer geringen Ausbreitung des inneren magnet. Feldes. Vff. bestimmten T_2 nach einer früher angegebenen Meth. (Physic. Rev. [2] **84.** [1951.] 157) für *2.2-Dimethylpropan, 2.2-Dimethylbutan, 2.2-Dimethylpentan, 2.3-Dimethylpentan, 2.4-Dimethylpentan, 3.3-Dimethylpentan, n-Pentan* u. *2-Methylbutan.* Die verschied. Relaxationszeiten für Dimethylpropan, n-Pentan u. 2-Methylbutan zeigen die starke Abhängigkeit von T_2 von der besonderen Mol.-Struktur für gleiche H- u. C-Zahl. Der für 3.3-Dimethylpentan erhaltene hohe T_2-Wert von 10 msec bestätigt die Annahme, daß diese Verb. eine höhere Symmetrie als 2.4-Dimethylpentan oder 2.2-Dimethylpentan besitzt. Diese Ergebnisse deuten darauf hin, daß die Ermittlung von T_2 zur Aufklärung der Struktur einfacher KW-stoffe herangezogen werden kann. (J. chem. Physics **19.** 1429. Nov. 1951. Laramie, Wyo., Univ. of Wyoming, Dep. of Phys.) WOELK. D 182

E. L. Hahn und **D. E. Maxwell,** *Spin-Echo-Messungen der Kern–Spin-Kopplung in Molekülen.* (Vgl. C. **1952.** 7312.) Eine neue Art der Kern–Spin-Kopplung der Moll. in Fll. wird mittels der Spin–Echo-Technik untersucht. Es läßt sich theoret. aus der HAMILTON-Funktion für die Kerninduktion die genaue Form der Spin–Echo-Enveloppe ableiten. Die Echo–Modulations-Frequenzen, die der Kopplung J u. der chem. Verschiebung zwischen nichtäquivalenten Protonen entspricht, werden an einer Reihe organ. Verbb. gemessen: *$CHCl_2CHO$, $CH_2ClCHCl_2$, $CHCl_2CHClCHCl_2$, $CH_3 \cdot OH$*, bei -78^0, *CH_3CHBr_2, $CH_3CH_2COOCCl_3$, CH_3CH_2OH* (vgl. l. c.). Eine verallgemeinerte Meth. zur Berechnung der Spin–Echos wird gegeben für den Fall großer chem. Verschiebung u. schwacher Kopplung zwischen einer beliebigen Anzahl von Spins. Die Dämpfung der Echomodulation, die infolge der Spinrelaxation u. mol. Effekten, die die J-Kopplung aufheben, auftritt, wird durch eine phänomenolog. Behandlung der quantenmechan. abgeleiteten Werte der Kernmagnetisierung berücksichtigt. (Physic. Rev. [2] **88.** 1070–84. 1/12. 1952.) v. HARLEM. D 182

Isaac Samuel, *Einführung von Fernwechselwirkungen in die Untersuchung der Molekülstruktur von Naphthalin, Chinolin und Isochinolin.* Berechnungen unter Berücksichtigung der Überlappungsintegrale zwischen o-, wie m- u. p-ständigen Atomen (vgl. PARR u. CRAWFORD, J. chem. Physics **16.** [1948.] 1049). Angegeben sind die Potentialschwellen für nucleophile, elektrophile u. radikal. Substitution bei Naphthalin sowie die formellen Ladungen der einzelnen Atome in *Chinolin, Isochinolin* u. *Pyridin.* (C. R. hebd. Séances Acad. Sci. **236.** 2510–11. 29/6. 1953.) KRESZE. D 182

H. Kloosterziel und **H. J. Backer,** *Der Einfluß des Mediums auf Hammetts σ-Werte für p-Alkylgruppen und auf die Hyperkonjugation.* Vff. vergleichen für eine Reihe von p- u. m-substituierten Anilinen die Ionisationskonstanten pK_a in W. mit ihren katalyt. Konstanten log K_c in n-Hexan (I) u. stellen fest, daß beim *p-Toluidin* (**II**) log K_c kleiner ist, als nach der allg. gültigen BRØNSTED-Beziehung zu erwarten. Dementsprechend ist auch der HAMMETT-σ-Wert für **II** in **I** entgegen dem n. für **II** in W. wesentlich weniger negativ. Die Berechnung weiterer HAMMETT-σ-Werte aus Literaturdaten für folgende Lösungsmittel: W., 25–50% A., 87–98% A., 100% A., Methanol u. Ae.–A. zeigt, daß die HAMMETT-σ-Werte für die p-CH_3-Gruppe vom Medium abhängig sind. Wenn diese Abhängigkeit berücksichtigt wird, ergeben sich bei vielen bisherigen Arbeiten bessere Übereinstimmungen der Versuchsdaten mit den von HAMMETT angegebenen Werten. Der gleiche Effekt wird auch beim *3.4-Xylidin* nachgewiesen, wobei der Einfl. der beiden Methylgruppen gleich der Summe des der m-CH_3- u. des mediumabhängigen der p-CH_3-Gruppe ist. Vff. vermuten zwischen diesen Abweichungen von der BRØNSTED-Beziehung u. dem Hyperkonjugationseffekt einen Zusammenhang, da in der Reihe p-CH_3, p-C_2H_5, p-Isopropyl u. p-tert.-Butyl die Abweichungen im selben Maß kleiner werden, wie die Hyperkonjugation abnimmt, in Übereinstimmung mit Daten für die σ-Werte der p-Alkylgruppen von HERBST u. JACOX (C. **1953.** 2256). (J. Amer. chem. Soc. **74.** 5806. 20/11. 1952. Groningen, Holland, State Univ., Org. Chem. Labor.) NIEMITZ. D 184

D. M. Donaldson und **J. Montheath Robertson,** *Die Kristall- und Molekularstruktur von Oktamethylnaphthalin: Ein nichtebenes Naphthalinderivat.* Die Dimensionen der rhomb. Elementarzelle von *Oktamethylnaphthalin* sind a = 16,66 ± 0,03 Å; b = 11,31 ± 0,01 Å; c = 7,64 ± 0,03 Å. Raumgruppe ist D^{22}_{2h} – Ccca; Z = 4. Zur Aufklärung der Struktur wurden einige zweidimensionale FOURIER-Synthesen durchgeführt u. hieraus die Elektronendichteprojektionen auf verschied. Ebenen erhalten. Obwohl nicht alle Atome klar aufgelöst erschienen, konnte mit Sicherheit festgestellt werden, daß das Mol. nicht eben ist. Die folgenden Parameter wurden gefunden, wobei als Ursprung der Schnittpunkt zweizähliger Achsen genommen wurde (Bezeichnung vgl. nebenst. Skizze): A: (x =) 0,041; (y =) 0; (z =) 0; B: 0,079; 0,110; 0,034; C: 0,042; 0,212; –0,012; K: 0,168; 0,115; 0,095; L: 0,086; 0,331; –0,034. Auf Grund dieser Parameter ergibt sich, daß die α-Methylgruppen aus der Molekülebene um ca. 0,73 Å herausverlagert sind, was einer Abweichung von ca. 28° der C–CH_3-Bindung aus der mittleren Molekülebene entspricht. Es ist ferner sehr wahrscheinlich, daß auch die β-CH_3-Gruppen aus der Molekülebene herausliegen: das Maß dieser Verschiebung konnte nicht mit Sicherheit bestimmt werden, es liegt wahrscheinlich zwischen 0,25 u. 0,40 Å.

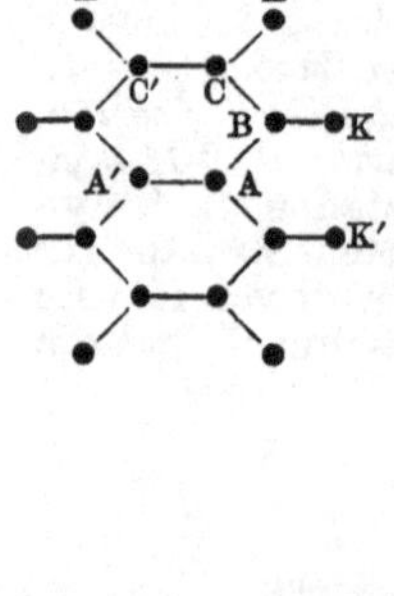

Aus Symmetriegründen muß angenommen werden, daß die CH_3-Gruppen um das Mol. abwechselnd oberhalb u. unterhalb der Molekülebene liegen. Ferner ist es sehr wahrscheinlich, daß auch der Naphthalinkern selbst etwas verzerrt ist, doch können hierüber genauere Angaben nicht gemacht werden. (J. chem. Soc. [London] **1953.** 17–24. Jan. Glasgow, Univ., Chem. Dep.) Gottfried. D 195

W. Nowacki und **H. Bürki,** *Kristallstrukturelle Untersuchung von Xanthazolmonohydrat.* Es wurde die Struktur des Monohydrates von *5.7-Dioxy-1-vic.-triazolo-*[*d*]-*pyrimidin* untersucht, das von den Vff. in Parallele zum Guanazol als *Xanthazol* bezeichnet wurde. Die Verb. krist. triklin mit a = 9,67 Å; b = 10,71 Å; c = 5,24 Å; $\alpha = 100^0 52'$; $\beta = 141^0 54'$; $\gamma = 87^0 00'$; Z = 2. Aus einer dreidimensionalen Patterson-Synth. ergab sich eine Lagenstruktur mit den Moll. nahezu parallel (001) u. einer sehr kurzen Periode von 3,14 Å. Die verschied. Strukturmöglichkeiten wurden auf Grund ster. Betrachtungen u. Fourier-Projektionen diskutiert. Auf Grund dieser Diskussion muß auf eine zentr. Struktur (C^1_i — $P\bar{1}$) geschlossen werden, was eine weitere Stütze darin findet, daß die Wassermoll. auf den Projektionen deutlich erscheinen. — Die oben angebenene Elementarzelle muß wegen vorhandener sehr schwacher Zwischenschichtlinien verdreifacht werden. Die gefundene Anordnung entspricht somit bloß einer Pseudostruktur, die eine geringe Störung von dreifacher Überperiode erfährt. (Experientia [Basel] **7.** 454–55. 15/12. 1951. Bern, Univ., Mineralog. Inst., Abt. für Kristallographie u. Strukturlehre.) Gottfried. D 195

L. Hörhammer und **R. Hänsel,** *Zur Analytik der Flavone.* 1. Mitt. *Über die Stöchiometrie gelöster Metallsalzkomplexe des Rutins und Quercetins.* Die Nacharbeitung bekannter, für den analyt. Nachw. von Flavonen geeigneter Rkk. ergab neue Beobachtungen. Die Farbvertiefung eines alkoh. Pflanzenextraktes auf Zusatz von Al^{3+}- bzw. Zr^{4+}-Ionen ist kein Maß für die erhaltene Menge Flavongemisch. Die *Rutin-*, *Hyperosid-* u. *Quercitrin–Zr-Komplexe* sind, im Gegensatz zum *Quercetin–Zr-Komplex,* mit Citronensäure spaltbar. Flavonol u. Zr-Salz reagieren stöchiometr. u. reversibel miteinander, die Spaltbarkeit der Komplexe ist daher zu erklären als Einstellung eines Gleichgewichts zwischen gefärbtem Flavonol–Zr-Komplex u. farblosem Citronensäure–Zr-Komplex. Die stöchiometr. Zus. von Zr-, Al- u. Cu-Komplexen wurde photometr. an Hand von Job-Kurven ermittelt, Überprüfung der Ergebnisse von Yoe u. Jones (Ind. Engng. chem., analyt. Edit. **16.** [1944.] 112). Innere Zr^{4+}-Flavonolkomplexe sind, wie Zr-Oxyanthrachinon- u. Hf-Alizarinlacke, gegen Säure wenig empfindlich. Anders verhalten sich Cu^{2+}- u. Al^{3+}-Komplexe. Vff. halten an einer der Wernerschen Theorie entsprechenden Formulierung der Komplexe fest. Die Lsgg. enthalten wahrscheinlich Komplexe verschied. stöchiometr. Zus., je nachdem ob Metallionen im Überschuß vorhanden sind oder nicht. Die 1:1-Komplexe überwiegen. Aus den Job-Kurven werden die relativen Komplexbildungskonstanten ermittelt. Daraus ergibt sich die größere Stabilität der Quercetin- gegenüber den Rutinkomplexen. (Arch. Pharmaz. Ber. dtsch. pharmaz. Ges. **285/57.** 438–44. Nov. 1952. München, Univ., Inst. für Pharmazeut. Arzneimittellehre.) Fresenius. D 223

W. F. Claussen und **M. F. Polglase,** *Löslichkeiten und Strukturen aliphatischer Kohlenwasserstoffe in wässerigen Lösungen.* Zur Best. der Löslichkeit von KW-stoffen in W. wurde eine Mikroverbrennungsmeth. entwickelt. Der gelöste KW-stoff wird durch Sauerstoff ersetzt, dann verbrannt u. das entstehende CO_2 gewogen. Untersucht wurde *Methan, Aethan, Propan* u. *n-Butan.* Vff. weisen Gashydrate komplizierter Form nach, deren Bldg. wegen der geringen Anziehungskräfte zwischen Gasmoll. u. W. erstaunlich ist. Die Lösungswärmen u. -entropien werden angegeben. (J. Amer. chem. Soc. **74.** 4817–19. 5/10. 1952. Urbana, Ill., Illinois State Water Survey.) v. Schieszl. D 224

Vincent L. Hughes und **Arthur A. Vernon,** *Löslichkeiten quaternärer Ammoniumsalze in gewissen organischen Lösungsmitteln.* Es werden die Löslichkeiten einer Reihe quaternärer Ammoniumsalze in Mischungen organ. Lösungsmittel bestimmt u. in Löslichkeitsdiagrammen (Löslichkeit in Mol/kg Lsg. aufgetragen gegen die Molenbrüche der Alkoholkomponente) wiedergegeben. Folgende Systeme wurden untersucht: *Tetramethyl-* u. *Tetrapropylammoniumjodid* (**III**) in *Methanol–Bzl.*; *Tetraäthylammoniumjodid* (**I**) u. *-bromid* (**II**), **III** u. *Tetrabutylammoniumjodid* (**IV**) in *A.–Bzl.*; **I** u. **III** in *Methanol–Nitrobenzol*; **II**, *Tetrapropylammoniumbromid* u. **IV** in *A.–Nitrobenzol.* Die A.–Bzl.- u. A.–Nitrobenzol-Lsgg. zeigen in den Löslichkeits–Molenbruch-Kurven sämtlich ein Maximum, das wahrscheinlich auf einer Dipolwechselwrkg. zwischen dem gelösten Stoff u. dem Lösungsm. beruht. Hierbei sind offensichtlich die Wechselwirkungen des A. größer als die vom Nitrobenzol u. vom Methanol. (J. physic. Chem. **56.** 927–28. Okt. 1952. Boston, Mass., Northeastern Univ., Hayden Memorial Labor.) Sparmann. D 224

E. F. Caldin, G. Long und **F. W. Trowse,** *Reaktionskinetik in Äthanollösung von —80 bis +20⁰.* (Vorl. Mitt.) Spektrophotometr. wurde die Kinetik der Rk. zwischen *Trinitrotoluol* u. $OC_2H_5^-$, $C_6H_2(NO_2)_3CH_3 + OC_2H_5^- \rightarrow HOC_2H_5 + C_6H_2(NO_2)_3CH_2^-$ untersucht. Die Geschwindigkeitskonstanten bei -80^0 u. $+20^0$ unterscheiden sich durch den Faktor 10^5, trotz dieses großen Bereiches ist die ARRHENIUSsche Gleichung $k = 1{,}026 \cdot 10^{12} \exp(-13600/RT)$ gut erfüllt. Die Differenz der spezif. Wärmen zwischen Ausgangs- u. Übergangszustand ist also für diese Protonübertragungs-Rk. nur gering, der Solvatationsgrad beider Zustände ähnlich. (Nature [London] **171.** 1124—25. 20/6. 1953. Manchester, Univ., u. Leeds, Univ.) KRESZE. D 225

Cheves Walling und **Elizabeth A. McElhill,** *Die Reaktionsfähigkeit von Benzaldehyden mit Perbenzoatradikalen.* Aus Autoxydationsverss. mit Mischungen von je 2 substituierten Benzaldehyden werden relative Werte für die Geschwindigkeit der Umsetzung verschieden substituierter Benzaldehyde mit verschieden substituierten Perbenzoatradikalen abgeleitet. Die Verss. werden in Essigsäureanhydrid bei 30⁰ in Ggw. von Acetationen als Katalysator durchgeführt; die zunächst als Zwischenprod. auftretende Perbenzoesäure wird hierbei rasch zum gemischten Acetylbenzoylperoxyd acetyliert u. kann in dieser gegen Aldehyd beständigen Form isoliert u. analysiert werden. Für die in einer Mischung zweier Benzaldehyde R_1CHO u. R_2CHO ablaufenden 4 konkurrierenden Rkk. $RCHO + R'C\langle^{O}_{OO^-} \xrightarrow{k_{RR'}} R\dot{C}{=}O + R'C\langle^{O}_{OOH}$ mit $R = R_1$ oder R_2 u. $R' = R_1$ oder R_2 können aus den Verss. die Geschwindigkeitsverhältnisse $r_1 = k_{R_1R_1}/k_{R_1R_2}$ u. $r_2 = k_{R_2R_2}/k_{R_2R_1}$ abgeleitet werden. Angewandte Substituenten, geordnet nach steigender HAMMETTscher Substitutionskonstante σ: p-OCH_3, p-CH_3, p-C_3H_7, m-CH_3, H, p-Cl, m-Cl, p-CN. Die Relativgeschwindigkeiten variieren etwa innerhalb einer Zehnerpotenz u. steigen mit fallendem σ-Wert, d. h. mit zunehmender Elektronendonoreigg. des Substituenten. Für jedes einzelne Perbenzoatradikal besteht eine ungefähr lineare Beziehung zwischen dem Logarithmus der Reaktionsfähigkeit u. dem σ-Wert des Substituenten im Benzaldehyd, deren Neigung vom Substituenten im Perbenzoatradikal abhängt. Die Ergebnisse werden mit Hilfe der polaren Wechselwrkg. zwischen Radikal u. Aldehyd im Übergangszustand gedeutet, wobei Beiträge für solche Strukturen angenommen werden, die einen Elektronenübergang vom Aldehyd zum Perbenzoatradikal enthalten. Der zum Vgl. herangezogene *n-Butyraldehyd* ist gegenüber Perbenzoatradikalen um ein mehrfaches reaktionsfähiger als Benzaldehyd. Bei den folgenden Paaren substituierter Benzaldehyde: p-Cl—m-NO_2, p-$(CH_3)_2N$—p-OCH_3, m-OCH_3—p-Cl, p-SCH_3—p-Cl tritt im Verlauf mehrerer Std., in den beiden letzten Fällen sogar bei zusätzlicher Belichtung u. in Ggw. eines Photosensibilisators keine merkliche Autoxydation auf, was auf die Bldg. von Radikalen zurückgeführt wird, die die Kette nicht fortsetzen können. Diese Erklärung wird gestützt durch einen Vers., in dem die Autoxydation von Benzaldehyd durch Zusatz von Phenylmethylsulfid um mehr als einen Faktor 500 verlangsamt wird. (J. Amer. chem. Soc. **73.** 2927—31. Juni 1951. Passaic, N. J., US Rubber Co., General Labor.) REITZ. D 225

P. F. Holt und **B. I. Hopson-Hill,** *Untersuchung von Diazoverbindungen mit Hilfe von Stickstoffisotopen. Reduktion der gemischten Diazoniumsalze von Anthranilsäure und Anilin.* Bei der Red. mit Cu(I)–NH_3-Ion entsteht aus Benzoldiazoniumchlorid (**I**) *Azobenzol* (**II**), u. aus o-Carboxybenzoldiazoniumchlorid (**III**) unter Eliminierung von N_2 *Diphensäure* (**IV**). Wird ein Gemisch von **I** u. **III** red., entsteht neben den symm. Prodd. **II** u. **IV** *Azobenzol-2-carbonsäure* (**V**), bei der der Stickstoff, wie Unterss. mit dem Isotop ^{15}N beweisen, aus **III** stammt. Es wird angenommen, daß die Rk. über freie Radikale verläuft u. **III**, allein gelöst, unter Eliminierung von N_2 ein wegen seiner verschied. Mesomeriemöglichkeiten sehr beständiges Phenylradikal bildet, das unter sofortiger Bldg. von **IV** reagiert. In einer mit **I** gemischten Lsg. könnte, bedingt durch dessen stärkere Basizität, folgendes Assoziationsprod. entstehen: $N{\equiv}\overset{+}{N}C_6H_4{-}COO^-\ N{\equiv}\overset{+}{N}{-}C_6H_5$, bei dem die Diazogruppe von **III** freiliegt u. durch Red. ein Radikal entsteht, das in nebenst. Weise reagieren kann.

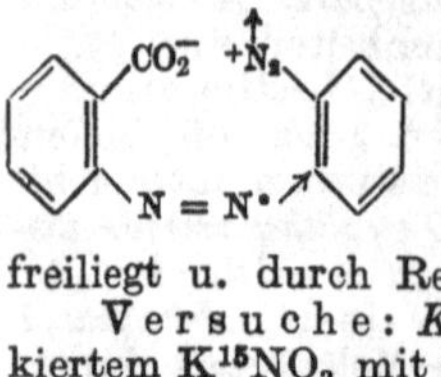

V e r s u c h e: *$K^{15}NO_2$* (^{15}N-Geh. 32,4 At.-%), durch Schmelzen von 2,8 g markiertem $K^{15}NO_3$ mit 0,95 g NaOH u. allmähliches Eintragen von 4,5 g Na_2SO_3 (50 bis 60 % Nitrit). — *Azobenzol-2-carbonsäure* (**V**), F. 90—91⁰, durch Diazotieren von 0,99 g Anthranilsäure (**VI**) mit $K^{15}NO_2$ u. von 2,03 g Anilin (**VII**) mit KNO_2, Mischen beider Lsgg. bei 5⁰ u. Versetzen innerhalb 15 Min. mit einer Cu(I)–NH_3-Lsg. (aus $CuSO_4$, konz. NH_3 u. einer Lsg. von Hydroxylaminhydrochlorid in NaOH bei 10⁰), daneben als Nd. **II**, F. 67—68⁰. ^{15}N-Geh. in **II** 0,496 %, in **V** 15,4 %. Beim Diazotieren von **VI** mit KNO_2

u. von **VII** mit $K^{15}NO_2$ u. Red. war der ^{15}N-Geh. in **II** 16,4% u. in **V** 0,55%. (J. chem. Soc. [London] **1952**. 4251—54. Nov. Reading, Univ.) Franck. D 225

Eero Tommila, Aulis Koivisto, J. P. Lyyra, Katri Antell und **Salme Heimo,** *Der Einfluß des Lösungsmittels auf die Reaktionsgeschwindigkeit.* 1. Mitt. *Alkalische Hydrolyse von Essigsäureäthylester in gemischten Lösungsmitteln.* Vff. messen die alkal. Hydrolyse von *Essigsäureäthylester* (**I**) in verschied. Mischungen von W. mit organ. Lösungsmitteln, um den Einfl. des Lösungsm. auf die Kinetik der Rk. festzustellen. Es wurden Mischungen von W. mit *Methanol* (**II**), *A.*, *Propylalkohol, Isopropylalkohol, tert.-Butylalkohol, Glykol* (**III**), *Aceton* (**IV**) u. *Dioxan* (**V**) angewandt. Die Ergebnisse sind tabellar. u. in Diagrammen wiedergegeben. Vff. finden in Ggw. von Alkoholen (mit Ausnahme von A.) neben der alkal. Hydrolyse eine mehr oder weniger rasch verlaufende Umesterung, die durch Hydroxylionen beschleunigt wird. Niedrige Konzz. eines aliphat. Alkohols, von **IV** oder von **V** erhöhen bei niedrigen Tempp. die Hydrolysegeschwindigkeit. Höhere Konzz. dieser Substanzen im Lösungsm. vermindern die Geschwindigkeit der Rk., **II** erniedrigt die Reaktionsgeschwindigkeit in allen Konzentrationen. Mit Ausnahme von **II**-W. u. **III**-W. besitzt bei allen Mischungen die Aktivierungsenergie E u. der Frequenzfaktor A ein Minimum, welches bei $x_w = 0{,}90 - 0{,}94$ liegt. Bei den Alkoholen ist das Minimum um so tiefer, je hydrophober der Alkohol ist. Nach dem Minimum steigen E u. A mit der Mol.-Fraktion der organ. Komponente im W. kontinuierlich an. Bei A.–W.- u. bei **II**–Wassermischungen fällt A sehr schnell, wenn die Mol.-Fraktion des Alkohols 0,94 bzw. 0,85 überschreitet. Bei den übrigen Mischungen sind keine diesbezüglichen Meßergebnisse angegeben. Über weite Bereiche besteht zwischen den beiden Parametern der Arrheniusschen Gleichung eine lineare Beziehung. Vff. diskutieren an Hand der experimentellen Ergebnisse die Wrkg. der DK. der Lsg. auf die Hydrolysegeschwindigkeit. Bei Alkohol–Wassermischungen wird als mögliche Ursache für die Wrkg. auf die Geschwindigkeit der Verseifung die Ausbldg. des Gleichgewichtes $OH^- + ROH = H_2O + RO^-$ angenommen. 29 Literaturangaben. (Suomalaisen Tiedeakatemian Toimituksia [Ann. Acad. Sci. fennicae], Sarja A II **47**. 1—26. 1952.) J. Mattner. D 225

Frances Dunkle Coffin und **F. A. Long,** *Arrhenius-Parameter für die Säurehydrolyse von γ-Butyrolacton; Suchen nach einer Reaktion mit Wasser.* Die Hydrolyse von *γ-Butyrolacton* (**I**) in saurem Medium ist reversibel. Die Geschwindigkeitskonstanten 1. Ordnung für die Vorwärtsrk. (k'_h) bei 39° werden bei verschied. Konzz. an Lacton u. H^+ tabellar. angegeben. Sie steigen mit steigender [H^+]. Die Geschwindigkeitskonstanten 2. Ordnung (k_h) sind bei verschied. Konzz. konstant, woraus hervorgeht, daß die Rk. bezüglich H^+ nach der 1. Ordnung verläuft. k_h beträgt bei 39° $4{,}72 \cdot 10^{-2}$, bei 25° $1{,}32 \cdot 10^{-2}$ u. bei 50° $11{,}9 \cdot 10^{-2}$ Liter/Mol·Minute. Die Konzentrationsgleichgewichtskonstante K beträgt bei 39° 2,80; bei 25° 2,67 u. bei 50° 2,93. Aus den Gleichgewichtskonstanten ergab sich für die Hydrolyse-Rk. ΔH zu -710 cal. Die Arrheniussche Gleichung ist erfüllt. Aktivierungsenergien u. Frequenzfaktoren betragen für die Hydrolyse von **I** $E = 16810$ cal, $\log_{10}A = 8{,}67$; für die Lactonbldg. $E = 17540$ cal; $\log_{10}A = 9{,}63$. Einen guten Beweis für eine direkte Rk. von **I** mit W. zu bringen, gelang den Vff. nicht. (J. Amer. chem. Soc. **74**. 5767—68. 20/11. 1952.) J. Mattner. D 225

Martin Kilpatrick, *Einführung zur Sitzung über Mediumeffekte in der flüssigen Phase.* Kurze histor. Einführung zu einer Vortragsreihe über anomale Mediumeffekte in fl. Phase, vgl. die folgenden Referate. (J. physic. Colloid Chem. **55**. 812—13. Juni 1951. Chicago, Ill., Illinois Inst. of Technol., Dep. of Chem.) Reitz. D 225

F. A. Long, W. F. McDevit und **Frances B. Dunkle,** *Salzeffekte bei der säurekatalysierten Hydrolyse von γ-Butyrolacton.* 1. Mitt. *Chemische Aktivität und Gleichgewicht.* Der Einfl. starker Elektrolyte (NaCl, KCl, NaBr, NaJ, KJ, $NaClO_4$, $BaCl_2$, Na_2SO_4) auf das Gleichgewicht zwischen *γ-Butyrolacton* (**I**) u. *γ-Oxybuttersäure* (**II**) in wss. Lsg. wird für Elektrolytkonzz. bis 4 mol gemessen, wobei als Katalysator jeweils die dem Anion des Salzes entsprechende Säure angewandt wird. Es werden ferner die Aktivitätskoeff. von **I** u. **II** durch Messung der Verteilungsgleichgewichte beider Stoffe zwischen Bzl. u. W. bzw. 2-Äthylhexanol u. W. ermittelt. Die Salzeffekte variieren stark bei den verschied. untersuchten Salzen, u. zwar auch bei Salzen des gleichen elektr. Typs. — Z. B. verursachen von den untersuchten 1–1-wertigen Salzen NaCl u. KCl merkliches Aussalzen des Lactons, NaJ, $NaClO_4$ u. KJ dagegen „Einsalzen", während NaBr prakt. ohne Einfl. ist. Die aus den Verteilungsmessungen abgeleiteten rationalen Aktivitätskoeffizienten erlauben eine Berechnung der beim Hydrolysengleichgewicht auftretenden Salzeffekte in hinreichender Übereinstimmung mit den Messungen. Es besteht somit die zu erwartende Beziehung zwischen Salzeffekt auf das homogene chem. Gleichgewicht u. auf die Verteilung jeder der Komponenten zwischen nichtmischbaren Phasen. Wenn nur ein einzelner Elektrolyt zugegen ist, nehmen im allg. Aktivitätskoeff. u. Logarithmus der Gleichgewichtskonstanten linear mit der Ionenstärke zu. In gewissen Fällen, bes. in solchen, bei denen Einsalzen des Lactons beobachtet wird, treten Abweichungen von der Linearität bei höheren Ionenstärken auf. Für die untersuchten Elektrolytmischungen scheinen die Salzeffekte auf die Gleichgewichtskonstante additiv zu sein. Die Gleichgewichtskonstante ändert sich nur wenig mit der Temp.; der Einfl. der Salze auf das Gleichgewicht ist bei 5 u. 25° ungefähr gleichgroß. — Um die gemessenen Salzeffekte mit den verschied. Theorien vergleichen zu können, wird der Einfl. von I auf die DK. des W. bestimmt. Es zeigt sich nur sehr schlechte Übereinstimmung mit der DEBYEschen Theorie des Aussalzens u. mit KIRKWOODs Theorie über den Einfl. von Ionen auf die Aktivitätskoeffizienten dipolarer Moleküle. Die Abweichungen sind wahrscheinlich einer nichtelektrostat. Wechselwrkg. zwischen den Ionen u. dem Nichtelektrolyten zuzuschreiben, welcher Einfl. in diesen Theorien nicht berücksichtigt ist. (J. physic. Colloid Chem. **55.** 813—29. Juni 1951. Ithaca, N. Y., Cornell Univ., Dep. of Chem.) REITZ. D 225

F. A. Long, Frances B. Dunkle und **W. F. McDevit,** *Salzeffekte bei der säurekatalysierten Hydrolyse von γ-Butyrolacton.* 2. Mitt. *Kinetik und Reaktionsmechanismus.* (1. vgl. vorst. Ref.) Der Einfl. von NaCl u. $NaClO_4$ auf die genannte Rk. u. auf die Rück-Rk. (Lactonbldg.) wird nach der dilatometr. Meth. bei 25° u. Salzkonzz. bis 4 mol. untersucht. NaCl zeigt einen positiven Salzeffekt bei der Hydrolyse, $NaClO_4$ einen negativen. Dieses Ergebnis ist in Einklang mit der Beobachtung, daß in wss. Lsg. das Lacton durch NaCl ausgesalzen u. durch $NaClO_4$ eingesalzen wird (vgl. vorst. Ref.). Für die Rück-Rk., deren Geschwindigkeit aus Hin-Rk. u. Gleichgewicht berechnet wird, sind die Salzeffekte beider Salze positiv u. prakt. gleichgroß. Bei Hin- u. Rück-Rk. ist in jedem Fall der Logarithmus der Geschwindigkeitskonstanten innerhalb der Meßgenauigkeit eine lineare Funktion der Ionenstärke. Die für den Quotienten $f_{H_3O^+}/f_{M^+}$ in Abhängigkeit von der Ionenstärke berechneten Werte werden graph. wiedergegeben (M^+ = aktivierter Komplex). Die Änderung dieses Quotienten mit dem Salztyp ist gleichsinnig mit den für Lacton u. Oxysäure gemessenen Aktivitäten, woraus geschlossen wird, daß für die beiden betrachteten Rkk. die BRØNSTEDsche Gleichung gilt. — Die beiden starken Säuren $HClO_4$ u. HCl haben nur einen sehr geringen Salzeffekt auf die Hin-Rk., d. h. die Hydrolysengeschwindigkeit ist nahezu proportional der Säurekonzentration. Im Gegensatz dazu ist die Rück-Rk. keine lineare Funktion der Säurekonz., sie ist vielmehr proportional der HAMMETTschen Säurefunktion h_0. Diese Beobachtungen sind in Einklang mit dem für beide Rkk. zu erwartenden A′-2-Mechanismus nach der Bezeichnungsweise von DAY u. INGOLD (vorgelagertes Säure–Basen-Gleichgewicht unter Bldg. der dem Lacton bzw. Ester konjugierten Säure — anschließende geschwindigkeitsbestimmende bimol. Rk. zwischen der konjugierten Säure u. einem Wassermol.), während für die säurekatalysierte Hydrolyse von β-Propiolacton (vgl. LONG u. PURCHASE C. **1951.** II. 32) wegen ihrer Proportionalität mit h_0 der A′-1- oder Acyliumionenmechanismus anzunehmen ist. Dieses Beispiel zeigt erneut, daß die Abhängigkeit der Reaktionsgeschwindigkeit von h_0 wertvolle Hinweise bei der Best. des Mechanismus von säurekatalysierten Rkk. liefert. (J. physic. Colloid Chem. **55.** 829—42. Juni 1951.) REITZ. D 225

K. O. Kutschke, M. H. J. Wijnen und **E. W. R. Steacie,** *Mechanismus der Photolyse von Diäthylketon.* Vff. untersuchten die Photolyse von *Diäthylketon* bei Tempp. von 25—300°, verschied. Drucken u. Intensitäten, u. bestimmten die Ausbeuten an CO, Äthylen, Äthan u. Butan. Für die Bldg. dieser Prodd. setzten sie die vier Reaktionsgleichungen von DORFMAN u. SHELDON (C. **1950.** I. 2087) an. Da aber eine stärkere Äthylenbldg. beobachtet wurde, muß zusätzlich, bes. für höhere Temp. u./oder niedrigere Intensität die Rk. $\cdot C_2H_4COC_2H_5 = C_2H_4 + CO + C_2H_5\cdot$ angenommen werden. Aus den Bildungsgeschwindigkeiten der KW-stoffe wurden auf zwei verschied. Wegen die Differenzen der Aktivierungsenergien erhalten: $E_4 - \frac{1}{2} E_2 = 7{,}4$ u. $E_3 - E_2 = 0$ kcal/Mol, die mit den Werten von DORFMAN u. SHELDON nicht übereinstimmen. (J. Amer. chem. Soc. **74.** 714—18. 5/2. 1952. Ottawa, Can., Nat. Res. Council, u. Rochester, N. Y., Univ., Dep. of Chem.) CLEVE. D 226

G. R. A. Johnson, George Scholes und **Joseph Weiss,** *Die Bildung von α-Ketosäuren aus α-Aminosäuren durch Wirkung von freien Radikalen in wässeriger Lösung.* Vff. untersuchen den Abbau von α-Aminosäuren in Ggw. von $HO^{\bullet}$- u. $HO_2^{\bullet}$-Radikalen ($HO\cdot$ durch Bestrahlung von wss. Lsgg. mit Röntgenstrahlen dargestellt, geht bei Ggw. von O_2 in $HO_2\cdot$ über [vgl. C. **1951.** II. 2439], das auch bei der Einw. von Fe^{2+} auf H_2O_2 erhalten wird). — Während frühere Bearbeiter bei der Rk. von FENTONs Reagens mit Aminosäuren im wesentlichen nur Aldehyde u. die analogen Säuren erhalten konnten, erhielten die Vff. aus z. B. *Alanin* (I), *Leucin* u. *Serin* die entsprechenden α-Ketosäuren, so z. B. aus I *Brenztraubensäure* (II). — Während bei der Bestrahlung von Aminosäuren mit Röntgenstrahlen im Vakuum nach STEIN u. WEISS (C. **1950.** II. 1922) Desaminierung u. Decarboxylierung zu den entsprechenden Aldehyden erfolgt, z. B. **I** zu Acetaldehyd (**III**), konnten die Vff. bei Bestrahlung von **I** bei Ggw. von O_2 **II** nachweisen. Die Bldg. von **II** ist im wesentlichen vom p_H-Wert unabhängig, während die Bldg. von NH_3 bei p_H 7 ein Minimum zeigt. Aus Vorst. schließen die Vff., daß O_2 einen wesentlichen Einfl. auf die Bldg. von **II** hat. Die Entstehung von **II** bzw. **III** soll über zwei verschied. Zwischenprodd. verlaufen. (Science [Washington] **114.** 412—13. 19/10. 1951. Newcastle-upon-Tyne, Univ. of Durham, King's Coll.) DIETRICH. D 226

C. B. Allsopp und **J. Wilson,** *Wirkung von Bestrahlungen auf wässerige Lösungen von Indol.* (vgl. C. **1952.** 4283). Vff. arbeiteten mit Röntgenstrahlen u. mit monochromat. Strahlung von 2537 Å. Die zersetzte Menge steigt mit anwachsender Konz. von Indol (**I**) u. mit abnehmender „Bestrahlungsgeschwindigkeit" (Intensität/Zeit) an. Die anfängliche Zers. ist in Lsgg., die unter N_2 dargestellt u. bestrahlt wurden, größer als in solchen, die dem Luftzutritt ausgesetzt waren. Die Folge-Rk. scheint sowohl unter N_2 als an der Luft die gleiche zu sein. Die photochem. Zers. von **I** in Ggw. von Luft u. die durch Einfl. von Röntgenstrahlen bewirkte zeigen gleichartigen Verlauf. Vff. nehmen an, daß sie mit einer Oxydation von **I** zu Indol-5.6-chinon eingeleitet wird, worauf dieses mit unverändertem **I** eine oxydative Kondensation eingeht. (Discuss. Faraday Soc. **1952.** Nr. 12. 299—305. London, Guy's Hosp. Med. School.) E.-L. JAHN. D 226

N. N. Lebedew, *Aluminiumchlorid in der organischen Chemie.* (*Zum 75. Jahrestag der Entdeckung seiner katalytischen Wirkung.*) Entdeckung der katalyt. Wrkg. der Al-Halogenide von GUSTAVSON (7/4. 1877). Übersicht über die katalyt. Wrkg. des $AlCl_3$, bes. unter Berücksichtigung neuerer Arbeiten (ab 1940). — 565 Literaturangaben. (Успехи Химии [Fortschr. Chem.] **21.** 1399—1471. Dez. 1952.) H. FRÖHLICH. D 227

A. W. Toptschijew, L. N. Andrejew und **B. A. Krenzel,** *Chlorierung von n-Butan in Gegenwart von Katalysatoren.* (Vgl. C. **1953.** 1628 u. 3055.) Bei der Chlorierung von n-Butan wird die Wrkg. verschied. Katalysatoren untersucht. Es ergeben sich folgende Aktivierungsenergien (AE cal/Mol): mit Cl_2 aktiviertes *Al_2O_3* 14700, *Silicagel* (**I**) 8200, mit 20% $CuCl_2$ getränktes **I** 4350. Eine bes. hohe Aktivität zeigen Spiralen aus *18-8-Stahl,* mit denen die Rk. schon bei gewöhnlicher Temp. völlig zu Ende verläuft; Best. der AE war hier nicht möglich. Während bei den anderen Katalysatoren das Verhältnis von Mono- zu Dichlorbutan durchweg 50:50 betrug, hängt es bei diesem Katalysator vom Verhältnis C_4H_{10}:Cl_2 im Ausgangsgas ab. Auch ein Fe-Erz ist hochwirksam. Korrosion des Fe erfolgt nicht, offenbar infolge Schutz durch einen $FeCl_3$-Film, der als Cl_2-Überträger angenommen wird. Wenn als Katalysator 2% NO_2 zugesetzt werden, beginnt die Rk. schon bei niedrigerer Temp. als ohne diesen Zusatz, bei 150° werden 44% des Cl_2 umgesetzt. (Доклады Академии Наук СССР [Ber. Akad. Wiss. UdSSR] [N. S.] **88.** 285—87. 11/1. 1953.) R. K. MÜLLER. D 227

G. Natta, P. Pino und **R. Ercoli,** *Wasserstoffübertragungsreaktionen, welche die durch Kobalt katalysierte Addition von Kohlenmonoxyd an olefinische Verbindungen begleiten.* Die durch Co beschleunigte Rk. von CO + Olefinen mit Alkoholen bzw. mit Aminen gibt normalerweise Ester bzw. Amide. In manchen Fällen werden jedoch Prodd. gebildet, die durch Anlagerung von H entstanden sein müssen. So sind bei Verwendung von *Cyclohexen* u. *Isopropylalkohol* (**I**) folgende 4 Rkk. möglich: 1) $C_6H_{10} + CO + CH_3 \cdot CHOHCH_3 \rightarrow C_6H_{11}COOCH(CH_3)_2$, 2) $C_6H_{10} + CO + CH_3CHOHCH_3 \rightarrow C_6H_{11}CO \cdot C_6H_{11} + CH_3COCH_3$, 3) $C_6H_{10} + CO + CH_3CHOHCH_3 \rightarrow C_6H_{11}CHO + CH_3COCH_3$ u. 4) $C_6H_{10} + CO + 2CH_3CHOHCH_3 \rightarrow C_6H_{11}CH_2OH + 2CH_3COCH_3$. Der bei den Rkk. 2 bis 4 nötige H wird durch Dehydrierung von **I** geliefert. Das Verhältnis, in dem die verschied. Rkk. ablaufen, wird durch das Mengenverhältnis der Reaktionsteilnehmer beeinflußt. Bei Verwendung von Methanol (**II**) wurde Dimethyläther unter den Reaktionsprodd. gefunden. Deswegen halten Vff. es für möglich, daß in diesem Falle H auf folgendem Wege entsteht: $2CH_3OH \rightarrow CH_3OCH_3 + H_2O$, $H_2O + CO \rightarrow H_2 + CO_2$. Bei den Rkk. mit **II** steigt die Ausbeute an Estern u. sinkt die Ausbeute an Ketonen mit steigender Größe des Olefinmol.: *Äthylen* (**XI**) 21,5 u. 57%; *Propylen* (**VIII**) 33,2 u. 26%; *Isobutylen* (**IX**) 56,0% u. Spuren. — Amide entstehen nach der Gleichung $R{-}CH{=}CH_2 + R'NH_2 + CO \rightarrow RCH_2CH_2CONHR'$ bzw. $RCH(CONHR')CH_3$. Nebenprodd. werden im Gegensatz zur Estersynth. dabei selten in größerer Menge gebildet. Bei 150—400 at u. bei 150—200° reagieren die Amine glatt, NH_3 dagegen nur schwierig oder gar nicht. Prim. Amine reagieren leichter als sek., aromat. schneller als aliphat. u. alicycl. Amine. Bei den meisten unter Verwendung von Anilin (**III**) als Amin durchgeführten Verss. konnte als Nebenprod. *N.N'-Diphenylharnstoff* (**IV**) in wechselnder Menge isoliert werden. Im Gegensatz dazu war bei der Rk. von **III** mit Styrol die gebildete Menge an **IV** abnorm hoch. Vff. nehmen hier H-Übertragung nach $2C_6H_5NH_2$ +

$CO + C_6H_5CH{=}CH_2 \rightarrow C_6H_5CH_2CH_3 + C_6H_5NHCONHC_6H_5$ an. Möglicherweise verläuft die H-Übertragung allg. durch Bldg. u. Zers. von Co-Hydrocarbonyl: $H_2 + [Co(CO)_4]_2 \rightleftharpoons 2\,Co(CO)_3COH$.

Versuche: (Vgl. auch Gazz. chim. ital. **80**. [1950.] 680.) *Cyclohexylcarbinol* (**V**), aus 50 g Cyclohexan, 41 g Cyclohexen (**VI**), 1 g RANEY-Co (**VII**) u. $CO + H_2$ im Verhältnis 1:1 durch 2 std. Erhitzen auf 210° bei anfangs 450 at; 39 g (Ausbeute); daneben 1,5 g *Cyclohexylaldehyd*. — **V** ferner aus 68 g **VI**, 1,5 g **VII**, 480 g Isopropylalkohol (**I**) u. CO (250 at) durch 3,5 std. Erhitzen auf 210°, Anfangsdruck 505 at, Enddruck 470 at; 38 g; daneben *Aceton*, 50 g, u. *Cyclohexancarbonsäureisopropylester*; 16 g. — *Propionaldehyd* (3 g), *Propionsäuremethylester* (21 g) u. *Diäthylketon* (**X**; 27,5 g), aus 128 g **II**, 4 g **VII**, 43 g **XI** u. CO (250 at) durch 8 std. Erhitzen auf 200°, Anfangsdruck 470 at, Enddruck 405 at. — **X** (68 g) u. *Methyläthylketon* (55 g), aus 210 g Butanol-(2), 4 g **VII**, 110 g **XI** u. CO (170 at) durch 9 std. Erhitzen auf 207—210°, Anfangsdruck 355 at, Enddruck 275 at. — *n-Butyranilid*, F. 93—94°, u. *Isobutyranilid*, F. 102°, aus 310 g **III**, 13 g **VIII**, 3 g **VII** u. CO (250 at) durch 5 std. Erhitzen auf 170°; 41 g Mischung. — *β-Phenylpropionaldehyd*, F. 97—98° (Ligroin; 19,4 g), *Äthylbenzol* (n_D^{20} 1,4960; 13 g) u. *N.N'-Diphenylharnstoff* (**IV**; 45 g), aus 69 g **III**, 61,6 g Styrol, 2,4 g **VII** u. CO (250 at) durch 6 std. Erhitzen auf 200°. — *Methylbernsteinsäuredianilid*, F. 214 bis 217° (Ligroin), aus 93 g **III**, 60 g Crotonsäuremethylester, 1 g Co auf Kieselgur u. CO (180 at) durch 6 std. Erhitzen auf 200°; 30 g. — Ferner wurden unter Verwendung von CO u. **VII** hergestellt: *Propionanilid*, F. 103—104°, aus **XI** u. **III**. — *Isovaleranilid*, F. 108—110°, aus **IX** u. **III**. — *Cyclohexancarbonsäureanilid*, F. 138—140°, aus **VI** u. **III**. — *N-α-Naphthylcyclohexancarbonsäureamid*, F. 184—185°, aus **VI** u. α-Naphthylamin, oder aus dem Amin u. Cyclohexancarbonsäurechlorid (**XII**). — *N-Cyclohexylcyclohexancarbonsäureamid*, F. 163—165°, aus **VI** u. Cyclohexylamin (**XIII**), oder aus **XII** u. **XIII**. — *N-Stearylcyclohexancarbonsäureamid*, F. 88—89°, aus **VI** u. Stearylamin (**XIV**), oder aus **XII** u. **XIV**. (J. Amer. chem. Soc. **74**. 4496—98. 20/9. 1952. Milano, Polytechn. Inst., Dep. of Ind. Chem.) J. MATTNER. D 227

D₂. Präparative organische Chemie. Naturstoffe.

T. J. Brice, J. D. La Zerte, L. J. Hals und **W. H. Pearlson,** *Die Darstellung und einige Eigenschaften der C_4F_8-Olefine.* Durch therm. Zers. von *Na*-Perfluorvalerat nach der Rk. $C_4F_9COONa \rightarrow CF_3{-}CF_2{-}CF{=}CF_2 + CO_2 + NaF$ (vgl. HALS u. Mitarbeiter, C. **1953**. 2740) wurde *Perfluorbuten-(1)* (**I**) dargestellt. Die Pyrolyse des entsprechenden *K*-Salzes liefert *Perfluorbuten-(2)* (**II**) u. **I** im Mengenverhältnis von ca. 4:1. Die Pyrolyse von Perfluorcyclobutan im Kohlerohr bei 720° ergibt *Perfluorisobuten* (**III**) u. etwas **II**. Das gewonnene **II** ist auf Grund von Ultrarotunterss. u. von Bromierungs- u. Debromierungs-Rkk. ein Gemisch aus etwa gleichen Teilen cis- u. trans-Verbindung. **III** ist ziemlich giftig u. unterscheidet sich von **I** u. **II** durch höhere D., höheren Kp. u. auch durch sein Verh. gegenüber Br_2 u. Alkoholen. — Die Gemische **I** + **II** u. **II** + **III** lassen sich durch selektive Bromierung trennen. **I** lagert Br_2 schon bei Zimmertemp. schnell an; **II** reagiert langsamer, **III** sehr schwer. Im UV-Licht wird **II** schnell bromiert, **III** nur in Ggw. von W. u. Acetamid. — Alkohole werden von den drei Olefinen in Ggw. von bas. Katalysatoren angelagert. Bei dieser Umsetzung ist **III** am reaktionsfähigsten u. reagiert schon in neutralem u. schwachsaurem Medium. **III** gibt dabei den Äther $(CF_3)_2CH{-}CF_2OR$ mit Ausbeuten von ca. 60%. Bei **I** sind die Ausbeuten an $CF_3{-}CF_2{-}CHF{-}CF_2OR$ infolge HF-Abspaltung u. Neben-Rkk. sehr gering. Der Äther aus **II** u. Methanol konnte nicht charakterisiert werden u. scheint ein Diadditionsprod., ähnlich der von PARK, SHARRAH u. LACHER (J. Amer. chem. Soc. **71**. [1949.] 2337) aus Perfluorcyclobuten erhaltenen Dialkoxyverb., zu sein. — Bei der Oxydation mit wss. $KMnO_4$ liefert **I** *Perfluorpropionsäure*, **II** *Trifluoressigsäure*, **III** *Hexafluoraceton*. Mit alkal. $KMnO_4$ lagert **III** HF (entstanden durch Selbstzers. von **III**) an u. geht in *$(CF_3)_3CH$* über. — Das Ultrarotspektr. von **I** zeigt die bei allen linearen Fluorolefinen mit endständiger Doppelbindung mit Ausnahme von $CF_2{=}CF_2$ auftretende C=C-Bande bei 5,58 μ. In **II** liegt die C=C-Bande bei 5,77, in **III** bei 5,71 μ. Die Bande von **II** ist schwach.

Versuche: *Perfluorbuten-(1)* (**I**), $CF_3{-}CF_2{-}CF{=}CF_2$, Kp.$_{740}$ 1°, D.$^t_4$ 1,5443 — 0,0036 t; durch Erhitzen des bei 80—100° im Vakuum getrockneten Na-Salzes der Perfluor-n-valeriansäure (Kp. 140°, n_D^{25} 1,294) auf 290—300° (Außentemp.), Waschen der gasförmigen Prodd. mit 30%ig. KOH u. Trocknen über P_2O_5; Rohausbeute 90%, Reinausbeute 55%. — *Perfluorbuten-(2)* (**II**), $CF_3{-}CF{=}CF{-}CF_3$, Kp.$_{740}$ 0°, D.$^t_4$ 1,5297 — 0,0036 t; durch therm. Zers. von C_4F_9 COOK bei 165—200° u. Entfernung des gleichzeitig entstandenen **I** (20% des Prod.) durch 6 std. Stehenlassen mit Br_2 im Einschlußrohr; 36% (Ausbeute). — *Perfluorisobuten* (III), $CF_3—C(CF_3)=CF_2$, Kp.$_{740}$ 6,5°, D.$^t_4$ 1,5922—0,0037 t; durch Durchleiten von 30 g/Std. cyclo-C_4F_8 (Kp. —4°) durch ein auf 700—725° geheiztes Kohlerohr im Fe-Mantel; Umsatz 90%; Ausbeute 70%, neben 5—10% II. — *Hexafluoraceton*, C_3OF_6, Kp.$_{746}$ —26,5°; durch 8std. Erwärmen von 38,8 g III mit 76 g $KMnO_4$ u. 400 cm³ W. im Rührautoklaven auf 100° u. Aufarbeitung nach HENNE, SHEPARD u. YOUNG (C. **1951.** I. 1998); 27% (Umsatz 67%). — *$C_2F_5—CFBr—CF_2Br$*, Kp.$_{740}$ 95°, D.$^{25}_4$ 2,1279, n_D^{25} 1,3511; durch Einleiten von 120 g I in 80 g Br_2 bei Zimmertemp.; 73%. — *$(CF_3)_2CBr—CF_2Br$*, Kp.$_{740}$ 96°, F. 41—45°; durch 3std. UV-Belichtung von 9,3 g III, 5,7 g Br_2, 3 Tropfen W. u. einigen Kristallen Acetamid in einer Pyrexglasampulle; 35%. — *$CF_3—CFBr—CFBr—CF_3$*, Kp.$_{740}$ 96°, D.$^{25}_4$ 2,2673, n_D^{25} 1,3538; aus II mit Br_2 im UV-Licht. Zur Debromierung dieser Dibromverb. zu II wurden 50 g langsam zu einem Gemisch aus 200 cm³ sd. Eisessig u. 20 g Zn-Staub gegeben u. 3 Std. gekocht. — *$CF_2Br—CF_2—CF_2—CF_2Br$*, Kp.$_{740}$ 97°, D.$^{25}_4$ 2,0979, n_D^{25} 1,3495; aus perfluoradipinsaurem Ag mit Br_2. — *$(CF_3)_2CH—CF_2—OC_2H_5$*, $C_6H_6OF_8$, Kp.$_{743}$ 83°, D.$^{25}_4$ 1,3946, n_D^{25} 1,2908, γ^{25} 16,3 Dyn/cm; durch Einleiten von 50 g III in 65 g A. bei 9°; 41%. — *$(CF_3)_3CH$*, C_4HF_9, Kp.$_{740}$ 11—12°; durch Erwärmen von 100 g III in einer Glasampulle mit 80 g $KMnO_4$, 50 g KOH u. 300 cm³ W.; 12,6 g. (J. Amer. chem. Soc. **75.** 2698—2702. 5/6. 1953. St. Paul, Minn., Minnesota Mining and Manufacturing Comp., Central Res. Dep.) FORCHE. 520

R. N. Haszeldine, *Perfluoralkyl-Grignard-Verbindungen.* 2. Mitt. *Umsetzung von Heptafluorpropylmagnesiumjodid mit Carbonylverbindungen und der Mechanismus der bei Grignard-Reaktionen stattfindenden Reduktion.* (1. vgl. C. **1953.** 1793.) Heptafluorpropyl-MgJ (I) setzt sich mit Acetaldehyd (II), Propionaldehyd (III) u. Butyraldehyd (IV) in Dibutylätherlsg. bei —50° langsam zu den sek. Alkoholen **A** [$C_3F_7—CHR—OH$; R = CH_3, C_2H_5, C_3H_7] mit 40—45%ig. Ausbeute um. Die Umsetzungen von I mit Trifluoracetaldehyd (V), Pentafluorpropionaldehyd (VI) u. Heptafluorbutyraldehyd (VII) verlaufen noch langsamer u. führen zu ca. 30%ig. Ausbeuten der sek. Alkohole **B** [$C_3F_7—CHR—OH$; R = CF_3, C_2F_5, C_3F_7], 5—10% der prim. Alkohole [$RCH_2—OH$; R = CF_3, C_2F_5, C_3F_7] u. 15—40% des polymeren u. hydratisierten Perfluoraldehyds, sowie Heptafluorpropan u. Hexafluorpropylen. — Mit Acetylchlorid (VIII), Propionylchlorid (IX) u. Butyrylchlorid (X) bildet I 15—20% der Fluorketone **C** [$C_3F_7—COR$; R = CH_3, C_2H_5, C_3H_7] u. ca. 25% der tert. Alkohole **D** [$(C_3F_7)_2CR—OH$; R = CH_3, C_2H_5, C_3H_7], aber keine sek. Alkohole; mit den entsprechenden Perfluorcarbonsäurechloriden entstehen 30—40% der Perfluorketone **E** [$C_3F_7—COR$; R = CF_3, C_2F_5, C_3F_7] u. ca. 15% der tert. Alkohole. — Aus Essigsäureäthylester, Propionsäureäthylester bzw. Buttersäureäthylester u. I erhält man bei —50° die Fluorketone **C**, die sek. Alkohole **A** u. (durch Red. der Ketone) die tert. Alkohole **D**. Die Ausbeuten hängen von dem angewandten Mengenverhältnis von Ester:I u. von der Arbeitsweise ab (vgl. Tabelle im Original). Wenn der Ester zu I gegeben wird, sind die Ausbeuten gering. Mit äquimol. Mengen Ester u. I erhält man höhere Ausbeuten an **C** u. geringere Ausbeuten an **D** als bei I-Überschuß. Wird I zu dem Ester gegeben, so steigt die **C**-Ausbeute auf 40%. Mit Trifluoressigsäureäthylester u. Pentafluorpropionsäureäthylester setzt sich I zu 40% Perfluorketonen **E** u. ca. gleichen Mengen sek. Alkoholen **B** u. tert. Perfluoralkoholen **F** [$(C_3F_7)_2CR—OH$; R = CF_3, C_2F_5] um, wenn I vorgelegt wird; gibt man I zu den fluorierten Estern, so erhält man die Perfluorketone **E** mit 50%ig. Ausbeute, 5% tert. Alkohole **F** u. 5% sek. Alkohole **B**. — Die bei den Umsetzungen mit I eintretenden Reduktions-Rkk. machen eine Abänderung der üblichen GRIGNARD-Reaktionstheorie erforderlich. Die Einflüsse von Lösungsm., Temp., Ggw. von MgBr u. Reihenfolge des Komponentenzusatzes auf die Ausbeuten an Additions- u. Reduktionsprodd. werden untersucht u. die möglichen Reaktionsmechanismen diskutiert. Zum Vgl. durchgeführte Umsetzungen von CH_3MgJ, C_2H_5MgJ u. C_3H_7MgJ mit V, VII, Heptafluorbuttersäureäthylester (XI) u. Heptafluorpentanon-(2) (XII) bestätigen die Beobachtungen anderer Vff. (vgl. CAMPBELL, KNOBLOCH u. CAMPBELL, C. **1951.** II. 1718; MCBEE, HIGGINS u. PIERCE, C. **1952.** 7318. 7319), daß fluorhaltige Carbonylverbb. mit CH_3MgJ nur unter Addition, mit anderen Alkyl-GRIGNARD-Verbb., aber unter Addition u. Red. reagieren. — Die sek. Alkohole **A** u. **B** lassen sich auch durch Red. der Ketone **C** u. **E** mit $LiAlH_4$ gewinnen. Umgekehrt werden die Alkohole **A** von $K_2Cr_2O_7$ u. H_2SO_4 zu den Ketonen oxydiert.

Versuche: *3.3.4.4.5.5.5-Heptafluorpentanol-(2)*, Kp. 101°; durch Einleiten von 3,0 g II im Laufe von 5 Std. in I [aus 10,0 g Heptafluorjodpropan u. 3,2 g Mg in 150 cm³ Di-n-butyläther bei —50° in 12 Std.], 36std. Rühren, Anwärmen auf Raumtemp. im Laufe von 24 Std., einstd. Erhitzen auf 60°, Filtrieren, Hydrolyse mit NH_4Cl-Lsg., Trocknen der Ätherschicht mit P_2O_5 u. Dest.; 41% (Ausbeute), oder aus XII u. C_2H_5MgJ; 59% neben 14% *4.4.5.5.6.6.6-Heptafluor-3-methylhexanol-(3)*, $C_7H_9OF_7$, Kp. 124—126°;

oder durch Red. von **XII** mit $LiAlH_4$; 67%. — *4.4.5.5.6.6.6-Heptafluorhexanol-(3)*, $C_6H_7OF_7$, Kp. 114—115°; aus **I** u. **III**; 45%, oder aus **XI** u. C_2H_5MgJ; 62% neben 15% *4.4.5.5.6.6.6-Heptafluor-3-äthylhexanol-(3)*, $C_8H_{11}OF_7$, Kp. 144—146°; oder durch Red. des entsprechenden Heptafluorhexanons-(3) (**XIV**) mit $LiAlH_4$; 71%. — *5.5.6.6.7.7.7-Heptafluorheptanol-(4)* (**XIII**), $C_7H_9OF_7$, Kp. 128—130°, $Kp._{60}$ 71°; aus **I** u. **IV**; 40%, oder durch Red. von Heptafluorheptanon-(4) (**XV**) mit $LiAlH_4$; 62%. — Wenn man 3,0 g C_3F_7J zu 3,2 g Mg in 120 cm³ Di-n-butyläther bei —25° gibt, das Gemisch auf —50° abkühlt u. eine gekühlte Lsg. von 7,0 g C_3F_7J u. 3,0—3,9 g des betreffenden Aldehyds in 30 cm³ Di-n-butyläther im Laufe von 3 Std. zugibt, betragen die Ausbeuten der vorst. Alkohole nur 31 bzw. 26 bzw. 24%. — *1.1.1.3.3.4.4.5.5.5-Dekafluorpentanol-(2)*, $C_5H_2OF_{10}$, $Kp._{209}$ 51—52°; durch Einleiten von **V** in **I** in Di-n-butyläther bei —50°, 4std. Anwärmen auf Raumtemp. u. 24std. Rühren; 29%, oder durch Red. von Perfluorpentanon-(2) (**XVI**) mit $LiAlH_4$; 61%. — *1.1.1.2.2.4.4.5.5.6.6.6-Dodekafluorhexanol-(3)*, $C_6H_2OF_{12}$, $Kp._{150}$ 61°; aus **I** u. **VI**; 30%, oder durch Red. von Perfluorhexanon-(3) (**XVII**) mit $LiAlH_4$; 69%. — *1.1.1.2.2.3.3.5.5.6.6.7.7.7-Tetradekafluorheptanol-(4)*, $C_7H_2OF_{14}$, $Kp._{103}$ 70°; aus **I** u. **VII**; 27%, oder aus Perfluorheptanon-(4) (**XVIII**) mit $LiAlH_4$; 83%. — *3.3.4.4.5.5.5-Heptafluorpentanon-(2)* (**XII**), $C_5H_3OF_7$, Kp. 58—59°; durch Zugabe von 2,0 g **VIII** im Laufe von 3 Std. zu **I** bei —20°, 24std. Rühren, Anwärmen auf Zimmertemp. in 12—15 Std. u. ½std. Erwärmen auf 50°; 15% neben 22% des tert. Alkohols **D** (R = CH_3). — *4.4.5.5.6.6.6-Heptafluorhexanon-(3)* (**XIV**), $C_6H_5OF_7$, Kp. 78°; aus **I** u. **IX**; 18% neben 27% des tert. Alkohols **D** (R = C_2H_5). — *5.5.6.6.-7.7.7-Heptafluorheptanon-(4)* (**XV**), $C_7H_7OF_7$, Kp. 100°; aus **I** u. **X**; 21% neben 23% des tert. Alkohols **D** (R = C_3H_7). — *Perfluorpentanon-(2)* (**XVI**), C_5OF_{10}, Kp. 29,5°; aus Trifluoracetylchlorid u. **I** im Einschlußrohr; 36% neben 11% tert. Alkohol. — *Perfluorhexanon-(3)* (**XVII**), C_6OF_{12}, Kp. 52°; aus Pentafluorpropionylchlorid u. **I**; 41% neben 13% tert. Alkohol. — *Perfluorheptanon-(4)* (**XVIII**), C_7OF_{14}, Kp. 75°; aus Heptafluorbutyrylchlorid u. **I**; 31% neben 16% tert. Alkohol. — *3.3.4.4.5.5.5-Heptafluor-2-methylpentanol-(2)*, Kp. 105—107°; durch Zugabe von 4,8 g **XI** in 30 cm³ Ae. zu CH_3MgJ (aus 8,0 g CH_3J) in 120 cm³ Ae. im Laufe von 5 Std. u. einstd. Rühren; 70%; oder aus **XII** u. CH_3MgJ; 71%. — *3.3.3-Trifluorpropanol-(2)*, aus **V** u. CH_3MgJ; 65%. — *Trifluoräthylalkohol*, aus **V** u. C_3H_7MgJ; 77% neben *5.5.5-Trifluorpentanol-(4)*, Kp. 110 bis 112°, u. 58% Propylen. — *Heptafluorbutanol*, aus **VII** u. C_3H_7MgJ; 72% neben 8% **XIII** u. 42% Propylen; oder durch Zugabe von C_3H_7MgJ (aus 8,0 g C_3H_7J) zu einer Lsg. von 4,0 g **VII** u. 4,0 g MgBr in 75 cm³ Ae.; 39% neben 33% **XIII**. — Die Ketone **XII**, **XIV**, **XV** u. **XVIII** werden von 5%ig. NaOH bei Zimmertemp. mit 81, 86, 83 bzw. 88%ig. Ausbeute zu *Heptafluorpropan* gespalten. (J. chem. Soc. [London] **1953**. 1748—57. Juni. Cambridge, Univ., Chem. Labor.) FORCHE. 560

A. H. Ford-Moore, L. J. Lermit und **C. Stratford**, *Diisopropylfluorphosphonat*. Vff. beschreiben mehrere Verff. zur Darst. von *Diisopropylfluorphosphonat* (**V**), (iso-$C_3H_7O)_2$·PFO, von denen einige Modifikationen von verschied. früher angegebenen Methoden sind (vgl. MCCOMBIE, SAUNDERS u. STACEY, C. **1946**. I. 1206; FORD-MOORE u. WILLIAMS, C. **1948**. II. 483; SAUNDERS u. STACEY, C. **1949**. I. 977). Bei den Umsetzungen von Triisopropylphosphit (**I**), (iso-$C_3H_7O)_3P$, bzw. von Diisopropylhydrogenphosphit (**II**), (iso-$C_3H_7O)_2OPH$, mit Cl_2 zu *Diisopropylchlorphosphonat* (**III**), (iso-$C_3H_7O)_2PClO$, wurde das Cl_2 durch $COCl_2$ bzw. SO_2Cl_2 ersetzt, u. die Fluorierung von **III** zu **V** wurde mit NH_4F an Stelle von NaF durchgeführt. Das einstufige Verf. zur Darst. von **V** aus Isopropylalkohol u. PCl_3 von SAUNDERS u. STACEY (l. c.) konnte nicht reproduziert werden. Die direkte Umsetzung von 2 Mol iso-C_3H_7OH mit $POCl_3$ u. NaF in einem Ansatz gelingt infolge der leichten Zers. des zunächst entstehenden Isopropyldichlorphosphonats (**IV**), (iso-$C_3H_7O)POCl_2$, nicht. Vielmehr muß man **IV** nach iso-C_3H_7OH + $POCl_3$ → **IV** + HCl bilden u. das rohe Prod. sofort mit einem zweiten Mol. des Alkohols nach der Rk. **IV** + iso-C_3H_7OH + 3NaF → **V** + 2NaCl + $NaHF_2$ umsetzen. **V** kann auch aus **II** mit SO_2Cl_2 + NaF dargestellt werden.

Versuche: *Diisopropylchlorphosphonat* (**III**), $C_6H_{14}O_3ClP$, $Kp._1$ 63°, $Kp._2$ 68°, n_D^{25} 1,4142; durch Behandlung von mit CCl_4 verd. **II** mit SO_2Cl_2; 85—90% (Ausbeute); oder durch einstd. Behandlung von 104 g **I** bei 30—35° mit einem ziemlich raschen $COCl_2$-Strom; 92%. — *Diäthylchlorphosphonat*, $Kp._1$ 54°, n_D^{25} 1,4147; aus Triäthylphosphit; 94%. — *Diisopropylfluorphosphonat* (**V**), $C_6H_{14}O_3FP$, $Kp._2$ 42—43°, $D._4^{25}$ 1,0571, n_D^{10} 1,3854, n_D^{15} 1,3834, n_D^{20} 1,3814, n_D^{25} 1,3791, n_D^{30} 1,3773; durch einstd. Kochen von 100 g redest. **III** in 200 cm³ trockenem Aceton mit NH_4F (zuvor durch Dest. mit CCl_4 getrocknet); 89%, oder durch Erhitzen von 44,7 g **III** mit 12 g trockenem NH_4F auf ca. 120° (Ölbadtemp.); 71%, oder durch Einrühren von 42 cm³ SO_2Cl_2 in ein auf 35° erwärmtes Gemisch von 83 g rohem **II** u. 75 g NaF in wasserfreiem Bzl. bei 45—50° (Kühlung), 2std. Kochen am Rückflußkühler, nach Erkalten Zugabe von 15 g

Kieselgur, Filtration, Nachwaschen mit Bzl., Eindampfen des Filtrats u. Vakuumdest.; 68%, oder durch langsame Zugabe von 38 cm³ iso-C_3H_7OH zu 46 cm³ $POCl_3$ u. 100 cm³ CCl_4 bei 30—35°, Entfernen des Verdünnungsmittels u. HCl im Vakuum, Eintragen des rohen **IV** in ein auf 40° erwärmtes Gemisch aus 42 cm³ iso-C_3H_7OH u. 75 g NaF in Bzl. oder CCl_4 bei 45—50° u. ½ std. Kochen; 55 g, oder durch Behandlung von 104 g **I** mit einem $COCl_2$-Strom bei 30—35° u. ½ std. Erhitzen des im Vakuum entgasten Reaktionsgemisches mit 30 g NH_4F auf 120° (Ölbadtemp.); 59%. (J. chem. Soc. [London] **1953**. 1776—78. Juni. Porton, Wilts., Chem. Defence Exp. Establ.) FORCHE. 590

Hermann Richtzenhain und **Bo Alfredsson,** *Über die Chlorierung des Dimethylsulfids.* Dimethylsulfid (**I**) wurde mit Cl_2, SO_2Cl_2 u. S_2Cl_2 stufenweise chloriert, wobei nacheinander *Mono-* (**II**), *Di-* (**III**) u. *Trichlormethylmethylsulfid* (**IV**) entstanden. Die Identifizierung dieser Verbb. gelang durch Unters. ihrer Hydrolyseprodd. u. Vgl. mit denen des Bis-chlormethylsulfids (**V**) u. des aus **V** dargestellten *Dichlormethylchlormethylsulfids* (**VI**). Durch Misch-FF. u. Vgl. der mit Phthalmonopersäure (**VII**) erhaltenen Sulfone, wurde ebenfalls bewiesen, daß **III** u. **V** bzw. **IV** u. **VI** nicht ident. sind. Diese Ergebnisse lassen schließen, daß das von FEICHTINGER u. MOOS (C. **1949**. II. 964) dargestellte Tetrachlordimethylsulfid Trichlormethylchlormethylsulfid sein muß. Angaben von RICHE [1855] über symm.-Di- u. -Tetrachlordimethylsulfid u. über Zers. der Verbb. bei der Dest. ließen sich nicht bestätigen. — Dimethylsulfoxyd läßt sich ebenfalls chlorieren, Dimethylsulfon aber nicht unter vergleichbaren Bedingungen. Daher schließen Vff., daß die freien Elektronenpaare am Sulfid bzw. Sulfoxyd für die Chlorierung der Methylgruppen von entscheidender Bedeutung sind. Bei der Chlorierung des Sulfoxyds entstanden Chlorverbb. von **I**.

Versuche: *Chlormethylmethylsulfid* (**II**), $Kp._{760}$ 108—111°, aus **I** u. S_2Cl_2 in CH_2Cl_2 unter Rühren u. Kühlen mit W., n_D^{20} 1,497; 73% (Ausbeute), mit SO_2Cl_2 30%. — *Chlormethylmethylsulfon*, F. 55—56°, aus **II** mit **VII**. — *Dichlormethylmethylsulfid* (**III**), $Kp._{16}$ 34—37°, aus **II** u. der äquivalenten Menge Cl_2 in CCl_4 unter Kühlung mit Kältemischung nach mehrstd. Stehen, n_D^{20} 1,514; 57%. — *Dichlormethylmethylsulfon*, F. 71—72,5° (Chlf.-PAe.), aus **III** mit **VII** in Ae; 84%. — *Bis-chlormethylsulfon*, F. 70 bis 70,5° (Chlf.-PAe.), aus 1,9 g **V** u. 6,3 g **VII** in Ae. nach 6tägigem Stehen; 1,13 g. — *Trichlormethylmethylsulfid* (**IV**), $Kp._{16}$ 43—44°, aus **III** u. Cl_2 in CCl_4 analog **III**, n_D^{20} 1,521; 60%. Langsame Zers. beim Aufbewahren. — *Trichlormethylmethylsulfon*, F. 172 bis 174° (Bzl.-Cyclohexan), aus 2,05 g **IV** mit 8,9 g **VII** in Ae. nach 9 Tagen; 1,85 g (roh). — *Dichlormethylchlormethylsulfid* (**VI**), $Kp._{16}$ 65—67°, aus 12,3 g **V** u. 6,66 g Cl_2 in CCl_4 analog **III**, n_D^{20} 1,538; 9,3 g. (Chem. Ber. **86**. 142—48. 1953. Stockholm, Schwed. Holzforschungsanst., Holzchem. Abt.) CLEVE. 600

Je. N. Prileshajewa, E. Ss. Schapiro und **M. F. Schosstakowski,** *Synthese von schwefelhaltigen Stoffen auf der Basis von Vinyläthern.* 5. Mitt. *Über einige neue Vertreter aus der Reihe der α.β'- und β.β'-Dialkoxydiäthylsulfide.* (4. vgl. C. **1953**. 4513.) Addition von H_2S an Vinylisobutyl- (**III**) u. Vinylisoamyläther (**IV**) in Ggw. von HCl führt zu Gemischen von *α.β'-* u. *β.β'-Dialkoxydiäthylsulfiden.* Die prozentuale Zus. der Gemische wurde durch die Rk. mit $HgCl_2$ in A. (vgl. C. **1952**. 2650) ermittelt; dort auch die Arbeitsweise bei der Durchführung der Reaktionen. Es zeigte sich wieder die starke Abhängigkeit der Ausbeute von der Katalysatormenge.

Versuche: Einw. von H_2S auf Vinylisobutyläther (**III**). a) 25 g **III**, 0,2 ml 17%ig. Lsg. von HCl in Dioxan u. H_2S, 12,5 Std. bei Zimmertemp., 1 Std. bei 43°; Fraktionierung lieferte 80,5% (auf umgesetztes **III** bezogen) eines Gemisches der *Sulfide* **I** u. **II** (s. unten) (davon 55,3% **II**); b) 106 g **III**, 0,1 ml 26,4%ig. Lsg. von HCl in Dioxan u. H_2S (30 Std., 50°); erhalten wurden wenig *Diisobutylacetal* (**V**) u. *Acetaldehydbis-[β-isobutoxyäthylmercaptal]* (**VI**) u. 87% des *Sulfidgemisches* (davon 26,7% **II**). Trennung der Isomerengemische erfolgte durch Vakuumdestillation. — *β.β'-Diisobutoxydiäthylsulfid* (**I**), $C_{12}H_{26}O_2S$, $Kp._5$ 124°; $D.^{20}_4$ 0,9126; n_D^{20} 1,4510; Mol.-Refr. ($[MR]_D$) 69,16. *$HgCl_2$-Additionsverb.*, $C_{12}H_{26}O_2S \cdot HgCl_2$, F. 47°, große Tafeln. — *α.β'-Diisobutoxydiäthylsulfid* (**II**), $C_{12}H_{26}O_2S$, $Kp._{3,5-4}$ 103—105°; Fl. von scharfem Geruch; $D.^{20}_4$ 0,9077; n_D^{20} 1,4486; $[MR]_D$ 69,21. Die Rk. mit $HgCl_2$ ergab *β-Isobutoxyäthylmercaptomercurichlorid* (**VII**), $C_6H_{13}OClSHg$, F. 144°; aus viel A. Täfelchen. Die Hydrolyse von **II** mit wenig einer 27%ig. Lsg. von HCl in Dioxan im Rohr (12 Std./Wasserbad) gab **V** ($Kp._{3,5}$ 42—43°; $Kp._{760}$ 170°; $D.^{20}_4$ 0,8180; n_D^{20} 1,4022; $[MR]_D$ 51,90) u. **VI** (*1.1-Bis-[β-isobutoxyäthylmercapto]-äthan*), $C_{14}H_{30}O_2S_2$, $Kp._{2,7}$ 152 bis 154°; $D.^{20}_4$ 0,9685; n_D^{20} 1,4798; $[MR]_D$ 86,36; aus diesem mit $HgCl_2$ **VII**. — Einw. von H_2S auf Vinylisoamyläther (**IV**). a) 55 g **IV**, 0,2 ml HCl-Dioxan-Lsg. (0,098 Gew.-% HCl von **IV**) u. H_2S, 7 Std. bei Zimmertemp. u. 12 Std. bei 43—45°, lieferte 83,8% *Sulfidgemisch* (s. umst.) (davon 33,7% **VIII**); b) 35 g **IV** u. 0,5 ml HCl-Dioxan-Lsg.

(0,39 Gew.-% HCl von **IV**) 13 Std. bei 19°, ergab 81,9% *Sulfidgemisch* (davon 61,1% **VIII**). — *β.β'-Diisoamyloxydiäthylsulfid*, $C_{14}H_{30}O_2S$, Kp.$_{2,6-2,8}$ 130,2—131°; $D.^{20}{}_4$ 0,9090, $n_D{}^{20}$ 1,4552. Die *Komplexverb.* mit $HgCl_2$ ist flüssig. — *α.β'-Diisoamyloxydiäthylsulfid* (**VIII**), $C_{14}H_{30}O_2S$, Kp.$_{1,7}$ 102—104°; $D.^{20}{}_4$ 0,9052; $n_D{}^{20}$ 1,4533. Hieraus mit $HgCl_2$ *β-Isoamyloxyäthylmercaptomercurichlorid* (**IX**), $C_7H_{15}OClSHg$, F. 124,5—125° (A.). Erhitzen von 10 g **VIII** mit 1 ml 27,6%ig. HCl in Dioxan im Rohr (12 Std.; sd. Wasserbad) lieferte wenig *Isoamylalkohol* u. *Diisoamylacetal* (Kp.$_3$ 66—67°; $D.^{20}{}_4$ 0,8358; $n_D{}^{20}$ 1,4158) u. ca. 6 g *Acetaldehyd-bis-[β-isoamyloxyäthylmercaptal]* (*1.1-Bis-[β-isoamyloxyäthylmercapto]-äthan*) $C_{16}H_{34}O_2S_2$, Kp.$_{3,2}$ 172—175°; $D.^{20}{}_4$ 0,9569; $n_D{}^{20}$ 1,4800; gibt mit $HgCl_2$ **IX**. (Известия Академии Наук СССР, Отделение Химических Наук [Nachr. Akad. Wiss. UdSSR, Abt. chem. Wiss.] **1952**. 478—83. Mai/Juni. Inst. für organ. Chem. der Akad. der Wiss. der UdSSR.) H. FRÖHLICH. 600

Henriette Larramona, *Einwirkung von Ammoniak auf die an einem tertiären Kohlenstoffatom α-chlorierten Ketone*. Bei der Einw. alkoh. NH_3 auf α-Chlorketone vom Typ R'R''CCl·CO·R entstehen ausschließlich die entsprechenden *Aminoketone* R'R''·C(NH_2)CO·R; Umsetzung an der CO-Gruppe u. HCl-Abspaltung finden nicht statt. Die Geschwindigkeit der Rk. hängt von der Natur der Substituenten R, R', R'' ab, so wurden die ersten 3 der nachst. aufgeführten Aminoketone bereits in der Kälte, die beiden anderen nur durch Erwärmen auf 110—120° erhalten: *[1-Aminocyclohexyl]-cyclohexylketon*, Fl.; 40% (Ausbeute); *Hydrochlorid*, $C_{13}H_{23}ON·HCl$, F. 250°. — *[1-Aminocyclohexyl]-phenylketon*, Fl.; 26%; *Hydrochlorid*, $C_{13}H_{17}ON·HCl$, F. 245°. — *[1-Amino-1-äthylpropyl]-phenylketon*, Fl.; 50%; *Hydrochlorid*, $C_{12}H_{17}ON·HCl$, F. 261°. — *[1-Aminocyclohexyl]-methylketon*, F. 125°; 80%; *Hydrochlorid*, $C_8H_{15}ON·HCl$, F. 255°. — *[1-Amino-1-methyläthyl]-phenylketon*, F. 131°; 55%; *Hydrochlorid*, $C_{10}H_{13}ON·HCl$, F. 267° (FF. auf dem MAQUENNE-Block). (C. R. hebd. Séances Acad. Sci. **232**. 849—51. 26/2. 1951.) SPAETH. 710

E. K. Ellingboe, *Thiolessigsäure*. Durch Einw. von H_2S auf Acetanhydrid in Ggw. von NaOH: C_2H_4OS, Kp.$_{200}$ 50°, Kp.$_{100}$ 34°, Kp.$_{760}$ 87°, $n_D{}^{25}$ 1,4630, $D.^{25}_4$ 1,0634; 72—76% Ausbeute, die erhöht werden kann, wenn die Rk. unter Druck (35—40 lbs./sq.in.) durchgeführt wird. (Org. Syntheses **31**. 105—08. 1951. Wilmington, Del., E. I. du Pont de Nemours & Co.) TROFIMOW. 810

Francisco Antonio Berti und **Lizwaldo Mario Ziti**, *Die Darstellung von N-Trichloracetaniliden unter der Anwendung von Phosphoroxychlorid*. Durch Auflösen von 0,1 Mol Trichloressigsäure in 0,05 Mol $POCl_3$, Zufügen der äquivalenten Menge Amin unter Kühlung, Erhitzen auf dem Wasserbad bis zur Beendigung der HCl-Entw. u. Verreiben der M. mit Eiswasser werden die nachst. *N-Mono-* u. *N.N'-Ditrichloracetylverb.* der genannten Amine erhalten: *Anilin*, F. 92—92,8° (A.); 98% (Ausbeute). — *4-Chloranilin*, F. 126,4—127,5° (A.); 95%. — *4-Bromanilin*, F. 129,0—130,1°; 94%. — *4-Jodanilin*, F. 131,2—132°; 96%. — *2-Nitranilin*, F. 59,4—60,4°; 96%. — *3-Nitranilin*, F. 101 bis 101,9° (A.); 97%. — *4-Nitranilin*, F. 145,5—146,8°; 91%. — *4-Äthoxyanilin*, F. 127,7 bis 128,7° (A.); 97%. — *4-Carboxyanilin*, F. 233—233,6°; 100%. — *o-Phenylendiamin*, F. 231,4—232,4° (Zers.); 92%. — *m-Phenylendiamin*, F. 208—209° (Zers.; Aceton); 93%. — *p-Phenylendiamin*, F. 263—264° (Zers.; Aceton); 91%. — *Benzidin*, F. 302° (bei schnellem Erhitzen unter teilweiser Zers.; bei langsamer Erwärmung schm. die Substanz nicht); 99%. — *2.4-Dichloranilin*, F. 38,4—39,2° (A.); 94%. — *2.4-Dinitranilin*, F. 110,6—112° (wss. Aceton); 91%. — *2.6-Dichloranilin*, F. 151—152° (Methanol); 92%. — *2.6-Dibromanilin*, F. 151—152° (verd. A.); 84%. — *2.4.6-Trichloranilin*, F. 118 bis 119,1° (verd. A.); 94%. — *Sulfanilamid*, F. 199,5—200,7° (A.); 94%. — *Sulfapyridin*, F. 252—253,5° (Pyridin + Essigsäure); 100%. — *Sulfathiazol*, F. 250—252° (Pyridin + Essigsäure); 100%. — *Sulfadiazin*, F. 266—266,5° (Pyridin + Essigsäure); 100%. — *4-Nitro-4'-aminodiphenylsulfid*, F. 145,5—146,2° (Methanol); 100%. — *4.4'-Diaminodiphenylsulfid*, F. 225—228° (Zers.; verd. Aceton); 98%. — *4-Nitro-4'-aminodiphenylsulfon*, F. 211,5—213,5° (Aceton); 100%. — *4.4'-Diaminodiphenylsulfon*, F. 242,5 bis 245,2° (Aceton); 89%. (Arch. Pharmaz. Ber. dtsch. pharmaz. Ges. **285/57**. 372—75. Okt. 1952. Sao Paulo, Brasilien, Inst. Butanan, chemotherapeut. Labor.) LEHWALD 810

Robert Filler, Jack V. Fenner, Charles S. Stokes, Joseph F. O'Brien und **Murray Hauptschein**, *Fluorierte Ester*. 3. Mitt. *Diester von Carbonsäuren mit fluorhaltigen Alkoholen und Glykolen*. (2. vgl. C. **1953**. 4028.) Die 1.1-Hydrogenperfluoralkohole C_nH_{2n+1}—CH_2OH lassen sich mit Dicarbonsäuren in Ggw. von Säure nicht verestern. Aber mit den Dicarbonsäurechloriden erhält man die Diester mit 51—77%ig. Ausbeuten (vgl. das gleiche Verh. der Monocarbonsäuren, C. **1953**. 3225). Auch der sek. Alkohol 4.4.5.5.6.6.6-Heptafluorhexanol-(3) (**III**) gibt mit Adipinsäurechlorid leicht den Diester mit 73%ig. Ausbeute ohne Nebenreaktionen. Das Glykol 2.2.3.3.4.4.5.5-Oktafluorhexandiol-(1.6)

(IV) läßt sich sowohl mit Butyrylchlorid als auch mit n-Buttersäure verestern; mit einem Gemisch aus n-Buttersäure u. n-Buttersäureanhydrid entsteht neben dem Diester *$C_3H_7COO-CH_2-(CF_2)_4-CH_2-OOC-C_3H_7$* auch der Glykolhalbester *$C_3H_7COO-CH_2-(CF_2)_4-CH_2OH$*. — Die Alkohole $C_nF_{2n+1}-CH_2OH$ u. das Diol **IV** wurden durch Red. der entsprechenden Säurechloride oder Äthylester mit $LiAlH_4$ gewonnen. Aus Perfluoroctanoylchlorid (I) wurde so der bisher noch nicht beschriebene A. *$C_7F_{15}-CH_2OH$* (II) dargestellt. Der sek. A. **III** entstand durch Umsetzung von Perfluorbuttersäuremethylester mit überschüssigem Äthyl-MgJ neben dem tert. A. *$C_3F_7-C(OH)(C_2H_5)_2$*. — Die Diester sind in W. wenig lösl. u. werden von verd. Na_2CO_3-Lsg. u. 5%ig. KOH nicht verseift; sie sind also beständiger als die Ester vom Typ $C_nF_{2n+1}-COOR$. Die Brennbarkeit nimmt mit steigendem F-Geh. ab. Von den Diestern aus $C_3F_7-CH_2OH$ wurden die Viscositäten bei verschied. Tempp. bestimmt.

V e r s u c h e: Die Säurechloride von Pimelin-, Kork-, Azelain- u. Sebacinsäure wurden mit 32—62%ig. Ausbeuten dargestellt durch Zutropfen von $SOCl_2$ (10% Überschuß) zu der entsprechenden Dicarbonsäure, Erwärmen auf 100° während eines Tages u. Vakuumdestillation. — *2.2.3.3.4.4.5.5.6.6.7.7.8.8.8-Pentadekafluor-n-octanol* (II), $C_8H_3OF_{15}$, Kp.$_{739}$ 142—143°, F. 36,5—37,0°; durch Zutropfen einer Lsg. von 48 g I (vgl. HAUPTSCHEIN u. Mitarbeiter, C. **1953**. 3225) in 50 cm³ wasserfreiem Ae. im Laufe von 2 Std. zu einem zuvor 3 Std. gerührten Gemisch von 19,0 g $LiAlH_4$ u. 600 cm³ Ae., weiteres 3 std. Rühren, tropfenweise Zugabe von 50 cm³ W. u. Eingießen in 1500 cm³ kalte 10%ig. H_2SO_4; 56,8% (Ausbeute). — *4.4.5.5.6.6.6-Heptafluorhexanol-(3)* (III), $C_3F_7-CHOH-C_2H_5$, Kp.$_{740}$ 111—113°, n_D^{25} 1,3250; durch Einrühren einer Lsg. von 66 g Perfluorbuttersäuremethylester (erhalten aus Perfluorbuttersäure mit Methanol in Ggw. von konz. H_2SO_4 mit 75%ig. Ausbeute) in 200 cm³ Ae. in eine Lsg. von 0,9 Mol C_2H_5MgJ in 600 cm³ Ae., Stehenlassen über Nacht, Gießen auf 250 g Eis u. Zugabe von 0,2 Mol H_2SO_4 (30%); 50%, neben 16,2% *3-Äthyl-4.4.5.5.6.6.6-heptafluorhexanol-(3)*, Kp.$_{740}$ 140—142°. — Zur Darst. der Diester wurden 0,2 Mol $C_3F_7-CH_2OH$ mit 0,1 Mol des jeweiligen Säurechlorids bei 50—80° zur Rk. gebracht, das Gemisch 2 Tage lang auf 180° erwärmt, das Prod. mit 5%ig. KOH chloridfrei gewaschen, über $MgSO_4$ getrocknet u. rektifiziert. Folgende Verbb. wurden dargestellt. *$C_3F_7-CH_2OOC(CH_2)_4\cdot COOCH_2-C_3F_7$*, Kp.$_1$ 100°, D.$^{25}_4$ 1,4893, n_D^{25} 1,3449; 71%. — *$C_3F_7-CH_2OOC(CH_2)_5\cdot COOCH_2-C_3F_7$*, Kp.$_1$ 107°, D.$^{25}_4$ 1,4619, n_D^{25} 1,3506; 51,4%. — *$C_3F_7-CH_2OOC(CH_2)_6\cdot COOCH_2-C_3F_7$*, Kp.$_1$ 115°, D.$^{25}_4$ 1,4355, n_D^{25} 1,3542; 60,7%. — *$C_3F_7-CH_2OOC\cdot(CH_2)_7COOCH_2-C_3F_7$*, Kp.$_1$ 123°, D.$^{25}_4$ 1,4024, n_D^{25} 1,3578; 51,3%. — *$C_3F_7-CH_2OOC\cdot(CH_2)_8COOCH_2-C_3F_7$*, Kp.$_1$ 130°, D.$^{25}_4$ 1,3754, n_D^{25} 1,3615; 75%. — *$C_3F_7-CH(C_2H_5)\cdot OOC(CH_2)_4COOCH(C_2H_5)-C_3F_7$*, Kp.$_{0,9}$ 108°, D.$^{25}_4$ 1,3782, n_D^{25} 1,3640; 73,3%. — *$C_7F_{15}-CH_2OOC(CH_2)_4COOCH_2-C_7F_{15}$*, Kp.$_3$ 173°, F. 39,5°; 56%. — *$CF_3-CH_2OOC\cdot(CH_2)_4COOCH_2-CF_3$*, Kp.$_{0,6}$ 70°, D.$^{25}_4$ 1,3316, n_D^{25} 1,3718; 68%. — *2.2.3.3.4.4.5.5-Oktafluorhexandiol-(1.6)-di-n-butyrat*, $C_3H_7-COOCH_2(CF_2)_4CH_2OOCC_3H_7$, Kp.$_1$ 112°, D.$^{25}_4$ 1,3181, n_D^{25} 1,3793; durch Zutropfen von 16,4 g Butyrylchlorid zu einem bei 65—70° verflüssigten Gemisch von 20 g **IV** (aus Perfluoradipinsäurediäthylester u. $LiAlH_4$) u. 30 cm³ wasserfreiem Toluol u. 3 std. Kochen am Rückflußkühler; 77,3%, oder durch 8 std. Erhitzen von 30 g **IV**, 22 g n-Buttersäure, 40 cm³ Toluol u. 0,5 g $NaHSO_4$ am Rückflußkühler; 76,7%, oder durch 4 std. Erhitzen von 55 g **IV**, 12 g n-Buttersäure, 26 g n-Buttersäureanhydrid, 75 cm³ Toluol u. 0,2 g $NaHSO_4$; 40% neben 40% Halbester *2.2.3.3.4.4.5.5-Oktafluorhexandiol-(1.6)-mono-n-butyrat*, $C_3H_7\cdot COOCH_2-(CF_2)_4-CH_2OH$, Kp.$_{1,2}$ 92°, D.$^{25}_4$ 1,4402, n_D^{25} 1,3714. — *$C_3H_7COOCH_2-CF_3$*, Kp.$_{747}$ 113°, D.$^{25}_4$ 1,137, n_D^{25} 1,3452; 71,2%. (J. Amer. chem. Soc. **75**. 2693—95. 5/6. 1953. Wright-Patterson Air Force Base, O., Wright Air Dev. Center, Materials Labor., u. Temple Univ., Res. Inst.) FORCHE. 820

J. W. Cornforth, *Brenztraubensäureäthylester*. Aus Äthylacetat durch Oxydation mit $KMnO_4$: $C_5H_8O_3$, Kp.$_{20}$ 56—57°, n_D^{20} 1,4053, Ausbeute 51—54%. (Org. Syntheses **31**. 59—62. 1951. London, Nat. Inst. for Med. Res.) TROFIMOW. 870

Helmut Nahm und **Wilhelm Dirscherl**, *Synthese der α-Oxy-α-methylacetessigsäure*. 11. Mitt. *über Acyloine*. (10. vgl. DIRSCHERL u. WIESENER, C. **1951**. II. 1162.) *α-Oxy-α-methylacetessigsäure* (I) wird synthetisiert, weil sie möglicherweise als Zwischenprod. bei der biol. Acetoinbldg. eine Rolle spielt. Aus α-Methylacetessigsäureäthylester (II) wird über *α-Chlor-α-methylacetessigester* der *α-Acetoxy-α-methylacetessigester* (III) hergestellt, der mit $Ca(OH)_2$ zu I verseift wird. I kann wegen ihrer Zersetzlichkeit nur als rohes Ca-Salz gewonnen werden. Bes. leicht zerfällt I in saurer Lsg. in *Acetoin* (IV) u. CO_2.

V e r s u c h e: *α-Chlor-α-methylacetessigsäureäthylester*, $C_7H_{11}O_3Cl$, aus **II** u. SO_2Cl_2 bei 0—5°, Kp.$_{0,1}$ 42—44° Kp.$_{10}$ 72—73°, (Ausbeute) 94%. — *α-Acetoxy-α-methylacet-*

essigsäureäthylester (III), durch 3tägiges Kochen vorst. Verb. mit K-Acetat in Eisessig u. Acetanhydrid, Zugabe von W. u. Ausäthern, Kp.$_1$ 80—84°; ca. 50%. *2.4-Dinitrophenylhydrazon*, $C_{15}H_{18}O_7N_4$, F. 107—108° (Methanol). **III** ging beim Erhitzen mit CH_3OH + HCl in *Acetylaceton* über; *2.4-Dinitrophenylhydrazon*, $C_{11}H_{12}O_5N_4$; F. 102°. — 21 g **III** wurden mit 5,85 g CaO in 30 cm³ W. bis zur Lsg. geschüttelt u. mit 220 cm³ W. versetzt; das im Vakuum bei 25° eingeengte Filtrat von 1,2 g $CaCO_3$ (im Destillat 1,52 g **IV**) schied durch CH_3OH 11 g Ca-Salz von **I** u. Essigsäure ab. Dessen mit Essigsäure u. $FeCl_3$ (zur Oxydation von **IV**) 30 Min. rückflußerhitzte Lsg. gab im Destillat *Diacetyl*, das 88,8% **IV** entsprach. (Chem. Ber. **83**. 415—17. Aug. 1950. Bonn, Univ., Physiol.-chem. Inst.) LEHMSTEDT. 870

Mark W. Farlow, *Hexamethylendiisocyanat.* Aus *Hexamethylendiammoniumchlorid* [aus Hexamethylendiamin in Methanol u. HCl (1,19), F. 243—246° (Ausbeute 90—99%)] u. Phosgen, $C_8H_{12}O_2N_2$, Kp.$_1$ 92—96°, Kp.$_5$ 108—111°, Kp.$_{10}$ 120—125°, n_D^{20} 1,4585, $D.^{20}_4$ 1,0528; 84—95% Ausbeute. (Org. Syntheses **31**. 62—65. 1951. Wilmington, Del., E. I. du Pont de Nemours & Co.) TROFIMOW. 890

Theodor Wieland und **Hermann Bernhard,** *Über Peptidsynthesen.* 3. Mitt. *Die Verwendung von Anhydriden aus N-acylierten Aminosäuren und Derivaten anorganischer Säuren.* (2. vgl. C. **1952**. 201.) Für die Synth. von Peptiden durch aminolyt. Aufspaltung gemischter Anhydride aus N-acylierten Aminosäuren u. Benzoesäure (vgl. l. c.) wurden unter den bereits beschriebenen Bedingungen an Stelle der Benzoesäure, in Ggw. einer tert. Base bei 0°, die Chloride anorgan. Säuren auf ihre Verwendbarkeit zur Darst. von gemischten Anhydriden untersucht. Dabei wurde *Carbobenzoxydiglycin* (**I**, aus Carbobenzoxyglycin u. Glycin) unter Verwendung nachst. Säurechloride mit folgenden Ausbeuten erhalten: $POCl_3$, 0%; Phenyldichlorphosphat, 30%; Diphenylchlorphosphat, ca. 10%; SO_2Cl_2, 30%; $SOCl_2$, 35%; $COCl_2$, 40%; $Cl \cdot COOCH_3$, geringe Ausbeute an unreinem Prod.; $Cl \cdot COOC_2H_5$ (**II**), 65%; $Cl \cdot COOCH(CH_3)_2$ (**III**), 78%; $Cl \cdot COOCH_2CH(CH_3)_2$, 66%; $Cl \cdot COOC_8H_{17}$ (**IV**), 70%. — *Carbobenzoxytriglycin* (**V**, aus **I** u. Glycin) unter Verwendung von **III**, 85% Rohpeptid; $Cl \cdot COOCH_2CH_2CH(CH_3)_2$, 60%; $Cl \cdot COOC_6H_{13}$, 75%; $Cl \cdot COOC_7H_{15}$, 80%; 70% (nach Umkrist. aus CH_3OH–W.). — *Carbobenzoxytetraglycin* (aus **V** u. Glycin), F. 220—225° (Zers.); beste Ausbeute (75%) mit **IV**; 60% (aus W.). — *Carbobenzoxydiglycindiäthylamid*, F. 114—115°, durch Überführung von **I** mit **II** ins gemischte Anhydrid, Zugabe von Diäthylamin u. 1std. Stehen bei Raumtemp., aus Bzl.; 60%. (Liebigs Ann. Chem. **572**. 190—94. 1951. Mainz, Univ., organ.-chem. Inst.) K. F. MÜLLER. 950

Theodor Wieland, Werner Schäfer und **Ekkehart Bokelmann,** *Über Peptidsynthesen.* 5. Mitt. *Über eine bequeme Darstellungsweise von Acylthiophenolen und ihre Verwendung zu Amid- und Peptidsynthesen.* (4. vgl. C. **1952**. **4463**; 3. vgl. vorst. Ref.) *S-Phenylester von Thiocarbonsäuren* (*acylierte Thiophenole*) lassen sich durch Umsetzung von Thiolen mit den gemischten Anhydriden von Carbonsäuren u. Kohlensäurealkylestern darstellen. Die gemischten Anhydride werden in indifferentem Lösungsm. bei 0° in Ggw. einer tert. Base aus den Carbonsäuren u. Chlorameisensäureester gewonnen; sie setzen sich bei Raumtemp. mit den Thiolen um u. brauchen bei dieser Rk. nicht in Substanz isoliert zu werden. Die S-Phenylester der untersuchten Säuren sind beim Kochen mit W. oder verd. Säuren stabil; beim Erhitzen mit wss. Alkali werden sie langsam zu Thiophenolat u. carbonsauren Salzen verseift. Dagegen erfolgt die Aminolyse beim kurzen Aufkochen mit konz. NH_4OH oder bei Raumtemp. mit prim. Aminen in organ. Lösungsmitteln rasch. Die Thiosäureester sind sehr brauchbare Acylierungsreagentien für Amine u. Aminosäuren. Die Aminolyse, hier allerdings längere Zeit u. höhere Tempp. als bei den bisher verwendeten Anhydriden erfordernd, läßt sich jedoch in verschiedenartigsten Lösungsmitteln, z. B. auch in A., durchführen. Zur Darst. von Peptiden wird der N-Acylthioaminosäurephenylester mit der äquivalenten Menge des Na-Salzes einer anderen Aminosäure in CH_3OH oder auch Gemischen aus A. oder Tetrahydrofuran u. W. einige Std. zum Sieden erhitzt: $AcNH \cdot CHR \cdot COSC_6H_5 + H_2NCHR' \cdot COONa \rightarrow AcNH \cdot CHR \cdot CO \cdot NH \cdot CHR' \cdot COONa + C_6H_5SH$. Es wurde so analysenreines *Carbobenzoxy* (Cbo)-*glycylalanin* mit 90% Ausbeute erhalten.

Versuche: *β-Indolylacetylthiophenol*, $C_{16}H_{13}ONS$: 1,75 g β-Indolylessigsäure u. 1,13 g N-Äthylpiperidin (**I**) in 10 cm³ trockenem Tetrahydrofuran werden bei 0° mit 1,1 g Chlorkohlensäureäthylester (**II**) versetzt u. nach 10—15 Min. läßt man nach Zugabe von 1,1 g Thiophenol (**III**) 4 Std. bei Raumtemp. stehen; Kristalle aus CH_3OH–W., F. 77—78°; 90% (Ausbeute). — *Cbo-β-alanylthiophenol* (**IV**), $C_{17}H_{17}O_3NS$, analog aus Cbo-β-alanin u. **III**, Kristalle aus W., F. 77°; 90%. — *N-Phenacetylglycylthiophenol*, $C_{16}H_{15}O_2NS$, aus Phenacetursäure in Pyridin in Ggw. von **I**, Zugabe von **II** u. von **III**, Kristalle aus Bzl.–PAe., F. 75°; 50%. — *Cbo-glycylthiophenol* (**V**), $C_{16}H_{15}O_3NS$, aus

Cbo-glycin u. III wie vorhin, aus Bzl.–Ligroin, F. 72°; 90%. — *Cbo-glycylphenylalanylthiophenol* (VI), $C_{25}H_{24}O_4N_2S$, analog aus dem Cbo-Dipeptid, F. 94°; 80%. — *Cbo-tri-γ-aminobutyrylthiophenol*, $C_{26}H_{33}O_5N_3S$, aus Cbo-γ-aminobutyryl-γ-aminobutyryl-γ-aminobuttersäure u. III, jedoch in Dimethylformamid, aus Isopropanol, F. 125°; 70%. — *Cbo-glycinamid*, $C_{10}H_{12}O_3N_2$, durch 5minütiges Erhitzen von V mit konz. NH_4OH, Blättchen, F. 135°. — *Cbo-β-alaninamid*, $C_{11}H_{14}O_3N_2$, durch Erhitzen von IV in Tetrahydrofuran u. Durchleiten von NH_3, F. 163°; 95%. — *Cbo-glycylalanin*, $C_{13}H_{16}O_5N_2$, F. 177°, 1. durch 4std. Erhitzen von V in CH_3OH mit Alanin (VII) in Ggw. von Na, Eindampfen u. Ansäuern mit HCl der wss. Lsg.; 90%. 2. durch 4std. Erhitzen auf 60° einer Lsg. von V in Tetrahydrofuran mit VII in Ggw. von n/10 NaOH bis zum Verschwinden der alkal. Rk.; 75%. — *Cbo-glycyl-dl-phenylalanin*, $C_{19}H_{20}O_5N_2$, F. 156 bis 157°, 1. analog vorigem Vers. aus V u. Phenylalanin (VIII); 75%; 2. durch 5std. Erhitzen auf 80—90° von V in Pyridin mit wss. Lsg. von VIII; 45%. — *Cbo-glycyl-dl-phenylalanyl-dl-alanin*, durch 4std. Erwärmen auf 65° von VI in Tetrahydrofuran mit VII in n NaOH, Öl; 70%. Entacetylierung mit Na in fl. NH_3 gibt *Glycylphenylalanylalanin*, $C_{14}H_{19}O_4N_3$, F. 241° (Zers.). — *Cbo-β-alanyl-β-alanin*, durch 4std. Erhitzen von IV in CH_3OH mit Lsg. von VII in n-NaOH, aus W., F. 143°; 50%. Vers. in konz. $NaHCO_3$-Lsg. ergibt reineres Prod. mit 70% Ausbeute. (Liebigs Ann. Chem. **573**. 99—104. 1951.)

K. F. MÜLLER. 950

Gennady M. Kosolapoff, *Einige Beobachtungen an Phosphinsäureanhydriden.* Bei dem Vers., gemischte Phosphinsäureanhydride gemäß der Gleichung $R_2'P(O)Cl + C_2H_5OP(O)R_2 \rightarrow C_2H_5Cl + R_2'P(O)OP(O)R_2$ zu synthetisieren, wurde immer ein Gemisch von 2 symm. Anhydriden gefunden. Verwendet wurden jeweils äquimol. Lsgg. von Chlorid u. Äthylester von Dimethyl-, Diäthyl-, Di-n-propyl- u. Di-n-butylphosphinsäure. Vf. nimmt an, daß die wahrscheinlich prim. entstehenden gemischten Anhydride schon bei sehr geringer Erwärmung in die symm. übergehen, ebenso wie die gemischten Carbonsäureanhydride u. Acetale u. die von CORBY u. Mitarbeitern (J. chem. Soc. [London] **1952**. 1234) beschriebenen asymm. Tetraester der Pyrophosphorsäure. (J. Amer. chem. Soc. **74**. 5520. 5/11. 1952. Auburn, Ala., Alabama Polytechn. Inst.)

PLUSKAL. 980

A. Ja. Jakubowitsch, Je. N. Merkulowa, Ss. P. Makarow und **G. I. Gawrilow**, *Synthese metallorganischer Verbindungen der aliphatischen Reihe nach der Diazomethode. 5. Mitt. Synthese von Verbindungen der Elemente der 4. Gruppe. Bleiorganische Verbindungen.* (4. vgl. C. **1953**. 5648.) Während CH_2N_2 weder mit $PbCl_2$, $PbCl_4$ noch mit $(NH_4)_2PbCl_6$ Organobleiverbb. liefert u. mit $(CH_3CO_2)_4Pb$ nur *Methylendiacetat* u. $(CH_3CO_2)_2Pb$ bildet, entstehen aus $(C_2H_5)_3PbCl$ bzw. $(C_2H_5)_2PbCl_2$ u. CH_2N_2 in Ggw. von Cu-Bronze *Chlormethyltriäthylblei* u. *Bis-[chlormethyl]-diäthylblei*, gewöhnlich neben etwas *Tetraäthylblei* (I), letzteres infolge einer Nebenreaktion. Analog reagiert CH_3CHN_2 mit $(C_2H_5)_3PbCl$ nur in Ggw. von Cu-Bronze u. liefert unbeständiges *Triäthyl-α-chloräthylblei*, das beim Vers. der Isolierung in $PbCl_2$ u. I zerfällt.

Versuche: *Bis-[chlormethyl]-diäthylblei*, $C_6H_{14}Cl_2Pb$, Kp.$_2$ 96°; aus 24 g $(C_2H_5)_2$·$PbCl_2$ u. CH_2N_2 (1 : 2 Mol + 10% Überschuß) in 300 ml absol. Ae. in Ggw. von 0,1—0,2 g Cu-Bronze bei 10—15° unter Rühren; CH_2N_2 wird in 2 Anteilen bei 0° zugesetzt; die von einem Nd. abfiltrierte Lsg. wird dest. u. das bei 86—98°/2 mm Siedende (9,5 g) fraktioniert. Eigenartig riechende, bewegliche Fl.; $D.^{20}{}_4$ 1,9890. — *Chlormethyltriäthylblei*, $C_7H_{17}ClPb$, Kp.$_3$ 65,5—66,5°; aus $(C_2H_5)_3PbCl$ u. CH_2N_2 (1 : 1 Mol + 10% Überschuß) analog Vorst.; bewegliche Fl. von eigenartigem Geruch; $D.^{20}{}_4$ 1,7917; n_D^{20} 1,5434. — Rk. von $(C_2H_5)_3PbCl$ mit CH_3CHN_2. Schon während der Rk. scheidet sich $PbCl_2$ ab, dessen Menge sich nach Entfernung des Ae. durch Dest. noch vermehrt; durch Fraktionieren wird I, Kp.$_4$ 74—75°; $D.^{20}_{20}$ 1,655; n_D^{20} 1,5139; 5 g aus 10 g der Pb-Verb., erhalten. — *Methylendiacetat*, $C_5H_8O_4$, Kp.$_3$ 61°; aus $(CH_3CO_2)_4Pb$ (5 g) u. CH_2N_2 in Bzl. bei 2° u. Einw. über Nacht bei Zimmertemp.; nach Abfiltrieren vom $(CH_3CO_2)_2Pb$ wird fraktioniert; 2 g. (Журнал Общей Химии [J. allg. Chem.] **22** (**84**). 2060—63. Nov. 1952.)

H. FRÖHLICH. 980

Gabriello Illuminati, *3-Nitrodurol.* Im Verlauf der Arbeiten über die Chemie der Polymethylbenzole red. Vf. das Diazoniumsalz von Nitroaminodurol mit H_3PO_2 u. erhält *3-Nitrodurol* (I).

Versuche: *3-Nitro-6-aminodurol*, F. 160—161,5°, durch Red. von Dinitrodurol mit NaHS. — *3-Nitrodurol* (I), F. 113—114°, durch Diazotieren vorst. Verb. in verd. H_2SO_4 unter Kühlung u. Rühren, nach 10 Min. Behandeln der Reaktionslsg. mit 50%ig. H_3PO_2, 4tägiges Stehen unter Kühlung, Filtrieren, Aufnehmen in Chlf. u. Ausziehen mit 10%ig. NaOH; hellgelbe Kristalle; 82,7% (Ausbeute). — *3-Aminodurol*, F. 70—72°, aus 1 g I durch 4std. Kochen mit Sn + HCl in Essigsäure; 0,8 g. — *3-Nitro-6-oxydurol*, F. 119—120°, aus dem alkal. Extrakt bei I durch Ansäuern, grüngelbe

Plättchen; 4,8%. (J. Amer. chem. Soc. **74.** 4951—52. 5/10. 1952. Rom, Univ., Dep. of Gen. Chem.) Lehwald. 1010

H. R. Snyder und **Richard E. Heckert,** *Eine Methode zur schnellen Spaltung von Sulfonamiden.* Rk. von *Benzolsulfonanilid* (I) mit 48%ig. HBr lieferte hauptsächlich *p-Bromanilin* u. verlief unter Red. der Sulfonylgruppe. Um das entstehende Amin vor dem Angriff des Br_2 zu schützen, wurde Phenol (II) als Br_2-Acceptor zugesetzt. Auf diese Weise gelang es, I u. substituierte Benzolsulfonanilide innerhalb 20—60 Min. zu spalten u. das *Anilin* (III) mit Ausbeuten von 90—95% zurückzugewinnen. Durch vergleichende Verss. konnte gezeigt werden, daß kurzes Kochen mit HBr + II zu einer fast quantitativen Spaltung verschied. Sulfonamide führte, wogegen mehrstd. Kochen mit 25%ig. HCl Ausbeuten von höchstens 60% lieferte, in einigen Fällen sogar keine Spaltung hervorrief. Auch *Methansulfonanilid, Benzolsulfon-p-nitroanilid, Benzolsulfon-α-naphthylamid* u. *p-Nitrobenzolsulfonanilid* wurden auf diese Weise gespalten u. die Amine mit 85—90% Ausbeute erhalten. Die Anwesenheit von II bringt durch die Erhöhung der Löslichkeit des Amids eine wesentliche Verkürzung der Reaktionszeit mit sich.

Versuche: Die Darst. nachst. *Sulfonamide* erfolgte durch Rk. von NH_4OH oder Amin mit dem entsprechenden Säurechlorid mit Ausbeuten von 35—90%; Reinigung über die Na-Salze oder durch Kristallisation aus wss. A.: *Methansulfonanilid,* F. 98 bis 99°. — *Benzolsulfonamid,* F. 152°. — *Benzolsulfonanilid* (I), F. 110—111°. — *Benzolsulfon-o-nitroanilid,* F. 103—104°. — *Benzolsulfon-p-nitroanilid,* F. 138—139°. — *Benzolsulfon-α-naphthylamid,* F. 165—167°. — *p-Nitrobenzolsulfonanilid,* F. 168°. — *Mesitylensulfonanilid,* F. 114°. — *Duronsulfonanilid,* $C_{16}H_{19}O_2NS$, F. 161° (A.), durch Rk. von Durol mit $ClSO_3H$ (64% [Ausbeute]), Zugabe von 0,11 Mol Säurechlorid zu 0,16 Mol III in 10%ig. NaOH, 2std. Rühren, Aufnehmen in heißem A. u. Ansäuern; 62%. — *Pentamethylbenzolsulfonylchlorid,* aus 0,13 Mol Pentamethylbenzol, F. 45—49° (A.), durch Zugabe von 0,38 Mol $ClSO_3H$ bei 0° u. Gießen auf Eis; 100%. — *Pentamethylbenzolsulfonanilid,* $C_{17}H_{21}O_2NS$, F. 207° (A.), durch ½std. Kochen von 0,13 Mol vorst. Verb. mit 0,32 Mol III in Dioxan u. Zugabe von W. nach Stehen über Nacht; 97%. — *2.4-Dimethoxybenzolsulfonylchlorid,* F. 67—69° (Ae.), durch Zugabe von 0,27 Mol 98%ig. H_2SO_4 zu 0,18 Mol Resorcindimethyläther, Eingießen in gesätt. K_2CO_3-Lsg., 1,5std. Kochen des K-Salzes mit $POCl_3$ u. Gießen auf Eis; 88%. — *2.4-Dimethoxybenzolsulfonanilid,* $C_{14}H_{15}O_4NS$, F. 180° (A.), durch Zugabe von 0,13 Mol vorst. Verb. zu 0,17 Mol III in 0,5 Mol NaOH u. Ansäuern; 65%. — ½std. Kochen von I mit 48%ig. HBr, Auswaschen mit Ae., Zugabe von NaOH, Ausäthern u. Behandlung der letzten Ätherlsg. mit HCl gab wenig unreines III-*Hydrochlorid.* Behandlung des Nd. mit 10%ig. NaOH führte zu *p-Bromanilin,* F. 57—62°. *Benzoylderiv.,* F. 202—203°. — Ebenso wurden aus Mesitylensulfonanilid III-Hydrochlorid u. p-Bromanilin isoliert. — Die Spaltung der Sulfonamide erfolgte a) nach Schreiber u. Shriner (C. **1934.** II. 2211) durch 7std. Kochen mit 25%ig. HCl, Zugabe von Ae., Abtrennen des unumgesetzten Sulfonamids, Zugabe der wss. Lsg. zu NaOH u. Isolierung des Amins. Bei ätherlösl. Sulfonamiden konnte das unumgesetzte Prod. aus dem ersten Ätherauszug isoliert werden; b) durch Kochen von Sulfonamid u. II mit 48%ig. HBr u. Aufarbeitung wie vorst. angegeben. — 2std. Kochen von I mit II in 25%ig. HCl lieferte 20% III-Hydrochlorid. (J. Amer. chem. Soc. **74.** 2006—09. 20/4. 1952. Urbana, Ill., Univ. of Illinois, Noyes Chem. Labor.) Hildegard Baganz. 1090

Pierre Mastagli, Zafiri Zafiriadis, Georges Durr, Angèle Floc'h und **Germaine Lagrange,** *Wirkungsart von Ionenaustauschern in der organischen Chemie. Anwendungen in der Reihe des Furfurols und des Benzaldehyds.* Ionenaustauscher haben als Katalysatoren sowohl bei Aldolkondensationen als auch bei Acetalisierungen spezif. Wrkg., bei richtiger Wahl des Austauschers können so bei Rkk. von Furfurol (I) u. aliphat. Aldehyden deren Selbstkondensation sowie auch Neben-Rkk. des I vermieden werden. Vff. haben solche Umsetzungen in Ggw. von Amberlit-IRA-100 (III) in guten Ausbeuten durchgeführt, in Ggw. von Amberlit IR–4 B trat als Neben-Rk. Selbstkondensation auf. Für die Acetalisierung von I u. Benzaldehyd (II) mit aliphat. Alkoholen erwies sich der Kationenaustauscher Dowex–50 (IV) als Katalysator am wirksamsten.

Versuche: *2-[α-Furfuryliden]-äthanal,* F. 49—50°, aus 80 g Acetaldehyd u. 130 g I in Ggw. von 10 g III, 12 Std. bei 110° im Rohr. — *2-[α-Furfuryliden]-butanal,* $Kp._{760}$ 228—229,5°, $Kp._2$ 94—96,5°, aus 30 g Butyraldehyd, 32 g I u. 12 g III bei 135°; $n_D^{20,5}$ 1,5960. — Analog: *2-[α-Furfuryliden]-hexanal,* $Kp._{760}$ 258—259,5°, $Kp._{10}$ 129°, n_D^{16} 1,5689, $n_D^{17,5}$ 1,5681, $D._4^{14}$ 1,019. — *2-[α-Furfurylidenheptanal,* $Kp._{760}$ 274—275°, $Kp._{17}$ 151,5°, n_D^{20} 1,5575, n_D^{17} 1,5597, $D._4^{14}$ 1,003. — *2-[α-Furfuryliden]-octanal,* $Kp._{13}$ 160—161°, n_D^{18} 1,5465, $D._4^{14}$ 0,9849. — *2-[α-Furfuryliden]-decanal,* $Kp._{13-14}$ 187—188°, $n_D^{16,5}$ 1,5365. — *Monofurfurylidenaceton,* F. 37°, aus 60 g I, 70 g Aceton u. 15 g III, daneben *Difurfurylidenaceton.* — *3-[α-Furfuryliden]-butanon-(2)*, Kp. 234—235,5°, $Kp._{12}$ 124—125°, n_D^{16} 1,5795, n_D^{22} 1,5761. — *Difurfurylidencyclohexanon*, F. 142,5°. — *Furfuroldibutylacetal*, Kp. 244—245°, $Kp._9$ 122,5°, im Wasserabscheider aus 50 g I, 100 g Butylalkohol (V) u. 20 g IV, 4 Std., n_D^{18} 1,4500. — Analog: *Furfuroldiheptylacetal*, $Kp._{10}$ 195—199°, $n_D^{18,5}$ 1,4559. — *Furfuroldihexylacetal*, $Kp._9$ 174—177°, n_D^{18} 1,4545. — *Furfuroldicyclohexylacetal*, $Kp._9$ 173—179°, n_D^{18} 1,4962. — *Benzaldehyddibutylacetal*, $Kp._{20}$ 197—198°, aus 50 g II, 100 g V u. 20 g Kationenaustauscher All. C bei 110—120°, 3 Std., 35 g Ausbeute, n_D^{18} 1,4780, $D.^{18}_4$ 0,931. — Analog: *Benzaldehyddiheptylacetal*, $Kp._{20}$ 216—217°, n_D^{18} 1,4785, $D.^{18}_4$ 0,922. — II kann in Ggw. von Kationenaustauschern nicht mit cycl. Alkoholen zur Rk. gebracht werden, mit Benzylalkohol tritt Verharzung ein, mit Cyclohexanol Bldg. von *Dibenzalcyclohexanon*, F. 118°. (Bull. Soc. chim. France, Mém. [5] **20.** 693—95. Juli/Aug. 1953. Paris, Inst. Catholique, Labor. de Chim. Organ.) Kresze. 1120

Françoise Bardone, *Kondensation von 3.5-Dinitrobenzoylchlorid mit Brombenzol.* Bei der Rk. von 3.5-Dinitrobenzoylchlorid (**IV**) mit Brombenzol (**I**) in Ggw. von $AlCl_3$ entstehen je nach den Reaktionsbedingungen *3.5-Dinitrobenzophenon* (**II**) u./oder das gewünschte *3.5-Dinitro-4'-brombenzophenon* (**III**; F. 178°; *Oxim*, F. 164°; *Phenylhydrazon*, F. 260°). So bildet sich bei 2std. Erwärmen äquimol. Mengen **I** u. **IV** mit $AlCl_3$ in CS_2 ausschließlich **II**, in Nitrobenzol entsteht ein Gemisch von **II** u. **III**, in **I** als Lösungsm. bilden sich 60% **II** u. 10% **III**, mit einem großen Überschuß an **I** (100 cm³ je $^1/_{50}$ Mol **IV**) 45% **III** u. 24% **II**. Es gelingt aber, die Bldg. von **II** zugunsten der von **III** zurückzudrängen, indem man unter vermindertem Druck arbeitet; die Ausbeuten an **III** betragen dann 70—75%. **III** ist von einer geringen Menge der entsprechenden *Chlorverb.* begleitet, deren Entstehen auf einen Halogenaustausch zwischen **I** u. $AlCl_3$ zurückgeführt wird. Der Verbleib des Br-Atoms bei der Bldg. von **II** aus **I** u. **IV** ist noch nicht geklärt. **II** u. **III** lassen sich am besten durch 6std. Erwärmen mit verd. HNO_3 trennen; **III** wird hierbei nicht verändert, **II** gibt *3.5.3'-Trinitrobenzophenon* (F. 159°), das sich seinerseits mit rauchender HNO_3/H_2SO_4 in der Wärme zu *3.5.3'.5'-Tetranitrobenzophenon* (F. 250°) weiter nitrieren läßt. (C. R. hebd. Séances Acad. Sci. **236.** 828—30. 23/2. 1953.) Spaeth. 1160

Ng. Ph. Buu-Hoï, René Royer und **Bernard Eckert,** *Orientierender Einfluß der Methylgruppen im m-Methylacetanilid und im m-Methylanisol.* Vff. zeigen an zwei neuen Beispielen die auch p-orientierende Wrkg. von Kernmethylgruppen bei der Friedel-Craftsschen Acylierung. m-Methylacetanilid liefert mit CH_3COCl u. $AlCl_3$ neben *4-Acetamino-2-methylacetophenon* (vgl. Buu-Hoï, Eckert u. Royer, C. R. hebd. Séances Acad. Sci. **233.** [1951.] 627) geringe Mengen von *2-Acetamino-4-methylacetophenon* (**I**), dessen Struktur durch Abbau zur p-Toluylsäure bewiesen wurde. Analog entsteht bei der Friedel-Crafts-Benzoylierung von m-Methylanisol ein Gemisch von ca. $^1/_3$ *2-Methoxy-4-methylbenzophenon* u. $^2/_3$ *4-Methoxy-2-methylbenzophenon.* Vorst., fl. Verb. war nicht ident. mit dem von Stadnikow u. Baryschewa (Ber. dtsch. chem. Ges. **61.** [1928.] 1998) beschriebenen Präp. (F. 172°), dessen Struktur angezweifelt wird.

V e r s u c h e: *4-Amino-2-methylacetophenon*, F. 96° (wss. Methanol), $Kp._{13}$ 178 bis 179°, durch 1std. Kochen von 90 g m-Methylacetanilid mit 81 g CH_3COCl u. 250 g $AlCl_3$ in CS_2, nachfolgende Verseifung mit HCl u. fraktionierte Dest. des Gemisches neben nachst. Verb.; 65,5% (Ausbeute). *2-Amino-4-methylacetophenon* (**I**), $C_9H_{11}ON$, F. 55°, $Kp._{15}$ 165°, wie vorst. Verb.; hellgelbe Nadeln aus CH_3OH; 5,5%. *Acetylderiv.*, F. 76°. — *2.5-Dichlor-3.6-bis-[2-acetyl-5-methylanilino]-1.4-benzochinon*, $C_{24}H_{20}O_4N_2Cl_2$, F. 268°, durch 1std. Kochen von **I** mit Chloranil in A.; grünlich-braune Blättchen aus Toluol. — *p-Toluylsäure*, F. 178—179°, durch Red. des Diazoniumchlorides von **I** mit H_3PO_2 (36 Std. bei 0°) u. Oxydation des erhaltenen 4-Methylacetophenons mit NaOBr. — *4-Oxy-2-methylbenzophenon* (**II**), F. 129° (Bzl.); 150 g m-Kresolmethyläther, 190 g Benzoylchlorid u. 150 g $AlCl_3$ in CS_2 (6 Std. bei 5°) gaben 242 g eines Gemisches der isomeren *Methylmethoxybenzophenone* ($Kp._{18}$ 214—215°, n_D^{25} 1,5991), davon 23 g mit Pyridinhydrochlorid entmethyliert → 16 g Phenolgemisch (**II** + **III**), daraus beim Behandeln mit PAe. **II** (10 g). *Methyläther*, $C_{15}H_{14}O_2$, $Kp._{18}$ 219—220° aus **II** mit Methylsulfat u. NaOH; hellgelbe Fl.; $n_D^{21,5}$ 1,6005. — *2-Oxy-4-methylbenzophenon* (**III**), F. 61—62° (PAe.), aus der Mutterlauge von **II**; 16 g Isomerengemisch (**II** + **III**) gaben 5 g **III**. (J. org. Chemistry **17.** 1463—65. Nov. 1952. Paris, Radium Inst., Dep. of Org. Chem.) Pracejus. 1180

Arthur C. Honth und **E. C. Wagner,** *N.N'-Diphenylbenzamidin.* Nach Wallach [1877] u. Hill u. Cox (J. Amer. Chem. Soc. **48.** [1926.] 3214) aus Benzanilid u. PCl_5 unter Rückfluß, Erhitzen mit Pyridin u. Anilin u. Behandeln der durch Abkühlen erhaltenen Salzes mit NH_3: $C_{19}H_{16}N_2$, F. 144—145° (A.); Ausbeute 73—80%. (Org. Syntheses **31.** 48—52. 1951. Philadelphia, Pa., Univ. of Pennsylvania.) Trofimow. 1210

Henry Gault und **Jacques Champion,** *Synthesen cyclischer Imid- und Amidderivate der Bernsteinsäurereihe.* Bei der Kondensation von Chloracteamid (I) mit Natracetessigester (II) entstehen je nach den Reaktionsbedingungen *C-Acetylsuccinimid* (III) oder *Δ^2-2-Methylpyrrolidon-(5)-carbonsäure-(3)-äthylester.* III hat 2 durch Alkalimetalle substituierbare H-Atome u. liefert daher mit $NaOC_2H_5$ oder KOC_2H_5 u. $C_6H_5CH_2Cl$ zunächst das am die Acetylgruppe tragenden C-Atom substituierte *C-Benzyl-C-acetylsuccinimid* u. dann das *C.N-Dibenzyl-C-acetylsuccinimid.*

Versuche: *C-Acetylsuccinimid* (III), Kp.$_3$ 190°, durch 6std. Kochen von 2 Moll II u. 1 Mol I in A., Abzentrifugieren des Nd., der mit Eiswasser u. dann 25%ig. HCl behandelt wird, Eindampfen u. Extraktion mit A.-PAe.; $p_H = 7,5$. — *Δ^2-2-Methylpyrrolidon-(5)-carbonsäure-(3)-äthylester,* F. 133°, durch mehrtägiges Stehen äquimol. Mengen I u. II in A., Eindampfen, Behandlung mit Eiswasser u. 10%ig. HCl, Ausschütteln mit Ae. u. Kristallisation aus der wss. Lsg.; lange Nadeln. — *C.N-Dibenzyl-C-acetylsuccinimid,* F. 123°, durch 10std. Kochen des aus III mit KOC_2H_5 erhaltenen K-Deriv. mit Benzylchlorid in Xylol, Eindampfen nach Abzentrifugieren vom KCl, Aufnehmen in W., Extraktion mit Ae. u. Aufnehmen des Ae-Rückstands in A. als aus A. zuerst krist. Prod.; gibt durch Hydrolyse *Benzylbernsteinsäure* (IV) u. *Benzylamin.* — *C-Benzyl-C-acetylsuccinimid,* F. 59°, aus dem Filtrat vorst. Verb.; gibt durch Hydrolyse IV. (C. R. hebd. Séances Acad. Sci. **232.** 851—53. 25/2. 1951.) SPAETH. 1220

Frederick Kurzer, *Arylharnstoffe.* 1. Mitt. *Cyanatmethode. p-Bromphenylharnstoff.* Durch Einw. von NaCNO auf p-Bromanilin, $C_7H_7ON_2Br$, weiße Prismen aus A., F. 225 bis 227°; Rohausbeute 88—92%. Die Meth. ist. allg. anwendbar. (Org. Syntheses **31.** 8—11. 1951. London, Univ.) TROFIMOW. 1280

Frederick Kurzer, *Arylharnstoffe.* 2. Mitt. *Harnstoffmethode. p-Äthoxyphenylharnstoff.* (1. vgl. vorst. Ref.) Durch Einw. von Harnstoff auf p-Phenetidinhydrochlorid: $C_9H_{12}O_2N_2$, Blättchen aus W., F. 173—174°; 82—90% Rohausbeute. Aus p-Anisidinhydrochlorid wird nach dieser Meth. *p-Methoxyphenylharnstoff* erhalten; Ausbeute 80 bis 85%, aus 1-Amino-2-naphtholhydrochlorid mit 72—87%ig. Ausbeute *[2-Oxynaphthyl-(1)]-harnstoff.* (Org. Syntheses **31.** 11—13. 1951. London, Univ.) TROFIMOW. 1280

Frederick Kurzer, *o-Chlorphenylthioharnstoff.* Durch Rk. von o-Chloranilin mit Ammoniumthiocyanat in wss. Lsg.: $C_7H_7N_2SCl$, F. 144—146°; 36—43% Ausbeute. (Org. Syntheses **31.** 21—22. 1951. London, Univ.) TROFIMOW. 1280

Paul Tarrant und **Marvin R. Lilyquist,** *Die Bildung und Desaminierung von bromierten m-Aminobenzotrifluoriden.* Wenn m-Aminobenzotrifluorid (I) mit Br_2-Unterschuß bei Abwesenheit von Katalysatoren bei 5—10° bromiert wird, entstehen *3-Amino-4-brom-* (II) u. *5-Amino-2-brombenzotrifluorid* (III), aber kein 3-Amino-2-brombenzotrifluorid. Mit größeren Br_2-Mengen sowie in Ggw. von Fe-Spänen bildet sich eine Dibromverb. IV, vermutlich *5-Amino-2.4-dibrombenzotrifluorid.* Aus I bei 50° sowie aus m-Acetamidobenzotrifluorid bilden sich größere Mengen höher sd. Substanzen, die nicht identifiziert wurden. — Die Konst. von II folgt aus der Desaminierung u. anschließenden Hydrolyse der CF_3-Gruppe mit konz. H_2SO_4 zu *p-Brombenzoesäure* (F. 254—256°), sowie aus der Diazotierung u. Behandlung mit HBr zu *3.4-Dibrombenzotrifluorid.* Die Konst. von III wurde durch Desaminierung zu *o-Brombenzotrifluorid* u. durch Austausch der NH_2-Gruppe durch Cl zu *2-Brom-5-chlorbenzotrifluorid* sichergestellt. Die Dibromverb. IV liefert bei der Desaminierung u. Hydrolyse *2.4-Dibrombenzoesäure.* Die Desaminierungen wurden sowohl mit H_3PO_2 als auch mit A. als Reduktionsmittel durchgeführt; H_3PO_2 gibt bessere Ausbeuten.

Versuche: Zutropfen von 1 Mol Br_2 im Laufe von 2½ Std. zu einem auf 10° gekühlten Gemisch aus 1 Mol I u. 300 cm³ Eisessig, weiteres 1std. Rühren, Zugabe von 500 cm³ konz. NaOH, Dest. der unteren Schicht mit Wasserdampf u. Fraktionierung im Vakuum ergibt neben 20 g nicht umgesetztem I: 79 g *3-Amino-4-brombenzotrifluorid* (II), $C_7H_5NBrF_3$, Kp.$_5$ 81—82°, D.$^{25}_4$ 1,694, n_D^{25} 1,5197; 23,5 g *5-Amino-2-brombenzotrifluorid* (III), $C_7H_5NBrF_3$, Kp.$_5$ 104—108°, Kp.$_{0,5}$ 81—84°, F. 55—56°, sowie eine beträchtliche Menge Dibromverb., deren Auftreten durch Verwendung der doppelten I-Menge vermieden werden kann. Größere Ausbeuten an III erhält man aus 2 Mol I mit 1 Mol Br_2. — Dibromverb. *$C_7H_4NBr_2F_3$* (IV) (*5-* oder *3-Amino-2.4-dibrombenzotrifluorid*), F. 45—47°, Kp.$_3$ 113—115°; durch Bromierung von I in Ggw. von Fe-Spänen bei 50°; Umsatz 13%. — Desaminierung mit A.: 0,5 Mol der Aminoverb. u. 55 cm³ 96%ig. H_2SO_4 wurden in 300 cm³ 95%ig. A. eingetragen, das Gemisch auf —5° abgekühlt, mit einer Lsg. von 0,58 Mol $NaNO_2$ in möglichst wenig W. bei 0—5° versetzt, nach 1 Std. langsam auf 30° u. nach einer weiteren Std. bis zur Bldg. eines Rückflusses u. Beendigung der N_2-Entw. erwärmt. — Desaminierung mit H_3PO_2: Ein auf —5°

abgekühltes Gemisch aus 0,25 Mol des Amins u. 500 cm^3 konz. HCl wurde mit 0,36 Mol $NaNO_2$ in wenig W. bei unterhalb 10° diazotiert, die Lsg. langsam mit einer vorgekühlten 50%ig. Lsg. von 1 Mol H_3PO_2 versetzt, 2 Std. gerührt u. 18 Std. bei 10° stehengelassen. — *Benzotrifluorid*, $C_7H_5F_3$, Kp. 98—101°; aus I mit A. 37% (Ausbeute), mit H_3PO_2 47,4%. — *p-Brombenzotrifluorid*, $C_7H_4BrF_3$, Kp. 154—155°, $D.^{25}{}_4$ 1,607, n_D^{25} 1,4705; aus II mit A. 40%, mit H_3PO_2 67%. — *o-Brombenzotrifluorid*, $C_7H_4BrF_3$, Kp. 165—168°; aus III mit A.; 60%. — *2.4-Dibrombenzotrifluorid*, $C_7H_3Br_2F_3$, $Kp._{20,5}$ 97—102,5°, $D.^{25}{}_4$ 2,006, n_D^{25} 1,5279; aus IV mit H_3PO_2; 53%. — *2-Brom-5-chlorbenzotrifluorid*, Kp. 198°, F. 14,9—16,2°, n_D^{25} 1,5056; durch Diazotierung von 98 g III in 100 cm^3 konz. HCl mit einer Lsg. von 140 g $NaNO_2$ bei 0—5°, Zugabe von 1,5 g Cu-Pulver u. leichtes Erwärmen; 45 g. — *3.4-Dibrombenzotrifluorid*, $C_7H_3Br_2F_3$, $Kp._{25}$ 101—102°, $D.^{25}{}_4$ 1,973, n_D^{25} 1,5189, Atom-Refr.$_F$ 1,19; aus 0,2 Mol II mit 202 g 40%ig. HBr, 69 g $NaNO_2$ u. Cu-Pulver; 71%. Die Behandlung dieser Verb. mit 100%ig. H_2SO_4 liefert *3.4-Dibrombenzoesäure*, F. 235—236,5°. (J. Amer. chem. Soc. **75**. 3034—35. 20/6. 1953. Gainesville, Fla., Univ. of Florida, Dep. of Chem.) FORCHE. 1310

Robert Torossian und **Charles Sannié**, *Über eine Methode der Darstellung von N-dialkylierten 2-Aminophenolen.* Zur Darst. von *N.N-disubstituierten 2-Aminophenolen* eignet sich die Einw. von KBH_4 auf die nach bekannten Methoden erhältlichen N-Alkylbenzoxazoliumsalze. Von den beiden möglichen Reaktionswegen, a) Red. vor Öffnung des Oxazolringes, b) Hydrolyse des quartären Salzes mit nachfolgender Red. des entstandenen N-[o-Oxyphenyl]-N-alkylcarbonsäureamids, kann nur Weg a) zutreffend sein, obgleich es bisher nicht gelang, das intermediäre Benzoxazolin zu isolieren, da die genannten Amide durch KBH_4 nicht zu den Aminen reduzierbar sind. Die erhaltenen 2-Dialkylaminophenole geben mit $FeCl_3$ dunkelrote bis dunkelbraune Färbungen; unter der Einw. von Säuren (Oxalsäure genügt) spalten die Glieder mit längerem N-Alkylrest diesen leicht ab; mit CH_3J werden die Alkylreste ab n-Butyl- gegen CH_3 ausgetauscht, so liefern 2-n-Butyl-, 2-n-Hexyl- u. 2-n-Octylmethylaminophenol mit CH_3J sämtlich *2-Dimethylaminophenoljodmethylat.*

Versuche: *2-Methyläthylaminophenol*, $C_9H_{13}ON$, $Kp._{17}$ 95—97°, a) durch Zutropfen von 5%ig. wss. KBH_4-Lsg. zur wss. Suspension von 2-Methylbenzoxazoljodmethylat, Ae.-Extraktion u. Dest. unter N_2; 85% (Ausbeute); b) ebenso aus Benzoxazoljodäthylat. *Hydrochlorid*, F. 149°. *Jodmethylat*, F. 184—185°. — *2-Dimethylaminophenol*, F. 45—46°, wie vorst. aus Benzoxazoljodmethylat. *Jodmethylat*, F. 217 bis 218°. — *2-Methyl-n-propylaminophenol*, $Kp._{20}$ 107 bis 108°, aus 2-Äthylbenzoxazoljodmethylat. *Jodmethylat*, F. 168—169°. — *2-Methyl-n-butylaminophenol*, $Kp._{25}$ 138—142°, aus Benzoxazolbrom-n-butylat. — *2-Methyl-n-hexylaminophenol*, $Kp._{25}$ 142—145°, aus 2-n-Amylbenzoxazoljodmethylat. — *2-Methyl-n-octylaminophenol*, $Kp._{25}$ 172—175°, aus 2-n-Heptylbezoxazoljodmethylat oder Benzoxazoljod-n-octylat. — *2-Methylaminophenol*, F. 95—96°, aus dem Oxalat. (C. R. hebd. Séances Acad. Sci. **236**. 824—26. 23/2. 1953.) SPAETH. 1320

John L. Speier, *Darstellung und Eigenschaften von (Oxyorgano)-silanen und verwandten Verbindungen.* Zur Darst. von *Silylphenolen* u. *-alkoholen* werden zunächst aus Halogenphenolen bzw. Chlorhydrinen mit Chlorsilanen *Halogenphenoxysilane* bzw. *Halogenalkoxysilane* dargestellt, diese werden mit Chlorsilanen u. Na zu *Silylphenoxysilanen* bzw. *Silylalkoxysilanen* umgesetzt, welche zu *Silylphenolen* bzw. *Silylalkanolen* hydrolysiert werden. Letztere entstehen auch direkt aus den Halogenalkoxysilanen mit Na, K, Li oder Mg. — Bei der Rk. der Chlorsilane u. Halogenphenoxysilane mit Na findet Umlagerung statt: Aus $o\text{-}ClC_6H_4OSiR_3$ u. $ClSiR_3'$ entsteht nur $o\text{-}R_3SiC_6H_4OSiR_3'$; aus $p\text{-}ClC_6H_4OSiR_3$ u. $ClSiR_3'$ entstehen nebeneinander $R_3SiOC_6H_4SiR_3$, $R_3SiOC_6H_4 \cdot SiR_3'$, $R_3'SiOC_6H_4SiR_3$ u. $R_3'SiOC_6H_4SiR_3'$. — Die Silylphenole werden durch heiße verd. Säuren oder Alkalien an der aromat. Si–C-Bindung gespalten; bei Tempp. über 150° tritt quantitative Umlagerung zu Phenoxysilanen ein. — Durch katalyt. Hydrierung von p-Trimethylsilylphenoxytrimethylsilan (I) wird *4-Trimethylsilylcyclohexyloxytrimethylsilan* (II) dargestellt, zu *4-Trimethylsilylcyclohexanol* hydrolysiert u. in die *cis–trans-Isomeren* getrennt. Beide Isomeren werden durch HNO_3 zu *3-Trimethylsilyladipinsäure* oxydiert. — Als Beispiel für die Verwendung von GRIGNARD-Verbb. wird die Darst. von 5-Trimethylsiloxypentyl-MgCl u. dessen Rk. mit $HgCl_2$ zu *5-Oxypentylmercurichlorid* beschrieben.

Versuche: Halogenphenoxysilane u. Halogenoxysilane: *p-Chlorphenoxytrimethylsilan* (VI), $C_9H_{13}OClSi$, $Kp._{14}$ 101°, aus trockenem p-Chlorphenol (VII) u. überschüssigem Trimethylchlorsilan (VIII) einige Std. am Rückfluß; $D.^{25}{}_4$ 1,042, n_D^{25} 1,4923; spezif. Refraktion (Refr.) 0,2786; 100% (Ausbeute). — *4-Chlorbutoxytrimethylsilan* (IX), $C_7H_{17}OClSi$, $Kp._{24}$ 81°, aus Tetramethylenchlorhydrin u. VIII in trockenem Bzl. durch Einleiten von NH_3 unter Eiskühlung; $D.^{25}{}_4$ 0,924, n_D^{25} 1,4218;

spezif. Refr. 0,2747; 80%. — *5-Chlorpentoxytrimethylsilan* (**X**), $C_8H_{19}OClSi$, Kp.$_{24}$ 98°, durch Zugabe von Hexamethyldisilazan zu Pentamethylenchlorhydrin unterhalb 20°; D.$^{24}_4$ 0,923, n_D^{25} 1,4268; spezif. Refr. 0,2782; 96%. — *Bis-[p-chlorphenoxy]-dimethylsilan*, $C_{14}H_{14}O_2Cl_2Si$, Kp.$_{27}$ 230°, aus **VII** u. Dimethyldiäthoxysilan durch Abdest. des A.; D.$^{25}_4$ 1,236, n_D^{25} 1,5451; spezif. Refr. 0,2599; 69%. — *[p-Chlorphenoxy]-äthoxydimethylsilan* (**XIX**), $C_{10}H_{15}O_2ClSi$, Kp.$_{24}$ 132°, Nebenprod. bei vorst. Rk.; D.$^{25}_4$ 1,069, n_D^{25} 1,4815; spezif. Refr. 0,2664; 32%. — Nach den vorst. Methoden wurden ferner dargestellt: $Cl(CH_3)_2Si(p\text{-}OC_6H_4Cl)$, $C_8H_{10}OCl_2Si$, Kp.$_{20}$ 121°, D.$^{25}_4$ 1,173, n_D^{25} 1,5033; spezif. Refr. 0,2521. — $(CH_3)_3Si(2.4\text{-}OC_6H_3Cl_2)$ (**XI**), $C_9H_{12}OCl_2Si$, Kp.$_{24}$ 132°, D.$^{25}_4$ 1,150, n_D^{25} 1,5070; spezif. Refr. 0,2586. — $(CH_3)_3Si(p\text{-}OC_6H_4Br)$, $C_9H_{13}OBrSi$, Kp.$_{25}$ 126°, D.$^{25}_4$ 1,252, n_D^{25} 1,5123; spezif. Refr. 0,2398. — $(CH_3)_3Si(o\text{-}OC_6H_4Cl)$ (**III**), $C_9H_{13}OClSi$, Kp.$_{23}$ 106°, Kp.$_{742}$ 212°, D.$^{25}_4$ 1,042, n_D^{25} 1,4910; spezif. Refr. 0,2779. — $(CH_3)_3Si(o\text{-}OC_6H_4J)$, $C_9H_{13}OJSi$, Kp.$_{25}$ 134°, D.$^{25}_4$ 1,447, n_D^{25} 1,5441; spezif. Refr. 0,2182. — $(CH_3)_3SiOC_6H_5$ (**V**), $C_9H_{14}OSi$, Kp.$_{23}$ 81°, Kp.$_{736}$ 182,5°, D.$^{25}_4$ 0,920, n_D^{25} 1,4853; spezif. Refr. 0,3058. — $o\text{-}(CH_3)_3SiOC_6H_4CHO$, $C_{10}H_{14}O_2Si$, Kp.$_{25}$ 142°, D.$^{25}_4$ 1,013, n_D^{25} 1,5079; spezif. Refr. 0,2942. — $(CH_3)_2C_2H_5Si(p\text{-}OC_6H_4Br)$, $C_{10}H_{15}OBrSi$, Kp.$_{25}$ 142°, D.$^{25}_4$ 1,229, n_D^{25} 1,5128; spezif. Refr. 0,2445. — $(CH_3)_2C_2H_5Si(p\text{-}OC_6H_4Cl)$. $C_{10}H_{15}OClSi$, Kp.$_{26}$ 134°, D.$^{25}_4$ 1,034, n_D^{25} 1,4941; spezif. Refr. 0,2817. — $C_2H_5O(CH_3)_2\cdot Si(p\text{-}OC_6H_4Br)$, $C_{10}H_{15}O_2BrSi$, Kp.$_{25}$ 142°, D.$^{25}_4$ 1,254, n_D^{25} 1,4986; spezif. Refr. 0,2339. — $(CH_3)_3Si[3\text{-}(CH_3)\text{-}4\text{-}ClC_6H_3O]$, $C_{10}H_{15}OClSi$, Kp.$_{23}$ 125°, D.$^{25}_4$ 1,034, n_D^{25} 1,4963; spezif. Refr. 0,2827. — $(C_2H_5O)(CH_3)_2Si(o\text{-}OC_6H_4Cl)$, $C_{10}H_{15}O_2ClSi$, Kp.$_{22}$ 128°, D.$^{25}_4$ 1,069, n_D^{25} 1,4805; spezif. Refr. 0,2660. — $(CH_3)_2C_2H_5SiOC_6H_5$, $C_{10}H_{16}OSi$, Kp.$_{26}$ 101°, D.$^{25}_4$ 0,921, n_D^{25} 1,4791; spezif. Refr. 0,3080. — $o\text{-}(CH_3)_3SiOC_6H_4COOCH_3$, $C_{11}H_{16}\cdot O_3Si$, Kp.$_{25}$ 142°, D.$^{25}_4$ 1,040, n_D^{25} 1,4911; spezif. Refr. 0,2790. — $2.4\text{-}[(CH_3)_3SiO]_2\cdot C_6H_3Cl$ (**IV**), $C_{12}H_{21}O_2ClSi_2$, Kp.$_{25}$ 153°, D.$^{25}_4$ 1,022, n_D^{25} 1,4818; spezif. Refr. 0,2785. — $(CH_3)_2Si(p\text{-}OC_6H_4Br)_2$, $C_{14}H_{14}O_2Br_2Si$, Kp.$_1$ 219°, D.$^{25}_4$ 1,514, n_D^{25} 1,5707; spezif. Refr. 0,2169. — $(CH_3)_3Si(2\text{-}C_6H_5\text{-}4\text{-}Cl\text{-}C_6H_4O—)$ (**XII**), $C_{15}H_{17}OCl$, Kp.$_6$ 151°, D.$^{25}_4$ 1.092, n_D^{25} 1,5562; spezif. Refr. 0,2944. — $(CH_3)_3Si(2\text{-}C_6H_5\text{-}6\text{-}Cl\text{-}C_6H_4O—)$, $C_{15}H_{17}OCl$, Kp.$_{25}$ 195°, D.$^{25}_4$ 1,101, n_D^{25} 1,5582; spezif. Refr. 0,2926. — $(CH_3)_3Si(2\text{-}C_6H_5C_6H_4O—)$ (**XIII**), $C_{15}H_{18}OSi$, Kp.$_{21}$ 164°, D.$^{25}_4$ 1,003, n_D^{25} 1,5455; spez. Refr. 0,3158. — $CH_3Si(p\text{-}OC_6H_4Cl)_3$, $C_{19}H_{15}\cdot O_3Cl_3Si$, Kp.$_{10}$ 287°, D.$^{25}_4$ 1,308, n_D^{25} 1,5695; spezif. Refr. 0,2506. — $Si(p\text{-}OC_6H_4Cl)_4$, $C_{24}H_{16}O_4Cl_4Si$, F. 70°. — $(CH_3)_3SiO(CH_2)_3Cl$ (**XIV**), $C_6H_{15}OClSi$, Kp.$_{733}$ 155°, D.$^{25}_4$ 0,930, n_D^{25} 1,4160; spezif. Refr. 0,2697. — $(CH_3)_2C_2H_5SiO(CH_2)_3Cl$ (**XV**), $C_7H_{17}OClSi$, Kp.$_{24}$ 80°, D.$^{25}_4$ 0,937, n_D^{25} 1,4237; spezif. Refr. 0,2723. — $(CH_3)_2Si[O(CH_2)_3Cl]_2$ (**XVI**), $C_8H_{18}O_2Cl_2Si$, Kp.$_{25}$ 141°, D.$^{25}_4$ 1,084, n_D^{25} 1,4413; spezif. Refr. 0,2438. — $(CH_3)_2C_2H_5\cdot SiO(CH_2)_4Cl$, $C_8H_{19}OClSi$, Kp.$_{24}$ 94°, D.$^{25}_4$ 0,927, n_D^{25} 1,4295; spezif. Refr. 0,2783. — $(CH_3)_3SiOCH_2CH_2O(p\text{-}ClC_6H_4)$, $C_{11}H_{17}O_2ClSi$, Kp.$_{29}$ 166°, D.$^{25}_4$ 1,061, n_D^{25} 1,4927; spezif. Refr. 0,2738. — $(CH_3)_3SiOCH_2CH_2O(o\text{-}ClC_6H_4)$ (**XX**), $C_{11}H_{17}O_2ClSi$, Kp.$_{26}$ 158°, D.$^{25}_4$ 1,066, n_D^{25} 1,4948; spezif. Refr. 0,2735. — $(CH_3)_2Si[O(CH_2)_5Cl]_2$, $C_{12}H_{26}O_2Cl_2Si$, Kp.$_{26}$ 204°. D.$^{25}_4$ 1,026, n_D^{25} 1,4763; spezif. Refr. 0,2601. — S i l y l p h e n o x y s i l a n e: *p-Trimethylsilylphenoxytrimethylsilan* (**I**), $C_{12}H_{22}OSi_2$, Kp.$_{25}$ 132°, durch Zugabe eines Gemisches von **VI** u. **VIII** zu geschmolzenem Na in sd. Toluol u. **VIII** bei 101°, danach noch 1,5std. Erhitzen; D.$^{25}_4$ 0,900, n_D^{25} 1,479; spezif. Refr. 0,3198; 84%. — *o-Trimethylsilylphenoxytrimethylsilan*, $C_{12}H_{22}OSi$, Kp.$_{25}$ 128°, analog **I** aus **III** u. **VIII**; D.$^{25}_4$ 0,910, n_D^{25} 1,4830; spezif. Refr. 0,3133; 94%. — *1.3-Bis-[trimethylsiloxy]-4-trimethylsilylbenzol* (**XXI**), $C_{15}H_{30}O_2Si_3$, Kp.$_{19}$ 169°, aus **IV** u. **VIII** mit Na in Toluol; D.$^{25}_4$ 0,947, n_D^{25} 1,4772; spezif. Refr. 0,3050; 98%. — *2.4-Bis-[trimethylsilyl]-phenoxytrimethylsilan* (**XVII**), $C_{15}H_{30}O_2Si_3$, Kp.$_{24}$ 162°, aus **VIII** u. **XI**; D.$^{25}_4$ 0,899, n_D^{25} 1,4843; spezif. Refr. 0,3184; 83%. — *2-Phenyl-4-trimethylsilylphenoxytrimethylsilan*, $C_{18}H_{26}OSi_2$, Kp.$_{21}$ 195°, aus **VIII** u. **XII**; D.$^{25}_4$ 0,974, n_D^{25} 1,5329; spezif. Refr. 0,3194; 75,5%; Nebenprod. 11% **XIII**. — *o-Trimethylsilylphenoxyäthyldimethylsilan*, $C_{13}H_{24}OSi_2$, Kp.$_{23}$ 144°, aus **III** u. Äthyldimethylchlorsilan (**XVII**) unter Umlagerung; D.$^{25}_4$ 0,9136, n_D^{25} 1,4873; spezif. Refr. 0,3149; 86%. — Aus **VI** u. **XVII** entstanden nebeneinander: 7% **V**, 28% **I**, 30% Gemisch von *p-Trimethylsilylphenoxyäthyldimethylsilan* u. *p-Äthyldimethylsilylphenoxytrimethylsilan*, $C_{13}H_{24}OSi_2$, Kp.$_{23}$ 144°, D.$^{25}_4$ 0,902, n_D^{25} 1,4806; spezif. Refr. 0,3153; u. 29% *p-Äthyldimethylsilylphenoxyäthyldimethylsilan*, $C_{14}H_{26}OSi_2$, Kp.$_{25}$ 164°, D.$^{25}_4$ 0,906, n_D^{25} 1,4841; spezif. Refr. 0,3159. — *[p-Äthoxydimethylsilylphenoxy]-äthoxydimethylsilan*, $C_{14}H_{26}O_3Si_2$, Kp.$_{25}$ 168°, aus **XIX** u. Äthoxydimethylchlorsilan; D.$^{25}_4$ 0,957, n_D^{25} 1,4634; spezif. Refr. 0,2894; 33%. Nebenprod. viel nichtflüchtiges polymeres Material. — Analog den vorst. Verbb. wurden dargestellt: $(CH_3)_3Si[3\text{-}CH_3\text{-}4\text{-}(CH_3)_3SiC_6H_3O—]$, $C_{13}H_{24}OSi_2$, Kp.$_{24}$ 148°, D.$^{25}_4$ 0,916, n_D^{25} 1,4892; spezif. Refr. 0,3142. — $(CH_3)_3Si[o\text{-}C_2H_5O(CH_3)_2SiC_6H_4O—]$, $C_{13}H_{24}O_2Si_2$, Kp.$_{24}$ 142°, D.$^{25}_4$ 0,946, n_D^{25} 1,4764; spezif. Refr. 0,2985. — Gemisch der Isomeren $(CH_3)_3Si[p\text{-}C_2H_5O(CH_3)_2\cdot SiC_6H_4O—]$ u. $C_2H_5O(CH_3)_2Si[p\text{-}(CH_3)_3SiC_6H_4O—]$, $C_{13}H_{24}O_2Si_2$, Kp.$_{25}$ 152°, D.$^{25}_4$ 0,931,

n_D^{25} 1,4727; spezif. Refr. 0,3011. — *$(CH_3)_3Si[2\text{-}C_6H_5\text{-}6\text{-}(CH_3)_3SiC_6H_3O-]$*, $C_{18}H_{26}OSi_2$, Kp.$_{24}$ 200°; F. eine Form 62,9°; andere Form 71,6°. — *$(CH_3)_2Si[p\text{-}(CH_3)_3SiOC_6H_4-]_2$*, Kp.$_{1,5}$ ca. 226°, D.$^{25}_4$ 0,973, n_D^{25} 1,5139; spezif. Refr. 0,3086. — *$(CH_3)_2Si\{2\text{-}CH_3\text{-}4\text{-}[(CH_3)_3SiO]C_6H_3\}_2$*, identifiziert durch Hydrolyse zu $(CH_3)_2Si$ 2-$(CH_3\text{-}4\text{-}HOC_6H_3)_2$. — Silylphenole: *p-Trimethylsilylphenol*, $C_9H_{14}OSi$, F. 74—74,2°, aus **I** in A. u. 1 Tropfen konz. Salzsäure durch Verdünnen mit W. u. Eis; 96%. *3.5-Dinitrobenzoat*, F. 142,5—143°. *α-Naphthylurethan*, F. 153,5—155,0°. — Hydrolyse von **XVII** in kaltem wss. Aceton mit einigen Tropfen verd. Salzsäure oder in A. mit verd. Ammoniak gab *o-Trimethylsilylphenol*, $C_9H_{14}OSi$, F. 8,6—9,2°, Kp.$_{26}$ 113°, D.$^{25}_4$ 0,966, n_D^{25} 1,515; spezif. Refr. 0,3106; die zum Sauerstoff p-ständige Trimethylsilylgruppe wurde also während der Hydrolyse abgespalten, *3.5-Dinitrobenzoat*, F. 123—124°. — Hydrolyse von **XXI** gab durch Spaltung der aromat. Si–C-Bindung bei verschied. Verss. stets *Resorcin*. — Weitere Hydrolyseverss. lieferten *$3\text{-}CH_3\text{-}4\text{-}(CH_3)_3SiC_6H_3OH$*, $C_{10}H_{16}OSi$, F. 51—51,5°. *p-Nitrobenzoat*, F. 129—129,5°. — *$p\text{-}C_2H_5(CH_3)_2SiC_6H_4OH$*, $C_{10}H_{16}OSi$, F. 32,3—33°, Kp.$_{24}$ 148°. — *$(CH_3)_2Si(p\text{-}C_6H_4OH)_2$*, $C_{14}H_{16}O_2Si$, F. 170—171°. — *$(CH_3)_2Si(3\text{-}CH_3\text{-}4\text{-}OHC_6H_3)_2$*, $C_{16}H_{20}O_2Si$, F. 208—210°. — *cis- u. trans-4-Trimethylsilylcyclohexyloxytrimethylsilan* (**II**), a) Kp.$_{23}$ 115°; b) Kp.$_{23}$ 120°; aus **I** durch Druckhydrierung mit RANEY-Ni in Isooctan bei 95—105°; a) n_D^{25} 1,4409, D.$^{25}_4$ 0,854; spezif. Refr. 0,3092; b) D.$^{25}_4$ 0,857, n_D^{25} 1,4427; spezif. Refr. 0,3092. — *cis- u. trans-4-Trimethylsilylcyclohexanol*, $C_9H_{20}OSi$, aus **II**a) u. **II**b) durch Hydrolyse in verd. Säure, a) F. 57—57,5°, b) F. 75—76,5°. — *3-Trimethylsilyladipinsäure*, F. 85—87°, durch Oxydation vorst. Verbb. mit HNO_3. — Silylalkoxysilane u. Silylalkohole: Darst. aus $R_3SiO(CH_2)_xCl$ mit Na in sd. Toluol, Isooctan oder ähnlichem Lösungsm. (Meth. A); mit Li in Pentan oder Hexan (Meth. B); mit Mg in absol. Ae., nach beendeter Rk. 3—12 Std. ohne Lösungsm. auf 100—135° erhitzt (Meth. C). Bei x = 2 wird Äthylen abgespalten; bei x = 3 reagiert Mg nicht; bei x = 4 oder 5 ist die zunächst entstehende GRIGNARD-Verb. $R_3SiO(CH_2)_xMgCl$ bei Zimmertemp. beständig u. lagert sich erst bei höherer Temp. zu $R_3Si(CH_2)_xOMgCl$ um. — *$(CH_3)_3Si(CH_2)_3OH$*, Kp.$_{24}$ 82°, D.$^{25}_4$ 0,822, n_D^{25} 1,4250; spezif. Refr. 0,3109; aus **XIV** u. **VIII** nach Meth. A 20%; aus **XIV** nach Meth. A 61%, Meth. B 60%; aus **XIV** u. $(CH_3)_2SiCl_2$ nach Meth. A u. Hydrolyse 38%. *Adipinsäureester*, Kp.$_3$ 210°, D.$^{25}_4$ 0,930, n_D^{25} 1,4471; spezif. Refr. 0,2873. — $C_2H_5\cdot(CH_3)_2Si(CH_2)_3OH$, Kp.$_{25}$ 101°; D.$^{25}_4$ 0,839, n_D^{25} 1,4370; spezif. Refr. 0,3125. — *$(CH_3)_3Si(CH_2)_4OH$*, Kp.$_{25}$ 96°; D.$^{25}_4$ 0,830, n_D^{25} 1,4315; spezif. Refr. 0,3122; aus **IX** nach Meth. A geringe Ausbeute, Meth. B 56%, Meth. C 63%. — *$(CH_3)_3Si(CH_2)_5OH$*, Kp.$_{25}$ 110°; D.$^{25}_4$ 0,841, n_D^{25} 1,4358; spezif. Refr. 0,3108; aus **X** nach Meth. A 14%, B 79%, C 45%. — *$(C_2H_5)(CH_3)_2Si(CH_2)_5OH$*, Kp.$_{24}$ 124°; D.$^{25}_4$ 0,838, n_D^{25} 1,4421; spezif. Refr. 0,3157. — *$p\text{-}(CH_3)_3SiC_6H_4OCH_2CHOHCH_3$*, Kp.$_{747}$ 283°, F. 62—63°. — *$p\text{-}(CH_3)_3SiC_6H_4OCH_2CH_2OH$*, Kp.$_{0,7-1,2}$ 128—132°; D.$^{25}_4$ 1,01, n_D^{25} 1,514; spezif. Refr. 0,301. — *$o\text{-}(CH_3)_3SiC_6H_4OCH_2CH_2OH$*, Kp.$_{0,8}$ 106°; D.$^{25}_4$ 1,01, n_D^{25} 1,5157; spezif. Refr. 0,298. — *$(CH_3)_2Si[(CH_2)_3OH]_2$*, Kp.$_{24}$ 176°; D.$^{25}_4$ 0,940, n_D^{25} 1,4649; spezif. Refr. 0,2942; aus **XVI** u. **VIII** nach Meth. A 47%. — *$(CH_3)_3Si(CH_2)_3OSi(CH_3)_3$*, Kp.$_{25}$ 81°; D.$^{25}_4$ 0,796, n_D^{25} 1,4120; spezif. Refr. 0,3120; aus **XIV** u. **VIII** nach Meth. A 68%. — *$C_2H_5(CH_3)_2Si(CH_2)_3OSiC_2H_5(CH_3)_2$*, Kp.$_{25}$ 115°; D.$^{25}_4$ 0,817, n_D^{25} 1,4251; spezif. Refr. 0,3139; aus **XV** u. **XVII** nach Meth. A 63%. — *$(CH_3)_3Si(CH_2)_4OSi(CH_3)_3$*, Kp.$_{24}$ 94°; D.$^{25}_4$ 0,802, n_D^{25} 1,4166; spezif. Refr. 0,3133; aus **IX** u. **VIII** nach Meth. A 61%. — *$(CH_3)_3Si(CH_2)_5OSi(CH_3)_3$*, Kp.$_{24}$ 112°; D.$^{25}_4$ 0,804, n_D^{25} 1,4200; spezif. Refr. 0,3147; aus **X** u. **VIII** nach Meth. A 40%. — *$C_2H_5(CH_3)_2Si(CH_2)_5OSi(CH_3)_2C_2H_5$*, Kp.$_{24}$ 140°; D.$^{25}_4$ 0,826, n_D^{25} 1,4328; spezif. Refr. 0,3145. — *$p\text{-}(CH_3)_3SiC_6H_4OCH_2CH(CH_3)OSi\cdot(CH_3)_3$*, Kp.$_{24}$ 179°; D.$^{25}_4$ 0,922, n_D^{25} 1,4770; spezif. Refr. 0,3064; aus $(CH_3)_3SiOCH\cdot(CH_3)CH_2O(p\text{-}ClC_6H_4)$ u. **VIII** nach Meth. A 84%. — *$p\text{-}(CH_3)_3SiC_6H_4OCH_2CH_2OSi\cdot(CH_3)_3$*, Kp.$_{24}$ 172°; D.$^{25}_4$ 0,935, n_D^{25} 1,4827; spezif. Refr. 0,3053. — *$o\text{-}(CH_3)_3SiC_6H_4\cdot OCH_2CH_2OSi(CH_3)_3$*, Kp.$_{24}$ 166°; D.$^{25}_4$ 0,945, n_D^{25} 1,4818; spezif. Refr. 0,3016; aus **XX** u. **VIII** nach Meth. A 92%. — *5-Oxypentylmercurichlorid*, $C_5H_{11}OClHg$, F. 142—143,5°, aus **X** u. Mg in Ae. am Rückfluß, danach Zugabe von $HgCl_2$ bei 0°, Hydrolyse mit verd. HCl; 54%. (J. Amer. chem. Soc. **74**. 1003—10. 20/2. 1952. Pittsburgh, Pa., Mellon Inst.)

GROSSE-RUYKEN. 1380

Gus A. Ropp und **Eugene C. Coyner**, *1-[p-Nitrophenyl]-butadien-(1.3)*. (Vgl. C. **1949**. II. 520 u. **1951**. II. 3441.) Aus diazotiertem p-Nitranilinhydrochlorid in Aceton, Na-Acetattrihydrat u. $CuCl_2$ in W. u. Butadien u. Erhitzen des so erhaltenen *1-[p-Nitrophenyl]-4-chlor-2-butens* (Öl) mit KOH in Methanol: $C_{10}H_9O_2N$, F. 77—79°; 57—61% Ausbeute. (Org. Syntheses **31**. 80—82. 1951. Knoxville, Tenn., Univ. of Tennessee.)

TROFIMOW. 1410

C. L. Arcus und **H. E. Strauss**, *Die Addition von Brom an (+)-1-Phenylallylalkohol und die Oxydation des (+)-Dibromalkohols*. Bei Wiederholung der Verss. von KLAGES

u. KLENK [1906] hört die Bromierung von 1-Phenylallylalkohol (**II**) in Chlf., CCl_4 oder CS_2 bei 60—70% der theoret. Bromaufnahme (1 Br_2) auf, wobei *1.2.3-Tribrom-1-phenylpropan* (**I**) auskrist. u. das Dibromaddukt nicht isoliert werden kann. Bei Bromierung mit Pyridinhydrobromidperbromid (**IV**) in Eisessig entsteht hauptsächlich *2.3-Dibrom-1-phenylpropanol* (**III**) neben etwas **I**. Wiederholung der Rk. mit (+)-**II** liefert (+)-**III** u. opt.-inakt. **I**. — Oxydation von (+)-**III** mit CrO_3 in Eisessig ergibt wider Erwarten opt.-inakt. *α.β-Dibrompropiophenon* (**V**); die schwache H-Ionenkonz. der Essigsäure reicht demnach aus, das entstehende (+)-Keton zu racemisieren.

Versuche: (+)-*1-Phenylallylhydrogenphthalat*, $C_{17}H_{14}O_4$, F. 57,5—60°, aus **II** nach DUVEEN u. KENYON (C. **1940**. I. 1649) u. 7 Rekristallisationen des opt.-akt. Chinidinsalzes aus Methylacetat; $[\alpha]_{5893}^{22}$ +51°, $[\alpha]_{5461}^{22}$ +61,8° in CS_2 (l = 2,0; c = 5,03). Aus den Mutterlaugen (—)-*1-Phenylallylhydrogenphthalat*, F. 58—60°, $[\alpha]_{5893}^{20}$ —50,8°, $[\alpha]_{5461}^{20}$ —61,7° (l = 2,0; c = 5,01; CS_2). — (+)-*1-Phenylallylalkohol* (**II**), $Kp._3$ 79—82°; n_D^{25} 1,5372; $D.^{16}_4$ 1,027; $[\alpha]_{5893}^{17}$ +5,10°, $[\alpha]_{5461}^{17}$ +6,59° (l = 0,5). — (—)-**II**, $[\alpha]_{5893}^{17}$ —5,12°, $[\alpha]_{5461}^{17}$ —6,61° (l = 0,5). — (±)-**II**, $Kp._1$ 75—78°; n_D^{25} 1,5373. — Bromierung von 1 g (±)-**II** durch Zutropfen von Br_2 in Chlf. u. Abdunsten: *1.2.3-Tribrom-1-phenylpropan* (**I**), $C_9H_9Br_3$, F. 124—125°, Nadeln aus A.; 0,2 g (Ausbeute), in CCl_4 oder CS_2 5—10%. — *Pyridinhydrobromidperbromid* (**IV**), F. 135—138° (Zers.), rote Nadeln; bei Verwendung nur eines Äquivalents HBr entstand ein Prod. vom F. 120—125°. — Bei Bromierung von 3 g (±)-**II** mit 7,2 g **IV** entsteht neben 0,44 g **I** (±)-*2.3-Dibrom-1-phenylpropanol* (**III**), $C_9H_{10}OBr_2$, $Kp._3$ 145,5—147,5°; 3,1 g. *Phenylcarbamat*, $C_{16}H_{15}O_2NBr_2$, F. 148—149° (Ae.-PAe.), durch 3std. Erwärmen vorst. 0,2 g **III** mit Phenylisocyanat u. Zufügen von Bzl. u. dann Ligroin. *4-Diphenylylcarbamat*, $C_{22}H_{19}O_2NBr_2$, F. 115—117°, aus Diphenylyl-(4)-isocyanat. — *α.β-Dibrompropiophenon* (**V**), $C_9H_8OBr_2$, F. 51—53°, durch Oxydation von 4,5 g **III**; lange Rhomben; 1 g. — Bromierung von 14,1 g (+)-**II** in Eisessig durch langsames Zufügen von 33,8 g **IV** unter Rühren bei 12—15°, Gießen in W., Ausäthern, Abdampfen u. Aufnehmen in sd. Cyclohexan (Abscheidung von 1,3 g **I**). Aus der Mutterlauge durch Einengen (+)-**III**, $[\alpha]_{5893}^{17}$ +10,6° (l = 2,0; c = 5,00; Chlf.). Hieraus durch Aufnehmen in Eisessig, Zufügen von CrO_3 bei 60°, Gießen in W., Ausäthern u. Abdampfen 6,3 g (±)-**V**. (J. chem. Soc. [London] **1952**. 2669—71. Juli. London, Battersea Polytechnic.) LEHWALD. 1470

J. Koo, M. S. Fish, G. N. Walker und **J. Blake**, *2.3-Dimethoxyzimtsäure*. Aus 2.3-Dimethoxybenzaldehyd u. Malonsäure nach der DOEBNERschen Rk.: $C_{11}H_{12}O_4$, F. 174—178°, F. (aus Methyläthylketon) 179—180°; Ausbeute 87—98%. (Org. Syntheses **31**. 35—37. 1951. Philadelphia, Pa., Univ. of Pennsylvania.) TROFIMOW. 1610

J. A. McRae, R. Y. Moir, J. W. Haynes und **L. G. Ripley**, *Methanolyse stereoisomerer Oxyde von 3-Methoxycyclohexen*. Bei der Einw. von Alkali auf die mittels fraktionierter Dest. nicht trennbaren gemischten Chlorhydrine von 3-Methoxycyclohexen (**I**) erhalten Vff. zwei stereoisomere Oxyde (**IV, V**), die durch Methanolyse in die entsprechenden Dimethyläther (**VI, VII**) u. durch folgende Red. mit HJ in *cis–trans–cis-Cyclohexantriol-(1.2.3)* (**II**) bzw. *cis–cis–trans-Cyclohexantriol-(1.2.3)* übergeführt werden können. Vff. weisen darauf hin, daß **II** auf vorst. beschriebenem Wege im Gegensatz zu bisherigen Synthesen einfach u. in guten Ausbeuten erhalten werden kann. Eine Entscheidung über die Strukturen von **IV, V, VI** u. **VII** wird nicht getroffen.

Versuche: *Gemisch isomerer Chlorhydrine* von **I** (**III**), $C_7H_{13}O_2Cl$, $Kp._{17}$ 110 bis 123°, $Kp._{11}$ 100—112°, verunreinigt mit Dichlorid, aus **I** in Eisessig mit Monochlorharnstoff in HOCl-Lsg. durch 6std. Schütteln bei 0°; 69% (Ausbeute); *Phenylurethan*, $C_{14}H_{18}O_3NCl$, F. 144—145° (A.). — *3-Methoxycyclohexen-α-oxyd* (**IV**), $C_7H_{12}O_2$, $Kp._{15}$ 67—69°, aus **III** u. NaOH in wss. Lsg. bei Zimmertemp. unter 1¾std. Rühren, $D.^{20}_4$ 1,0350, $n_D^{20,3}$ 1,4532; 48%, 29% von **III** zurückerhalten. — *3-Methoxycyclohexen-β-oxyd* (**V**), $C_7H_{12}O_2$, $Kp._{12}$ 75—85° (mit 6—8% **III** verunreinigt), aus **III**, welches bei der Darst. vorst. Verb. zurückerhalten wurde, mit 20%ig. NaOH im Überschuß unter 11,5std. Rühren, $D.^{20}_4$ 1,0436, n_D^{20} 1,45755 (für die reine Verb. geschätzte Werte); 36%. — *α-Dimethoxycyclohexanol* (**VI**), $C_8H_{16}O_3$, $Kp._{14}$ 106,2—113,0°, $Kp._{16}$ 111—113°, aus **IV** u. absol. Methanol in Ggw. von $NaOCH_3$ durch 66std. Kochen, $D.^{20}_4$ 1,0518, $n_D^{20,4}$ 1,4590; 59%; *3.5-Dinitrobenzoat*, $C_{15}H_{18}O_8N_2$, F. 142,8°, Nadeln (A.); *l-Menthoxyessigsäureester*, $C_{20}H_{36}O_5$, F. 35,0—35,5° (Ligroin), aus 20 g **VI** u. dem Säurechlorid aus 29,5 g l-Menthoxyessigsäure [$Kp._{10,2}$ 159—172°, $n_D^{18,4}$ 1,4565, $[\alpha]_D^{26,6}$ —90,97° (c = 16 in 95%ig. A.)] in Pyridin, $[\alpha]_D^{23,5}$ —65,63° (c = 1,2, Ligroin); 33,6 g. — *cis–trans-cis-Cyclohexantriol-(1.2.3)* [*α-Pyrogallit*] (**II**), F. 107,7—108,2° (Essigester), aus **VI** durch 1½std. Rk. mit HJ im Rohr bei 80°; 77,3%; *Tribenzoat*, F. 142,5—142,8°. — *β-Dimethoxycyclohexanol* (**VII**), $C_8H_{16}O_3$, $Kp._{25}$ 104—134° (6 Fraktionen), aus **V** u. absol.

Methanol in Ggw. von $NaOCH_3$ durch 36std. Kochen, n_D^{21} 1,4594—1,4601; 92%; *3.5-Dinitrobenzoat*, $C_{15}H_{18}O_8N_2$, F. 90,3—90,4° (A.). — *cis–cis–trans-Cyclohexantriol-(1.2.3)* [*β-Pyrogallit*], F. 124,7—125,0° (Äthylacetat), aus **VII** durch Red. mit HJ; 36%; *Tribenzoat*, F. 184,8°. (J. org. Chemistry **17**. 1621—29. Dez. 1952. Kingston, Ontario, Can., Univ., Dep. of Chem.) G. WINKLER. 1870

Arthur C. Cope, Alfred A. D'Addieco, Donald Edward Whyte und **Samuel A. Glickman,** *Cyclohexylidencyanessigsäure und 1-Cyclohexenylacetonitril. Cyclohexylidencyanessigsäure*, $C_9H_{11}O_2N$, Prismen aus Bzl., F. 110—110,5°; 65—76% (Ausbeute), durch Kondensation von Cyclohexanon mit Cyanessigsäure in Ggw. von NH_4-Acetat am Rückfluß. Hieraus durch Decarboxylierung bei 165—175° *1-Cyclohexenylacetonitril*, $C_8H_{11}N$, $Kp._4$ 74—75°, $Kp._{25}$ 110—112°; n_D^{25} 1,4769; 76—91%. (Org. Syntheses **31**. 25—28. 1951. Cambridge, Mass., Inst. of Technol.) TROFIMOW. 2010

N. D. Zelinsky und **N. W. Jelagina,** *Darstellung des 1-γ-Brompropylcyclopentanon-(2)-carbonsäure-(1)-äthylesters und des 1-γ-Chlorpropylcyclopentanon-(2)-carbonsäure-(1)-äthylesters.* Durch Umsetzung von 1.3-Dibrompropan (**II**) bzw. 1-Chlor-3-brompropan (**III**) mit der Na-Verb. von *Cyclopentanon-(2)-carbonsäure-(1)-äthylester* (**I**) werden die *Äthylester* der *1-γ-Brompropyl-* u. der *1-γ-Chlorpropylcyclopentanon-(2)-carbonsäure-(1)* dargestellt.

V e r s u c h e: *Cyclopentanon-(2)-carbonsäure-(1)-äthylester* (**I**), $Kp._5$ 83—84°. Zu 34,5 g pulverisiertem Na in 600 ml Toluol werden bei 60° 303 g Adipinsäurediäthylester zugefügt; bei 110° beginnt eine lebhafte Rk., nach deren Beendigung 1½ Std. auf 130° erhitzt wird; man zers. unter Kühlung mit Eis mit 10%ig. CH_3COOH u. fraktioniert im Vakuum; 176,3 g (Ausbeute). — *1-[γ-Brompropyl]-cyclopentanon-(2)-carbonsäure-(1)-äthylester*, $C_{11}H_{17}O_3Br$, $Kp._2$ 134—135°. Zur C_2H_5ONa-Lsg. aus 80 ml absol. A. u. 4,4 g Na werden bei —15° während 1 Std. unter Rühren 31,2 g **I**, nach weiteren 1½ Std. 161,5 g stark gekühltes **II** in einem Guß zugegeben; man läßt 1 Std. bei —15°, über Nacht bei Zimmertemp., dann 5 Std. bei 55—60° einwirken; nach Abgießen in Eiswasser wird mit Ae. aufgenommen u. im Vakuum fraktioniert; $D.^{20}_4$ 1,3178; n_D^{20} 1,4915; Mol.-Refr. 60,97; 27,8 g. Mit nicht so stark überschüssigem **II** ist die Ausbeute schlechter. — *1-[γ-Chlorpropyl]-cyclopentanon-(2)-carbonsäure-(1)-äthylester*, $C_{11}H_{17}O_3Cl$, $Kp._4$ 134,5—135,5°; aus 78 g **I**, 10,7 g Na in 200 ml absol. A. u. 78,7 g **III**; $D.^{20}_4$ 1,1329; n_D^{20} 1,4718; 73,4 g. (Известия Академии Наук СССР, Отделение Химических Наук [Nachr. Akad. Wiss. UdSSR, Abt. chem. Wiss.] **1952**. 433—36. Mai/Juni. Moskau, Lomonossow-Univ., Zelinsky-Labor. für organ. Chem.) H. FRÖHLICH. 2070

Donald S. Noyce und **Frank W. Bachelor,** *Die Stereochemie der Leuckart-Reaktion.* Die LEUCKART-Rk. von 2-Methylcyclohexanon führt zu einem Gemisch des *cis-* u. *trans-2-Methylcyclohexylamins* (vgl. auch METAYER, MASTAGLI u. LARRAMONA, C. **1953**. 358). Aus dem Schmelzpunktdiagramm der Benzamide der reinen Isomeren ergab sich ein Verhältnis von 60% *cis-* u. 40% *trans-Amin*; das aus 2-Methylcyclohexanonoxim durch Red. mit Na u. A. erhaltene Gemisch bestand aus 20% *cis-* u. 80% *trans-Amin*, u. bei der katalyt. Hydrierung von Aceto-toluidid in Ggw. von PtO_2 entstand ein Gemisch, das 80% *cis-Amin* enthielt. Der Vgl. mit der LEUCKART-Rk. anderer Ketone führte zu dem Schluß, daß der krit. Schritt über einen aktivierten Komplex verläuft, der durch vorst. Formel dargestellt werden kann.

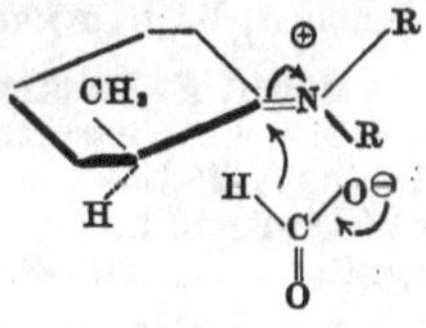

V e r s u c h e (FF. korr., Kpp. unkorr.): *N-[cis-2-Methylcyclohexyl]-benzamid*, F. 109,9°. — *N-[trans-2-Methylcyclohexyl]-benzamid*, F. 151° (A.), aus 2-Methylcyclohexylamin (erhalten durch Red. von 2-Methylcyclohexanonoxim mit Na u. A.) mit Benzoylchlorid. — Gemisch aus *cis-* u. *trans-2-Methylcyclohexylamin*, $Kp._{52}$ 74—75°, aus 2-Methylcyclohexanon u. Formamid in Ggw. von $MgCl_2$ bei 175—180° (3 Std.) unter Abdest. des W. u. Spalten des erhaltenen Formamids mit sd. konz. HCl (3 Std.); 55%. *Benzoylverb.*, $C_{14}H_{19}ON$, F. 113,1°; 88,5%. Das Gemisch enthält 66% *cis-Isomeres* (bestimmt aus dem Schmelzpunktdiagramm). (J. Amer. chem. Soc. **74**. 4577—79. 20/9. 1952. Berkeley, Calif., Univ., Chem. Labor.) GOLD. 2110

Max Mousseron, Robert Jacquier und **Henri Christol,** *Molekulare Umlagerungsreaktionen bei der Darstellung von Aminen aus alicyclischen Alkoholen.* Die Einw. von KCN + H_2SO_4 auf Alkohole nach RITTER u. Mitarbeitern (C. **1949**. II. 742, 744), die wahrscheinlich nach dem Schema ROH → R^+ → HC^+:NR → RC(OH):NR ⇌ RNH·CHO vor sich geht, liefert in der Cyclanolreihe — nach Hydrolyse der Formylverbb. zu den freien Aminen — zum Teil die den Ausgangscyclanolen entsprechenden Amine, zum Teil aber auch Umlagerungsprodd., was mit dem Übergang des intermediären

Carboniumions R^+ in eine stabilere Form erklärt werden kann. So entstand durch Zutropfen von konz. H_2SO_4 zur Lsg. des Cyclanols + KCN in Dibutyläther bei 40—45°, 1std. Rühren, Gießen auf Eis, Alkalisieren, Ae.-Extraktion u. 2std. Hydrolyse der rohen Formylverb. mit konz. HCl aus Cyclohexanol *Aminocyclohexan* [40% (Ausbeute); *Benzoylderiv.*, F. 149°], aus Cyclopentanol *Aminocyclopentan* (25%; *Benzoylderiv.*, F. 158—159°), aus 1-Methylcyclohexanol *1-Methyl-1-aminocyclohexan* (I; 60%; *Benzoylderiv.*, F. 100—101°; *N.N-Dimethylderiv.*, *Pikrat*, F. 229—230°), aus Methylolcyclohexan, 2-Methylcyclohexanol (Gemisch von cis- u. trans-Form), 4-Methylcyclohexanol (Gemisch von cis- u. trans-Form) u. cis- oder trans-3-Methylcyclohexanol ebenfalls I (5, 35, 5—10 bzw. 35%), im letzteren Falle daneben in geringer Menge eines der diastereomeren *3-Methyl-1-aminocyclohexane* (*N.N-Dimethylderiv.*, *Pikrat*, F. 170°); aus 1- u. 2-Äthylcyclohexanol *1-Äthyl-1-aminocyclohexan* (II; *N.N-Dimethylderiv.*, *Pikrat*, F. 216—217°, *Pikrolonat*, F. 181—182°); aus 1- u. 2-Methylcyclopentanol *1-Methyl-1-aminocyclopentan* [*p-Nitrobenzoylderiv.*, F. 111—112°; *N.N-Dimethylderiv.*, *Pikrat*, F. 250—253° (Zers.)]; aus Cycloheptanol ein Gemisch von I (Hauptprod.) mit *Aminocycloheptan* (*N.N-Dimethylderiv.*, *Pikrat*, F. 184°) (zusammen 35%); aus Methylcyclopentylcarbinol I (45%); aus Methylcyclohexylcarbinol II (30%); aus 2.2- oder 1.2-Dimethylcyclohexanol *1.2-Dimethyl-1-aminocyclohexan* (*N.N-Dimethylderiv.*, *Pikrat*, F. 217—218°, *Pikrolonat*, F. 169—170°). (C. R. hebd. Séances Acad. Sci. **235.** 57—59. 7/7. 1952.) SPAETH. 2110

Erich Schmidt und **Matthias Seefelder** (mitbearbeitet von **René Gottfried Jennen, Willy Striewsky** und **Hans von Martius**), *Zur Kenntnis aliphatischer Carbodiimide.* 6. Mitt. (5. vgl. C. **1953.** 5645.) Vff. beschreiben eine verbesserte Darst. der beständigen *aliphat. Carbodiimide* aus N.N'-disubstituierten Thioharnstoffen u. wss.-alkal. NaOCl-Lsg.; auf 1 Mol Thioharnstoff wird eine Lsg. von 4 Mol NaOCl u. 4 Mol NaOH in 4 Liter W. verwendet, damit der freiwerdende S vollständig zu H_2SO_4 oxydiert u. diese neutralisiert wird.

Versuche: *Methyl-tert.-butylcarbodiimid*, durch langsames Zutropfen von N-Methyl-N'-tert.-butylthioharnstoff in CH_2Cl_2 zu der NaOCl–NaOH-Lsg. bei 0°, 3std. Rühren $<$10° u. Dest. der organ. Lsg. über gelbem HgO bei n. Druck bis zur Beseitigung des CH_2Cl_2, dann im Vakuum; 87,2% (Ausbeute). — *Diisopropylcarbodiimid*, ähnlich aus N.N'-Diisopropylthioharnstoff; 84,6%. — *Dicyclohexylcarbodiimid*, aus N.N'-Dicyclohexylthioharnstoff in PAe. (21std. Schütteln); Abdest. des Lösungsm. über $KMnO_4$; Reinigung des Rohprod. in PAe. durch Schütteln mit Hg; 89,2%. — Analog *tert.-Butylcyclohexylcarbodiimid*, aus N-tert.-Butyl-N'-cyclohexylthioharnstoff (16std. Schütteln); 91%. — *Di-tert.-butylcarbodiimid*, aus N.N'-Di-tert.-butylthioharnstoff (16std. Schütteln); 93,6%. (Liebigs Ann. Chem. **571.** 83—86. 1951. München, Bayr. Akad. der Wiss., Chem. Labor.) NITZSCHKE. 2110

Robert E. Buckles und **Norris G. Wheeler,** *4.4'-Dibromdiphenyl.* Nach Vff. (C. **1951.** I. 848) aus Diphenyl u. Br_2 im Exsiccator: $C_{12}H_8Br_2$, F. 162—163°; 75—77% (Ausbeute).— Analog *4.4'-Dibromdibenzyl* aus Dibenzyl u. Br_2 unter Lichtabschluß, um Bldg. von α.α'-Dibromdibenzyl zu vermeiden, F. 113—114° (Isopropylalkohol); 44—50%. (Org. Syntheses **31.** 29—30. 1951. Iowa City, Iowa, State Univ.) TROFIMOW. 2210

Reynold C. Fuson und **Owen York,** *Addition von Grignard-Verbindungen an 1.2.3.4-Tetraphenylfulven.* (Vgl. FUSON u. MUMFORD, C. **1953.** 46.) Auch 1.2.3.4-Tetraphenylfulven (I) addiert tert.-Butyl-MgCl oder Benzyl-MgCl unter Bldg. von *5-Neopentyl-1.2.3.4-tetraphenylcyclopentadienyl-(5)-MgCl* (II) bzw. *5-Phenäthyl-1.2.3.4-tetraphenylcyclopentadienyl-(5)-MgCl* (III), CH_3MgX, C_2H_5MgX u. C_6H_5MgX reagieren nicht mit I. Die GRIGNARD-Verbb. II u. III sind nicht reaktiver als die früher untersuchten Analogen (l. c.), II reagiert jedoch mit Benzylchlorid (IV) u. Monochlordimethyläther (V), wegen der Allylstruktur von II ist die Konst. der Prodd. unsicher. III gibt bei Rk. mit IV zwei Isomere, das schwerlösl., höherschm. von diesen entstand auch bei Umsetzung von III mit V oder tert.-Butylbromid. Vff. führen dies auf Radikalaustausch zwischen der Organo-Mg-Verb. u. dem Halid zurück. Mit Phenäthylbromid oder CO_2 reagierte III nicht.

Versuche: *5-Neopentyl-1.2.3.4-tetraphenylcyclopentadien* (VI), $C_{34}H_{32}$, F. 135,5 bis 136° (Toluol, dann Chlf.–A.), aus $(CH_3)_3CMgCl$ in Ae. mit I bei längerem Erhitzen; 85% (Ausbeute). — *5-Phenäthyl-1.2.3.4-tetraphenylcyclopentadien*, $C_{37}H_{30}$, F. 138 bis 139° (Chlf.–A.), analog aus $C_6H_5CH_2MgCl$; 80%. — *5-Neopentyl-5-benzyl-1.2.3.4-tetraphenylcyclopentadien (?)*, $C_{41}H_{38}$, F. 198—199° (Chlf.–A.), aus der unzers. Reaktionslsg. der Darst. von VI, die II enthält, mit IV nach längerem Kochen; 45%. — *5-Neopentyl-5-methoxymethyl-1.2.3.4-tetraphenylcyclopentadien (?)* $C_{36}H_{36}O$, F. 152—152,5° (PAe.), analog aus **II**-Lsg. u. **V**, 10 Std. am Rückfluß; 66 %. — *5-Phenäthyl-5-benzyl-1.2.3.4-tetraphenylcyclopentadien* (?) (**VII**), $C_{44}H_{36}$, F. 231,5—232,5° (A.–Chlf.), a) analog vorst. aus **III**-Lsg. mit **IV**; 44 %; b) aus **III**-Lsg. u. tert.-Butylbromid; 62 %. — **VII**-*Ozonid*, $C_{44}H_{36}O_3$, F. 151—152° (Ae.), durch Ozonisierung von **VII** in Chlf. bei —50°. — *5-Benzyl-1(2?)-phenäthyl-2(1?).3.4.5-tetraphenylcyclopentadien*, F. 163,5—164,5° (Chlf.–A.), aus der Mutterlauge von **VII**; Darst. nach a); 41 %. — *1-Allyl-2.3.4.5-tetraphenylcyclopentadienol-(1)* (**VIII**), $C_{32}H_{26}O$, F. 137—138° (A.), aus Tetraphenylcyclopentadienon u. Allyl-MgCl; 88 %. — **VIII** gab bei Dehydratisierungsverss. nur Teer, in Eisessig–HCl eine rote M., F. 222—225°. (J. org. Chemistry **18**. 570—74. Mai 1953. Urbana, Ill., Univ., Noyes Chem. Labor.) KRESZE. 2210

George P. Mueller und **Fleur C. Bateman**, *cis- und trans-1.4-Bis-[p-methoxyphenyl]-cyclohexan.* Die beiden *cis–trans*-isomeren *1.4-Bis-[p-methoxyphenyl]-cyclohexane* (**I**) konnten, ausgehend von *4-Methoxy-4'-oxydiphenyl* (**II**), dargestellt werden. Die katalyt. Hydrierung von **II** in Ggw. von Cu-Chromit ergab unter bevorzugter Absättigung des phenol. Kerns *4-[p-Methoxyphenyl]-cyclohexanol* (**III**), das bei Dichromat- oder OPPENAUER-Oxydation zu *4-[p-Methoxyphenyl]-cyclohexanon* führt. Umsetzung mit p-Methoxyphenyl-MgBr, Wasserabspaltung u. Hydrierung lieferte **I**, das durch fraktionierte Kristallisation in die Isomeren getrennt werden konnte.

Versuche: *4-Methoxy-4'-oxybiphenyl* (**II**), F. 183,5—184°, aus 4.4'-Dioxybiphenyl mit Dimethylsulfat in Alkali; 36 % (Ausbeute). *Acetat*, $C_{15}H_{14}O_3$, F. 112—113° (A.). *Benzoat*, $C_{20}H_{16}O_3$, F. 156,5—157° (A.). Die Umsetzung von Phenol mit p-Methoxybenzoldiazoniumsalzen lieferte nur 1,2—1,5 % **II**. — *4-[p-Methoxyphenyl]-cyclohexanol* (**III**), $C_{13}H_{18}O_2$, durch Hydrieren von **II** in Dioxan in Ggw. von Cu-Chromit bei 245° u. 6000 lbs./sq. in.; *höherschm.* Form, F. 143,5—145° (CH_3OH); 46 %; *Benzoat*, $C_{20}H_{22}O_3$, F. 103,4—103,6° (A.). Daneben ca. 45 % eines öligen Prod.; beim Vers. der Darst. der 3.5-Dinitrobenzoylverb. entstand die *niedrigerschm.* Form, F. 91,0—91,5° (wss. A.). — *4-[p-Methoxyphenyl]-cyclohexanon*, $C_{13}H_{16}O_2$, F. 76—76,5°, a) durch Oxydation von **III** mit $Na_2Cr_2O_7$; b) aus **III** in Aceton + Bzl. mit Al-tert.-Butylat; aus wss. A. Tafeln; 15 bzw. 27 %. *Oxim*, $C_{13}H_{17}O_2N$, F. 121,5—122°, aus wss. A. Nadeln. *2.4-Dinitrophenylhydrazon*, $C_{19}H_{20}O_5N_4$, F. 199,2—199,8°, aus Essigester gelborangefarbene Tafeln. — *1.4-Bis-[p-methoxyphenyl]-cyclohexanol*, $C_{20}H_{24}O_3$, F. 146—148°, aus vorst. Verb. mit p-Anisyl-MgBr in sd. Ae.; aus Ligroin Nadeln; 23 %; λ_{max} 224 mμ (ε = 18000) u. 275 mμ (ε = 3250). — *1.4-Bis-[p-methoxyphenyl]-cyclohexen*, $C_{20}H_{22}O_2$, F. 150—151°, durch Dehydratisieren vorst. Verb. mit 85 %ig. H_3PO_4 auf dem Wasserbad (3 Std.) u. Extrahieren mit Bzl.; aus PAe. u. A. Nadeln; 21 %; λ_{max} 253 mμ (ε = 16240). — *1.4-Bis-[p-methoxyphenyl]-cyclohexan* (**I**), $C_{20}H_{24}O_2$, durch Hydrieren vorst. Verb. in Aceton in Ggw. von Pd-Kohle; *trans*-**I**, F. 171,2—172°, aus A. Nadeln; 32 %; λ_{max} 222 mμ (ε = 20020), 226 mμ (ε = 20400) u. 278 mμ (ε = 3590). *cis*-**I**, F. 75—76°, aus der alkoh. Mutterlauge, aus A. Täfelchen; 51 %; λ_{max} 223 mμ (ε = 19100), 220 mμ (ε = 20000) u. 278 mμ (ε = 3660). (J. Amer. chem. Soc. **74**. 5631—32. 20/11. 1952. Knoxville, Tenn., Univ., Dep. of Chem.) GOLD. 2260

D. Xuong und **Ph. Buu-Hoï**, *Mögliche chemische Hypophysenhemmstoffe der Polyaryläthylenreihe.* Die von GATTERMANN [1899] aufgefundene FRIEDEL-CRAFTS-Rk. von Propionylchlorid (I) mit Anisol zu 1.1-Bis-[p-methoxyphenyl]-propen u. 4-Methoxypropiophenon (vgl. MENTZER u. XUONG, C. R. hebd. Séances Acad. Sci. **222**. [1946.] 1004) wird von Vff. auf andere Phenoläther u. Säurechloride übertragen. Die Bldg. der *1.1-Diaryläthylene* wird durch Verwendung eines Überschusses von Phenyläther begünstigt u. durch gewisse Lösungsmittel (z. B. Nitrobenzol) oder bes. reaktionsfähige Phenoläther behindert. In einer Versuchsreihe zeigen Vff. ferner den Einfl. der Konst. der Phenyl- u. Thiophenyläther auf die Ausbeute an Diaryläthylen bei der Rk. mit I. Die Rk. kann auch zur Synth. *symm. substituierter 1.1.2-Triaryläthylene* verwendet werden. Zur Herabsetzung der östrogenen Eigg. dieser Verbb. werden Methylgruppen u. Halogenatome eingeführt. *1-[p-n-Propylphenyl]-* u. *1-[p-n-Butylphenyl]-1.2-diphenyläthylen* werden durch GRIGNARD-Rk. von Benzyl-MgCl mit 4-n-Propyl- bzw. 4-n-Butylbenzophenon u. Dehydratisierung der entstandenen Alkohole dargestellt. Die 1.1.2-Triaryläthylene werden zu *1.1.2-Triaryl-2-bromäthylenen* bromiert. Auch *1.1-Bis-[p-methoxyphenyl]-propen* u. *-buten* geben bei Bromierung die *2-Bromderivate.* Xanthen, das auch als Phenyläther aufgefaßt werden kann, reagiert mit Acetylchlorid u. I zu *3.7-Diacetyl-* bzw. *-Dipropionylxanthen*, ohne daß die entsprechenden Äthylenverbb. gefunden werden konnten. Ferner werden einige, von n-Propylbenzol abgeleitete Ketone dargestellt.

Versuche: Nachst. *1.1-Diaryläthylene* $RR_1C{=}CAr_2$ werden durch Eintragen von 1,5—2 Mol $AlCl_3$ in eine Lsg. aus 1 Mol Acylchlorid u. 2,5—3 Mol Phenyläther +

etwas $POCl_3$, 72 std. Stehen, Zers. mit HCl, Ausäthern, Abdampfen, Vakuumrektifikation u. Kristallisation aus A. oder Ligroin gewonnen (R = H, wenn nicht anders vermerkt): *R*=*R*₁ = *CH₃*, *Ar* = *p-CH₃O·C₆H₄*, $C_{18}H_{20}O_2$, Kp.$_{12}$ ca. 215°, F. 66°, aus Anisol u. Isobutyrylchlorid; als Hauptprod. *p-Methoxyisobutyrophenon*, Kp.$_{760}$ 280°; *Semicarbazon*, F. 208°. — R_1 = $(CH_3)_2CH$, *Ar* = *p-CH₃O·C₆H₄*, $C_{19}H_{22}O_2$, Kp.$_{13}$ 220°, aus Isovaleroylchlorid; daneben *p-Methoxyisovalerophenon*, Kp.$_{13}$ 178°; *Semicarbazon*, F. 210°. — R_1 = C_2H_5, *Ar* = *p-C₂H₅O·C₆H₄*, $C_{20}H_{24}O_2$, Kp.$_{12}$ 240°, F. 75°, aus Phenetol u. Butyrylchlorid; daneben *p-Äthoxybutyrophenon*, Kp.$_{12}$ 168°, F. 42°. — R_1 = $(CH_3)_2$·*CH*, *Ar* = *p-C₂H₅O·C₆H₄*, $C_{21}H_{26}O_2$, Kp.$_{13}$ ca. 235°; daneben *p-Äthoxyisovalerophenon*, Kp.$_{12}$ 178°; *Semicarbazon*, F. 192°. — R_1 = CH_3, *Ar* = *p-n-C₄H₉O·C₆H₅*, $C_{23}H_{30}O_2$, Kp.$_{22}$ 280—285°, F. 49°, aus n-Butoxybenzol u. **I**; daneben als Hauptprod. *4-n-Butoxypropiophenon* (**II**), $C_{13}H_{18}O_2$, Kp.$_{32}$ 199—200°, F. 29°, große glänzende Platten. Hieraus über das *Phenylhydrazon* mit HCl + Essigsäure *2-[p-n-Butoxyphenyl]-3-methylindol*, $C_{19}H_{21}ON$, F. 98°, glänzende Prismen; färbt sich in H_2SO_4 orange. *2-[p-n-Butoxyphenyl]-3-methylcinchoninsäure*, $C_{21}H_{21}O_3N$, F. 275°, aus **II** u. Isatin durch 24 std. Kochen in alkoh. KOH, gelbe Prismen aus Essigsäure. Analog aus **II** u. 5-Bromisatin *6-Brom-2-[p-n-butoxyphenyl]-3-methylcinchoninsäure*, $C_{21}H_{20}O_3NBr$, F. 299—300°, gelbliche mkr. Kristalle aus Toluol; wird durch Hitze zu *6-Brom-2-[p-n-butoxyphenyl]-3-methylchinolin*, $C_{20}H_{20}ONBr$, F. 133°, Blättchen aus A., decarboxyliert; *Pikrat*, F. 194°, gelbe Nadeln. — R_1 = CH_3, *Ar* = *m-CH₃·C₆H₃·OCH₃-p*, $C_{19}H_{22}O_2$, Kp.$_{13}$ 224—225°, F. 93°, aus o-Methoxytoluol u. **I**; 55% (Ausbeute); daneben *4-Methoxy-3-methylpropiophenon*, F. 42°; *Oxim*, F. 99°. — R_1 = CH_3, *Ar* = *o-CH₃·C₆H₃·OCH₃-p*, $C_{19}H_{22}O_2$, Kp.$_{13}$ 220°, F. 92°; 50%; daneben *4-Methoxy-2-methylpropiophenon*, *Oxim*, F. 95°. — R_1 = CH_3, *Ar* = *o-CH₃·C₆H₃·OC₂H₅-p*, $C_{21}H_{26}O_2$, Kp.$_{13}$ 238—240°; 50%. — R_1 = CH_3, *Ar* = *m.p-(CH₃O)₂C₆H₃*, F. 81°, Kp.$_{12}$ 265—268°. — R_1 = CH_3, *Ar* = *o.p-(CH₃O)₂C₆H₃*, $C_{19}H_{22}O_4$, F. 89°. — Abhängigkeit der Rk. von 1,1 Mol **I** mit 1 Mol Aryläther in Nitrobenzol (N.) oder Bzl. (B.) von der Konst. des Aryläthers: **I** mit: Anisol in B. 60—70% (Ausbeute an 1.1-Diaryläthylen), in N. 30—40%; Phenetol in B. 30—40%; n-Butoxybenzol in B. 30—40%; Diphenyläther in B. 20—25%; Thioanisol in N. 20—25%; Methylthymyläther in B. oder N., p-Xylyl-2-methyläther, 1-Methoxy- u. 2-Methoxynaphthalin, Veratrol u. 1.3-Dimethoxybenzol 0%. — *4.4'-Di-n-butoxybenzophenon*, $C_{21}H_{26}O_3$, F. 121° (CH_3OH), durch CrO_3-Oxydation von 1.1-Bis-([p-n-butoxyphenyl]-propen in Essigsäure; glänzende Blättchen. — *4.4'-Diphenoxybenzophenon*, $C_{25}H_{18}O_3$, F. 139°, durch Rk. von 60 g Diphenyläther mit 30 g **I** u. 45 g $AlCl_3$ zu *1.1-Bis-[p-phenoxyphenyl]-propen* (Kp.$_{19}$ ca. 328—330°, viscoses gelbes Öl; 25 g) u. CrO_3-Oxydation; seidige Nadeln (Bzl.). — *3.7-Diacetylxanthen*, $C_{17}H_{14}O_3$, F. 168° (CH_3OH), aus 18 g Xanthen, Acetylchlorid u. $AlCl_3$ in CS_2; glänzende Blättchen; 3 g; löst sich in H_2SO_4 gelb. — Analog *3.7-Dipropionylxanthen*, $C_{19}H_{18}O_3$, F. 155°, seidige Nadeln; beide Xanthene zeigen positive PFITZINGER-Rk. u. bilden hochschm. Disemicarbazone. — *4-n-Butylbenzophenon* (**III**), $C_{17}H_{18}O$, Kp.$_{15}$ 214—215°, aus 30 g n-Butylbenzol, 40 g Benzoylchlorid u. $AlCl_3$ in CS_2 (12 Std.); hellgelbe Fl.; n_D^{20} 1,5729; 50 g. *Oxim*, $C_{17}H_{19}ON$, F. 102° (CH_3OH), Prismen. — *4-n-Propylbenzophenon* (**IV**), $C_{16}H_{16}O$, Kp.$_{15}$ 200—201°; n_D^{22} 1,5831. — *1-[p-n-Butylphenyl]-1.2-diphenyläthylen*, $C_{24}H_{24}$, Kp.$_{16}$ 262—264°, durch GRIGNARD-Rk. von 24 g **III** mit Benzyl-MgCl u. Dehydratisierung mit 92%ig. HCOOH; hellgelbes viscoses Öl; n_D^{20} 1,6264; 20 g. *1-Brom-2-[p-n-butylphenyl]-1.2-diphenyläthylen*, $C_{24}H_{23}Br$, F. 112°, aus vorst. Verb. durch Bromierung in Essigsäure; Blättchen aus Essigsäure. — *1.2-Diphenyl-1-[p-n-propylphenyl]-äthylen*, $C_{23}H_{22}$, Kp.$_{16}$ 256—257°, durch GRIGNARD-Rk. von 34 g **IV** wie vorst.; gelbes viscoses Öl; 32 g. *2-Bromderiv.*, $C_{23}H_{21}Br$, F. 116°, glänzende Blättchen aus Essigsäure. — *1-Brom-2.2-bis-[3-chlor-4-methoxyphenyl]-1-phenyläthylen*, $C_{22}H_{17}O_2Cl_2Br$, F. 96°, aus 54 g o-Chloranisol, 24 g Phenylacetylchlorid, $POCl_3$ u. $AlCl_3$; Stehen u. 4 std. Erwärmen auf 60°; 0,75 g des gebildeten *1.1-Bis-[3-chlor-4-methoxyphenyl]-2-phenyläthylens* (F. 106°, Nadeln; 11 g) wurden in Essigsäure bromiert; gelbe Prismen; 0,6 g. — *1.1-Bis-[4-methoxy-2-methylphenyl]-2-phenyläthylen*, $C_{24}H_{24}O_2$, Kp.$_{12}$ 260°, F. 78°, aus 65 g Methyl-m-tolyläther wie vorst., gelbliche Nadeln aus A.; 22 g. *2-Bromderiv.*, $C_{24}H_{23}O_2Br$, F. 119°, Prismen. — Nachst. *Ketone* wurden aus n-Propylbenzol u. dem entsprechenden Acylchlorid dargestellt: *2-[p-n-Propylbenzoyl]-furan*, $C_{14}H_{14}O_2$, Kp.$_{25}$ 202°. — *4-Äthyl-4'-n-propylbenzophenon*, $C_{18}H_{20}O$, Kp.$_{20}$ 235°. — *4-Methyl-4'-n-propylbenzophenon*, $C_{17}H_{18}O$, Kp.$_{20}$ 225°. — *2-[p-n-Propylbenzoyl]-thiophen*, $C_{14}H_{14}OS$, Kp.$_{20}$ 195°. — *4-Chlor-4'-n-propylbenzophenon*, $C_{16}H_{15}OCl$, Kp.$_{20}$ 228°, F. 78°. — *4-Brom-4'-n-propylbenzophenon*, $C_{16}H_{15}OBr$, Kp.$_{18}$ 233°, F. 92°. — *4.4'-Di-n-propylbenzophenon*, $C_{19}H_{22}O$, Kp.$_{18}$ 230°, aus p-n-Propylbenzoylchlorid u. n-Propylbenzol. — Analog *4-[p-n-Propylbenzoyl]-diphenyl*, $C_{22}H_{20}O$, Kp.$_{15}$ 270°, F. 104°. — *2-[p-n-Propylbenzoyl]-fluoren*, $C_{23}H_{20}O$, Kp.$_{10}$ ca. 280°, F. 108°. — *3-[p-n-Propylbenzoyl]-indol*, $C_{18}H_{17}ON$, F. 186°, aus dem Acylchlorid u.

Indol. — Analog *2-Methyl-3-[p-n-propylbenzoyl]-indol*, $C_{19}H_{19}ON$, F. 172. (J. chem. Soc. [London] **1952.** 3741—44. Okt. Paris, Univ., Radium Inst., Dep. of Organ. Chem.)
LEHWALD. 2360

David Y. Curtin und **Charlotte Sananes Russell,** *Die N.N-Spaltung von Benzoylphenylhydrazonen durch Basen. 1-p-Nitrophenyl-3-phenyltriketon* (I)-*2-benzoylphenylhydrazon* (vgl. C. **1953.** 4510) wurde bei Chromatographie an Al_2O_3 in *Benzanilid* (II) gespalten, entsprechend I-*2-[p-Nitrobenzoylphenylhydrazon]* in *p-Nitrobenzanilid*. Während das I-Benzoylphenylhydrazon auch mit 0,5%ig. NaOH unter Bldg. von II u. einem Gemisch von Benzoesäure u. p-Nitrobenzoesäure reagiert, wurde das I-p-Nitrobenzoylphenylhydrazon nach gleicher Behandlung unverändert zurückgewonnen. *1.3-Bis-[p-nitrophenyl]-triketon-2-benzoylphenylhydrazon* lieferte dagegen mit verd. NaOH II u. p-Nitrobenzoesäure. *Benzophenon-p-nitrobenzoylphenylhydrazon* (III), das durch sd. 5%ig. Sodalsg. nicht angegriffen wurde, gab nach Adsorption an Al_2O_3 26% *Benzophenonphenylhydrazon* u. 74% unverändertes Ausgangsmaterial. Durch verd. HCl wurde aus III *Benzophenon* u. *α-[p-Nitrobenzoyl]-phenylhydrazin* erhalten. *Benzilbenzoylphenylhydrazon* lieferte nach 9tägigem Stehen *Benzilphenylhydrazon.* Kochen mit 1%ig. NaOH führte zu keiner Rk.; Kochen mit 12%ig. NaOH gab Benzoesäure.

Versuche: Die Spaltung der Hydrazone nachst. Verbb. erfolgte durch Adsorption an Al_2O_3 aus einer benzol. Lsg. u. Eluieren mit Bzl.-A. (1—10%): *1.3-Diphenyltriketon-2-benzoylphenylhydrazon* lieferte 59% II, F. 159—162°. — I-*Benzoylphenylhydrazon* lieferte 75% II. — I-*2-p-Nitrobenzoylphenylhydrazon* lieferte 64% p-Nitrobenzanilid, F. 214—215°. — 2std. Kochen von *1.3*-Bis-[p-nitrophenyl]-triketon-2-benzoylphenylhydrazon mit 0,5%ig. NaOH ergab 74% II u. nach Ansäuern des Filtrats p-Nitrobenzoesäure. Aus I-*Benzoylphenylhydrazon* wurden 61% II, 95% p-Nitrobenzoesäure u. 65% Benzoesäure erhalten. — *Benzophenon-p-nitrobenzoylphenylhydrazon* (III), $C_{26}H_{19}O_3N_3$, F. 151,5—152,5°, durch Zugabe von 0,0597 Mol p-Nitrobenzoylchlorid in absol. Ae. zu 0,048 Mol Benzophenonphenylhydrazon in Pyridin, 7std. Kochen nach 24std. Stehen u. Dest. des Filtrats, Kristalle aus Ae.-A.; 75%. Durch Zugabe des Chlorids zum Phenylhydrazon in Pyridin u. Stehen beim Raumtemp. wurde p-Nitrobenzoesäureanhydrid u. unverändertes Phenylhydrazon erhalten. 2,5std. Kochen mit 6nHCl lieferte *α-[p-Nitrobenzoyl]-phenylhydrazin*, F. 191—192°; 43% (Ausbeute). 12std. Kochen mit 5%ig. Sodalsg. führte zu keiner Reaktion. Eluieren aus einer Al_2O_3-Kolonne mit Bzl. lieferte 26% *Benzophenonphenylhydrazon*, F. 133,5—135,5°. — Durch 9tägiges Stehen von Benzilbenzoylphenylhydrazon in Bzl., das einige Tropfen 95%ig. A. enthielt, in Ggw. von Al_2O_3 wurden 67% *Benzilphenylhydrazon*, F. 131—135,5°, erhalten. Sofortiges Eluieren mit Bzl. lieferte nur unverändertes Reaktionsprod. zurück. (J. Amer. chem. Soc. **73.** 5450—51. Nov. 1951. New York, N. Y., Columbia Univ., Dep. of Chem.)
HORST BAGANZ. 2370

Stanley Wawzonek und **Edwin M. Smolin,** *α.β-Diphenylzimtsäurenitril* (*Triphenylacrylnitril*). Aus Benzylcyanid u. $NaNH_2$. Man entfernt das Kühlbad, rührt weitere 20 Min., gibt dann trockenen Ae. zu u. erwärmt schwach zur Verdampfung von NH_3. Nach weiterer Zugabe von Ae. Kochen mit Benzophenon: $C_{21}H_{15}N$, F. 166—167° (Eisessig); 50—66% Ausbeute. (Org. Syntheses **31.** 52—55. 1951. Iowa City, Iowa, State Univ.)
TROFIMOW. 2410

H. B. Hass, M. B. Neher und **R. T. Blickenstaff,** *Dem DDT verwandte Nitroalkanderivate.* Daß, im Gegensatz zu den bisherigen Anschauungen, keineswegs Cl-Atome im aliphat. Teil DDT-ähnlicher Moll. für die Insekticidität notwendig sind, zeigen Vff. durch die Synth. von verschied., dem DDT verwandten Verbb., von denen *1.1-Bis-[p-chlorphenyl]-2-nitropropan* u. *-butan* etwa die 5fache Wirksamkeit des DDT zeigen; die entsprechenden *Äthan* -(I) u. *Pentanverbb.* sind nur wenig insekticid. — Die als Zwischenprodd. notwendigen, von Nitromethan (II) abgeleiteten *Nitroalkohole* wurden aus II u. dem entsprechenden Aldehyd in Ggw. von CH_3ONa über die Na-Verb., die höheren Nitroalkohole nach KAMLET (C. **1939.** II. 3451) gewonnen. Sie kondensieren mit Bzl. u. Toluol (vgl. A. P. 2397802, C. **1948.** I. 1050) mit 85%ig. H_2SO_4, mit Chlorbenzol am besten in Ggw. von 2—3%ig. Oleum, da mit 85%ig. H_2SO_4 die entsprechenden symm. Äther, z. B. *Bis-[1-(p-chlorphenyl)-2-nitroäthyl]-äther*, Nebenprodd. sind. Nitroalkohole aus sek. Nitroparaffinen u. Nitrocycloparaffinen kondensieren unter diesen Bedingungen nicht mit aromat. KW-stoffen. — An dem die Nitrogruppe tragenden C-Atom der Diarylnitroalkane chlorierte Verbb. wurden entweder durch Chlorierung in alkal. Lsg. oder, im Fall von I u. *2.2-Diphenyl-1-nitroäthan*, nach TINDALL (A. P. 2 397 384) gewonnen, denn I lieferte bei direkter Chlorierung *p.p'-Dichlorbenzophenon.* — Ferner wurden aus einigen Diarylnitroalkanen mit Acrylnitril *cyanäthylierte Derivv.* nach der Meth. von BRUSON u. RIENER (C. **1945.** I. 765) dargestellt u. wurden einige

Vertreter durch RANEY-Ni-Hydrierung bei hohem Druck in die entsprechenden *Amine* übergeführt.

V e r s u c h e: *2-Nitro-1-phenyläthanol* (III), aus gleichmol. Mengen Benzaldehyd u. II in absol. A. durch Zugabe von methanol. CH_3ONa $< 5^0$ u. Zers. des isolierten Na-Salzes mit verd. Essigsäure; 94,5% (Ausbeute). — *2-Nitro-1-phenylpropanol-(1)*, aus Benzaldehydbisulfitlsg. durch mehrstd. Rk. mit der Lsg. von Nitroäthan in NaOH u. Ausäthern; 51%. — Analog wurden dargestellt: *1-[p-Chlorphenyl]-2-nitropropanol-(1)*, *-butanol-(1)*, *-pentanol-(1)* u. *-3-methylbutanol-(1)*; *p-Chlorphenyl-[1-nitrocyclopentyl]-* u. *-[1-nitrocyclohexyl]-methanol*; *2-Nitro-1-[p-tolyl]-butanol-(1)* u. *-pentanol-(1)*; *2-Methyl-2-nitro-1-[p-tolyl]-propanol-(1)* u. *-butanol-(1)*; *3-Methyl-2-nitro-1-[p-tolyl]-butanol-(1)*; *[1-Nitrocyclohexyl]-[p-tolyl]-methanol*. — *1.1-Bis-[p-chlorphenyl]-2-nitroäthan* (I), nach MÜLLER (l. c.), wobei jedoch III in das Gemisch von C_6H_5Cl u. Oleum gegeben wurde; 49%. — *2-Nitro-1-phenyl-1-[p-tolyl]-äthan*, F. 47—48° (absol. A.), ebenso aus 85%ig. H_2SO_4 u. Toluol durch tropfenweise Zugabe von III $< 10^0$, Gießen auf Eis nach 5 Std., Ausäthern, Dampfdest. der nach Einengen erhaltenen festen M., Lösen des Rückstandes in Ae. u. Dest.; $Kp._{0,35}$ 147—150°; 43%. — Analog wurden folgende *Diarylnitroalkane* dargestellt: A) 2 - N i t r o ä t h a n e: *1.1-Diphenyl-* (V), F. 69—70°; $Kp._{0,2}$ 135—137°. — *1-[p-Chlorphenyl]-1-phenyl-*, F. 67—68°; $Kp._{0,5}$ 163°. — *1-[p-Chlorphenyl]-1-[p-tolyl]-*, $Kp._{0,5}$ 174°. — *1-Anisyl-1-phenyl-*, $Kp._{0,4}$ 166—168°. — *1-Anisyl-1-[p-chlorphenyl]-*, F. 89—90°; $Kp._1$ 195—210°. — *1.1-Dianisyl-*, F. 65—66°; $Kp._{,035}$ 205—215°. — *1.1-Di-[p-tolyl]-*, $Kp._{0,4}$ 162°. — *1.1-Bis-[p-nitrophenyl]-*, F. 117—118°. — B) 2 - N i t r o p r o p a n e: *1.1-Diphenyl-*, F. 89—90°; $Kp._{0,1}$ 132°. — *1-[p-Chlorphenyl]-1-phenyl-*, F. 112—113°; $Kp._{0,1}$ 155°. — *1-[p-Chlorphenyl]-1-[p-tolyl]-* (IV), F. 95—96°. Gibt bei langem Kochen mit $KMnO_4$ in sehr verd. NaOH, Ansäuern des Filtrats u. 8std. Ätherextraktion *p-Chlorbenzoesäure*, F. 240° (wss. A.); aus dem Rückstand *Terephthalsäure*, F. 298—300° unter Sublimation (absol. A.); *p-Bromphenacylester*, F. 224°. — *1-Anisyl-1-phenyl-*, F. 126—127°; $Kp._{0,4}$ 160—166°. — *1-Anisyl-1-[p-chlorphenyl]-*, $Kp._{0,3}$ 180 bis 190°. — *1-Phenyl-1-[p-tolyl]-*, F. 86—89°; $Kp._{0,55}$ 149—159°. — *1.1-Bis-[p-chlorphenyl]-*, F. 80,5—81,5°. Gibt in Alkali bei Zugabe von verd. H_2SO_4 *1.1-Bis-[p-chlorphenyl]-propanon-(2)*, welches bei CrO_3-Oxydation zu *p.p'-Dichlorbenzophenon* führt. — *1-[p-Chlorphenyl]-1-naphthyl-*, F. 158—159°. — C) 2 - N i t r o b u t a n e: *1.1-Bis-[p-chlorphenyl]-*, F. 66,5—67,5°. — *1-[p-Chlorphenyl]-1-phenyl-*, F. 86,5—87,5°. — *1-[p-Chlorphenyl]-1-[p-tolyl]-*, F. 102—103°. — *1.1-Di-[p-tolyl]-*, F. 140—141°. — *1.1-Bis-[p-chlorphenyl]-3-methyl-*, F. 111—113°. — *1-[p-Chlorphenyl]-3-methyl-1-phenyl-*, F. 109—110°. — *1-[p-Chlorphenyl]-3-methyl-1-[p-tolyl]-*, F. 79,5—80,5°. — *1.1-Di-[p-tolyl]-3-methyl-*, F. 132—134°. — D) 2 - N i t r o p e n t a n e: *1.1-Bis-[p-chlorphenyl]-*, F. 94—95°. — *1-[p-Chlorphenyl]-1-phenyl-*, F. 116,5—117°. — *1-[p-Chlorphenyl]-1-[p-tolyl]-*, F. 67—68°. — *1.1-Di-[p-tolyl]-*, F. 126—127°. — *2-Chlor-1-[p-chlorphenyl]-2-nitro-1-[p-tolyl]-propan*, $C_{16}H_{15}O_2NCl_2$, F. 74—75° (absol. A.), aus IV in methanol.-wss. KOH durch Einleiten von Cl_2 $< 20^0$, Ausäthern u. Dest.; $Kp._{0,2}$ 168—170°; 78%. — Ebenso die nachst. Verbb.: *1.1-Dichlor-2.2-diphenyl-1-nitroäthan*, $Kp._{0,2}$ 138—139°. — *2.2-Bis-[p-chlorphenyl]-1.1-dichlor-1-nitroäthan*, F. 188—190°. — *1.1-Bis-[p-chlorphenyl]-2-chlor-2-nitropropan*, F. 93,0—93,5°. — *1.1-Bis-[p-chlorphenyl]-2-chlor-2-nitrobutan*, F. 62—63°. — *2-Chlor-1-[p-chlorphenyl]-2-nitro-1-[p-tolyl]-butan*, F. 102—103°. — *2-Chlor-1.1-di-[p-tolyl]-2-nitrobutan*, F. 136—137°. — *4-[Bis-(p-chlorphenyl)-methyl]-4-nitroheptan-1.7-dinitril*, $C_{20}H_{17}O_2N_3Cl_2$, F. 118—119° absol. A.), aus I u. wenig 40%ig. wss. Benzyltrimethylammoniumhydroxyd in Dioxan durch Zutropfen von Acrylnitril in der Kälte, 2½ std. Rk. bei Zimmertemp., Verdünnen u. Ausäthern; 59%. — Ebenso *5.5-Bis-[p-chlorphenyl]-4-methyl-4-nitropentannitril*, F. 89—90°. — *5-[p-Chlorphenyl]-4-methyl-4-nitro-5-[p-tolyl]-pentannitril* u. *5.5-Bis-[p-chlorphenyl]-4-äthyl-4-nitropentannitril* krist. nicht. — *2.2-Diphenyläthylamin*, F. 41—42°, aus V in CH_3OH durch Hydrierung mit RANEY-Ni bei 1800 lbs./sq.in. Anfangsdruck, Lösen des Rohprod. in Ae., Ausziehen mit verd. HCl, Alkalisieren, Ausäthern u. Dest.; $Kp._{0,05}$ 114—116°. *Hydrochlorid*, F. 267—270° (Zers.). — Ebenso folgende Ä t h y l a m i n e: *2-[p-Chlorphenyl]-2-[p-tolyl]-*, $Kp._{0,1}$ 127—130°; n_D^{26} 1,5899; $D._{27}^{25}$ 1,1301. *Hydrochlorid*, F. 231—236° (Zers.). — *2-Anisyl-2-phenyl-*, $Kp._{0,1}$ 131—133°; n_D^{28} 1,5869; $D._{27}^{27}$ 1,0909. *Hydrochlorid*, F. 191—194°. — *2-Anisyl-2-[p-chlorphenyl]-*, $Kp._{0,1}$ 144—146°; n_D^{26} 1,5920; $D._{27}^{26}$ 1,1765. *Hydrochlorid*, F. 188—195° (Zers.). — *2.2-Dianisyl-*, F. 45—50°; $Kp._{0,08}$ 155—157°. *Hydrochlorid*, F. 185—190° (Zers.). — *2-[p-Chlorphenyl]-2-phenyl-*, $Kp._{0,05}$ 117 bis 119°; n_D^{28} 1,5909; $D._{27}^{29}$ 1,1482. *Hydrochlorid*, F. 212—215° (Zers.). — *2-Phenyl-2-[p-tolyl]-*, $Kp._{0,35}$ 124—125°; n_D^{26} 1,5813; $D._{27}^{24}$ 1,0341. *Hydrochlorid*, F. 228—231° (Zers.). — *2.2-Di-[p-tolyl]-*, $Kp._{0,07}$ 125—126°; n_D^{30} 1,5730; $D._{27}^{28}$ 1,0138. *Hydrochlorid*, F. 244—246° (Zers.). — 2 - A m i n o p r o p a n e: *1.1-Diphenyl-*, F. 49—51°; $Kp._{0,3}$ 128 bis 130°. *Hydrochlorid*, F. 276—278° (Zers.). — *1-Phenyl-1-[p-tolyl]-*, F. 52—57°;

Kp.$_{0,2}$ 120—124°. *Hydrochlorid*, F. 252—253° (Zers.). — *1-[p-Chlorphenyl]-1-[p-tolyl]-*, F. 47—49°; Kp.$_{0,15}$ 143—145°. *Hydrochlorid*, F. 266—268° (Zers.). — *1-[p-Chlorphenyl]-1-phenyl-*, Kp.$_{0,08}$ 125—126°; n_D^{28} 1,5849; D.$^{26}_{27}$ 1,1327. *Hydrochlorid*, F. 257—258° (Zers.). — *1-Anisyl-1-[p-chlorphenyl]-*, Kp.$_{0,15}$ 145—148°; n_D^{28} 1,5815; D.$^{27,5}_{27}$ 1,1453. *Hydrochlorid*, F. 190—195° (Zers.). — *1-Anisyl-1-phenyl-*, Kp.$_{0,07}$ 127—130°; n_D^{29} 1,5749; D.$^{28}_{27}$ 1,0656. *Hydrochlorid*, F. 200—201° (Zers.). (Ind. Engng. Chem. **43**. 2875—78. 10/12. 1951. Lafayette, Ind., Purdue Univ., u. Purdue Res. Found., Dep. of Chem.) v. OSTEN. 2510

Vinay S. Misra und **Maheshwari P. Khare**, *Mögliche antituberkulöse Verbindungen. 1. Mitt. Darstellung von Acyldiphenylylamidinen.* Beim Vers., nach FRIEDEL-CRAFTS in 4-Acetamidodiphenyl eine Acetylgruppe einzuführen, erhalten Vff. *4'-Acetyl-4-diacetamidodiphenyl.* Hieraus stellen sie durch Verseifung *4'-Aceto-4-aminodiphenyl* dar u. verwandeln dieses in das entsprechende *Ammoniumbenzolsulfonat.* Durch Erhitzen mit verschied. aromat. Nitrilen stellen sie eine Anzahl *Amidinbenzolsulfonate* her. Unerwarteterweise sind diese nicht in den gebräuchlichen Lösungsmitteln löslich, lassen sich also nicht rekrist., fallen aber bei Kochen mit Ae. in reiner Form als Pulver an. Durch Alkalibehandlung gewinnen Vff. hieraus die entsprechenden *Amidine.*

Versuche: *4-Acetamidodiphenyl*, F. 171° (A.), nach HEUSLER [1890]; 90% (Ausbeute). — *4'-Aceto-4-diacetamidodiphenyl*, $C_{18}H_{17}O_3N$, F. 213—215° (Eisessig), durch Zutropfen von 1 Mol vorst. Verb. u. 2,5 Mol Acetylchlorid zu 2,5 Mol $AlCl_3$ in Nitrobenzol unter Kühlen, Rühren u. H_2O-Ausschluß; nach 4std. Rühren bei 50° Gießen auf Eis, Stehen u. Abblasen mit Wasserdampf; 85%. *2.4-Dinitrophenylhydrazon*, $C_{24}H_{21}O_6N_5$, F. 287—288°, rotes Pulver aus Nitrobenzol. — *4'-Aceto-4-aminodiphenyl*, F. 174°, durch Verseifung vorst. Verb.; hellgelbes Pulver aus Chlf. + Ae.; 75%. *Hydrochlorid*, $C_{14}H_{14}ONCl$, F. >300°, hellgelbes Pulver (W.). *2.4-Dinitrophenylhydrazon*, $C_{20}H_{17}O_4N_5$, F. 252°, carmesinrotes Pulver aus Nitrobenzol. — *4'-Acetodiphenylyl-(4)-ammoniumbenzolsulfonat*, $C_{20}H_{19}O_4NS$, F. 237—238°, aus vorst. Verb. u. Benzolsulfonsäure in A. + Ae.; gelbes Pulver aus W.; 58%. — *4'-Aceto-N-[diphenylyl-(4)]-benzamidin*, $C_{21}H_{18}ON_2$, F. 228—230°, aus vorst. Verb. durch 4½std. Erhitzen mit überschüssigem Benzonitril auf 225—230° (Badtemp.) u. Ausziehen mit sd. Ae.; aus dem entstandenen *Amidinbenzolsulfonat* (F. >280°, braunes Pulver; 53%) durch 6std. Rühren mit NaOH; gelbes Pulver aus Chlf. + PAe.; 46%. —*4'-Aceto-N-[diphenylyl-(4)]-o-toluylamidin*, $C_{22}H_{20}ON_2$, F. 205—210°, analog mit o-Tolunitril; gelbes, amorphes Pulver; 38%. — *4'-Aceto-N-[diphenylyl-(4)]-m-toluylamidin*, $C_{22}H_{20}ON_2$, F. 182—185°, aus m-Tolunitril; braune M.; 38%. — *4'-Aceto-N-[diphenylyl-(4)]-p-toluylamidin*, $C_{22}H_{20}ON_2$, F. 188—192°, aus p-Tolunitril; hellgelbes Pulver; 53%. — *4''-Aceto-N-[diphenylyl-(4')]-3.4-xyloylamidin*, $C_{23}H_{22}ON_2$, F. >300°, aus 3.4-Xylonitril; 35%. — *4'-Aceto-N-[diphenylyl-(4)]-p-anisoylamidin*, $C_{22}H_{20}O_2N_2$, F. 155—160°, aus p-Anisonitril; 30%. (J. Indian chem. Soc. **29**. 695—97. Sept. 1952. Lucknow, Univ., Dep. of Chem.) LEHWALD. 2540

G. W. Medokss und **W. F. Andronowa**, *Über Triphenyldiphenylyl-(4)-phosphoniumsalze.* Durch Umsetzung von Triphenylphosphin (**I**) mit 4-Bromdiphenyl in Ggw. von CuCl wurde *Triphenyldiphenylyl-(4)-phosphoniumbromid* erhalten. Die Base wird beim Kochen der wss. Lsg. nicht verändert, aber in Ggw. kleiner Mengen KOH in *Triphenylphosphinoxyd* u. *Diphenyl* zerlegt.

Versuche: *Triphenyldiphenylyl-(4)-phosphoniumbromid*, $C_{30}H_{24}BrP \cdot 8\ H_2O$, F. 231°. Ein Gemisch aus 2,6 g **I**, 2,3 g 4-Bromdiphenyl u. 0,5 g CuCl wird 2 Std. auf 230° u. 1 Std. auf 280° erhitzt, die erkaltete Reaktionsmasse mit A. behandelt, die Lsg. vom Nd. abgesaugt, zur Trockne eingedampft, der Rückstand mit W. ausgezogen u. der wss. Auszug eingeengt; aus W. Kristalle. Wird die wss. Lsg. mit Ag_2O versetzt, so entsteht eine Lsg. der Base, die stark alkal. reagiert. Daraus das *Chlorid*, $C_{30}H_{24}ClP$, *Sulfat*, $C_{60}H_{48}O_4SP_2$ u. *Nitrat* (die analysierten Salze im Vakuumexsiccator getrocknet). Der in A. unlösl. Nd. wird in Chlf. gelöst u. mit Ae. gefällt: *Additionsprod.* **I**·*CuCl*, $C_{18}H_{15}ClPCu$, Kristalle. (Журнал Общей Химии [J. allg. Chem.] **22** (**84**). 2058—60. Nov. 1952. Saratow, Landwirtsch. Inst., Labor. für Chem.) H. FRÖHLICH. 2580

Alain Horeau und **Andrée Ormancey**, *Übergang von aromatischen Nitrilen in die entsprechenden Aldehyde.* Die Reaktionsfolge Ar·CN → Ar·COC$(CH_3)_2$·COOR (**I**) → Ar·CHOH·C$(CH_3)_2$·COOR (**II**) → Ar·CHO eignet sich zur Überführung aromat. Nitrile in die zugehörigen Aldehyde. So entsteht aus 6-Methoxy-2-cyannaphthalin durch Kondensation mit α-Bromisobuttersäureäthylester in Ggw. von Zn in Bzl. der β-Ketoester **I** (Ar = *6-Methoxynaphthyl-(2)-*, R = C_2H_5), der sich in A. in Ggw. von RANEY-Ni quantitativ zum sek. Oxyester **II** (Ar = *6-Methoxynaphthyl-(2)-*, R = C_2H_5; $C_{18}H_{22}O_4$, F. 97°) hydrieren läßt, dieser spaltet durch Erhitzen auf 260° 1 Mol Isobuttersäureäthylester ab zu *6-Methoxynaphthaldehyd-(2)* (II; $C_{12}H_{10}O_2$, F. 79°). III läßt sich seinerseits mit α-Bromisobuttersäuremethylester nach Reformatski zu II (Ar = *6-Methoxynaphthyl-(2)-*, R = CH_3; $C_{17}H_{20}O_4$, F. 114°) kondensieren, der ebenso leicht gespalten werden kann. Die freie Oxysäure II (Ar = *6-Methoxynaphthyl-(2)-*, R = *H*; $C_{16}H_{18}O_4$, F. 180°) wird beim Erhitzen decarboxyliert (50% der theoret. CO_2-Menge wurden aufgefangen) u. spaltet dann W. ab, die Konst. des erhaltenen *2-[2-Methylpropen-(1)-yl]-6-methoxynaphthalins* ($C_{15}H_{16}O$, F. 84°) folgt aus seiner Darst. aus 6-Methoxy-2-isobutyrylnaphthalin durch Hydrierung in A. zu *6-Methoxy-2-[α-oxyisobutyl]-naphthalin* ($C_{15}H_{18}O_2$, F. 46°) u. dessen Dehydratisierung mit $KHSO_4$. — Die genannte Reaktionsfolge lieferte aus Benzonitril über I (Ar = C_6H_5, R = C_2H_5) u. II (Ar = C_6H_5, R = C_2H_5) *Benzaldehyd* (*Semicarbazon*, F. 225°) u. ebenso aus 2-Cyannaphthalin über I (Ar = *β-Naphthyl-*, R = C_2H_5; Kp.$_{14}$ 204—206°) u. II (Ar = *β-Naphthyl-*, R = C_2H_5; F. 67 bis 68,5°) *β-Naphthaldehyd* mit 60% Ausbeute. (C. R. hebd. Séances Acad. Sci. **236.** 826—28. 23/2. 1953.) Spaeth. 2700

Marc Julia, unter techn. Mitarbeit von **Michèle Baillargé,** *Pflanzenwachstumsfaktoren.* 1. Mitt. *Über Acenaphthen-1-carbonsäure.* Während *1-Bromacenaphthen* (I), das aus Acenaphthenol-(1) (II) mit PBr_3, besser aus Acenaphthen mit N-Bromsuccinimid erhalten werden kann, mit KCN in verschied. Lösungsmitteln II zurückliefert, mit $Cu(CN)_2$ nur zu *Diacenaphthenyl-(1.1')* u. einem Acenaphthylenharz führt u. die Carbonisierung der Grignard-Verb. von I keine Carbonsäure ergab, konnte *Acenaphthen-1-carbonsäure* (III) mit der Meth. von Barnard u. Bateman (C. **1951.** II. 1113) auf folgendem Wege dargestellt werden: *Acenaphthenyl-(1)-malonsäurediäthylester* (IV) liefert bei der Nitrosierung mit Amylnitrit in alkal. Lsg. *α-Oximinoacenaphthenyl-(1)-essigsäureäthylester* (V); die freie Säure (VI) ergibt bei der Decarboxylierung u. Wasserabspaltung *Acenaphthennitril-(1)*, dessen Verseifung leicht zu III führt. — Die Wrkg. von III als Pflanzenwuchsstoff ist vorhanden, aber geringer als die von Naphthalin-1-essigsäure.

V e r s u c h e : *1-Bromacenaphthen* (I), F. 64—66°, aus 6,2 g Acenaphthen, N-Bromsuccinimid u. wenig Benzoylperoxyd in sd. CCl_4 (3 Std.); 8 g (Ausbeute). — *Diacenaphthenyl-(1.1')*, $C_{24}H_{18}$, F. 285°, durch Erwärmen einer Mischung von I u. $Cu(CN)_2$; aus Bzl. gelbe Kristalle. *Dipikrat*, $C_{24}H_{18} \cdot 2\,C_6H_3O_7N_3$, F. 270°, aus A. rötliche Nadeln. — *Acenaphthenyl-(1)-malonsäurediäthylester* (IV), Kp.$_{3,5}$ 200°, nach Bachmann u. Sheehan (C. **1941.** II. 879). — *α-Oximinoacenaphthenyl-(1)-essigsäure* (VI), $C_{14}H_{11}O_3N$, F. 172°, durch Behandeln von IV mit Isoamylnitrit in alkoh. Na-Äthylat bei 0°, Zers. mit Eis u. 25%ig. H_2SO_4, Extrahieren des V mit Ae. u. Verseifen des öligen V mit NaOH auf dem Wasserbad; aus wss. A. Nadeln; 79%. *Acetylverb.*, $C_{16}H_{13}O_4N$, F. 82°, mit Essigsäureanhydrid in Äther. *Äthylester* (V), $C_{16}H_{15}O_3N$, F. 134°, aus Bzn. Kristalle. — *Acenaphthennitril-(1)*, $C_{13}H_9N$, F. 68°, durch Erwärmen von VI in Ligroin + Essigsäureanhydrid unter Entw. von CO_2; nach dem Abkühlen als Nd.; aus PAe. Prismen; 80%. — *Acenaphthen-1-carbonsäure* (III), $C_{13}H_{10}O_2$, F. 161°, durch Verseifen der vorst. Verb. mit H_2SO_4 in sd. Essigsäure (1 Std.) Verdünnen mit Ae. u. Extrahieren mit NaOH; aus W., A. oder wenig Ligroin Nadeln; 15%. (Bull. Soc. chim. France, Mém. [5] **19.** 1065—67. Nov./Dez. 1952. École Polytechn., u. Inst. Nat. de la Rech. Agronom.) Gold. 2750

Arthur C. Cope und **Stuart W. Fenton,** *Cyclische Polyolefine.* 14. Mitt. *3.7-Dibrom-1.2;5.6-dibenzcyclooctadien und 1.2;5.6-Dibenzcyclooctatetraen.* (13. vgl. C. **1953.** 5327.) *1.2;5.6-Dibenzcyclooctadien-(1.5)* (I) ist in Verbesserung des Verf. von Baker u. Mitarbeitern (J. chem. Soc. [London] **1945.** 27) in 46%ig. Ausbeute aus α.α'-Dibrom-o-xylol (VIII) in Dioxan mit Na zu erhalten, wenn in Verdünnung gearbeitet wird. Unter den Nebenprodd. wurde 1.2-Benzcyclobuten-(1) nicht gefunden. Mit Bromsuccinimid entsteht aus I *3.7-Dibrom-1.2;5.6-dibenzcyclooctadien-(1.5)* (II), das zu I wieder red. werden kann. Hydrolyse von II gibt das entsprechende *Diol* (III), das in besserer Ausbeute über das *Diacetat* (VI) gewonnen wird u. ebenfalls zu I red. werden kann. Die Oxydation von III führt zu *1-Oxy-1.2-diphenyläthan-o.o'-dicarbonsäurelacton* (VII) u. *1.2;5.6-Dibenzcyclooctadien-(1.5)-ol-(3)-on-(7)-hemiketal* (IV) u. ist strukturbeweisend für III u. damit für II. Die Konst. von IV ist bewiesen durch das Infrarotspektr., die Zerewitinoff-Best. u. die Synth. seines Oxydationsprod., *1.2;5.6-Dibenzcyclooctadien-(1.5)-dion-(3.7)*, aus dem durch Meerwein-Ponndorf-Red. IV entsteht. II läßt sich nicht zu *1.2;5.6-Dibenzcyclooctatetraen* (V) dehydrobromieren, da dabei Umlagerung eintritt (vgl. nachst. Ref.). V konnte auch nicht aus I durch Dehydrierung mit S, Chloranil oder Pd-Kohle gewonnen werden, entsteht jedoch aus VI durch Pyrolyse. Die Konst. von V ist bewiesen durch Hydrierung zu I, unabhängige Synth. nach Fieser u. Pechet (C. **1948.** I. 1204), Infrarotspektr. u. Ozonisation bei nachheriger H_2O_2-Oxydation des Ozonids, die zu *Phthalsäureanhydrid* führt.

Versuche (FF. korr.): *α.α'-Dibrom-o-xylol* (**VIII**), F. 90,5—91,8° (A.), aus o-Xylol u. Br_2 nach PERKIN (1888), wobei jedoch bei 120° gearbeitet wurde; 61% (Ausbeute); tränenreizend. — *1.2;5.6-Dibenzcyclooctadien-(1.5)* (**I**), F. 109,4—109,9°, aus 0,125 Mol **VIII** in 1320 cm³ Dioxan durch 48std. Kochen mit 0,304 g-Atom Na, Eindampfen, Lösen in Bzl., Zugabe von A. u. Dampfdest.; aus A. Prismen; 46%. Aus dem Rückstand der Dampfdest. durch Sublimation bei 280° Blocktemp. u. 0,15 mm u. fraktionierte Kristallisation aus A. *1.2;5.6;9.10-Tribenzcyclododecatrien-(1.5.9)*, F. 183,5 bis 184,5°, Nadeln, u. wenig *1.2-Di-[o-tolyl]-äthan*, F. 56—58°. Größere Mengen **I** werden besser aus 0,25 Mol **VIII** in 1/4 Liter Dioxan u. 0,608 g-Atom Na in der gleichen Menge sd. Dioxan in einer einfachen Verdünnungsapp. gewonnen; 30%. — *3.7-Dibrom-1.2;5.6-dibenzcyclooctadien-(1.5)* (**II**), $C_{16}H_{14}Br_2$, F. 188,1—189° (A.), aus **I** durch 1std. Erhitzen mit der doppeltmol. Menge N-Bromsuccinimid in CCl_4 u. Vakuumverdampfen des Filtrats; 88%. Gibt bei Red. in Ae. mit Na in fl. NH_3 u. Aufnehmen in CH_2Cl_2 **I**; 61%. — *1.2;5.6-Dibenzcyclooctadien-(1.5)-diol-(3.7)-diacetat* (**VI**), $C_{20}H_{20}O_4$, F. 146,3 bis 147° (A.), aus **II** durch Kochen mit Eisessig u. CH_3COOAg u. Zugeben des Filtrats zu Eiswasser; 78,5%. — *1.2;5.6-Dibenzcyclooctadien-(1.5)-diol-(3.7)* (**III**), $C_{16}H_{16}O_2$, F. 214,8—216° (Essigester), a) aus **VI** durch 3std. Kochen mit alkoh. NaOH u. Fällen mit W.; 96%; b) aus **II** durch 48std. Kochen mit $CaCO_3$ in W.; 22%; c) aus **II** u. wss. Ag_2O-Suspension; 55%. — 2std. Kochen von **III** mit 57%ig. HJ + Eisessig, Verdünnen, Alkalisieren mit NH_4OH, Ausziehen der festen M. mit CH_2Cl_2, Einengen u. Vakuumsublimation gibt **I**; 74%. — Nach langsamer Zugabe von CrO_3 in Eisessig zu 1 g **III**, 3std. Rühren, Verdünnen mit W., Ausziehen mit CH_2Cl_2 u. der so erhaltenen Lsg. mit 10%ig. Sodalsg., Ansäuern der bas. Lsg., Aufnehmen in CH_2Cl_2, Eindampfen u. Sublimation bei 180—200° Blocktemp./0,3 mm wurden 0,228 g *1-Oxy-1.2-diphenyläthan-o.o'-dicarbonsäurelacton* (**VII**), $C_{16}H_{12}O_4$, erhalten, F. 201,5—202,5° (A.), als neutrales Prod. nach Sublimation bei 170° Blocktemp./0,3 mm *1.2;5.6-Dibenzcyclooctadien-(1.5)-ol-(3)-on-(7)-hemiketal* (**IV**), $C_{16}H_{14}O_2$, F. 178,9—180,5° (A.). — **IV** entsteht auch aus **III**, Cyclohexanon u. Al-Isopropylat durch 12½std. Kochen in Bzl. u. Zugabe von 20%ig. HCl; 91%. — **VII** wurde synthet. aus der nach EPHRAIM (1891) aus Homophthalsäure, Phthalsäureanhydrid u. CH_3COONa dargestellten *Desoxybenzoin-2.2'-dicarbonsäure* (F. 241—243° [Eisessig]; 26%) durch Hydrierung mit RANEY-Ni unter n. Bedingungen in NaOH gewonnen; 93%; bei Red. mit Na-Amalgam ist die Ausbeute geringer. — *symm. Diphenylsuccinonitril*, F. 223—225°, aus α-Phenylzimtsäurenitril nach BRAND u. LOEHR (J. prakt. Chem. **109**. [1925.] 359); 80%. — *symm.-Diphenylbernsteinsäure*, F. 227—229°, aus vorst. Verb. nach LAPWORTH u. MCRAE (J. chem. Soc. [London] **121**. [1922.] 1709); 80%. — *9.12-Diphensuccindandion*, F. 203,5—205° (A.), aus vorst. Verb. durch Zugabe zu konz. H_2SO_4 bei 110° u. Gießen auf Eis + W.; 30%. — *9.12-Dichlor-9.11-diphensuccindadien*, F. 190,8—191,8°, aus vorst. Verb. nach WAWZONEK (C. **1940**. II. 1866); dunkelrote Nadeln; 65%. — *10-Diphensuccinden*, F. 205—208° (Essigester), durch langsame Zugabe von Zn-Staub zu vorst. Verb. in sd. Eisessig, Dekantieren in Eiswasser u. Ausäthern; 91%. — *1.2;5.6-Dibenzcyclooctadien-(1.5)-dion-(3.7)*, F. 202—203° (A.), aus vorst. Verb. in Essigester durch Rk. mit O_3 bei 0°, Hydrierung des Ozonids mit Pd-Kohle unter n. Bedingungen u. Sublimation bei 130° Blocktemp./0,5 mm; 31%. — Vorst. Verb. gibt bei langsamer Dest. der Lsg. mit Al-Isopropylat in Isopropanol, Abdest. des Lösungsm., Zugabe von 10%ig. HCl, Ausziehen mit CH_2Cl_2, Eindampfen u. Vakuumsublimation **IV**; 87%. — *1.2;5.6-Dibenzcyclooctatetraen-(1.3.5.7)* (**V**), F. 106,5—107° (A.), aus **VI** durch Erhitzen auf 500° unter N_2 u. Abdest., Neutralisation des Kondensats, Ausziehen mit CH_2Cl_2, Eindampfen u. Sublimation bei 130° Blocktemp. u. 0,2 mm; 70%. — **V** gibt durch Hydrierung in A. mit 10%ig. Pd-Kohle unter n. Bedingungen, Eindampfen des Filtrats u. Vakuumsublimation **I**; 79%. — *o-Phthalaldehyd*, F. 54,5—55,5° (PAe.), aus α.α.α'. α'-Tetrabrom-o-xylol nach THIELE u. GÜNTHER (1906), wobei allerdings vor der Dampfdest. $Na_2HPO_4 \cdot 12\,H_2O$ zum Reaktionsgemisch gegeben wurde; 82%. — *o-Phenylendiacetonitril*, F. 58—59° (A.), aus **VIII** durch Rk. mit KCN in 50%ig. sd. A., 2std. Kochen, Verdünnen, Ausäthern u. Kurzwegdest. bei 0,15 mm bei Kondensation über 18°; 68%. — *3.8-Dicyan-1.2;5.6-dibenzcyclooctatetraen-(1.3.5.7)*, F. 217,3—217,6°, aus Phthalaldehyd u. vorst. Verb. nach FIESER u. PECHET (l. c.); 48%. — *1.2;5.6-Dibenzcyclooctatetraen-(1.3.5.7)-dicarbonsäure-(3.8)-diäthylester*, F. 117,5—118,5° (A.), durch Durchleiten von HCl durch die Lsg. vorst. Verb. in A., wobei Spuren von W. notwendig sind, 8std. Kochen, Eindampfen des Filtrats u. Zugabe von W. u. Ae.; 80%. Daraus die *Säure*, F. 290—291°; 88%. — Bei Erhitzen vorst. Säure mit Cu-Pulver auf 270°/30 mm dest. **V** ab; 41%. — Ozonisierung von **V** in Essigester, Zugabe von Eisessig + Perhydrol, 12std. Kochen, Abdampfen, Lösen in 5%ig. Bicarbonatlsg., Ansäuern, Ausäthern u. Sublimation bei n. Druck gibt *Phthalsäureanhydrid*, F. 129,5—130,5°; 86%. (J. Amer.

chem. Soc. **73.** 1668—73. April 1951. Cambridge, Mass., Massachusetts Inst. of Technol., Dep. of Chem.) Nitzschke. 2950

Arthur C. Cope und **Stuart W. Fenton,** *Cyclische Polyolefine.* 15. Mitt. *1-Methylen-2.3;6.7-dibenzcycloheptatrien.* (14. vgl. vorst. Ref.) 3.7-Dibrom-1.2;5.6-dibenzcyclooctadien-(1.5) (**IV**) gibt bei der Dehydrobromierung mit Basen nicht symm. Dibenzcyclooctatetraen (**V**), sondern lagert sich unter Ringverengerung zu *1-Methylen-2.3;6.7-dibenzcycloheptatrien-(2.4.6)* (**I**) um, das sich zu *1-Methyl-2.3;6.7-dibenzcycloheptadien-(2.6)* (**III**) hydrieren läßt. Die Ozonisation von **I** mit überschüssigem O_3 u. Rk. des Ozonids mit H_2O_2 + Essigsäure liefert *Phthalsäureanhydrid* (**VIII**), mit nur wenig überschüssigem O_3 unter milderen Bedingungen entsteht bei nachheriger Behandlung mit H_2O_2 *Benzophenon-2.2'-dicarbonsäurelacton* (**II**). Ebenso wie durch die erwähnten Rkk. wird die Konst. von **I** durch Synth. von **I** u. **III** bewiesen. Daß die Ringverengerung von **IV** zu **I** nicht über **V** verläuft, wird dadurch gezeigt, daß **V** sich beim Erhitzen mit α-Picolin (**VI**)-Hydrobromid in **VI**, mit HBr + Benzoylperoxyd oder mit J_2 im UV-Licht nicht verändert. Ebenso beständig ist das *1.2;5.6-Dibenzcyclooctadien-(1.5)*, das nach Erhitzen mit **VI**-Hydrobromid in **VI**, mit starken Basen, mit K-tert.-Butylat oder n-Butyl-Li unverändert zurückgewonnen wird. — Die Infrarotspektren von **I** u. **III** werden angegeben.

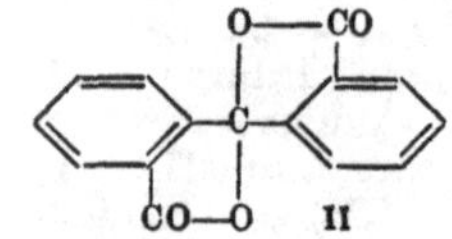
II

V e r s u c h e (FF. korr.): *1-Methylen-2.3;6.7-dibenzcycloheptatrien-(2.4.6)* (**I**), $C_{16}H_{12}$, F. 119,7—120,3°, aus **IV** durch 7tägiges Erhitzen mit **VI** unter N_2, Abdest., Ansäuern mit verd. H_3PO_4, Ausziehen mit CH_2Cl_2 u. Kurzwegdest. des Prod. bei 125° Blocktemp./0,1 mm; aus A. Platten; 70% (Ausbeute), geringer bei Erhitzen von **IV** mit Triäthylamin, Diäthylanilin, 2.6-Lutidin oder Chinolin. — *1-Methyl-2.3;6.7-dibenzcycloheptadien-(2-6)* (**III**), $C_{16}H_{16}$, Kp.$_{0,45}$ 118—118,5°, aus **I** durch Hydrierung mit 10%ig. Pd-Kohle in A. unter n. Bedingungen u. Kurzwegdest. des Prod. bei 130° Blocktemp. u. 0,5 mm; n_D^{25} 1,6045; $D.^{25}_4$ 1,0789; 83%. **III** entsteht auch aus **I** durch Red. mit Na in Ae. + fl. NH_3; 72%. — Ozonisation von 200 mg **I** in Essigester bei —70° (10 mg O_3 pro Min., insgesamt 11 Min.), Zugabe von Perhydrol + Eisessig, 4 std. Kochen, Einengen, Lösen in 10%ig. $NaHCO_3$, Ausäthern, Einengen u. Sublimation bei 0,2 mm liefert *Phthalsäureanhydrid* (**VIII**) (F. 129—130°; 19,3 mg) als flüchtigere Komponente u. *Benzophenon-2.2'-dicarbonsäurelacton* (**II**), F. 208—211° (A.); 69,5% roh. Wird 35 Min. bei n. Temp. ozonisiert, entsteht nur **VIII**; 83%. — *2-[β-Phenyläthyl]-benzoesäure,* F. 129—130° (70%ig. A.), durch 12 std. Kochen von Benzalphthalid, rotem P u. 57%ig. HJ, Gießen auf Eis, $^1/_4$ std. Kochen des Nd. mit 28%ig. NH_4OH u. Ansäuern des Filtrats; 94%. —*2.3;6.7-Dibenzcycloheptadien-(2.6)-on-(1)* (**VII**), $C_{15}H_{12}O$, Kp.$_{0,15}$ 133 bis 134°, aus vorst. Säure durch Erhitzen mit $SOCl_2$ bis zur Beendigung der Gasentw., Abdest. von $SOCl_2$, Zugabe von CS_2 u. eines großen Überschusses $AlCl_3$, 18 std. Rk. bei n. Temp., Zugabe von Eis, Abdest. von CS_2 u. Ausäthern; n_D^{25} 1,6332; $D.^{25}_4$ 1,1613; 73%. — *4-Brom-2.3;6.7-dibenzcycloheptadien-(2.6)-on-(1)*, $C_{15}H_{11}OBr$, F. 85,6—87,6° unter Zers. (Ligroin), aus 5,1 g **VII** in CCl_4 durch 3 std. Kochen mit N-Bromsuccinimid, Einengen des Filtrats (wobei sich 1,3 g *Dibromid,* $C_{15}H_{10}OBr_2$, F. 200—207° unter Zers., abscheiden) u. weiteres Eindampfen; blaßgelb; 69%. — *2.3;6.7-Dibenzcycloheptatrien-(2.4.6)-on-(1)*, $C_{15}H_{10}O$, F. 88,3—89,2°, a) durch 1 std. Kochen von **VII**, Bromsuccinimid, etwas Benzoylperoxyd u. CCl_4, Eindampfen des Filtrats, 2 std. Erhitzen des Rückstandes mit Triäthylamin, Einengen im Vakuum, Zugabe von verd. HCl, Kurzwegdest. der festen M. bei 0,3 mm u. 200° Blocktemp. u. erneutes 6 std. Kochen mit Triäthylamin; aus A. Nadeln; 61%; b) aus vorst. Verb. durch Sublimation bei 160° Blocktemp. u. 0,15 mm u. 3 std. Kochen des Rohprod. mit $(C_2H_5)_3N$; 92%; 0,2 g geben nach 5 minütiger Ozonisation in Essigester bei —70°, Zugabe von Eisessig u. Perhydrol, 2 std. Kochen, Einengen, Ausziehen mit 10%ig. Bicarbonatlsg., Ansäuern, Ausäthern u. Sublimation 20 mg **VIII** u. 174,4 mg **II**. — *1-Methyl-2.3;6.7-dibenzcycloheptatrien-(2.4.6)-ol-(1)*, $C_{16}H_{14}O$, F. 112—115° unter Zers. (70%ig. A.), aus vorst. Keton durch Rk. mit CH_3MgJ in Ae. u. Zers. mit NH_4Cl-Lsg.; 100%. — Aus vorst. Verb. entsteht **I** durch Erhitzen auf 100°/30 mm mit einem Jodkristall u. Vakuumsublimation; 78%. — *1-Methyl-2.3;6.7-dibenzcycloheptadien-(2.6)-ol-(1)*, $C_{16}H_{16}O$, F. 135—143,5° unter Zers. (A.), aus **VII** u. CH_3MgJ in Ae.; blaßgelb; 97%. — *1-Methylen-2.3;6.7-dibenzcycloheptadien-(2.6)*, $C_{16}H_{14}$, F. 63,5—64° (A.), aus vorst. Verb. durch Erhitzen auf 80°/30 mm u. Sublimation des Rohprod. bei 120° Blocktemp./0,25 mm; 99%. — Vorst. Verb. gibt bei Hydrierung mit 10%ig. Pg-Kohle unter n. Bedingungen **III**; Kp.$_{0,09-0,13}$ 108—112°; 74%. (J. Amer. chem. Soc. **73.** 1673—78. April 1951.) Nitzschke. 2950

Otto Aubert, Else Augdahl und **Endre Berner,** *Einige neue Derivate von Isocumaranon.* (Vgl. auch Bernatek, C. **1949.** E. 403.) Aus den isomeren Methylsalicylaldehyden u. Carboxyoxybenzaldehyden werden nach der Meth. von CZAPLICKI u. Mitarbeitern [1909] über die Cyanhydrine u. die substituierten Oxyphenylessigsäuren die isomeren *Methylisocumaranone* u. *Isocumaranoncarbonsäuren* dargestellt. Die Oxyphenylessigsäuren cyclisieren schon bei Sublimation; lediglich die H_2O-Abspaltung aus *2-Oxy-3-carboxyphenylessigsäure* ließ sich aus ster. Gründen nicht durch Sublimation, sondern nur in sd. Acetanhydrid durchführen. *Isocumaranoncarbonsäure-(4)* wurde aus *2-Methoxy-6-methylphenylessigsäure* durch Oxydation zu *2-Methoxy-6-carboxyphenylessigsäure* (I), Entmethylierung u. H_2O-Abspaltung gewonnen. Bei Dehydratisierung von I entsteht dagegen *p-Methoxyhomophthalsäureanhydrid.* Dieses gibt ebenso wie die Carboxyisocumaranone mit Alkali auf Grund der Enolisierung eine Gelbfärbung.

Versuche: Nachst. *Mandelsäurenitrile* wurden aus den Bisulfitverbb. der isomeren Methylsalicylaldehydmethyläther mit konz. KCN-Lsg. nach Ausäthern u. Ausschütteln des unverbrauchten Aldehyds mit Bisulfitlsg. dargestellt: *2-Methoxy-3-methyl-* (gelbes Öl), *2-Methoxy-4-methyl-*, *2-Methoxy-5-methyl-*, $C_{10}H_{11}O_2N$, F. 37,5° (Ae.-Ligroin), 80% (Ausbeute), u. *2-Methoxy-6-methyl-*, F. 68° (Ae.–Ligroin); 60%. — Hieraus durch 4std. Kochen mit überschüssiger HJ (D. 1,7) u. etwas rotem P, Verdünnen mit W., Ausäthern u. Ausziehen des J_2 mit Thiosulfat folgende *Phenylessigsäuren*: *2-Oxy-3-methyl-*, $C_9H_{10}O_3$, F. 88° (Ligroin); 45%. — *2-Oxy-4-methyl-*, F. 124° (Ae.–Ligroin); 45%. — *2-Oxy-5-methyl-*, F. 123,5° (Bzl.); 70%. — *2-Oxy-6-methyl-*, F. 110,5° (Ae. + Ligroin); 65%; hier entsteht gleichzeitig das entsprechende Isocumaranon. — Aus vorst. Verbb. durch Sublimation folgende *Isocumaranone*: *7-Methyl-*, $C_9H_8O_2$, F. 98°. — *6-Methyl-*, F. 73°. — *5-Methyl-*, F. 74°. — *4-Methyl-*, F. 93,5° (PAe.). — Aus den entsprechenden isomeren Oxybenzoesäuren wurden nach REIMER-TIEMANN [1876] die nachst. *Benzaldehyde* gewonnen: *3-Carboxy-2-oxy-*, F. 179°. — *4-Carboxy-2-oxy-*, F. 233—234°. — *5-Carboxy-2-oxy-*, F. 244—245°. — *3-Carboxy-4-oxy-*, F. 248°. — Aus den Bisulfitverbb. wurden mit KCN wie vorst. die *Carboxyoxymandelsäurenitrile* gewonnen, die als Rohprodd. durch Red. mit HJ wie vorst. folgende *Phenylessigsäuren* lieferten: *3-Carboxy-2-oxy-*, $C_9H_8O_5$, F. 251—252° (verd. A.); $FeCl_3$-Rk. violett. — *4-Carboxy-2-oxy-*, F. 215—216°, Nadeln aus verd. HCl; $FeCl_3$-Rk. rot. — *5-Carboxy-2-oxy-*, F. 192—193° (Ae. + Ligroin); $FeCl_3$-Rk. violett. — *3-Carboxy-4-oxy-*, F. 204 bis 205° (wss. A.); $FeCl_3$-Rk. violett. — *2-Methoxy-6-methylphenylessigsäure*, $C_{10}H_{12}O_3$, F. 150—152° (verd. A.), durch Methylieren der 2-Oxyverb. mit $(CH_3)_2SO_4$ u. anschließende Verseifung; 80%. — *6-Carboxy-2-methoxyphenylessigsäure* (I), $C_{10}H_{10}O_5$, F. 191° (Aceton), aus vorst. Verb. durch Oxydation mit 5%ig. $KMnO_4$-Lsg. in 2nNaOH bei 80°, Filtrieren, Einengen u. Ansäuern. — Hieraus mit HJ wie vorst. *6-Carboxy-2-oxyphenylessigsäure*, $C_9H_8O_5$, F. 158° (Ae. + Ligroin). — Aus den vorst. Carboxyoxyphenylessigsäuren durch Sublimation (im ersten Fall durch 2std. Kochen mit viel Acetanhydrid) die folgenden Verbb.: *Isocumaranoncarbonsäure-(7)*, $C_9H_6O_4$, F. 266°. — *-carbonsäure-(6)*, F. 210°. — *-carbonsäure-(5)*, F. 232°. — *-carbonsäure-(4)*, F. 191°. — *o-Methoxyhomophthalanhydrid*, $C_{10}H_8O_4$, F. 153°, durch Sublimation von I. (Acta chem. scand. **6**. 433—39. 1952. Oslo, Univ., Kjem. Inst.) LEHWALD. 3061

Arthur W. Weston und **R. J. Michaels jr.**, *2-Thiophenaldehyd*. Durch Einrühren von Thiophen in das Reaktionsgemisch aus N-Methylformanilid u. $POCl_3$: C_5H_4OS, $Kp._{27}$ 97—100°, n_D^{23} 1,5893; Ausbeute 71—74%. Das Prod. dunkelt beim Stehen. (Org. Syntheses **31**. 108—11. 1951. North Chicago, Ill., Abbott Labor.) TROFIMOW. 3071

K. Rabindran, A. V. Sunthankar und **B. D. Tilak,** *Eine neue Synthese von Thiophenen und Thiapyranen.* 7. Mitt. *Bromthionaphthene und 5-Nitrothionaphthen.* Durch Kondensation von o-Bromthiophenol (I) mit Bromacetaldehyddimethylacetal (II) entsteht *o-Bromphenyl-ω-dimethoxyäthylsulfid* (III), das sich in guter Ausbeute mit P_2O_5/H_3PO_4 zu *7-Bromthionaphthen* (IV) cyclisieren läßt. Die gleiche Reaktionsfolge mit p-Bromthiophenol (V) erfordert zur Cyclisierung von *p-Bromphenyl-ω-dimethoxyäthylsulfid* (VI) die doppelte Menge P_2O_5/H_3PO_4, auch dann war die Ausbeute an *5-Bromthionaphthen* noch gering. — *p-Nitrophenyl-ω-dimethoxyäthylsulfid* (VII), aus II u. p-Nitrothiophenol dargestellt, läßt sich nur unter speziell ausgearbeiteten Bedingungen zu *5-Nitrothionaphthen* cyclisieren, während der Ringschluß des analog dargestellten *o-Nitrophenyl-ω-dimethoxyäthylsulfids* überhaupt nicht bewerkstelligt werden konnte, als einziges Prod. wurde *2.2'-Dinitrodiphenyldisulfid* isoliert.

Versuche: *o-Bromphenyl-ω-dimethoxyäthylsulfid* (III), $C_{10}H_{13}O_2BrS$, $Kp._{·7}$ 130 bis 131° (Bad), durch 5std. Kochen von **I, II** u. Na in A.; 78% (Ausbeute). *S-[o-Bromphenyl]-thioglykolaldehyd-2.4-dinitrophenylhydrazon*, $C_{14}H_{11}O_4N_4BrS$, F. 136°, aus A.–Äthylacetat orangegelbe Nadeln. — *7-Bromthionaphthen* (IV), C_8H_5BrS, $Kp._{10}$ 108—109° Bad), durch Zufügen von **III** zu P_2O_5 u. H_3PO_4 (D. 1,75) bei 170—180°/10 mm, wobei

IV abdest.; 75% (roh), 39% (rein). *Pikrat*, $C_{14}H_8O_7N_3BrS$, F. 144—145°, aus A. gelbe Nadeln. — *p-Bromphenyl-ω-dimethoxyäthylsulfid* (**VI**), Kp.$_{10}$ 142—144° (Bad), analog **III** aus **V** u. **II**; 72%. *S-[p-Bromphenyl]-thioglykolaldehyd-2.4-dinitrophenylhydrazon*, F. 140—141°, aus A. gelbe Nadeln. — *5-Bromthionaphthen*, F. 47—47,5°, durch Eintragen von **VI** in eine Mischung von P_2O_5 u. H_3PO_4 bei 130—140°/10 mm, Lösen des Destillats in Ae., Entfernen von **V** durch Ausschütteln mit wss. NaOH, Eindampfen u. Wasserdampfdest.; Kp.$_{10}$ 105—107° (Bad), aus A. Platten; 13%; gibt kein Pikrat. — *p-Nitrophenyl-ω-dimethoxyäthylsulfid* (**VII**), $C_{10}H_{13}O_4NS$, F. 55°, durch 12std. Kochen von p-Nitrothiophenol, Na u. **II** in A., Verjagen des A., Verdünnen mit W. u. Ae.-Extraktion; aus Bzl.–n-Hexan orangegelbe Nadeln; 68%. *S-[p-Nitrophenyl]-thioglykolaldehyd-2.4-dinitrophenylhydrazon*, $C_{14}H_{11}O_6N_5S$, F. 185°, aus n-Hexylalkohol orangefarbene Nadeln. — *5-Nitrothionaphthen*, $C_8H_5O_2NS$, F. 149° (Bzl.–n-Hexan), durch 5 Min. Erhitzen von 5,5 g **VII** mit 25 cm³ H_3PO_4 u. 30 g P_2O_5 auf 130°, Gießen auf Eis, Benzolextraktion u. Filtration über Al_2O_3; nach Vakuumsublimation 0,5 g gelbe Nadeln. — *5-Aminothionaphthen*, F. 70° (Bzl.–n-Hexan), durch Hydrierung von 0,5 g vorst. Verb. in A. in Ggw. von RANEY-Ni während 8 Std. unter 42 lbs./sq.in.; 0,4 g. *Acetylderiv.*, F. 108° (Bzl.–n-Hexan). — *p-Aminophenyl-ω-dimethoxyäthylsulfid*, $C_{10}H_{15}O_2NS$, Kp.$_4$ 185° (Bad), durch Hydrierung von **VII** wie vorst.; 90%; ließ sich nicht cyclisieren. — *o-Nitrophenyl-ω-dimethoxyäthylsulfid*, Kp.$_4$ 140—180° (Bad), aus 8 g o-Nitrothiophenol analog **VII**; 6 g. *S-[o-Nitrophenyl]-thioglykolaldehyd-2.4-dinitrophenylhydrazon*, $C_{14}H_{11}O_6N_5S$, F. 180°, aus Hexylalkohol gelbe Nadeln. (Proc. Indian Acad. Sci., Sect. A **36**. 405—10. Nov. 1952. Bombay, Univ., Dep. of Chem. Technol.) SPAETH. 3071

K. Rabindran und **B. D. Tilak**, *Thiophene und Thiapyrane.* 8. Mitt. *Eine neue Synthese von Dibenzothiophen und seinen Derivaten; ihr Anwendungsbereich und ihre Grenzen.* (7. vgl. vorst. Ref.) Die von WERNER (Recueil Trav. chim. Pays-Bas **68**. [1949.] 509) durchgeführte Kondensation von Arylthiolen mit α-Halogenketonen $R_1CHXCOR_2$ zu α-Arylmercaptoketonen u. deren Cyclisierung zu Thionaphthenen wird auf 2-Bromcyclohexanon (**I**) übertragen; die Cyclisierung der erhaltenen *α-Arylmercaptocyclohexanone* liefert *1.2.3.4-Tetrahydrodibenzothiophene*, die sich mit Se dehydrieren lassen (Zählung der erhaltenen *Dibenzothiophene* vgl. nebenstehende Formel).

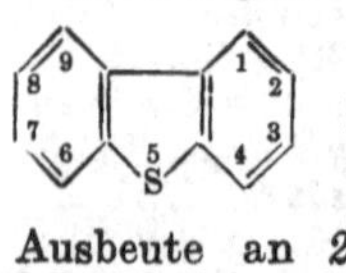

Wegen der geringen Ausbeute an *2-Methoxy-6.7.8.9-tetrahydrodibenzothiophen* bei der Cyclisierung von 2-[4′-Methoxyphenylmercapto]-cyclohexanon konnte *2-Methoxydibenzothiophen* nicht dargestellt werden, ebenso mißlang der Vers. der Darst. von *2-Nitrodibenzothiophen*. Obgleich bei m-substituierten Thiophenolen als Ausgangsmaterialien die Bldg. von 1- oder 3-substituierten Dibenzothiophenen aus den intermediären 2-[3′-substituierten Phenylmercapto]-cyclohexanonen möglich sein sollte, wird auf Grund ster. Betrachtungen die bevorzugte Bldg. der 3-substituierten Dibenzothiophene angenommen.

Versuche: *2-Phenylmercaptocyclohexanon* (**II**), $C_{12}H_{14}OS$, Kp.$_{10}$ 152—153° (Bad), durch 3std. Kochen von Thiophenol, Na u. **I** in A.; 77% (Ausbeute). *2.4-Dinitrophenylhydrazon*, $C_{18}H_{18}O_4N_4S$, F. 162—163°, aus A.–Äthylacetat gelbe Nadeln. — *1.2.3.4-Tetrahydrodibenzothiophen* (**III**), $C_{12}H_{12}S$, Kp.$_{10}$ 141° (Bad), durch ³/₄std. Erhitzen von **II** mit P_2O_5 auf 170—180°; 74%. *Pikrat*, $C_{18}H_{15}O_7N_3S$, F. 108—109°, aus A. orangefarbene Nadeln. — *Dibenzothiophen* (**IV**), $C_{12}H_8S$, F. 98°, durch 22std. Erhitzen vorst. Verb. mit Se auf 300° u. Extraktion mit A.; aus A. lange Nadeln; 91%. *Pikrat*, $C_{18}H_{11}O_7N_3S$, F. 123—124° (A.). — *2-[4′-Methylphenylmercapto]-cyclohexanon*, $C_{13}H_{16}OS$, Kp.$_5$ 168 bis 173° (Bad), analog **II** aus **I** u. p-Thiokresol (5 Std.); 68%. *2.4-Dinitrophenylhydrazon*, $C_{19}H_{20}O_4N_4S$, aus A.–Äthylacetat orangefarbene Nadeln. — *2-Methyl-6.7.8.9-tetrahydrodibenzothiophen*, $C_{13}H_{14}S$, Kp.$_5$ 165—170° (Bad), analog **III** aus vorst. Verb.; 60%. *Pikrat*, $C_{19}H_{17}O_7N_3S$, F. 112—113°, aus A. orangerote Nadeln. — *2-Methyldibenzothiophen*, $C_{13}H_{10}S$, F. 85,5°, analog **IV** aus vorst. Verb.; aus A. Nadeln; 46%. *Pikrat*, $C_{19}H_{13}O_7N_3S$, F. 117—118°, aus A. gebogene orangefarbene Nadeln. — *2-[3′-Methylphenylmercapto]-cyclohexanon*, $C_{13}H_{16}OS$, Kp.$_{11}$ 168—170° (Bad), aus **I** u. m-Thiokresol analog **II** (6 Std.); 80%. *2.4-Dinitrophenylhydrazon*, $C_{19}H_{20}O_4N_4S$. aus A.–Äthylacetat gelbe Nadeln. — *3-Methyl-6.7.8.9-tetrahydrodibenzothiophen*, $C_{13}H_{14}S$, Kp.$_9$ 137—139° (Bad); 78%. *Pikrat*, $C_{19}H_{17}O_7N_3S$, F. 88—89°, aus A. orangerote Nadeln. — *3-Methyldibenzothiophen*, $C_{13}H_{10}S$, Kp.$_{10}$ 175—180° (Bad); 79%. *Pikrat*, $C_{19}H_{13}O_7N_3S$, F. 97°, aus A. gelbe Nadeln. — *2-[2′-Methylphenylmercapto]-cyclohexanon*, $C_{13}H_{16}OS$, Kp.$_8$ 165 bis 170° (Bad), analog **II** aus **I** u. o-Thiokresol (7 Std.); 85%. *2.4-Dinitrophenylhydrazon*, $C_{19}H_{20}O_4N_4S$, F. 143—144°, aus A.–Äthylacetat orangegelbe Nadeln. — *4-Methyl-6.7.8.9-tetrahydrodibenzothiophen*, $C_{13}H_{14}S$, Kp.$_6$ 145—150° (Bad); 62%. *Pikrat*, $C_{19}H_{17}O_7N_3S$, F. 95—96°, aus A. orangegelbe Nadeln. — *4-Methyldibenzothiophen*, $C_{13}H_{10}S$, F. 66,5°, Kp.$_5$ 100—104° (Bad), aus A. Platten; 51%; Reinigung über das *Pikrat*,

$C_{19}H_{13}O_7N_3S$, F. 110°, aus A. citronengelbe Nadeln. — *2-[2'-Methoxyphenylmercapto]-cyclohexanon* (**V**), $C_{13}H_{16}O_2S$, Kp.$_5$ 190—195° (Bad), durch Zutropfen von **I** zu o-Methoxythiophenol in 35%ig. NaOH unter Kühlung u. Rühren, Verdünnen nach 1std. Rühren mit W. u. Ätherextraktion; 77%. *2.4-Dinitrophenylhydrazon,* $C_{19}H_{20}O_5N_4S$, F. 130—131°, aus A. orangefarbene Nadeln. — *4-Methoxy-6.7.8.9-tetrahydrodibenzothiophen,* $C_{13}H_{14}OS$, F. 83,5°, Kp.$_5$ 180—200° (Bad), aus A. Nadeln; 47%. *Pikrat,* $C_{19}H_{17}O_8N_3S$, F. 134—135°, aus A. orangerote Nadeln. — *4-Methoxydibenzothiophen,* $C_{13}H_{10}OS$, F. 122° (nach Sublimation); 30%; *Pikrat,* $C_{19}H_{13}O_8N_3S$, F. 118°, aus A. orangerote Nadeln. — *2.[4'-Methoxyphenylmercapto]-cyclohexanon,* $C_{13}H_{16}O_2S$, Kp.$_5$ 175 bis 180° (Bad), analog **II** aus **I** u. p-Methoxythiophenol (6 Std.); 75%. *2.4-Dinitrophenylhydrazon,* $C_{19}H_{20}O_5N_4S$, F. 120—121°, aus A.-Äthylacetat orangerote Nadeln. — *2-Methoxy-6.7.8.9-tetrahydrodibenzothiophen,* Kp.$_5$ 175—180° (Bad); aus 3,64 g vorst. Verb. 0,14 g. *Pikrat,* $C_{19}H_{17}O_8N_3S$, F. 120—121°, aus A. orangerote Nadeln. — *2-[4'-Nitrophenylmercapto]-cyclohexanon,* $C_{12}H_{13}O_3NS$, F. 93—94°, aus **I** u. p-Nitrothiophenol analog **V**; aus Bzl.-PAe. winzige Nadeln; 92%. *2.4-Dinitrophenylhydrazon,* $C_{18}H_{17}O_6N_5S$, F. 167—168°, aus A. orangefarbene Platten. (Proc. Indian Acad. Sci., Sect. A **36**. 411—18. Nov. 1952.) SPAETH. 3071

J. Cymerman und **W. S. Gilbert,** *Einige Reaktionen von 3-Dimethylamino-1.1-diphenylbutylcyanid.* Bei der Rk. von (±)-3-Dimethylamino-1.1-diphenylbutylcyanid (**I**) mit Ammoniumbenzolsulfonat (**III**) in äquivalenten Mengen entsteht über das Hydrochlorid *2-Imino-1.5-dimethyl-3.3-diphenylpyrrolidin* (**II**). Die Verb. zeigt in Mischung mit der von WILSON (J. chem. Soc. [London] **1950**. 2173) aus **I** u. Äthylendiamin dargestellten Base vom F. 103° starke Misch-F.-Depression. **II** ist aber mit einem auf anderem Wege von WILSON synthetisierten **II** identisch. Wesentliche analget. Wrkg. zeigt **II** nicht. Bei Rk. von **I** mit 3 Mol **III** entsteht neben **II** eine *Verb.* $C_{22}H_{22}N_2$ mit 2 N-Methylgruppen. Durch Behandlung von **I** mit 5 Mol **III** wird eine Base, möglicherweise *2-Imino-5-methyl-3.3-diphenylpyrrolidin,* erhalten. Doch konnte bei der Rk. von **I** mit NH_3 nach der PINNER-Meth. (vgl. ASHLEY u. a., J. chem. Soc. [London] **1942**. 103) kein Iminoäther isoliert werden. Das UV-Spektr. von **I** wird mit einigen anderen Analoga verglichen (vgl. Original).

Versuche: *2-Imino-1.5-dimethyl-3.3-diphenylpyrrolidin* (**II**)*-hydrochlorid,* $C_{18}H_{20}N_2 \cdot HCl$, F. 279—281°, aus 0,02 Mol **I** u. 0,02 Mol **III** durch 4std. Erhitzen auf 255—260°, Aufnehmen in 2 nHCl, Alkalisieren u. Extrahieren mit Chlf., Kuben aus Methylcyanid + Aceton; 50% (Ausbeute). *Freie Base* (**II**), $C_{18}H_{20}N_2$, F. 93—94,5°, bipyramidale Kristalle (PAe.). — *2-Imino-5-methyl-3.3-diphenylpyrrolidin,* $C_{17}H_{18}N_2$, F. 149,5—151,5°, aus 0,02 Mol **I** u. 0,1 Mol **III** wie vorst., Plättchen aus wss. A.; 34%. — *Verb.* $C_{22}H_{22}N_2$, F. 211—212°, bei der Rk. von 0,05 Mol **I** u. 0,15 Mol **III** als Nebenprod. neben **II**, Plättchen aus A.; 0,3 g; λ_{max} bei 2700—2720 Å, λ_{min} bei 2400 Å. (J. chem. Soc. [London] **1952**. 3529—31. Sept. Sydney, Univ., N.S.W.) LEHWALD. 3081

Richard H. Wiley und **Peter E. Hexner,** *3.5-Dimethylpyrazol.* Aus Hydrazinsulfat u. Acetylaceton: $C_5H_8N_2$, F. 107—108°; 73—77% (Ausbeute). (Org. Syntheses **31**. 43—44. 1951. Louisville, Ky., Univ.) TROFIMOW. 3122

Yvonne Garreau, *Über die Stellung des Halogens in den bromierten und jodierten 2-Aminothiazolen.* Daß bei der Bromierung von 2-Aminothiazolen ohne Substituenten an $C_{(5)}$ das Br-Atom in 5-Stellung (vgl. C. R. hebd. Séances Acad. Sci. **230**. [1950.] 448 u. früher) u. nicht etwa an das N der 2-Aminogruppe tritt, wie es nach dem Verh. gegenüber KJ, aus dem J_2 freigemacht wird, auch möglich wäre, wird daran gezeigt, daß 2-Dimethylamino-4-methylthiazol bei der Bromierung in HBr eine Verb. mit dem gleichen Verh. gegenüber KJ liefert; die entsprechende Jodverb. spaltet schon beim Erwärmen in W. Jod ab. 4.5-Disubstituierte 2-Aminothiazole lassen sich entweder überhaupt nicht bromieren, wie 2-Aminothiazoldicarbonsäure-(4.5)-diäthylester, oder nur unter Austausch eines Substituenten, wie 2-Aminothiazoldicarbonsäure-(4.5), u. zwar wird die COOH-Gruppe an $C_{(4)}$ ausgetauscht, da das erhaltene Prod. verschieden von dem durch Bromierung von 2-Aminothiazolcarbonsäure-(4) erhältlichen ist. 4.5-Dimethyl-2-aminothiazol gibt mit JCl nur eine Mol.-Verb., mit Br_2 entsteht eine Verb. mit labilem Brom (vgl. C. **1952**. 1002). — *2-Dimethylamino-4-methylthiazolhydrochloridsesquihydrat,* F. 79—80° (A.), aus N.N-Dimethylthioharnstoff u. Monochloraceton; die *freie Base* ist in allen üblichen Lösungsmitteln leicht löslich. — *2-Dimethylamino-4-methyl-5-bromthiazolhydrobromid,* F. ~145°, aus A. Nadeln. — *2-Dimethylamino-4-methyl-5-jodthiazolhydrochlorid,* F. ~ 125°; *freie Base,* F. 59°. — *2-Aminothiazoldicarbonsäure-(4.5),* aus Bromketobernsteinsäure u. Thioharnstoff. — *2-Amino-4-bromthiazolcarbonsäure-(5)-hydrobromid,* Zers. bei 360°. (C. R. hebd. Séances Acad. Sci. **232**. 847—49. 26/2. 1951.) SPAETH. 3142

Yvonne Garreau, *Über einige Phenylderivate des 2-Aminothiazols und ihre Bromierungsprodukte.* Im Anschluß an die Unterss. über den Einfl. von Methylsubstituenten auf die Reaktivität eines Br-Atoms an $C_{(5)}$in 2-Aminothiazolen (vgl. C. **1952.** 5889 u. früher) werden die entsprechenden Phenylderivv. dargestellt u. untersucht; sie zeigen durchweg analoges Verhalten. *2-Amino-4-phenyl-5-bromthiazol* macht aus KJ-Lsg. Jod frei, ebenso *2-Phenylamino-4-methyl-5-bromthiazol*; *2-Imino-5-phenyl-5-brom-Δ^3-thiazolin* u. *2-Imino-4-methyl-5-phenyl-5-brom-Δ^3-thiazolin* tauschen dagegen in wss. Lsg. das Br-Atom gegen die OH-Gruppe aus.

V e r s u c h e: *2-Phenylamino-4-methylthiazol*, $C_{10}H_{10}N_2S$, F. 117° (A.), durch Kondensation von Chloraceton mit Phenylthioharnstoff über das *Hydrochlorid* [F. 153° (A.)]; *Hydrobromid*, $C_{10}H_{11}N_2BrS \cdot H_2O$. — *2-Phenylamino-4-methyl-5-bromthiazolhydrobromid*, $C_{10}H_{10}N_2Br_2S \cdot H_2O$, F. 200° (A.), durch Bromierung vorst. Verb. in HBr. — *2-Amino-5-phenylthiazol*, $C_9H_8N_2S$, F. 184° (A.), aus Phenylbromacetaldehyd u. Thioharnstoff über das *Hydrobromid*. — *2-Amino-4-methyl-5-phenylthiazol*, $C_{10}H_{10}N_2S$; *Hydrobromid*, F. 150°, analog aus α-Brombenzylmethylketon. — *2-Imino-5-phenyl-5-brom-Δ^3-thiazolinhydrobromid*, $C_9H_8N_2Br_2S$. — *2-Imino-4-methyl-5-phenyl-5-brom-Δ^3-thiazolinhydrobromid*, $C_{10}H_{10}N_2Br_2S$. — *2-Imino-5-phenyl-5-oxy-Δ^3-thiazolinhydrobromid*, $C_9H_9ON_2BrS$, F. 180°. — *2-Imino-4-methyl-5-phenyl-5-oxy-Δ^3-thiazolinhydrobromid*, $C_{10}H_{11}ON_2BrS$, Nadeln. (C. R. hebd. Séances Acad. Sci. **236.** 822—24. 23/2. 1953).
SPAETH. 3142

Wilson Baker, J. B. Harborne und **W. D. Ollis,** *Reaktionen primärer Amine mit o-Oxydibenzoylmethanen und die Darstellung von Derivaten des Flavonimins.* Das gelbe, fluorescierende *2-[β-Benzylaminocinnamoyl]-phenol* (**I**; wegen der starken Färbung erscheint diese Formulierung Vff. zutreffender als die als Ketimin), dargestellt aus 3-Benzoylflavon u. Benzylamin (**II**; vgl. auch C. **1952.** 526) u. das aus o-Oxydibenzoylmethan (**IV**) dargestellte Strukturisomere **III** sind nicht ineinander umwandelbar; somit liegt weder Polymorphie noch Enamin-Ketiminisomerie vor. **III** ist durch Kondensation von **II** mit der am Phenolring haftenden CO-Gruppe von **IV** u. Cyclisierung der gebildeten SCHIFFschen Base entstanden. Aus nachst. Gründen ordnen Vff. **III** die Struktur des *2-Oxyflavanonbenzylimins* zu. Aus **I** entsteht beim Erwärmen mit Essigsäure + HCl **II** · HCl u. *Flavon* (**VII**); unter gleichen Bedingungen liefert **III** *Flavonbenzylimin*-(**V**)-*Hydrochlorid*. **V** entsteht ebenfalls aus **III** u. Eisessig, als *Pikrat* bei Behandlung von **III** mit alkoh. Pikrinsäure, aus 4-Thioflavon (**VI**) u. **II** (diese Rk. ist reversibel, bei Behandlung von **V** mit H_2S + A. entsteht wieder **VI**) u. aus **VI**-Methojodid u. **II. V** gibt ein gelbes Methojodid, ebenfalls darstellbar aus **III** + methanol. CH_3J-Lsg., das bei Erwärmen in wss. Methanol + etwas Alkali **VII** u. **II** liefert. Die Stabilität von **V** gegenüber HCl erklären Vff. mit einem elektromeren Austausch, der die Reaktionsfähigkeit der —C = N-Gruppe herabsetzt. — Analog **III** entsteht bei Kondensation von **IV** mit n-Butylamin (**VIII**) das ebenfalls farblose, nichtfluorescierende *2-Oxyflavanon-n-butylimin*, das mit Eisessig zu *Flavon-n-butylimin* dehydratisiert wird, ident. mit dem Reaktionsprod. von **VI** u. **VIII.** Desgleichen reagiert **IV** mit n-Octylamin zum farblosen *2-Oxyflavanon-n-octylimin* (bei Dehydratisierung *Flavon-n-octylimin*). — **I,** *2-[β-Benzylaminocrotonoyl]*-(**IX**) u. *2-[β-n-Hexylaminocrotonoyl]-phenol* ergeben trotz Unlöslichkeit in wss. NaOH grüne Fe- u. Cu-Komplexe, in denen auf ein Metallatom ein Mol. des Phenols kommt. — Bei der Kondensation von Acyl-o-oxybenzoylmethanen mit prim. Aminen ist der Verlauf der Rk. nach Analoga von **I** oder Analoga von **III** davon abhängig, ob das Amin mit der α- oder γ-Ketogruppe der Seitenkette des Phenols reagiert, was wiederum vom jeweiligen relativen kationiden Charakter der beiden CO-Gruppen bestimmt werden dürfte (Enolisierung bzw. ster. Hinderung). So reagiert Acetyl-o-oxybenzoylmethan mit **II** ausschließlich zu **IX, IV** mit **II** zu 79 % zu **III** u. 1 % zu **I,** o-Oxy-p'-methoxydibenzoylmethan mit **II** ausschließlich zu *2-Oxy-4'-methoxyflavanonbenzylimin* u. p-Chlor-o'-oxydibenzoylmethan (**XV**) fast ausschließlich zu *4'-Chlor-2-oxyflavanonbenzylimin*; die beiden letzteren Benzylimine ergeben bei Dehydratisierung die erwarteten *4'-Methoxy-* u. *4'-Chlorflavonbenzylimine.* Im Gegensatz hierzu reagiert o-Oxy-p'-nitrodibenzoylmethan (**XI**) mit **II** in alkoh. Lsg. nicht in erwarteter Weise, sondern liefert neben geringen Mengen *4'-Nitroflavon* (**XIII**) infolge Spaltung *Methyl-p-nitrobenzoat* u. *o-Oxyacetophenonbenzylimin* (**XVI**). 2-Oxy-4.6-dimethoxydibenzoylmethan reagiert nicht mit **II,** 2-Furoyl-o-oxybenzoylmethan (**X**) liefert mit **II** *2-[Furyl-(2')]-2-oxychromanonbenzylimin*, das zu *2-[Furyl-(2')]-chromonbenzylimin* dehydratisiert wird. — Bei der Anhydroacetylierung von **X** entsteht *3-[Furoyl-(2')]-2-methylchromon* (reagiert mit **II** zu **IX**), u. aus **XI** entsteht *2-Methyl-3-[p-nitrobenzoyl]-chromon* (liefert mit **II IX** u. *N-Benzyl-p-nitrobenzamid*). — Ferner reagiert 2-Acetoacetylphenol mit Benzoesäureanhydrid u. Triäthylamin zu *3-Benzoyl-2-methylchromon.* — Die aus 4.6-Diacetylresor-

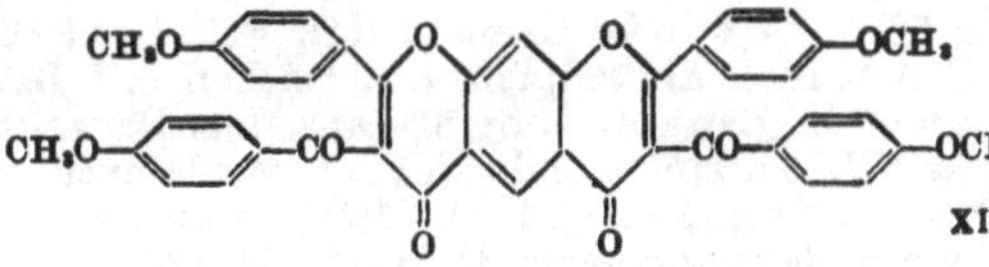

XII

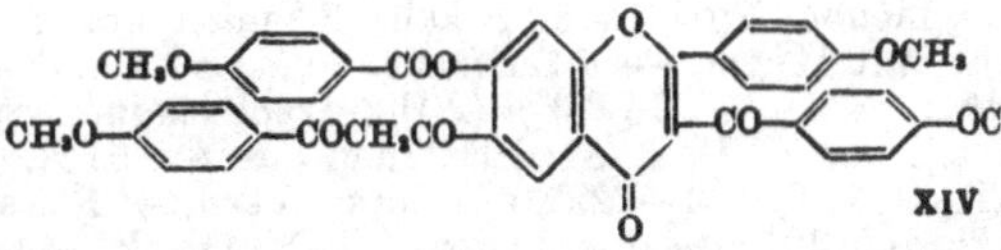

XIV

cin, p-Methoxybenzoesäureanhydrid u. p-methoxybenzoesaurem Na bzw. $(C_2H_5)_3N$ entstehende Verb. hat nicht die von ALGAR u. a. (C. **1933**. II. 384) vorgeschlagene Konst. **XIV**, sondern ist „*3.3'-Dianisoyl-4.4'-dimethoxydiflavon*" (**XII**). Die Struktur von **XII** ergibt sich aus der Rk. mit **II**, bei der *4.6-Bis-[β-benzylamino-4-methoxycinnamoyl]-resorcin* u. *N-Benzyl-p-methoxybenzamid* entstehen. Ersteres läßt sich bei Behandlung mit Essigsäure + HCl zu „*4.4'-Dimethoxydiflavon*" cyclisieren.

Versuche: *2-[β-Benzylaminocinnamoyl]-phenol* (**I**), F. 96—98°, aus 3-Benzoylflavon durch 20std. Erhitzen mit **II** in Pyridin u. Gießen in Essigsäure; gelbe Nadeln aus A.; 79% (Ausbeute); $FeCl_3$-Rk. in A. dunkelgrün. — *2-Oxyflavanonbenzylimin* (**III**), $C_{22}H_{19}O_2N$, F. 175° (Zers.), aus **IV** u. **II** in A. durch $2^1/_2$std. Kochen; Prismen aus A.; 79%. Daneben 1% **I**. — *Flavon* (**VII**), F. 96—97° (Leichtbzn.), aus **I** durch kurzes Erwärmen mit Eisessig + etwas konz. HCl u. Gießen in W.; 90%. Daneben aus der Mutterlauge *Benzylaminhydrochlorid*, F. 256°; 29%. — *Flavonbenzylimin* (**V**), $C_{22}H_{17}ON$, F. 95 bis 96°, a) aus **III** durch Kochen mit Eisessig u. HCl wie vorst.; Nadeln; 79%; aus wss. A. Nadeln; b) wie a) ohne HCl; 90%; c) durch $2^1/_2$std. Kochen von **VI** mit **II** in A. u. Gießen in W.; 95%; d) durch Kochen von **VI**-Methojodid mit **II** in A. (Abspaltung von *CH_3SH*) u. Gießen in W.; 71%; läßt sich unverändert mit Eisessig + HCl kochen. *Hydrochlorid*, F. 270° (Zers.); nicht rekristallisierbar; 88%. *Pikrat*, $C_{22}H_{17}ON \cdot C_6H_3O_7N_3$, F. 242° (Zers.) aus **V** oder **III** u. alkoh. Pikrinsäure; gelbes Pulver. — Bei $^1/_2$std. Einleiten von H_2S in eine alkoh. Lsg. von **V** entsteht **VI**, F. 88° (Leichtbzn.); 72%. — **V**-*Methojodid*, $C_{22}H_{17}ON \cdot CH_3J$, F. 266° (Zers.), a) durch 6std. Kochen von **V** u. CH_3J in Methanol; 52%; b) aus **III** u. methanol. CH_3J; zers. sich bei 48std. Kochen in wss.-alkoh. NaOH zu **VII** (87%) u. **II**-*Hydrochlorid* (61%). N-Methylbenzylaminhydrochlorid bleibt unter gleichen Bedingungen unverändert. — *2-Oxyflavanon-n-butylimin*, $C_{19}H_{21}O_2N$, F. 148° (Zers.) aus **IV** u. **VIII** durch 3std. Kochen in Methanol; Prismen aus Methanol; 36%. — *Flavon-n-butylimin*, $C_{19}H_{19}ON$, F. 44—45°, a) aus vorst. Verb. durch Erwärmen in Eisessig; Plättchen aus Methanol; 91%; b) durch $1^1/_2$std. Kochen von **VI** u. **VIII** in Methanol; 67%. — *2-Oxyflavanon-n-octylimin*, $C_{23}H_{29}O_2N$, F. 110°, aus **IV** u. n-Octylamin in A.; Plättchen aus Leichtbzn.; 82%. — *Flavon-n-octylimin*, $C_{23}H_{27}ON$, F. 51—53°, a) durch Dehydratisierung vorst. Verb.; seidige Nadeln aus wss. Methanol; 80%; b) aus **VI** u. n-Octylamin wie oben; 72%; gibt mit H_2S in A. **VI**; 91%. — *o-Oxyacetophenonbenzylimin* (**XVI**), $C_{15}H_{15}ON$, F. 117,5—118,5°, durch Kochen von **II** u. o-Oxyacetophenon in A.; grünliche Nadeln aus A.; 88%; fluoresciert im UV blaugrün; $FeCl_3$-Rk. weinrot. *Cu-Komplex*, $(C_{15}H_{14}ON)_2Cu$, F. 194—196° (A.), dunkelgrüne Prismen. — *2-[β-n-Hexylaminocrotonoyl]-phenol*, $C_{16}H_{23}O_2N$, F. 95—96°, durch Stehen von n-Hexylamin u. 2-Acetoacetalphenol in A.; gelbe Kristalle aus A.; 67%. *Cu-Komplex*, $(C_{16}H_{21}O_2NCu)_n$, F. 270°, aus Cupriacetat in A.; grüne Nadeln aus Bzl.; 100%. — *2-[β-Benzylaminocrotonoyl]-phenol* (**IX**)-*Cu-Komplex* $(C_{17}H_{15}O_2NCu)_n$, F. 278°, grüne Nadeln aus Dioxan. — *Cu-Komplex* von **I**, $(C_{22}H_{17}O_2NCu)_n$, F. 312° (Zers.), dunkelgrünes Pulver aus A. + Pyridin. — *2-Oxy-4'-methoxyflavanonbenzylimin*, $C_{23}H_{21}O_3N$, F. 160° (Zers.), durch 3std. Kochen von o-Oxy-p'-methoxydibenzoylmethan, **II** u. CH_3OH, Plättchen aus Methanol; 65%. — *4'-Methoxyflavonbenzylimin*, $C_{23}H_{19}O_2N$, F. 134—135°, durch Dehydratisieren vorst. Verb.; Nadeln aus A.; 82%; fluoresciert in alkoh. Lsg. im UV blau. *Pikrat*, $C_{23}H_{19}O_2N \cdot C_6H_3O_7N_3$, F. 252° (Zers.), gelbes Pulver (A.). — *o-[p-Chlorbenzoyloxy]-acetophenon*, $C_{15}H_{11}O_3Cl$, F. 92—93°, durch Stehen von p-Chlorbenzoylchlorid u. o-Oxyacetophenon in Pyridin u. Gießen auf Eis u. HCl; Plättchen aus A.; 81%. — *p-Chlor-o'-oxydibenzoylmethan* (**XV**), $C_{15}H_{11}O_3Cl$, F. 122—124°, durch Rühren von vorst. Verb. in Pyridin bei Zimmertemp. mit KOH (3 Std.) u. Gießen in verd. Essigsäure; gelbe Nadeln aus A.; 61%; $FeCl_3$-Rk. weinrot. — *4'-Chlorflavon*, $C_{15}H_9O_2Cl$, F. 188—189°, aus **XV** u. etwas konz. HCl in Essigsäure durch Erwärmen; Nadeln aus A.; 92%. — *4'-Chlor-2-oxyflavanonbenzylimin*, $C_{22}H_{18}O_2NCl$, F. 158° (Zers.), aus **XV** u. **II** in A. durch 7std. Kochen; Plättchen aus Bzl.; 84%; daneben entsteht das entsprechende Analogen von **I** nur in Spuren (Färbung). — *4'-Chlorflavonbenzylimin*, $C_{22}H_{16}ONCl$, F. 131°, aus vorst. Verb. mit Eisessig; Nadeln aus wss. A.; 76%. *Pikrat*, $C_{22}H_{16}ONCl \cdot C_6H_3O_7N_3$, F. 250° (Zers.), gelbes Pulver. — *o-Oxy-p'-nitrodibenzoylmethan* (**XI**), F. 200—201°, durch Rühren von o-[p-Nitrobenzoyloxy]-acetophenon mit Pyridin u. Alkali; dunkelgelbe Prismen aus

Bzl.; 56 %. — *4'-Nitroflavon* (**XIII**), F. 237—239°, aus **XI** durch $2^1/_2$std. Kochen mit **II** in Methanol, Abdampfen u. Ausziehen mit Bzl. als Bzl.-unlösliche M.; Nadeln aus Essigsäure u. dann Aceton; 8 % aus dem Benzolauszug durch Verdünnen mit Leichtbenzin **XVI**. In einem anderen Vers. wurde nach der Rk. mit H_2SO_4 hydrolysiert, u. es entstand neben **XIII** (11 %) *Methyl-p-nitrobenzoat*, F. 95—96°; 36 %. — *2-Oxy-4.6-dimethoxydibenzoylmethan*, $C_{17}H_{16}O_5$, F. 128—130°, aus 2-Benzoyloxy-4.6-dimethoxyacetophenon, Pyridin u. Alkali; Prismen aus A.; 26 %; $FeCl_3$-Rk. grün; setzt sich nicht mit **II** um. — *5.7-Dimethoxyflavon*, F. 143—145°, durch Dehydratisieren vorst. Verb.; 64 %. — *2-[Furyl-(2')]-2-oxychromanonbenzylimin*, $C_{20}H_{17}O_3N$, F. 158—159° (Zers.), aus **X**, **II** u. A.; Plättchen aus A.; 51 %. — *2-[Furyl-(2')]-chromonbenzylimin*, $C_{20}H_{15}O_2N$, F. 120—122°, aus vorst. Verb. + Eisessig; seidige Nadeln aus A.; 72 %. — *3-[Furoyl-(2')]-2-methylchromon*, $C_{15}H_{10}O_4$, F. 148—150°, aus **X** durch 20 Min. langes Erwärmen mit Acetanhydrid u. Na-Acetat auf 150—160°; Nadeln aus Methanol; 56 %; bei Kochen mit **II** u. A. (2 Std.) entsteht **IX**. — *2-Methyl-3-[p-nitrobenzoyl]-chromon*, $C_{17}H_{11}O_5N$, F. 202—204°, durch kurzes Kochen von **XI**, Acetanhydrid u. Na-Acetat; Nadeln aus A.; 96 %; liefert bei Kochen mit **II** u. Pyridin 61 % **IX** u. aus der Mutterlauge durch Zufügen von W. *N-Benzyl-p-nitrobenzamid*, F. 141—143° (wss. A. u. dann Bzl. + Leichtbenzin); 100 %. — *3-Benzoyl-2-methylchromon*, F. 117° (A.), aus 2-Acetoacetylphenol, Benzoesäureanhydrid u. Triäthylamin durch 4std. Erhitzen, Zufügen von W., 2std. Erhitzen u. Digerieren mit 2 n Sodalsg.; 44 %. — „*3.3'-Dianisoyl-4.4'-dimethoxydiflavon*" (**XII**, *5'.5''-Dianisoyl-6'.6''-bis-[p-methoxyphenyl]-dipyrono-[2'.3':1.2] [3''.2'':4.5]-benzol*), $C_{38}H_{18}O_6(OCH_3)_4$, F. 233—235°, durch 7std. Erwärmen von Anissäureanhydrid, 4.6-Diacetylresorcin u. Triäthylamin auf 160°, Gießen in Sodalsg. u. 2std. Erwärmen; Nadeln aus Chlf. + A.; 36 % (rein); nach ALGAR u. Mitarbeitern (l. c.) 18 %. — *4.6-Bis-[β-benzylamino-4-methoxycinnamoyl]-resorcin*, $C_{40}H_{36}O_6N_2$, F. 200°, aus **XII** durch 16std. Erhitzen mit **II** in Pyridin; gelbe Prismen aus Bzl. u. dann Chlf. + A.; 55 %; zeigt im UV gelbe Fluorescenz. Aus der Mutterlauge *N-Benzyl-p-methoxybenzamid*, F. 131°, Nadeln aus A.; 43 %. — „*4.4'-Dimethoxydiflavon*" (*6'.6'' Bis-[p-methoxyphenyl]-dipyrono-[2'.3':1.2] [3''.2'':4.5]-benzol*), F. 320—322°, aus vorst. Verb. mit Eisessig + HCl; Nadeln aus Chlf. + A.; 60 %. (J. chem. Soc. [London] **1952**. 1294—1302. April. Bristol, Univ.) LEHWALD. 3211

Wilson Baker, J. B. Harborne und **W. D. Ollis**, *Einige Eigenschaften von 4-Thioflavon, seinem Methojodid und von 4-Thiochromon.* (Vgl. vorst. Ref.) Es wird aus Flavon (**I**) durch Rk. mit P_2S_5 in sd. Toluol *4-Thioflavon* (**II**) dargestellt, das langsam durch Sieden in alkoh. HCl zu **I** u. H_2S hydrolysierbar ist, im Gegensatz zu **I** jedoch von heißem methanol. $Ba(OH)_2$ nicht angegriffen wird. Von **II** läßt sich ein *Methojodid* (**III**) darstellen, das ein mesomeres Kation enthält. **III** hydrolysiert in sd. W. zu **I** u. *Methylmercaptan* (**IV**), reagiert mit anioniden, Aminogruppen enthaltenden Verbb. zu **IV** u. Abkömmlingen des *Flavonimins*. Mit den entsprechenden Substanzen stellen Vff. *Flavonbenzylimin* (**VI**), *-anil* (**VII**), *-hydrazon* (**V**) *-semicarbazon*, *-thiosemicarbazon* u. *-oxim* (**VIII**) dar. **V** läßt sich N-acylieren. Alle vorst., —N-N-Gruppen enthaltenden Verbb. zeigen keine phenol. Eigg., sind also echte Hydrazone. **V** reagiert mit einem weiteren Mol **III** zu *Flavylen-(4)-azin* (**IX**), aus dem aber nicht durch N_2-Abspaltung *Diflavylen-(4)* dargestellt werden kann. Während **VI** mit H_2S wieder gespalten werden kann (vgl. vorst. Ref.), bleiben **VII**, **VIII** u. *Flavonphenylhydrazon* (**X**) durch diese Rk. prakt. unbeeinflußt. Rk. von **V** mit H_2S ergibt in geringen Mengen **IX**. Das gegenüber **III** weniger reaktionsfähige **II** reagiert in der Hitze mit Hydroxylamin, Benzylamin u. n-Alkylaminen (vgl. vorst. Ref.), nicht dagegen mit Anilin; andererseits ist es gegenüber Carbonylreagentien reaktionsfähiger als **I**, das direkt nur ein 2.4-Dinitrophenylhydrazon bildet. Bei der Nachbearbeitung der Verss. von GULATI u. RAY (C. **1937**. I. 2371) stellen Vff. fest, daß die von den Autoren aus **I** dargestellte u. als **VIII** bezeichnete Verb. *3-[o-Oxyphenyl]-5-phenylisooxazol* ist, das sich mit sd. Alkali nicht aus **VIII** gewinnen läßt u. ident. ist mit der von SHENOI u. Mitarbeitern (C. **1940**. II. 49) aus o-Oxydibenzoylmethan (**XIII**) u. NH_2OH erhaltenen Verbindung. Desgleichen läßt sich **X** nicht zu dem aus **XIII** gewonnenen 3-[o-Oxyphenyl]-1.5-diphenylpyrazol isomerisieren. Das von SIMONIS u. ROSENBERG (1914) aus 2.3-Dimethyl-4-thiochromon (**XII**) u. Phenylhydrazin entstehende Prod. ist nicht das entsprechende Hydrazon, wie von den Autoren angenommen, sondern *5-[o-Oxyphenyl]-3.4-dimethyl-1-phenylpyrazol*; ebenso werden die aus 2.3.5- u. 2.3.8-Trimethyl-4-thiochromon erhaltenen Verbb. die entsprechenden Pyrazole sein.

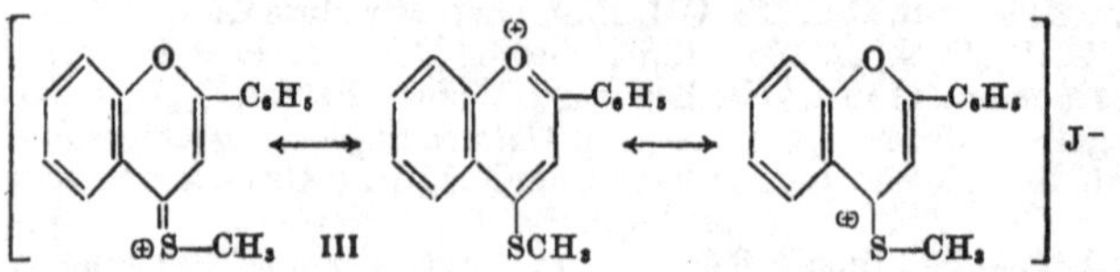

Dieses Ergebnis steht im Einklang mit dem von KOENIGS u. FREUND (C. **1948.** I. 1115), das aus 2-Methylchromon u. Hydrazinhydrat *3(5)-[o-Oxyphenyl]-5(3)-methylpyrazol* entsteht, welches Vff. nun ebenfalls aus Hydrazinhydrat u. 2-Acetoacetylphenol oder 2-Methyl-4-thiochromon (**XI**) erhalten. Analog entsteht aus **XII** *3(5)-[o-Oxyphenyl]-4.5(3.4)-dimethylpyrazol.* Desgleichen entsteht aus Chromon bzw. 4-Thiochromon u. Hydrazin nicht Chromonhydrazon (vgl. SCHÖNBERG u. STOLPP (C. **1931.** I. 763), sondern, wie an den phenol. Rkk. u. UV-Spektren (s. Original) erwiesen wird, *3(5)-[o-Oxyphenyl]-pyrazol.*

Versuche: *4-Thioflavon* (**II**), F. 87°, aus **I**, gereinigtem P_2S_5 u. Toluol durch $3^1/_2$std. Erwärmen auf 100°, Abkantieren in der Wärme u. Extrahieren mit sd. Toluol; dunkelrote Nadeln aus A.; 55% (Ausbeute); hydrolysiert bei 40std. Kochen in alkoh. HCl in H_2S u. **I** (F. 96–97°; 65%). *Methojodid* (**III**), $C_{16}H_{13}OJS$, F. 220–222°, bräunliche Nadeln; 96%; hydrolysiert in sd. W. zu CH_3SH (**IV**) u. **I** (92%). — *Flavonanil* (**VII**), $C_{21}H_{15}ON$, F. 121,5–122,5°, aus Anilin u. **III** in A.; dunkelgelbe Nadeln; 82%. *Pikrat,* $C_{21}H_{15}ON \cdot C_6H_3O_7N_3$, F. 230–240° (Zers.); gelbe Nadeln. — *Flavonhydrazon* (**V**), $C_{15}H_{12}ON_2$, F. 136°, aus **III** u. Hydrazinhydrat in A.; dunkelgelbe Nadeln aus wss. Methanol; 65%. *Benzylidenderiv.*, $C_{22}H_{16}ON_2$, F. 136°, aus **V** u. Benzaldehyd durch Stehen in Methanol; gelbe Nadeln aus A.; 83%. *N-Acetylderiv.*, $C_{17}H_{14}O_2N_2$, F. 284°, Nadeln aus Dioxan; 96%. — *Flavonbenzoylhydrazon,* $C_{22}H_{16}O_2N_2$, F. 244° (Zers.), a) aus Benzoylhydrazin u. **III** in A.; gelbe Kristalle; 47%; b) aus Benzoylchlorid u. **V** in Pyridin; 100%. — *Flavonsemicarbazon,* $C_{16}H_{13}O_2N_3$, F. 245° (Zers.), aus **III**; gelbe, unregelmäßige Prismen aus A.; 90%; fluoresciert im UV grün. — *Flavonthiosemicarbazon,* $C_{16}H_{13}ON_3S$, F. 234° (Zers.); dunkelgelbe Plättchen; 97%. — *Flavonoxim* (**VIII**), $C_{15}H_{11}O_2N$, F. 184–186°, a) aus **II** u. Hydroxylaminhydrochlorid in Pyridin; Nadeln aus A.; 72%; b) aus **III**; 73%; ist stabil gegenüber Kochen in wss.-alkoh. 2nNaOH. — *3(5)-[o-Oxyphenyl]-5(3)-phenylpyrazol,* $C_{15}H_{12}ON_2$, F. 144°, aus **XIII** u. Hydrazinhydrat in A. durch 20 Min. langes Kochen; hexagonale Plättchen aus A.; 97%; Ferri-Rk. in wss. A. dunkelgrün. — *Flavylen-(4)-azin* (**IX**), $C_{30}H_{20}O_2N_2$, F. 298° (Zers.), a) aus **V** u. **III** durch 1 Std. Stehen in A.; orangefarbene Nadeln aus Pyridin durch Zufügen von W.; 100%; b) aus **V** durch 2std. Einleiten von H_2S in eine sd. alkoh. Lsg.; 25%. — *3-[o-Oxyphenyl]-1.5-diphenylpyrazol,* $C_{21}H_{16}ON_2$, F. 105–106°, aus **XIII** u. Phenylhydrazin durch $2^1/_2$std. Kochen in A., Einengen u. Zufügen von W.; Nadeln aus A.; 72%. — *Flavon-2.4-dinitrophenylhydrazon,* $C_{21}H_{14}O_5N_4$, F. 282° (Zers.), a) aus **I** oder aus **II** in konz. H_2SO_4 u. A.; dunkelrotes Pulver aus Dioxan (8%); b) aus **III** (79%) u. c) aus **XIII**; (18%). — *2-Methyl-4-thiochromon* (**XI**), $C_{10}H_8OS$, F. 96–97°, aus 2-Methylchromon u. P_2S_5 wie **II**; dunkelrote Nadeln aus A.; 56%. — *5-[o-Oxyphenyl]-3-methyl-1-phenylpyrazol,* F. 190–191°, durch 2std. Erhitzen von **XI**, Phenylhydrazin u. 2nNaOH in A. auf dem Wasserbad u. Ansäuern; 86%. — *5-[o-Oxyphenyl-3.4-dimethyl-1-phenylpyrazol,* $C_{17}H_{16}ON_2$, F. 210–211°, aus **XII** wie vorst.; Prismen aus wss. Methanol; 55%. *Acetoxyverb.*, $C_{19}H_{18}O_2N_2$, F. 96–97,5°, Prismen aus Leichtbenzin. 86%. — *3(5)-[o Oxyphenyl]-5(3)-methylpyrazol,* F. 132–134°, a) aus **XI** wie vorst.; Nadeln aus A.; 90%; b) aus o-Acetoacetylphenol wie vorst.; 82%. *Pikrat,* $C_{10}H_{10}ON_2 \cdot C_6H_3O_7N_3$, F. 190°, gelbe Nadeln (A.). — *3(5)-[o-Oxyphenyl]-4.5(3.4)-dimethylpyrazol,* $C_{11}H_{12}ON_2$, F. 116–118°, aus 500 mg **XIII** in A. wie vorst.; Prismen aus A.; 320 mg; $FeCl_3$-Rk. purpurgrün. (J. chem. Soc. [London] **1952.** 1303–09. April.)

LEHWALD. 3211

Henry Rapoport, Melvin Look und **George J. Kelly,** *3-Phenylpyridin.* Die bisherigen Darstellungsmethoden für *3-Phenylpyridin* (**I**) lieferten fast alle schlechte Ausbeuten u. Isomerengemische, die durch fraktionierte Kristallisation der Pikrate getrennt werden mußten. Vff. beschreiben ein Verf., das, ausgehend vom 3-Aminopyridin (**II**), reines **I** liefert: **II** wird mit Isobuttersäureanhydrid umgesetzt zu *N-[Pyridyl-(3)]-isobutyramid,* das nitrosiert u. dann durch Erwärmen in Bzl. zu **I** zers. wird. Aus N-[Pyridyl-(3)]-acetamid entsteht bei der Nitrosierung ein Prod., das sich infolge seiner großen Löslichkeit in W. nur sehr schwer isolieren läßt. *3.3-Dimethyl-1-[pyridyl-(3)]-triazen* wurde dargestellt, es läßt sich aber nicht durch therm. Zers. in **I** überführen.

Versuche (FF. korr.): *3.3-Dimethyl-1-[pyridyl-(3)]-triazen,* $C_7H_{10}N_4$, $Kp._{9-10}$ 126–129°, aus **II** durch Diazotieren in verd. H_2SO_4 bei 0–2° u. Einrühren der kalten Diazoniumsulfatlsg. in wss. $(CH_3)_2NH + 2{,}2\,nK_2CO_3$, 30 Min. bei 0–5° rühren; n_D^{25} 1,6093; 73% (Ausbeute). *Pikrat,* $C_{13}H_{13}O_7N_7$, F. 141–142° (A.). — *N-[Pyridyl-(3)]-isobutyramid,* $C_9H_{12}ON_2$, F. 78–79°, $Kp._{1,5}$ 159–162°, durch langsame Zugabe von **II** unter Kühlung zu Isobuttersäureanhydrid, 1 Std. bei 20°, dann $1^1/_2$ Std. Dampfbad; Kristalle aus Bzl./Methylcyclohexan; 81%. — *3-Phenylpyridin* (**I**), $C_{11}H_9N$, $Kp._5$ 117 bis 118°, aus vorst. Verb. in Eisessig + Acetanhydrid + wasserfreiem K-Acetat u. P_2O_5 bei 0° durch tropfenweise Zugabe von Nitrosylchlorid (in Acetanhydrid), 10 Min.

rühren, auf Eis gießen u. mit Bzl. extrahieren, Extrakt auf 50° erwärmen (Gasentw.), filtrieren, dann 2 Std. kochen, mit $MgSO_4/Na_2CO_3$ behandeln, filtrieren u. dest.; n_D^{25} 1,6123, λ_{max} 246 mμ (log ε = 4,1), Schulter bei 276 (3,8), λ_{min} 224 (3,8) in 95%ig. A.; 39%. *Pikrat,* F. 159—160° (A.). (J. Amer. chem. Soc. **74.** 6293—94. 20/12. 1952. Berkeley, Calif., Univ. of California, Dep. of Chem.) GOEBEL. 3231

Jean A. Gautier und **Jean Renault,** *Über die Beweglichkeit des Schwefelatoms in den Thiopyridonen-(2) und Thiopiperidonen-(2).* Die früher (C. **1952.** 6213) beschriebenen N-Alkylthiopyridone-(2) u. -thiopiperidone-(2) werden durch kaltes alkoh. NH_3 nicht verändert, in der Wärme bildet sich schnell $(NH_4)_2S$, ohne daß sich definierte organ. Verbb. isolieren ließen; in Ggw. von HgO, Ag_2O oder $Hg(CN)_2$ findet dagegen in der Kälte leicht Austausch von S gegen die Iminogruppe statt, wobei die Ausbeute bei den *Pyridoniminen-(2)* infolge Harzbldg. geringer ist als bei *Piperidoniminen-(2).* Von den beiden Grundkörpern wird Thiopyridon-(2) auch in Ggw. von HgO nicht verändert, während sich aus Thiopiperidon-(2) ein Gemisch von *Piperidonimin-(2)* u. *Piperidon-(2)* bildet. — *N-Methylpyridonimin-(2),* $C_6H_8N_2$; 60% (Ausbeute); *Hydrochlorid,* F. 110°; *Pikrat,* F. 201°. — *N-Äthylpyridonimin-(2),* $C_7H_{10}N_2$; 60%; *Hydrochlorid,* F. 150—151°; *Pikrat,* F. 167°. — *N-n-Propylpyridonimin-(2),* $C_8H_{12}N_2$; 60%; *Hydrochlorid,* F. 176—177°; *Pikrat,* F. 117—118°. — *N-n-Butylpyridonimin-(2),* $C_9H_{14}N_2$; 55%; *Hydrochlorid,* F. 180—181°; *Pikrat,* F. 93°. — *Piperidonimin-(2),* $C_5H_{10}N_2$; *Pikrat,* F. 208—209°. — *N-Methylpiperidonimin-(2),* $C_6H_{12}N_2$; 82%; *Hydrochloridhydrat,* F. 157°. — *N-Äthylpiperidonimin-(2),* $C_7H_{14}N_2$; 76%; *Hydrochloridhydrat,* F. 168°. — *N-n-Propylpiperidonimin-(2),* $C_8H_{16}N_2$; 74%. *Hydrochloridhydrat,* F. 192°. — *N-n-Butylpiperidonimin-(2),* $C_9H_{18}N_2$; 80%; *Hydrochloridhydrat,* F. 204°. (C. R. hebd. Séances Acad. Sci. **234.** 2081—83. 19/5. 1952.) SPAETH. 3231

Chester M. McCloskey, *6-Nitrocinchophen und verwandte Verbindungen.* Vf. beweist, daß das im D. R. P. 287 804 (C. **1915.** II. 1062) u. von CALVERY u. Mitarbeitern (J. Amer. chem. Soc. **47.** [1925.] 3058) beschriebene Verf. zur Darst. von *6-Nitrocinchophen* (**I**) (PFITZINGER-Meth.) nicht das gewünschte **I**, sondern *2.2'-Diphenyl-6.6'-azoxycinchoninsäure* (**II**) u. *2-Phenyl-6-aminocinchoninsäure* (**III**) liefert; ebenso führt die n. DOEBNER-Rk. nicht zu **I**; es werden nun 2 Verff. zur Herst. von **I** beschrieben, u. zwar Modifikationen der Verff. nach PFITZINGER u. nach DOEBNER.

Versuche (FF. korr.): Bei der PFITZINGER-Kondensation in der l.c. beschriebenen Weise wurden aus 38,4 g 5-Nitroisatin 22,2 g eines unlösl. K-Salzes (gelbe Nadeln aus W./A.) erhalten, bei dem es sich um ein *hydratisiertes Salz* von *6.6'-Azoxycinchophen* (**II**), $C_{32}H_{18}O_5N_4K_2 \cdot 4\,H_2O$, handelt; λ_{max} 264 u. 373—375 mμ. Aus dem Filtrat dieses Salzes fällt beim Eingießen in stark angesäuertes Eiswasser ein Nd. aus, der abgetrennt wurde; die Lsg. wurde neutralisiert (bis Kongorot), dabei fällt ein gelatinöser Nd. aus, der bald kristallin wird (18 g); nach Aufkochen in 30%ig. A. u. Filtration krist. rote Nadeln von *6-Aminocinchophen* (**III**)-*Hydrat,* $C_{16}H_{12}O_2N_2 \cdot 1\frac{1}{2}\,H_2O$, F. 275° (Zers.); nach Trocknen $C_{16}H_{12}O_2N_2$. — Die Veresterung von **II** gelingt infolge seiner Unlöslichkeit nur über das Säurechlorid (Darst. mit $SOCl_2$): **II**-*Diäthylester,* $C_{36}H_{28}O_5N_4$, F. 217,5—218°, Kristalle aus $C_6H_5NO_2$, Essigsäure oder n-Butanol. — Daraus in Äthylenglykolmonomethyläther mit PtO_2/H_2 *2.2'-Diphenyl-6.6'-hydrazocinchoninsäurediäthylester,* $C_{36}H_{30}O_4N_4$, F. 262,5—263°, rote Nadeln. — *2-Phenyl-6-nitrocinchoninsäureamid,* $C_{16}H_{11}O_3N_3$, F. 295—295,5°: 5-Nitroisatin, Acetophenon u. konz. NH_4OH wurden im Autoklaven bei 130° 9 Std. geschüttelt, abgekühlt, die wss. Phase wurde abgegossen, der Rückstand mit A. gewaschen u. aus Nitrobenzol umgelöst; schwach gelbe, feine Nadeln, λ_{max} 245 u. 336—337 mμ; 15,8%. — Daraus mit konz. H_2SO_4 bei 145° (3 Std.), dann A. zugeben u. 4 Std. kochen *2-Phenyl-6-nitrocinchinonsäureäthylester* (**IV**), $C_{18}H_{14}O_4N_2$, F. 146,5—147°, hellgelbe Nadeln aus Butanon; λ_{max} 248; 276—278 u. 346 mμ; 55%. **IV** wurde auch erhalten aus fein gepulvertem p-Nitroanilin in Eisessig mit Benzaldehyd u. wasserfreier Brenztraubensäure durch Zugabe von konz. H_2SO_4 (exotherme Rk.), nach 30 Min. Chlf., W. u. konz. NH_4OH zugeben, filtrieren, Rückstand nochmals mit Chlf./W./NH_4OH extrahieren, wss. NH_4OH-Phase mit konz. HCl ansäuern u. Nd. wie oben verestern; 7,2%. Verseifung des Esters mit wss.-alkoh. NaOH liefert ein krist. Na-Salz, das beim Ansäuern *2-Phenyl-6-nitrocinchoninsäure* (**I**), $C_{16}H_{10}O_4N_2$, F. 234—234,5°, Prismen aus Eisessig oder Nadeln aus A., liefert. — **III**-*Äthylester,* $C_{18}H_{16}O_2N_2$, F. 109,3—109,8, aus **IV** in Methanol mit PtO_2/H_2; kleine orangefarbene Prismen aus heißem, gelbe Nadeln aus kaltem Ligroin; λ_{max} 283 u. 410—412 mμ; hellgrüne Fluorescenz im UV-Licht; 11%. *Benzoylderiv.,* $C_{25}H_{20}O_3N_2$, F. 177—177,5°, aus A. Nadeln, λ_{max} 280—281 u. 363 bis 367 mμ; starke blaue Fluorescenz im UV-Licht. (J. Amer. chem. Soc. **74.** 5922—24. 5/12. 1952. Pasadena, Calif., Inst. of Technol., Gates and Crellin Labors.)

GOEBEL. 3231

E. C. Taylor jr. und **A. E. Martin,** *Eine neue Phenanthridinsynthese.* Vff. berichten über eine Darst. von *Phenanthridinthion* (I), das sich mit RANEY-Ni in Dimethylformamid/A. entschwefeln läßt zu *Phenanthridin.* Das Verf. verläuft mit einer Gesamtausbeute von 89,5%, liefert ein Prod., das kein 9.10-Dihydroderiv. enthält, u. ist damit allen bisher bekannten Darstellungsmethoden für Phenanthridin überlegen.

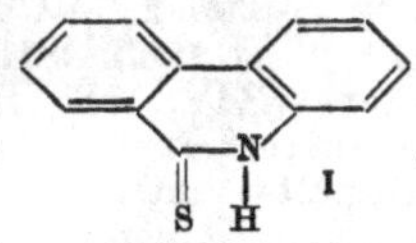

I

Versuche (FF. korr.): *Phenanthridinthion* (I), $C_{13}H_9NS$, F. 281—283°, aus Phenanthridon u. P_2S_5 in Pyridin bei 2std. Kochen, dann in W. gießen; aus Dimethylformamid lange gelbe Nadeln; sublimiert bei 200°/1 mm; 94% (Ausbeute). — *Phenanthridin,* F. 106°, aus I mit RANEY-Ni (feucht) in Dimethylformamid/A. bei 1std. Kochen, filtrieren, mit HCl ansäuern u. im Vakuum einengen, Rückstand in W. lösen, mit Kohle behandeln u. mit NH_4OH alkal. stellen, beim Stehen krist. I; aus wss. Aceton Platten; 95%. (J. Amer. chem. Soc. **74.** 6295. 20/12. 1952. Urbana, Ill., Univ. of Illinois, Noyes Chem. Labor.) GOEBEL. 3231

William Sharp und **F. S. Spring,** *Pyrazinderivate.* 13. Mitt. *Synthese von 2-Aminopyrazin-1-oxyden durch die Kondensation von α-Aminonitrilen mit Oximinomethylketonen.* (12. vgl. C. **1951.** II. 2737.) α-Aminonitrile reagieren mit Oximinomethylketonen unter Bldg. von in 3- u. 5-Stellung disubstituierten *2-Aminopyrazin-1-oxyden,* die sich mit $Na_2S_2O_4$ zu den entsprechenden *2-Aminopyrazinen* red. lassen. Die Ausbeute ist bei Anwendung von Arylverbb. als Ausgangsprodd. wesentlich geringer als bei Darst. der 3.5-Dialkyl-2-aminopyrazin-1-oxyde; *2-Amino-3.5-diphenylpyrazin-1-oxyd* konnte aus α-Aminophenylacetonitril u. Oximinoacetophenon gar nicht mehr gewonnen werden. Die Verbb. geben mit wss. $FeCl_3$ eine tiefblaue Farbe, die durch Zusatz von wenig verd. HCl verschwindet. — Mit 10%ig. Lauge werden die N-Oxyde noch nicht hydrolysiert, 40%ig. Lauge führt bei längerer Einw. jedoch in geringer Ausbeute zu den *cycl. Hydroxamsäuren.*

Versuche: *2-Amino-3.5-dimethylpyrazin-1-oxyd* (*1.2-Dihydro-1-oxy-2-imino-3.5-dimethylpyrazin,* I), $C_6H_9ON_3$, F. 156°, durch Schütteln von 4,38 cm³ N-Methylmorpholin in Chlf. mit 4,26 g α-Aminopropionitrilhydrochlorid (III), Zugabe von 3,48 g Oximinoaceton (II), 4std. Kochen, Eindampfen, Lösen in W., Zugabe von 3nHCl, Ausäthern, Alkalisieren der wss. Lsg. mit 2nNaOH, Eindampfen u. Ausziehen mit sd. Bzl.; Nadeln; 2 g (Ausbeute); Reinigung durch Sublimation bei $110°/10^{-3}$ mm. Beim Eindampfen wss. oder feuchter organ. Lsgg. scheidet sich das I-*Hydrat,* F. 76°, ab, das über P_2O_5 das W. abgibt. I-*Pikrat,* $C_6H_9ON_3 \cdot C_6H_3O_7N_3$, aus A. kleine gelbe Prismen. I-*Hydrochlorid,* $C_6H_9ON_3 \cdot HCl$, aus A. Nadeln, die über 200° verkohlen. I-*Acetylderiv.,* $C_8H_{11}O_2N_3$, aus Dioxan Platten, F. 228°. I-*Oximinoacetonsalz,* $C_9H_{14}O_3N_4$, F. 97°, kann bei der Darst. von I nach Beseitigung des Chlf. isoliert werden; aus Bzl. oder Leichtbenzin Nadeln; zerfällt mit verd. HCl in II, F. 62°, u. I; das Salz entsteht auch aus den Komponenten durch kurzes Erhitzen auf 140°. — *2-Amino-3.5-dimethylpyrazin,* $C_6H_9N_3$, F. 96°, aus 300 mg I durch 4std. Kochen mit $Na_2S_2O_4$ in W., Alkalisieren u. Ausäthern; es wird das *Hydrat,* F. 44°, Nadeln, 130 mg, isoliert, das bei Sublimation ($60-80°/3 \cdot 10^{-2}$ mm) die wasserfreie Verb. in Prismen liefert; keine $FeCl_3$-Reaktion. *Pikrat,* $C_{12}H_{12}O_7N_6$, aus A. feine Nadeln, F. 230—240° (Zers.). — *2-Oxy-3.5-dimethylpyrazin,* $C_6H_8ON_2$, F. 146°, aus 62 mg vorst. Verb. in HCl durch Rk. mit $NaNO_2$, 2tägiges Stehen, kurzes Erhitzen auf 60°, Neutralisieren mit Bicarbonat, Eindampfen, Ausziehen mit sd. Bzl. u. Sublimation des Rohprod. ($90°/10^{-3}$ mm); Prismen; 10 mg. — *2-Amino-5-äthyl-3-methylpyrazin-1-oxyd,* $C_7H_{11}ON_3$, F. 109—110°, aus Äthyloximinomethylketon u. III als *Monohydrat,* $C_7H_{11}ON_3 \cdot H_2O$, F. 80—81°, aus Bzl. glitzernde Nadeln, das über P_2O_5 das W. abgibt. — *2-Amino-5-methyl-3-phenylpyrazin-1-oxyd,* $C_{11}H_{11}ON_3$, F. 163—164°, aus α-Aminophenylacetonitrilhydrochlorid u. II; aus A. prismat. Nadeln. — *2-Amino-3-methyl-5-phenylpyrazin-1-oxyd* (unter Mitarbeit von **Sheila M. Gray**), $C_{11}H_{11}ON_3$, F. 189°, aus III u. Oximinoacetophenon (8 Std.) in geringer Ausbeute, wobei der Chloroformrückstand in 2nNaOH gelöst, eingedampft, mit sd. Bzl. ausgezogen u. das so erhaltene Rohprod. mit Leichtbenzin gereinigt wurde; aus A. Prismen. — *1.2-Dihydro-1-oxy-2-keto-3.5-dimethylpyrazin,* F. 124—126°, aus 1 g I in W. durch 22std. Erhitzen mit 40%ig. NaOH auf 140°, Verdünnen mit W., Neutralisieren mit HCl, Eindampfen, Ausziehen mit Chlf., Lösen des Rückstandes in W., Einstellen auf p_H 4 mit HCl, Eindampfen unter Erhalten des gleichen p_H-Wertes, Ausziehen mit Chlf. u. Sublimation bei $140°/5 \cdot 10^{-3}$ mm; 300 mg; mit $FeCl_3$ weinrot. *Cu-Salz,* $C_{12}H_{14}O_4N_4Cu$, aus 300 mg Säure in HCl mit Cu-Acetat; 250 mg; aus Dioxan prismat. Nadeln; verkohlt bei ca. 275°. (J. chem. Soc. [London] **1951.** 932—34. April. Glasgow, Royal Technical Coll.) NITZSCHKE. 3272

Hellmut Bredereck, Ingeborg Hennig und **Wolfgang Pfleiderer,** *Synthesen in der Purinreihe.* 2. Mitt. *Über die Einwirkung von Essigsäureanhydrid auf Harnsäure.* (1. vgl. C. **1952.** 3818.) Bei der Einw. von Acetanhydrid (**V**) + Pyridin (**XV**) auf Harnsäure (**XIV**) läßt sich unter bestimmten Bedingungen als Primärprod. *Triacetyl-4.5-diaminouracil* (**I**) fassen, das schon beim Kochen der wss. Lsg. eine Acetylgruppe abspaltet unter Bldg. von *Diacetyldiaminouracil* (**II**), welches wieder in **I** überführbar ist. **I** u. **II** liefern beim kurzen Kochen mit 2n Lauge *Monoacetyldiaminouracil* (**III**), dessen Reacetylierung immer nur zu **I** führte, ohne daß **II** erhalten werden konnte. **I, II** u. **III** lassen sich mit ca. 25%ig. Lauge prakt. quantitativ zu *Diaminouracil* (**IV**) verseifen, das im Gegensatz zu den Literaturangaben unzers. haltbar ist. **IV** liefert mit **V** allein **III**, mit **V** + **XV** dagegen **I**. Viele dieser Ergebnisse stehen im Widerspruch zu den Angaben von BILTZ (1923.). — **I** u. **II** geben mit verd. H_2SO_4 oder methanol. HCl nicht nur *8-Methylxanthin* (**VI**), sondern auch **IV**; **III** bildet dabei ausschließlich **IV**. Analoges gilt für die Einw. von alkoh. p-Toluolsulfonsäure: Mit **III** entsteht **IV**-$C_{(5)}$-*Toluolsulfonat*, das aus **I** u. **II** neben dem **VI**-*Toluolsulfonat* erhalten wird. Daraus folgt, daß nur **III** den richtigen Acetylwert gibt, **II** u. **III** jedoch zu niedrige Werte geben, weil für die Bldg. von **VI** ein Teil einer Acetylgruppe für die Cyclisierung benötigt wird. — Es wird bewiesen, daß **III** die Konst. eines *4-Amino-5-acetamidouracils* hat (vgl. dagegen BILTZ, l. c.). Dafür sprechen der exakte Acetylwert, die Überführung der 5-Formylverb. von **IV** mit Acetamid (**VII**) in **III** u. die Tatsache, daß die aus **III** gewonnene Trimethylverb. mit **VII** *1.3.8.9-Tetramethylxanthin* liefert. — **II** hat die Konst. eines *8-Oxy-2.6-dioxo-8-methyl-7-acetyl-1.2.3.6.8.9-hexahydropurins,* wie aus Folgendem hervorgeht: Bei Acetylierung der 1.3-Dimethylverb. von **III** (**XI**) entsteht die *N.N'-Diacetylverb.* (**VIII**), die verschieden ist von der durch Methylierung von **II** erhaltenen Dimethylverb. (**IX**), welche im Gegensatz zur ersteren keinen exakten Acetylwert gibt u. mit methanol. HCl neben *1.3-Dimethyldiaminouracil* (**X**) vorwiegend *1.3.8-Trimethylxanthin* (**XII**) liefert, während **VIII** dabei nur **X** bildet. Mit 20%ig. Essigsäure führt **VIII** zu **XI, IX** wird dabei nicht verändert. Die Konst. von **VIII** u. damit auch die von **IX** (als *8-Oxy-2.6-dioxo-1.3.8.trimethyl-7-acetyl-1.2.3.6.8.9-hexahydropurin*) geht ferner daraus hervor, daß **VIII** durch Lösen in Alkali u. Fällen mit Säure in **IX** übergeht. Außerdem reagiert **IX** mit CH_2N_2 zu *1.3.7.8-Tetramethylxanthin,* während **VIII** nicht mit CH_2N_2 reagiert. Da bei dieser Rk. das Auftreten von W. nachgewiesen wurde, muß in **IX** die freie Acetylgruppe an $N_{(7)}$ stehen; zwischen $C_{(8)}$ u. $N_{(9)}$ tritt W. aus, die Acetylgruppe an $N_{(7)}$ wird unter dem Einfl. der äther.-methanol. CH_2N_2-Lsg. durch die CH_3-Gruppe ersetzt u. geht selbst in Essigsäuremethylester über. Durch den Übergang **III** → **XI** → **VIII** ist diese Beweisführung für die Konst. von **VIII** u. **IX** (u. damit auch für die von **II**) auch ein weiterer Beweis für die Konst. von **III**. — Die dritte Acetylgruppe in **I** ist an die Oxygruppe an $C_{(8)}$ gebunden: Sie läßt sich leicht entfernen, ferner führt die Methylierung von **I** mit CH_2N_2 in Ae. zu der **I**-*1.3-Dimethylverb.* (**XIII**) (die auch bei 1std. Kochen mit W. im Gegensatz zu **I** unverändert bleibt), die beim Erhitzen mit Formamid *Theophyllin* u. **XII** gibt; die dritte Acetylgruppe muß also auch am 5gliedrigen Ring gebunden sein. **XIII** läßt sich aus ster. Gründen nicht weiter acetylieren. Wohl aber liefern **VIII** u. **IX** bei Acetylierung das Tetraacetat, *8-Acetoxy-2.6-dioxo-1.3.8-trimethyl-7.9-diacetyl-1.2.3.6.8.9-hexahydropurin,* was durch Übergang von **VIII** in **IX**, Acetylierung an $N_{(9)}$ u. zuletzt O-Acetylierung erklärt werden muß. — Auf Grund aller Ergebnisse wird folgender Reaktionsmechanismus für die Bldg. von **I** u. **VI** aus **XIV** aufgestellt:

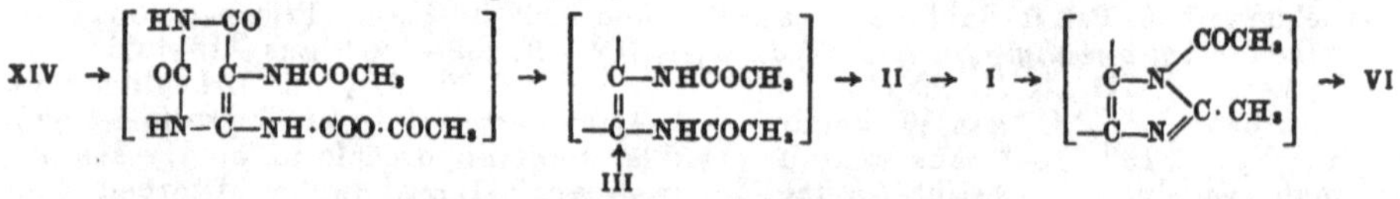

Versuche: *Triacetyldiaminouracil, 8-Acetoxy-2.6-dioxo-8-methyl-7-acetyl-1.2.3-6.8.9-hexahydropurin* (**I**), $C_{10}H_{12}O_5N_4$, a) aus 100 g **XIV**, 300 cm^3 **V** u. 150 cm^3 **XV** durch 7½std. Kochen, Waschen mit Aceton u. Trocknen bei 100°; 123 g (Ausbeute); große Prismen aus der 30fachen Menge W. bei nur kurzem Aufkochen, wobei teilweise Verseifung nicht vermieden werden kann; b) aus 6 g **II** oder **III** durch 4std. Kochen mit 30 cm^3 **V** u. 15 cm^3 **XV**; 6 g roh; c) aus 10 g **IV**-Sulfat durch 5std. Kochen mit 100 cm^3 **V** u. 50 cm^3 **XV**; 7 g. — *Diacetyldiaminouracil, 8-Oxy-2.6-dioxo-8-methyl-7-acetyl-1.2.3.6.8.9-hexahydropurin* (**II**), $C_8H_{10}O_4N_4$, aus 10 g **I** u. 2nNaOH über das *Na-Salz,* $C_8H_9O_4N_4Na \cdot H_2O$, das in W. gelöst u. mit nH_2SO_4 versetzt wird; büschelartige Nadeln; 8,5 g. — *Monoacetyldiaminouracil, 4-Amino-5-acetamidouracil* (**III**), $C_6H_8O_3N_4$, a) aus 10 g **I** bzw. **II** (oder Na-Salz) durch 10 Min. Kochen mit 2nNaOH, Verdünnen mit W.

u. Ansäuern mit $2nH_2SO_4$ auf p_H 4; tafelförmige, zu Büscheln vereinigte Prismen; 6 g; b) aus **IV** durch 1 std. Kochen mit **V**, Lösen in 2 nNaOH u. Wiederfällen; c) aus 5-Formylamino-4-aminouracil durch ½ std. Kochen mit **VII**, Abdest., Ausziehen mit CH_3OH, Auskochen des Rückstandes mit W. (als Rückstand *8-Methylxanthin* [**VI**]) u. Eindampfen. — *Diaminouracil* (**IV**)-*Sulfat*, $C_4H_6O_2N_4 \cdot ½ H_2SO_4 \cdot H_2O$, a) aus **I**, **II** oder **III** durch ¼ std. Kochen mit 6 nNaOH, Verdünnen u. Ansäuern auf p_H 4 mit $2nH_2SO_4$; 90%; b) aus **III** durch ¼ std. Kochen mit $2nH_2SO_4$; c) aus 5 g **II** oder **I** durch ½ std. Kochen mit $2nH_2SO_4$ (als Rückstand 1,7 g **VI**); 1,2 g. **IV**-*Hydrochlorid* entsteht ebenso neben **VI** bei Verseifung mit methanol. HCl. **IV**, aus **III** durch 5 std. Kochen mit 10 bis 15% HCl enthaltendem CH_3OH, Aufschlämmen des Hydrochlorids in W. u. Alkalisieren mit NH_4OH; 90%. — *1.3.7.8-Tetramethylxanthin*, F. 210° (A.), aus **IX** durch 3 tägiges Stehen mit $CH_3OH + CH_2N_2$ in Ae. u. Eindampfen; feine dünne Nadeln. — *1.3-Dimethyltriacetyldiaminouracil*, *8-Acetoxy-2.6-dioxo-1.3.8-trimethyl-7-acetyl-1.2.3.6.8.9-hexahydropurin* (**XIII**), $C_{12}H_{16}O_5N_4$, F. 186° (W.), aus **I** durch 4 tägige Rk. mit CH_2N in Ae.; 45%. (Chem. Ber. **86**. 321—33. 1953. Stuttgart, TH, Inst. für Organ. Chem. u. Organ.-chem. Technol.) NITZSCHKE. 3272

Hellmut Bredereck, Ingeborg Hennig, Wolfgang Pfleiderer und **Gerhard Weber**, *Synthesen in der Purinreihe*. 3. Mitt. *Umsetzungen der Acetate des 4.5-Diaminouracils. Synthesen von Coffein, Theobromin und Theophyllin.* (2. vgl. vorst. Ref.) Vff. beschreiben Umsetzungen, die mit den in der vorst. Mitt. beschriebenen *Mono-* (**I**), *Di-* (**II**) u. *Triacetyl* (**III**)-*Verb.* von *4.5-Diaminouracil* (**XXV**) durchgeführt wurden. — Die **I**-*3-Methylverb.* [*4-Amino-5-acetamido-3-methyluracil* (**IV**)], der BILTZ (1923) auf Grund seiner unrichtigen Formel für **I** die Konst. eines 2.6.8-Trioxy-3.8-dimethyl-8.9-dihydropurins zugeschrieben hatte, konnte von Vff. auch in größeren Ansätzen gewonnen werden u. ist in 80—90%ig. Ausbeute direkt aus **III** erhältlich. Weitere Methylierung gibt die **I**-*1.3-Dimethylverb.* (**V**) dann, wenn bei p_H 9 u. 40° gearbeitet wird; auch sie ist zu 80—90% direkt aus **III** darzustellen, wobei Dimethylsulfat (**VI**) im Überschuß notwendig ist, da sich ein Teil mit dem sich bildenden CH_3COONa zu Essigsäuremethylester umsetzt. **V** gibt *1.3.8-Trimethylxanthin* (**VII**) durch direktes Erhitzen. Überschüssiges **VI** bildet aus **IV** bei p_H 9—10 ein Gemisch von **V** u. (höchstens 20%) der **I**-*Trimethylverb.* (**XVII**), deren Konst. als *4-Methylamino-5-acetamido-1.3-dimethyluracil* bewiesen ist durch die Rk. mit Formamid (**XXI**) zu *1.3.9-Trimethylxanthin* u. (durch direkte Wasserabspaltung) *1.3.8.9-Tetramethylxanthin* (**XVIII**). Als Nebenprod. der Methylierung von **IV** mit viel **VI** bildet sich schließlich noch die **I**-*Tetramethylverb.* (**XV**), die höchstwahrscheinlich *4-Methylamino-5-[methylacetylamino]-1.3-dimethyluracil* ist, ferner *1.3.7.8-Tetramethylxanthin* (**VIII**), das aus **V** über **VII** entstanden ist. — Die **II**-*1.3-Dimethylverb.*, *8-Oxy-2.6-dioxo-1.3.8-trimethyl-7-acetyl-1.2.3.6.8.9-hexahydropurin* (**X**), ist aus der **II**-Na-Verb. u. 5—7 Mol **VI** unter besonderen Bedingungen zu gewinnen. Beim Erhitzen über den F. entsteht daraus **VII**, mit äther.-methanol. CH_2N_2 **VIII**. Überschüssiges **VI** bildet aus der **II**-Na-Verb. das **II**-*Tetramethylderiv.* (**XII**). — Ebenso wie aus Harnsäure (**XXII**), **I** oder **II** mit Acetanhydrid (**IX**) u. Pyridin (**XVI**) über **III** 8-Methylxanthin entsteht (vgl. vorst. Ref.), entstehen die *methylierten 8-Methylxanthine* aus den **I**-, **II**- u. **III**-Methylderivaten. Diese Rk. stellt nicht eine einfache Wasserabspaltung zwischen der Acetamidogruppe an $C_{(5)}$ u. der NH_2-Gruppe an $C_{(4)}$ dar, sondern verläuft sicher ebenfalls analog wie bei den nichtmethylierten Verbb. **I** u. **II**. Sowohl **X** als auch das isomere Hexahydropurinderiv. **XI** (über die Unterschiede zwischen beiden vgl. vorst. Ref.) geben bei der weiteren Methylierung **XII** u. bei der Acetylierung zunächst die Dimethyltetraacetylverb. **XIII**, dann **VII**; es ist möglich, daß das in einigen Fällen daneben gewonnene Acetylderiv. *1.3.8-Trimethyl-7-acetylxanthin* (**XIV**) ist. **VII** entsteht nach diesen Ergebnissen aus **V** über **XI**, **X**, **XIII**, dann möglicherweise **XIV**. **XV** reagiert nicht mit **IX** + **XVI**; aus **XVII** konnte nicht das erwartete **XVIII** erhalten werden, sondern nur eine *Trimethyltriacetylverb.* der möglichen Konst. **XIX** oder wahrscheinlicher **XX**. —

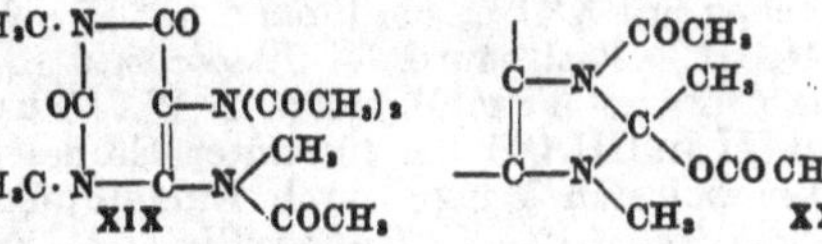

I liefert mit **XXI** in fast quantitativer Ausbeute *Xanthin* (**XXIII**) unter Abspaltung von Acetamid, wobei *4-Amino-5-formylaminouracil* (**XXVI**) Zwischenprod. ist. Ebenso wie **I** verhalten sich **II** u. *8-Acetoxy-2.6-dioxo-8-methyl-7-acetyl-1.2.3.6.8.9-hexahydropurin* (**III**). Bei Umsetzungen von 5-Acylamino-4-aminouracilen mit verschied. Säureamiden wird festgestellt, daß unabhängig vom Acylrest das im Überschuß verwendete Amid die Natur des Xanthinderiv. bestimmt. Die neue Synth. des *Coffeins* aus **XXII** über **III** u. **XXIII** ist trotz der zusätzlichen Zwischenstufe der direkten Synth. (vgl. 1. Mitt., C. **1952**. 3818) überlegen. Auch die **I**- u. **II**-Methylderivv. lassen sich gut mit Säureamiden umsetzen: **IV** gibt mit

XXI 70% *3-Methylxanthin*, womit auch *Theobromin* einfach zugänglich ist. Das gleiche gilt für die *Theophyllin*-Synth. aus **XXII** über **III** u. **V**. — Methanol. HCl reagiert mit den Methylderivv. von **I**, **II** u. **III** wie mit den nichtmethylierten Verbb.: Bei offenen Acetylverbb. werden die Acetylgruppen verseift, bei den ringförmigen tritt außerdem Wasserabspaltung zu den entsprechenden *8-Methylxanthinen* ein. Mit diesem Verf. sind die *Diaminouracile* auch außerhalb der TRAUBE-Synth. leicht zugänglich geworden. — Die methylierten Acetylverbb. bilden mit Lauge stets *methylierte 8-Methylxanthine*, während bei **I**, **II** u. **III** je nach Laugenkonz. verschieden starke Acetylabspaltung eintritt. — Alle Rkk. sind durch ein Formelschema zusammengefaßt. Ebenso sind alle in den bisherigen Mitteilungen beschriebenen Darstellungsmöglichkeiten der verschied. Alkylxanthine tabellar. zusammengestellt.

Versuche: *4-Amino-5-acetamido-3-methyluracil* (**IV**), F. 303°, aus **III** durch $^1/_4$std. Kochen mit 2nNaOH u. Zutropfen von **VI** u. Aceton bei 40° Badtemp.; ca. 90% (Ausbeute); krist. aus viel W. mit 2 H_2O. — *4-Amino-5-acetamido-1.3-dimethyluracil* (**V**), $C_8H_{12}O_3N_4$, F. 281°, a) analog **IV** mit mehr **VI**, wobei auf p_H 9 gehalten wird; nach Einengen wird mit Chlf. kontinuierlich extrahiert; 80—90%; b) ebenso aus **IV**; 80—90%. — *4-Methylamino-5-acetamido-1.3-dimethyluracil* (**XVII**), $C_9H_{14}O_3N_4$, F. 247°, aus **IV** mit 10—12 Mol **VI** bei p_H 9—10, dann Einengen, kontinuierliche Chloroformextraktion u. Kristallisation der Fraktionen mit F. $<$250° aus A.; dünne Nadeln; 20%. — *4.5-Bis-[methylamino]-1.3-dimethyl-5-acetyluracil* (**XV**), $C_{10}H_{16}O_3N_4$, F. 225°, aus den Chloroformrückständen der Methylierungen zu **V** u. **XVII** durch Abdampfen u. Verreiben mit Aceton; aus A. große Prismen. — *8-Oxy-2.6-dioxo-1.3.8-trimethyl-7-acetyl-1.2.3.6.8.9-hexahydropurin* (**X**), $C_{10}H_{14}O_4N_4$, F. 209°, aus **III** in 2nNaOH durch Zugabe von W., dann **VI** u. Aceton, Halten auf p_H 7—8, Einengen, Extraktion mit Chlf., Abdampfen u. Verreiben mit Aceton; aus A. Nadeln; 33%. — *8-Methoxy-2.6-dioxo-1.3.8.9-tetramethyl-7-acetyl-1.2.3.6.8.9-hexahydropurin* (**XII**), $C_{12}H_{18}O_4N_4$, F. 225° (A.), a) aus **III** durch Verseifen wie vorst. u. Rk. mit viel **VI** bei 40° u. p_H 8—9; 75% roh, 50% rein; b) aus **X** durch Methylierung mit **VI** in Aceton u. 2nNaOH (p_H 7 bis 8); 60%. — *3.8-Dimethylxanthin* (**XXVII**), $C_7H_8O_2N_4 \cdot H_2O$, aus 3 g **IV** durch 5std. Kochen mit je 5 cm³ **IX** u. **XVI**; Nadeln aus W.; 2 g. — *4.5-Diacetamido-1.3-dimethyluracil* (**XI**), $C_{10}H_{14}O_4N_4$, aus 5,2 g **V** durch Kochen mit **IX**; sechseckige Platten aus W., die bei 235° schm., bei 250° wieder erstarren u. bei 325° **VII** bilden; 4,8 g. — *8-Acetoxy-2.6-dioxo-1.3.8-trimethyl-7.9-diacetyl-1.2.3.6.8.9-hexahydropurin* (**XIII**), $C_{14}H_{18}O_6N_4$, F. 215°, aus 3 g **X** oder **XI** durch ½std. Erhitzen mit **IX** + **XVI** u. Einengen im Vakuum; aus W. Stäbchen; 2,4 g; verhält sich beim Erhitzen wie **XI**. — *1.3.8-Trimethylxanthin* (**VII**), $C_8H_{10}O_2N_4$, F. 325—330° (A.), aus 2 g **V**, **X**, **XI** oder **XIII** durch 3std. Kochen mit **IX** + **XVI**; 1,3 g. — *8-Acetoxy-1.3.8.9-tetramethyl-7-acetyl-1.2.3.6.8.9-hexahydropurin* (**XX**, weniger wahrscheinlich Konst. **XIX**), $C_{13}H_{18}O_5N_4$, F. 180° (A.), aus 1 g **XVII** durch 6std. Kochen mit **IX** + **XVI**, Eindampfen im Vakuum u. Aufnehmen in A.; große Prismen; 0,7 g. — *4-Amino-5-propionylaminouracil* (**XXIV**), $C_7H_{10}O_3N_4$, aus 20 g sd. Propionamid durch Eintragen von 2 g **XXV**-Sulfat, 10 Min. Kochen u. Zugabe von A. in der Wärme; olivgrün; 1,9 g. — *Xanthin* (**XXIII**), a) aus **XXVI** durch Kochen mit **XXI**; 94%; b) aus **I** u. **XXI**; 85%; c) aus 1 g **XXIV** durch 20 Min. Kochen mit **XXI**; 0,6 g. — *8-Methylxanthin*, a) aus 100 g sd. Acetamid durch Zugabe von **XXV**-Sulfat, 8std. Kochen u. Zugabe von CH_3OH bei 60°; 5 g; b) aus 7 g **XXVI** u. $CH_3 \cdot CONH_2$ durch 7std. Kochen; danach Auskochen mit Methanol + Toluolsulfonsäure; 4 g; c) ebenso aus 10 g **I** (8 Std.); 5 g; d) ebenso aus 10 g **XXIV**; 4 g. — *8-Äthylxanthin*, a) aus 100 g sd. Propionamid durch Eintragen von 10 g **XXV**-Sulfat, 8std. Kochen u. Behandeln mit CH_3OH bei 60°; 7 g; Kristallisation aus W.; Identifizierung durch Methylierung von 3 g bei 40° u. p_H 8—9 mit **VI** zu *Äthylcoffein*, F. 184° (A.); 1 g; b) aus 7 g **XXVI** u. $C_2H_5CONH_2$ durch 7½std. Kochen; 4,6 g roh; c) aus 10 g **I** (8std. Kochen); 7 g; d) ebenso aus 10 g **XXIV**; 3,5 g. — *3-Methylxanthin*, aus 10 g **IV** durch 1std. Kochen mit **XXI** u. Verdünnen mit W.; 6,2 g roh; Reinigung durch Umfällen aus verd. NH_4OH + Essigsäure. — *Theobromin* (*3.7-Dimethylxanthin*), F. 330° (W.), aus vorst. Verb. durch Aufschlämmen in W., Alkalisieren, Erwärmen auf 100° u. Methylieren mit **VI** in CH_3OH bei 40° unter Einhaltung von p_H 7—7,5, Abfiltrieren u. Gewinnen einer weiteren Menge durch Eindampfen des Filtrats u. kontinuierliche Chloroformextraktion; 70%. — *Theophyllin* (*1.3-Dimethylxanthin*), F. 269° (A.), a) aus **V**, **X** oder **XI** durch Kochen mit **XXI**; 80—90%; b) aus **III** zunächst wie bei der Darst. von **V**; nach Beendigung der Methylierung wird im Vakuum eingedampft, der Rückstand $^3/_4$ Std. mit **XXI** gekocht, mit W. verd. u. mit Chlf. extrahiert; 50%. — Nach ½std. Kochen von 3 g **XVII** mit **XXI** scheiden sich 2 g *1.3.8.9-Tetramethylxanthin* (**XVIII**), $C_9H_{12}O_2N_4$, ab; F. 254°, aus A. Nadeln; aus dem Filtrat durch Versetzen mit W., Extrahieren mit Chlf., Abdampfen u. Verreiben mit Aceton *1.3.9-Trimethylxanthin*

(*Isocoffein*), $C_8H_{10}O_2N_4$, F. 282—285° (A.). **XVIII** entsteht auch aus **XVII** u. $CH_3 \cdot CONH_2$ durch 7 std. Kochen. — *4.5-Diamino-3-methyluracil*, $C_5H_8O_2N_4$, aus **IV** durch 3 std. Kochen mit 10—15% HCl enthaltendem CH_3OH, Absaugen u. Versetzen des Hydrochlorids mit NH_4OH; 93%. — *4.5-Diamino-1.3-dimethyluracil*, $C_6H_{10}O_2N_4$, F. 208—210°, ähnlich aus **V**; 60%; entsteht ebenso auch aus **XI**. — 3 g **IV** geben bei ½ std. Kochen mit n NaOH u. Ansäuern mit 2 n H_2SO_4 2 g **XXVII**, dessen Konst. durch Methylierung von 2,8 g mit **VI** bei p_H 8—9 zu *1.3.7.8-Tetramethylxanthin* (**VIII**), F. 207 bis 208° (W.), bewiesen wurde; 2,3 g. — **V**, **X** u. **XI** geben bei 1½ std. Kochen mit 0,3 n NaOH u. Chloroformextraktion **VII**; lange dünne Nadeln, F. 330°. — *8-Methoxy-2.6-dioxo-1.3.8.9-tetramethyl-12.3.6.8.9-hexahydropurin*, $C_{10}H_{16}O_3N_4$, F. 246°, ebenso aus 4 g **XII**; Nadeln, die durch Lösen in CH_3OH u. Fällen mit Aceton gereinigt werden; 1,2 g. (Chem. Ber. **86**. 333—51. 1953.) NITZSCHKE. 3272

Paul Charpentier, Paul Gailliot, Robert Jacob, Jacques Gaudechon und **Paul Buisson,** *Untersuchungen über die substituierten N-Dimethylaminopropylphenothiazine.* Bei der Kondensation von 3-Methyldiphenylamin mit S in geringem Überschuß in Ggw. von 1% J_2 bei 180° entsteht als Hauptprod. *3-Methylphenothiazin* (F. 187—188°) u. daneben *1-Methylphenothiazin* (F. 114—115°), deren Struktur sich aus der Entschwefelung mit Cu bei 180° zu *2-Methylcarbazol* (F. 256°; *Pikrat*, F. 166,5°) bzw. *4-Methylcarbazol* (F. 115°; *Pikrat*, F. 160—161°) ergibt. Analog entstehen aus 3-Chlordiphenylamin *3-Chlorphenothiazin* (F. 196—197°) u. *1-Chlorphenothiazin* (F. 116°), dagegen bildet sich aus 3-Methoxydiphenylamin nur *3-Methoxyphenothiazin* (F. 179 bis 180°). Die genannten Phenothazine lieferten durch Kondensation mit 1-Dimethylamino-3-chlorpropan in Ggw. von $NaNH_2$ nachst. Salze von N-[γ-Dimethylaminopropyl]-phenothiazinen: *1-Methyl-, saures Oxalat*, F. 195—196°; *Pikrat*, F. 141—142°. — *3-Methyl-, Hydrochlorid*, F. 194°; *Pikrat*, F. 143°. — *1-Chlor-, Hydrochlorid*, F. 169—170°; *Pikrat*, F. 142—143°. — *3-Chlor-, Hydrochlorid* („*Chloropromazine*"), F. 179—180°; *Pikrat*, F. 171—172°. — *3-Methoxy-, saures Oxalat*, F. 178—179°; *saures Maleat*, F. 140—141°; *Pikrat*, F. 141—142°. (C. R. hebd. Séances Acad. Sci. **235**. 59—60. 7/7. 1952.) SPAETH. 3292

Alex. H. Lamberton, *Einige Ausblicke auf die Chemie der Nitramine.* Übersicht: Darst. u. Eigg.; Einw. von Säure u. Alkali u. von reduzierenden Agentien; neue Methoden zur Darst. von prim. u. sek. *Nitraminen*; Mechanismus der Nitrierung u. Nitrolyse; Struktur u. Tautomerie bei prim. u. sek. Nitraminen u. den *O-Alkylderivv.* der prim. Nitramine; *Nitroguanidin*; *Methylendinitramin* u. die *Dinitraminreihe*; *Cyclonit* u. verwandte Verbb.; *Oxy-* u. *Aminomethylnitramine*; lineare *Polymethylennitramine*; Nitrolyse von *Hexamin*. — 93 Literaturzitate. (Quart. Rev. (chem. Soc., London) **5**. 75—98. 1951. Sheffield, Univ.) NITZSCHKE. 3313

M. L. Wolfrom und **Kimiko Anno,** *Natriumborhydrid als Reduktionsmittel in den Zuckerreihen.* Vff. red. verschied. Zuckerderivv., bes. Uronsäuresalze, mit $NaBH_4$; die Meth. erscheint nützlich zur Best. der Struktur von Oligo- u. Polysacchariden, die Uronsäurebindungen enthalten.

Versuche: *D-Lyxose*, F. 117—118°, durch Red. von D-Lyxono-γ-lacton in W. mit $NaBH_4$ bei 0—2° u. p_H 3—4; $[\alpha]_D^{30}$ —14° (c = 3 in W.); 21% (Ausbeute). — *D-Arabit*, F. 102—103°, wie vorst. mit der doppelten Menge $NaBH_4$; $[\alpha]_D^{27}$ +9° (c = 5 in gesätt. wss. Boraxlsg.); 25,5%. — *L-Gulono-γ-lacton*, F. 183—185° (aus A.), aus Na-D-Glucuronatmonohydrat; $[\alpha]_D^{22}$ +55° (c = 2 in W.); 30%. — *L-Galaktono-γ-lacton*, F. 134—135° (A.), aus dem Ca–Na-Salzhexahydrat der D-Galakturonsäure; $[\alpha]_D^{22}$ +77° (c = 4 in W.); 24% — *Methyl-α-D-galaktopyranosidmonohydrat*, F. 108—109° (A.), aus Methyl-D-galaktopyranosiduronsäuremethylestermonohydrat; $[\alpha]_D^{25}$ + 177° (c = 3 in W.); 61%. — *Methyl-β-D-galaktopyranosid*, F. 177—178° (A.), aus Methyl-β-D-galaktopyranosiduronsäuremethylester; $[\alpha]_D^{27}$ —0,6° (c = 2,5 in W.); 64%. — *Methyl-α-D-glucopyranosid*, F. 164—165,5° (A.), aus Methyl-D-glucopyranosiduronsäuremethylester; $[\alpha]_D^{30}$ +155° (c = 0,9 in W.); 37%. (J. Amer. chem. Soc. **74**. 5583—84. 20/11. 1952. Columbus, O., Univ., Dep. of Chem.) FAHRNLAENDER. 3400

Paolo M. Strocchi und **Ettore Gliozzi,** *Einige Bemerkungen zum Keto-Enol-Gleichgewicht bei Hexosen: Glucose, Mannose und Fructose.* Beim Vgl. des Verh. von D-Glucose (I), D-Fructose (II) u. D-Mannose (III) in alkal. Lsg. zeigt sich bes. zu Beginn bei **II** die rascheste Abnahme des p_H; nach ca. 4 Tagen ist der Verlauf des p_H fast parallel mit abnehmendem p_H in der Reihenfolge **III–I–II**. Während die Umwandlungsgeschwindigkeit von **I** u. **II** in beiden Richtungen etwa gleich ist, ist **III** weniger reaktionsfähig gegenüber der Enolform (1.2-Endiol), wobei die Isomerisierung **III–II** gegenüber **III–I** bevorzugt ist. Gleichgewicht wird nicht erreicht. Vff. erörtern den Mechanismus der Isomerisierung. Während **I** u. **II** die gleiche (trans)-Endiolform gemeinsam haben, kann **III** nur über die cis-Form ins Gleichgewicht eintreten, ihre Isomerisierung zu **I** ist nur möglich auf dem Umweg **III** ⇄ cis-Endiol ⇄ **II** ⇄ trans-Endiol ⇄ **I**. Die Endiolbldg. beruht auf einem tautomeren Austauschmechanismus zwischen den Moll. des Zuckers u. denen des Lösungsmittels. (Ann. Chimica **43.** 104—12. Febr. 1953. Bologna, Univ., Ist. di Chim. appl. e industr.) R. K. MÜLLER. 3400

Robert Ellsworth Miller und **Sidney M. Cantor,** *2-Oxyacetylfuran aus Zuckern.* Bei der Darst. von 5-Oxymethyl-2-furaldehyd nach MIDDENDORF (C. **1919.** I. 844) isolierten Vff. *2-Oxyacetylfuran* (I; *Furoylcarbinol*) als Nebenprod. durch Sublimation in einer Ausbeute von 1—2%. I wurde auch durch säurekatalysierte Dehydration einer wss. D-Glucoselsg. isoliert. — I, $C_6H_6O_3$, aus Bzl. oder n-Hexan u. durch Sublimation (2—3 mm 80°), F. 83—84,5°; besitzt ein Absorptionsmaximum bei 275 mμ; red. FEHLINGsche Lsg., gibt aber mit fuchsinschwefliger Säure keine Färbung. Die früher beschriebene Verb. (KIPNIS u. Mitarbeiter, C. **1948.** II. 53) ist mit I identisch. (J. Amer. chem. Soc. **74.** 5236—37. 20/10. 1952. Philadelphia, Pa., American Sugar Refining Co., Res. and Develop. Div.) W. LORENZ. 3400

William A. Bonner, Mary J. Kubitshek und **Richard W. Drisko,** *Eine Anregung zur Anwendung der Hudsonschen Isorotationsregeln.* Zur Berechnung der durch das glykosid. C-Atom in α-Glykosiden hervorgerufenen partiellen Rotation A (Berechnung des A-Wertes nach den HUDSONschen Regeln [1909]) eignen sich die anomeren β-Glykoside, deren Werte bekannt sind, u. außerdem ein Glykosidpaar, das ein Aglykon ähnlicher Struktur besitzt. Die Anwendbarkeit dieser Vorstellungen wird dargelegt (5 Tabellen). Durch Bromierung u. Nitrierung acetylierter aromat. Glykoside werden in diesem Zusammenhang interessierende Verbb. dargestellt.

Versuche: *p-Chlorphenyltetraacetyl-β-D-glucosid,* $C_{20}H_{23}O_{10}Cl$, F. 123,5—124° (Isopropanol), durch Zusammenschmelzen von *β-D-Glucosepentaacetat* mit p-Chlorphenol (I) in Ggw. von p-Toluolsulfosäure, 1 Std. bei 100° im Vakuum; $[\alpha]_D^{25}$ —20,2° (c = 2,527; Chlf.). — Analog: *m-Chlorphenyltetraacetyl-β-D-glucosid,* F. 112,5°, $[\alpha]_D^{25}$ —25,3° (c = 2,209; Chlf.). — *o-Chlorphenyltetraacetyl-β-D-glucosid,* F. 143—144° (aus Isopropanol), $[\alpha]_D^{25}$ —41,3° (c = 2,711; Chlf.). — *p-Chlorphenyltetraacetyl-α-D-glucosid,* $C_{20}H_{23}O_{10}Cl$, F. 99,5—100°, durch Zusammenschmelzen von α-D-Glucosepentaacetat mit I in Ggw. von $ZnCl_2$ bei 120°, $[\alpha]_D^{25}$ +165,5° (c = 2,380; Chlf.). — Analog: *m-Chlorphenyltetraacetyl-α-D-glucosid,* F. 105—107°, $[\alpha]_D^{25}$ +160,5° (c = 2,119; Chlf.). — *o-Chlorphenyltetraacetyl-α-D-glucosid* krist. nicht. — *[4-Bromnaphthyl-(1)]-tetraacetyl-β-D-glucosid* (II), $C_{24}H_{25}O_{10}Br$, F. 135—136° (aus Isopropanol), aus 2 g 1-Naphthyltetraacetyl-β-D-glucosid (III) in Essigsäure mit Br_2 in Essigsäure, $[\alpha]_D^{25}$ —54,8° (c = 2,155; Chlf.), 1,91 g (Ausbeute). — *4-Bromnaphthol-(1),* F. 122—124°, nach Reinigung über das Pikrat durch 30std. Kochen von II mit nHCl; *Pikrat,* F. 160—165° (A.). —*[1-Bromnaphthyl-(2)]-tetraacetyl-β-D-glucosid,* $C_{24}H_{25}O_{10}Br$, F. 168—169° (Isopropanol), aus 2,61 g 2-Naphthyltetraacetyl-β-D-glucosid (IV) in Essigsäure mit Br_2 in KBr-Lsg., $[\alpha]_D^{24,5}$ —66,4° (c = 2,002; Chlf.); 2,64 g; bei Bromierung analog II betrug die Ausbeute nur bis 20%, auf dem Dampfbad 25%. — *1-Bromnaphthol-(2),* F. 82—83° (Methanol/W.), durch 1std. Kochen vorst. Verb. mit nHCl/Essigsäure; *Benzoat,* F. 98—99° (Methanol). — *o-Nitrophenyltetraacetyl-β-D-glucosid,* F. 156—157°, durch Zugabe von Phenyltetraacetyl-β-D-glucosid in Essigsäureanhydrid zu einer Lsg. von rauchender HNO_3 in Essigsäureanhydrid bei —5 bis 0° während ½ Std. u. weiteres 3std. Rühren, glänzende blaßgelbe Täfelchen, $[\alpha]_D^{24}$ +40,5° (c = 2,002; Chlf.). Durch Hydrolyse daraus *o-Nitrophenol,* F. 45—47°. *2.4-Dibrom-6-nitrophenol,* F. 116—117°. — *[4-Nitronaphthyl-(1)]-tetraacetyl-β-D-glucosid,* $C_{24}H_{25}O_{12}N$, F. 176—177° (aus A.), durch Nitrierung von III wie oben, glitzernde gelbe Nadeln aus Isopropanol, $[\alpha]_D^{25}$ —67,2° (c = 2,025; Chlf.). — *4-Nitronaphthol-(1),* F. 159—164° (W.), durch ca. 12std. Kochen vorst. Verb. mit nHCl; *Benzoat,* F. 169—170° (Aceton). — *[1-Nitronaphthyl-(2)]-tetraacetyl-β-D-glucosid,* $C_{24}H_{25}O_{12}N$, F. 198—199°, durch Nitrierung von IV wie oben, blaßgelbe Nadeln aus Bzl., am Licht grüngelb werdend, in Chlf. opt.-inaktiv. — *1-Nitronaphthol-(2),* F. 99—100,5° (Isopropanol), durch 48std. Kochen vorst. Verb. u. Wasserdampfdestillation. *1-Nitro-2-naphtholmethyläther,* F. 123,5—125°, blaßgelbe M., wird am Licht grüngelb. (J. Amer. chem. Soc. **74.** 5082—86. 20/10. 1952. Stanford, Calif., Univ. of California, Dep. of Chem.) WILLENBERG. 3400

N. Elming, Ch. Vogel, O. Jeger und **V. Prelog,** *Veratrumalkaloide.* 2. Mitt. *Über die Konstitution der Hexantetracarbonsäure aus Cevin und Germin.* (1. vgl. ANLIKER u. Mitarbeiter, C. **1953.** 2932.) Das aus der genannten Säure [I; $C_{10}H_{14}O_8$, F. 155—158° (Zers.), $[\alpha]_D$ +29° (Aceton); *Tetramethylester,* $C_{14}H_{22}O_8$, F. 65—66°, $[\alpha]_D$ +21° ($CHCl_3$); vgl. CRAIG u. JACOBS, J. biol. Chemistry **148.** [1943.] 57, u. C. **1948.** I. 1322], die keine (C)CH_3-Gruppe besitzt, über ihr Anhydrid durch Pyrolyse entstehende

Ketonanhydrid (II; $C_9H_{10}O_4$, F. 117—118°, $[\alpha]_D$ +130° [Aceton]) enthält nach Ausweis des Infrarot (IR)-Spektr. die Ketogruppe in einem 5gliedrigen Ring, während der Anhydridring mehr als 5gliedrig sein muß. Das Vorliegen eines Cyclopentanonringes in II wird ferner bewiesen durch die Übereinstimmung der UV-Absorption von Benzalcyclopentanon u. dem aus II durch Umsetzung mit Benzaldehyd + $NaOC_2H_5$ gebildeten *Benzalderiv. der entsprechenden Ketocarbonsäure* ($C_{16}H_{16}O_5$, F. 195 bis 196°, $[\alpha]_D$ —41° [Aceton]). Von den Konstitutionsformeln, die danach für I möglich sind, vermögen lediglich 3, am besten **Ia**, die Bldg. von II befriedigend zu erklären. Eine Säure **Ia** kann nur den Ringen A, B, C oder A, B, C, D des Steroidgerüstes entstammen (FF. korr. u. im evakuierten Röhrchen bestimmt). (Helv. chim. Acta **35**. 2541—47. 1/12. 1952. Zürich, ETH, Organ.-chem. Labor.) BOIT. 3500

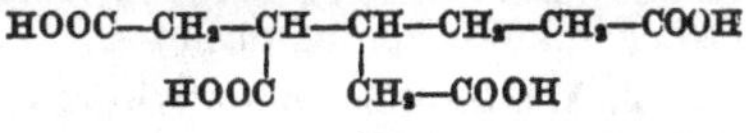

Ia

Karl Winterfeld und **Carl Heinen**, *Zur Kenntnis des 3-Lupinins. Verbesserung der Synthesen und optische Spaltung der dl-Base.* Die früher beschriebene Synth. des *3-Lupinins* (C. **1952**. 1826) wurde durch Änderung der Versuchsbedingungen bei der Einw. von PBr_3 auf 4-[Piperidyl-(2')]-2-oxymethylbutanol-(1) verbessert. Durch fraktionierte Kristallisation der Tartrate gelang die Spaltung des dl-3-Lupinins.

V e r s u c h e: *4-[Piperidyl-2']-2-oxymethylbutanol-(1)*, durch Hydrierung von 4-[Pyridyl-2']-2-oxymethylbutanol-(1) in 3nHCl über PtO_2, Alkalisieren u. Ausschütteln mit Isoamylalkohol; kristalline Substanz; 87—92% (Ausbeute). — *ω-Brom-3-lupinan*, $C_{10}H_{18}NBr$. 23 g vorst. Glykols werden in 500 ml Bzl. bei 60° unter Rühren mit 100 g PBr_3 durch den Rückflußkühler in einem Guß versetzt u. 8 Std. gekocht u. Bzl. u. PBr_3 im Vakuum abgetrieben; der Rückstand wird mit Eiswasser versetzt u. unter Eis/Kochsalz-Kühlung 2 Std. gerührt, die filtrierte Lsg. unter starker Kühlung mit konz. NaOH alkalisiert, die Verb. mit Ae. isoliert u. fraktioniert dest.; Öl, $Kp._{18}$ 138—141°; $Kp._{0,001}$ 50—51°; 23%. *Pikrat*, $C_{16}H_{21}O_7N_4Br$, F. 154—156° (A.). *Jodmethylat*, F. 239—240° (Zers.), Nadeln (A.). — *dl-3-Lupinin*, F. 57,5—58°; $Kp._{14}$ 141°. Die natronalkal., wss. Lsg. wird nach dem Ausäthern der vorst. Verb. unter Kühlung mit Eis 1 Std. gerührt, mit Eisessig auf p_H 8 gebracht u. über Nacht gekocht, mit konz. HCl kongosauer gemacht u. auf $^1/_3$ eingeengt. Das Filtrat wird unter Kühlung stark alkal. gemacht u. ausgeäthert; nach Dest. bei 0,001 mm u. 90° Badtemp. aus n-Pentan, PAe. u. Essigester niedrige, hexagonale Prismen. *Pikrat*, F. 140—141,5° (CH_3OH). *Pikrolonat*, F. 223—224° (Zers.), lange Nadeln (A.). *Jodmethylat*, F. 254 bis 256° (Zers.), lange, spitze Nadeln (CH_3OH). *Phenylurethan*, F. 93—95° (Ae.). *p-Nitrobenzoat*, F. 95—96° (CH_3OH). Der Rückstand der n-Pentan- u. Essigestermutterlaugen gibt nach Dest. mit 4-[Piperidyl-2']-2-oxymethylbutanol-(1) verunreinigtes 3-Lupinin. Trennung des Gemisches durch Veresterung mit Benzoesäure u. anschließende Fraktionierung: *3-Lupininbenzoat*, $C_{17}H_{23}O_2N$, zähfl. Öl, $Kp._{0,001}$ 81—83°. *Pikrat*, F. 169 bis 171° (CH_3OH). — *Racemspaltung des 3-Lupinins*. 3,4 g 3-Lupinin u. 3 g d-Weinsäure werden in 10 ml A. gelöst; nach Stehen im Eisschrank über Nacht derbe Kristalle, F. 158—161°. Nach 6maligem Umkristallisieren aus CH_3OH *l-3-Lupinin-d-tartrat*, F. 185—187°; $[\alpha]_D^{20}$ —6,1° ± 0,5° (W., c = 10). *l-3-Lupinin*, aus dem d-Tartrat in wss. Lsg. durch Freimachen mit 40%ig. NaOH u. Ausäthern; spitze Pyramiden, F. 72° (CH_3OH); $[\alpha]_D^{20}$ —19,6 ± 0,5° (A.). *d-3-Lupinin-l-tartrat*. Die Mutterlaugen werden zur Trockne eingedampft, mit 40%ig. NaOH zerlegt u. die Base mit l-Weinsäure in CH_3OH versetzt, F. 185—186°; $[\alpha]_D^{19}$ +6,0° (W., c = 10). *d-3-Lupinin*, F. 71—72,5° (Pentan); $[\alpha]_D^{20}$ +19,5 ± 5° (CH_3OH). (Liebigs Ann. Chem. **578**. 171—176. 1952. Bonn, Univ., Pharmazeut. Inst.) NEZEL. 3500

A. Danilowa, **R. Konowalowa**, **P. Massagetow** und **M. Garina**, *Untersuchung der Alkaloide aus Senecio sarracenius.* Die zur Blütezeit im Altai gesammelte Pflanze enthält in den oberird. Teilen 0,8—0,9% Alkaloide. Das durch Anfeuchten mit NH_3, Extraktion mit $C_2H_4Cl_2$ u. Ausschütteln mit Ae. aus alkal. Lsg. in üblicher Weise erhaltene Prod. gibt mit alkoh. Weinsäurelsg. das krist. *Bitartrat*, F. 177—179°, eines Alkaloids der Bruttoformel $C_{18}H_{27}O_5N$, das *Sarracin* (I) genannt wurde. I ist fl., krist. aber aus W., F. 51—52°; $[\alpha]_D$ —129,7°. Schwer lösl. in W., leicht in A., Ae. u. Chloroform. *Pikrat*, F. 140—141°; Kristalle. Enthält eine OH-Gruppe, kein CH_3 am N; entfärbt $KMnO_4$. Beim Erhitzen mit Alkalien zerfällt I in *Platinecyn*, F. 151—152°, $[\alpha]_D$ —57° (Chlf.), *Pikrat*, F. 184—185°, u. ungesätt., bisher noch nicht untersuchte *Säuren*. Ein 2. Alkaloid der Formel $C_{18}H_{27}O_6N$ wurde unter Abänderung der Extraktionsbedingungen — nicht mit NH_3 vorbehandelte Pflanze; Chlf. als Lösungsm. — gewonnen; F. 123—124°; aus Aceton Kristalle; $[\alpha]_D$ —81,6°; leicht lösl. in W. u. A., schwer in Äther. *Pikrat*, F. 107,5—108,5°. *Chloroaurat*, F. 153—155°. Bei der Red. mit Zn-Staub in schwefelsaurem Medium geht es in I über, aus dem es durch Oxydation mit H_2O_2 zu erhalten ist. Es liegt als I-*N-Oxyd* vor. (Доклады Академии Наук СССР [Ber. Akad. Wiss. UdSSR][N. S.] **89.** 865—66. 11/4. 1953. Allunions Wiss. Chem.-Pharmazeut. Ordshonikidse-Forschungsinst.) R. KNOBLOCH. 3500

T. A. Geissman und **William Mojé,** *Anthochlorfarbstoffe.* 8. Mitt. *Die Pigmente von Coreopsis grandiflora, Nutt. 3.* (7. vgl. SEIKEL, C. **1951.** II. 3312.) Vff. gelang die Totalsynth. des *Leptosidins* (II) u. seines Glucosids, *Leptosin* (I), womit die früher (C. **1945.** II. 1495 u. früher) für **I** u. **II** vorgeschlagenen Strukturen bestätigt sind. **II** konnte durch saure Kondensation von Protocatechualdehyd (**V**) mit *6-Oxy-7-methoxycumaranon-(3)* (**III**) erhalten werden. Für **III** wurde eine Anzahl verschied. Synthesen untersucht, von denen die günstigste über den *Pyrogallol-2-methyläther* (**IV**) verläuft, welcher durch partielle Methylierung des Pyrogallols mit anschließender Fraktionierung zugänglich ist. Durch Umsatz mit Chloracetonitril wurde daraus **III** erhalten. — Das Glucosid **I** war auf direktem Wege durch Glykosylierung von **III** u. darauffolgende Kondensation mit **V** nicht in reiner Form erhältlich, es wurde durch ammoniakal. Verseifung von *3'.4'-Dibenzoyloxy-6-tetraacetylglucosidoxy-7-methoxybenzalcumaranon-(3)* gewonnen.

Versuche: *Pyrogallol-2-methyläther* (**IV**; *2.6-Dioxyanisol*), F. 84,5—85°, durch Einwrkg. von Dimethylsulfat + 10%ig. NaOH auf Pyrogallol in W. im N_2-Strom u. Fraktionierung, $Kp._{17}$ 146—147,5°; Nadeln aus CCl_4. *Bis-p-nitrobenzoat*, $C_{21}H_{14}O_9N_2$, F. 222—223°. — *2.3-Dioxy-4-methoxybenzoesäure* (**VI**), $C_8H_8O_5$, F. 224—225° (Zers.), durch Verseifung von 2-Oxy-3.4-dimethoxybenzoesäure mit konz. H_2SO_4 bei 75°; Nadeln aus verd. A.; mit alkoh. $FeCl_3$ blaue, nach braun umschlagende Farbe. *Diacetat*, $C_{12}H_{12}O_7$, F. 160—161°. — *2.4-Dioxy-3-methoxybenzoesäure*, C_8H_8O, F. 196,5—197° (Zers.), durch 4std. Erhitzen eines Gemisches von **IV**, $KHCO_3$ u. W. im CO_2-Strom u. Ansäuern; lange, flache Nadeln aus Nitromethan; gibt durch Decarbolierung bei 220 bis 240° **IV**. — Decarboxylierung von **VI** bei 230—240° liefert *2.3-Dioxyanisol*, *Bis-p-nitrobenzoat*, $C_{21}H_{14}O_9N_2$, F. 179—180°. — *6-Oxy-7-methoxycumaranon-(3)* (**III**), $C_9H_8O_4$, F. 156 bis 157°. Die Mischung von 39 g **IV,** 18 cm³ Chloracetonitril u. 20 $ZnCl_2$ in 400 Ae. wurde mit HCl-Gas bei 0° gesätt. u. dann weitere 3 Std. bei 20° HCl eingeleitet; nach 12 std. Stehen bei 0° wurde der Nd. in W. $1^1/_2$ Std. erhitzt u. das ausgeschiedene Chlorketon $1^1/_2$ Std. mit Na-Acetat in A. erwärmt u. in gesätt. NaCl-Lsg. gegossen; 25,5 g Nadeln aus Methanol; mit $FeCl_3$ hellrot. — *6-Methoxy-7-oxycumaranon-(3)*, $C_9H_8O_4$, F. 211—212° (Zers.), a) wie vorst. aus 2.3-Dioxyanisol; hellgelbe Nadeln, tiefrot mit $FeCl_3$; b) aus 6.7-Dioxycumaranon-(3) (**VII**; F. 230—232°) mit Dimethylsulfat, Diazomethan oder Methyljodid; daneben bildete sich in einigen Fällen der *Dimethyläther*, F. 122—123°. — *6-Oxy-7-benzyloxycumaranon-(3)*, $C_{15}H_{12}O_4$, F. 166—167°, aus **VII** mit Benzylchlorid in Ggw. von NaJ in Aceton; 47% (Ausbeute). — *6-Methoxy-7-benzyloxycumaranon-(3)*, $C_{16}H_{14}O_4$, F. 108,5—109,5°, aus vorst. Verb. mit CH_2N_2; Verss. zur Benzylierung von 6-Methoxy-7-oxycumaranon-(3) führten zu einer farblosen Verb. mit 2 Benzylgruppen. — *Leptosidin* [**II**; *3'.4'.6-Trioxy-7-methoxybenzalcumaranon-(3)*], $C_{16}H_{12}O_6$, F. 250° (Zers.), durch Kondensation von **III** mit **V** in A. in Ggw. von konz. HCl; nach 3 Std. bei 75° wurde in W. gegossen u. 12 Std. bei 0° belassen; gelbe Nadeln. *Triacetat*, $C_{22}H_{18}O_9$, hellgelbe Nadeln aus verd. A., F. 166,5—167°. — *3'.4'-Dibenzoyloxy-6-oxy-7-methoxybenzalcumaranon-(3)*, $C_{30}H_{20}O_8$, aus **III** mit 3.4-Dibenzoyloxybenzaldehyd in Eisessig u. wenig HCl; goldgelbe Nadeln aus Nitromethan, die an der Luft W. aufnehmen, F. des Hydrats ca. 206° (Zers.). — *3'.4'-Dibenzoyloxy-6-tetraacetylglucosidoxy-7-methoxybenzalcumaranon-(3)*, $C_{44}H_{38}O_{17}$, F. 106—109°, aus vorst. Verb. mit Acetobromglucose in Aceton; kleine gelbe Nadeln aus Methanol. — *Leptosin* [**I**; *3'.4'-Dioxy-6-β-D-glucosidoxy-7-methoxybenzalcumaranon-(3)*], $C_{22}H_{22}O_{11}$, F. 218—221° (Zers.), durch Sättigen einer methanol. Lsg. vorst. Verb. bei 0° mit NH_3 u. 24std. Stehen bei 0°; nach Einengen im Vakuum wurde über P_2O_5 getrocknet u. mit Ae. ausgezogen; aus verd. A. goldorangefarbene Nadeln; in verd. NaOH tiefblau. *Hexaacetat*, $C_{34}H_{34}O_{17}$, hellgelbe Nadeln aus W./Dioxan u. dann Äthylacetat/PAe., F. 235,5—236°, λ_{max} 375, 328 u. 241 mμ (log ε = 4,30, 4,35 u. 4,07), λ_{max} 276 mμ (log ε = 3,57). (J. Amer. chem. Soc. **73.** 5765—68. Dez. 1951. Los Angeles, Calif., Univ., Dep. of Chem.) KÜHNEL. 3550

D. Tischtschenko, N. Perssianzewa und **W. Foliadow,** *Ein neuer Umwandlungstypus der Terpene.* 12. Mitt. *Synthese von Nitrilen der Homoterpenreihe.* (11. vgl. C. **1953.** 5509.) Durch Umsetzung von Myrtenylchlorid (I) bzw. Carvylchlorid (6-Chlordipenten) mit CuCN wurden die *Nitrile* der *Myrtenyl-* bzw. *Dipentenyl-(6)-ameisensäure* (**II** bzw. **III**) u. durch deren Verseifung die freien Säuren erhalten. Bei diesen Rkk. erfolgte keine Verschiebung der Doppelbindungen; dies wurde, wenn auch nur bei **II**, durch Ozonisierung kontrolliert. Hierbei wurde eine Verb. $C_{10}H_{16}O_2$ gebildet, die die Aldehyd-Rkk. u.

die Jodoform-Rk. (CH_3CO-Gruppe) gab, so daß an der Identität mit dem zu erwartenden *2.2-Dimethyl-3-acetylcyclobutyl-(1)-acetaldehyd* nicht zu zweifeln ist.

Versuche: *Myrtenylcyanid* (*Homomyrtensäurenitril*), $C_{11}H_{15}N$, Kp.$_3$ 99—102°; aus 100 g I u. 50 g CuCN bei 5 std. Kochen in 500 g Xylol; D.$^{20}_4$ 0,961; n_D^{20} 1,4889; Mol.-Refr. ($[MR]_D$) 48,34; 38 g (Ausbeute). — *Myrtenylameisensäure* (*Homomyrtensäure*, **II**), $C_{10}H_{15}COOH$, Kp.$_{0,001}$ 110—112°; durch längeres Kochen von 15 g vorst. Nitrils mit 12 g KOH in 100 ml 85%ig. A.; Öl; D.$^{20}_4$ 1,048; n_D^{20} 1,4977; $[MR]_D$ 50,29; 10,5 g. — *2.2-Dimethyl-3-acetylcyclobutyl-(1)-acetaldehyd*, $C_{10}H_{16}O_2$, Kp.$_{0,00001}$ 45°; durch Ozonisierung vorst. Säure in Chloroform. — *Dipentenyl-(6)-ameisensäurenitril* (*6-Cyandipenten*), $C_{11}H_{15}N$, Kp.$_1$ 98—99°; D.$^{20}_4$ 0,9577; n_D^{20} 1,5001; $[MR]_D$ 49,49. — *Dipentenyl-(6)-ameisensäure* (**III**), $C_{10}H_{15}COOH$; Kp.$_{0,001}$ 90—100°; erstarrt zum Teil zu Kristallen vom F. 39—40°; vielleicht liegen stereoisomere Formen vor. (Журнал Общей Химии [J. allg. Chem.] **22** (**84**). 1829—32. Okt. 1952. Forsttechn. Kirow-Akad.)

H. FRÖHLICH. 3600

W. Voser, Hs. H. Günthard, H. Heusser, O. Jeger und **L. Ruzicka**, *Zur Kenntnis der Triterpene.* 175. Mitt. *Ein neuer Weg zur Öffnung des Ringes C beim Lanostadienol.* (174. vgl. CHRISTEN u. Mitarbeiter, Helv. chim. Acta **35**. [1952.] 1756.) *Acetoxylanostanon* (**I**) gibt bei SeO_2-Oxydation die Verb. **II**, die zum Dioxydiketon **III** verseift wurde; dieses liefert bei Oxydation das Oxytriketon **IV**. H_2O_2-Spaltung von **II** führt bei kurzer Reaktionszeit u. niedriger Temp. zur tricycl. Acetoxydiketosäure **V**, während bei energischeren Bedingungen auch die Acetylgruppe abhydrolysiert wird unter Bldg. von **VI**. Die Konst. von **VI** wurde bewiesen durch das Infrarotspektr. u. das ihrer Derivv., sowie durch Pb(IV)-Acetat-Oxydation zur Noroxyketosäure **VII**. — Analog der zu **VII** führenden Reaktionsfolge wurde auch das Diacetoxyketon **VIII** in die Dioxyketosäure **IX** übergeführt, welche bei CrO_3-Oxydation unter Decarboxylierung das tricycl. Triketon **X** lieferte; **IX** ist also eine β-Oxysäure, u. die Isooctylidenseitenkette des *Lanostadienols* (**XI**) steht am $C_{(17)}$ des Cyclopentanoperhydrophenanthrengerüstes (vgl. 167. Mitt., C. **1953**. 4863). — Die Infrarotspektren von **II**, **V**, **VI**, **XII** u. **XIII** werden angegeben u. diskutiert.

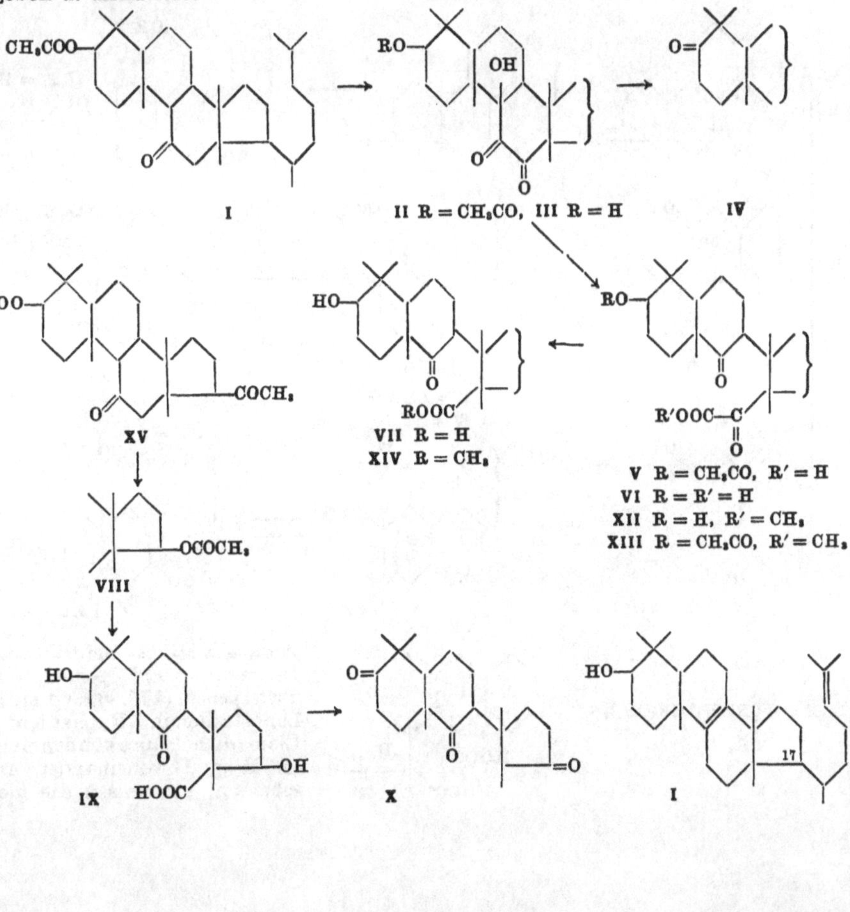

Versuche (FF. korr. u. in einer im Vakuum zugeschmolzenen Capillare bestimmt; spez. Drehungen in Chlf. im dm-Rohr): **II**, $C_{32}H_{52}O_5$, F. 211–212°, aus 500 mg Acetoxylanostanon (**I**) in Dioxan durch 4std. Erhitzen mit SeO_2 auf 180° im Rohr, Verdünnen des Filtrats mit Ae., Al_2O_3-Chromatographie des Rohprod. in PAe.–Bzl. (1:1) u. Eluierung zunächst mit PAe.–Bzl. (100 mg [Ausbeute] an noch nicht untersuchter Substanz), dann mit Bzl., Bzl.–Ae. u. Ae.; aus CH_3OH hellgelbe derbe Nadeln; $[\alpha]_D$ +140° (c = 1,11); 310 mg; die UV-Banden werden angegeben. — *Dioxydiketon* **III**, $C_{30}H_{50}O_4$, F. 183–184°, aus **II** durch 17std. Rk. mit 1n äthanol. KOH bei n. Temp.; aus CH_3·OH-W., dann CH_2Cl_2–Hexan Nadeln; $[\alpha]_D$ +142° (c = 1,09); gibt bei Acetylierung **II** zurück. — *Oxytriketon* **IV**, $C_{30}H_{48}O_4$, F. 169–170°, aus **III** in Bzl. + Eisessig durch $Na_2Cr_2O_7$-Oxydation in verd. H_2SO_4; aus CH_2Cl_2–Hexan Blättchen; $[\alpha]_D$ +145° (c = 1,01). — *Oxydiketosäure* **VI**, $C_{30}H_{50}O_5$, F. 124–126° (Zers.), aus 970 mg **II** in CH_3OH durch Zugabe von wss.-methanol. KOH, dann Perhydrol, 20std. Rk. bei n. Temp. u. Extraktion der sauren Reaktionsprodd. mit Ae. + Chlf.; aus CH_2Cl_2–Hexan Nadeln; $[\alpha]_D$ –70° (c = 0,94); 800 mg. *Methylester* (**XII**), $C_{31}H_{52}O_5$, F. 164–165°, mit CH_2N_2; aus CH_3OH-W. verfilzte Nadeln; $[\alpha]_D$ –65° (c = 1,11). — *Acetoxydiketosäure* **V**, $C_{32}H_{52}O_6$, F. 153–154°, aus CH_2Cl_2–Hexan Nadeln; $[\alpha]_D$ –59° (c = 1,31). *Methylester* (**XIII**), $C_{33}H_{54}O_6$, F. 167–168° (CH_2Cl_2–Hexan); $[\alpha]_D$ –45° (c = 0,63). — Dreiminütige Oxydation von **II** in Dioxan + 1%ig. methanol. KOH mit Perhydrol unter Eiskühlung u. Einrühren in W. liefert **V**. — *Noroxyketosäuremethylester* **XIV**, $C_{20}H_{52}O_4$, F. 159 bis 160° (CH_2Cl_2–Hexan), aus **VI** durch 1std. Rk. mit benzol. Pb(IV)-Acetat-Lsg. bei 60°, u. anschließende CH_2N_2-Veresterung; $[\alpha]_D$ –37° (c = 1,01). — *Diacetoxyketon* **VIII** F. 236–237°, aus dem Acetoxydiketon **XV** (vgl. 170. Mitt., C. **1953**. 4866) durch Benzopersäureoxydation; $[\alpha]_D$ +40° (c = 0,95). — *Dioxyketosäure* **IX**, F. 258–259° (Zers.); $[\alpha]_D$ –25° (c = 1,00 in A.). — *Tricycl. Triketon* **X**, F. 110–112°; $[\alpha]_D$ +23° (c = 0,96). (Helv. chim. Acta **35**. 2065–72. 15/10. 1952. Zürich, ETH, Organ.-chem. Labor.)

NITZSCHKE. 3600

E. Kyburz, M. V. Mijović, W. Voser, H. Heusser, O. Jeger und **L. Ruzicka**, *Zur Kenntnis der Triterpene*. 176. Mitt. *Versuche zur Verknüpfung des tetracyclischen Lano-*

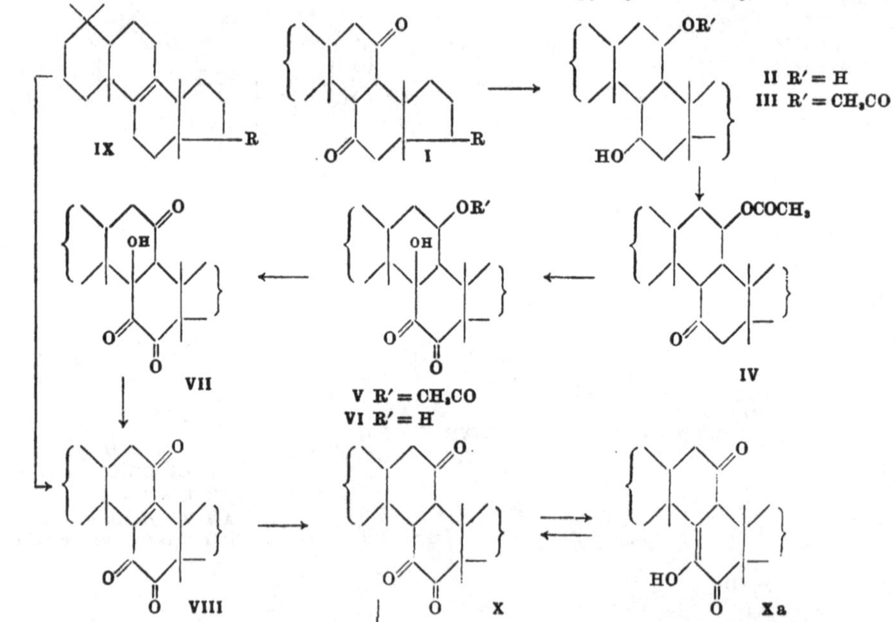

R = —CH(CH$_3$)$_2$CH(CH$_3$)$_2$ | CH$_3$

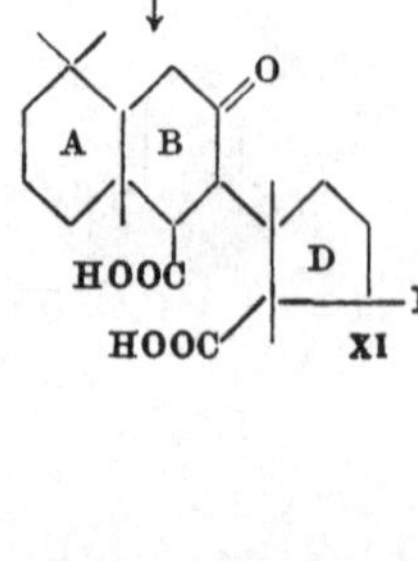

stadienols mit bi- und tricyclischen Diterpenen und pentacyclischen Triterpenen. (175. vgl. vorst. Ref.) Lanostadienol, Euphadienol u. Elemadienolsäure können sich nur im Ring D voneinander unterscheiden, sie weisen die gleiche

Struktur der Ringe A, B u. C u. eine ident. Anordnung der C-Atome der langen Seitenkette auf. Alle cycl. Diterpene, tetra- u. pentacycl. Triterpene stimmen im Bau der Ringe A u. B vollständig überein. Vff. wollen daher versuchen, diese Naturstoffe direkt miteinander zu verknüpfen. — *Lanostandion* (**I**) wurde mit $LiAlH_4$ zum Diol **II** red., in dem sich nur die an Ring B befindliche Oxygruppe verestern läßt. Das Monoacetat **III** liefert bei CrO_3-Oxydation **IV**, welches bei SeO_2-Oxydation zum *Lanostandioldionmonoacetat* (**V**) führt, dessen Verseifungsprod. **VI** mit CrO_3 unter milden Bedingungen zum Oxytriketon **VII** oxydiert wurde, das leicht W. abspaltet unter Bldg. von **VIII**. Dieses ungesätt. Triketon kann in geringer Menge auch aus Lanosten (**IX**) durch CrO_3-Oxydation erhalten werden. Aus **VIII** wurde über die gesätt. Verb. **X** durch deren H_2O_2-Oxydation die tricycl. Ketodicarbonsäure **XI** gewonnen, die ein geeignetes Ausgangsmaterial zur Abtrennung der Ringe A u. B darstellen dürfte.

Versuche (FF. korr. u. im evakuierten Röhrchen bestimmt; Drehungen in Chlf. u. im dm-Rohr): *Diolmonoacetat* **III**, $C_{32}H_{56}O_3$, F. 188—190° (CH_2Cl_2-CH_3OH), aus Lanostandion (**I**) in Bzl. durch Red. mit $LiAlH_4$ in Ae. u. Acetylierung des rohen **II** (F. 159—167°); verfilzte Nadeln; $[\alpha]_D$ +61° (c = 1,32). — *Ketoacetat* **IV**, $C_{32}H_{54}O_3$, F. 145—146° (CH_2Cl_2—CH_3OH), aus **III** in CH_2Cl_2 + Eisessig durch 3 std. CrO_3-Oxydation; $[\alpha]_D$ + 58° (c = 1,28). — *Lanostandioldionmonoacetat* (**V**), $C_{32}H_{52}O_5$, F. 208,5—209°, aus 1 g **IV** durch 4 std. Erhitzen mit SeO_2 im Rohr auf 180°, Chromatographie des Rohprod. (1 g) in PAe.-Bzl. (4:1) an Al_2O_3 u. Eluierung mit PAe.-Bzl. (1:1), Bzl. u. Bzl.-Ae. (1:1); Nadeln aus CH_2Cl_2—CH_3OH; $[\alpha]_D$ +120° (c = 1,14); 550 mg. — *Diketodiol* **VI**, $C_{30}H_{50}O_4$, F. 235—235,5° (Zers.), aus 2 g **V** durch mehrstd. Stehen mit 1 n methanol. KOH; aus CH_2Cl_2-Hexan hellgelbe Kristalle; $[\alpha]_D$ +143° (c = 1,64); 1,9 g. — *Oxytriketon* **VII**, $C_{30}H_{48}O_4$, F. 221—222° unter Zers. (CH_2Cl_2—CH_3OH), aus 1 g **VI** durch Chromsäureoxydation in Bzl. + Eisessig; $[\alpha]_D$ +127° (c = 1,12); 931 mg. — *Ungesätt. Triketon* **VIII**, $C_{30}H_{46}O_3$, F. 151,5—152°, aus 1,8 g **VII** durch 10 minütiges Kochen mit 1 n methanol. KOH, 2 std. Rk. bei n. Temp., Einrühren in W. u. Ausäthern; aus CH_2Cl_2-CH_3OH orangerote Nadeln; $[\alpha]_D$ —87° (c = 1,16); 1,3 g. — *Gesätt. Triketon* **X** bzw. **X a**, $C_{30}H_{48}O_3$, F. 156—157° (CH_2Cl_2—CH_3OH), aus 200 mg **VIII** durch Red. mit Zn-Staub in Eisessig; $[\alpha]_D$ +81° (c = 1,17); 200 mg; mit alkoh. $FeCl_3$ blaugrün. — *Ketodicarbonsäure* **XI**, $C_{30}H_{50}O_5$, F. 216—217° unter Zers. (CH_2Cl_2-Hexan), aus 830 mg **X** in Dioxan durch Versetzen mit 0,25 n methanol. KOH, dann Perhydrol, Einrühren in W. u. Ausäthern; $[\alpha]_D$ +24° (c = 1,36 in A.); 550 mg. —Die UV-Banden von **V**, **VIII** u. **X** werden angegeben, ebenso die Infrarotbanden von **V**—**VIII** u. **X**. (Helv. chim. Acta **35**. 2073 bis 2080. 15/10. 1952.) NITZSCHKE. 3600

H. Ménard und **O. Jeger**, *Zur Kenntnis der Triterpene. 177. Mitt. Zur Gliederzahl des Ringes C der pentacyclischen Triterpene.* (176. vgl. vorst. Ref.) Die in der 160. Mitt. (vgl. C. **1953**. 1180) aus α- bzw. β-Amyrin gewonnenen isomeren Acetoxyketone **I** bzw. **II** zeigen bei 1736 cm⁻¹ die Valenzschwingung der Ketogruppe. Daß diese Ketogruppe tatsächlich an einem 5 gliedrigen Ring liegt, ist dadurch sichergestellt, daß bei dem Keton **III** (vgl. STANGE. C. **1933**. II. 1038), das ebenfalls keinen endständigen 5 gliedrigen Ring besitzt, die gleiche ν(CO)-Bande auftritt; viele Ring-D-Ketone der Steroidreihe (mit endständigem Fünfring) zeigen sehr ähnliche Frequenzen, woraus zu schließen ist, daß die Valenzschwingung einer Fünfring-Ketogruppe von der Lage des Ringes im Gerüst weitgehend unabhängig ist. (Helv. chim. Acta **36**. 335—36. 2/2. 1953.) NITZSCHKE. 3600

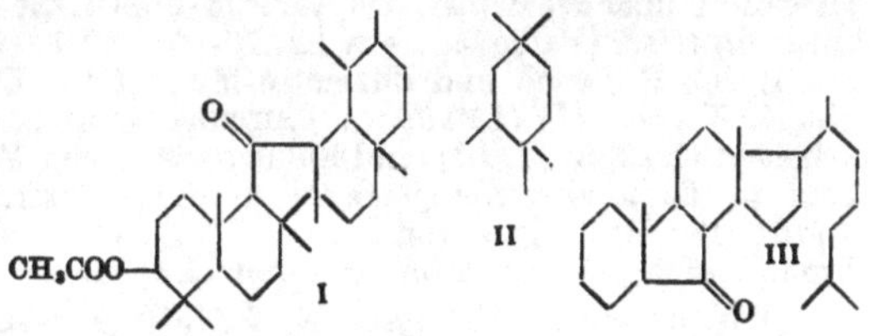

William G. Dauben, Jerome F. Eastham und **Robert A. Micheli**, *Eine neue Methode zur Darstellung von 7-Dehydrocholesterin.* Die Meth. gründet sich auf eine Verschiebung der Δ^{6}-Doppelbindung in die 7-Stellung. *$\Delta^{4.6}$-Cholestadien-3-on* wurde mit Isopropenylacetat u. H_2SO_4 oder Acetylchlorid u. Dimethylanilin oder Acetanhydrid u. Pyridin acetyliert, wobei *$\Delta^{2.4.6}$-3-Acetoxycholestatrien* (**I**) erhalten wurde; F. 89—91°; $[\alpha]_D^{25}$ —21° (Chlf.); λ_{max} 302 mμ (log ε = 4,1, in A.). Mit einem Gemisch von Acetylchlorid u. Acetanhydrid wurde *$\Delta^{3.5.7}$-3-Acetoxycholestatrien* (**II**) erhalten; F. 91—93°; $[\alpha]_D^{25}$ —69° (Chlf.); λ_{max} 305, 316 (log ε = 4,3, in A.), 330 mμ. Die Strukturen **I** u. **II** der beiden isomeren Enolester wurden auf Grund der Hauptabsorptionsmaxima u. der größeren Linksdrehung von **II** zugeordnet. **II** gibt positiven TORTELLI-JAFFÉ-Test, nicht aber **I**. Red. von **II** mit $NaBH_4$ in Methanol-Ae. bei Zimmertemp. führt zu einem Prod., dessen UV-Spektr. ident. ist mit dem von 7-Dehydrocholesterin. Es liegt wahrscheinlich ein Gemisch des 3α- u. 3β-Oxyisomeren vor. Mit Digitonin werden 70% des Rohprod. gefällt. Regenerierung des Digitonids liefert *7-Dehydrocholesterin*, F. 142—143°; $[\alpha]_D^{25}$ —115° (Chlf.); λ_{max} 271, 282 (log ε = 4,1, in A.) u. 293 mμ. (J. Amer. chem. Soc. **73.** 4496. Sept. 1951. Berkeley, Calif., Univ. of California, Chem. Labor.) K. H. MENZEL. 3700

Herman Cohen, Robert W. Bates und **Seymour Lieberman,** *Die Bildung von Steroidazinen aus Ketosteroiden mit Girard-Reagentien.* Bei der Trennung der Phenolfraktion aus dem Harn trächtiger Stuten mit GIRARD-Reagens P (II) in Keton- u. Nichtketonfraktion fiel ein krist. Nd. an, der als *Östronazin* (I) identifiziert wurde. Um die Bldg. von I zu untersuchen, wurde Östron in A. mit II gekocht, wobei die Ausbeute an I nach 2 Std. 6—7% u. nach 24 Std. 36% betrug. Daraus wird geschlossen, daß sich aus II durch Alkoholyse oder Hydrolyse freies Hydrazin bildet, das dann mit Östron oder dessen GIRARD-Hydrazid zu I reagiert. Auch andere Steroidketone bilden bei der Behandlung mit II in üblicher Weise 5—10% der entsprechenden Azine. GIRARD-Reagens T gibt geringe Ausbeuten an Azinen als II. Vff. schließen, daß die Bildung der Azine durch Rk. des aus dem überschüssigen Reagens P entstandenen Hydrazins mit dem Keton bzw. durch Ersatz des GIRARD-Hydrazids erfolgt.

Versuche (FF. korr.): *Östronazin* (I), F. 295—300° (Zers.) (A.). a) Die aus dem Harn trächtiger Stuten isolierte Phenolfraktion wurde in A. gelöst, mit Essigsäure u. II versetzt u. nach 2 std. Kochen in wss. NaOH-Lsg. gegossen. Die mit Ae. extrahierte Fraktion wurde eingedampft, der in A. gelöste Rückstand lieferte nach 1 tägigem Stehen I, $[\alpha]_D^{25}$ +48,5° ± 2° (9,3 mg in 2 cm³ Dioxan), λ_{max} 280 mμ $\left(E_{1\,cm}^{1\%} = 82\right)$. b) Aus Östron in A.–Essigsäure (9:1) mit 85%ig. Hydrazinhydrat durch 2 std. Kochen. *Diacetat* (**I a**), $C_{40}H_{48}O_4N_2$, F. 270—273°, $[\alpha]_D^{32}$ +51,2° ± 5° (2,54 mg in 2 cm³ Chloroform). — *Östron,* F. 251—253°, a) aus I in sd. Methanol mit 50%ig. H_2SO_4; b) aus **Ia** in Dioxan mit 5%ig. H_2SO_4 durch 20 Min. langes Erhitzen. — *Östron-2.4-dinitrophenylhydrazon,* $C_{24}H_{26}O_5N_4$, F. 284—285° (verd. Methanol), aus I in A. mit 2.4-Dinitrophenylhydrazin durch 3 std. Erhitzen, $E_{365 m\mu}$ 4,49. — *Östronoxim,* F. 233—235° (A.), aus I in A.–Essigsäure (9:1) mit Hydroxylaminhydrochlorid, 5 Std. am Rückfluß. — *Dehydroisoandrosteronacetatazin,* $C_{42}H_{60}O_4N_2$, F. 265—268°, aus Dehydroisoandrosteronacetat mit II in Essigsäure–Methanol durch 2 std. Kochen. — *Dehydroisoandrosteronazin,* F. 256°. — *Pregnenolonazin,* $C_{42}H_{64}O_2N_2$, F. 290—295°)nach Sublimation aus Essigester–Methanol), aus Δ^5-Pregnen-3β-ol-20-on a) mit II, b) mit Hydrazinhydrat. — *Testosteronazin,* $C_{38}H_{56}O_2N_2$, F. 257,5—260° (Zers.) (Chlf.–Methanol), aus Testosteron sowohl mit II oder mit Hydrazinhydrat; λ_{max} 262 mμ (log E = 4,41) u. 300 mμ (log E = 4,40). (J. Amer. chem. Soc. **74.** 3938—40. 5/8. 1952. New Brunswick, N. J., Squibb. Inst. for Med. Res., u. New York, N. Y., Sloan-Kettering Inst. for Cancer Res.) SCHORRE. 3750

Kurt Erne, *Chemie einiger Antibiotica.* 2. Mitt. *Aureomycin.* (1. vgl. C. **1953.** 5512.) Überblick über die Konst. des Aureomycins u. die Entw. seiner Erforschung. — 15 Literaturhinweise. (Farmac. Revy **52.** 75—78. 30/1. 1953.) R. K. MÜLLER. 3900

Byron E. Leach und **Charlotte M. Teeters,** *Die Identität von Neamin und Neomycin A. Neamin* (I) (LEACH u. TEETERS, C. **1952.** 2689) u. *Neomycin A* (PECK u. Mitarbeiter, C. **1950.** II. 56) sind ident., wie durch Misch-F., durch Vgl. der Infrarotspektren u. Papierchromatogramme u. durch biol. Prüfung an *B. subtilis* festgestellt wurde. Bei Hydrolyse von I mit 48%ig. HBr wird eine opt. inakt. Base als Hydrobromid erhalten, die wahrscheinlich *1.3-Diamino-4.5.6-trioxycyclohexan* ist.

Versuche: *Neomycin A,* F. 256° (Zers.), aus Neocymin-A–Hydrochlorid mit NH_3 in Methanol. Gibt im Gemisch mit I keine F.-Depression. — *Neaminhydrochlorid,* aus I mit wss. HCl. — *Verb.* $C_6H_{14}O_3N_2 \cdot 2\,HBr$ (*1.3-Diamino-4.5.6-trioxycyclohexandihydrobromid?*), F. 280° (aus W.), durch Erhitzen von I mit 48%ig. HBr (18 Std.). Daneben entstehen NH_4Br u. weitere nicht identifizierte Abbauprodukte. (J. Amer. chem. Soc. **74.** 3187—88. 20/6. 1952. Kalmazoo, Mich., Upjohn Comp., Res. Labors.) K. FABER. 3900

C. R. Stephens, L. H. Conover, F. A. Hochstein, P. P. Regna, F. J. Pilgrim, K. J. Brunings und **R. B. Woodward,** *Terramycin.* 8. Mitt. *Die Struktur von Aureomycin und Terramycin.* (7. vgl. HOCHSTEIN u. Mitarbeiter, C. **1953.** 2451.) *Aureomycin* (I)

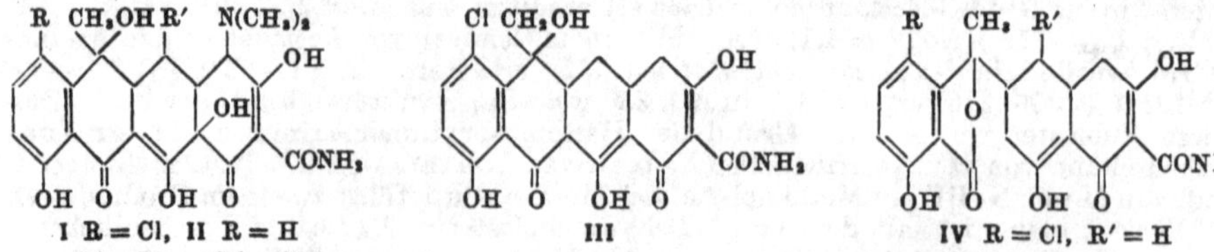

I R = Cl, R' = H; II R = H, R' = OH; III; IV R = Cl, R' = H; V R = H, R' = OH

($C_{22}H_{23}O_8N_2Cl$; *Hydrochlorid*, $C_{22}H_{23}O_8N_2Cl \cdot HCl$) u. *Terramycin* (**II**) sind strukturell sehr ähnlich. Die Anwesenheit des Naphthacenringes in I wird durch Darst. des *Desdimethylaminodesoxyderiv.* von **I** (**III**, $C_{20}H_{18}O_7NCl$) u. eines roten *Dehydratisierungsprod.* ($C_{20}H_{16}O_6NCl$) daraus bewiesen, weil aus diesem durch Zn-Staub-Dest. Naphthacen erhalten wird. **I** u. **II** haben ähnliche UV-Absorptionsspektren u. ihre Hydrochloride ähnliche Aciditätskonstanten (pKa 3,4; 7,4; 9,2 bzw. 3,5; 7,6; 9,2), *Desdimethylaminoterramycin* ($C_{20}H_{19}O_9N$) u. *-aureomycin* ($C_{20}H_{18}O_8NCl$) haben ebenfalls ähnliche UV-Spektren. Durch alkal. Umlagerung geht **III** in das *Phthalid* **IV** ($C_{20}H_{18}O_7NCl$) u. Desdimethylaminodesoxyterramycin in das analog gebaute *Phthalid* **V** ($C_{20}H_{19}O_8N$) über. Pyrolyse von **IV** führt zu *4-Chlor-7-oxy-3-methylphthalid* (F. 101—103°), Pyrolyse von **V** zu *7-Oxy-3-methylphthalid*. (J. Amer. chem. Soc. **74**. 4976—77. 5/10. 1952. Chas, Pfizer and Co., Brooklyn, N. Y., Converse Labors.) K. Faber. 3900

D₃. Makromolekulare Chemie.

P. Debye und **F. Bueche**, *Verteilung der Segmente in einem geknäuelten Polymerisatmolekül.* Vff. entwickeln die wahren Verteilungsfunktionen der Segmente um das Massezentrum eines geknäuelten Polymerisatmoleküls. Es wird graph. gezeigt, daß diese Verteilung etwas von der üblicherweise angenommenen Gaussschen Verteilung abweicht, die die räumliche Ausdehnung der Moll. nicht genügend berücksichtigt. (J. chem. Physics **20**. 1337—38. Aug. 1952. Ithaca, N. Y., Cornell Univ., Dep. of Chem.) Schäff. 4000

Robert L. Patrick, *Eine bequeme Darstellung für Redoxpolymerisationssysteme.* Die zur Beschreibung von biochem. Oxydationsystemen übliche graph. Darstellungsweise wird vom Vf. auf Redoxpolymerisationssysteme übertragen. Dadurch wird ein anschauliches Bild über die Rolle der einzelnen Reaktionspartner bei der Polymerisation u. über die Gesamt-Rk. erhalten. Das vorgeschlagene Schema wird an Hand des Syst. *Fe–Zucker–H_2O_2-monomere* Substanz erläutert. (J. Polymer Sci. **9**. 467—70. Nov. 1952.) Fuchs. 4000

W. O. Baker, **W. P. Mason** und **J. H. Heiss**, *Mechanische Eigenschaften von diskreten polymeren Molekülen.* Vff. bestimmten den Einfl. hochfrequenter mechan. Schwingungen (Verwendung von Piezoquarzen) auf die Eigg. von hochpolymeren Lösungen. Bestimmt wurden so: der mechan. Widerstand R_m, die mechan. Reaktanz X_m, die Schersteifheit μ_b, die dynam. Viscosität η_a des Lösungsm. u. die dynam. Viscosität η_b der Lsg. (η_b entspricht einem Strömen des Lösungsm. durch die Knäuel der Makromoll.), je in Abhängigkeit von der Konz. C (in g/100 cm³), der Temp. t u. der Frequenz ν (in kHz). Für *Polyisobutylen* (**I**, viscosimetr. Mol.-Gew. $M = 3{,}9 \cdot 10^6$) in Cyclohexan (**II**) als Lösungsm. wurde gefunden: R_m u. X_m für **II** allein sind gleich groß; während X_m von C prakt. unabhängig ist, steigt R_m mit wachsendem C an. Auch μ_b u. η_b steigen mit C an, η_a aber nur ganz schwach. Im (μ_b, ν) Diagramm (für C = 1) sind 3 Stufen zu unterscheiden: $\nu_2 = 0{,}55$ mit $\mu_{b_2} = 890$ Dyn/cm² (der Index 1 bei diesen Werten würde sich auf das reine **II** beziehen, Zahlenwerte vgl. Original), $\nu_3 = 84{,}5$ mit $\mu_{b_3} = 3190$ u. $\nu_4 = 3{,}52 \cdot 10^6$ mit $\mu_{b_4} = 84000$. Vff. schließen daraus auf das Vorliegen von 3 Hauptmechanismen der Deformation der **I**-Ketten: 1. Viscoelast. Konfigurationsänderungen mit dem Beitrag μ_{b_2} zur Starrheit der Makromoll.; die zugehörige Kraftkonstante f_2 (in Einheiten von Dyn·cm) beträgt $17{,}1 \cdot 10^{-13}$. 2. Vorübergehende Verstrickung von sich gegenseitig durchdringenden Segmenten des Mol.-Knäuels, $f_3 = 6{,}3 \cdot 10^{-12}$. 3. Einschränkung der Rotationsfähigkeit um die Kettenbindungen, $f_4 = 1{,}6 \cdot 10^{-10}$. Diese f-Werte fallen mit abnehmendem M von **I** etwas ab. Die mittlere Kettensteifheit beträgt $f_b = 1{,}8 \cdot 10^{-12}$. μ_b fällt mit steigendem t um so stärker ab, je größer ν; die Aktivierungsenergie wird daraus zu 2,3 kcal abgeschätzt. η_b fällt mit wachsendem t stärker als η_a (Hinweis auf das Vorliegen von Konfigurationsänderungen). Einige Messungen wurden auch an den Lsgg. von **I** in Bzl. bei 25—50° ausgeführt; während ln η_r/C von **I** in **II** bei 25° mit steigendem C abfällt, steigt es in Bzl. etwas an (bei 50° dagegen liegt in Bzl. ein leichter Abfall von ln η_r/C vor). f_b beträgt in Bzl. nur $7 \cdot 10^{-13}$ (Abnahme von f_b dieser Lsgg. gegenüber jenen in **II** infolge einer „Kompression" der Ketten durch das Bzl.; dieses Ergebnis steht im Einklang mit der technolog. Eignung von schlecht wirksamen Weichmachern). Die t-Abhängigkeit von η_b, η_a u. μ_b in Bzl. ist wesentlich geringer als in **II**; ferner sind diese Größen in Bzl. bei allen Tempp. (25—50°) kleiner als in **II**. Weiter wurden untersucht: *Hevearubber* (**III**, $M = 2{,}3 \cdot 10^5$) in **II** (μ_b von **III** ist größer als μ_b von **I**, da die Doppelbindungen in **III** die Steifheit erhöhen, $f_b = 1{,}5 \cdot 10^{-13}$); *Polystyrol* (**IV**, $M = 2{,}3 \cdot 10^5$) in Bzl. ($f_b = 4{,}5 \cdot 10^{-14}$, also höhere Biegsamkeit der **IV**-Ketten als der **II**-Ketten; bei fallendem t steigt μ_b mit Annäherung an den Trübungspunkt bei t = 26° sehr stark an, während ln η_r/C im gleichen t-Bereich steil abfällt). *Polybutadien* (**V**, $M = 18{,}6 \cdot 10^6$)

bildet für C = 0,5 in **II** ein Mikrogel; μ_b fällt mit t nicht so stark ab wie bei **I** mit M = 3,9 · 10^6 (Messungen bei ν = 20 kHz); f_b ergibt sich zu 42 · 10^{-12} Dyn · cm (Vff. nehmen an, daß hierin die Wrkg. von Vernetzungen in **V** zum Ausdruck kommt). Schließlich werden noch einige vorläufige Werte für ln η_r/C, η_b u. μ_b (ν = 20, 40 u. 80) von den Lsgg. von *Polyäthylen* (**VI**) in α-Chlornaphthalin (95%), *Polypropylen* (**VII**) in **II** (25%) u. *Polyvinylacetat* (**VIII**) in 1.2.3-Trichlorpropan (25°) mitgeteilt; μ_b beträgt bei ν = 20: 114 für **VII**, 1010 (**VIII**), 1196 (**VI**); die entsprechenden Zahlen bei ν = 80 lauten 231 bzw. 4795 bzw. 1855. Auf die Bedeutung dieser Messungen für den weiteren Ausbau der Theorien von Kuhn u. von Kirkwood über die mechan. Eigg. von hochpolymeren Lsgg. wird hingewiesen. (J. Polymer Sci. **8**. 129—55. Febr. 1952. Murray Hill, N. J., Bell Telephone Labor.) Fuchs. 4010

Sidney D. Ross und **Moushy Markarian**, *Darstellung von 1.3.5-Trivinyl-2.4.6-trichlorbenzol und seine Copolymerisation mit Styrol.* Die Copolymerisation von *1.3.5-Trivinyl-2.4.6.-trichlorbenzol* (**I**) mit Styrol (**III**) (chinoide Formen unter Beteiligung der beiden Vinylgruppen möglich) wurde bei niedrigen Gew.-% durch Messen der Viscositätsänderung im Polymerisationssyst. als Funktion der Zeit untersucht. Als Funktion der Konz. der Trivinylverb. (0,5—2 Gew.-%) wurde sie bei zwei Tempp. u. 2 Benzoylperoxydkonzz. festgestellt. Die Gelierungszeiten u. die bei Gelierung polymerisierten % Styrol wurden abgeschätzt. Außerdem wurde die Copolymerisation von **I** mit **III** mit der von *1.4-Divinyl-2.3.5.6-tetrachlorbenzol* (**II**) u. *1.3-Divinyl-2.4.5.6-tetrachlorbenzol*, beide mit **III** verglichen. Die Infrarot- u. Ultraviolettspektren der drei „Querbindungsmittel" wurden bestimmt. Das UV-Spektr. von **II** gibt eine Grundlage zur Erklärung seiner größeren Reaktionsfähigkeit bei Copolymerisation mit **III**. —*1.3.5-Triäthyl-2.4.6-trichlorbenzol*, $C_{12}H_{15}Cl_3$, Kp.$_{13}$ 156—160°, F. 65—66° (Methanol–Ae.), aus Triäthylbenzol mit Cl_2 in Ggw. von Fe-Pulver bei 40—60°, 54,7% (Ausbeute). — *1.3.5-Tris-[α-bromäthyl]-2.4.6-trichlorbenzol*, $C_{12}H_{12}Cl_3Br_3$, F. 155—156° (Ligroin), aus 80 g vorst. Verb. in CCl_4 mit Br_2 am Rückfluß unter Belichtung, 150 g (Rohausbeute). — *1.3.5-Trivinyl-2.4.6-trichlorbenzol* (**I**), $C_{12}H_9Cl_3$, F. 64,5—65° (Methanol–Ae.), aus vorst. Verb. mit KOH in absol. A., 30 Min. am Rückfluß, 67,5%. (J. Polymer Sci. **9**. 219—28. Sept. 1952.)
E. W. Haas. 4010

B. Rosen und **F. R. Eirich**, *Sedimentation und Diffusion von Polyelektrolyten.* (Sitzungsbericht.) Inhaltlich ident. mit der C. **1952**. 7503 referierten Arbeit. (Physic. Rev. [2] **86**. 657. 15/5. 1952. Brooklyn, N. Y., Polytechn. Inst.) Schäff. 4010

P. Sanz Pedrero, *Das Ultrazentrifuge-Molekulargewicht des Mischpolymeren Methylacrylat–Styrol und seiner Säure.* Das in wasserfreiem ($MgSO_4$) Bzl. mit 0,1% Benzoylperoxyd als Katalysator erhaltene Mischpolymerisat von Acrylsäuremethylester u. Styrol (1:1) wird mit *Diazomethan* (**I**) verestert, nachdem durch Verseifung in alkoh. Lsg. mit NaOH (0,2 mol., 65°) u. Fällung mit 5%ig. H_2SO_4 die entsprechende Säure hergestellt war, u. aus der Benzol-Lsg. der Mischpolymerester II gefällt. Reste von **I** werden durch Umfällen mit PAe. entfernt. Durch Ultrazentrifugieren der Benzol-Lsg. werden die Sedimentationskonstanten bestimmt, ferner die Diffusionskonstante, das spezif. Partialvol. u. die Viscosität. Das Mol.-Gew. wird nach der Formel von Svedberg berechnet. Es zeigt sich, daß durch die Verseifung u. die Veresterung mit **I** keine Längenveränderung der Mischpolymerenkette eintritt. (An. Real Soc. españ. Física Quím., Ser. B. **49**. 29—40. Jan. 1953. Uppsala, Univ., Physikal. chem. Inst.)
R. K. Müller. 4010

Fred Leonard und **Paul Fram**, *Polymerisation im flüssigen Ammoniak.* Die von Scott (C. **1953**. 349) beschriebene Rk. von CO mit in fl. NH_3 gelöstem Na führt zu *Glykolsäureamid* (**I**) u. *Rhodizonsäure* (**II**), wenn vor dem Abdampfen des NH_3 NH_4Cl zur Reaktionsmischung zugesetzt wird. Vff. wenden die gleiche Meth. zur Darst. niedrigmol. *Polyacrylsäureester* (**III**) an, indem sie den Acrylsäureester zu einer Lsg. von Na in fl. NH_3 zutropfen u. vor dem Verdampfen NH_4Cl zufügen. Für beide Rkk. wird der gleiche Ionenmechanismus diskutiert: 1. Start-Rk. durch Rk. des Amidions mit der Doppelbindung des Esters oder dem CO: $NH_2^- + CH_2{=}CHR \rightarrow H_2N{-}CH_2{-}\overset{(-)}{C}HR$ bzw. $NH_2^- + CO \rightarrow H_2N{-}\overset{(-)}{C}O$; 2. Kettenwachstum durch Addition weiterer Estermoll. bzw. eines weiteren CO-Mol. oder 5 weiterer CO-Moll.; 3. Kettenabbruch durch Rk. des Ions mit einem NH_3-Mol.: $H_2N{-}[CH_2{-}CHR]_x{-}CH_2{-}\overset{(-)}{C}HR + NH_3 \rightarrow H_2N{-}[CH_2{-}CHR]_x{-}CH_2{-}CH_2R + NH_2^-$ bzw. $H_2N{-}\underset{\overset{\|}{O}}{C}{-}\overset{(-)}{C}O + NH_3 \rightarrow H_2N{-}\underset{\overset{\|}{O}}{C}{-}CHO + NH_2^-$ oder $H_2N{-}\underset{\overset{\|}{O}}{C}{-}[CO]_4{-}\overset{(-)}{C}O + NH_3 \rightarrow H_2N{-}\underset{\overset{\|}{O}}{C}{-}[CO]_4{-}$

CHO + NH_2^-. Das Vork. einer NH_2-Gruppe in III ist sehr wahrscheinlich, wofür auch das Ultrarotabsorptionsspektr. spricht. I entsteht aus dem gebildeten Glyoxylsäureamid bei Abwesenheit von O_2 in einer red. Atmosphäre, II aus dem gebildeten Tetraketoaldehydsäureamid durch eine Kondensation vom Acyloin- oder Benzointyp. (Science [Washington] **116.** 228–29. 29/8. 1952. Washington, D. C., Walter Reed Army Med. Center, Army Prosthetics Res. Labor.) RUSKE. 4010

P. Hirsch, *Vergleich der Säurestärke von Glucuronsäure mit der der Oxycellulose.* Die Umwandelbarkeit von Glucuronsäure-γ-lacton (I) in Glucuronsäure (II) in verd. wss. Lsgg. wird untersucht. Zwischen p_H 6 u. 9 geht I mit mittlerer, leicht meßbarer Geschwindigkeit in II über, sehr schnell bei $p_H > 9$, sehr langsam bei $p_H < 6$. Die Titration von II neben I ist mit $NaHCO_3$ möglich, NaOH verursacht Hydrolyse des Lactons. — Durch kurze Alkalibehandlung wird I quantitativ in II verwandelt u. verhält sich dann bei der Titration wie eine einbas. Säure, die Neutralitätskomponente p_K wird mit u. ohne Ggw. von KCl bestimmt, der Einfl. des Salzes ist gering. — *Oxycellulose* verhält sich bei der Titration wie I, so daß Lacton- oder Anhydridbindungen angenommen werden müssen. Ein Vgl. der Neutralitätskonstanten von Oxycellulose A (Neutralisationsgrad 60%, 18,5°) u. von II (bei 20°) zeigt annähernd gleiche Säurestärken, so daß die Carboxylgruppen der Oxycellulose Glucuronsäuregruppen zu sein scheinen. Der in der Änderung der Dissoziationskonstanten ausgedrückte „Polysäureeffekt" ist sehr klein. (Recueil Trav. chim. Pays-Bas **71.** 999–1006. 1952. Utrecht, Central Inst. for Nutrit. Res. T. N. O.) ROSSOW. 4050

M. Pantlitschko, *Untersuchungen an hochgereinigten Hyaluronsäuresolen.* Aus Nabelschnur gewonnene Hyaluronsäure (I) wurde nach verschied. Methoden weitgehend gereinigt. Leitfähigkeitsmessungen der elektrodialysierten Sole ergaben H-Ionenaktivitäten, die im Widerspruch mit p_H-Messungen stehen. Dieser Widerspruch konnte noch nicht geklärt werden. Konduktometr. u. potentiometr. Titrationen ergeben das typ. Bild der Titration einbas. Säuren, doch ist die Gesamtacidität für $Ba(OH)_2$ > für NaOH. Elektrophoret. Unterss. ergaben für I eine Wanderungsgeschwindigkeit von $14{,}0 \cdot 10^{-5}$ cm^2/sec Volt. Die Viscosität von Lsgg. nimmt anfangs stark, später schwächer mit der Konz. an I zu. Die p_H-Abhängigkeit von η zeigt ein Maximum beim p_H 5 bis 6. Schon geringe Salzkonzz. setzen η beträchtlich herab. Temperaturerhöhung führt zu einem Abfall von η u. zu Depolymerisation. Die bisherigen Vorstellungen über den Aufbau der I konnten bestätigt werden. (Mh. Chem. **83.** 1125–39. 15/10; S.-B. österr. Akad. Wiss., math.-naturwiss. Kl., Abt. IIb **161.** 1125–39. 1952. Wien, Univ., Med.-Chem. Inst.) GABRIELE GÜNTHER. 4050

H. Zahn, O. Kratky und **A. Sekora,** *Kleinwinkelröntgeninterferenzen bei nitrierter Seide.* Es wurden Kleinwinkelaufnahmen von Naturseide hergestellt, die mit 0,15- u. 1,5nHNO_3 bei 100 u. 40° 2 bzw. 24 Std. lang nitriert worden waren. Aus der starken Abnahme des Tyrosingeh. der nitrierten Seide u. dem Nachw. von 3-Nitrotyrosin u. 3.5-Dinitrotyrosin im sauren Hydrolysat ergibt sich, daß bei der Nitrierung die eingebauten Tyrosinreste nitriert worden sind. Beide Nitroseiden zeigen im Röntgendiagramm auf dem Meridian außer dem bekannten Reflex bei 3,47 Å drei weitere Reflexe bei 6,95, 10,36 u. 20,9 Å. Die Interferenz bei 6,95 Å läßt sich als die erste Ordnung der Faserperiode deuten, die bei unbehandelter Seide nicht auftritt. Daraus geht hervor, daß das Diagramm von Seide auf chem. Rkk. am Tyrosin anspricht, obwohl nach klass. Anschauung Tyrosin im Innern der Kristallite keinen Platz hat. Die Tyrosinreste können jedoch nicht im amorphen Teil statist. verteilt sein, sondern müssen regelmäßig angeordnet sein. Diese Veränderung des Diagramms läßt sich durch die Annahme von spezif. Plätzen an der Außenfläche der nach Größe u. Gestalt ebenfalls definierten Rostpakete deuten. Die beiden Interferenzen 20,9 u. 10,36 Å stammen wahrscheinlich nicht vom Seidengitter. Eine genauere Deutung wird noch nicht gegeben. (Z. Naturforsch. **6b.** 9–12. Jan./Febr. 1951. Heidelberg, Univ., Chem. Inst., u. Graz, Univ., Inst. für theoret. u. physikal. Chemie.) GOTTFRIED. 4070

A. L. G. Rees, *Gerichtete Aggregation in kolloidalen Systemen und die Bildung von Proteinfasern.* Unter der Voraussetzung, daß die zwischen einem einzelnen sphär. Teilchen u. jeder Komponente eines Biteilchens (einem Paar eng benachbarter ident. Teilchen) wirkenden Wechselwirkungskräfte als Vektorsumme aufgefaßt werden können, hat Vf. die Äquipotentiallinien für 2 Systeme berechnet. Das eine hat ein Potentialmaximum für die Wechselwrkg. von 2 Teilchen (stabile Suspension), beim zweiten ist das Anziehungspotential größer als das Rückstoßpotential (aggregierende Suspension). Die potentielle Energie läßt sich als Funktion von Polarkoordinaten, R u. Θ, bezogen auf den Schwerpunkt des Biteilchens, darstellen. Bei Annäherung entlang der Achse $\Theta = 0$ stößt die Einzelpartikel auf eine geringere Potentialschwelle als in Richtung $\Theta = 90^0$. Durch Abnahme des Oberflächenpotentials oder durch Erhöhung der therm. Energie der Teilchen selbst wird lineare Aggregation bevorzugt werden. Im 2. Fall sind die in $\Theta = 90^0$ wirkenden Anziehungskräfte vorherrschend, so daß die Bldg. 2- u. 3-dimensionaler Aggregate resultiert. Die Verteilung der Ionen zwischen der Doppelschicht u. dem Dispersionsmedium wird durch die Aggregatbldg. beeinflußt, es können potentielle Energiekurven mit Maxima > 10 kT auftreten u. damit eine Stabilisation der Suspension beim vorliegenden Aggregationszustand bewirkt werden. Unter diesen Gesichtspunkten betrachtet Vf. die Änderungen des Aggregationszustandes von Insulin mit dem p_H-Wert u. die Bldg. von natürlichen Proteinfasern unter sorgfältiger Berücksichtigung der Literatur. Für den Ablauf einer Aggregation wird ein in 5 Stufen ablaufender Mechanismus angegeben. (J. physic. Colloid Chem. **55.** 1340—44. Nov. 1951. Melbourne, Australien, Commonwealth Sci. u. Ind. Res. Org., Div. of Ind. Chem.) WOELK. 4070

Jean Roche, Marcel Mourgue und **Raymond Baret,** *Struktur von Proteinen und die Wirkung von Arginase auf Produkte ihrer partiellen Hydrolyse.* Durch Unters. des Verhältnisses von bei partieller Hydrolyse mit nHCl verschied. Proteine aufgespaltenen Peptidbindungen (P) u. freigesetztem *Arginin* (I) (bestimmt mit Arginase) konnten Vff. feststellen, daß bei *Thyreoglobulin* u. in geringerem Ausmaß bei *Edestin* eine größere Stabilität der Peptidbindungen besteht, an denen I beteiligt ist, d. h. das Verhältnis von I/P ist < 1. Umgekehrt verhalten sich *Thymohiston* u. *Ovalbumine,* bei denen I/P > 1 ist. Vff. schließen daraus auf wesentliche Strukturunterschiede der genannten Proteine. (C. R. hebd. Séances Acad. Sci. **234.** 476—78. 21/1. 1952.) KRUSEN. 4070

Alan R. Battersby und **Lyman C. Craig,** *Die Chemie des Tyrocidins.* 1. Mitt. *Isolierung und Charakterisierung eines einheitlichen Peptids.* Durch Gegenstromverteilung von *Tyrocidin* (I)-*Hydrochlorid* (im Syst. CH_3OH–Chlf.–0,1 nHCl [2:2:1]) konnte gezeigt werden, daß krist. I aus 3 Komponenten besteht. Eine von diesen, „*Tyrocidin A*" (**Ia**)-*Hydrochlorid,* wurde durch Gegenstromverteilung in dem Syst. CH_3OH–Bzl.–Chlf.–0,1 nHCl (23:10:20:7) bis zu einem Grade gereinigt, in dem es vermutlich eine einheitliche Verb., u. zwar ein Peptidhydrochlorid, darstellt. Es hat die Bruttozus. $C_{66}H_{87}\cdot O_{13}N_{13}\cdot HCl$, F. 240—242° ($CH_3OH$–Ae.), $[\alpha]_D^{25}$ —111° (c = 1,37 in 50%ig. A.). **Ia** stellt ein cycl. Peptid dar, das 1 prim. NH_2-Gruppe, 1 phenol. OH-Gruppe u. 2 prim. $CONH_2$-Gruppen enthält. Die Hydrolyse ergibt außer 2 Mol NH_3 3 Mol *Phenylalanin* (L- u. DL-) u. je 1 Mol *L-Leucin, L-Tyrosin, L-Valin, L-Prolin, L-Ornithin, L-Glutaminsäure* u. *L-Asparaginsäure.* Die Aminosäureresteformel von **Ia** ist demnach (*D-Phen.*)$_2\cdot$(*L-Phen.*), (*L-Val.*), (*L-Tyr.*), (*L-Leu.*), (*L-Pro.*), (*L-Ornithin*), (*L-Glutamin*), (*L-Asparagin*); dieser Formel entspricht ein Mol.-Gew. von 1270. — Von **Ia** wurde die Diacetylverb., *O.N-Diacetyltyrocidin A,* $C_{70}H_{91}O_{15}N_3$, Nadeln aus CH_3OH, F. 289—292° (geringe Zers.), dargestellt. (J. Amer. chem. Soc. **74.** 4019—23. 20/8. 1952. New York, N. Y., Rockefeller Inst. for Med. Res.) K. F. MÜLLER. 4070

Alan R. Battersby und **Lyman C. Craig,** *Die Chemie des Tyrocidins.* 2. Mitt. *Molekulargewichtsuntersuchungen.* (1. vgl. vorst. Ref.) Krist. man durch Gegenstromverteilung gereinigtes *Tyrocidin A* (I) höchster Reinheit aus trockenem HCl enthaltendem Methanol um u. unterwirft das so erhaltene Prod. abermals einer Gegenstromverteilung im Syst. CH_3OH–Chlf.–0,1 nHCl (2:2:1), so erhält man wieder eine Aufteilung in 2 Produkte. Das eine ist I-*Hydrochlorid,* $C_{66}H_{87}O_{13}N_3\cdot HCl$, F. 240—242° ($CH_3OH$–Ae.), das andere eine Verb. der Bruttoformel $C_{67}H_{88}O_{14}N_{12}\cdot HCl$ (**II**), Nadeln aus CH_3OH–Ae., F. 236—237°, bei der eine $CONH_2$-Gruppe des I durch partielle Methanolyse in die $COOCH_3$-Gruppe übergeführt worden ist. Aus dem OCH_3-Geh. von **II** (2,35%) errechnet sich ein Mol.-Gew. von ca. 1300; der Amid-N von **II** wurde zu 1,06% bestimmt u. beträgt somit die Hälfte des für I bestimmten Wertes (2,01%). Außer der Methanolyse wurden Absorptionsmessungen an den 2.4-Dinitrophenyl (DNP)-Derivv. von I zur Mol.-Gew.-Best. verwendet. Durch Umsetzung von I-Hydrochlorid mit 2.4-Dinitrofluorbenzol in wss.-alkoh. Lsg. in Ggw. von $NaHCO_3$ wurden aus I das monosubstituierte *N-DNP-Tyrocidin A* (**IIa**), $C_{72}H_{89}O_{17}N_{15}$ (gelbe Nadeln aus HCl–CH_3OH), u. das disubstituierte *N.O-Di-DNP-Tyrocidin A* (**IIb**), $C_{78}H_{91}O_{21}N_{17}$ (gelbe Nadeln aus wss. CH_3OH), gewonnen. **IIa** u. **IIb** haben ein breites Absorptionsmaximum bei 350 mμ. Aus den Bestimmungen der Extinktionskoeffizienten von **IIa** u. **IIb** errechnen sich Mol.Geww., die das Mindestmolekulargewicht von 1270 für I bestätigen. Nach HCl-Hydrolyse von **IIa** u. **IIb** ließen sich papierchromatograph. *δ-DNP-Ornithin* (**III**) bzw. **III** u. *O-DNP-Tyrosin* (**IV**) nachweisen. Durch Hydrolyse von **IIb** mit Eisessig–konz. HCl (30 Std. Erhitzen), Abtrennung von **IV** u. Chromatographie eines mit NH_3 versetzten sek.-Butanolextraktes an einer Cellulosesäule wurde **III** als *Hydrochlorid,* $C_{11}H_{14}O_6N_4\cdot HCl$ (F. 217—218° [Zers.]), isoliert. Demnach ist im

I keine freie α-Aminogruppe vorhanden; die bas. Gruppe in I ist die δ-Aminogruppe des Ornithins. Die phenol. OH-Gruppe des Tyrosins liegt im ursprünglichen Peptid I in freiem Zustand vor. (J. Amer. chem. Soc. **74**. 4023—27. 20/8. 1952.) K. F. MÜLLER. 4070

Guido Bargellini, Lezioni di chimica organica. 8a edizione. Roma: Ed. Studium. 1952. (IV + 630 S.) 8°. L. 3000,—.

E. Biologische Chemie. Physiologie. Medizin.

E_1. Allgemeine Biologie und Biochemie.

G. M. Dunn, H. H. Kramer und **Roy L. Whistler,** *Gen-Dosierungseffekt auf die Kohlenhydrate des Maisendosperms.* Für gewisse industrielle Zwecke ist ein hoher Amylosegeh. der Stärke von Wert. Es wurden zwei homozygote Maisstämme mit den genet. Faktoren su, du u. su_2 (deren Einfl. auf den Geh. des Endosperms an wasserlösl. Polysacchariden u. Stärke, sowie den Geh. der Stärke an Amylose bekannt ist) mehrfach gekreuzt. Es zeigte sich, daß bes. der su_2-Faktor einen hohen Geh. an Amylose bewirkt, während in den homozygoten Genotypen von su der Amylosegeh. weniger als die Hälfte der nicht-su-Genotypen ausmacht. Es liegt jedoch eine deutlich negative Relation zwischen Amylosegeh. u. Geh. des Endosperms an Stärke vor; bei 77% Amylosegeh. der Stärke macht die Stärke nur 9% des Endosperms aus. Die Kombination der Faktoren su_2 u. du erwies sich als am günstigsten, da hier der Stärkegeh. nicht wesentlich red. ist. Der Geh. an wasserlösl. Polysacchariden ist bei su-Genotypen durchschnittlich über 30%, während alle anderen Genotypen weniger als 1% enthalten. (Agronomy J. **45**. 101—04. März 1953. Lafayette, Ind., Purdue Univ., Dep. of Agronomy and Agricult. Chem.) W.-D. WEINMANN. 4130

C. J. Franzke und **J. G. Ross,** *Durch Colchicin beeinflußte Varianten in Sorghum.* Bei Anwendung von *Colchicin* (0,5%ig. in Lanolin) auf die Koleoptilen von Sorghum vulgaris Pers. wurden Pflanzen mit einem veränderten Genotypus erzielt. Dabei handelte es sich nicht um polyploide, sondern um diploide Pflanzen mit einfachem Chromosomensatz. Die Wirkungsweise des Colchicins wird diskutiert. (J. Heredity **43**. 107—15. Mai/Juni 1952. Brookings, S. D., Agricult. Exper. Stat.) BEINERT. 4130

Werner Braun, *Untersuchungen über den Populationswechsel in Bakterien und ihre Beziehung zu einigen allgemeinen biologischen Problemen.* Erneute Unterss. des Populationswechsels an Bacterium Brucella abortus, hervorgerufen durch Zusatz von Fll. alter Kulturen oder verschied. Aminosäuren (d-Alanin, Asparagin) u. Vgl. der Ergebnisse mit gewissen anderen biol. Problemen, wie Antigen. — Umwandlung in Paramaecium u. Auftreten neoplast. Zellen. (Amer. Naturalist **86**. 355—69. Nov/Dez. 1952. Frederick, Md., Camp Detrick, Chem. Corps, Biol. Labors.) FINDEISEN. 4130

M. Errera, *Die Zellatmung.* Übersichtsreferat. Dehydrierungsmechanismen, Lokalisation der Atmungsenzyme in der Zelle, vollständige Pyruvatoxydation, mit Oxydationsvorgängen gekoppelte Phosphorylierungen, die Phosphorylierungen regulierende Faktoren des Cytoplasmas u. der Kerne, genet. Kontrolle der Atmungsvorgänge, die Rolle der Atmung bei verschied. physiol. Abläufen. (Ann. Soc. roy. Sci. méd. natur. Bruxelles **5**. 244—57. 1952. Bruxelles, Univ. libre, Fac. des Sci., Labor. de Morphol. animale.) K. MAIER. 4150

A. O. Woinar, *Der mengenmäßige Gehalt der Spurenelemente in den Kernen von Nervenzellen auf Grund der Emissionsspektralanalyse.* Mit Hilfe der Emissionsspektralanalyse lassen sich in den aus der grauen Substanz der Großhirnrinde u. des Kleinhirns von Mensch, Rind u. Hund isolierten Kernen der Nervenzellen die folgenden Mikroelemente quantitativ feststellen: Al, Ga, Pb, Li, Fe, Si, Ni, Mn, Zn, Cr, Mo, Bi, Ba, Ti, Cu, Ag, Co, wobei der Anteil der Schwermetalle bes. groß ist. Weniger konstant findet man Ge, Sn, Cd u. Sr. Auffallend ist, daß ausnahmslos in allen Spektrogrammen K fehlt, da es im Cytoplasma lokalisiert ist. (Биохимия [Biochemie] **18**. 29—33. Jan./Febr. 1953. Stalino, Med. Stalin-Inst., Lehrstuhl für Biochem.) RENTZ. 4150

M. Steinert, *Über die Anwesenheit von freien Purinbasen in Froscheiern. Guanin* u. *Hypoxanthin* wurden chromatograph. in Froscheiern nachgewiesen. Bei der Embryonalentw. nimmt ihre Menge auf 30—40% ab. (Arch. int. Physiol. **60**. 192—93. Juni 1952. Bruxelles, Labor. de Morphol. animale.) GERBER. 4150

Nino Pasetto und **Cesare Blondet,** *Uteruskrebs und enzymatische Tätigkeit des Blutes.* 1. Mitt. *Die β-Glucuronidase.* Unterss. bei 9 Patientinnen mit Uteruscarcinom (Portioepitheliom der Stadien II—IV). Die enzymat. Wirksamkeit der *Blut-β-Glucuronidase* war bei diesen Frauen gering vermindert. (Pathologica [Genova] **44**. 1—3. Jan./Febr. 1952. Genova, Univ., Ist. di Clin. Ostetrica.) P. G. SCHEURLEN. 4160

Cesare Blondet und **Nino Pasetto**, *Uteruskrebs und enzymatische Aktivität des Blutes. 2. Mitt. Die spezifische und unspezifische Cholinesterase.* (1. vgl. vorst. Ref.) Unterss. an 8 Patientinnen mit mittelschwerem Portiocarcinom. Die spezif. *Cholinesterase* (I) der Erythrocyten ist gegenüber der bei n. Frauen nicht verändert, während die unspezif. I des Plasmas bei Carcinomträgerinnen herabgesetzt ist. (Pathologica [Genova] **44.** 5—8. Jan./Febr. 57. März/April 1952.) P. G. SCHEURLEN. 4160

Nino Pasetto und **Cesare Blondet**, *Uteruskrebs und enzymatische Aktivität des Blutes. 3. Mitt. Die Lipase.* (2. vgl. vorst. Ref.) Unterss. an 9 Patientinnen mit Portiocarcinom (I.—III. Stadium), Die *Lipaseaktivität* der Erythrocyten zeigte gegenüber der bei n. Frauen keine Abweichungen, während die des Plasmas herabgesetzt war. (Pathologica [Genova] **44.** 57—59. März/April 1952.) P. G. SCHEURLEN. 4160

Emil von Skramlik, Anleitung zum physiologischen Praktikum. 6., erw. Aufl. Jena: G. Fischer 1952. (X + 114 S. m. Abb.) 8°. DM 6,70.

E₂. Enzymologie. Gärung.

A. A. Smirnow, *Über Besonderheiten der Carboanhydrase des Blutes bei verschiedenen Klassen von Wirbeltieren.* Die *Carboanhydrase* (I) des Säugetierblutes hat eine hohe Aktivität hinsichtlich der Hydratation von CO_2 u. eine geringe bzgl. der Dehydratation von H_2CO_3, während sich das Blut der Vögel genau umgekehrt verhält. Bei der Herst. von I aus Erythrocyten durch A.-Chlf.-Extraktion verliert die I des Säugetierblutes einen Teil ihrer Hydratationsaktivität, hingegen die I des Vogelblutes einen Teil ihrer Dehydratationsaktivität, wahrscheinlich weil zusammen mit dem Hämoglobin auch der Aktivator von I aus den hämolysierten Erythrocyten entfernt wird. Entenerythrocyten scheinen über einen thermostabilen I-Aktivator u. einen thermolabilen I-Inhibitor der CO_2-Hydratations-Rk. zu verfügen. Infolgedessen erhöhen Entenerythrocyten, die man durch Erhitzen inaktiviert hatte, die Aktivität des Präp. bzgl. der CO_2-Hydratations-Rk. bis zu einer Höhe, die über die Aktivität des Blutes, aus dem sie gewonnen wurden, hinausgeht. (Биохимия [Biochemie] **18.** 1—6. Jan./Febr. 1953. Leningrad, Physiol. Pawlow-Inst. der Akad. der Wiss. der UdSSR.) RENTZ. 4210

W. N. Gladkowa, Ss. R. Mardaschew und **L. A. Ssemina**, *Eine neue, Decarboxylase des l-Histidins enthaltende Mikrobe.* Auf der Suche nach einer Mikrobe mit einer nur für *Histidin* (I) spezif. *Decarboxylase* (II) wurde eine Actinomyces Micrococcus-Art, nahestehend dem Micrococcus candidus, erhalten. Ihre Kulturen vergären Glucose, Fructose, Saccharose u. Lactose unter Säurebildung. Auf Maltose wird Wachstum ohne Säurebldg. beobachtet. Von organ. Säuren werden verwertet: Essig-, Milch-, Brenztrauben- u. Fumarsäure. Mineral. N wird nicht aufgenommen; Milch gerinnt. Die darin enthaltene II ist gegen I sehr aktiv. Andere II kommen nicht vor. Die gewonnene Mikrobe kann zur quantitativen Best. von I verwendet werden. (Микробиология [Mikrobiologie] **22.** 141—44. März/April 1953. Moskau, 1. Med. Inst.) LEBTAG. 4210

Harry Sobel und **Sara M. Meyers**, *Eine vereinfachte Methode zum Nachweis von Amylaseaktivität in Serum und Urin durch Verwendung von Glykogen und Anthronreagens.* Vff. ersetzen in der *Amylase*-Nachweis-Rk. von KIBRICK u. Mitarbeitern die Stärke durch *Glykogen*, dessen Überschuß sich durch absol. Methanol quantitativ ausfällen läßt, während die Entfernung unverdauter Stärke schwierig ist. Gepuffertes Glykogensubstrat aus 2 g Glykogen in 11 cm³ Phosphat/NaCl-Puffer u. 89 cm³ W.; End-p_H 7,15; die Lsg. ist bis zu einem Monat im Kühlschrank haltbar. Die nach der Meth. ermittelten Werte werden verglichen mit Ergebnissen des Verf. von SOMOGYI (Proc. Soc. exp. Biol. Med. **32.** [1934.] 538). Glykogen-Anthron-Einheit × 1,62 = SOMOGYI-Einheit. — Kurven, Tabelle. — Notwendig sind 0,40 cm³ Serum oder Urin zur Bestimmung. (J. Lab. clin. Med. **41.** 655—58. April 1953. Los Angeles, Calif., Cedars of Lebanon Hosp.) GOEBEL. 4210

Albert Guilleaume und **Jean A. Wadie**, *Über die Wirkung der Alliinase und über die Spaltung der wesentlichen Substanz des Knoblauches, des Alliins.* Das im Knoblauch enthaltene Enzym *Alliinase* (I) spaltet *Alliin* (II) in Diallylsulfid, Brenztraubensäure u. NH_3. Daher ist II kein Glucosid. Trotzdem ist I auch befähigt, Glucoside zu spalten, wie die Verss. beweisen, die mit Meerrettich (gepulvertes Wurzelgewebe, das durch Trocknen seine Enzymaktivität verloren hatte) durchgeführt wurden. Jedoch ist die Aktivität von I etwas schwächer als das *Myrosin* des weißen Senfes, das sowohl auf II als auch auf das Meerrettichglucosid spaltend wirkt. (C. R. hebd. Séances Acad. Sci. **230.** 1536—38. 24/4. 1950.) LOCH. 4210

Vernon B. Brooks und **Lois M. Chipman**, *Der Cholinesterasegehalt verschiedener Skelettmuskeln nach Denervierung.* Denervierte Organe werden, vielleicht durch Änderung des Enzymgeh., gegenüber bestimmten Verbb. überempfindlich. Unters. am entnervten *M. serratus anterior* des Meerschweinchens bestätigten die Befunde von BROOKS u. MYERS (vgl. C. **1953**. 2942), daß der *Cholinesterase* (I)-Geh. des Muskels trotz Überempfindlichkeit gegen *Acetylcholin* (II) n. war. Im *Gastrocnemius*-Muskel von Meerschweinchen u. Ratte hatte dagegen der Geh. an wahrer I 12—27 Tage nach der Denervierung abgenommen. Infolge des verschied. Verh. von I in beiden Muskeln kann I für die II-Überempfindlichkeit nicht verantwortlich sein. (J. cellular comparat. Physiol. **40**. 164—67. Aug. 1952. Montreal, Can., McGill Univ., Dep. of Physiol.) K. MAIER. 4210

Bernard Wissmer, *Die Cholinesterase des Serums in der Differentialdiagnose des Ikterus.* Der *Cholinesterase*-Geh. des Serums erlaubt eine Beurteilung des Verlaufes der Hepatitis. Bei gutartig verlaufendem Verschlußikterus liegt er n. oder erhöht, bei Carcinomverschluß unter 0,30. (Gastroenterologia [Basel] **79**. 111—17. Febr./März 1953. Genf, Univ., Clin. Méd.) SPITALER. 4210

Gordon C. Mills und **John L. Wood,** *Die Wirkung lichtaktivierten Benzpyrens auf die Ureaseaktivität.* Im Dunkeln aufbewahrtes *3.4-Benzpyren* (I) hatte auf die Aktivität von *Urease* (II) keinen Einfluß. Gleiches I, das fest in einer farblosen Glasflasche der n. Laborbeleuchtung ausgesetzt gewesen war, hemmte II. Die Hemmwrkg. verschwand, wenn festes I oder I-Lsgg. (in 2—3 %ig. wss. Caffeinlsg.) im Dunkeln aufbewahrt wurden, u. erschien nach Lichteinw. erneut. Die Wirksamkeit von II-hemmendem I wurde durch *Cystein* aufgehoben. Steigende Mengen *p-Chlormercuribenzoat* (III) bewirken eine zunehmende II-Inaktivierung infolge Rk. mit den *SH*-Gruppen des Enzyms. In Ggw. von I wurde die bei der jeweiligen III-Konz. noch vorhandene II-Aktivität deutlich herabgesetzt. Nach diesen Befunden beruht die Hemmwrkg. von I augenscheinlich auf dessen Wrkg. gegenüber den *SH*-Gruppen von II. (Cancer Res. **13**. 69—72. Jan. 1953. Memphis, Tenn., Univ. of Tennessee, Dep. of Biochem.) K. MAIER. 4210

W. A. Bain und **Jean E. Batty,** *Über die angebliche Bevorzugung der Aminoxydase für Noradrenalin in Adrenalin–Noradrenalin-Mischungen.* Während BLASCHKO u. BURN (J. Physiology **112**. [1950.] 37 P) feststellten, daß *Aminoxydase* (I) aus Kaninchenleber *Noradrenalin* (II) in Gemischen von II u. *Adrenalin* (III) bevorzugt abbaut, während bei getrennter Einw. II u. III gleich schnell inaktiviert werden, fanden Vff. unter Verwendung von aus menschlicher Leber gewonnener I, daß II sowohl in Gemischen als auch für sich schneller als III zerstört wird. (J. Physiology **118**. 14 P—15 P. 28/10. 1952. Leeds, Univ., Dep. of Pharmacol.) KRUSEN. 4210

Philip Siekevitz und **Van R. Potter,** *Die Adenylatkinase von Rattenlebermitochondrien.* Die Aktivität der *Adenylatkinase* (*Myokinase*, I) von Rattenlebermitochondrien, die die Gleichgewichtsausbldg. zwischen den 3 Nucleotiden *Adenosintriphosphat* (II), *Adenosindiphosphat* (III) u. *Adenylsäure* (IV) katalysiert, wurde nach Incubation mit III oder II + IV mittels der Ionenaustauschmeth. von COHN u. CARTER (vgl. C. **1951**. II. 1792) bestimmt. 0,01 mol. *Fluorid* hemmte die I-Aktivität vollständig. Mg^{2+} u. Ca^{2+} aktivierten I von frisch hergestellten Mitochondrien, obgleich I ohne Ionenzusatz noch wirksam war. In gealterten Mitochondrien aktivierte nur Mg^{2+}, so daß die Ca^{2+}-Aktivierung im Frischpräp. möglicherweise auf einer Stimulierung der *Adenosintriphosphatase* beruhte. *2.4-Dinitrophenol* (V) aktivierte den Abbau von II zu III u. anorgan. Phosphat seitens „ruhender“ Mitochondrien. III hemmte diese Reaktion. Die Hemmung der Bldg. von IV aus III nach Zusatz von II beruht wahrscheinlich auf einer Verschiebung des Gleichgewichts zur III-Bldg. hin. Diese Hemmung kann durch *Hexokinase* u. schwächer durch V herabgesetzt werden. Die spezif. I-Aktivitäten u. der endogene II-Auf- oder Abbau in den Mitochondrien der n. Rattenleber (nach Hungern) u. des regenerierenden Organs (nach partieller Hepatektomie) wurden vergleichend untersucht. (J. biol. Chemistry **200**. 187—96. Jan. 1953. Madison, Wis., Univ. of Wisconsin, Med. School, McArdle Memorial Labor.) K. MAIER. 4210

Bertram Sacktor und **Dietrich Bodenstein,** *Die Cytochrom-c-Oxydaseaktivität verschiedener Gewebe der amerikanischen Küchenschabe Periplaneta americana (L.).* In isolierten, homogenisierten (0,03 mol. Phosphatpuffer, p_H 7,4, Eiskühlung) Geweben von *P. americana* wurde die *Cytochrom-c-Oxydase* (I)-Aktivität spektrophotometr. ermittelt, wobei der I-Geh. der einzelnen Organe, möglicherweise in Abhängigkeit von ihrer Stoffwechselaktivität, verschieden war. In Hirn, Nervenstrang u. Vorderdarm des Weibchen lag die I-Aktivität höher als beim Männchen, während bei den Muskeln das Umgekehrte der Fall war. (J. cellular comparat. Physiol. **40**. 157—61. Aug. 1952. Army Chem. Center of Maryland, Med. Labor.) K. MAIER. 4210

A. N. Parschin und **T. A. Gorjuchina,** *Die fermentative Spaltung von l-Methylhistidin.* Der Verlauf des fermentativen Abbaues von *l-Methylhistidin* (I) wurde in vitro

(p_H 8,4, 3 Std., 38°, Ringer-Krebs-Lsg., Warburg-App.) mit Leber- u. Nierenrindenbrei (Katze) sowie in vivo bei der Ratte nach subcutaner I-Zufuhr untersucht. In der Leber erfolgte, in Übereinstimmung mit früheren Befunden, keine I-Spaltung, in der Niere oxydative Desaminierung, nachgewiesen durch erhöhten O_2-Verbrauch (0,5 Mol O_2 je Mol I), NH_3-Bldg. u. Abnahme des Amino-N. Der in vitro-Abbau verlief intensiver (66—86%), wie durch N- u. Harnstoffbest. im 24 Std.-Harn nachgewiesen wurde, während 20% I unverändert ausgeschieden wurden. Gleichzeitig stieg der Geh. der positive Diazo-Rkk. gebenden Substanzen merklich an u. deutete auf eine Demethylierung des Imidazolkerns hin, die nach Ansicht der Vff. nach der Desaminierung erfolgt. Als Zwischenprod. der oxydativen Desaminierung tritt wahrscheinlich *Methylimidazolylbrenztraubensäure* auf. Der I-Abbau verläuft im Organismus langsamer als der von *Histidin*. (Доклады Академии Наук СССР [Ber. Akad. Wiss. UdSSR] [N. S.] **84**. 101—04. 1/5. 1952. Leningrad, Inst. für Onkolog. der Akad. der Med. Wiss. der UdSSR.) K. Maier. 4230

James S. L. Jacobs und **Clinton E. Tempereau,** *Untersuchungen über ein proteolytisches Enzymsystem bei Schizophrenie.* Bei der Unters. des Proteinstoffwechsels schizophrener Patienten zeigte eine Anzahl derselben eine spezif., patholog. Art der emotionalen Rk. gegenüber Stress u. anomal hohe Konzz. eines Inhibitors für proteolyt. Enzyme. Von 96 phys. gesunden, schizophrenen männlichen Personen wiesen 36, die ein bestimmtes emotionales Reaktionsbild gaben, anomal hohe *Rennin*-Inhibitortiter auf. Vff. nehmen an, daß die Ergebnisse für eine weitgehende Wechselbeziehung zwischen unreifen, dissoziativen Ich-Verteidigungsgefühlen u. einem unvollständigen Enzymkinetikschema bei Schizophrenie sprechen. (A. M. A. Arch. Neurol. Psychiatry **68**. 388—92. Sept. 1952. Long Beach, Calif., Veterans Administ. Hosp.) K. Maier. 4230

Grace P. Kerby und **S. N. Chaudhuri,** *Plasmaspiegel und Freimachung eines lysozymähnlichen Enzyms aus tuberkulinbehandelten Leukocyten von tuberkulösen und nichttuberkulösen Personen.* Vff. untersuchten durch Messung der aus geschädigten Zellen ins umgebende Medium ausgetretenen Intracellularsubstanzen die Wrkg. von Tuberkulin u. Staphylokokkentoxin auf menschliche Leukocyten tuberkulöser u. n. Personen; gemessen wurde ein Enzym mit den Eigg. von Lysozym. Ein Unterschied in der Zellschädigung bei beiden Personengruppen bestand nicht. Das Plasma von Tuberkulösen enthält größere Mengen des lysozymähnlichen Ferments als das n. Versuchspersonen; die Ergebnisse sind statist. gesichert. (J. Lab. clin. Med. **41**. 632—36. April 1953. Durham, N. C., Duke Univ., School of Med., Div. of Dermatol. and Syphilol., Dep. of Med.) Goebel. 4230

P. A. Roelofsen, *Hefe-Mannan, ein Zellwandbestandteil von Bäckerhefe.* Die Zellen von frischer Bäckerhefe wurden mechan. zerstört u. die Wände vom Protoplasma getrennt. Gesamtpolysaccharidgeh. der trockenen Zellwände beträgt 68%, u. zwar Glucose u. Mannose zu gleichen Teilen. Chitin ca. 1%, Protein 6%. Durch Kochen mit 2% NaOH geht alle Mannose u. $^1/_4$ der Glucose in Lösung. (Biochim. biophysica Acta [Amsterdam] **10**. 477—78. März 1953. Delft, Niederlande, Techn. Univ., Labor. for Techn. Botany.) Wergin. 4270

E₃. Mikrobiologie. Bakteriologie. Immunologie.

Robert R. Omata, *Untersuchungen über den Nährstoffbedarf von Fusobakterien.* 1. Mitt. *Ein aktives Prinzip im Hefeextrakt.* Unterss. über Nährstoffansprüche von Fusarium nucleatum, die unter Verwendung der modifizierten Thioglykolatnährlsg. durchgeführt wurde, ergaben, daß ein noch unbekannter Faktor des Hefeextrakts für das n. Wachstum der Fusobakterien unbedingt erforderlich ist. Dieser Wirkstoff ist dialysierbar, wird sowohl durch Säure als durch alkal. Hydrolyse zerstört u. durch enzymat. Verdauungsprozesse nicht beeinträchtigt. Er ist zu 95% in Ae. lösl., kann aber nicht durch Ae., Bzl., Chlf. oder Aceton extrahiert werden. Er ist durch Nucleinsäuren, Glutamin, den Citrovorumfaktor, Adenosin, Adenylsäure, Guanylsäure nicht ersetzbar u. ist mit dem Vitamin-B-Komplex nicht identisch. (J. Bacteriol. **65**. 326—29. März 1953. Bethesda, Md., Federal Security Agency, Publ. Health Serv.) Lenhard. 4310

Jacques Panijel und **Joseph Huppert,** *Das Wachstum von E. coli B mit Aminosäuren als alleiniger Stickstoffquelle.* Präzisierung eines Teils einer Veröffentlichung vom 10/3. 1952. Der Mechanismus des *E. coli B*-Wachstums unter Verwertung von NH_3–N kann nicht als verschieden von dem bei Ausnutzung des aus der Desaminierung von *Aminosäuren* (I), die gute Entw. erlauben, stammenden N betrachtet werden. Die mäßige Ausnutzung von *Tyrosin* u. *Tryptophan* als N-Quelle beruht nicht auf einer

Anhäufung tox. Prodd., da es möglich ist, die Wachstumsbedingungen von *E. coli B* in Ggw. beider I beträchtlich zu verbessern. (C. R. hebd. Séances Acad. Sci. **234**. 1587. 7/4. 1952.) K. MAIER. 4310

H. Proom und **A. J. Woiwod,** *Die Anwendung der Verteilungspapierchromatographie in der Mikrobiologie.* Beschreibung der Technik u. Überblick über die Ergebnisse der Unters. der Inhaltsbestandteile u. des Stoffwechsels von Mikroorganismen. (Chem. and Ind. **1953**. 311—15. 4/4. Beckenham, Kent, Wellcome Res. Labor.) FRESENIUS. 4320

Elizabeth Wilson, Helen A. Stout, Dorothy Powelson und **Henry Koffler,** *Vergleichende Biochemie der Wasserstoffbakterien.* 1. Mitt. *Gleichzeitige Oxydation von Wasserstoff und Lactat.* Vorliegende Arbeit bestätigt Ergebnisse von KLUYVER u. MANTEN (vgl. J. Microbiol. Serol. **8**. **71**), nach denen Wasserstoff u. Lactat durch fakultativ autotrophe Bakterien der Gattung Hydrogenomonas gleichzeitig oxydiert werden können. Die Zellen der Reinkulturen wurden in einer Phosphatpufferlsg. aufgeschwemmt u. der Lactatentzug aus der Lsg. bestimmt. Wurde die Sauerstoffspannung verringert, so zeigten die heterotroph gezogenen Zellen die gleiche Hydrogenaseaktivität wie die autotroph gezogenen. Die Ergebnisse sind von Bedeutung bei der Klärung der Frage, ob Fermentsysteme, die unter autotrophen Bedingungen wirken, unabhängig von denen unter heterotrophen Bedingungen sind. (J. Bacteriol. **65**. 283—87. März 1953. Lafayette, Ind., Purdue Univ., Dep. of Biol. Sciences.) LENHARD. 4320

I. Omar Foda und **Reese H. Vaughn,** *Oxydation von Maltose durch Acetobacter melanogenum.* Der Maltoseabbau durch Acetobacter melanogenum erfolgt durch Hydrolyse der Maltose. Die entstandene Glucose wird ihrerseits zur Gluconsäure u. 5-Ketogluconsäure oxydiert, u. zwar sowohl durch Stämme, die Maltose oxydieren, als auch durch solche, die diese Fähigkeit nicht haben. Es trat weder Phospholyse auf, noch konnte Maltobionsäure nachgewiesen werden, weswegen weder eine Oxydation der intakten Maltose noch eine polymerative Spaltung beim Maltosestoffwechsel stattfindet. (J. Bacteriol. **65**. 233—37. März 1953. Berkeley, Calif., Univ. of California, Dep. of Food Technol.) LENHARD. 4320

Charles L. Wisseman jr., Elizabeth B. Jackson, Fred E. Hahn, Anita C. Ley und **Joseph E. Smadel,** *Stoffwechseluntersuchungen an Rickettsien.* 1. Mitt. *Die Wirkung von antimikrobiellen Substanzen und Enzyminhibitoren auf die Oxydation von Glutamat durch gereinigte Rickettsien.* Vff. beschreiben die Herst. gereinigter Suspensionen von *Rickettsia mooseri* (I) in stoffwechselakt. Zustand (Züchtung in angebrüteten Eiern). Es wurde eine ungefähre Beziehung gefunden zwischen dem Gesamt-N der Suspensionen u. a) der Glutamatoxydation, b) dem Geh. an komplementfixierendem Antigen u. c) dem Toxintiter. Verunreinigung der I-Suspensionen durch Wirtszellen können roh durch Messung der Cytochromoxydase(II)-aktivität bestimmt werden (I enthalten keine II). Die Glutamatoxydation durch I wird beeinflußt durch $Mg^{\bullet\bullet}$, $Mn^{\bullet\bullet}$, PO_4''' u. das p_H (Optimum bei Anfangs-p_H 7,90). Die üblichen therapeut. verwendeten Antibiotica beeinflussen den Stoffwechsel von I nicht meßbar, während Enzyminhibitoren, wie Arsenit, Malonat, Cyanid, Fluorid u. Selenit beträchtlich, bis völlig hemmend wirken. — Tabellen. (J. Immunology **67**. 123—36. Aug. 1951. Washington, D. C., Army Med. Serv. Grad. School, Dep. of Virus and Rickettsial Diseases.) GOEBEL. 4320

Charles L. Wisseman jr., Fred E. Hahn, Elizabeth B. Jackson, F. Marilyn Bozeman und **Joseph E. Smadel,** *Stoffwechseluntersuchungen an Rickettsien.* 2. Mitt. *Untersuchungen über den Verlauf der Glutamatoxydation durch gereinigte Rickettsia mooseri-Suspensionen.* (1. vgl. vorst. Ref.) Die Oxydation von *Glutaminsäure* (I) durch gereinigte Suspensionen von *R. mooseri*-Suspensionen wurde in der WARBURG-App. untersucht, wobei als Zwischenprodd. *α-Ketoglutarat* (II; Hemmung der Weiteroxydation durch *Arsenit*), *Succinat* (III; in Ggw. von *Malonat* nachweisbar), kleine Mengen anderer *Ketosäuren*, wie Oxalessigsäure (IV) u. *Brenztraubensäure* (V), sowie etwas *Milchsäure* nachweisbar waren. Bei Zusatz von **II, III, IV, V,** *Malat* oder *Fumarat* zu Rickettsien-Suspensionen erfolgte eine deutliche O_2-Aufnahme. Der weitere Verlauf des Abbaues von **V**, dem letzten definierten I-Umwandlungsprod., ist unbekannt. Der Nachw. einer Beteiligung von Säuren des *Tricarbonsäure*-Cyclus am oxydativen I-Abbau gelang nicht. Die nachgewiesene *Milchsäuredehydrogenase* sowie die *Glutamin-Asparaginsäure-Transaminase* stammten möglicherweise aus dem zur Rickettsien-Züchtung verwendeten Eimaterial. (J. Immunology **68**. 251—64. März 1952. Washington, Army Med. Serv., Grad. School, Dep. of Virus and Rickettsial Diseases.) K. MAIER. 4320

Gerald R. Seaman, *Ersatz von Protogen durch Liposäure beim Wachstum von Tetrahymena. Tetrahymena geleii* kann in synthet. Medium bei Zusatz eines unbekannten, in Leber enthaltenen, *Protogen* (I) genannten, Faktors (Leberfraktionkonzentrat) gezüchtet werden. Einer der von REED u. Mitarbeiter aus Leberrückständen isolierten Faktoren, die krist. erhaltene *Liposäure*, vermag in Konz. von 1 E. u. mehr/cm^3 **I** als Wachstumsfaktor für *T. geleii* vollständig zu ersetzen. (Proc. Soc. exp. Biol. Med. **79.** 158—59. Jan. 1952. Galveston, Tex., Univ. of Texas, Med. Branch, Carter Physiol. Labor.) K. MAIER. 4325

J. L. Sirks und **A. C. Houtman,** *Bakteriologische Prüfung einiger Derivate der Pteroylglutaminsäure.* Die *3'-Methyl* (**I**)-, *2'-Methoxy-* u. *2'-Methyl*-Derivv. der *Pteroylglutaminsäure* (**II**) sind kompetitive Antagonisten von **II**. Sie wirken bakteriostat. auf Streptococcus lactis R. Die antibakteriellen Indices sind 100, 500 bzw. 5000. Das *2'-Fluor*-Deriv. kann **II** als Wachstumsfaktor ersetzen. Die wachstumsfördernde Wrkg. von **I** ist nur schwach u. beim 2'-Chlorderiv. zweifelhaft. (Antonie van Leeuwenhoek **17.** 242—46. 1951. Groningen, Univ., Labor. de Bactériol. et Sérolog.) CARLS. 4330

J. Hein und **H. Wemmers,** *Bakteriologisch-klinische Vergleichsuntersuchungen zur „Resistenz"-Frage der Tuberkelbakterien gegenüber Antibioticis und Chemotherapeuticis.* Am Sputum Tuberkulosekranker wurden Sensibilitätsprüfungen gegenüber *Streptomycin* (**I**), *PAS* u. *Conteben* durchgeführt u. die Ergebnisse mit den klin. u. röntgenolog. Befunden verglichen. Es wurde festgestellt, daß bei einigen Tuberkelbacillenstämmen eine Sensibilitätseinbuße gegenüber *Isonicotinsäurehydrazid* (**II**) überraschend schnell u. in kürzerer Zeit als gegenüber **I** eintritt. Mit Hilfe der GEKSschen Meth. (vgl. Z. Hyg. Infektionskrankh. **130.** [1950.] 622; **131.** [1950.] 345; **132.** [1951.] 162; C. **1951.** I. 1630) sowie nach dem Verf. von KELLEY u. POET (vgl. Amer. Rev. Tubercul. **65.** [1952.] 484) wurde der **II**-Spiegel verschied. Gewebssäfte bestimmt. (Z. Tuberkulose **101.** 170 bis 179. Nov. 1952. Tönsheide, Holstein, Krankenhaus.) RUTKOWSKI. 4330

D. Cavanna und **S. Rocchietta,** *Elektronenmikroskopische Untersuchungen der morphologischen Veränderungen des durch verschiedene Pharmaca beeinflußten Tuberkelbacillus.* Überblick über die morpholog. Veränderungen des Tuberkelbacillus durch *Streptomycin, Neomycin, 4-Acetylaminobenzaldehydthiosemicarbazon* u. *p-Aminosalicylsäurephenylester.* (Minerva Med. [Torino] **44.** I. 720—21. 17/3. 1953.) LUDOLPHY. 4340

L. Ettlinger, *Antibiotica als spurenwirksame Stoffe.* Allg. Ausführungen über die Produzenten der Antibiotica, deren Wirkungsobjekt u. Wirkungshöhe mit Schrifttumshinweisen. Bes. wird darauf hingewiesen, daß von ca. 150 bekannten Antibioticis fünf sich klin. bewährt haben: *Penicillin, Streptomycin, Chloromycetin, Aureomycin* u. *Terramycin.* Weiter sind bekannt: Die antisept. Eigg. von *Lupulon* aus Hopfen bei der Bierbrauerei; die Hemmung der Säureweckerkulturen bei der Käserei durch *Nisin,* falls dieses zufällig durch Streptokokken in Milch gelangt ist, u. die etwaige Gefährdung der Teiggärung durch *Purothionin* aus Weizenmehl, das gegen Hefepilze sehr akt. ist (vgl. BALLS u. Mitarbeiter, Cereal Chem. **19.** [1942.] 279). (Mitt. Gebiete Lebensmittelunters. Hyg. **42.** 183—94. 1951. Zürich.) LIEBNER. 4340

M. Ss. Polonskaja, *Antibiotische Stoffe acidophiler Bakterien.* Zur Klärung der Frage, worauf die antibiot. Wrkg. der acidophilen Bakterien auf die Darmmikroflora von Mensch u. Tier beruht, wurde die Wrkg. neutralisierter u. pasteurisierter Kulturen von Bacterium acidophilum (Ba.) u. der Filtrate auf Bacterium coli (Bc.) untersucht. Es zeigte sich, daß außer *Milchsäure* andere antibiot. Stoffe unbekannter Zus. entstehen, die selbst durch Kochen nicht zerstört werden, durch ein Bakterienfilter laufen u. beim p_H 5,0—5,6 aktiver werden. Durch die Stoffwechselprodd. von Ba. wird die Zahl der Bc.-Zellen vermindert, daneben die Bc.-Zelle morpholog. verändert. Das aus dem Darmkanal des Tieres isolierte Ba. zeigt eine stärkere antibiot. Wrkg. als die Stoffwechselprodd. der auf Nährböden im Labor. gezüchteten Kulturen. Die Wrkg. des aus Fäkalien hergestellten Präp. *Acidophilin* im Darmkanal von Tier u. Mensch beruht demnach auch auf den antibiot. Stoffen aus den acidophilen Bakterien. (Микробиология [Mikrobiologie] **21.** 303—10. Mai/Juni 1952. Moskau, Zweigstelle des Allunions Wiss. Forschungsinst. für landw. Mikrobiol.) LEBTAG. 4340

I. Je. Minkewitsch und **A. N. Klimow,** *Die chemische Natur der durch die Kartoffelstäbchen abgesonderten Antibiotica.* Von den aus Bac. mesentericus vulgatus erhaltenen Fettsäuren zeigen *Propionsäure* (**I**) u. *Buttersäure* (**II**) eine starke bactericide Wrkg., *Stearinsäure* (**III**) u. *Elaidinsäure* (**IV**) eine sehr schwache, *Oleinsäure* (**V**) die stärkste Wrkg. gegenüber dem Diphtheriestäbchen. Gegenüber Staphylococcus aureus sind **I** u. **II** wenig, **III** u. **IV** nicht, **V** ziemlich stark wirksam. Die Salze von **V** zeigen die gleiche antibiot. Aktivität wie **V** selbst. (Микробиология [Mikrobiologie] **21.** 293—99. Mai/Juni 1952. Leningrad, Militärmed. Kirow-Akad.) LEBTAG. 4340

J. Dżułynska und **E. Mikulaszek,** *Untersuchungen über den Wirkungsmechanismus der Antibiotica. Unterschiede im Verhalten von Zellfraktionen aus gegen Streptomycin empfindlichen und resistenten Stämmen von Salmonella typhi.* Aus einer streptomycinempfindlichen (SE.) u. einer -resistenten (SR.) Variante von S. typhi Nr. 901 wurden die

Nucleoprotein- u. Polysaccharidfraktionen isoliert. Aus SE. gewonnenes Nucleoprotein enthielt 1,3—1,7% Desoxyribonucleinsäure (I) u. 8—10% Ribonucleinsäure (II), das aus SR. 0,75% I u. 8% II. I:II war bei SE. 0,16—0,17, bei SR. 0,094. Von dem I:II-Verhältnis ist die Fällbarkeit der Nucleoproteine durch Streptomycin abhängig, je mehr II, desto geringer die Fällbarkeit. In diesem Umstand kann eine der möglichen Ursachen der Streptomycinresistenz liegen. Aus der mit A. dargestellten u. von Nucleoproteinen befreiten Polysaccharidfraktion von SE. konnte nach Lösung u. abermaliger fraktionierter A.-Fällung bei einer A.-Konz. von 78,5% das serolog. akt. Hapten gewonnen werden, von SR. schon bei 69,2% A.-Konzentration. (Med. doświadczalna Mikrobiol. **4.** 45—54. März 1952. Warschau, Akad. Med., Zakt. Mikrobiol. leharsh. u. Pańatw. Inst. Dermatol. i Wenerol.) FISCHOEDER. 4340

Eugene Zebovitz und **James W. Moulder,** *Die Wirkung von Kohlendioxyd und die Wirkungsweise der Dihydrostreptomycinhemmung der Brenztraubensäuregärung bei Escherichia coli.* Die Wrkg. von *Dihydrostreptomycin* (I) auf die Hemmung der Pyruvatgärung in frischen Escherichia coli-Zellen ist von der Ggw. von CO_2 abhängig. Bei gealterten Zellen blieb I auch bei Abwesenheit von CO_2 wirksam. Nach 2 Wochen Incubationszeit hört die anaerobe Brenztraubensäuregärung völlig auf. Das deutet auf die Existenz von zwei verschied. Fermentsystemen hin. Das eine ist I-empfindlich u. wird von CO_2 nicht beeinflußt u. ist bei alten Zellen stabil, das andere ist unempfindlich gegen I, wird durch CO_2 gehemmt u. wird bei alten Zellen instabil. Diese Fermentsysteme weichen von den bisher bekannten ab. (J. Bacteriol. **65.** 344—47. März 1953. Chicago, Ill., Univ. of Chicago, Dep. of Bact. and Parasitol. and Dep. of Med.) LENHARD. 4340

Grant N. Smith und **C. S. Worrel,** *Reduktion von Chloromycetin und verwandten Verbindungen durch Escherichia coli.* Die bakteriostat. Eigg. von *Chloromycetin* (I) sind eng mit der p-Nitrogruppe verbunden. Diese kann durch Bakterien zum Amin red. werden, wodurch I unwirksam wird. Daher wurde geprüft, ob einzelne ster. I-Isomere, oder chlorierte I, oder an der bas. Gruppe modifiziertes I mit vergleichsweise geringerer Geschwindigkeit durch Escherichia coli reduziert werden. Die dabei entstehenden Arylamine wurden nach SMITH u. WORREL (vgl. C. **1950.** II. 1136) bestimmt. Die Bakteriensuspensionen enthielten jeweils 100 μMol der nachstehend genannten Verbb./50 ml, von denen die in Klammern angegebenen μMol in 18 Std. bei 37° red. wurden: *D*-(—)-*threo*-I (18,6); *L* (+)-*threo*-I (24,7); *DL-threo*-I, rac. Gemisch (18,6); *DL-erythro*-I, rac. Gemisch (21,6); das am endständigen Methyl substituierte *Monochlorderiv.* (11,8), *Dichlorderiv.* (18,5), *Trichlorderiv.* (6,8), *Monojodderiv.* (2,5), *Dibromderiv.* (13,8), *Dimethylderiv.* (17,2); Verbb. der Konst. $(p)\text{-}NO_2C_6H_4\text{—R—NH—CO—CHCl}_2$: R = —(49,2), R = CH_2 (14,1), R = $CH(CH_3)$ (7,0), R=$CH(C_2H_5)$ (7,9), R = $CH_2 \cdot CH(CH_3)$ (2,2), R = $CHOH \cdot CH_2$ (26,4), R=$CHO(COCH)_3CH \cdot CH_2O(COCH_3)$ (5,2). Die Ergebnisse werden diskutiert. (J. Bacteriol. **65.** 313—317. März 1953. Detroit, Mich., Davis & Comp.) LENHARD. 4340

Ingrid L. Barkulis, *Die Hemmung des anaeroben Brenztraubensäurestoffwechsels von Escherichia coli durch Dihydrostreptomycin.* Die Essigsäure- u. Ameisensäuregärung durch ruhende Zellen eines Normalstammes von Escherichia coli wird durch Zugabe von 100 μg *Dihydrostreptomycin* (I) stark gehemmt. Milchsäure-, Essigsäure- u. Ameisensäuregärung aus Glucose fand bei Anwesenheit von I nicht statt, wenn ein synthet. Glucosenährboden verwendet wurde. Die Essigsäuregärung durch I-resistente Mutanten war geringer als die der Normalstämme. (J. Bacteriol. **65.** 337—43. März 1953. Chicago, Ill., Univ. of Chicago, Dep. of Bact. and Parasitol., u. Dep. of Med.) LENHARD. 4340

M. Piechowska, *Die Schutzwirkung von Formol gegenüber Penicillin in nichtsterilen wässerigen Lösungen und Filtraten von Penicilliumkulturen.* Die schützende Wrkg. des Formaldehyds (I) in nichtsterilen Penicillinlsgg. beruht auf einer antibakteriellen Wrkg., so daß penicillinresistente u. Penicillinase bildende Keime gehemmt werden. Bei 0,1% I nimmt die Penicillinaktivität in Lsg. von 1000 E. um höchstens 10% in 10 Tagen bei Zimmertemp. ab. Bei höheren Penicillinkonzz. ist die Wrkg. schwächer. Frische Kulturfiltrate können mit 0,1% I ½ Tag konserviert werden. Verss. mit verschied. Puffern führten nicht zu befriedigenden Ergebnissen. (Med. doświadczalna Mikrobiol. **4.** 55—76. März 1952. Warschau, Pańatw. Zakt. Higieny.) FISCHOEDER. 4340

I. L. Rabotnowa, W. K. Jegorowa, G. K. Osolina und **I. K. Jeletzki,** *Über einige Besonderheiten der Physiologie von Clostridium Pasteurianum.* Clostridium Pasteurianum (Cl. P.) kommt in der Natur in Symbiose mit dem sporentragenden aeroben Bac. closteroides vor, wodurch anaerobe Bedingungen für Cl. P. gesichert werden. Bei der Kultivierung im Labor. verliert die symbiot. Kultur von Cl. P. allmählich die Fähigkeit zur Sporenbldg. u. zur Assimilation des mol. N, ohne daß Vermehrungs- u. Gärvermögen unterdrückt werden. Die Aufnahme von Luft-N erfolgt unabhängig vom Geh.

des Mediums an gebundenem N. In Ggw. von Hefeautolysat bleibt die Aufnahme des mol. N bei guter Vermehrung aus. Durch Zugabe von $(NH_4)_2MoO_4$ oder Na_2MoO_4 (optimal 0,001 %) wird der Verlust des N_2-Aufnahmevermögens gebremst, in einigen Fällen dieses Vermögen wieder hergestellt. Das Fehlen von Mo ist demnach eine der Ursachen der Entartung. (Микробиология [Mikrobiologie] **21.** 429—37. Juli/Aug. 1952. Moskau, Univ., Inst. für Bodenbiol.) LEBTAG. 4350

L. I. Jarmolenko und **M. I. Nachimowskaja,** *Ein Bacterium aus der Gruppe Bacillus mesentericus, ein Antagonist der Actinomyceten.* Es wurde ein grampositives sporenbildendes Stäbchen isoliert, das gegenüber 14 Actinomycesarten eine bakteriostat. Wrkg. zeigte, die Pigmentbldg. erhöhte u. die Bldg. des Luftmycels unterdrückte. Als Ursache für die antagonist. Wrkg. wurde die Bldg. von Stoffen mit Antiactinomyceseigg. erkannt, die keine strenge Spezifität gegenüber den Actinomyceten aufweisen. Der erhaltene Bacillus mesentericus mit dem Wachstumsoptimum bei 25—26° vergärt Glucose, Lävulose u. Saccharose, vergärt nicht Maltose, Mannit u. Lactose, hydrolysiert Stärke, bildet Indol, bringt Milch ohne Säuerung zum Gerinnen mit anschließender Peptonisierung. (Микробиология [Mikrobiologie] **21.** 300—02. Mai/Juni 1952. Moskau, 1. Med. Inst.) LEBTAG. 4350

John P. Hollis, *Untersuchungen über Streptomyces scabies.* 1. Mitt. *Variabilität in einem Melanin-Indicator-Medium. Streptomyces scabies* bildet reichlich *Melanin* in einem Tyrosinmedium. Es lassen sich 3 verschied. Typen aus den Ausgangskulturen isolieren. Der Typ A ist stark melanot., Typ B nimmt im Vgl. zu A eine Zwischenstellung ein, u. Typ C ist bzgl. Melaninbldg. ein Albinotyp. Dieser entsteht durch Mutation aus beiden Typen A u. B, in 0,2—1 % der insgesamt untersuchten Kolonien. (Phytopathology **42.** 273—76. Mai 1952. Columbia, Mo., Univ. of Missouri, Dep. of Bot.) ITZEROTT. 4350

K. Butler und **M. Stacey,** *Das für Pneumococcus Type II spezifische Polysaccharid* Das genannte Polysaccharid hat eine besondere Bedeutung für die Behandlung der. Lungenentzündung, die durch Pneumokokken hervorgerufen wird. Die gereinigte Substanz war N-frei, sauer u. erzeugt eine stark viscose wss. Lsg., $[\alpha]_D$ +60° u. hatte ein hohes Mol.-Gewicht. Die Hydrolyse führte zu einem Sirup, der 70 % der Reduktionskraft der D-Glucose besitzt. Das Papierchromatogramm zeigte die Anwesenheit von D-Glucuron, D-Glucuronsäure, D-Glucose, L-Rhamnose u. vielleicht von einer Aldobiuronsäure. Ein Methylierungsprod. wurde mit ca. 60 % der theoret. Ausbeute gewonnen. (Chem. and Ind. **1953.** 37—38. 10/1. London, Chem. Soc.) I. WEINMANN. 4350

M. Buraczweska, W. Kurylowicz und **W. Woznicka,** *Über die Möglichkeiten einer Differenzierung säurefester Bakterien mit chemotherapeutischen Mitteln.* Es besteht ein deutlicher Unterschied in der Empfindlichkeit verschied. säurefester Bakterien gegenüber synthet. Chemotherapeuticis (Salicylhydroxamsäure, Chinolinderivv., Thiosemicarbazone), bes. aber gegenüber *PAS.* Pathogene u. nichtpathogene Stämme (z. B. H 37 Rv u. BC 6) wachsen bei PAS-Konz. von 5—8 γ/cm^3, während saprophyt. Mycobakterien noch eine Konz. von 10000 γ/cm^3 vertragen. (Med. doświadczalna Mikrobiol. **4.** 39—44. März 1952. Warschau, Państw. Zakl. Higieny.) FISCHOEDER. 4350

D. Zahn, *Zur biologischen Vitamintestung mit artverschiedenen Bact. coli und Bact. aerogenes.* (Vgl. Klin. Wschr. **30.** [1952.] 904.) Da die intestinale Synth. der *Vitamine* B_1 (I), B_6 (II) u. B_{12} (III) fraglich ist, wurde in Fortführung früherer Verss. die Vitaminprüfung mit *Bact. coli* der Ratte ausgeführt, da dieses außer *Biotin* (**IV**), *Nicotinsäureamid* (**V**), *p-Aminobenzoesäure* (**VI**), *Pantothensäure* (**VII**), *Lactoflavin* (**VIII**) u. *Folsäure* (**IX**) auch **I** u. **II** bildet. Alle diese Vitamine sowie **I, II** u. **III** förderten in anaerober Ammoniumlactatkultur das Wachstum von *Bact. coli* der Ratte. Im gleichen Kulturverf. erwiesen sich **IV, V, VI, VII, VIII, IX, I** (schwach) u. **III** als Wuchsstoffe für *Bact. lactis aerogenes,* während **II** unwirksam war. Demnach dienen die von *Bact. coli* (Mensch, Ratte) u. *Bact. lactis aerogenes* (Mensch) synthetisierten Vitamine diesen Bakterien als Wuchsstoffe. (Klin. Wschr. **30.** 953. 15/10. 1952. München, Labor. für Coli-Forschung.) K. MAIER. 4360

K. Ss. Ssuchow, B. M. Ssolowjew und **G. Ss. Nikiforowa,** *Über die Wirkung des Formaldehydderivates von Norsulfazol auf das Tabakmosaikvirus.* Blätter von Nicotiana glutinosa, die man mit dem Tabakmosaikvirus infiziert hatte, wurden mit einer hochdispersen Suspension des Formaldehydderiv. von *Norsulfazol* behandelt. Man erzielte dadurch eine im Vgl. zum Norsulfazol wesentliche Herabsetzung der Zahl der Nekrosen. Es wird als wahrscheinlich angenommen, daß Formaldehyd die akt. Gruppen des Virus blockiert. (Доклады Академии Наук СССР [Ber. Akad. Wiss. UdSSR] [N. S.] **88.** 559—60. 21/1. 1953.) RENTZ. 4374

W. M. Shdanow, *Über den Aufbau einer phylogenetischen Systematik der Viren.* Allg. über Natur, Entstehung, Entw. u. Systematik der Viren. Vf. polemisiert bes.

gegen die Ansichten von RYSHKOW (vgl. C. **1953.** 393). (Микробиология [Mikrobiologie] **22.** 206—14. März April 1953.) LEBTAG. 4374

A. Klarenbeek, *Virulicide Wirkung einiger antiseptischer Substanzen gegen das Murin-Columbia-SK-Poliomyelitisvirus.* In Verss. mit zentrifugierten Maceraten von durch intracerebrale Injektion mit *Columbia-SK-Virus* (**I**) infiziertem Mäusehirn wurde die virulicide Wrkg. einiger Antiseptica geprüft. Zur Sterilisation genügten folgende Lsgg.: 10 % *Formol* (**II**) 5 Min., 1—2 % **II** 20 Min., 4 % *Chloramin* 5 Min., 2 % *Hexachlorphenol* 5 Minuten. Durch die eiweißkoagulierende Wrkg. des **II** wird seine virulicide Fähigkeit oft erheblich herabgesetzt. *Desogen* (GEIGY), 0,5 %ig. wss. Lsg., 1 %ig. Lsg. des *Oxychinolin*-Deriv. *Superol* (20 Min.), 0,042 %ig. wss., nahezu gesätt. Lsg. des *Nitrofuran*-Deriv. *Furacin* (20 Min.) u. 1 %ig. *Natronlauge* (20 Min.) hatten keine virulicide Wrkg. gegen **I**. (Antonie van Leeuwenhoek **17.** 237—41. 1951. Leyden, Inst. de Méd. Préventive, Sect. de Bact. et Pathol. exp.) CARLS. 4374

R. Doeer, Los antígenos. Madrid: Revista de Occidente. (Biblioteca Ibys de Ciencias Biológicas. Las Investigaciones sobre Inmunidad, III). (XV + 404 S.) ptas. 90,—.

E_4. Pflanzenchemie. Pflanzenphysiologie. Pflanzenpathologie.

M. D. Wartanjan, *Abhängigkeit der Frostfestigkeit der Weinrebe von biochemischen Veränderungen.* Die Frostfestigkeit der Reben hängt vom Zucker- u. Stärkegeh. ab, u. zwar soll ein ausgereifter Rebstock nicht weniger als 50 % Zucker vom Gesamtstärkegeh. enthalten. Kopfdüngung mit P u. K vor der Blüte u. im August begünstigt die Ausreifung der Reben. Starkes Gießen ist ungünstig, da hierdurch der Reifezustand u. damit die Einstellung des optimalen Zucker–Stärke-Verhältnisses verzögert wird. (Виноделие и Виноградарство СССР [Weinbereit. Weinbau UdSSR] **12.** Nr. 11. 43—46. Nov. 1952. Usbek. Wiss. Forschungsinst. für Weinbau.) ECKE. 4404

Gabriel Bertrand und **Didier Bertrand,** *Untersuchungen über den Rubidiumgehalt von Pflanzensamen.* Mit Hilfe des Spektrographen wurde an 93 Proben von bei 110° getrockneten Pflanzensamen die Best. des Rb-Geh. durchgeführt (vgl. BERTRAND u. BERTRAND, Mikrochem. verein. Mikrochim. Acta **36/37.** [1951.] 1004). Es zeigte sich, daß die gefundenen Rb-Werte innerhalb der einzelnen Pflanzenfamilien auf vergleichbarer Höhe liegen. Die höchsten Gehh. fanden sich in Früchten aus den Familien der Rubiaceen (Kaffee) u. Sterculiaceen (Cola) mit 45,70 bzw. 32,50 mg Rb/kg. Werte um 20—30 mg Rb/kg erreichten einzelne Vertreter der Papilionaceen. Fast durchweg unter 5 mg Rb/kg enthielten die Körner der verschied. Getreidearten. (Ann. Inst. Pasteur **82.** 661—67. Juni 1952. Inst. Pasteur.) ZOPFF. 4410

W. G. Alexandrow, *Über die Möglichkeit einer nichtplastiden Bildung von Stärke in Pflanzenzellen.* An Hand mkr. Bilder sucht Vf. nachzuweisen, daß man es bei der Bldg. von *Stärke* (**I**) mit 2 grundsätzlich verschied. Vorgängen zu tun hat. So findet man im Weizenkorn während der Milchreife nur **I**-Körner plastider Herkunft, während nachher andersartig geformte **I**-Teilchen auftreten, die sogenannte Chondriosomen-**I**. Bes. deutlich ist das Vorliegen nichtplastider **I** bei Mais u. Reis zu beobachten. (Доклады Академии Наук СССР [Ber. Akad. Wiss. UdSSR] [N. S.] **89.** 561—64. 21/3. 1953. Botan. Komarow-Inst. der Akad. der Wiss. der UdSSR.) ULMANN. 4420

W. G. Klimenko, *Formen des Stickstoffes der Samen und Proteine von Cicer arietinum L.* Der Geh. an *Gesamt-N*, *Nichteiweiß-N* u. *Eiweiß-N* der Samen von Cicer arietinum L. schwankt in Abhängigkeit von der untersuchten Sorte u. vom Erntejahr, bes. bei den beiden letzteren. Der Geh. an ***Cystin*** u. ***Methionin*** ist gleichfalls abhängig von Sorte u. Erntejahr. Die Aminosäuren der Samen sind für die Nahrung als vollwertig anzusehen. (Биохимия [Biochemie] **18.** 12—18. Jan./Febr. 1953. Kischinew, Univ., Labor. für Biochem. der Pflanzen.) RENTZ. 4420

L.-E. Ericson und **Z. G. Bànhidi,** *Bakteriologische Wachstumsfaktoren in Beziehung zu Vitamin B_{12} und Folinsäure in Braun- und Rotalgen.* Durch Bioanalyse mit 3 verschied. Stämmen von Lactobacillus wird *Vitamin B_{12}* in der Braunalge *Laminaria saccharina* u. den Rotalgen ***Polysiphonia nigrescens*** u. ***Rhodemela subfusca*** in Konz. von 0,5—1,0 µg/g Trockengewicht festgestellt. Darüber hinaus wurden *Fol-* u. *Folinsäure* ermittelt. (Acta chem. scand. **7.** 167—72. 1953, Stockholm, Schweden, Royal Inst. of Technol., Div. Food Chim.) FINDEISEN. 4425

I. N. Ssimonow und **Je. W. Mironow,** *Der Umsatz von markiertem Phosphor in den Pflanzen bei Bestäubung mit Pollengemischen.* Durch Bestäubung von Tomate, Weinrebe, Primel, Spierstrauch, Aster u. Petunie, die in eine Nährlsg. mit markiertem P eingestellt waren, wird gezeigt, daß bei Verwendung eines Pollengemisches gegenüber der Verwendung des Pollens einer einzelnen Pflanze der Geh. an radioakt.

P in allen Organen der Pflanze erhöht ist. Bei den durch Mischbestäubung erhaltenen Hybriden von Himbeere war der Geh. an radioakt. P in sämtlichen Organen gegenüber der Mutterpflanze stark erhöht. Der hybride Pflanzenorganismus besitzt bei der anschließenden Vermehrung einen erhöhten Bedarf an P. (Селекция и Семеноводство [Selekt. u. Samenzucht] **18.** Nr. 12. 3—8. Dez. 1951. Allunions Landw. Inst. für Fernunterricht.) LEBTAG. 4452

M. I. Kalinkewitsch, *Einfluß der Art der Stickstoffernährung auf den Atmungsprozeß der Pflanzen.* Pflanzliche Gewebeteile von schwarzer Johannisbeere, Flachs, Pfefferminze, Dill u. Sicheldolde (Falcaria Rivini) werden auf ihre Atmungstätigkeit zur Blütezeit hin untersucht, wobei die auf Freiland oder in Kulturgefäßen gezogenen Pflanzen teils mit $(NH_4)_2SO_4$ (I), teils mit $NaNO_3 + CaNO_3$ (II) gedüngt wurden. Je 10 g des betreffenden Gewebes wurden 2 Std. in einem Kolben bei Zimmertemp. im Dunklen gehalten, dann CO_2, H_2O u. O_2 ermittelt. Mit II gedüngte Pflanzen verbrauchen weniger O_2 als mit I gedüngte. Die CO_2-Abgabe hingegen ist mit I u. II teils gleich (Flachs), teils mit I höher (Sicheldolde). Als Erklärung wird angenommen, daß beim Einbau von II in organ. N-Verb. O_2 frei wird, der in unvollständiger Verbrennung organ. Säuren u. andere Stoffe liefert, wodurch CO_2-Abgabe u. Verbrauch von Luft-O_2 sinken. Umgekehrt erfordert die NH_3-Oxydation zur Aminogruppe mol. O_2 unter Freisetzung von H_2. Die vollständige Verbrennung bedingt hierbei eine hohe CO_2-Abgabe. (Доклады Академии Наук СССР [Ber. Akad. Wiss. UdSSR] [N. S.] **88.** 349—51. 11/1. 1953. Allunions Wiss. Forschungsinst. für Düngung, landw. Technik u. Bodenkunde.) MÜLLER-MULOT. 4460

Walter E. Loomis, *Photosynthese — der bedeutendste enzymatische Vorgang.* Übersicht (Photosynthesegleichungen, abgrenzende Faktoren, Nutzbarmachung des Lichts in Abhängigkeit von Enzymen). (Trans. Amer. Assoc. Cereal Chemists **9.** 48—52. Jan. 1951. Ames, Io., Iowa State Coll.) RANG. 4460

Otto Warburg und **Horst Geleick,** *Über den Gewinn im Kreisprozeß der Photosynthese.* Mit der früher beschriebenen Versuchsmeth. (vgl. BURK u. WARBURG, C. **1951.** II. 1147) wird der Quantenbedarf ($1/\varphi$) des Gewinns bei der Photosynth. über längere Versuchszeiten (6—9 Std.) gemessen. Es ergibt sich unter günstigen Bedingungen als wahrscheinlicher Grenzwert $1/\varphi = 3{,}5$ Mole Quanten pro Mol entwickelten O_2, was unter der Voraussetzung des Kreisprozesses bedeutet, daß 71% des bei der Licht-Rk. entwickelten O_2 bei der Dunkel-Rk. zurückreagieren, wobei 88% der Verbrennungsenergie als freie Energie erhalten bleiben müssen. Für die Wellenlänge 675 mμ errechnet sich eine Energieausbeute für den gesamten Kreisprozeß von 77%. (Z. Naturforsch. **6b.** 134—41. April/Mai 1951. Berlin-Dahlem, KWI für Zellphysiol.) EICHHOFF. 4460

A. S. Dhillon und **E. H. Lucas,** *Resorption, Transport und Beständigkeit von 2.4-Dichlorphenoxyessigsäure in verschiedenen Pflanzen.* Bericht über Verss. mit Tomaten, Bohnen, Mais u. Hafer. Generell zeigte sich, daß alle Pflanzen befähigt sind, *2.4-D* in Form des Na-Salzes aus dem Boden aufzunehmen. Genaue Analysen aller Pflanzenteile ergaben, daß das Salz unzers. vom Saftstrom weitergeleitet wird. (Bot. Gaz. **112.** 198—207. Dez. 1950. East Lansing, Mich.) GRIMME. 4485

Friedrich J. Bassermann, *Untersuchungen über den Einfluß antimycobakteriell wirksamer Stoffe auf Erbsenkeimlinge.* Unterss. über den Einfl. verschied. Konzz. von *p-Aminosalicylsäure* (**I**), *Diäthanolaminsalz der Benzaldehydthiosemicarbazon-4-carbonsäure* (*Solvoteben*; **II**), *Dihydrostreptomycinhydrochlorid* (**III**) u. als Vgl. Acridinfarbstoff *Trypaflavin* (**IV**) auf Erbsenkeimlinge ergaben: Bei **I** unterblieb die Keimung bei Konzz. von 0,1% u. darüber, eine Hemmung der Keimung u. des Wurzelwachstums erfolgte von 0,005—0,05%, keine Wrkg. ergaben Konzz. von 0,001% u. darunter. Durch **II** erfolgte keine Keimung bei 1 u. 2%, Hemmung von 0,1—0,5%, durch **III** Hemmung von 0,0005—0,02%, keine Wrkg. bei 0,00025%; durch **IV** keine Keimung bei 0,5% u. darüber, Hemmung von 0,0005—0,1%, keine Wrkg. bei 0,0001%. Bei der cytomorpholog. Unters. ergab sich eine tox. letale Wrkg. für **I** u. **II** ab 0,1%, für **III** ab 0,001%, für **IV** ab 0,01%. Die cytomorpholog. Untersuchungsergebnisse werden eingehend beschrieben. (Aerztl. Forsch. **7.** I. 108—15. 10/3. 1953.) BEINERT. 4486

M. M. Masajewa, *Die Wirksamkeit von Wuchsstoffen bei verschiedener Phosphaternährung der Pflanzen.* Bei Tomaten, Rüben u. Flachs zeigten im Topfvers. *Heteroauxin* u. *β-Indolylbuttersäure* auf podsoligem Boden positive Wrkg., bes. stark bei ungenügender P-Versorgung. Mehrmaliges Bespritzen der Tomatenblüten mit 0,0015%ig. Heteroauxinlsg. wirkte besser als 2std. Wurzelbehandlung der Tomatenstecklinge. Die Wrkg. der Wuchsstoffe bestand in Ertragserhöhung u. Reifebeschleunigung. (Доклады Академии Наук СССР [Ber. Akad. Wiss. UdSSR] [N. S.] **80.** 957—60. 21/10. 1951. Dolgi Prud, Agrochem. Versuchsstation.) LINTER. 4486

E_5. Tierchemie. Tierphysiologie. Tierpathologie.

Ciro Andreatta und **Irnerio Forni**, *Röntgenuntersuchungen über den mineralischen Anteil des natürlichen nichtgepulverten Menschenknochens und des entmineralisierten Knochens.* Die bei unbehandelten menschlichen Femurknochen gefundenen Röntgenlinien stimmen völlig mit den von BRANDENBERGER u. SCHINZ (C. **1949.** I. 405) mitgeteilten überein, entsprechen also einem Apatit. Die Übereinstimmung der Röntgenbefunde an unbehandelten u. geglühten Knochen spricht gegen die Ggw. von $CaCO_3$. Bei Behandlung der Knochen mit 3%ig. HCl wird die anorgan. Substanz allmählich, ohne Selektivität, entfernt. Nach mehrtägiger HCl-Behandlung sind die Knochen völlig entmineralisiert, es bleibt im Debyeogramm nur eine stärkere Linie bei 15° 37′, die wahrscheinlich der organ. Knochensubstanz zuzuschreiben ist, wenn auch die Möglichkeit der Ggw. eines Restes von ungelöstem Apatit nicht ausgeschlossen wird. (Atti Accad. naz. Lincei, Rend., Cl. Sci. fisiche, mat. natur. [8] **13.** 14—18. Juli/Aug. 1952. Bologna, Univ., Ist. di Mineral. e Petrogr., u. Ist. Rizzoli.) R. K. MÜLLER. 4510

A. M. Genkin, *Über den Zustand des Glykogens in der Leber.* Vf. kommt auf Grund von Verss. zum Ergebnis, daß fast das gesamte *Glykogen* (I) der Leber an Zellproteine, vor allem an die beweglichen leichtlösl. Globuline, komplex gebunden ist. Die I-Globulin-Komplexe sind sehr labil u. werden durch Erhöhung der Temp., Verschiebung des p_H in schwachsaurer Richtung, Behandlung mit A. leicht zerstört. Die Komplexe von I mit anderen Zellproteinen sind stabiler u. werden erst durch langdauernde Einw. hoher Tempp., Verschiebung des p_H in starksaurer Richtung oder bei der Spaltung der Eiweißkomponente durch starke Laugen zerstört. (Биохимия [Biochemie] **18.** 7—11. Jan./Febr. 1953. Swerdlowsk, Med. Inst., Lehrstuhl für Biochem.) RENTZ. 4520

R. Renaux, *Die Durchdringung der Haut.* Die menschliche Haut ist für eine Anzahl von chem. Prodd. gänzlich undurchdringlich, andere werden in zweckmäßiger Suspension durchgelassen bzw. die in ihnen suspendierten Substanzen resorbiert. Hierzu gehören Vaseline u. Paraffinöl beim Vorhandensein von Stoffen, die die Oberflächenspannung herabsetzen. Eine wesentliche Rolle spielt auch Triäthanolamin. — Während O_2 die Haut nicht zu durchdringen vermag, wird sie von CO_2 u. O_3 passiert. Eine Anzahl neuerer organ. Substanzen vermögen die Haut leicht zu durchdringen, bes. auch synthet. Hormone. — Zu beachten ist bei kosmet. Aufbereitungen der p_H-Wert: Von Vorteil ist eine geringe Alkalität, durch die auch die elektr. Verhältnisse der Hautoberfläche im Sinne der besseren Durchdringung beeinflußt werden. (Ind. Parfumerie **7.** 180—81. Juni 1952.) LÜPNITZ. 4550

Karl Marzusch, *Untersuchungen über die Temperaturabhängigkeit von Lebensprozessen bei Insekten unter besonderer Berücksichtigung winterschlafender Kartoffelkäfer.* Die Verss. wurden mit Imagines von *Kartoffelkäfer* (*Leptinotarsa decemlineata*), *Pappelblattkäfer* (*Melasoma populi*) u. Larven bzw. Puppen u. Larven von *Weidenblattwespe* (*Pteronus salicis*) u. *Mehlkäfer* (*Tenebrio molitor*) durchgeführt. Bestimmt wurden Körpertemp., Gewebsatmung, Fermente u. anorgan. Phosphat. Es wird einer Adaptation des O_2-Verbrauches eine entsprechende fermentative Temperaturadaptation zugeordnet. — Die Aktivität der Dehydrasen ist während der Häutungen wesentlich geringer als zwischen den Häutungen. — Plötzliche Temperaturänderungen können infolge ihrer Schockwrkg. die Adaptationsphänomene stören. (Z. vergleich. Physiol. **34.** 75—92. 1952. Kiel, Univ., Zoolog. Inst.) LÜPNITZ. 4550

William Münich, *Papierelektrophoretische Untersuchung der Kammerwasserproteine des Kaninchens.* In 0,01 cm^3 des 1. Kammerwassers (I) von Kaninchen konnten ohne Filtrationsmethoden papierelektrophoret. keine Proteine (II) nachgewiesen werden, während im 2., 60 Min. später gewonnenen, dem Serum sehr ähnliche Kurven erhalten wurden. Jedoch waren die *Albumine* (III) gegenüber Serum prozentual vermehrt u. die *β-Globuline* vermindert. Bei Verwendung größerer I-Mengen (0,2 cm^3) sind auch im 1. I papierelektrophoret. II nachweisbar. In I von Tieren, die anschließend an die 2. Punktion innerhalb eines 24 Std.-Zeitraumes das Heteroprotein „*Pyrifer*“ (IV) intravenös u. intramuskulär erhielten, konnten 24 Std. nach der Punktion, im Gegensatz zu den unbehandelten Kontrollen, III nachgewiesen werden. Ein Stress, wie z. B. die Vorderkammerpunktion, erhöht die Menge der energet. wichtigen III u. erniedrigt die der eigentlichen Lipoidträger in I. Der durch IV eingeleitete unspezif. Abwehrvorgang bewirkt eine Steigerung der Reaktionsfähigkeit von Zelle u. Mesenchym. (Klin. Wschr. **30.** 849—50. 15/9. 1952. Würzburg, Univ., Augenklinik.) K. MAIER. 4551

Karl Junkmann, *Hormone als Arzneimittel.* Übersicht über die therapeut. Verwendung von Hormonen (I). Krist. I, I der Klasse der Eiweißkörper oder Peptide, Resorptionsverhältnisse bei I-Therapie, Abbau im Stoffwechsel, Dosierung, Depotpräpp., Wirkungsweise, Nebenwirkungen u. Gegenregulationen des Organismus. (Aerztl. Wschr. **7.** 449—53. 16/5. 1952. Berlin-West, Schering Akt.-Ges.) K. MAIER. 4558

Henry S. Treager, George J. Gabuzda, Norman Zamcheck und **Charles S. Davidson,** *Reaktion auf Adrenocorticotropin bei klinischem Skorbut.* 5 Patienten im Alter von 36 bis 75 Jahren mit schwerem Skorbut erhielten *ACTH* (**I**) zur Prüfung ihrer Nebennierenfunktion. Während der Unterss. erhielten sie noch 5—11 Tage lang keine *Ascorbinsäure* (**II**), sondern wurden weiter auf einer prakt. **II**-freien Diät gehalten. 1 Patient starb am 6. Tage nach der Aufnahme. Den 4 Überlebenden wurde nach **II**-Zufuhr nochmals **I** appliziert. Die Rk. bzgl. der Zahl der eosinophilen Zellen nach **I**-Injektion war n. u. wurde durch **II**-Behandlung nicht geändert. Der *Glutathion*-Geh. des Blutes u. der *Na*-Geh. des Serums waren n. oder niedrig; beide Werte wurden durch **II**-Therapie nicht verändert. Dasselbe war mit dem (n.) *K*-Geh. des Serums der Fall. — Vff. schließen, daß entweder **II** für die hiermit zusammenhängenden Nebennierenfunktionen nicht notwendig ist, oder daß die Nebennieren der Patienten noch **II** enthielten. (Proc. Soc. exp. Biol. Med. **75.** 517—20. Nov. 1950. Boston, Mass., Harvard Med. School, Dep. of Med., u. Boston City Hosp.) VINCKE. 4558

George A. Hyman, Charles Ragan und **Joseph C. Turner,** *Wirkung von Cortison und Adrenocorticotropin (ACTH) auf den experimentellen Skorbut beim Meerschweinchen.* Bei ca. 2 Monate alten 300—400 g schweren Meerschweinchen wurde durch Fütterung mit *Vitamin-C* (**I**)-freier Kost Skorbut erzeugt. Behandlung der auf Skorbutdiät gehaltenen Tiere mit *Cortison* (**II**) oder *ACTH* (**III**) verlängerte ihre Lebensdauer u. verringerte die auftretenden Hämorrhagien. Aus der beobachteten **III**-Wrkg. wird geschlossen, daß **I** für die Bldg. **II**-ähnlicher *Corticosteroide* nicht benötigt wird. Im Anhang wird erwähnt, daß die angewandten relativ hohen Hormondosen unter Umständen schwere tox. Symptome hervorriefen, so daß die Schutzwrkg. dann nicht auftrat. (Proc. Soc. exp. Biol. Med. **75.** 470—75. Nov. 1950. New York, N. Y., Columbia Univ., Coll. of Phys. and Surg., Dep. of Med., u. Presbyterian Hosp., E. D. Faulkner Arthritis Clin.) VINCKE. 4558

Charles T. Stewart, Robert J. Salmon und **Charles D. May,** *Die Wirkung von Insulin auf den Glucosestoffwechsel des Affen bei Ascorbinsäuremangel und Skorbut bestimmende Faktoren.* Es wurde der Einfl. des *Ascorbinsäure*-Mangels auf die Nebennierenrindenfunktion untersucht, wobei die Wrkg. von *Insulin* (**I**) auf den *Glucose* (**II**)-Spiegel des Bluts zur Prüfung derselben diente. Die **I**-Dosis, die bei Kontrolltieren (Rhesusaffen) eine deutliche Blut–**II**-Senkung auslöste, hatte bei skorbut. Affen nur geringe Wirkung. In einer Reihe von Verss. wurde der Einfl. von *Epinephrin* u. *Cortison* auf die Rk. gegenüber **I** bei Skorbut untersucht u. gefunden, daß bei diesem die Nebennierenrindenfunktion eher gesteigert als vermindert ist, u. sich hieraus die geringe **I**-Wrkg. auf die Blut-**II** bei Skorbut erklärt. Bei adrenalektomierten Tieren war die Rk. auf **I** bei Ascorbinsäuremangel normal. (A. M. A. Amer. J. Diseases Children **84.** 677—91. Dez. 1952. Minneapolis, Minn., Univ. of Minnesota, Coll. of Med. Sci., Dep. of Pediatrics; Iowa City, Iowa, State Univ., Coll. of Med. Sci., Dep. of Pediatrics.) K. MAIER. 4558

N. P. Buu-Hoï, L. Corre, M. de Clercq, Ng. Hoán, A. Lacassagne, R. Royer und **Ng. D. Xuong,** *Beziehungen zwischen chemischer Konstitution und östrogener Wirkung von organischen Molekeln.* Bericht über 43 Verbb., die fast alle zum ersten Mal dargestellt u. auf ihre östrogene Wrkg. geprüft wurden. Sie gehören zum größten Teil zur *Hexöstrolreihe* oder zu den *α.β-Diaryläthylenen* bzw. *α.β.β-Triaryläthylenen.* — Verbb.: 1. *Derivv. des Hexöstrols*: *4.4'-Dioxydibenzyl* (**I**), *o-Hexöstrol* (**II**), *meso-5.6-Di-(p-oxyphenyl)-decan* (**III**), *meso-2.7-Dimethyl-4.5-di-(p-oxyphenyl)-octan* (**IV**), *meso-2.7-Dimethyl-4.5-dianisyloctan* (**V**), *meso-4.5-Dianisyloctan* (**VI**). 2. *Derivv. der α.β-Diaryläthylene*: *α-p-Tolyl-β-anisylacrylnitril* (**VII**), *α-p-Tolyl-β-[o-methoxyphenyl]-acrylnitril* (**VIII**), *α-Phenyl-β-[o-methoxyphenyl]-acrylnitril* (**IX**), *α-Phenyl-β-[p-chlorphenyl]-acrylnitril* (**X**), *α-[p-Tolyl]-β-[p-chlorphenyl]-acrylnitril* (**XI**), *α-[α'-Naphthyl]-β-[p-chlorphenyl]-acrylnitril* (**XII**), *α.β-Di-[α'-naphthyl]-acrylnitril* (**XIII**), *α-[α'-Naphthyl]-β-[o-methoxyphenyl]-acrylnitril* (**XIV**), *α-[p-Tolyl]-β-cumylacrylnitril* (**XV**), *α-[p-Tolyl]-β-[2'-furyl]-acrylnitril* (**XVI**), *α-Phenyl-β-[p-dimethylaminophenyl]-acrylnitril* (**XVII**), *α-[p-Tolyl]-β-[p-dimethylaminophenyl]-acrylnitril* (**XVIII**), *α-Phenyl-β-äthyl-β-[1'-methoxyxenyl]-äthylen* (**XIX**). 3. *Derivv. der α.β.β-Triaryläthylene*: *α.β-Diphenyl-β-[4'-methoxyxenyl]-acrylnitril* (**XX**), *α-[p-Tolyl]-β-phenyl-β-[4'-methoxyxenyl]-acrylnitril* (**XXI**), *α-[2'.5'-Dimethylphenyl]-β-phenyl-β-[p-tolyl]-acrylnitril* (**XXII**), *α-[2'.5'-Dimethylphenyl]-β-phenyl-β-[p-äthylphenyl]-acrylnitril* (**XXIII**), *α.β-Diphenyl-β-[2'-methyl-4'-n-butoxyphenyl]-acrylnitril* (**XXIV**), *α-Phenyl-β-[o-chlorphenyl]-β-anisylacrylnitril* (**XXV**), *α-[p-Chlorphenyl]-β-phenyl-β-[p-n-butoxyphenyl]-acrylnitril* (**XXVI**), *α-[p-Bromphenyl]-β-phenyl-β-anisyl-*

acrylnitril (**XXVII**), *α-[p-Chlorphenyl]-β-phenyl-β-[p-n-propoxyphenyl]-acrylnitril* (**XXVIII**), *α-[p-Bromphenyl]-β-phenyl-β-[p-tolyl]-acrylnitril* (**XXIX**), *α-[2'.5'-Dimethylphenyl]-β-phenyl-β-anisylacrylnitril* (**XXX**), *α-Phenyl-β-[p-chlorphenyl]-β-xenylacrylnitril* (**XXXI**), *α-[p-Bromphenyl]-β-phenyl-β-cumylacrylnitril* (**XXXII**), *α-[p-Chlorphenyl]-β-[o-chlorphenyl]-β-xenylacrylnitril* (**XXXIII**), *α-[p-Bromphenyl]-β-[o-chlorphenyl]-β-xenylacrylnitril* (**XXXIV**), *α-[p-Chlorphenyl]-β-[3'-methyl-4'-methoxyphenyl]-acrylnitril* (**XXXV**), *α.β-Diphenyl-β-[3'.4'-dioxyphenyl]-acrylnitril* (**XXXVI**), *α.β-Diphenyl-β-[p-oxyphenyl]-acrylnitril* (**XXXVII**), *α-Phenyl-β.β-di-[p-oxyphenyl]-acrylnitril* (**XXXVIII**), *α-[p-Oxyphenyl]-β-phenyl-β-[β'-naphthyl]-acrylnitril* (**XXXIX**), *α-Phenyl-β-anisyl-β-[9'-äthyl-3'-carbazyl]-äthylen* (**XL**), *α.β-Diphenyl-β-[9'-äthyl-3'-carbazyl]-äthylen* (**XLI**). 4. *2-Oxy-6-propionylnaphthalin* (**XLII**) u. *α-Phenyl-β.β-dianisyläthan* (**XLIII**). — *Östrogene Aktivität*: wirksam mit 0,1 mg **II**, **III**, **XXV**, **XXVI**, **XXXVII**; wirksam mit <0,75 mg **XXXVIII**; wirksam mit 1 mg **IV**, **VI**, **XX**, **XXIV**, **XXVII**, **XXVIII**, **XXXI**, **XXXIX**; wirksam mit 2 mg **XLIII**; flüchtig bzw. unvollkommen wirksam mit 2 mg **XXIX**, **XXXV** u. **XXXVI**; unwirksam mit 1 mg **I**, **V**, **XI**, **XIII**—**XVI**, **XIX**, **XXII**, **XXX**, **XXXII**, **XXXIII**, **LX**; unwirksam mit 2 mg **XXI**, **XXIII**, **XXXIV**, **LXI**, **XLII**; unwirksam mit 10 mg **VII**—**X**, **XII**, **XVII** (cancerogen wirksam), **XVIII**. (Bull. Soc. Chim. biol. **32**. 255—63. 1950. Paris, Inst. Pasteur, u. Coll. de France, Inst. du Radium.) VINCKE. 4559

Charles D. Kochakian und **Evangeline Robertson**, *Verstärkung der myotropen und androgenen Wirkung durch wässerige Suspension von Steroiden.* Vgl. der Wrkg. von öligen Lsgg. u. wss. Suspensionen verschied. Androgene auf den Musc. temporalis (a) sowie die accessor. Geschlechtsdrüsen (b) ♂ Meerschweinchen. Eine wss. *Testosteron* (**I**)-Suspension war 3mal (a) bzw. 9—16mal (b) stärker wirksam als eine **I**-Lsg. in Olivenöl u. ebenso wirksam wie eine Lsg. von **I**-*Propionat* in Sesamöl. Eine Suspension von *Androstandiol-(3α.17α)* war wenig stärker (a) bzw. schwächer (b) wirksam als eine **I**-Suspension. (Proc. Soc. exp. Biol. Med. **75**. 542—43. Nov. 1950. Rochester, N. Y., Univ., School of Med. and Dent., Dep. of Physiol. and Vital Economics.) VINCKE. 4559

Erik Odeblad und **Harry Boström**, *Autoradiographische Untersuchung über die Zeitabhängigkeit der Aufnahme von markiertem Sulfat in den Graafschen Follikeln beim Kaninchen.* Eine größere Anzahl ♀ Kaninchen erhielt intravenöse Injektionen von trägerfreiem $Na_2{}^{35}SO_4$ in Dosen von 0,65 mC/kg Körpergewicht. Nach Verlauf von 2, 4, 8 . . . 384 Std. wurden die Tiere getötet, die Ovare entnommen u. Dünnschnitte von deren Geweben autoradiograph. untersucht. In der Theca u. der Granulosa konnte die Hauptmenge 16 Std., im Liquor folliculi erst 48 Std. nach der Injektion nachgewiesen werden. Vff. glauben, daß ^{35}S vor der Sekretion in die Follikel-Fl. von den Granulosazellen aufgenommen u. in eine organ. mucopolysaccharidartige Verb. eingebaut wird. (Acta radiologica [Stockholm] **39**. 137—40. Febr. 1953. Stockholm, Sabbatsberg Hosp., u. Karolinska Inst., Chem. Dep. II.) REUSSE. 4559

Max Cheval, *Die Mucifizierung der Vagina bei der Ratte unter dem Einfluß des Östradiolbenzoat-Progesteron-Gemisches und des Progesterons allein.* Bei erwachsenen, 18—20 Tage vorher kastrierten Ratten genügte die 10—20 Tage lang fortgesetzte Applikation von 0,6 γ *Östradiolbenzoat* (**I**) + 2 mg *Progesteron* (**II**)/Tag, um eine Mucifizierung der Vagina ähnlich wie in der Trächtigkeit zu erreichen. Totale Hysterektomie ist in bezug auf diese Wrkg. ohne Einfluß. Durch Injektion von mindestens 100 mg **II** (Gesamtdosis) allein konnte das beobachtete Phänomen in geringerem Maße ebenfalls erzielt werden, sowohl bei intaktem Uterus als auch nach seiner Entfernung. (Bull. Acad. roy. Méd. Belgique [6] **17**. 84—95. 1952. Bruxelles, Univ. Libre, Fac. de Méd., Labor. d'Anat. Pathol.) VINCKE. 4559

Lloyd C. Felton, **Edward H. Frieden** und **Harold H. Bryant**, *Die Wirkungen von Ovarextrakten auf die Aktivität des Meerschweinchenuterus in situ.* Wss. Corpus-luteum-Extrakte vom Schwein setzen Tonus u. Spontankontraktionen des Meerschweinchenuterus in situ herab. Die wirksame Substanz („uterine relaxing factor" = URF) ist sehr hitzestabil, nicht dialysierbar u. wird durch proteolyt. Fermente u. reduzierende Substanzen (*Cystein*, *Glutathion*, *Natriumthioglykolat*, *Ascorbinsäure*, *Dimercaptopropanol* = *BAL*, *Natriumbisulfit*, *Trypsin*, *Pepsin*) inaktiviert. Wahrscheinlich handelt es sich um ein Protein oder Polypeptid. URF hat enge Beziehungen zum *Relaxin*. Das Verh. beider Verbb. bei der Elektrophorese ist ähnlich (isoelektr. Punkt zwischen p_H 7,7 u. 6,0). URF ist während der Gravidität auch im Blut von Frauen u. bei trächtigen Kaninchen, sowie im Harn schwangerer Frauen u. trächtiger Kühe nachgewiesen worden. (J. Pharmacol. exp. Therapeut. **107**. 160—64. Febr. 1953. Baltimore, Md., Hynson, Westcott and Dunning Inc., Biol. Labor.; Cambridge, Mass., Harvard Univ., Biol. Labor.) DAUTZENBERG. 4559

J. C. Porter und **R. M. Melampy,** *Wirkung von Testosteronpropionat auf die Samenbläschen der Ratte.* Unterss. über die n. Entw. der Samenbläschen der Ratte; Einfl. von Kastration u. Verabreichung von *Testosteronpropionat* (I). Kastration bedingt Abnahme von Gewicht, N- u. Phosphatasegeh., sowie des Q_{O_2} der Drüsen; die Werte werden durch I-Gaben mit Ausnahme des Q_{O_2} bis über die Norm erhöht. (Endocrinology **51.** 412—20. Nov. 1952. Ames, Iowa, Iowa State Coll., Agricult. Exp. Stat.) GOEBEL. 4559

Hans Lehfeldt, *Therapeutische Effekte des Methylandrostendiols.* 56 Frauen mit endokrinen Störungen, bei denen *Androgen*-Therapie erfolgreich ist, wurden intramuskulär mit 25—50 mg *Methylandrostendiol* (wss. mikrokrist. Suspension in 2—3tägigem Abstand) oder oral mit täglich 25—75 mg behandelt. Bei 25 Frauen mit Symptomen der Menopause verschwanden diese bei 12; 10 zeigten deutliche Besserung. 9 Frauen mit Dysmenorrhöe wurden sämtlich erfolgreich behandelt. Bei 15 von 16 Frauen wurde die Lactation erfolgreich unterdrückt u. bei 6 von 7 Frauen eine Mastopathie erfolgreich behandelt. Vf. empfiehlt eine weitere Prüfung des Steroids als Ersatz der Testosterontherapie bei Frauen. (Amer. J. Obstetr. Gynecol. **64.** 1355—59. Dez. 1952. New York, N. Y., Lenox Hill Hosp., Med. Clinic.) K. MAIER. 4559

Jacques Decourt und **Jean Guillemin,** *Die Wirkung der Sexualhormone auf das Wachstum auf Grund klinischen Materials. Therapeutische Folgerungen.* Nach einem Überblick über n. Wachstumsentw. im Prä- u. Postpubertätsstadium wird über Wachstumsanomalien bei vorzeitiger oder verzögerter Pubertät, patholog. Unterproduktion (Eunuchoidismus) u. Überproduktion vor dem n. Pubertätsalter von Sexualhormonen, sowie die sich hieraus ergebenden therapeut. Konsequenzen berichtet. (10 Fälle). (Semaine Hôpitaux Paris **28.** 1711—17. 2/6. 1952.) K. MAIER. 4559

J. H. Gaarenstroom, S. E. de Jongh und **F. J. A. Paesi,** *Die Wirkung von Östrogen auf den F.S.H.-Gehalt der Hypophyse bei Ratten.* Erwachsene ♀ Ratten wurden kastriert u. nach 14 Tagen ihre Hypophyse entweder ganz oder zur Hälfte in die Bauchhöhle von jungen, am Tage vorher hypophysektomierten ♂ Ratten implantiert. Zur gleichen Zeit wurde der rechte Testikel dieser Tiere exstirpiert, worauf sie eine Woche lang mit 2 mal 2,5 I.E. *Choriongonadotropin*/Tag behandelt wurden. Die Tiere wurden dann getötet u. das (erhöhte) Gewicht des anderen Testikels bestimmt. Ähnliche Verss. wurden mit kastrierten oder nicht kastrierten Spendertieren angestellt, die außerdem 2 mal 0,5 mg *Östradiolbenzoat* (I)/Tag 2 Wochen lang erhalten hatten. — Aus den Ergebnissen wird geschlossen, daß I-Behandlung der kastrierten Spendertiere die durch Hypophysenimplantation bei den Empfängertieren bewirkte Zunahme des Testikelgewichtes verringert, u. daß der Geh. der Hypophyse an *Follikelstimulierungshormon* (F.S.H.) nach Kastration ungefähr verdoppelt wird. Die Deutungsmöglichkeiten für die Befunde werden diskutiert. (Acta physiol. pharmacol. neerl. **1.** 90—98. Jan. 1950. Leiden, Univ., Pharmacol. Labor.) VINCKE. 4559

O. M. Helmer und **R. S. Griffith** (unter techn. Mitarbeit von **R. M. Sanders** und **J. H. Tilden**), *Die Wirkung von Östrogenen auf den Renin-Substrat (Hypertensinogen)-Gehalt von Rattenplasma.* Verabreichung von *Diäthylstilböstrol* (I) an n. männliche Ratten bewirkt eine beträchtliche Erhöhung der Reninsubstratkonz. des Plasmas. Diese Wrkg. scheint nicht über das Hypophysen–Nebennieren-Syst. zu verlaufen, jedoch ist der Anstieg bei adrenalektomierten Tieren geringer. Östron ist weniger wirksam als I; Testosteron wirkt antagonistisch. (Endocrinology **51.** 421—26. Nov. 1952. Indianapolis, Ind., General Hosp., Lilly Labor. for Clin. Res.) GOEBEL. 4559

Eric W. Swanson und **S. A. Hinton,** *Ermittlung der Restmilch im Euter während der Lactationszeit durch Injektion von Oxytocin.* Bei Versuchskühen wurde die in der Phase der sogenannten Melkwilligkeit zugängliche Milch maschinell ermolken. Danach wurden 10 E. *Oxytocin* injiziert u. ca. 5 Min. per Hand weitergemolken. Die Restmilch zeigte keine wesentlichen Schwankungen bei den einzelnen Tieren, jedoch nahm ihre Menge in den letzten beiden Lactationsmonaten ab. Daraus ist zu schließen, daß dann das Sekretionsgewebe im Euter stetig vermindert wird. (J. Dairy Sci. **34.** 419—25. Mai 1951. Knoxville, Univ. of Tennessee.) HÜCKSTÄDT. 4560

Walther Hild und **Gerhard Zetler,** *Über die Funktion des Neurosekrets im Zwischenhirn–Neurohypophysen-System als Trägersubstanz für Vasopressin, Adiuretin und Oxytocin.* Beim Schwein tritt Autolyse der Zwischenhirn–Neurohypophysen-Hormone (I) erst bei 37° auf (Abnahme in 10—12 Std. um 50%), desgleichen des Neurosekrets (II). Durch Einlegen in A.-Chlf.-Gemisch wird II extrahiert. I u. II sind nicht identisch. II scheint Vehikel- oder Trägersubstanz für I (*Vasopressin, Adiuretin* u. *Oxytocin*) zu sein. (Z. ges. exp. Med. **120.** 236—43. 1953. Kiel, Univ., Anatom. Inst. u. Pharmakol. Inst.) BROSEMANN. 4560

Dixon M. Woodbury und **George Sayers,** *Wirkung von Adrenocorticotropin, Cortison und Desoxycorticosteron auf die Erregbarkeit des Gehirns.* Erweiterung u. ausführliche

Dosierungsangaben bzgl. der in der früheren Arbeit der Vff. (vgl. C. **1950.** II. 2212) an Ratten erhobenen Befunde. (Proc. Soc. exp. Biol. Med. **75.** 398—403. Nov. 1950. Salt Lake City, Utah, Univ. of Utah, Coll. of Med., Dep. of Pharmacol.) VINCKE. 4560

H. S. Di Stefano, A. D. Bass, H. F. Diermeier und **J. Tepperman,** *Nucleinsäuregehalt von Rattenleber nach Hypophysektomie und Verabreichung von Wachstumshormon.* Hypophysektomie zieht einen beträchtlichen Abfall des *Ribonucleinsäure-* u. Proteingeh. in Kern u. Cytoplasma von Rattenleberzellen nach sich, während sich der *Desoxyribonucleinsäure-*Geh. des Kerns nicht ändert. Gaben von Wachstumshormon an hypophysektomierte Tiere führen den Proteingeh. zur Norm zurück u. erhöhen den Ribonucleinsäuregeh. in Kern u. Cytoplasma über die Norm. (Endocrinology **51.** 386—93. Nov. 1952. Syracuse, N. Y., State Univ. of New York, Coll. of Med., Dep. of Anat., u. Dep. of Pharmacol.) GOEBEL. 4560

Norman D. Lee und **Robert H. Williams,** *Die Rolle des Hypophysen-Nebennieren-Systems beim Einbau von* ^{35}*S-Cystin in Proteine.* Die Unterss. wurden durchgeführt mit Albinoratten. Der Einbau von ^{35}S-Cystin in Protein war vermindert bei hypophys- oder adrenalektomierten Tieren u. wurde normalisiert durch Verabreichung von *Adrenocorticotrophin* (ACTH; I), wss. Nebennierenrindenextrakt, Cortisonacetat oder Desoxycorticosteronacetat, bzw. verschied. Nebennierenhormonpräparaten. Gaben von I an n. Ratten erhöhten den Einbau von Cystin in Proteine. (Endocrinology **51.** 451—56. Nov. 1952. Seattle, Wash., Univ. of Washington, School of Med., Dep. of Med.) GOEBEL. 4560

H. Brückner, *Über die hormonelle Behandlung der Acetonämie des Rindes.* Nach einer kurzen Darst. des ätiolog. Zusammenhangs der Acetonämie des Rindes mit den hormonellen Beziehungen zwischen Hypophysenvorderlappen u. der Nebennierenrinde, sowie der Kohlenhydrat- u. Fettverbrennung wird über das Ergebnis der Behandlung von 38 an Acetonämie erkrankten Milchkühen mit *adrenocorticotropem Hypophysenvorderlappenhormon* („*Cortrophine*") berichtet. Die *ACTH*-Therapie (tägliche Dosis 20 mg *ACTH*, subcutan) hat kausalen Charakter u. bewirkte in nahezu allen Fällen schlagartige Heilung. Im nächstfolgenden Puerperium bestand Neigung, zu recidivieren. (Tierärztl. Umschau **7.** 221—23. Juli 1952. Island, Hellu.) K. MAIER. 4560

Vincent J. Derbes, John H. Dent, Neill K. Weaver und **David D. Vaughan,** *Ansprechen des Tuberkulinhauttestes auf ACTH und Cortison bei tuberkulösen Meerschweinchen.* Bei Meerschweinchen von durchschnittlich 200 g Gewicht, die mit virulenten Tuberkelbakterien infiziert worden waren, wurde selbst durch relativ hohe *ACTH*- oder *Cortison*-Dosen die Tuberkulin-Rk. nur geringfügig verändert, aber nicht unterdrückt. (Proc. Soc. exp. Biol. Med. **75.** 423—26. Nov. 1950. New Orleans, La., Tulane Univ. of Louisiana, School of Med., Dep. of Med. u. Ochsner Clinic.) VINCKE. 4560

Walter H. Sheldon, Martin M. Cummings und **Lilian D. Evans,** *Über das Versagen von ACTH oder Cortison bei der Unterdrückung der Tuberkulinhautreaktion bei tuberkulösen Meerschweinchen.* Meerschweinchen mit akt. fortschreitender Tuberkulose wurden 6 Tage lang 2 mal täglich mit je 2 mg *ACTH* (I) oder *Cortison* (II) behandelt. Alle Tiere zeigten während der Hormonapplikation einen positiven Tuberkulinhauttest, der jedoch schwächer als bei den Kontrollen zu sein schien. Es wird angenommen, daß I u. II den mit dem Test einhergehenden akuten Entzündungsprozeß verringern. (Proc. Soc. exp. Biol. Med. **75.** 616—18. Nov. 1950. Atlanta, Ga., Emory Univ., School of Med., Dep. of Pathol. u. Dep. of Med.; Chamblee, Ga., Lawson VA Hosp.) VINCKE. 4560

H. Houston Merritt, *Corticotropin und Cortison bei Erkrankungen des Nervensystems. Corticotropin* u. *Cortison* zeigten bei einer Anzahl von Erkrankungen des Nervensyst. in allen Fällen keine Heilwirkung. Bei zahlreichen Patienten mit Myasthenia gravis gingen die Symptome vorübergehend zurück. Einige wenige Fälle von multipler Sklerose u. von „menopausaler Dystrophie" wurden etwas gebessert. (Yale J. Biol. Med. **24.** 466—73. Juni 1952. New York, N. Y., Columbia Univ., Coll. of Phys. and Surg., Dep. of Neurol., u. Presbyterian Hosp.) K. MAIER. 4560

F. Heni, *Die Dauerbehandlung des Morbus Addison. Verwendung von Desoxycorticosterontrimethylacetat und von Cortison. Desoxycorticosterontrimethylacetat* ist bei leichten u. schwereren Formen der Nebennierenrindeninsuffizienz dem einfachen *Desoxycorticosteronacetat* hinsichtlich der Wirkungsdauer überlegen. Es wurde in Form von Mikrokristallen bis zu insgesamt 75 mg angewandt. Als Maß für die therapeut. Wrkg. kann das Verh. der Salzwasserretention angesehen werden. Bei schweren Nebennierenrindenschädigungen sollte durch *Cortison* unterstützt werden; um einer Propagation von eventueller Tuberkulose zu entgehen, dürfen diese Dosen nicht höher als 15—25 mg gegeben werden. Gegenüber der Anwendung von *ACTH* ist Vf. zurückhaltend. (Med. Klin. **48.** 516—20. 10/4. 1953. Tübingen, Univ., Med. Klinik.) P. G. SCHEURLEN. 4560

Dietrich Jahn und **Bernhard Leniger,** *ACTH in der Behandlung der Gastritis. ACTH* (I), bis zu 200 I.E. über mehrere Tage verteilt gegeben, erwies sich bei Gastritiden verschied. Genese als wirksam. Am günstigsten wird die hypertroph. Gastritis beeinflußt. I soll durch die Beseitigung von Entzündungsstoffen wirken u. entzündliche Prozesse, d. h. Granulationen hemmen. Deshalb muß vor Behandlung jeder ulceröse Prozeß ausgeschlossen werden. (Med. Klin. **48.** 505—07. 10/4. 1953. Nürnberg, I. Med. Klinik.) P. G. SCHEURLEN. 4560

Lawrence E. Shulman, Edyth H. Schoenrich und **A. McGehee Harvey,** *Allergische Reaktionen auf Arzneimittel: Behandlung mit adrenocorticotropem Hormon* (*ACTH*) *oder Cortison.* Klin. Bericht über die Anwendung von *ACTH* (I) oder *Cortison* (II) bei Arzneimittelüberempfindlichkeit vom Typ der Serumkrankheit. Dosierung: II vierstündlich peroral je 50 mg, Initialdosis 100 mg. Intramuskuläre Gaben von II haben nur langsamen u. geringeren Erfolg. I wurde intravenös im Dauertropf 20—40 mg täglich in 5 %ig. Glucoselsg. gegeben. Intramuskuläre Injektionen von 25—40 mg vierstündlich auch hier weniger wirksam. Intravenöse Gaben von I waren in einigen Fällen durch Unverträglichkeits-Rkk. kompliziert. Penicillinüberempfindlichkeit kann durch gleichzeitige Medikation von II unterdrückt werden. Bei über 600 bisher mit I behandelten Patienten des Hospitals wurden in 5 Fällen Allergien gegen I gefunden. (Bull. Johns Hopkins Hosp. **92.** 196—209. März 1953. Baltimore, Johns Hopkins Univ. u. Hosp.) P. G. SCHEURLEN. 4560

H. M. Bruce, A. S. Parkes und **W. L. M. Perry,** *Bestimmung von ACTH aus Thymus der noch im Nest befindlichen Ratte.* Die durch Zuführung (subcutan) von *adrenocorticotropem Hormon* (I) hervorgerufene Gewichtsabnahme der Thymusdrüse der intakten (nicht hypophysektomierten), noch im Nest befindlichen jungen Ratte wurde als Grundlage zur Entw. einer I-Bestimmungsmeth. genommen. Die milde, bei Ausführung des Tests hervorgerufene Stresswrkg. oder andere entsprechende Hormone (z. B. Insulin, Östradiol, Progesteron, Serumgonadotrophin, Testosteron, Hinterlappenhormone, Adrenalin, außer Cortison) bewirkten unter gleichen Bedingungen keine Änderung des Thymusgewichtes, so daß ausreichende Spezifität gewährleistet ist. Die Variablen der Bestimmungsmeth. wurden untersucht. Ein Nachteil der Meth. ist die nicht sehr große Empfindlichkeit. (Lancet **262.** 790—93. 19/4. 1952. London, Mill Hill, Nat. Inst. for Med. Res.) K. MAIER. 4560

Morton Alpert, *Beobachtungen über die Histophysiologie der Nebenniere des Goldhamsters.* Ausführliche Wiedergabe der histolog. Befunde an den Nebennieren von Goldhamstern verschied. Alters. Die Nebenniere n. Tiere ähnelt der anderer Säugetiere; die Rinde weist eine wohldefinierte äußere Zona glomerulosa, eine mittlere Zona fasciculata u. eine innere Zona reticularis auf. Von der Nebenniere der üblichen Laboratoriumstiere unterscheidet sie sich dadurch, daß Cholesterin u. seine Ester (mit SCHULTZschem Reagens) sowie sudanophile Lipoide nicht nachweisbar sind. Die histochem. Veränderungen, sowie die des Gewichts u. des *Ascorbinsäure*-Geh. nach Injektion von *Desoxycorticosteronacetat, Diäthylstilböstrol, Formalin* oder *Adrenocorticotropin* werden eingehend beschrieben. (Endocrinology **46.** 166—76. Febr. 1950. Columbus, O., Univ., Dep. of Anat.) VINCKE. 4561

Clara M. Szego, *Die antagonistische Wirkung des Hypophysen–Nebennierenrinden-Systems auf die Stimulation des Uterus mit Östrogenen bei der ovariektomierten Ratte.* SZEGO u. ROBERTS (C. **1948.** E. 75) haben gezeigt, daß eine durch adrenocorticotropes Hormon der Hypophyse (ACTH) erzeugte Ausschüttung von Nebennierenrindenhormonen die Ansprechbarkeit des Uterus kastrierter Ratten auf *Östradiol* hemmt. Unklar war dabei bisher noch, daß sich diese Hemmung durch synthet. Corticoide nicht (*11-Dehydrocorticosteron, Testosteron*) oder nur sehr schwach (*Progesteron, Desoxycorticosteronacetat*) erzielen ließ. In dieser Arbeit werden weitere Corticoide geprüft, die früher nicht erreichbar waren. Mit *17-Oxy-corticosteron* (*Compound F* von KENDALL) u. *17-Oxy-11-dehydrocorticosteronacetat* (*Cortison*) ließ sich nun die Hemmung reproduzieren, u. zwar auch bei hypophysenlosen Ratten. Die der östrogenen Wrkg. antagonist. Wrkg. scheint somit an Steroide mit sauerstoffhaltigen Gruppen in $C_{(11)}$ u. $C_{(17)}$ gebunden zu sein. Es wurden deshalb auch noch *17-Oxy-11-desoxycorticosteronacetat* (*Verb. S* von REICHSTEIN) u. *Allopregnan-3β.17β.21-triol-11.20-dion* (*Compound D*) geprüft, die sich ebenfalls (etwas schwächer) wirksam erwiesen. *p.p'-Dioxy-β-diäthylstilben* wird nicht ganz so gut von Corticoiden inhibiert wie das natürliche Hormon *Östradiol.* (Endocrinology **50.** 429—41. April 1952. Los Angeles, Calif., Univ. of California, Dep. of Zool.) DANNEBERG. 4561

Fleur L. Strand und **Albert S. Gordon,** *Beziehung der Nebenniere zu Glykogengehalt und Atmung lymphatischer Organe.* ♀ adrenalektomierte Ratten wurden in chron. Verss. mit *Nebennierenrindenextrakt* (I) bzw. *Adrenalin* (II)-Hydrochlorid vom Tage der

Operation an behandelt bei Verabfolgung von 1%ig. NaCl-Lsg. als Trinkflüssigkeit. Die Adrenalektomie bewirkte ein Absinken des *Glykogen* (III)-Geh. der lymphat. Organe u. der Leber. Die Atmung (von Thymus, Lymphknoten, Milz u. Leber), gemessen durch Red. von *2.3.5.-Triphenyltetrazoliumchlorid* nach BLACK u. KLEINER (Science [Washington] **110.** [1949.] 660), war dagegen nach der Operation vermehrt. Zufuhr von I oder II brachte III-Geh. u. Atmung zur Norm zurück. Auch die Thymushypertrophie der nebennierenlosen Tiere wurde durch beide Hormone verringert. — Das Maximum der Wrkg. trat in der 2. oder 3. Woche der Hormonzufuhr auf; in der 4. Woche war ein Effekt der I- oder II-Applikation nicht mehr feststellbar. (Proc. Soc. exp. Biol. Med. **75.** 555—59. Nov. 1950. New York Univ., Washington Square Coll. of Arts and Sci., Dep. of Biol.) VINCKE. 4561

W. W. Swingle, George Barlow, Elliott Collins, E. J. Fedor, William J. Welch und **J. Mercer Rampona,** *Serumkalium und elektrokardiographische Veränderungen bei adrenalektomierten Hunden, die mit Cortisonacetat am Leben gehalten wurden.* Adrenalektomierte Hunde können durch Gaben von 0,93 mg/kg/Tag *Cortison* für längere Zeit ohne Insuffizienzsymptome gehalten werden; die Dosis genügt, um den Elektrolytspiegel im Serum n. zu halten. Serum-Na u. -Cl fallen auf für Adrenalinsuffizienz charakterist. Werte ab, während das Serum-K merklich steigt. Gegebenenfalls auftretende Anomalitäten des EKG konnten durch Erhöhung der Cortisondosis auf 1,86 mg/kg/Tag korr. werden. Mit dieser Therapie wurden Versuchstiere bis zu 120 Tagen am Leben erhalten. (Endocrinology **51.** 353—61. Nov. 1952. Princeton, N. J., Princeton Univ., Biol. Labor., Sect. of Physiol., u. Princeton Hosp.) GOEBEL. 4561

Ivor Cornman, *Reversible Hemmung des Herzfragmentschlages in Gewebskulturen durch Desoxycorticosteron.* Die Pulsation von Herzfragmenten von Hühner- oder Mäuseembryonen oder von neugeborenen Mäusen wurde in vitro durch Zusatz von geringen Mengen *Desoxycorticosteron* (I) zur Kultur-Fl. reversibel gehemmt. Fehlte in dieser *K*, so wurde die hemmende I-Dosis noch erniedrigt. Diese Hemmung wurde durch Zusatz von Serum, aber nicht von *Cortison* (II), aufgehoben. I u. II waren ohne Wrkg. auf die durch K herbeigeführte Blockierung des Herzens. Durch *Adrenalin* (III) wurde die durch K bewirkte Hemmung fast völlig aufgehoben, jedoch wurde nur bei wenigen durch I vergifteten Fragmenten durch III eine Wiederbelebung herbeigeführt. (Proc. Soc. exp. Biol. Med. **75.** 355—57. Nov. 1950. Washington, D. C., George Washington Univ., School of Med., Warwick Mem. for Cancer and Allied Dis., u. Dep. of Anat.) VINCKE. 4561

C. E. Hall, O. Hall und **L. A. Pinkston,** *Hypertonie durch Desoxycorticosteron und Ammoniumchlorid.* ♀ bzw. kastrierte ♂ Ratten von 40—65 g Gewicht wurden einseitig nephrektomiert; nach subcutaner Implantation von 50 mg *Desoxycorticosteronacetat* (I) erhielten die Tiere wss. 0,5%ig. NaCl- bzw. 0,45%ig. NH_4Cl-Lsg. bzw. eine Lsg. mit 0,5% NaCl + 0,45% NH_4Cl als Trinkflüssigkeit. Die bei den Tieren durch I erzeugte Hypertonie wurde durch die NH_4Cl-Zufuhr nicht verhütet. Die Blutdruckerhöhung trat bei diesen Tieren ebenso schnell u. deutlich auf wie bei denen, die NaCl-Lsg. erhielten. Die bei den Tieren beobachtete Hemmwrkg. von NH_4Cl auf die sonst auftretenden cardiovasculären Schädigungen wird von Vff. einer lokalen Salzwrkg. auf die Gewebe bzw. einer mangelnden Rk. des Gefäßgewebes auf Hypertonie zugeschrieben. (Proc. Soc. exp. Biol. Med. **75.** 446—49. Nov. 1950. Galveston, Tex., Univ., Med. Branch, Carter Physiol. Labor.) VINCKE. 4561

Joseph Seifter, William E. Ehrich, Albert J. Begany und **George H. Warren,** *Wirkungen von Cortison, Hyaluronidase, Desoxycorticosteron und Artison auf die experimentelle Serumkrankheit bei Kaninchen.* In Verss. an jungen ♂ mit n. Pferdeserum behandelten Albinokaninchen von 1,8—2,5 kg wurde gefunden, daß die intramuskuläre Applikation von je 4 mg *Cortison* (I)*-acetat* 2 mal täglich die ARTHUS-Rk. der Haut unterdrückte u. bei 8 von 9 Tieren die bei den Kontrollen auftretende Arthritis u. Myocarditis vollkommen verhinderte. Die Glomerulonephritis wurde jedoch nicht verhütet. *Hyaluronidase* hatte bei der ARTHUS-Rk. dieselbe Wrkg. wie I u. verminderte auch die Nierenschädigung, während andererseits Gefäß- u. Herzschäden verstärkt wurden. *Desoxycorticosteronacetat* schwächte zwar ebenfalls die Haut-Rk. ab, aber diese Verb. sowie *Artison* (*21-Acetoxypregnenolon*) wirkten nicht nachweisbar auf die bei der Serumkrankheit beobachteten histolog. Veränderungen ein. — Es wird vorgeschlagen, diese Krankheit als Mittel zur Auswertung von Stoffen auf I-Wrkg. zu verwenden. (Proc. Soc. exp. Biol. Med. **75.** 337—42. Nov. 1950. Philadelphia, Pa., Wyeth Inc., Inst. of Appl. Biochem., Gen. Hosp., u. Univ. of Pennsylvania, Graduate School of Med.) VINCKE. 4561

Ruth Jens, *Desoxycorticosterontherapie bei verschiedenen psychotischen Fällen. Ein Zwischenbericht.* 21 psychot. Patienten (man.-depressive Psychosen, Schizophrenie aller

Typen, Psychosen des Rückbildungsalters), die auf Elektroschock-, Insulintherapie u. Psychotherapie nicht angesprochen hatten, wurden mit *Desoxycorticosteronacetat* (I) (täglich 5 mg I/1 cm^3 Sesamöl, 6 mal wöchentlich, intramuskulär) behandelt, in der Annahme, daß derartige Kranke wiederholtem Stress unterworfen sind, der zu einer Erschöpfung führt. 17 Patienten (81%) zeigten eine Besserung, die 6—8 Wochen nach der Therapie noch anhielt. Von 26 Kontrollpatienten (nur Sesamöl) trat nur bei 7 (27%) eine Besserung ein. Weitere Prüfung von I in dieser Richtung erscheint angezeigt. (A. M. A. Arch. Neurol. Psychiatry **68.** 372—76. Sept. 1952. Salem, Oreg., Univ. of Oregon, Med. School.) K. MAIER. 4561

R. Capra und **G. Cadeddu,** *Die Erfahrungen des Zentralinstitutes für Rheumatologie in Turin mit der Cortisontherapie.* Erfahrungsbericht über Indikation u. Anwendung des *Cortisons* bei allen Formen des Rheumatismus u. der Gicht. (Minerva Med. [Torino] **44.** I. 956—58. 11/4. 1953. Centro di Reumatol. dell' Osp. Magg. di S. Giov. Batt. e della Citta di Torino.) BARTH. 4561

W. O. Ossinskaja, *Angaben über die Oxydation von Adrenalin, Noradrenalin, Adrenalon und Noradrenalon zu fluorescierenden Verbindungen.* Vf. weist auf Grund seiner Verss. nach, daß nicht nur *Adrenalin* (I), sondern auch *Noradrenalin* (II), *Adrenalon* (III) u. *Noradrenalon* (IV) zu fluorescierenden Verbb. oxydiert werden können. Die Bedingungen der Umwandlung konnten erforscht u. die Stabilisierung der Fluorescenz ermöglicht werden. Dadurch erhält man eine hochempfindliche Meth. zur Best. der I-ähnlichen Verbb. in biol. Objekten bei sehr geringer Konzentration. Die Ergebnisse sprechen dafür, daß für die Fluorescenz bei der Oxydation von I u. III das Leukooxoadrenochrom, für die Oxydation von II u. IV ein nicht methyliertes Deriv. verantwortlich sind. (Биохимия [Biochemie] **18.** 56—62. Jan./Febr. 1953. Charkow, Ukrain. Inst. für exp. Endokrinologie, Biochem. Abt.) RENTZ. 4561

H. J. Lipner, S. B. Barker und **T. Winnick,** *Die Verteilung von Thyroxin in Fraktionen aus Rattenleberzellen.* Vff. injizierten thyroidektomierte Ratten mit ^{131}J bzw. in der Carboxylgruppe mit ^{14}C markiertem *Thyroxin* (I). Tötung der Tiere nach 3, 6, 12 oder 24 Std. ergab eine charakterist. Verteilung von I in den Leberzellen; es wurden sowohl bei ^{131}J- als auch bei ^{14}C-Markierung übereinstimmende Werte gefunden. Kern- bzw. Mitochondrienfraktion enthielten 18 bzw. 23%, die überstehende Fl. des Homogenats 54% des verabreichten I; ca. $\frac{1}{2}$ des I in der überstehenden Fl. war verknüpft mit den Mikrosomen. Ähnliche Werte wurden erhalten beim Mischen von n. Leberhomogenat in vitro mit ^{131}J-I oder markierten Mitochondrienpräpp. aus mit I behandelten Ratten. Anreicherung in anderen Zellen wurde nicht beobachtet. (Endocrinology **51.** 406—11. Nov. 1952. Iowa City, State Univ. of Iowa, Coll. of Med., Dep. of Physiol., u. Radiat. Res. Labor.) GOEBEL. 4562

Je. L. Rosenfeld und **Je. G. Plyschewskaja,** *Untersuchung der qualitativen Besonderheiten der Muskelglykogene von Kaninchen beim Alloxandiabetes.* Die reduzierende Fähigkeit der *Muskelglykogene* beim alloxandiabet. Kaninchen schwankt innerhalb der gleichen Grenzen wie bei gesunden Kontrolltieren. Ihre Spaltbarkeit durch *β-Amylase* ist etwas geringer als bei diesen. Aus den Unterss. des phosphorolyt. Zerfalls der Glykogene in Ggw. von Protein u. ebenso aus den Unterss. der Absorptionsspektren der Proteine in Ggw. der Glykogene wird geschlossen, daß die Muskelglykogene des Kaninchens beim Alloxandiabetes zum Unterschiede von n. Tieren die Fähigkeit zur Komplexbldg. mit Proteinen verloren haben. (Биохимия [Biochemie] **18.** 51—55. Jan./Febr. 1953. Moskau, Physiol.-Chem. Labor. der Akad. der Wiss. der UdSSR.) RENTZ. 4564

Linus Pauling, *Das Hämoglobinmolekül bei Gesundheit und Krankheit.* An Hand der Literatur wird ein Überblick über den derzeitigen Stand der Strukturforschung des *Hämoglobins* (I) gegeben. Bei der Unters. der Sichelzellenanämie stellte sich heraus, daß das Häm mit dem von n. I ident. ist. Ebenso zeigte die Globinkomponente in bezug auf den Aminosäurenbestand u. die Endgruppen keine Abweichungen von der Norm. Es wird daher angenommen, daß eine abweichende Faltung des I-Mol. zu einer Oberflächenform führt, bei der die I-Moll. längere Ketten bilden können, die die Form der Erythrocyten in charakterist. Weise verändert. Entsprechendes gilt für zwei andere kürzlich entdeckte ähnliche Blutkrankheiten. (Proc. Amer. philos. Soc. **96.** 556—65. 15/10. 1952. California Inst. of Technol.) REICHLE. 4572

Ju. A. Sserebrowskaja, Ju. D. Wadkowskaja und **I. Je. Perwowa,** *Der Gehalt an Renin und Hypertensinase im Blut Hypertoniekranker.* Mit verbesserten Methoden gelang es Vff., im Blut von Hypertonikern (nur im 2. u. 3., nie im 1. Stadium der Erkrankung) *Renin* nachzuweisen. Es besteht dabei eine deutliche Beziehung zu Nierenstörungen, bes. im 3. Stadium der Erkrankung. Der Geh. des Plasmas an *Hyper-*

tensinase ist im 2. Stadium der Erkrankung am höchsten, im 1. u. 3. Stadium weniger hoch bzw. sogar normal. Die Ergebnisse sprechen für die zentrogene Theorie der Pathogenese des Hochdrucks. (Терапевтический Архив [Therap. Arch.] **25.** Nr. 1. 56—62. Jan./Febr. 1953. Therapeut. Inst. der Akad. der Med. Wiss. der UdSSR, klin. Abt. des Biochem. u. pathophysiol. Labor.) RENTZ. 4572

G. Kurtzemann, *Der Gehalt des Blutes an organischen Säuren bei Dyspepsien des Säuglings.* Bei der vom Vf. verwendeten Meth. nach CSAPO (Jb. Kinderheilkunde **123.** [1929.] 307) wird der Säuregeh. des Blutes als Verbrauch an 0,1nNaOH von 100 ml Serum angegeben. Es wurden folgende Mittelwerte gefunden: bei gesunden Säuglingen u. Kindern 9,5 bzw. 9,1; bei einfachen u. schweren Dyspepsien 11,5 bzw. 12,7; bei Toxikosen 26,1; bei schweren Infektionen 22,2 u. bei Pylorusstenosen 11,9. Trotz der geringen Spezifität der Meth. ist ein Anstieg der Werte mit zunehmender Schwere der Krankheit festzustellen. (Arch. franç. Pédiatrie **10.** 268—73. 1953. Straßburg, Clin. Infant.) KRUSEN. 4572

L. A. Silber, Ju. W. Ssolowjewa, Je. W. Wolina und **N. A. Krawtschenko,** *Über die antibakterielle Wirkung des Humins und seiner Derivate.* Die antibakterielle Aktivität des *Hämins* (I) gleicht fast jener des *Erythrins.* Wie I wirken auch *Jod-* u. *Brom*-I sowie *Protoporphyrin.* Demgegenüber sind *Acet*-I, *Hämatoporphyrin* u. *Pseudo*-I antibakteriell unwirksam. Aus den Verss. wird der Schluß gezogen, daß die antibakterielle Aktivität von I an die Seitenkette der Pyrrolringe gebunden ist u. nicht an die zentral gelegenen Fe-Atome. (Биохимия [Biochemie] **18.** 109—11. Jan./Febr. 1953. Moskau, Zentralinst. für Epidemiol. u. Mikrobiol., Labor. für Virusologie.) RENTZ. 4572

H. Vetter, *Zur Kenntnis des Erythrocytenstoffwechsels.* Trägerloser *radioakt. P* in Form des sek. Phosphats wurde zusammen mit Erythrocyten einem n. Plasma der gleichen Blutprobe, einem RINGER-SOERENSEN-Puffer vom p_H 7,4, dem gleichen Puffer + 100 mg-% *Glucose* zugesetzt u. bei 37,2° gehalten. In Abständen wurden Blutproben entnommen u. die „Verschwinderate" der Radioaktivität bestimmt. Nach den Verss. ist zu schließen, daß der Durchtritt von Phosphationen durch die semipermeable Membran der Erythrocyten zum großen Teil über eine *Glucose*-Veresterung vor sich geht. Im Puffer ohne *Glucose* ist der Prozeß bei 73% prakt. beendet. Zusatz von *Insulin* oder *Percorten* zu den 3 Suspensionen änderte die Verschwinderate nicht. Bestrahlung der Erythrocyten mit schnellen Elektronen, 10^4 r in 2—5 Sek., führte zu einer Erhöhung der Diffusionsrate. (Klin. Wschr. **30.** 285—86. 15/3. 1952. Wien, Univ., II. Med. Klinik.) DOSSMANN. 4573

Robert F. Steiner und **Koloman Laki,** *Streulichtuntersuchungen bei der Fibringerinnung.* Mit dem BRICE-SPEISER-Streulichtphotometer wurde durch die Trübungsstärke die Größe u. Form des grobdispersen Fibrinogen (I)-Mol. gemessen. Als Maßstab dafür wurde die Lichtintensitätsasymmetrie der einzelnen Streustrahlenwinkel (Meth. vgl. C. **1951.** II. 3559), bezogen auf den 90°-Wert, berechnet. Das Mol.-Gew. wurde bei gegebener Wellenlänge aus dem Intensitätsverlust bei bestimmten Lichtwinkeln errechnet. Das dabei verwandte gereinigte Rinder-I zeigte bei p_H 5,0—8,4 ein Mol.-Gew. von 540000 u. einen Asymmetriegrenzwert 1,23, woraus sich die mittlere Länge des stabförmigen Mol. zu 840 Å ergibt. Während der Umwandlung in Fibrin (II) durch Thrombineinw. kommt es zu einer Aneinanderlagerung der I-Moll. Seite an Seite u. Ende an Ende. Beide Formen dieses II-Aufbaus sind ebenso wie die Geschwindigkeit der Rk. vom p_H u. der Ionenstärke abhängig. Aus der Art der Hemmung der I-Polymerisation durch kleine Mengen $KMnO_4$ u. der Depolymerisation des einmal polymerisierten Mol. durch größere Mengen ließ sich erkennen, daß die Seite an Seite–Bindung die stärkere ist. (Arch. Biochem. Biophysics **34.** 24—37. Nov. 1951. Bethesda, Md., Naval Med. Centre and Federal Secur. Agency, Nat. Inst. of Arthritis.) J. JÜRGENS. 4574

Burton A. Waisbren und **David Glick,** *Wirkung von Aureomycin auf Heparingehalt und Gerinnungszeit von menschlichem Blut.* Zusatz von steigenden Mengen *Aureomycin* (I) zu n. menschlichem Serum oder Plasma in vitro bewirkte eine Verminderung des vorhandenen *Heparins* (II), das nach dem Verf. von JACQUES u. Mitarbeitern (J. Physiol. **109.** [1949.] 41) bestimmt wurde. Vff. fanden, daß 100—200 γ I/cm³ Serum die II-Konz. ungefähr halbierte. Aus Verss. an 11 Patienten, denen je 0,5 g I in 500 cm³ physiol. NaCl-Lsg. intravenös infundiert wurden, glauben Vff. schließen zu dürfen, daß I die Blutgerinnungszeit verkürzt (Werte von 16—30 Min. vor u. 12—23 Min. nach der Infusion). (Proc. Soc. exp. Biol. Med. **75.** 476—77. Nov. 1950. Minneapolis, Minn., Univ. of Minnesota, Med. School, Dep. of Med. u. Dep. of Physiol. Chem.) VINCKE. 4574

Elisabeth Fischer, *Über den Einfluß von Leberextrakten auf die Kobalttherapie bei experimentellen Tieranämien.* Es wurde die hämatopoet. Wirksamkeit eines mit dem

Kobalt–Aminosäure-Komplex der Leber angereicherten Leberextraktes (I) an n. Ratten u. Ratten mit Milchanämie, die der menschlichen hypochromen Anämie nahe kommt, geprüft. Die Regeneration des Blutbildes bei der milchanäm. Ratte wurde durch *Co*, sowie auch durch I u. I-*Co* stärker als durch *Fe*- u. *Cu*-Gaben allein gefördert. Der formative Reiz von *Co* auf die roten Zellen erfuhr durch I keine Hemmung. I übte jedoch auf die überschießende extramedulläre Blutbldg. (Milz, Leber) einen gewissen normalisierenden Einfl. aus. Auf Grund der Ergebnisse empfiehlt Vf. auch bei menschlichen hypo- u. hyperchromen Anämien eine kombinierte Anwendung von I u. *Co*. (Z. ges. exp. Med. **118**. 483—88. 1952. München, Univ., Med. Poliklinik.) K. MAIER. 4575

N. B. Tschernjak, P. I. Pokrowski und **N. N. Abesgaus,** *Biologischer Wert des bei gleichzeitiger Zugabe von Glucose und Saccharose konservierten Blutes*. Die vergleichende Prüfung der Eignung von *Glucose* (I), *Saccharose* (II) u. einer Mischung von **I, II** u. *Na-Citrat* (III) als Konservierungszusätze für Blut ergab, daß in Ggw. von **I–II–III** Hämolyse erst nach 50 u. mehr Tagen einsetzte u. ca. 10—15 Tage später als in Ggw. anderer kohlenhydrathaltiger Mittel. Bei der Übertragung des mit I–II–III konservierten Blutes zeigte sich in der Rk. der Patienten kein Unterschied gegenüber anders behandeltem Blut: von 64 Transfusionen (Alter der Blutkonserven 30—50 Tage) verliefen 46 ohne Rk., 14 mit schwacher Temperaturerhöhung, 4 mit mittlerer bis schwerer Reaktion. Transfusionen von Blut von 20, 30, 40 u. 50 Tagen Konservierungsdauer verliefen bei 34 gesunden Empfängern reaktionslos. Die übertragenen Erythrocyten werden zum größten Teil in den ersten 3 Std. nach der Transfusion zerstört, wie aus dem Anstieg von *Bilirubin* (1,5—2fach) u. *Fe* im Empfängerserum hervorgeht, während nach 24 Std. kaum noch Unterschiede feststellbar sind. Die Veränderungen im Gesamteiweiß- u. Eiweißfraktionengeh. sind nicht charakteristisch. (Доклады Академии Наук СССР [Ber. Akad. Wis. UdSSR] [N. S.] **84**. 109—12. 1/5. 1952. Inst. für Hämatol. u. Blutübertragung.) K. MAIER. 4576

Isidoor R. Leusen und **Hiram E. Essex,** *Durch Dextran und Akaziengummi bei Kaninchen hervorgerufene Leukopenie und Veränderungen der differentiellen Leukocytenzahlen*. Durch Zufuhr von *Dextran* (I) tritt bei Kaninchen in wenigen Min. Leukopenie auf. Nach ca. 30 Min. trat eine Vermehrung der polymorphonuclearen Zellen auf, u. es entwickelte sich eine ausgesprochene Leukocytose. Bei einer 2. I-Injektion nach 24 Std. wurde die Zahl der zirkulierenden Leukocyten nur wenig vermindert u. stieg nach 105 Min. wieder an, unter Vermehrung des polymorphonuclearen Anteils. *Akaziengummi* (II) rief viel geringere Leukopenie als I hervor, u. die Verschiebung des Verhältnisses der Leukocytenarten war weniger stark. Zufuhr von II 60 Min. nach der 2. I-Infusion rief weiteres Verschwinden von Leukocyten u. Vorherrschen der mononuclearen Zellen hervor. (Amer. J. Physiol. **172**. 231—36. Jan. 1953. Rochester, Minn., Univ., Mayo Foundation, Div. of Exp. Med.) WILLENBERG. 4576

K. Brass, *Morphologische Befunde bei Mensch und Kaninchen nach wiederholter Periston(Kollidon)-Zufuhr*. Vf. fand bei der Sektion eines Säuglings, der 2300 cm^3 *Periston* intravenös erhalten hatte, eine hochgradige Kollidonspeicherung, die auch bei Kaninchen experimentell bes. in Milz, lymphat. Gewebe, Knochenmark, Lungen, Leber u. abdominalem Fettgewebe nachweisbar u. von der Teilchengröße (Mol.-Gew. $>$60000) abhängig war. (Frankfurter Z. Pathol. **63**. 95—112. 1952. Frankfurt/M., Univ., Senckenberg. Pathol. Inst.) BROSEMANN. 4576

Charles D. Kochakian, *Proteinansatzwirkung des Urins trächtiger Stuten*. Beschreibung der Darst. von Fraktionen mit Proteinansatz bewirkender Eig. aus dem Urin trächtiger Stuten; Auswertung auf Grund von Änderungen des Körpergewichts u. der N-Bilanz kastrierter Hunde. Ein großer Teil der Wrkg. war in der α-Ketonfraktion eines neutralen fettlösl. Extraktes vorhanden. (Proc. Soc. exp. Biol. Med. **75**. 543—45. Nov. 1950.) VINCKE. 4577

E_6. Pharmakologie. Therapie. Toxikologie. Hygiene.

—, *Einzelheiten über die Verwendung der Radioisotopen zur Diagnose und Therapie*: ^{32}P, ^{128}J, ^{59}Fe, ^{24}Na, ^{45}Ca. Überblick. (Folia pharmac. [Istanbul] **1**. 74—76. 15/5. 1950.) R. K. MÜLLER. 4601

Benjamin H. Ershoff, *Die Zunahme der Überlebensdauer nach mehrfachen subletalen Röntgenbestrahlungen durch Fütterung mit Lebersubstanz bei Ratten*. Durch Verss. an jungen sowie an ausgewachsenen ♀ Ratten hat Vf. untersucht, ob die Wirkungen von letalen Röntgendosen durch bestimmte Komponenten in der Ernährung, bes. durch pulverisierte Lebersubstanz u. verschied. Vitamine, kompensiert werden können. Die Bestrahlungsdaten waren: 250 kV, 15 mA, Filter: 0,5 mm Cu + 1 mm Al, HWS 2,15 mm Cu,

Dosisleistung 17,92 r/min. Die Grundnahrung der Tiere bestand aus 61% Saccharose, 24% Casein, 5% Salzen u. 10% Baumwollsamenöl. Hinzugefügt wurden alternativ folgende synthet. Vitamine pro kg der Grundnahrung: je 20 mg *Thiaminhydrochlorid, Riboflavin, Pyrodoxinhydrochlorid,* je 60 mg *Calciumpantothenat, Nicotinsäure,* 200 mg *Ascorbinsäure,* 10 mg *2-Methylnaphthochinon* u. 2 g *Cholinchlorid,* außerdem 4000 U.S.P.-E. Vitamin A u. 400 U.S.P.-E. Vitamin D. Die Vitamine wurden der Grundnahrung an Stelle einer gleichen Gewichtsmenge an Saccharose zugefügt. Zusätzlich wurden der Nahrung weitere synthet. Vitamine beigegeben. Außerdem erhielt ein Teil der Tiere die Grundnahrung + 10% pulverisierter Lebersubstanz. Nach Bestrahlung mit mehreren subletalen Dosen war die Überlebenszeit eindeutig größer bei den mit Lebersubstanz gefütterten Tieren. Der Einfl. war deutlicher als bei den Vitamin-B-gefütterten Ratten. Wurde die Bestrahlung in Form einer einzigen letalen Dosis verabfolgt, dann blieben die unterschiedlichen Ernährungsarten ohne Einfl. auf die mittlere Überlebensdauer. (J. Nutrit. **47.** 289—98. 10/6. 1952. Los Angeles, Calif., Emory W. Thurston Labor. u. Univ. of Southern Salif., Dep. of Biochem. and Nutr.) REUSSE. 4601

Carl-Heinz Kemmer, *Vitamin-E-Behandlung des Röntgenulcus.* In einer 5monatigen Behandlungsdauer wurde ein Röntgenulcus auf dem Handrücken mit Erfolg durch 0,2 g *Tocopherol* täglich behandelt. Es traten dabei keine Unverträglichkeitserscheinungen auf. Der mögliche Wirkungsmechanismus wird diskutiert. (Dermatol. Wschr. **126.** 1209—10. 1952. Görlitz.) H. SCHEURLEN. 4601

K. Werner, *Die Behandlung des Röntgenkaters mit Dihydroergotamin.* Vf. bespricht die Probleme des Röntgenkaters (RK) u. die Erfolge mit verschied. Medikamenten, die er auf den komplizierten Ablauf der Strahlen-Rk. zurückführt. Er warnt vor Mitteln, die Vitamin B_{12} enthalten, das am embryonalen Gewebe der Kaulquappe eindeutig wachstumsfördernd wirkt. Als bestes Medikament gegen RK erwies sich ihm *Dihydroergotamin* (*DHE 45*), das auch die Verträglichkeit der Losttherapie steigert. Optimale Dosis: 3mal 15 Tropfen pro die vor den Mahlzeiten. (Schweiz. med. Wschr. **83.** 431—32. 2/5. 1953. Heidelberg, Univ., Czerny-Krankenhaus.) K. BÖHM. 4601

John Huston jr., D. P. Wallach und **George J. Cunningham,** *Pulmonare Reaktion auf Bariumsulfat bei Ratten.* Es wurde das Verh. von Rattenlungen nach intratrachealer Injektion von $BaSO_4$-Suspensionen untersucht. $BaSO_4$ ist hinsichtlich der Gewebs-Rk. eine relativ inerte Verb. u. verursacht nur eine sehr milde Rk., wobei zuerst die Suspension von polymorphkernigen Leukocyten, die dann degenerieren, aufgenommen wird. Freiwerdendes $BaSO_4$ wird von den einkernigen Zellen aufgenommen u. dann wieder ausgeschieden. Das Atmungsepithel erleidet wahrscheinlich vorübergehend eine Degeneration. Riesenzellenbldg. setzt nach ca. 90 Tagen ein. (A. M. A. Arch. Pathol. **54.** 430—38. Nov. 1952. Madison, Wis., Univ. of Wisconsin, Med. School, Depp. of Pathol. and Radiol.) K. MAIER. 4606

I. N. Schewzowa, *Die Anwendung hypertonischer Lösungen von Natriumchlorid in der Veterinärtherapie.* Abgesehen vom harmlosen „Salzfieber" bei jungen Tieren (in 10—15% der Fälle) sind intravenöse Injektionen 5—20%ig. *NaCl* (I)-Lsgg. (0,1 g/kg Körpergewicht) unschädlich. I verbessert die Herztätigkeit, steigert vorübergehend den Blutdruck um 20—30 mm Hg u. stimuliert bei motor. Funktionen des Verdauungstraktes. Die Wrkg. erreicht ihr Maximum in 2—4 Std. u. ist in 12—24 Std. abgeklungen. Therapeut. findet I Anwendung bei der prim. Atonie der Vormägen, bei Atonien infolge von Intoxikationen u. akuten fieberhaften Krankheiten, ferner bei Hepatitiden, Nahrungsmittelvergiftungen u. Acetonämie der Rinder, bei Erkrankungen der Vormägen u. Osteomalacie der Ziegen u. bei der A-Avitaminose der Hunde. Rindern injiziert man am besten 20%ig., Hunden die 10%ig. Lösung. (Ветеринария [Tierheilkunde] **30.** Nr. 3. 44—49. März 1953. Swerdlowsk, Landw. Inst.) RENTZ. 4606

John Adams Schricker, George Ross Fisher, William W. Tullner und **Roy Hertz,** *Die Wirkung von Amphenone-B auf den Cholesterin- und Ascorbinsäuregehalt der Rattennebenniere.* Verabreichung von *Amphenone-B* (*1.2-Bis-[p-aminophenyl]-2-methylpropanon-(1)-dihydrochlorid;* I) erhöht Konz. u. Gesamtcholesteringeh. der Nebenniere bei der Ratte, während der *Ascorbinsäure* (II)-Geh. n. bleibt. Wurden I-behandelte Tiere 4 Std. bei 5° gehalten, so fiel der *Cholesterin* (III)-Geh. der Nebenniere nicht, während bei unbehandelten Vergleichstieren ein ca. 50%ig. Abfall zu beobachten war. Der II-Geh. bei behandelten Tiere sinkt bei Kältebehandlung ab. Der III-Geh. im Serum wurde durch I nicht beeinflußt. Durch Östron + Thiouracil wurde der III-Geh. der Nebenniere nicht erhöht. Die Ergebnisse zeigen, daß I beträchtliche Störungen im Cholesterinstoffwechsel der Rattennebenniere hervorruft. (Endocrinology **51.** 394—99. Nov. 1952. Bethesda, Md., Nat. Cancer Inst., Nat. Inst. of Health, Public Health Serv., Fed. Soc. Agency.) GOEBEL. 4607

Matthew J. Brunner und **Adelaide Smiljanic,** *Verfahren zur Bestimmung des Hautsensibilisierungsvermögens neuer Substanzen.* 3 *Thiolverbb., Mercaptan A, B* u. *C,* die als Komponenten von Haarwellpräpp. angewandt werden, wurden zur Prüfung auf hautsensibilisierende Wrkg. an 5 aufeinanderfolgenden Tagen täglich an jeweils verschied. Stellen des Vorderarmes der Versuchspersonen aufgebracht (getränkte Gazeschichten), die Prozedur nach 7tägiger Unterbrechung (Incubationsperiode der Sensibilisierung) wiederholt, bis Haut-Rkk. (Ekzeme) auftraten oder bis zum Ende der 3wöchigen Testperiode. *A* zeigte prim. keine Reizwrkg. u. Sensibilisierung nach 6 bzw. 11maliger Anwendung bei 1 bzw. 4 Personen (von 16); *B* wirkte reizend, jedoch bis zur 12. Anwendung nicht sensibilisierend; *C* war indifferent u. wirkte kaum sensibilisierend. (A. M. A. Arch. Dermatol. Syphilol. **66.** 703—05. Dez. 1952. Chicago, Ill., Univ. of Illinois, Coll. of Med., Dep. of Dermatol., u. Toni Res. Labors.) K. MAIER. 4607

G. N. Perschin, W. W. Nesswadba und **S. K. Schatilowa,** *Die Wirkung chemotherapeutischer und bakterizider Stoffe auf die biologische Synthese des Methionins.* Die mit Leberbrei von weißen Ratten in vitro durchgeführte Synth. von *Methionin* (I) aus *Homocystin* oder *Homocysteinthiolacton* u. *Cholin* wird durch die Ggw. von *Streptocid, Sulfidin, Chinin, Chinolin, Synthomycin, Streptomycin, Cuminalthiosemicarbazon, Naganin, Pyroplasmin* u. *Surmin* in Konzz. bis zu 50 mg-% nicht verhindert. Die chemotherapeut. Wrkg. der genannten Stoffe kann somit nicht durch ihren Einfl. auf die biol. I-Synth. erklärt werden. Nur *Bactericid* (eine Hg-Verb.) verhindert 100%ig. die Synth. von I in der Konz. 4—20 mg-% bzw. hemmt sie in niedrigeren Konzentrationen. (Биохимия [Biochemie] **18.** 120—23. Jan./Febr. 1953. Moskau, Allunions Wiss. Chem.-Pharmazeut. Forschungsinst.) RENTZ. 4607

Je. F. Kljukwina, *Injektion von konserviertem Blut als eine Art Gewebstherapie.* Als bestes Mittel für die Gewebstherapie empfiehlt Vf. steril entnommenes konserviertes Blut. Von 450 Patienten, die bei verschied. Krankheiten (Magengeschwür, Gastritis, Bronchialasthma, Gangrän u. troph. Ulcera der Extremitäten) insgesamt 3000 Injektionen erhalten hatten, wurden 326 geheilt oder gebessert. Die Injektionen sind alle 4 Tage, insgesamt 5—7 mal, zu wiederholen. Es kam in keinem Fall zu Vereiterungen oder Infiltration. (Советская Медицина [Sowjet-Med.] **17.** Nr. 1. 38—39. Jan. 1953. Wladimir, Gebiets-Krankenhaus, Chirurg. Abt.) RENTZ. 4609

Carl-Heinz Flach, *Die Behandlung von Magen- und Gallenblasenerkrankungen mit Otrhomin. Otrhomin* (WEIDNER, Berlin) ist eine Verb. zwischen Rhodanwasserstoffsäure (I) u. Hexamethylentetramin (II). Neben der baktericiden Wrkg. von I u. II soll es zu einer Verminderung der Histaminempfindlichkeit des Organismus u. damit zur verminderten Magensaftproduktion kommen. Bei ca. 70 Patienten mit Gastroenteritis, Ulcera, Cholecystopathie wurde vom Vf. Otrhomin mit Erfolg verabreicht. (Therap. d. Gegenwart **92.** 16—18. Jan. 1953. Dresden-Friedrichstadt, Poliklinik.) EGGSTEIN. 4610

Frank C. Combes und **Michael J. Scott,** *Sulfoxone (Diasone)–Natrium-Dermatitis. Ungewöhnliche Verteilung bei einem Leprapatienten.* Bei einem 52jährigen Patienten, der 1949 wegen Lepra mehrfach mit *Sulfoxone-Na* (I), *Amithiozone* (*Tibione*) u. *Glucosulfone-Na* (*Promine*) ohne besondere Neben-Rkk. behandelt worden war, entwickelten sich bei neuerlicher I-Therapie 1951 u. 1952 (oral, 0,3 g 3 mal bzw. 1 mal täglich). *Erythema nodosum-* u. furunkelähnliche Erscheinungen im Bereich der Augenbrauen, dem Hals, der Unterarme, des Handrückens. Nach Absetzen von I erfolgte langsam wieder Rückbldg. der Nebenerscheinungen. (A. M. A. Arch. Dermatol. Syphilol. **66.** 748—49. Dez. 1952. Seattle, N. Y.) K. MAIER. 4610

H. O. Kleine, *Zur Frage der Serosaschädigung nach intraabdominaler Anwendung von Sulfonamidpuder.* Bei 80 ausgewählten Fällen beobachtete Vf. bei intraabdominaler Anwendung von 10 g sterilem, talkumfreiem *Marbadal*-Puder (BEYER) suspendiert in 50 cm³ *Peritonitisserum* (BEHRING-Werke) bei der Behandlung eitriger Unterbauchaffektionen keine Serosaschädigungen. Vf. kombiniert diese Therapie mit parenteraler *Antibiotica*-Verabreichung. (Münchener med. Wschr. **95.** 94—95. 9/1. 1953. Ludwigshafen/Rh., Städt. Frauenklinik.) DOSSMANN. 4610

H.-J. Goldbach, *Über einen plötzlichen Todesfall nach intravenöser Injektion von „Aristamid"-Nordmark.* Bericht über einen Fall, der nach intravenöser Injektion von 0,2 g *Aristamid* (*6-Sulfanilamido-2.4-dimethylpyrimidin;* I; NORDMARK) plötzlich zum Tode führte. Die Patientin hatte vorher wegen einer Cystopyelitis I oral in Tabletten erhalten, 13 g in dreistündigem Abstand, ohne daß irgendwelche Nebenerscheinungen beobachtet wurden. Die Obduktion zeigte ein starkes Lungenödem. Der Tod wird auf eine heftige allerg. I-Rk. zurückgeführt. (Münchener med. Wschr. **95.** 101—02. 9/1. 1953. Marburg/Lahn, Univ., Inst. für gerichtliche u. soziale Medizin.) DOSSMANN. 4610

H. Leonhardt, *Ergebnisse und Erfahrungen bei der Operation der Appendicitis acuta und perforata unter Berücksichtigung der kombinierten Sulfonamidtherapie.* Es werden die diagnost. Schwierigkeiten bei der Appendicitis acuta u. das Ergebnis von 500 eigenen Operationen, darunter 40 Perforationen, besprochen. Der Wert der Drainage mit zusätzlicher *Sulfonamid-* u. *Penicillin* (I)-Therapie wird betont. Vf. injiziert 10 cm^3 = 2 g *Protocid* (II) intraperitoneal vor der Operation, sofort nach dem Eingriff werden 6—8 g II täglich intravenös injiziert u. zusätzlich $5 \cdot 10^4$ E. I dreistündlich bis zu 2 Tagen nach Fieberabfall = 3—5 Tage gegeben. Die Sterblichkeit wurde damit auf 0,2% gesenkt, die Wundheilung verlief zu 99% primär. (Münchener med. Wschr. **95.** 91—94. 9/1. 1953. Osnabrück, Städt. Krankenanstalten.) DOSSMANN. 4610

Patricia A. McIntyre, *Hypokaliämie während der Behandlung mit p-Aminosalicylsäure.* Die von anderer Seite berichteten Hypokaliämien während der *PAS*-Therapie wurden in 8 von 38 über vier Wochen behandelten Patienten gefunden. Bei 5 Patienten konnte die Diagnose nicht durch Elektrocardiogramm oder blutchem. gesichert werden, war aber wahrscheinlich. Diese Patienten hatten bis auf einen starkes Erbrechen u. Durchfall, so daß Vf. zu der Annahme geführt wird, daß dadurch die Hypokaliämie bedingt sein könnte, obwohl diese vielleicht auch noch durch PAS selbst verursacht sein kann. (Bull. Johns Hopkins Hosp. **92.** 210—21. März 1953. Baltimore, Md., Johns Hopkins Univ. and Hosp.) P. G. SCHEURLEN. 4610

Danilo Castelli und Allessandro Levi, *Schädigungen des Magens durch p-Aminosalicylsäure.* Durch p-Aminosalicylsäure (oral bzw. intramuskulär) wurde bei Meerschweinchen bis auf sehr leichte Gastritis kein ersichtlicher patholog. Prozeß des Magens hervorgerufen. Die Dosierung entsprach der bei Menschen therapeut. angewandten. (Minerva Med. [Torino] **44.** I. 706—09. 17/3. 1953. Torino, Univ., Ist. di Clin. Med. e Terapia.) LUDOLPHY. 4610

K. Recknagel und **G. Fiegel,** *Isonicotinsäurehydrazid (Rimifon, Neoteben) und Tuberkulose.* 20 Tuberkulosepatienten, darunter die verschiedensten Formen, zeigten unter *Isonicotinsäurehydrazid* neben der Besserung des Allgemeinzustandes meist auch einen Rückgang der Senkungsgeschwindigkeit, Blutbildnormalisierung u. außer einem Fall Entfieberung. In einem Fall (Meningitis tbc.) kam es nach anfänglichem Erfolg zur Verschlechterung. (Therap. d. Gegenwart **92.** 32—33. Jan. 1953. Reutlingen, Städt. Krankenhaus.) EGGSTEIN. 4610

G. A. Nigoghossian, *Ergebnisse der Isonicotinsäurehydrazidbehandlung bei mit resistenten Tuberkelbacillen (H 37 Rv) infizierten Meerschweinchen.* Vf. infizierte erwachsene Meerschweinchen mit *H 37 Rv,* bei dem in vitro gegen 200 γ *Isonicotinsäurehydrazid* (INH)/cm^3 Resistenz hervorgerufen worden war. Tägliche Gaben von 10 mg INH/kg subcutan für 30 Tage hatten keinerlei Wrkg. gegen die Infektion. Alle Tiere zeigten eine generalisierte Tuberkulose. Kulturverss. mit Keimen von diesen Tieren auf LÖWENSTEIN-Kulturen mit 100 u. 200 γ INH/cm^3 zeigten, daß ein Teil der Keime seine Resistenz gegen INH verloren hatte. (Schweiz. med. Wschr. **83.** 432—33. 2/5. 1953. Davos, Waldsanatorium.) K. BÖHM. 4610

Helmut Rössler, *Der heutige Stand der Chemotherapie der Skelett-Tuberkulose. Eine kritische Übersicht.* 150 Fälle, 114 wurden auf verschied. Wegen mit *Conteben, PAS* u. *Streptomycin* behandelt. Es werden die Erfolge mit u. ohne (Klammerwerte) Chemotherapeutica nebeneinander gestellt. Offensichtliche Besserung nach 1,5 Jahren bei Spondylitis 48% (36,4%), Gonitis 53,7 (33%), Hand- u. Fußtuberkulose ca. 60% (0%); bei Coxitis ungefähr gleich (58% bzw. 60%). Unterschiede im Erfolg mit den einzelnen Mitteln wurden nicht beobachtet. Ferner wird die Therapie mit *Thiosemicarbazonen, Neoteben, Aureomycin, Terramycin* u. *Nebennierenrindenhormonen* besprochen. (Münchener med. Wschr. **94.** 2467—72. 5/12. 2523—27. 12/12. 1952. Münster/Westf., Univ., Orthopäd. Klinik u. Poliklinik.) DOSSMANN. 4610

F. W. Schebanow, *Anwendung von p-Aminosalicylat und Streptomycin zur Behandlung Tuberkulosekranker.* Das *Na-Salz der p-Aminosalicylsäure* (I) wird zur Behandlung der pulmonalen u. extrapulmonalen Tbc in täglichen Dosen von 10—12 g empfohlen. Gesamtverbrauch für 1 Kur 1000 g. Zweckmäßig ist die Anwendung von I in der destruktiven u. defiltrativen, nicht jedoch in der produktiven Phase der Erkrankung. Die Kombination von I mit Streptomycin ist nützlich bei den defiltrativ-pneumon. u. hämatogen-disseminierenden Formen der Tbc, sowie bei der Komplikation der Lungen-Tbc durch Tbc anderer Organe u. schließlich bei der chirurg. Behandlung der Lungen-Tbc. (Советская Медицина [Sowjet-Med.] **17.** Nr. 1. 24—29. Moskau, Wiss. Gebiets-Forschungsinst. für Tbc u. Zentralinst. für Ärztefortbildung, Lehrstuhl für Tbc.) RENTZ. 4611

Sezai Bedreddin Tümay, *Ergebnisse der Behandlung der Miliartuberkulose mit Streptomycin.* 26 Fälle von Miliartuberkulose mit u. ohne Komplikationen bei Kindern wurden mit *Streptomycin* behandelt, anfangs 0,10 g/kg, später 0,05 g/kg intramuskulär. Bei Komplikation durch Meningitis wurden zusätzlich 0,001—0,005 g/kg intrathecal gegeben. 30,7 % Heilungen, 23,1 % Unveränderte, 46,2 % Todesfälle. (Istanbul Univ. Tip Fak. Mecmuasi [Bull. Fac. Méd. Istanbul] **15.** 709—39. 1952. Istanbul, Tip Fakültesi, Cocuk Hastaliklari ve Bakimi Klinigi.) Loch. 4611

J. Chaptal, D. Brunel, R. Jean und **Paleirac,** *Untersuchungen über die mit Streptomycin behandelte Miliartuberkulose.* Vff. berichten zusammenfassend über ihre Beobachtungen an 39 Fällen von mit *Streptomycin* (I) behandelter Miliartuberkulose bei Kindern im Alter von 2 Monaten bis zu 15 Jahren. Trotz ausgesprochener I-Empfindlichkeit der Tuberkulosebacillen ist dieses Syndrom infolge der Disseminationstendenz der Bacillen schwer. Die Entw. von Meningitis stellt eine besondere Aggravierung der Miliartuberkulose dar u. trat in 41 % der Fälle auf. Die Mortalität betrug im Säuglingsalter 85,4 %; insgesamt starben 31,75 % der behandelten Kinder. — 17 Literaturangaben. (Arch. franç. Pédiatrie **10.** 225—51. 1953. Montpellier, Fac. de Méd., Clin. des Mal. des Enfants et d'Hyg. du Prem. Age.) Krusen. 4611

Sp. Charocopos und **E. Inglessi,** *Fünf Jahre Streptomycintherapie der tuberkulösen Meningitis beim Kind.* Zusammenfassender Bericht über die bei der Behandlung der kindlichen tuberkulösen Meningitis mit *Streptomycin* (I) an 129 Fällen gesammelten Erfahrungen. Es wurden je nach Alter täglich intramuskulär 450—1000 mg u. intralumbal 15—50 mg I, außerdem 3—5 g *PAS* verabreicht. Es wird über Krankheitssymptome, Nebenerscheinungen der I-Therapie u. bei Autopsien erhobene patholog.-anatom. Befunde berichtet. Die Mortalität ist weitgehend vom Lebensalter abhängig u. betrug bei Säuglingen unter 1 Jahr 92,3 %, bei 1—2 Jahren 66,6 %, bei 2—6 Jahren 47,8 %, bei 6—10 Jahren 28,6 % u. bei 10—16 Jahren wieder 57,1 %. Wichtig für erfolgreiche I-Therapie ist deren möglichst frühzeitiger Beginn. (Arch. franç. Pédiatrie **10.** 252—56. 1953. Athen, Hôpital des Enfants „A.-Kyriakou".) Krusen. 4611

A. A. Troitzki, *Die Penicillin–Novocain-Blockade bei eitrigen Entzündungen.* Vf. empfiehlt die Um- u. Unterspritzung des Herdes bei lokalen eitrigen Entzündungen (Furunkel, Karbunkel, Lymph- u. Hydradenitis, Parotitis, Mastitis usw.) mit einer Lsg. von 100000—400000 I.E. *Penicillin* in 80—100 cm^3 0,25 %ig. Novocain. Wiederholung am 3. Tage. (Советская Медицина [Sowjet-Med.] **17.** Nr. 1. 13—15. Jan. **1953.** Tschernowitz, Med. Inst., Propädeut. Chirurg. Klin.) Rentz. 4611

G. Gumpesberger, *Kann eine antiluetische Behandlung der Mutter während der Schwangerschaft zur Ausbildung von nichtluetischen Knochenveränderungen beim Säugling führen?* Röntgenunterss. an 238 Säuglingen im 1. Lebensmonat, deren Mütter luet. waren, ergaben bei 80 Kindern Knochenveränderungen nichtluet. Art (74 Querlinien, 6 periostale Auflagerungen). Von 62 von mit *Penicillin* behandelten Müttern stammenden Säuglingen zeigten 4 Verdichtungslinien. Unter 133 von kombiniert mit *As, Bi* u. zum Teil *Penicillin* behandelten Müttern stammenden Kindern hatten je 6 Verdichtungslinien u. periostale Auflagerungen. Genaue Aussagen lassen sich nach diesen Ergebnissen nicht machen. (Dermatologica [Basel] **106.** 65—76. 1953. Wien, Univ., Klinik für Haut- u. Geschlechtskrankh.) Krusen. 4611

John A. Kolmer, unter techn. Mitarbeit von **Anna M. Rule,** *Terramycinhydrochlorid, allein und zusammen mit Mapharsen und Wismut, bei der Behandlung der experimentellen Kaninchensyphilis.* Intratestikular mit *T. pallidum* (Nichols-Hough-Stamm) infizierte Kaninchen wurden nach 4—5 Wochen mit *Terramycinhydrochlorid* (I; in 5 %ig. Lsg. von Akaziagummi), mit u. ohne *Mapharsen* (II) sowie *Wismutsalicylat* (III) behandelt. I bewirkte oral in Einzeldosen von 50—250 mg/kg keine vollständige Heilung der akuten syphilit. Orchitis. Bei oraler Verabreichung 2 mal täglich (15 Tage) betrug die minimale kurative Gesamtdosis 150—300 mg I/kg, bei intramuskulärer Injektion die minimale kurative Einzeldosis 75—100 mg. Die minimale Gesamtdosis betrug, intramuskulär 1 mal täglich 15 Tage gegeben, 75—150 mg I/kg. II, intravenös, sowie III, intramuskulär, in Verbindung mit I (oral, intramuskulär) gaben einen synergist. oder additiven therapeut. Effekt. (Proc. Soc. exp. Biol. Med. **79.** 143—45. Jan. 1952. Philadelphia, Pa., Temple Univ., School of Med., Inst. of Public Health and Preventive Med.) K. Maier. 4611

Sigvard Kaae und **Poul V. Marcussen,** *Wirkung von Aureomycin. Chloromycetin und Terramycin auf Pemphigus vulgaris während Behandlung mit adrenocorticotropem Hormon (ACTH).* Bei 4 Fällen von Pemphigus vulgaris, die durch *ACTH* gebessert wurden, konnte eine Wrkg. der Verabreichung von Antibioticis nicht gefunden werden. (Dermatologica [Basel] **106.** 95—101. 1953. Kopenhagen, Finsen Inst., Dermatolog. Dep.) Krusen. 4611

Marino Poli, *Wirksamkeit der Behandlung des Febris undulans mit kleinen peroralen Aureomycingaben und intracutaner Vaccination.* Bericht über einen Fall von Brucellose, der mit täglichen Gaben (per os) von *Aureomycin* (I) u. intracutaner Injektion von polyvalenter Vaccine behandelt wurde. Behandlungsdauer betrug 15 Tage mit insgesamt 3,75 g I. (Minerva Med. [Torino] **44.** I. 946—49. 11/4. 1953. Torino, Univ., Clin. Med. Generale.) BARTH. 4611

R. Schirmer, *Aureomycinbehandlung der epidemischen Keratoconjunctivitis?* An einem größeren Patientenkollektiv wurde die Wrkg. des *Aureomycins* auf die Keratoconjunctivitis epidemica geprüft. Weder hinsichtlich der prophylakt. Wrkg. noch der Erkrankungsdauer u. -intensität waren günstigere Resultate zu erzielen als mit der üblichen *Targesin*-Behandlung. (Med. Klin. **48.** 526—27. 10/4. 1953. Wiesbaden, Augenheilanst.) P. G. SCHEURLEN. 4611

Claus Günther, *Zur Therapie chronisch-entzündlicher Erkrankungen in der Gynäkologie mit Omnacillin.* Vf. übt Kritik an der Beurteilung der Erfolge mit dem Mischpräp. *Omnacillin* (I) durch BRANDL (vgl. C. **1953. 6718**) u. erwartet bessere Ergebnisse nach alleiniger Reiztherapie mit *Omnadin* (II) bzw. durch nacheinander vorgenommene II- u. *Penicillin*-Therapie. Schlußwort von BRANDL, der die Einwände des Vf. zurückweist u. noch einmal seine Erfahrungen mit I als günstig herausstellt. (Med. Klin. **48.** 412—13. 27/3. 1953. Wrisbergholzen, Krs. Alfeld/Leine.) DOSSMANN. 4611

Hans Seliger, *Klinische Erfahrungen der Behandlung putrider Affektionen der Lunge mit Desoxyribonuclease.* Günstige Ergebnisse wurden erzielt durch die Anwendung von *Desoxyribonuclease* (I) bei eitrigen Affektionen der Nebenhöhlen, des Respirationstraktes u. bei Pleuritiden. Hergestellt nach dem Verf. von HAMMERSTEN-BANG-JONES kam I als Aerosol zur Anwendung u. führte zur Verflüssigung der eitrigen Exsudate, welche zwischen 30—70% aus Desoxyribonucleoproteiden bestehen. (Therap. d. Gegenwart **92.** 18—20. Jan. 1953. Schmiedefeld/Rennsteig.) EGGSTEIN. 4614

G. Griesser und **Th. Henftling,** *Erfahrungen mit Dromoran „Roche" in der Behandlung chirurgischer Schmerzzustände.* Vff. erprobten in 200 Fällen *Dromoran „Roche"* (I), das sich ihnen bei einer Dosierung von 2 mg als sehr gut wirksames Analgeticum bewährte. Die Wrkg. hält auch bei schweren Schmerzzuständen 3—7 Std. an, ist also stärker als die des Morphins (II). Ungünstige Beeinflussung von Kreislauf, Atmung u. Nierenfunktion besteht bei Einzeldosen von 2—4 mg nicht. Die postoperative Darmlähmung scheint durch I günstiger beeinflußt zu werden als durch II. Wesentliche spasmolyt. Eigg. wurden nicht festgestellt. (Dtsch. med. Wschr. **78.** 672—74. 1/5. 1953. Tübingen, Univ., Chirurg. Klinik.) K. BÖHM. 4621

V. G. Longo und **L. Napolitano,** *Wirkung von Analgeticis (Morphin, Meperidine, Methadon) auf den Drehnystagmus beim Kaninchen.* Die Amplitude des Drehnystagmus beim Kaninchen (oscillograph. registriert, Ableitung durch 2 Nadelelektroden an den äußeren Augenwinkeln) wird durch *Morphin, Meperidin* u. *Methadone* erheblich eingeschränkt, während Dauer u. Frequenz nicht beeinflußt werden. (J. Pharmacol. exp. Therapeut. **107.** 154—59. Febr. 1953. Rom., Ist. Sup. di Sanità, Labor. di Chim. Terap.) DAUTZENBERG. 4621

Silvio Campanini, *Das Pendiomid in der Praxis des künstlichen Winterschlafes nach Laborit. Klinische Beobachtungen und experimentelle Forschungen.* Das ganglienblockierende *Pendiomid* (CIBA) ist zusammen mit anderen Medikamenten geeignet, das vegetative Nervensyst. nach LABORIT zu blockieren zur Wirkungssteigerung der gebräuchlichen Anästhetica u. zur Behandlung der postoperativen Krankheit. (Minerva Anestesiol. **19.** 43—46. Febr. 1953. Parma, Univ., Ist. di Patol. Speciale Chir. e Propedeutica Clinica.) LUDOLPHY. 4621

O. W. Kerbikow, Je. Ss. Sorina und **Ju. A. Iljinski,** *Heilung durch verlängerten Schlaf nach intravenöser tropfenweiser Einführung einer alkoholhaltigen Flüssigkeit.* Vff. berichten über den klin. Verlauf bei Behandlung von Psychopathie durch intravenöse Injektion eines Gemisches aus 4,0 (Teilen) NaCl, 1,0 $CaCl_2$, 25,0 Glucose, 60,0—120,0 A. in 500,0 Wasser. Der A.-Geh. im Blut der Patienten wurde nach dem Verf. von WIDMARK in der Modifizierung von POWORINSKI u. KANTOROWITSCH bestimmt, wonach das 2,5std. Erwärmen auf dem Wasserbad auf 60° zugunsten der Titration nach 24 Std. ohne Erwärmen entfällt. Danach trat ein Tagesschlaf von 4—5 Std. bei der Höchstkonz. des A. im Blut von 130—170‰ ein. Spuren von A. waren in einigen Fällen noch 20—22 Std. nach der A.-Zufuhr nachweisbar. (Невропатология и Психиатрия [Neuropathol. u. Psychiatr.] **20.** Nr. 4. 38—40. Juli/Aug. 1951.) LEBTAG. 4621

E. Ju. Karu, *Über die Alkoholbestimmung im Blut nach der Methode von Widmark bei Behandlung mit verlängertem Schlaf nach Einführen einer alkoholhaltigen Flüssigkeit,*

Krit. Bemerkungen zur vorst. ref. Arbeit von KERBIKOW, SORINA u. ILJINSKI. Vf. bezweifelt die Richtigkeit der Angaben über den A.-Geh. im Blut, der die letale Grenze überschreitet u. das 100fache der nach dieser Meth. erhaltbaren Werte beträgt. (Журнал Невропатологии и Психиатрии имени С. С. Корсакова [Korssakow J. Neuropathol. Psychiatr.] **52.** Nr. 3. 89—90. März 1952. Tartu, Univ., Lehrstuhl für Psychiatrie u. Gerichtsmed.) v. WILPERT. 4621

O. W. Kerbikow, Je. Ss. Sorina und **Ju. A. Iljinski,** *Zur Bemerkung von E. Ju. Karu „Über die Alkoholbestimmung im Blut nach der Methode von Widmark"*. (Vgl. vorst. u. vorvorst. Ref.) Berichtigung dahin, daß mg-% statt $^0/_{00}$ zu lesen ist. (Журнал Невропатологии и Психиатрии имени С. С. Корсакова [Korssakow J. Neuropathol. Psychiatr.] **52.** Nr. 3. 90. März. 1952.) v. WILPERT. 4621

Virginia Apgar, J. J. Burns, Bernard B. Brodie und **E. M. Papper,** *Die Wanderung von Meperidine durch die menschliche Placenta.* Nach parenteraler Zuführung von *Meperidine* (*Demerol*; **I**) bei der Mutter erscheint dieses im fetalen Kreislauf. Dessen durchschnittliche **I**-Konz. beträgt ca. 77% der des mütterlichen Bluts. Therapeut., Analgesie bewirkende **I**-Dosen haben keine oder nur geringe Erniedrigung der Atmung des neugeborenen Kindes zur Folge. (Amer. J. Obstetr. Gynecol. **64.** 1368—70. Dez. 1952. New York, N. Y., Columbia Univ., Coll. of Phys. and Surg., Dep. of Anesthesiol., u. 3. New York Univ., Med. Div., Goldwater Memorial Hosp., Res. Serv.; Bethesda, Md., Federal Security Agency, Public Health Serv., Nat. Inst. of Health, Nat. Heart Inst., Sect. on Chem. Pharmacol.) K. MAIER 4621

Serafino Possati, Albert Faulconer, Reginald G. Bickford und **Robert C. Hunter,** *Verlauf des Elektroencephalogramms während Cyclopropannarkose: Beziehungen zur Cyclopropankonzentration im arteriellen Blut.* Nach dem Verlauf des Elektroencephalogramms in *Cyclopropan*-Narkose werden entsprechend der Narkosetiefe 5 Stadien unterschieden. Die gleichzeitige Best. des arteriellen *Cyclopropan*-Geh. zeigt eine fast lineare Abhängigkeit zwischen Gaskonz. im Blut u. elektroencephalograph. Stadium (Stadium I 2,62 mg-%; Stadium V 16,9 mg-%) (Unterss. an 14 Patienten). (Current Res. Anesthesia Analgesia **32.** 130—35. März/April 1953. Rochester, Minn., Mayo Found. and Mayo Clin.) DAUTZENBERG. 4621

James A. Richardson und **Robert P. Walton,** *Kreislaufanregung und Darmlähmung während hoher Spinalanästhesie bei Hunden ohne Prämedikation.* Intralumbale Injektion von 20—62 mg/kg *Procainhydrochlorid* in Höhe von L_5—S_1 bei Hunden ohne Vorbehandlung ruft das Bild einer Sympathicuserregung hervor: Steigerung der Herzaktion u. des Blutdrucks, Peristaltiklähmung, Sekretion eines zähen Speichels u. Sträuben der Nackenhaare. Ein ähnliches Symptomenbild wird durch intramuskuläre oder intravenöse Injektion entsprechender *Procain*-Dosen erzeugt. Bei adrenalektomierten Tieren, in Narkose u. wenn die Lumbalanästhesie bis ins Intercostalgebiet reicht, treten diese Erscheinungen nicht auf. Kleine *Procain*-Dosen intralumbal (2—20 mg/kg) rufen eher umgekehrte Symptome hervor. — Die Wrkg. großer Dosen wird auf schnelle Diffusion des *Procains* in den Kreislauf zurückgeführt, wodurch eine zentrale Erregung mit folgender Adrenalinausschüttung hervorgerufen wird. (J. Pharmacol. exp. Therapeut. **107.** 141—53. Febr. 1953. Charleston, S. C., Med. Coll. of South Carolina, Dep. of Pharmacol.) DAUTZENBERG. 4621

W. Sauerwein, *Über die potenzierende Wirkung von Antihistaminkörpern auf die Narkose.* Mit *Phenergan* u. *Diparcol* kann gute Narkose bei sehr geringem Verbrauch an Narkosemitteln erzielt werden, wie Vf. schon früher (C. **1953.** 4078) berichtete. Vf. diskutiert die möglichen Ursachen für diese Wrkg. u. nimmt als wesentlich die Lähmung der vegetativen ganglionären Synapsen durch die Antihistaminica an, wodurch es zu einer Verminderung der Adrenalinausschüttung u. damit zu einer Reduzierung des Stoffwechsels kommt. (Anaesthesist **2.** 39—42. Febr. 1953. Saarbrücken, Bürgerhosp.) DAUTZENBERG. 4621

B. L. Martinez und **J. R. Morales,** *Mitteilungen über die Anwendung des synthetischen Antihistaminicums Allercur in der Dermatologie.* Das Präp. *Allercur* (*1-p-Chlorbenzyl-2-pyrrolidylmethylbenzimidazolhydrochlorid*) erwies sich als wirksam bei verschied. histaminbedingten allerg. Erkrankungen, wie Urticaria, Strophulus, Neurodermatitis u. Pruritus. Anwendungsform oral als Dragees, lokal als Creme. Gute Verträglichkeit. (Dermatol. Wschr. **127.** 218—22. 1953. Cadiz, Med. Fak., Dermatolog. Klinik.) WALLIS. 4625

H. Herbert-Zebrowska, *Der Einfluß von Antistin auf das Verhalten allergischer und Immunreaktionen. Antistin* (*2-[N-Benzylanilinomethyl]-imidazolin*) hemmte bei Verss. am Menschen die Rk. nach intracutaner Injektion von Histamin, Diphtherietoxin u. zum Teil von Tuberkulin, aber nicht die Rk. auf Scharlachtoxin. Auch bei

Serumallergie nach Pockenimpfung, bei Masern, Röteln, Scharlach beeinflußte es nicht die Hauterscheinungen. (Med. doświadczalna Mikrobiol. **4.** 1—12. März 1952. Danzig [Gdańsk], Akad. Med., Klin. Chorob. dziec.) FISCHOEDER. 4625

Anna Voldánová und **Vilém Voldán,** *Antihistaminica in der Gesamt- und Antihistamin Spofa in der lokalen Ekzemtherapie.* Es wird die Art der Anwendung u. die Wrkg. von Antihistaminicis (Phenergan, Antihistamin Spofa, Antistin) bei der Behandlung von Ekzemen beschrieben. (Českoslov. Dermatol. [J. Dermatol. Syphilol. Czechoslov.] **27.** 167—74. 30/6. 1952. Prag, Staatl. Gebietskrankenhaus.) ROTTER. 4625

Stephen Thesleff, *Succinylcholinjodid. Untersuchungen über seine pharmakologischen Eigenschaften und klinische Anwendung.* Zusammenfassende Darst. der in früheren Einzelarbeiten (vgl. C. **1952.** 6893; **1953.** 3760; zusammen mit VON DARDEL, C. **1953.** 2799; zusammen mit HOLMBERG, Amer. J. Psychiat. **108.** [1952.] 842) mitgeteilten tierexperimentellen u. klin. Befunde mit *Succinylcholinjodid.* Danach lähmt dieses schnell u. sicher die quergestreifte Muskulatur für kurze Zeit. Die Lähmung ist völlig spontan-reversibel; es tritt weder Kumulation noch Tachyphylaxie auf; in therapeut. Dosen werden keine tox. Wirkungen beobachtet. (Acta physiol. scand., **27.** Suppl. 99. 1—36. 1952. Stockholm, Karolinska Inst., Dep. of Pharmacol.) DAUTZENBERG. 4628

Marino Poli, *Kombination von Antitoxin–Penicillin und Curare in der Behandlung des Tetanus.* Bericht über die Behandlung einer Tetanuserkrankung, welche durch die Kombinationsbehandlung nach chirurg. Herdsanierung geheilt wurde. (Minerva Med. [Torino] **44.** I. 949—55. 11/4. 1953. Torino, Univ., Clin. Med. Generale.) BARTH. 4628

Leroy D. Dandam, Peter Safar und **Paul R. Dumke,** *Ein neuer Antagonist zum Syncurin.* Gegenüber *Syncurin* (*Dekamethoniumbromid, C 10*) zeigte sich ein *2-Stilbazolin*-Substitutionsprod. des *C 10, Compound 49-204* {*2-[β-(p-Dimethylaminophenyl)-äthyl]-1-methylpiperidin-bis-methojodid*; BURROUGHS WELLCOME & CO., INC.} im Tiervers. antagonist. wirksam. Klin. Unterss. bestätigten diesen Effekt, jedoch waren die Ergebnisse an narkotisierten Patienten weniger einheitlich als ohne Narkose. In Narkose bleibt *49-204* in manchen Fällen wirkungslos, wenn die Atemlähmung nicht rein peripher, sondern durch *Barbiturate* bedingt ist. In Ae.-Narkose wurde dagegen Atemlähmung durch *C 10* stets von *49-204* aufgehoben. Ferner macht sich bei größeren Dosen eine gegenteilige, neuromuskulär blockierende Wrkg. bemerkbar. Jedoch scheint die therapeut. Breite zwischen Aufhebung der *C 10*-Blockade u. curareähnlicher Wrkg. groß zu sein. (Current Res. Anesthesia Analgesia **32.** 113—22. März/April 1953. Philadelphia, Pa., Univ. of Pennsylvania, School of Med., Harrison Dep. of Surg. Res.; Hosp. of the Univ. of Pennsylvania, Dep. of Anesthesiol.) DAUTZENBERG. 4628

Massimiliano Belsasso und **Mercello Bonivento,** *Granulocytopenische Syndrome im Verlauf der Behandlung mit Mesantoin.* Ausführlicher kasuist. Bericht über zwei Patienten, die wegen epilept. Krampfzustände über Wochen mit *Mesantoin* (*Hydantal*) behandelt worden waren u. bei denen sich granulocytopen. Krankheitszeichen ausbildeten. Es wird der Entstehungsmechanismus dieser Agranulocytosen diskutiert. (Minerva med. [Torino] **43.** II. 558—62. 1/10. 1952. Trieste, Ospedale Psich. Provinc. „Andrea Di Sergio Galatt".) P. G. SCHEURLEN. 4628

F. M. Berger, *Die analeptische Wirkung von 1-n-Butylamino-3-p-toluidinopropanol-(2) (W 181) bei der Mephenesinlähmung. 1-n-Butylamino-3-p-toluidinopropanol-(2)* (*W 181,* I) ist ein starkes zentrales Krampfmittel. Seine Toxizität entspricht etwa der des *Pikrotoxins* (II). Die therapeut. Breite ist sehr gering. Die Krämpfe nach I sind heftiger u. kürzer als nach II. Bei *Pentobarbital*-Narkose hat I eine schwächere analept. Wrkg. als II. Bei *Mephenesin*-Vergiftung hat I sehr starke analept. Wrkg., während II sowie *Strychnin* unwirksam sind oder die Lähmung verlängern. Bei tödlichen Dosen von *Mephenesin* ist I unwirksam, II erhöht die Toxizität. Umgekehrt ist II bei tödlichen *Pentobarbital*-Dosen wirksam, I dagegen nicht (Verss. an Mäusen). An Katzen hat I prakt. keine Wrkg. auf den Blutdruck, die Atmung wird angeregt. Am isolierten Meerschweinchendarm hemmt I (10^{-5}) den *Acetylcholin*-Spasmus, jedoch nicht den *Histamin*-Spasmus; 2 mal 10^{-5} lähmt den Darm. Für die Therapie ist I ungeeignet wegen der geringen therapeut. Breite. (J. Pharmacol. exp. Therapeut. **107.** 250—57. Febr. 1953. New Brunswick, N. J., Wallace Labor., Inc.) DAUTZENBERG. 4628

A. F. Tur, *Untersuchung der Wirkung von Nitroglycerin auf das Elektrocardiogramm als Methode der funktionellen Diagnostik des Zustandes der Coronararterien. Nitroglycerin* (I) in therapeut. Dosen (2—3 Tropfen 1%ig. alkoh. Lsg.) hat eine deutliche Wrkg. auf das Elektrocardiogramm von Patienten mit akuter, spontaner oder relativer Coronarinsuffizienz. Auch bei der chron. Erkrankung verändert sich das EKG, solange die Kranzgefäße noch ausreichend funktionieren. Das EKG wird unter I normalisiert oder verschlechtert. Beide Varianten erklären sich durch eine Verbesserung des Coronarkreislaufs. Die Akzentuierung der elektrocardiograph. Zeichen der Coronarinsuffizienz unter I deutet aber in einigen Fällen auch auf eine Verschlechterung der Blutversorgung des Myocards hin. Verändert sich das patholog. EKG unter I nicht, so ist das als Zeichen einer ausgesprochenen Atherosklerose der Kranzgefäße anzusehen. (Терапевтический Архив [Therap. Arch.] **25.** Nr. 1. 29—34. Jan./Febr. 1953. Leningrad, 1. Med. Pawlow-Inst., Therapeut. Fak.-Klinik.) RENTZ. 4630

D. M. Rossisski, *Neue hypotensive Präparate aus Heilpflanzen.* Zur Behandlung hyperton. Krankheiten wurden erprobt: *Extractum Magnoliae fl.* aus Magnolia grandiflora A. 1:1 mit 70%ig. A., *Tinctura Visci albi* 1:5 mit 70%ig. A., *Extractum Crataegi fl.* aus Crataegus oxyacantha L. Alle genannten Mittel verabreicht man zu je 30 bis 40 Tropfen 2—3mal täglich u. erzielte bei verschied. Formen der Hypertonie in etwa der Hälfte der Fälle eine deutliche Blutdrucksenkung. (Советская Медицина [Sowjet-Med.] **17.** Nr. 1. 29—30. Jan. 1953.) RENTZ. 4630

L.-F. Tarrida Santolaya, *Erste Ergebnisse bei der Behandlung von erhöhtem Blutdruck mit den Estern von Alkaloiden aus Veratrum album.* Es wird über Erfolge bei der Behandlung von Hypertonien mit einem Präp. aus Veratrum album europeum (LABORATORIOS MEDEA) berichtet, bei dem die therapeut. Wirkungsbreite gegenüber anderen Präpp. aus nordamerikan. Drogen erhöht ist. (Med. clín. [Barcelona] **20** (**11**). 39—43. Jan. 1953. Barcelona, Fac. de Med.) LUDOLPHY. 4630

V. Botas García-Barbón, *Veratrum album bei der Behandlung erhöhten arteriellen Blutdrucks.* (Vgl. vorst. Ref.) Bei der Behandlung von Hypertonien mit *Neo-Eleblán* (LABORATORIOS MEDEA) auf der Grundlage von Veratrum album können tox. Erscheinungen durch individuelle Dosierung vermieden werden. Nebenerscheinungen: Übelkeit u. Brechreiz sowie Magenbeschwerden. (Med. clín. [Barcelona] **20** (**11**). 43—45. Jan. 1953. Oviedo, Cruz Roja, Servicio de Cardiología.) LUDOLPHY. 4630

O. Gleissner, *Über Wasserhaushaltsstörungen und ihre Behandlung mit Hydrocorin. Hydrocorin* (Zus.: Bulb. Scillae, Fol. Betulae, Herba Equiseti, Fol. uvae ursi, Fruct. Foeniculi, Sem. Petroselini) kann bei Ödemen verschied. Genese angewandt werden u. hat keine Nierenschädigungen zur Folge. (Med. Klin. **48.** 571—72. 17/4. 1953. Bad Wildungen, Klinik Glückauf.) P. G. SCHEURLEN. 4634

K. Krentz, *Klinisch-experimentelle Untersuchungen über die Therapie des Ulcus pepticum mit Natriumbenzoatglucose.* Vf. untersuchte den Einfl. von *Ulcerasid* (*Natriumbenzoatglucose;* I) auf Ulcus ventriculi u. duodeni bei ambulanter u. klin. Behandlung. Die Ergebnisse dieser Behandlung zeigen keine Verkürzung der Abheilungszeit gegenüber anderen Verfahren. Beim Ulcus pepticum wird die Pepsinaktivität u. die Pepsinbldg. durch I nicht gehemmt. Auch die Darmbakterienflora wird nicht beeinflußt. (Dtsch. med. Wschr. **78.** 670—72. 1/5. 1953. Berlin, Freie Univ., Med. Klinik.) K. BÖHM. 4645

Klaus Knapp, *Über ein neues rectales Laxans. Laxoval* (C. KANOLDT, Mannheim), rectal eingeführt, bewirkt nach ca. 15 Min. einmalige weiche Entleerung, mit der das Laxans wieder vollständig ausgeschieden wird. Es bietet daher Vorteile vor anderen Präparaten. (Hippokrates **23.** 681. 15/12. 1952. Wiesloch.) KERSTEIN. 4647

René Roch und **Paul Boymond,** *Behandlung der intestinalen, durch Bandwürmer verursachten Parasitose.* Vff. behandelten mit einer Aspidium filix mas-Emulsion (Roh-Filicin Ph. H. V 2,6; Olivenöl 5,0; Ae. 3,0; Kalomel 0,2; Gummi arabicum 8,0; Wasser ad 100 cm^3) durch Duodenalsonde mit bestem Erfolg Patienten mit Bandwurminfektion. An *Tubifex tubifex* konnten sie zeigen, daß die Emulsion durch Einwirken von HCl (Magensaft) $^4/_5$ ihrer tox. Wrkg. gegen Würmer einbüßt. (Rev. méd. Suisse romande **73.** 43—50. Jan. 1953. Genf, Clin. méd. et Pharm. de l'Hôpital cantonal.) K. BÖHM. 4649

G. Wittlinger, *Die Behandlung des Asthma bronchiale mit Pentephen.* Das Kombinationspräp. *Pentephen* erlaubt bei geringer Nebenwrkg. auch schwere Asthmaanfälle zu coupieren. Die Dauerbehandlung ergab eine Besserung der Bronchitis u. verringerte Anfallsbereitschaft gegenüber Witterungseinflüssen. (Therap. d. Gegenwart **92.** 29—30. Jan. 1953. Leipzig.) EGGSTEIN. 4650

L. S. Fosdick, *Zahncaries.* Ausführliche Übersicht (Entstehung u. Therapie). — 155 Literaturhinweise. (Colloid Chem. **7.** 347—99. 1950. Chicago, Ill., Northwestern Univ., Dental School.) KLESSE. 4655

Leopold, *Erfahrungen mit L. P. C.-Pyocid und L. P. C.-Paradentosepaste.* (Zahnärztl. Rdsch. **1950.** 234—35. 20/6. 1950. Stuttgart.) HOTZEL. 4655

H. E. Kleine-Natrop, *Die Wärmeleitfähigkeit der Puder und puderhaltigen Externa.* Ein bereits beschriebenes Verf. zur Best. der Wärmeleitfähigkeit von Externa wird auf Verschreibungsformen mit kombinierten Grundlagen angewandt. Es zeigt sich, daß bei Ausdehnung der Reihe auf Externatzubereitungen die Signifikanz der Leitfähigkeitsdifferenzen verloren geht. Die einzelnen Werte bilden eine kontinuierliche Reihe, aus der die Austauschmöglichkeit der Präpp. ersichtlich ist. (Arch. Dermatologie Syphilis **195.** 310—14. 1953. Kiel, Christian-Albrechts-Univ., Hautklinik.) WALLIS. 4660

H.-E. Kleine-Natrop, *Die Wärmehaltefähigkeit dermatologischer Externa.* (Vgl. vorst. Ref.) Die *Wärmehaltefähigkeit* wird zur Charakterisierung therm. Eigg. der Externa herangezogen. Die Größe ist definiert als das Verhältnis von *Wärmekapazität* zu *Wärmeleitzahl.* Es wird hierfür die Größe $\varkappa$ eingeführt, die nach einem graph. Verf. bestimmt wird. Eine Wärmehaltefähigkeitsreihe wird aufgestellt, die Hinweise gibt für eine rationelle Anwendung der gebräuchlichen Externa. (Arch. Dermatologie Syphilis **195.** 315—20. 1953.) WALLIS. 4660

H. E. Kleine-Natrop, *Die Bedeutung von Wärmeleitung und Wärmehaltung für den physikalischen Thermoeffekt dermatologischer Externa.* (Vgl. vorst. Reff.) Therm. Eigg. verschied. Externa werden mit Hilfe von Hauttemperaturmessungen untersucht. Die Theorie der Heiz- u. Kühlsalben wird krit. beleuchtet. (Arch. Dermatologie Syphilis **195.** 321—30. 1953.) WALLIS. 4660

Josef Novák, *Zur Therapie des infektiösen Ekzems.* Zur Therapie infektiöser Ekzeme werden *Lanolimentum glycerinoboratum* (I) allein, mit *Undecylensäure* (II), u. *Antibioticis* (III) angewandt. Es wird festgestellt: I ist ein geeignetes Vehikel mit beruhigender Wrkg.; mit II (5—10%) ist es zur Bekämpfung von Ekzemen fungicider Natur, mit III (2000 E. *Penicillin* oder 5 mg *Streptomycin* pro 1 g Salbe) solcher, die durch Kokken hervorgerufen wurden, geeignet. Bei Mischinfektionen hat sich die Kombination erfolgreich erwiesen. (Československ. Dermatol. [J. Dermatol. Syphilol. Czechoslov.] **27.** 150—53. 30/6. 1952. Prag, Univ., Dermatol. Klinik.) ROTTER. 4661

S. E. Grigorjew, *Die Toxizität des Schwelgasteeres der Kohle und seiner Fraktionen.* Der untersuchte *Teer* (I) zeichnet sich durch hohen *Phenol* (II)-Geh. aus. Weiße Mäuse erleiden bis 3,2 mg/Liter II keine akuten Vergiftungserscheinungen, über 3,7 mg/Liter treten Krämpfe auf, die letal wirken können. Längeres Einatmen der I-Dämpfe in geringen Konzz. führt zu geringfügigen patholog. Veränderungen in den Lungen, jedoch ohne ausgesprochene klin. Vergiftungserscheinungen. Auf der Haut werden durch I u. seine Fraktionen Entzündungsprozesse hervorgerufen, die zu Gangrän führen. Die Resorption ist um so stärker, je höher der II-Geh. ist. (Гигиена и Санитария [Hyg. u. Sanitätswes.] **1953.** Nr. 1. 34—37. Jan. Leningrad, Wiss. Forschungsinst. für Arbeitshyg. u. Berufskrankh.) R. K. MÜLLER. 4681

B. Rodriguez-Arias und **C. Lamotte de Grignon,** *Untersuchung eines Falles von beruflicher, durch Quecksilber verursachter Polyneuritis.* Behandlung einer gewerblichen *Hg*-Vergiftung (Arbeiterin in einer Thermometerfabrik) mittels Iontophorese mit CaJ_2. (Med. españ. **29.** (**16.**) 31—35. Jan. 1953. Barcelona, Inst. Neurológico Municipal.) LUDOLPHY. 4681

Hugh Rodman Leavill and E. Gurney Clark, Textbook of preventive medicine. New York: McGraw-Hill. (647 S. m. Abb., Diagrs., Biblio. u. Mappen) $ 8,—.

Fernand Mercier, Jacques Mercier et René Clogne, Pharmacologie et matière médicale. 7e éd. Paris: A. Poinat. 1953. (XX + 504 S.) fr. 920,—.

van E. C. Noyons, Chemie en kliniek. Amsterdam: Van Holkema & Warendorf. (Compl. in 4 dln.) Dl. 4. Klinische betekenis van chemisch onderzoek. Onder red. van Dr. J. C. M. Verschure, Prof. Dr. J. H. P. Jonxis, Dr. A. Verheugt, Dr. H. J. Viersma. (547 S.) fl. 45,—.

F. Pharmazie. Desinfektion.

—, *Eine neue Verabreichungsform für Arzneimittel. Die Implantation komprimierter Kristalle* („*Pellets*"). Bei endokrinen Störungen werden neuerdings Hormonimplantationstabletten (abgeflachte Disken, Durchmesser 7 mm, Dicke 3 mm) subcutan verabreicht, u. zwar meist suprapubisch. Die erhaltenen Ergebnisse sind gut. Bei wasserlösl. Hormonen ist die Implantationsmeth. nicht geeignet. (Produits pharmac. **5.** 292 bis 293. Juli 1950.) FIEDLER. 4766

U. Weber und **E. Stahl,** *Das Proazulen und ätherische Öl im Entwicklungsverlauf der Schafgarbe* (*Achillea Millefolium L.*). Methodik: Die gravimetr. Best. des äther. Öles erfolgte in der App. nach STAHL. Die Best. des *Azulen*-Geh. wurde photometr. nach KAISER u. FREY bestimmt. Ergebnisse: Bei Beginn der Frühjahrsvegetation war kein Proazulen (II) vorhanden. Im Verlaufe der Entw. der Pflanze erfolgte mit Zunahme des II eine ähnlich starke Zunahme des äther. Öles. Die Blütenköpfchen wurden in 7 verschied. Entwicklungsstadien untersucht, analoges Ergebnis wie vorher. Die II-Konz. im äther. Öl stieg laufend an. Als günstigster Zeitpunkt des Sammelns wird die Zeit des Aufblühens angesehen. (Arch. Pharmaz. Ber. dtsch. pharmaz. Ges. **286/58.** 110—16. 1953. Karlsruhe, TH, Botan. Inst.) BORSUTZKI. 4782

H. Kreitmair, *Asparagus officinalis — der Spargel.* Kurzgefaßte Übersicht. — 31 Literaturstellen. (Pharmazie **8.** 300—02. März 1953. Buchenau über Herzfeld.) BORSUTZKI. 4782

H. Thaa, *Cholinhaltige Arzneipflanzen. Ein botanisch-medizinischer Beitrag zur Wirkung und Anwendung einheimischer Arzneipflanzen unter Berücksichtigung ihrer Rolle in der Volksmedizin.* Vf. bespricht folgende Pflanzen: *Viscum album L.* (Mistel), *Taraxacum officinale Web.* (Löwenzahn), *Capsella bursa pastor. Med.* (Hirtentäschel), *Symphytum off. L.* (Beinwell), *Acorus Calamus L.* (Kalmus) u. *Hypericum perforatum L.* (Johanneskraut). (Pharmazie **8.** 262—68. März 1953. Berlin.) BORSUTZKI. 4782

Jean Le Men und **Henri Pourrat,** *Vorkommen der Ursolsäure in den Blättern von Vinca minor L., Nerium Oleander L. und Salvia officinalis L.* Vff. fanden im Benzinextrakt einiger Pflanzen der Pflanzenfamilie der Apocynaceen eine Substanz $C_{30}H_{48}O_3$ vom F. 278°, Block MAQUENNE (Mol.-Gew. 457, Acetylderiv., F. 171—172°), die gleichfalls in den Blättern der Salvia off. L. gefunden wurde u. mit der Ursolsäure aus Arctostaphylos Uva ursi Spreng identifiziert werden konnte. Isolierung aus Salvia off. L.: 200 g grobes Blattpulver mit 100 ml einer 5%ig. Sodalsg. verrieben, bei 37° getrocknet, dann 15 Std. mittels 1500 ml Bzn. im SOXHLET-App. perkoliert, nach 80std. Stehen wird der Nd. abgefrittet, an der Luft getrocknet u. durch zweimaliges Sublimieren bei 250° (0,01 mm Hg) gereinigt. — Farb-Rk.: 5 mg Ursolsäure + 2 ml Essigsäureanhydrid + 1 Tropfen konz. H_2SO_4 ergeben eine rote Farbe, die nach einigen Min. in Violett, Blau u. schließlich in Grün übergeht. (Ann. pharmac. franç. **10.** 349—51. Mai 1952. Paris, Univ., Fac. de Pharm., Labor. de Pharm. galén.) BORSUTZKI. 4782

K. L. Handa, I. C. Chopra und **Kartar Singh,** *Indischer Strophanthus: Strophanthus wightianus Wall.* Aus den Samen von *Strophanthus wightianus* konnten 2,1% Glykosid, vorläufig *Strophanthin-w* genannt, isoliert werden. Seine Wirksamkeit ist größer als die des k-Strophanthins. (Indian J. med. Res. **39.** 403—09. Juli 1951. Jammu, Kashmir, Drug Res. Labor.) ULEX. 4782

H. Schönenberger, *Wie vermeidet man den Wasserfehler bei der Herstellung von Injektionslösungen in der Apothekenpraxis?.* Vf. empfiehlt, redest. W. mit 0,8% *Nipagin* zu verwenden. (Vgl. auch HANISCH, C. **1949.** I. 624.) (Dtsch. Apotheker-Ztg. **90.** 483. 30/6. 1950. Augsburg, Krankenhausapotheke.) HOTZEL. 4790

Osvaldo Izzo, *Über das Haltbarmachen von Digitalisinfus.* Während mit W. allein zubereiteter Digitalisaufguß schon am 2. Tag die Hälfte seiner Wrkg. verliert, bleibt die Wrkg. fast 10 Tage unverändert, wenn dem W. vor dem Aufgießen 0,05% Methyl- u. 0,02% Propylester der p-Oxybenzoesäure zugesetzt werden. (Boll. chim. farmac. **90.** 133—35. April 1951.) R. K. MÜLLER. 4790

—, *Neue Arzneimittel. Comital „L"* (FARBENFABRIKEN BAYER, Leverkusen): Tabletten mit je 0,05 g Diphenylhydantoin, Prominal u. Luminal. — *Salicylamid Pharmazell* (PHARMAZELL GMBH., Raubling): Tabletten zu 0,5 g. — *Argaldon-Tabletten* (PHARMAZEUTISCHE INDUSTRIE, Wiesbaden-Erbenheim): Halstabletten mit einer Silber–Eiweiß-Hexamethylentetraminverb., Anästheticis, Menthol, Vitamin C. — *Chinascol* (CHEMISCHE FABRIK & SERUMINSTITUT BRAM GMBH., Berlin): Ampullen mit 0,09 g Chinin, 0,2 g Ascorbinsäure u. 0,025 g Guajacol. Gegen Pneumonie. (Apotheker-Ztg. **62.** 117—21. Mai. 180—84. Juli. 207—09. Aug. 1950.) HOTZEL. 4800

—, *Neue, nichtoffizinelle Arzneimittel. Surital Sodium* (PARKE, DAVIS & CO., Detroit): 5-Allyl-5-[1-methylbutyl]-2-thiobarbitursaures Natrium. Synonym: *Thiamylal Sodium.* Intravenös zu gebendes Kurznarkoticum. — *Sulestrex Piperazin* (ABBOTT LABORATORIES, North Chicago, Ill.): Piperazinöstronsulfat, Tabletten zu 0,75; 1,5 u. 3 mg. (J. Amer. med. Assoc. **149.** 369. 24/5. 442—44. 31/5. 1952.) HOTZEL. 4800

Lucillo Marchesi, *Die Wärmebeständigkeit von Procain in Lösung bei verschiedenem p_H. Procain* (I) erleidet in alkal. Medium hydrolyt. Spaltung. Ein Minimum der Spaltung liegt bei p_H 6—7. Bei höherer Temp. wird die Spaltung beschleunigt, sie ist z. B. hoch bei p_H 8 nach 15 Min. bei 100°, erheblich geringer bei p_H 8 nach 2 Std. bei 70°. Ein I-Zusatz zu Injektionslsgg. wird bei $p_H > 8$ rasch unwirksam. Für die Herst. haltbarer I-haltiger Lsgg. wird p_H 6—7 u. Sterilisation durch Tyndallisieren empfohlen. (Boll. chim. farmac. **90.** 135—39. April 1951.) R. K. MÜLLER. 4806

W. Awe, *Über die Verwendung des Phenothiazins in der inländischen Therapie und einige Eigenschaften dieses Stoffes. Phenothiazin* wird neuerdings als Wurmmittel angewandt. Beschreibung der Eigg. u. analyt. Angaben. (Dtsch. Apotheker-Ztg. **90.** 859—60. 3/11. 1950.) HOTZEL. 4806

H. L. Mitchell und **Ralph E. Silker,** *Verlust an Carotin in getrocknetem Alfalfa während der Lagerung.* Während bei 4monatiger Lagerung bei —23° keine *Carotin* (I)-Verluste eintreten, betrugen diese bei gleichlanger Lagerung bei +4° bis zu 65%, bei +25° bis zu 68%. Die Verarbeitung von Alfalfamehl zu Tabletten unter Verwendung von W. u. Bentonit oder direkte Tablettierung der getrockneten Alfalfablätter beeinflußt die I-Abnahme während der Lagerung nicht. (Trans. Kansas Acad. Sci. **55.** 479—83. Dez. 1952. Manhattan, Kans., Agric. Exp. Stat.) KRUSEN. 4808

W. Wodsak, *Oleum Jecoris Aselli stearinatum. Ein neues Produkt der Tranindustrie.* Es handelt sich um eine Fraktion, die hauptsächlich Stearate enthält u. zur Verarbeitung in Salben empfohlen wird. Kennzahlen: $D.^{20}{}_{4}$ 0,9224; Säuregrad 1,2; JZ. 141,0; VZ. 203. Unverseifbares 0,56%, Sterine 0,28%, Vitamin A 1620 I. E./g, Vitamin D 145 I. E./g. (Süddtsch. Apotheker-Ztg. **90.** 263. 7/4. 1950. Hamburg, Hygien. Inst.) HOTZEL. 4808

F. Hartley, P. Stross und **R. E. Stuckey,** *Einige pharmazeutische Gesichtspunkte betreffend Vitamin B_{12}.* Übersicht über das Verh. der Vitamin-B_{12}-Gruppe bei Erhitzen, Belichten, längerem Aufbewahren, bei verschied. p_H-Werten u. gegenüber einigen Chemikalien. Injektionslsgg. von Vitamin B_{12} sollen nicht durch Hitze sterilisiert werden, sondern 0,5% Phenol bzw. 0,3% Kresol enthalten. (Pharmac. J. **165.** [4] **111.** 194—95. 23/9. 1950. British Drug Houses Ltd.) SPITALER. 4808

H. Berry, *Desinfektionsmittel und Desinfektion.* Es wird berichtet über den RIDEAL-WALKER-Test, die Auswertung neuer Desinfektionsmittel, den Eintritt der gesetzlichen Kontrolle, über quartäre Ammoniumbasen u. ihre begrenzte Anwendung, über die Festlegung eines Desinfektionstestes sowie über die Vorteile alter Desinfektionsmittel. (Manufact. Chemist **22.** 395—98. Okt. 1951. London, Univ., School of Pharm.) BOYE. 4834

Leslie R. Bacon und **Alfred L. Sotier,** *Antibac, ein neuer chlorhaltiger Desinfektionstyp. Antibac* (I) ist eine Mischung aus 25% *1.3-Dichlor-5.5-dimethylhydantoin,* neutralen anorgan. Salzen, einem stabilen Netzmittel u. einer sauren Komponente. I enthält 16% lose gebundenes Cl u. gibt in wss. Lsgg. p_H-Werte zwischen 5,8 u. 7. Es ist ein weißes Pulver von geringer D. u. ist lagerbeständig. Bei 49° findet leichte, bei 82° starke Cl-Entw. statt. Starke Feuchtigkeit fördert die Cl-Entw., Mischungen mit Sägemehl, Papier, Öl u. ähnlichen brennbaren Substanzen sind zu vermeiden. Verss. über die keimtötende Wrkg., über eine Reihe von Testen, über die Einw. der Temp. u. des p_H-Wertes auf die Wrkg. von I, über die Stabilität von I u. seine Wrkg. auf Metalle. Die keimtötende Wrkg. von I ist ziemlich gleich der der anorgan. Hypochlorite. Bei steigender Temp. der I-Lsgg. nimmt die keimtötende Wrkg. zu. Die Stabilität wss. Lsgg. bei höherer Temp. ist groß u. lange anhaltend. (J. Milk Food Technol. **15.** 285—93. Nov./Dez. 1952. Wyandotte, Mich., Wyandotte Chem. Corp.) BOYE. 4834

K. Bournot, *Zur Methodik der quantitativen Bestimmung des ätherischen Öles in Drogen bei kleiner Einwaage.* Positiver Erfahrungsbericht über den von BRÜCKNER (C. **1953.** 4410) vorgeschlagenen Apparat. An Stelle von Xylol als Hilfsstoff bewährt sich besser *Diisoamyläther.* (Pharmazie **8.** 174—75. Febr. 1953. Miltitz, VEB Schimmel.) FRESENIUS. 4880

D. Kraft, *Die Tüpfelmethode in der Pflanzenzüchtung.* Eine zur Anwendung auf dem Feld für unmittelbare Auswahl von Pflanzen nach ihrem Alkaloidgeh. bestimmte Meth. wird entwickelt. Mit einer Spezialzange stellt man einige Tropfen Preßsaft aus einem Blattstück her. Aus einem kleinen an der Zange angebrachten Sammelbehälter entnimmt man mit einer Pipette etwas von diesem Saft u. bringt ihn auf ein K–Bi–Jodid-Reagenspapier. Die Höhe des Alkaloidgeh. kann man nach kurzer Zeit aus der Farbtiefe u. Breite des entstandenen roten Rings abschätzen (Tüpfeltest). Eine Arbeitsausrüstung für diesen Feldtest wird zusammengestellt. Zur einfachen Unterscheidung alkaloidhaltiger von alkaloidfreien Pflanzen dient der Drucktest, bei dem der Pflanzenteil direkt mit dem Fingernagel gegen das Reagenspapier gedrückt wird. (Pharmazie **8.** 170—73. Febr. 1953. Gatersleben, Dtsch. Akad. der Wiss., Inst. für Kulturpflanzenforschung.) FRESENIUS. 4880

Eileen I. Short, *Bewertung neuer Arzneimittel im Laboratorium.* Überblick über die Meth. der Entw. u. Prüfung neuer Arzneimittel. — 132 Literaturangaben. (J. Pharmacy Pharmacol. **5.** 217—38. April 1953. Beckenham, Kent., Wellcome Res. Labors.) FRESENIUS. 4880

M. M. Jampolskaja, *Die quantitative Bestimmung einiger pharmazeutischer Präparate in reinem Zustande und in Arzneigemischen mit Hilfe von ionenaustauschenden Adsor-*

bentien. Beschreibung der quantitativen Best. von *Arecolinbromid, Tekodin, Sergosin, Trypaflavin, Rubrocol, Proserin, Bigumal, Phenamin, Thiaminchlorid* u. *-bromid* u. *Carbocholin* in Injektionslsgg. u. Tabletten mit Hilfe von Ionenaustauschern (Kationiten) Die Ergebnisse sind die gleichen wie nach den beiden üblichen Bestimmungsmethoden. (Аптечное Дело [Apotheken] **2.** Nr. 1. 17—21. Jan./Febr. 1953. Apotheken-Hauptverwaltung des Gesundheitsminist. der UdSSR, Zentr. Wiss. Apotheken-Forschungslabor.) Rentz. 4880

Gunnar Samuelsson, *Die photometrische Bestimmung von Cholin und Cholinderivaten.* Dipikrylaminverbb. (**I**; nach Langhans Hexylate) von *Cholin, Acetylcholin, Carbamylcholin* u. *O.O-Succinyldicholin* wurden dargestellt u. analysiert: (alle FF. korr.) Hexylat des Cholinchlorids, F. 235—236°; Hexylat des Acetylcholinchlorids, F. 125—126°; Hexylat des Carbamylcholinchlorids, F. 134—135°; Hexylat des O.O-Succinyldicholindijodids, F. 141—142°. Die Löslichkeit in W., die Absorption in Acetonlsg. u. die mol. Extinktionskoeffizienten werden angegeben. Mit **I** wurden photometr. Bestimmungen ausgearbeitet. (J. Pharmacy Pharmacol. **5.** 239—44. April 1953. Stockholm, Apotekens Kontrollabor.) Fresenius. 4880

J. Gootjes, J. H. Bos und **W. Th. Nauta,** *Bestimmungsmethode von p-Acetylaminobenzaldehydthiosemicarbazon mit dem Reagens von Grote.* 2. Mitt. (1. vgl. C. **1952.** 422.) Die Meth. von Doden u. Kopf (C. **1952.** 6910) u. die von Vf. (C. **1952.** 422) zur Best. von *p-Acetylaminobenzaldehydthiosemicarbazon,* bei welchen eine Farb-Rk. mit einem modifizierten Grote-Reagens verwendet wird, werden miteinander verglichen. Die Farbintensität bei der Meth. nach Doden u. Mitarbeiter ist schwächer als die bei der nach Vf. u. Mitarbeitern. Bei der Best. von kleinen Mengen ist daher die letztere Meth. von Vorteil. (Pharmac. Weekblad **88.** 184—87. 14/3. 1953. Amsterdam, N. V. Koninklijke Pharmaceut. Fabrieken v/h Brocades-Stheeman & Pharmacia; Univ., Scheikundig Labor.) Patzsch. 4880

Rolf Heiz, *Über die Titration von Barbitursäurederivaten.* (Acta pharmac. int. [Copenhagen] **2.** 257—69. 1951. Kopenhagen, Pharmazeut. Hochschule, Abt. für Organ. Chemie. — C. **1952.** 6733.) Fresenius. 4880

István Gyenes, *Acidimetrische Bestimmung der Diäthylbarbitursäure und photometrische Kontrolle des Farbumschlages des Indicators.* Da die Titration der schwach dissoziierten *Diäthylbarbitursäure* (**I**) mit 0,1 n NaOH infolge ungenauer Endpunktbest. fehlerhaft ist, empfiehlt Vf. folgende Arbeitsweise: 180—220 mg **I** in 20 ml 50%ig. Methanol mit 2 ml 0,01%ig. Xylenolphthaleinlsg. versetzt u. mit 0,1 n NaOH schwach übertitriert, dann Messen der Extinktion im Zeiss-Pulfrich-Photometer (Filter S 57) u. Korrektion der verbrauchten ml 0,1 n NaOH an Hand eines Diagrammes. Genauigkeit ±0,2%. Anwesenheit von Monoäthylbarbitursäure wird an über 100% liegenden Werten erkannt u. annähernd berechnet durch Multiplikation des über 100% liegenden Anteils mit 4. Angabe empir. Faktoren, Beleganalysen, Diagramme. (Magyar Kémiai Folyóirat [Ung. Z. Chem.] **58.** 268—71. Sept. 1952. Budapest, Köbányai Gyogyszerugyár, Analyt. Labor.) v. Pilinszky. 4880

J. Van Espen, *Trennung und Bestimmung eines Gemisches aus Diphenylhydantoinsäure und Luminal mit Hilfe von Kupfersulfat in ammoniakalischer Lösung.* Ein Gemisch aus 0,2 g *Diphenylhydantoinsäure* (**I**) u. 0,05 g *Luminal* (**II**) wird in 10%ig. NH_3 in der Wärme gelöst, worauf tropfenweise 2 cm³ der Cu-Lsg. (5 g $CuSO_4 \cdot 5\,H_2O$, 20 cm³ W., 6 cm³ 19%ig. NH_3) zugegeben werden. Nach 15 Min. wird 2 n H_2SO_4 zugegeben bis zur schwachblauen Färbung u. dann 19%ig. NH_3. Der abgesaugte Nd. wird mit 4 mal 5 cm³ W. gewaschen, das Filtrat mit H_2SO_4 angesäuert u. mit Ae. extrahiert, wobei **II** erhalten wird. Der Nd. wird 10 Min. mit 2 n H_2SO_4 digeriert u. gewaschen mit Isopropylalkohol–Chlf.-Gemisch (1 : 4), wobei **I** erhalten wird. Die Meth. findet 4,4% zuviel **II** u. 1% zu wenig **I**. (J. Pharmac. Belgique [N. S.] **7.** 451—52. Sept./Okt. 1952.) Boye. 4880

Gabor Vastagh und **Joli Tuzson,** *Beiträge zur chemischen Bestimmung der herzwirksamen Substanzen der Digitalisdroge.* Die Best. erfolgt entweder über die des Aglukons (**I**) oder über die der Digitoxose (**II**). **I** wird bestimmt nach der variierten Pikrinsäuremeth. von Bell u. Krantz (J. Pharmacol. exp. Therap. **87.** [1946.] 198). Als Filter wurde das mit dem Schwerpunkt 494 mμ verwendet. Die Droge wurde etwa nach dem Verf. von Soos (Sci. Pharmac. **16.** [1948.] 1) extrahiert. Es ist nicht möglich unmittelbar vom Extinktionswert auf den Geh. zu schließen. Die Best. von **II** erfolgt im wesentlichen nach der Keller-Kiliani-Rk. ebenfalls photometrisch. Das Digitoxin spaltet 3 Moll. **II** ab, die Lanatoside jedoch nur 2, da das dritte Mol. **II** der Lanatoside als nicht reagierendes Disaccharid Digilanidobiose abgespalten wird. Bei der Unters. von Arzneipräpp. mit Glycerin muß die Pikratmeth. angewendet werden. Die **II**-Meth. kann auch zur

Unters. von Tabletten dienen, ebenso zur Best. des Mischungsverhältnisses in Gemengen der 3 Lanatoside. (Acta pharmac. int. [Copenhagen] **2.** 235—49. 1951. Budapest, Staatl. Hyg. Inst.) Fresenius. 4880

Paul Bellet, *Untersuchungen über die Farbreaktionen der Herzgiftheteroside, besonders des Digitoxosids und des Gitoxosids.* Die zahlreichen, für den Nachw. von *Herzgiftheterosiden* in der Literatur vorgeschlagenen Farb-Rkk. sind nicht wirklich spezifisch. *Digitoxosid* (I, $C_{41}H_{64}O_{13}$, F. 275°, $[\alpha]_D^{18}$ $+14,5\pm0,5°$ [c = 5 in Chlf.–CH_3OH]) u. *Gitoxosid* (II, $C_{41}H_{64}O_{14}$, F. 298°, $[\alpha]_D^{18}$ $+22\pm1°$ [c = 0,5 in Chlf.–CH_3OH]), die in reinem Zustand dargestellt wurden, geben mit folgenden Reagentien gleiche Farb-Rkk.: Nitroprussid-Na, Pikrinsäure, m-Dinitrobenzol, Dinitrobenzoesäure, Vanillin–HCl, Xanthydrol–Essigsäure, Trichloressigsäure, Glyoxylsäure, Reagens von Lafon. Bei der Rk. von Keller-Kiliani erhält man mit II eine rotviolette Färbung der H_2SO_4-Schicht, während mit I die H_2SO_4 unter dem braunen Ring farblos bleibt. Auf Gemische von I u. II ist die Rk. nur anwendbar, wenn weniger als 10% I vorhanden sind. — II läßt sich jedoch durch die Rk. von Perez nachweisen. Einige mg des auf II zu prüfenden „Digitalins" werden in 5 cm³ H_3PO_4 (D. 1,61) suspendiert; nach 15 Min. ist die Lsg. im Tageslicht intensiv gelb gefärbt u. zeigt in UV-Licht bei Ggw. von II eine intensiv gelbgrüne Fluorescenz; reines II zeigt unter der Wood-Lampe eine blaugrüne Fluorescenz, während I nicht fluoresciert. Nachweisgrenze: 1γ II. Zur Bestätigung der Annahme, daß die Fluorescenz auf einer Wasserabspaltung durch die H_3PO_4 unter Bldg. zweier konjugierter Doppelbindungen beruht, wurde aus II *Gitoxigenin* ($C_{23}H_{34}O_5$, aus CH_3OH, F. 239—240°, $[\alpha]_I^{20}$ $+37°$ [c = 1 in CH_3OH]) dargestellt u. dieses mit H_3PO_4 (D. 1,61) behandelt. Das entstandene *Dianhydrogitoxigenin,* $C_{23}H_{30}O_3$, prismat. Nadeln aus CH_3OH, F. 211°, $[\alpha]_I$ $+620°$ (in CH_3OH), zeigt im UV-Licht die erwartete Fluorescenz. — Herzgiftheteroside, die eine *α-Desose* (*Digitoxose, d-Cymarose, l-Oleandrose*) enthalten, geben die Gelbfärbung mit H_3PO_4; die Rk. geht mit der Rk. von Keller parallel. Die Fluorescenz im UV-Licht geben außer II nur noch *Oleandosin* u. *Honghelin,* d. h. solche Heteroside, deren Genin an $C_{(16)}$ eine freie oder veresterte OH-Gruppe enthält. (Ann. pharmac. franç. **8.** 471—82. Juni 1950. Paris, Serv. scient. Rousel-Uselaf.)
K. F. Müller. 4880

Erich Wegner, *Beitrag zur photometrischen Bestimmung der Mohnalkaloide.* 2. Mitt. *Die fluorophotometrische Bestimmung des Papaverins.* (1. vgl. C. **1950.** II. 2947.) Durch Behandeln mit Sulfoessigsäure wird in Essigsäureanhydrid gelöstes *Papaverin* (I) in fluorescierendes Coralynsulfoacetat übergeführt. Das Verf. ist nur für reines I bzw. dessen Lsg. gedacht. (Pharmazie **5.** 445—47. Sept. 1950. Forchheim bei Karlsruhe, Tabakforschungsinst., Abt. Arzneipflanzenzüchtung u. -forsch.) Herrmann. 4880

J. H. Burn, *Fortschritt in der biologischen Standardisierung.* Unterscheidung zwischen Adrenalin u. Noradrenalin, sowie Messung ihrer relativen Konzz. in Mischungen durch Verss. am Katzenauge. — Best. der Wirksamkeit von Lokalanästheticis mit Hilfe von dekapitierten Fröschen. (Pharmac. J. **170.** [4] **116.** 205—06. 21/3. 1953.)
Ulex. 4880

H. Pénau, G. Hagemann, Y.-G. Leclère und **R. Viennet,** *Eine neue spektrophotometrische Bestimmungsmethode des Benzylpenicillins.* Da die spektrophotometr. Best. des *Penicillins* (I) in wss. Lsg. durch dessen schnelle Zers. beeinträchtigt wird, wird eine neue Bestimmungsmeth., bei der die Best. in alkoh. Lsg. durchgeführt wird, vorgeschlagen. Ausführung: Etwa 100 mg I werden in 5 cm³ W. gelöst, u. die Lsg. wird zu 100 cm³ mit 95%ig. A. ergänzt. Mit Hilfe des Beckman-Spektrophotometers werden die Extinktionen dieser Lsg. bei 2630, 2800 u. 3220 Å u. einer Schichtdicke von 1 cm gemessen. Ist $E_{3220} > E_{2800}$, so hat bereits eine Zers. stattgefunden, u. die Best. wird verworfen. Aus der Differenz $E_{2630} - E_{2800}$ wird der I-Geh. mit Hilfe der analog gewonnenen geradlinigen Eichkurve bestimmt. Die Genauigkeit der Best. ist ±2%. (Ann. pharmac. franç. **8.** 450—55. Juni 1950. Paris, Inst. de Rech. Roussel-Sofrapen.)
K. F. Müller. 4880

Otto Lennert-Petersen, *Vergleich der mikrobiologischen und der physikalisch-chemischen Methode der Bestimmung von Aureomycin und Terramycin in wässerigen Lösungen.* Die UV-Absorption von reinen Lsgg. von Aureomycin u. Terramycin als salzsaure Salze wird gemessen. Die Veränderung der Spektren wird bei verschied. p_H u. nach Aufbewahrung bei 4 bzw. 24° festgestellt. Die in Ampullen abgefüllten Lsgg. werden für 15 Min. bzw. 1 Std. auf 100° erhitzt. Dabei nimmt die biol. Aktivität um 50 bzw. 95% ab. Autoklavieren (20 Min. bei 120°) bedingt völlige Zerstörung. Der Verlauf der UV-Absorptionskurven ändert sich beim Erhitzen stark. Zwischen den Ergebnissen der Best. nach der spektrophotometr. u. der mikrobiol. Meth. besteht keine Übereinstimmung, sobald eine Hydrolyse der Substanzen eingetreten ist. Die physikal.-chem. Meth.

erfaßt die akt. u. die inaktivierte Substanz. (Acta pharmac. int. [Copenhagen] **2.** 271–87. 1951. Kopenhagen, Chemist's Shop „H. C. Orsted".) Fresenius. 4880

J. Dony, *Zur bakteriologischen Kontrolle von antiseptischen Salben durch bakteriologische Methoden im Laboratorium.* Es werden zunächst einige Methoden betrachtet u. diskutiert, die im Labor. zur Messung der antisept. Wrkg. von Salben angewandt werden. Es folgt dann die mikrobiol. Unters. u. die Best. der Stabilität der Antibiotica, die in den „halbfesten" Präpp. eingearbeitet sind. — 24 Literaturangaben. (J. Pharmac. Belgique [N. S.] **7.** 417–26. Sept./Okt. 1952. Bruxelles, Univ. libre, Fac. de Méd., Labor. d'Hyg.) Boye. 4880

University of Toronto, Toronto, **Edith M. Taylor** und **Peter Joseph Moloney,** Ontario, Can., *Gewinnung von Heparin* aus tier. Gewebe, wie Brustdrüsen oder Lunge u. dgl. durch proteolyt. Abbau mit Trypsin oder Proteasen bakteriellen Ursprungs bei p_H 7–8. Ein Teil der Eiweißkörper wird vor der Proteolyse durch Hitzekoagulation abgeschieden. — Z. B. werden 4 lbs. frische Rinderlunge fein zerkleinert u. in 5,4 Liter W. auf 85° erhitzt. Die Fl. wird abgetrennt u. der Rückstand mit 8 Liter Schweinepankreasextrakt vermischt. Nach Zusatz von 80 cm^3 Toluol wird bei 45° u. p_H 8–8,2 verdaut. Rohheparin wird durch Fällung abgeschieden u. wie üblich gereinigt. — Weitere Beispiele. (**E. P. 656 268** vom 13/10. 1948, ausg. 15/8. 1951. A. Prior. 27/5. 1948.) K. Heinze. 4791

British Aluminium Co., England, *Herstellen von Aluminiumorthophosphat für pharmazeutische Zwecke.* Alkoh. Lsgg. von Al-Estern, z. B. Butylestern, werden Lsgg. von H_3PO_4 in geeigneten Alkoholen in stöchiometr. Menge zugesetzt. Es fällt ein gelatinöser Nd. von $AlPO_4$ aus. — Beispiel: 3,404 (Gewichtsteile) Al-Butylester, gelöst in n-Butylalkohol, werden mit 1,49 H_3PO_4 (90%), gelöst in n-Butylalkohol, versetzt. Nach 10 Min. Erhitzen unter Rückfluß läßt man absitzen. Nach Dekantieren, Filtrieren u. Waschen mit warmem W. erhält man $AlPO_4$ in 90%ig. Ausbeute. (**F. P. 1 006 705** vom 25/1. 1949, ausg. 28/4. 1952.) Schönauer. 4805

Onyx Oil & Chemical Co., Jersey City, N. J., übert. von: **Herman A. Shelanski,** Philadelphia, Pa., V. St. A., *Mittel zur Behandlung von Protozoeninfektionen* bestehend aus 70–80% 3.4-Dichlorbenzyldimethyldodecylammoniumchlorid, 30–20% Dimethyläthyl-9-octadecenylammoniumbromid. Als Trägerstoff dient das Na-Salz der Carboxylmethylcellulose, das mittels eines Lösungsm. in Gelform übergeführt werden kann. (**A. P. 2 585 048** vom 8/4. 1949, ausg. 12/2. 1952.) Schindler. 4807

Hans P. Kaufmann, Münster/Westf., *Verbindungen von Guajacol mit Eiweißstoffen,* bes. zur Verwendung als *Arzneimittel.* Guajacolkohlensäurechlorid (I) wird mit Eiweiß. wie lysalbinsaurem Na, Protalbinsäure, Casein oder einer Aminosäure zur Rk. gebracht, Nach einem Beispiel erhält man aus Glykokoll u. I das *Carboguajacoxyglykokoll,* F. 158°. Die entsprechende Alaninverb., F. 136°. (**D. R. P. 753 133** Kl. 12p vom 15/5. 1940, ausg. 15/12. 1952.) Kranz. 4807

Soc. des Usines Chimiques Rhône-Poulenc, Paris (Erfinder: **Raymond Jacques Horclois,** Malakoff), Frankreich, *Herstellung von Monoamiden zweibasischer Säuren des p-Aminobenzolsulfonylthioharnstoffs* (I) durch Kondensation von zweibas. Säuren oder deren Derivv., wie Anhydriden, Estern, Halogenderivv. mit I. Z. B. erhält man mit Bernsteinsäureanhydrid bzw. Phthalsäureanhydrid den *p-Succinylaminobenzolsulfonylthioharnstoff,* farblose Kristalle, F. 205°, bzw. *p-Phthalylaminobenzolsulfonylthioharnstoff,* farblose Kristalle, F. 224°. *Antibakterielle Mittel,* bes. bei Darminfektionen. (**D. B. P. 860 488** Kl. 12o vom 23/6. 1944, ausg. 22/12. 1952. F. Prior. 24/6. 1943.) Schindler. 4807

Byk-Gulden, Lomberg, Chemische Fabrik G. m. b. H., Konstanz (Erfinder: **Max Dürr,** München, und **Karl Bolz,** Konstanz), *Verbindungen der 5-Sulfosalicylsäure* (I). Amine der Formel $R_1R_2N-(CH_2)_n-NR_3R_4$ (R_1 = Phenyl, Pyridyl, Thionyl, Pyrimidyl, R_2 = Benzyl, R_3 u. R_4 = H, CH_3, C_2H_5 bzw. NR_3R_4 = Heteroring, n = 2–5) werden mit I oder deren sauren Salzen im mol. Verhältnis 1 : 1 bis 1 : 2 u. in Ggw. eines Lösungsm. umgesetzt, z. B. I mit *N-α-Pyridyl-N-dimethylaminoäthylbenzylamin.* — *Arzneimittel.* (**D. B. P. 844 447** Kl. 12q vom 21/3. 1951, ausg. 21/7. 1952.) Fabel. 4807

Farbwerke Hoechst, vormals Meister Lucius & Brüning, Frankfurt/M. (Erfinder: **Max Bockmühl** †, Frankfurt/M., **Leonhard Stein,** Bad Soden/Taunus, und **Gustav Ehrhart,** Frankfurt/M., *Aromatisch-aliphatische Amine* entstehen, wenn man α-Halogenisobutyrophenone mit NH_3 oder Aminen umsetzt, die entstandenen Aminoketone zu Aminoalkoholen red., in diesen das Hydroxyl gegen Halogen austauscht u. die entstandenen Halogenamine reduziert. — *1-Phenyl-2-methyl-2-aminopropanhydrochlorid.* Man behandelt Isobutyrophenon mit Br_2, dann mit Benzylamin, red. das entstandene

Benzylaminoisobutyrophenon mit Pd u. H_2, setzt das entstandene 1-Phenyl-2-aminoisobutanol mit $SOCl_2$ um u. red. das entstandene 1-Phenyl-1-chlor-2-aminopropan mit Pd u. H_2, F. 200—201°. — Analog: *1-Phenyl-2-methylaminoisobutanolhydrochlorid*, F. 228°. — *1-Phenyl-2-methyl-2-methylaminopropanhydrochlorid*, F. 175°. — *Arzneimittel*, bes. zur *Narkoseunterbrechung*. (**D. B. P. 849 695** Kl. 12 q vom 10/9. 1940, ausg. 18/9. 1952.) Langer. 4807

Riedel-de-Haën Akt.-Ges., Seelze (Erfinder: **Friedrich Boedecker** und **Hans Volk**, Berlin), *1.3-Oxido-2-oxymethyl-2-halogenmethylpropane* der Formel I. Dihalogenhydrine von $C(CH_2OH)_4$, z. B. Pentaerythritdibromhydrin, werden in der Kälte mit der mol. Menge Alkalialkoholat (bes. von höheren Alkoholen) umgesetzt. Dann wird unter vermindertem Druck destilliert. — *1.3-Oxido-2-oxymethyl-2-brommethylpropan*, $Kp._{1-2}$ 105—109°. — Zwischenprodd. zur Herst. von *Arzneimitteln*. (**D. B. P. 850 752** Kl. 12 q vom 26/10. 1949, ausg. 29/9. 1952.) Fabel. 4807

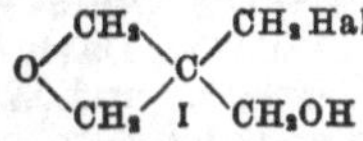

Galactine & Biomalt Soc. An., Bern, Schweiz, *5-Alkyl-5-(1¹.2¹-dibrom-2¹-phenyläthyl)-hydantoine* erhält man durch Bromierung von 5.5-Alkylstyrylhydantoinen der Zus. I, indem man z. B. 5-Methyl-5-styrylhydantoin in heißem Eisessig (II) löst u. bei 20° langsam 1 Mol Br_2 gelöst in II zugibt, II im Vakuum abdest. u. den Rückstand aus A. umkrist., wobei man *5-Methyl-5-(1¹.2¹-dibrom-2¹-phenyläthyl)-hydantoin*, F. 207°, erhält, das mit Alkali- oder Mg-Hydroxyd wasserlösl. Salze bildet. — *5-Äthylderiv.*, F. 216—217°. — *Therapeutica*. (**E. P. 644 722** vom 9/6. 1948, ausg. 18/10. 1950.) Müller-Meiningen. 4807

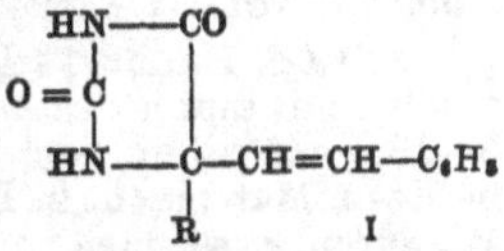

Chemical Foundation, Inc., New York, N. Y., V. St. A. (Erfinder: **H. W. Barrett**), *Herstellung von Thiouracilen*. Aus Verbb. der allg. Formel I, in der R eine Alkyl- oder Aralkylgruppe, X ein Halogenatom u. Y H oder eine Alkylgruppe bedeuten, wird der R-Rest unter Bldg. einer Mercaptogruppe abgespalten. — Z. B. behandelt man 5-Jod-2-benzylthiouracil in Essigsäureanhydrid mit 50%ig. HJ-Lösung. Man erhält *5-Jod-2-thiouracil*. Diese Verb. ruft bei der Behandlung von Hyperthyreose keine Zellveränderung, keine Hyperämie, eine geringe koll. Veränderung der Schilddrüse, aber eine gewisse Erhöhung des Jodgeh. hervor. (**Schwed. P. 133 330** vom 5/1. 1949, ausg. 23/10. 1951. A. Prior. 5/1. 1948.) Jürgen Schmidt. 4807

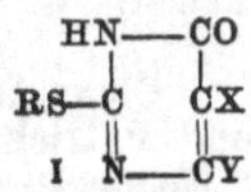

Fa. M. Woelm (Erfinder: **Ursula Lippold**), Eschwege, *6-Alkyl-2-thiouracile* erhält man durch Kondensation von Thioharnstoff (I) mit Acylessigestern, die aus Fettsäurehalogeniden u. Acylessigestern in Benzollsg. in Ggw. von Mg erhältlich sind. *6-Propyl-2-thiouracil* wird z. B. durch Kondensation von I mit dem aus Acetessigsäureäthylester u. Butyrylchlorid erhältlichen Butyrylacetessigsäureäthylester dargestellt. — Zwischenprodd. zur Herst. von *Chemotherapeutica*. (**D. B. P. 855 405** Kl. 12 p vom 6/8. 1949, ausg. 13/11. 1952.) Brösamle. 4807

Geigy Co. Ltd., Manchester, **Isidor Elkanah Balaban**, Cheadle Hulme, und **Bertrand Ernest Wilde**, St. Annes-on-Sea, England, *Thiopenton = 5-Äthyl-5-(1-methylbutyl)-thiobarbitursäure*, F. 159,5—161,5°, erhält man durch Kondensation von Äthyl-1-methylbutylmalonsäurediäthylester (I) mit Thioharnstoff in der Wärme in Ggw. von Na-Methylat in 56,7%ig. Ausbeute, während bei Verwendung von Na-Äthylat diese nur 33,4% beträgt. (**E. P. 645 117** vom 27/8. 1948, ausg. 25/10. 1950.) Krauss. 4807

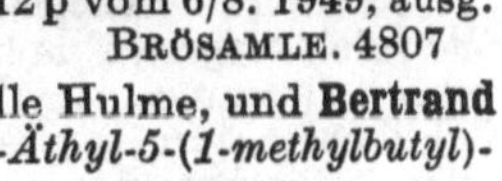

Sterling Drug, Inc., Wilmington, Del., V. St. A., *Basische Alkylester und deren Hydrohalogenide* der allg. Formel I (R = H oder KW-stoffrest, R′ = α-Naphthyl, n = 2, 3, 4, Y = $-CH_2-$, —O—, —NH—, —S—) erhält man durch Kondensation von α-Naphthylessigsäure oder deren KW-stoffderivv. bzw. dem Säurechlorid mit einem substituierten Alkylhalogenid der Formel II bzw. dem entsprechenden Alkanol, zweckmäßig in Ggw. eines niedrigsd., organ. Lösungsmittels. — α-(α′-Naphthyl)-n-buttersäure gibt in trockenem Isopropanol mit Piperidinoäthylchlorid unter Erhitzen nach 40 Std. *β-Piperidinoäthyl-α-(α′-naphthyl)-n-butyrathydrochlorid*, F. 139—140°. — *β-Morpholinoäthyl-α-(α′-naphthyl)-n-butyrathydrochlorid*, F. 167—168°. — *β-Piperidinoäthyl-α-naphthylacetathydrochlorid*, F. 122—124°. — *β-Morpholinoäthyl-α-naphthylacetathydrochlorid*, F. 131—132°. — *β-Piperidinoäthyl-α-(α′-naphthyl)-propionathydrochlorid*, F. 115—117°. — *β-Morpholinoäthyl-α-(α′-naph-*

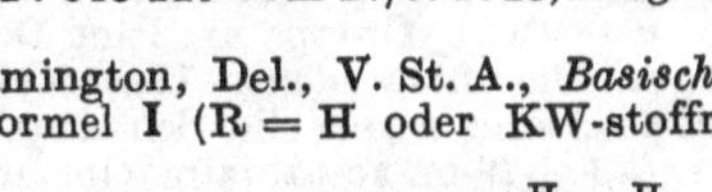

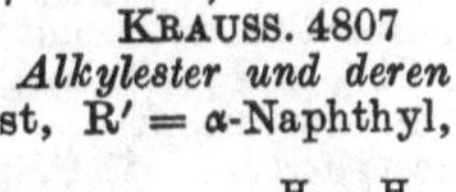

thyl)-propionathydrochlorid, F. 148—149°. — *β-Piperidinoäthyl-α-(α'-naphthyl)-phenylacetathydrochlorid,* F. 167—168°. — *β-Morpholinoäthyl-α-(α'-naphthyl)-phenylacetathydrochlorid,* F. 110°. — *α-(α'-Naphthyl)-n-pentanoat, -n-hexanoat.* — *α-Piperidinopropyl-α-(α'-naphthyl)-n-hexanoat, Hydrobromid.* — *β-Piperazinoäthyl-α-naphthylacetat.* — *α-Thiomorpholinopropyl-α-(α'-naphthyl)-propionat.* — *δ-Piperidinobutyl-α-(α'-naphthyl)-n-butyrat.* — *β-Thiomorpholinoäthyl-α-(α'-naphthyl)-n-pentanoat.* — *β-Piperidinoäthyl-α-(α'-naphthyl)-cyclohexylacetat* usw. Die Prodd. sind noch in Verdünnungen von $1:1\cdot10^6$ bis $4\cdot10^6$ *antispasmolyt.* am Kaninchendarm wirksam. (**E. P. 647 846** vom 28/2. 1948, ausg. 20/12. 1950. A. Prior. 26/2. 1944.) KRAUSS. 4807

Parke, Davis & Co., übert. von: **Harry M. Crooks jr.**, Detroit, **Nickolas D. Jenesel**, Dearborn, und **William R. Coleman**, Grosse Pointe, Mich., V. St. A., *Gewinnung von Salzen des d-Tubocurarins* (I) mit Mineralsäuren durch Behandlung von wss. Curareextrakten mit Aktivkohle, Eluieren des I-Salzes mit in W. lösl. Alkoholen oder Ketonen, die nicht über 10% W. enthalten, u. weitere Reinigung über das Pikrat u. einen mit Mineralsäure beladenen Kunstharzionenaustauscher. — Beispiel für Gewinnung von I aus wss. Extrakt von Chondrodendron tomentosum. — *Therapeut. Verwendung.* (**A. P. 2 600 539** vom 21/4. 1947, ausg. 17/6. 1952.) K. HEINZE. 4807

Allen & Hanburys Ltd., London, England, *Salze und Ester des d-Tubocurarins* (I) erhält man durch dessen Rk. mit Carbonsäuren, die mindestens 2 COOH-Gruppen u. 5—13 C enthalten, oder deren Monoestern, die mindestens noch 1 freie COOH-Gruppe besitzen. Man macht z. B. I aus einer Lsg. von 1,193 (g) seines Hydrochlorids in 800 cm^3 W. durch Erwärmen mit einem geringen Überschuß von frisch gefälltem AgOH frei, filtriert, gibt 0,65 Schleimsäure zu, löst diese unter Schütteln u. erhält eine Lsg. von *schleimsaurem* I vom p_H 5, die nach Filtrieren u. Verdünnen mit 1 Liter W. für *Injektionen* geeignet ist. Geeignete Carbonsäuren sind z. B. auch Adipin, Pimelin-, Kork-, Azelain- u. Sebacinsäure. (**E. P. 643 425** vom 17/6. 1948, ausg. 20/9. 1950.) MÜLLER-MEININGEN. 4807

Glaxo Laboratories Ltd., Greenford, übert. von: **Ronald Major Evans**, Ickenham, und **Patrick Gadsden Jones**, London, England, *6-Methyl-8-(1'-oxy-2'.6'.6'-trimethylcyclohexyl)-octa-3.5.7-trien-2-on,* $C_{18}H_{28}O_2$, der nebenst. Formel, $Kp._{10^{-4}}$ 130°, n_D^{15} 1,5773, erhält man durch Oxydation von 6-Methyl-8-[1'-oxy-2'.6'.6'-trimethylcyclohexyl-(1')]-octa-3.5.7-trien-2-ol mit MnO_2 in Ggw. eines Lösungsm. (PAe., Chlf., Bzl., CCl_4, Aceton, Dioxan) bei 0—80° unter N_2. *Semicarbazon,* $C_{19}H_{31}O_2N_3$, F. 213—215°. Zwischenprod. für *Vitamin-A-Synthese.* (**A. P. 2 614 124** vom 4/12. 1951, ausg. 14/10. 1952. E. Prior. 19/12. 1950.) KRAUSS. 4809

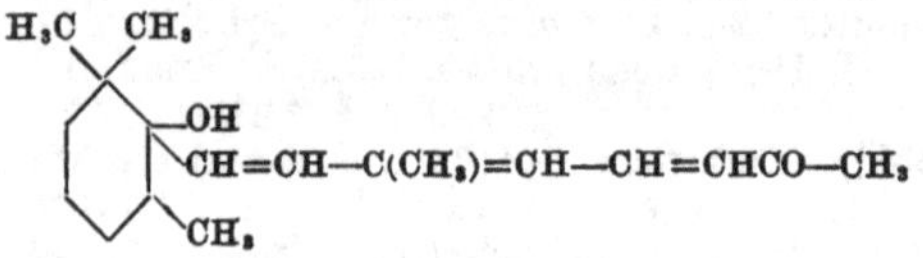

Farbwerke Hoechst, vormals Meister Lucius & Brüning (Erfinder: **Fritz Lindner** und **Adolf Mager**), Frankfurt/M., *Herstellung in Wasser leichtlöslicher Rutinderivate,* dad. gek., daß man Rutin (I) in alkal. Medium mit Halogenkohlensäurealkylestern, z. B. Chlorkohlensäureäthylester umsetzt. Die Wasserlöslichkeit der entstandenen Rutinester ist mehrtausendfach größer als die von I, die Vitamin-P-Wirksamkeit bleibt gleich. (**D. B. P. 865 142** Kl. 12q vom 15/7. 1949, ausg. 29/1. 1953.) LÜTTGEN. 4809

Farbwerke Hoechst, vormals Meister Lucius & Brüning, Frankfurt/M.-Höchst (Erfinder: **Josef Schmidt-Thomé,** Frankfurt/M.-Unterliederbach), *Amine bzw. Acetylamine der Cyclopentanopolyhydrophenanthrene* (I). Gesätt. oder ungesätt., substituierte oder unsubstituierte I mit einer $-COCH_3$-Gruppe am Ring D werden nach BECKMANN mit $POCl_3$ u. Pyridin abgebaut. Die entstandenen 17-Acetylamine werden zu den freien Aminen verseift u. erforderlichenfalls über die Benzalverbb. gereinigt, bzw. 17-Amine acetyliert. — Δ^5-Pregnen-3β-ol-20-on-acetatoxim gibt in Pyridin mit $POCl_3$ bei 0° 3-Acetoxy-17-acetylamino-Δ^5-androsten, F. 193°, in 95%ig. Ausbeute; dieses liefert mit NaOH in A. beim Erhitzen auf 180° 3-Oxy-17-amino-Δ^5-androstenacetat, F. 227 bis 230°, bzw. *3-Oxy-17-amino-Δ^5-androsten,* F. 162°. — *3-Oxy-17-acetylamino-Δ^5-androsten,* F. 268—271°. — Allopregnan-3β-ol-20-on-acetatoxim → 3-Acetoxy-17-acetylaminoandrostan, F. 195—196°, → *3β-Oxy-17-aminoandrostan,* F. 150°, → 3-Oxyandrostan-17-aminacetat, F. 228°. — Pregnan-3β-ol-20-onacetatoxim → 3β-Acetoxy-17-acetylaminoätiocholan, F. 193°, → *3β-Oxy-17-aminoätiocholan,* F. 164°. — *Heilmittel* oder Zwischenprodukte. (**D. B. P. 871 010** Kl. 12o vom 31/3. 1951, ausg. 21/5. 1953.) KRAUSS. 4809

Simon Lyon Ruskin, New York, N. Y., V. St. A., *Therapeutisch wirksame Penicillinverbindungen* erhält man durch Rk. von Penicillin (I) mit Harnstoff u. dessen Derivv., z. B. Harnstoffcitrat oder Keratinadenylat, oder mit Ephedrin, Desoxyephedrin,

Adrenalin, Amphetamin in geeigneten Lösungsmitteln u. Kristallisation. (**E. PP. 661 358** u. **661 359,** beide vom 27/2. 1948, ausg. 21/11. 1951. A. Priorr. 24/2. u. 25/5. 1945.) Schindler. 4811

Simon Lyon Ruskin, New York, N. Y., V. St. A., *Stabile Penicillinsulfonamidverbindungen* erhält man durch Rk. eines Penicillins (**I**) oder dessen Salzes mit Sulfanilamid, Sulfathiazol, Sulfadiazin, Sulfamerazin, Sulfapyridin u. Sulfaguanidin oder deren Salzen in einem Lösungsmittel. — Na-**I** gibt mit Sulfathiazolascorbat in warmem, absol. Methanol nach dem Kühlen, Filtrieren u. Umfällen aus Methanol gelbes, kristallines *Sulfathiazol*-**I**, das als *Puder* für *Wundhöhlen* in der Nase u. im Rachen geeignet ist. (**E. P. 661 357** vom 27/2. 1948, ausg. 21/11. 1951. A. Prior. 24/2. 1945.) Krauss. 4811

Schenley Industries, Inc., Del., übert. von: **Walter A. Winsten,** Forest Hills, N. Y., V. St. A., *Entfernen von Histamin und histaminhaltigen Stoffen aus wässerigen Streptomycinlösungen* durch Behandeln mit Br_2 in nichtalkal. Medium bei n. Temp. während 15 Min. bei p_H 7. Br_2 ist in Chlf. gelöst. Das Antibioticum wird dann an A-Kohle adsorbiert u. mit saurem organ. Lösungsm. eluiert. (**A. P. 2 609 369** vom 2/10. 1948, ausg. 2/9. 1952.) Schindler. 4811

General Aniline & Film Corp., New York, N. Y., übert. von: **Joseph M. Wilkinson, George W. Pedlow** und **Robert W. Wynn,** Easton, Pa., V. St. A., *α-Brom-p-nitroacetophenon* (**I**). Man setzt Styrol in Ggw. von NaOH mit Methanol u. Cl_2 um, nitriert das Reaktionsprod. mit einem 30 (%) HNO_3, 60 H_2SO_4 u. 10 W. enthaltenden Gemisch bei 0 bis -3^0, spaltet durch Einw. von methanol. NaOH-Lsg. aus der gebildeten Mononitroverb. HCl ab, trennt das erhaltene *4-Nitro-α-methoxystyrol,* F. 84°, ab, hydrolysiert es mit etwas W. enthaltender Essigsäure zu *p-Nitroacetophenon* u. bromiert dieses zu **I**, F. 97°. — *Zwischenprod.* zur Herst. von *Chloromycetin.* (**A. P. 2 619 505** vom 11/7. 1950, ausg. 25/11. 1952.) Brösamle. 4811

Ohio State University Research Foundation, Columbus, übert. von: **Melville Lawrence Wolfrom,** Columbus, O., und **Stephan Munzo Olin,** Elkhart, Ind., V. St. A., *Streptamin.* Man setzt N-Acetyl-D-glucosamin mit C_2H_5SH um, behandelt das gebildete *N-Acetyl-D-glucosamindiäthylthioacetal* mit $HgCl_2$ u. HgO, setzt das erhaltene *Äthyl-2-desoxy-2-acetamido-α-D-glucothiofuranosid* mit $Pb(OCOCH_3)_4$ um, behandelt das Reaktionsprod. mit CH_3NO_2, trennt das erhaltene Gemisch von *Äthyl-2.6-didesoxy-2-acetamido-6-nitro-α-D-glucothiofuranosid* u. *Äthyl-2.6-didesoxy-2-acetamido-6-nitro-β-L-idothiofuranosid* durch fraktionierte Kristallisation, entfernt die Mercaptogruppe der höherschm. Form, kondensiert diese intramol., hydriert u. acetyliert zu *Streptaminhexaacetat* u. hydrolysiert dieses zu *Streptamin.* — Reaktionsschema. (**A. P. 2 590 831** vom 19/4. 1949, ausg. 25/3. 1952.) Brösamle. 4811

Burroughs Wellcome & Co. (U.S.A.), Inc., Tuckahoe, übert. von: **Richard Baltzly,** New York, und **Emil Lorz,** Yonkers, N. Y., V. St. A., *Cinnamamidine* der allg. Formel $C_6H_5CH{:}CH{\cdot}C({:}NH){\cdot}NR_2$ u. deren *nichttox. Salze* (z. B. mit HCl, HBr, H_2SO_4, H_3PO_4, Äpfel-, Bernstein-, Milchsäure) erhält man durch Kondensation eines Halogen-Mg-dialkylamids (hergestellt z. B. aus $C_2H_5MgBr + R_2NH$) mit dem entsprechenden Zimtsäurenitril (R = Alkyl mit 2—6 C-Atomen). — C_2H_5MgBr wird mit Di-n-butylamid u. Zimtsäurenitril 2 Std. erhitzt u. die Reaktionsmischung mit NH_4Cl zers., wodurch man *N.N-Di-n-butylca.* (*Cinnamamidin = „ca."*) erhält, F. 204°. — *N.N-Diäthyl-4-chlorca.* — *N.N-Di-n-butyl-4-methoxyca.*, F. 214°. — *N.N-Di-sek.-butyl-2-methoxyca.* — *N.N-Di-sek.-butyl-4-äthoxyca.* — *N.N-Di-n-butyl-3.4-dimethoxyca.*, F. 185—186°. — *N.N-Di-n-propyl-3.4-diäthoxyca.* — *N.N-Di-n-butyl-2.5-dimethoxyca.*, F. 192°. — *N.N-Di-n-hexyl-2.3-dimethoxyca.* — *N.N-Di-n-hexyl-3.4-methylendioxyca.* — *Lokalanästhetica* für *Veterinärzwecke.* (**A. P. 2 575 991** vom 24/3. 1949, ausg. 20/11. 1951.) Krauss. 4815

Vincenzo Carelli, Appunti di saggi della farmacopea. Anno accademico 1950—1951. Roma: Ed. dell' Ateneo. 1951. (292 S. m. Abb.) L. 1650,—.

G. Schmidt (Edmund Schmidt), Lehrbuch der homöopathischen Arzneimittel. Geordnet nach anatomischen, physikalischen u. pathologischen Gesichtspunkten. Zum Selbststudium f. prakt. Ärzte und Studierende d. Medizin. 3. völlig neu bearb. Aufl. von Karl Saller. Saulgau (Württ.): Haug. 1952. (400 S.) 8°. DM 24,—.

G. Analyse. Laboratorium.

Rustum Roy und **E. F. Osborn,** *Einige einfache Hilfen bei der hydrothermalen Untersuchung von Mineralsystemen.* Beschreibung einer einfachen App. zur Erzeugung hoher Drucke für die Zerkleinerung in Stabmühlen unter hohen Drucken u. Temperaturen. Änderung an den Druckkammern. (Econ. Geol. **47.** 717—21. Nov. 1952.) Ensslin. 5016

S. Patai, *Manometrische Messung der Gasentwicklung bei Hochtemperaturreaktionen.* Beschreibung eines App. mit Gaskammer in einem Ofenblock, nach unten führendem Ansatzrohr, in dem auf einem Glasschwimmer (auf Hg) der Substanzbecher aufgesetzt wird, u. Meßschenkel des Hg-Manometers. Der App. wird durch das Manometer hindurch evakuiert u. die Substanz durch Heben des Niveaugefäßes in den Reaktionsraum eingeführt. Die Druckänderungen werden bei konstant gehaltenem Gasvol. u. sehr kleinem schädlichem Raum von höchstens 1,5% auf $\pm$0,25 mm Hg genau abgelesen. (Experientia [Basel] **8.** 76—78. 15/2. 1952. Jerusalem, Hebrew Univ., Dep. of Chem.) Blumrich. 5016

J. Lange und **J. Bergå,** *Präzisionsgefrierpunktsmessungen in HCN als Lösungsmittel.* Es wurde eine Anordnung für kryoskop. Messungen in HCN unter Verwendung eines Widerstandsthermometers entwickelt, die eine erheblich höhere Präzision liefert als entsprechende Messungen mit dem Beckmann-Thermometer. Die Meth. wird genau beschrieben. Zur Erprobung wurden mit Erfolg Messungen an *Harnstoff, KJ, N(CH)$_4$-Jodid* u. *N(CH$_3$)$_4$-Pikrat* durchgeführt. (S.-B. österr. Akad. Wiss., math.-naturwiss. Kl., Abt. IIb **159.** 921—38. 1950. Wien, Univ., I. chem. Labor.) Gottfried. 5018

G. Nief, *Differentialmethoden zum Nachweis von Vakuumundichtigkeiten.* Vf. nimmt Bezug auf eine von Blears u. Leck (vgl. C. **1952.** 5311 u. 6101) beschriebene Meth. zur Entdeckung von Vakuumundichtigkeiten u. beschreibt ein etwas abweichendes Verfahren. Bei der Meth. des Vf. besteht das Manometer aus einer einzelnen Ionisationskammer, die durch eine Falle mit fl. Luft geschützt ist. Von dem zu der Unters. der Undichtigkeiten verwendeten Gas muß verlangt werden, daß es bei der Temp. der fl. Luft einen vernachlässigbaren Dampfdruck besitzt. Ist diese Bedingung erfüllt, dann wird die Ggw. des Gases durch eine Erniedrigung der Druckablesung entdeckt, unabhängig von seiner Natur. Vf. benutzte als Gas CO_2. Die kleinste Druckänderung, die Vf. beobachten konnte, betrug $2 \cdot 10^{-8}$ mm Hg bei einem Restdruck von $2 \cdot 10^{-5}$ mm Hg. (Brit. J. appl. Physics **3.** 29. Jan. 1952. Fontenay-aux-Roses, Seine, Commiss. à l'Énergie Atom., Labor. de Chim.-Phys.) Gottfried. 5026

G. A. Geach und **D. Summers-Smith,** *Laboratoriumslichtbogenofen zum Schmelzen von Metallegierungen, die feuerfeste Metalle der Übergangsreihe enthalten.* (Metallurgia [Manchester] **42.** 153—56. Aug. 1950. Aldermaston, Berkshire, Assoc. Electr. Ind. Ltd.) Habbel. 5028

F. Hernández-Gutiérrez, *Das Bleisulfamat bei der Bestimmung von Dichten.* Es wird die Anwendung der gesätt. wss. Lsg. von Bleisulfamat (144,20 g/100 g W. bei 16°) als Suspensions-Fl. für die Best. der D. von organ. Verbb. nach der Davyschen Meth. bis zur D. von 1,819 bei 16° vorgeschlagen. (An. Real Soc. españ. Física Quím., Ser. B. **46.** 325—28. Mai 1950. Barcelona, Fac. de Farm., Inst. „Alonso Barba", Sec. de Quím. Anal. Farmacéut.) Förster. 5042

Rune Gandahl, *Die Hydrometermethode.* Das Hydrometer ist ein Sinkkörper von der Art der Areometer, der zur Messung der D. einer Bodensuspension verwendet wird. Vf. beschreibt eine neue Ausführung in Stromlinienform u. ihre Anwendung. Für die Ermittlung der Korngrößen wird ein Nomogramm entwickelt, für die Korrekturen eine Tabelle gegeben. Für standardisierte Sedimentationszylinder wird ein Schüttelapp. verwendet. Die Vorbereitung der Proben u. der Analysengang werden beschrieben. (Geol. Fören. Stockholm Förh. **74.** 497—512. Nov./Dez. 1952.) R. K. Müller. 5042

Gerhard Hübner, *Ein neues Luftbad für das Laboratorium.* Beschreibung eines in fünf Einzelteile aufgegliederten Luftbads, das ohne Lösen von Schrauben, durch Auswechseln der Aufsätze alle im Labor. vorkommenden Heizprobleme zu lösen gestattet. (Chemiker-Ztg. **76.** 67. 5/2. 1952.) Steiner. 5046

Rudolf K. Zahn, *Einfacher Fraktionssammler zum Selbstbau.* Die zu sammelnde Fl. wird durch einen Zuführungsschlauch von hinreichend kleinem Totvol. einer beweglichen Tropfvorr. zugeführt, die sich längs eines Gleitdrahts über die feststehenden Sammelgefäß hinwegbewegt. Zum Antrieb kann die Trommel eines Kymographions benützt werden. (Chemie-Ing.-Techn. **24.** 620. Nov. 1952. Frankfurt/M., Univ., Chem. physiol. Inst.) Steiner. 5048

Wilhelm Bockemüller und **Rolf Rebling,** *Apparatur für präparative Elektrophorese.* Beschreibung einer präparativen Elektrophoresesäule (PE-Säule), die aus Füllkammer von 4 ml Inhalt oder mehr zur Aufnahme der zu trennenden Lsg. u. Aufteilungskammer, die mit einer 20 cm hohen, ein Capillarsyst. darbietenden Füllmasse (Papierbrei, Glas- oder Quarzpulver, Seesand, $CaCO_3$) beschickt wird, besteht u. in die mit Pufferlsg. gefüllte, die Elektroden enthaltende App. eingesetzt wird, um bei einem Spannungsabfall innerhalb der PE-Säule von 55 V mit einer Stromstärke von 40 mA eine Trennung nach dem Tiselius-Prinzip durchzuführen. Bei der Fraktionierung von *Humanserum* diente mol./15 Veronal-Na-Lsg. + Veronal (p_H 8,6) als Puffer. Nach 28 Std. hatte die *Albumin*-Fraktion die Säule großenteils durchlaufen, die Trennung war also beendet. Die Säule wurde aus der App. entnommen u. nach Fraktionen aufgeteilt (s. Original). Von insgesamt 221 mg Serumeiweiß wurden nach Verwerfung der Mischfraktionen 57,7% als einheitliche Proteine (Albumin, α_1-, α_2-, β- u. γ-*Globulin*) wiedergewonnen. (Chemie-Ing.-Techn. **24.** 617—19. Nov. 1952. Frankfurt/M., Georg-Speyer-Haus, Chemotherapeut. Forschungsinst.) Metzener. 5054

David M. Tennent und **Michael Kniazuk**, *Verbesserungen einer Apparatur für die Konvektionselektrophorese.* Vff. beschreiben mit allen techn. Einzelheiten eine App. zur elektrophoret. Trennung von Polyelektrolyten. Im Gegensatz zu den bisherigen Anordnungen, besteht die Zelle aus einem einzigen Cellophansack, der durch eine geeignete Halterung in einen oberen u. unteren Teil u. den Verbindungskanal geteilt ist. Zur Umwälzung der Pufferlsg. wird eine Automobilbrennstoffpumpe benutzt. Die elektr. Daten für diese App. werden ebenfalls mitgeteilt. (Analytic. Chem. **24.** 1661—62. Okt. 1952. Rahway, N. J., Merck Inst. for Therapeut. Res.) G. Heinrich. 5054

J. Edelman und **R. V. Martin**, *Eine einfache automatische Vorrichtung zum Auffangen von Fraktionen bei der präparativen Chromatographie.* Mehrere vertikal angeordnete u. untereinander durch Schlauchstücke verbundene Glaskugeln wurden durch die aus der Säule ablaufende Fl. nacheinander gefüllt u. jede volle Kugel durch einen Schwimmer automat. verschlossen. Die Kugeln werden durch Lösen der Schlauchverbindung voneinander getrennt. (Biochem. J. **50.** XXI—XXII. Jan. 1952. London, Res. Inst. of Plant Physiol., Imp. Coll.) Fresenius. 5062

Imre Berty, *Die Messung der ultravioletten Strahlung.* Übersicht über die UV-Meßmethoden, -Filter u. -Brenner. (Magyar Kémikusok Lapja [Z. Ver. ung. Chemiker] **8.** 14—20. Jan. 1953. Vác, Ungarn, Optik. Kutató Fotokém. Int.) v. Pilinszky. 5063

Micheline Salle und **Boris Vodar**, *Planung eines Monochromators mit Konkavgitter und schräger Incidenz für das ferne Ultraviolett.* Das Prinzip des Instrumentes wird beschrieben, bei welchem der Einfallswinkel des Lichtes u. die Lage des Austrittsspaltes konstant bleiben u. die Dispersion mit abnehmender Wellenlänge ansteigt. (C. R. hebd. Séances Acad. Sci. **230.** 380—82. 2/1. 1950.) Eichhoff. 5063

Isao Takahashi, Akira Okaya, Toru Ogawa und **Tsuneo Hashi**, *Über das Mikrowellenspektroskop mit 1,5 cm Wellenlänge.* Beschreibung der Konstruktion des App., der die 3 cm-Welle eines Signaloscillators zum Teil in 1,5 cm-Wellenenergie umwandelt, die der Absorptionszelle zugeführt u. dort gemäß dem Absorptionscharakter in ihrer Amplitude verändert wird. Die ausgestrahlte Energie wird mittels eines Kristalldetektors u. Verstärkers einem Oscillographen zugeführt. Ein anderer Teil der 3 cm-Wellenenergie dient der Messung der Wellenlänge. Der Druck in der Absorptionszelle kann bis auf 10^{-6} mm gebracht werden. (Bull. Inst. chem. Res., Kyoto Univ. [Kagaku Kenkyusho Hokoku] **22.** 75. Sept. 1950. [Orig.: engl.]) Metzener. 5063

J. Noar, *Ein Nomogramm für photographische Spektralphotometrie.* Ausgehend von der photometr. Gleichung $S = S_m + AE^B$, worin S den „Seidel"-Wert, A, B u. S_m Konstanten u. E die Exposition bzw. bei gleichen Zeitfaktor die Intensität I bedeuten, ergibt sich für ein Intensitätsverhältnis (I.V.) der Ausdruck $(S_x - S_m)/(S_y - S_m) = (I_x/I_y)^B$. Die Variablen lassen sich in einem Z-Nomogramm verbinden, welches die schnelle Best. des I.V. aus den gemessenen Werten S_x u. S_y gestattet. Erläuterung des Verf. zur Aufstellung derartiger Nomogramme für den Vgl. homochromer Intensitäten aus Aufnahmen mit einem Dreistufenfilter der Durchlässigkeiten 1—4—16. (Photographic J., Sect. B **91.** 99—101. Sept./Okt. 1951. Shell Refining and Marketing Co., Ltd.) Eichhoff. 5063

Philip B. Sweetser und **Clark E. Bricker**, *Direkte spektrophotometrische Titrationen mit Bromat–Bromid-Lösungen.* Die Endpunktserkennung bei bromometr. Titrationen mittels eines irreversiblen Indicators ist unsicher. Indicatorfehler u. Neben-Rkk. werden vermieden, wenn man den Endpunkt spektrophotometr. ermittelt. Durch Wahl einer geeigneten Wellenlänge kann die Titration im Konzentrationsbereich 0,25 bis 0,001 n BrO_3'–Br'-Lsgg. mit einer Genauigkeit von ca. 0,3% ausgeführt werden. Es wird eine einfache Meth. unter Berücksichtigung der Reaktionsgeschwindigkeiten u. Empfindlichkeit des Syst. gegen Bromüberschuß mit Anwendungsbeispielen für die Addition von Br an einige olefin. Verbb., für die Substitution von Phenolen u. Aminen sowie für die gleichzeitige Best. von As u. Sb in Gemischen beschrieben. (Analytic. Chem. **24.** 1107—11. Juli 1952. Princeton, N. J., Princeton Univ., Dep. of Chem.) Schöttler. 5066

Robert v. Rice, Saverio Zuffanti und **W. F. Luder**, *Säuren und Basen. Reaktionen mit Indicatoren in aprotischen Lösungsmitteln.* Vff. untersuchen den Einfl. verschied.

Verbb. auf eine Anzahl bei der Säure–Basen-Titration verwendete Indicatoren, die in aprot. Lösungsmitteln wie *Bzl.*, *Chlorbenzol* u. *1.2-Dichloräthan* gelöst sind. Für die Unterss. werden $SnCl_4$, $AlBr_3$, $FeCl_3$ u. $Al(OC_2H_5)_3$ u. eine Reihe anderer organ. u. anorgan. Säuren u. Basen als zu titrierende Verbb., *Phenolphthalein, Thymolblau, Bromkresolgrün, Bromkresolpurpur, Methylorange, Malachitgrün, Kristallviolett* u. *Buttergelb* als Indicatoren verwendet. (Analytic. Chem. **24.** 1022—24. Juni 1952. Boston, Mass., Northeastern Univ.) GEDSCHOLD. 5068

John H. Fossum, Peter C. Markunas und **John A. Riddick,** *Tris-(oxymethyl)-aminomethan als Urtiter in der Acidimetrie. Tris-(oxymethyl)-aminomethan* (**I**) kann als Urtiter zur Einstellung starker Säuren verwendet werden. Vff. geben genaue Vorschriften zur Reinigung von **I** u. Titrationsergebnisse. Der Äquivalenzpunkt liegt bei p_H 4,7 (0,5 g **I** in 50 ml W. mit 0,1 nHCl potentiometr. titriert). Als Indicator können *p-Sulfo-o-methoxybenzolazodimethyl-1-naphthylamin* (**II**), *Äthylorange* u. ein Mischindicator aus 1 : 1 *Bromkresolgrün* : *Na-Alizarinsulfonat* verwendet werden. **II** ist vorzuziehen. **I** ist kaum hygroskop. zieht kein CO_2 an, darf aber nicht über 103° längere Zeit getrocknet werden. Die Dissoziationskonstante beträgt $1{,}202 \cdot 10^{-6}$ bei 25°. (Analytic Chem. **23.** 491—93. März 1951. Terre Haute, Ind., Commercial Solvents Corp.) MOSLÉ. 5070

G. Upazzoli, *Schnelle Feuchtigkeitsbestimmung.* Hinweis auf die halbautomat. „Termobilancia a torsione Buehler" (Thermotorsionswaage), mit der Proben zwischen 10 u. 50 g bei Tempp., die zwischen 50 u. 200°, vorzugsweise 130°, eingestellt werden können, sehr schnell getrocknet werden u. die nach Wägung der Probe auf einer tarierten Scheibe den Gewichtsverlust während des Trocknens durch einen Torsionsmechanismus anzeigt. (Chimica [Milano] [N. S.] **7.** 97—98. März 1952.) METZENER. 5074

Bernard Vonnegut und **Raymond Neubauer,** *Nachweis und Messung von Aerosolteilchen mit Hilfe eines elektrisch geheizten Drahtes.* Vff. benutzen die Abkühlung, die ein dünner heißer Draht aus *Ni, W* oder *Pt* beim Auftreffen eines verdampfbaren Nebelteilchens durch dessen Verdampfung erfährt. Diese Abkühlung bewirkt eine Widerstandserniedrigung, die sich in einen Strom- bzw. Spannungsimpuls verwandeln läßt, wobei die Impulse gezählt werden u. Aufschluß über die Konz. u. Größe der Teilchen sowie über die Massenkonz. der dispersen Phase geben. Der App., durch den ein mit Nebeltropfen beladener Luftstrom konstanter Gechwindigkeit gesaugt wird, u. die elektr. Einrichtung sowie eine Vorr. zur Erzeugung von Wassertropfen einheitlicher Größe mit Hilfe einer vibrierenden Capillare werden beschrieben. Geprüft werden die Zusammenhänge zwischen Impulsamplitude, Teilchengröße, Luftgeschwindigkeit u. Drahttemperatur. In ähnlicher Weise lassen sich auch Eiskristalle zählen sowie Nebel aus anderen verdampfbaren Substanzen wie *Äthylenglykol, Petroleum, A.* u. *Naphthalin.* Die Wrkg. oxydierbarer Teilchen sowie der Einfl. der Drahtzus. u. Dicke werden diskutiert. Es können 1000 u. mehr Teilchen/Sek. gezählt werden. (Analytic. Chem. **24.** 1000—05. Juni 1952. Schenectady, N. Y., General Electric Res. Labor.)
WEITBRECHT. 5088

a) Elemente und anorganische Verbindungen.

E. Dannenberg, *„Rapidanalyse" — Nitritnachweis mit Trockenreagens.* Zur Bereitung eines Nitrittrockenreagenses wird 0,1 g α-Naphthylamin in A. gelöst u. ein Gemisch von 0,5 g Sulfanilsäure u. 6 g Weinsäure damit übergossen. Nach dem Trocknen wird zerrieben u. in dunklem Glas aufbewahrt. Haltbarkeit unbegrenzt. (Münchener med. Wschr. **95.** 608. 22/5. 1953. Santiago del Estero, Argent., Hosp. Mixto.)
FRESENIUS. G 243

Gerald C. Whitnack, Clifford J. Holford, E. St. Clair Gantz und **G. B. L. Smith,** *Bestimmung von Stickoxyd und Stickstofftetroxyd in Mischungen.* In der von Vff. beschriebenen, der Formhaltung von Luft u. W. dienenden Vorr. werden NO u. NO_2 nebeneinander derart bestimmt, daß die Gasmischung sehr langsam durch einen N_2-Strom in 95%ig. H_2SO_4 geleitet wird. Hierbei reagieren äquivalente Mengen NO u. NO_2 als N_2O_3 u. liefern mit H_2SO_4 neben W. nur Nitrosylschwefelsäure (**I**), während überschüssiges NO_2 neben **I** noch HNO_3 ergibt. Überschüssiges NO dagegen wird nicht absorbiert, sondern reagiert erst in einem zweiten Absorptionsgefäß, welches mit 95%ig. H_2SO_4 u. einigen ml HNO_3 beschickt ist, zu **I**. Durch Best. des Gesamtstickstoffes im Nitrometer nach LUNGE u. durch manganometr. Titration des Nitrosylstickstoffes in beiden Adsorbern kann das Verhältnis NO : NO_2 ermittelt werden. (Analytic. Chem. **23.** 464—67. März 1951. Inyokern, Calif., US Naval Ord. Test Stat., Anal. Chem. Branch.)
MOISAR. G 243

Hans-Joachim Staemmler, *Eine neue quantitative Mikrobestimmung der Chloride bis zu wenigen Gamma Cl/cm³.* Chlorion wird mit **Hg(I)**-Salz (**I**) gefällt. Der Überschuß von

I wird mit $KMnO_4$ bei saurer Rk. zu Hg(II)-Salz (II) oxydiert u. der Überschuß von $KMnO_4$ mit Glucose beseitigt. II wird nach STOCK (Z. angew. Chem. **39.** [1926.] 791 u. **41.** [1928.] 546) mit Diphenylcarbazon im PULFRICH-Photometer mit Filter S 53 bestimmt u. der Cl′-Wert aus einer Eichkurve entnommen. Meth. ist anwendbar für 1—20 γ Cl′/cm³. Mittlerer Fehler im Bereich von 6—20 γ $\pm$11,2%. (Biochem. Z. **323.** 74—77. 1952. Kiel, Univ., Physiol.-chem. Inst.) FRESENIUS. G 247

Hans Oberle, *Zur gravimetrischen Bestimmung der Kohlensäure.* Vf. schlägt vor, bei der gravimetr. Best. von CO_2 mit Natronkalk den letzten Teil des Natronkalkrohres mit Natronasbest zu füllen. Diese ursprünglich graue Natronasbestfüllung färbt sich bei Zutritt von CO_2 durch Bldg. von Carbonat weiß. Man hat so einen Indicator, der anzeigt, wann die Natronkalkfüllung verbraucht ist. Eine Füllung nur mit Natronasbest wird nicht empfohlen, da dieser leicht zusammenbackt u. dadurch den CO_2-Strom hemmt. (Chemiker-Ztg. **76.** 522. 5/8. 1952. Frankfurt/M., Labor. der Stadtwerke.) PLUSKAL. G 260

A. A. Smales und **B. D. Pate,** *Die Bestimmung von Submikrogrammengen Arsen mittels Radioaktivierung. Allgemeine Methode und Anwendung für Germaniumdioxyd.* Vff. beschreiben eine Meth., bei welcher die durch Neutronenbeschuß erfolgende Umwandlung des stabilen ^{75}As in ^{76}As ($T_{1/2}$ = 26,8 Std.) (vgl. C. **1953.** 4742) benutzt wird, um äußerst geringe Mengen As zu bestimmen. Die zur Abtrennung des As nach der Bestrahlung in dem HARWELL-Meiler gewählte Meth. ist der von IRVINE (J. physic. Chem. **46.** [1942.] 910) sehr ähnlich u. besteht (nach Zugabe einiger mg inakt. As als Träger) im Abdestillieren des As als $AsCl_3$ aus HCl-Lsg. in Ggw. von freiem, durch H_2O_2-Einw. gebildetem Cl_2, nochmaligem Destillieren in Ggw. von HBr sowie Ausfällen als elementares As aus dem zweiten Destillat durch Zugeben von Ammoniumhypophosphit. Mögliche Fehlerquellen werden besprochen. Die Meth. wird an Hand der Best. von As in wss. Na-Arsenitlsgg. geprüft u. gestattet in einfachen Fällen die Best. von bis zu 10^{-10} g As. — Bei der Best. von As in GeO_2 wird die Empfindlichkeit der Meth. durch den Umstand, daß bei der Neutronenbestrahlung aus Ge ebenfalls ^{76}As bzw. akt. ^{77}As entsteht, etwas eingeschränkt; immerhin können noch 0,01 p.p.m. As leicht bestimmt werden. (Analytic. Chem. **24.** 717—21. April 1952. Harwell, Atom. Energy Res. Establ.) GEDSCHOLD. G 265

A. K. Babko und **Je. W. Romanischina,** *Kalkmethode zur Bestimmung der Alkalimetalle in Silicaten.* Analysengang zur beschleunigten Best. von Alkalimetallen (*K* u. *Na*) in Silicatgesteinen. Eine Einwaage wird mit HF versetzt, wobei man nach dem Abdampfen Fluoride, wie AlF_3, CaF_2 u. a. erhält oder Silicofluoride wie Na_2SiF_6. Der Trockenrückstand wird mit einem Überschuß von $Ca(OH)_2$ bearbeitet, wobei sich einige Fluoride in Hydroxyde umwandeln, während andere in ungelöstem Zustande verbleiben; die Silicofluoride zerfallen unter Bldg. von unlösl. CaF_2 u. $CaSiO_3$ u. die Alkalimetalle gehen als Hydroxyde in Lösung. Der Geh. an Alkalimetallen wird zuletzt titrimetr. mit 0,1nHCl bestimmt. (Заводская Лаборатория [Betriebs-Lab.] **16.** 1417—19. Dez. 1950. Inst. für allg. u. anorgan. Chem. der Akad. der Wiss. der UkrSSR.) v. MICKWITZ. G 272

J. M. Kruse und **Warren W. Brandt,** *Untersuchung und Anwendung des Zink-1.10-Phenanthrolinkomplexes.* Die spektrophotometr. Unters. im UV zwischen 200 u. 320 mμ von *1.10-Phenanthrolin* (I) u. *Zn(II)-1.10-Phenanthrolin* (II) zeigt die p_H-Abhängigkeit u. Ähnlichkeit beider Absorptionskurven. Die Best. von *Zn* ist möglich durch die Proportionalität zwischen Zn-Konz. u. Erhöhung der durch die Komplexbldg. verursachten Absorption in den Wellenlängenbereichen von 268—273 u. 290—295 mμ. 0,002% Fe im Zn stören jedoch bereits die Bestimmung. Die mol. Absorption von II bei p_H 4,5 berechnen Vff. zu 9800 bei 270 mμ u. 2100 bei 292 mμ. Mit Hilfe der Meth. der stetigen Veränderungen wird die Existenz von 2 Komplexen bewiesen, die Zn : I im Verhältnis 1 : 2 u. 1 : 3 enthalten. — Das Polarogramm von I, aufgenommen bei p_H 6,0 mit 0,5 mol. NaCl als Elektrolyt, wird diskutiert. Der Reduktionsmechanismus ist ähnlich dem der Chinoline. — Vff. verwenden II als Anionenfällungsmittel. Von 34 untersuchten Anionen (CN′, CNO′, SCN′, ClO_4', CrO_4'', $[Fe(CN)_6]'''$, $[Fe(CN)_6]''''$, Cr_2O_7'', J′, MnO_4', MoO_4'', VO_3', WO_4'', AlO_2', AsO_3''', AsO_4''', Br′, BrO_3', ClO_3', F′, JO_3', JO_4', NO_2', NO_3', PO_4''', $[PtCl_6]''$, SO_3'', SO_4'', S_2O_3'', S_2O_8'' u. SiO_3'') geben die ersten 13 Fällungen mit II, geeignet ist das Verf. zur qualitativen u. quantitativen Best. von VO_3', MoO_4'' u. $[Fe(CN)_6]'''$ auch neben $[Fe(CN)_6]''''$. (Analytic. Chem. **24.** 1306—08. Aug. 1952. Lafayette, Ind., Purdue Univ.) BARCHET. G 288

A. Trifonov und **Chr. Schejtanov,** *Polarometrische Aluminiumbestimmung.* Da die unmittelbare polarograph. Al-Best. Schwierigkeiten bereitete, arbeiteten Vff. eine Meth. aus, kleine Al-Mengen von 0,2—25 mg Al durch „polarometr.“ Titration zu bestimmen.

Vff. fällten Al mit einem Überschuß an PO_4^{3-} u. titrierten die restlichen PO_4^{3-} mit $BiOClO_4$ nach NEUBERGER „polarometr." zurück. Das Al wurde je nach Konz. mit 10 ml 0,2 mol. bzw. 0,04 mol. oder mit 5 ml 0,02 mol. $(NH_4)_2HPO_4$-Lsg. gefällt. 5 ml der vom Nd. abzentrifugierten klaren Lsg. wurden dann mit 0,1 mol., 0,02 mol. bzw. $^1/_{120}$ mol. $BiOClO_4$-Lsg. „polarometr." titriert. Mit Hilfe von Eichkurven konnte der Al-Geh. direkt in Abhängigkeit vom Verbrauch an $BiOClO_4$ abgelesen werden. Die Meßanordnung mit Hg-Tropfelektrode entsprach dem üblichen Schema für polarograph. Messungen. Die Genauigkeit beträgt bei den konz. Lsgg. 0,2 mg bzw. 1—2%, bei den verd. Lsgg. 0,02 mg bzw. 1—10%. Störend wirken: Fe^{3+}, Th^{4+}, Ce^{4+}, Ti^{4+}, Zr^{4+}, Zn^{2+}, Mn^{2+}, Ca^{2+}, Co^{2+}, Cd^{2+}, Pb^{2+}, F^-, Cl^-, SO_4^{2-}, NO_3^-. (Collect. czechoslov. chem. Commun. **16/17**. 506—09. 1/12. 1952. Sofia, TH, Inst. für analyt. Chem.)
PLUSKAL. G 294

Toshio Sudo und **Kitaro Hayase**, *Photoelektrische Tüpfelanalyse von Antimon und Wismut.* Die prozentuale Durchlässigkeit von durch Tüpfeln auf reagensgetränktem Papier mit Sb^{3+} erzeugten Farbflecken von Molybdänblau bzw. einer BiJ_3-Cinchonin-verb. wird mit einer einfachen Einrichtung, bestehend aus Lichtquelle, Blende, Küvette mit Filterlsg. (K_2CrO_4 für Molybdänblau, $CuSO_4$ für die BiJ_3–Cinchonin-Verb.) u. Photozelle gegen das reine Filtrierpapier gemessen. Angabe von Meßdaten für 0,18 bis 12,8 γ Sb u. 0,6—29,7 γ Bi je 0,032 ml. Sb u. Bi stören einander bei diesem Verf., das bei der Unters. von sulfid. Bi–Sb-Mineralien angewendet wurde, nicht. (Science [Washington] **113**. 11—12. 5/1. 1951. Tokio, Univ., Geol. Inst., Fac. of Sci., u. Waseda Univ., Mining Inst., Fac. of Sci. and Engng.) EICHHOFF. G 334

Emil E. Malouf und **Merwin G. White**, *Colorimetrische Rheniumbestimmung.* Proben mit einem Re-Geh. von 0,1 γ bis 2,5 mg pro g Substanz können auch neben 125 mg *Mo* mit einem Fehler von ca. ± 2% nach folgender Meth. bestimmt werden: 1,25 g Substanz werden mit NaOH bzw. NaOH + Na_2O_2 geschmolzen, die Schmelze in W. gelöst, vom $Fe(OH)_3$ abfiltriert. Ein aliquoter Teil des Filtrats wird mit konz. HCl schwach angesäuert, mit 10 Tropfen fl. Br_2 das Mo aufoxydiert, das Br_2 verkocht u. dann mit 5nNaOH das p_H auf 9—11 eingestellt. Mit einer 40%ig. *Na-Äthylxanthogenat*-Lsg. wird das Mo in eine metallorgan. Verb. übergeführt, die in HCl-saurer Lsg. mit CCl_4:-Bzl. Bzl. 1:1-Gemisch wiederholt ausgeschüttelt wird. Die wss. Lsg. wird stark mit HCl angesäuert, mit 5 ml 20%ig. *NaSCN*-Lsg. versetzt, der *Re–SCN*-Komplex unter Zusatz einer 35%ig. HCl-sauren $SnCl_2$-Lsg. ausgeäthert u. die Durchlässigkeit bzw. die Absorption der Ae.-Schicht gemessen. Vorschriften zur Herst. der Eichkurve u. Arbeitsanweisungen zu Re-Bestimmungen bei Molybdänitgehh. über u. unter 5% werden mitgeteilt. (Analytic. Chem. **23**. 497—99. März 1951. Garfield, Ut., Kennecott Copper Corp., Utah Copper Div.) MOSLÉ. G 352

W. E. Nichol, *Colorimetrischer Mikronachweis von Kobalt als 1-Nitroso-2-naphthol-komplex.* Es wird eine Meth. zum colorimetr. Nachw. von Co in Pflanzen u. Bodenmaterial mit *1-Nitroso-2-naphthol* (I) beschrieben. Das den Nachw. störende Fe wird durch Kochen mit Harnstoff bis zu einem p_H von 3,5—3,9 als Eisenphosphat in Ggw. von Na-Acetat entfernt. Nach Zusatz der Reagenslsg. wird nach 1 Std. mit CCl_4 extrahiert u. der Extrakt durch Schütteln mit Säure, Alkali u. H_2O von Spuren Pd, Fe usw. gereinigt. Da der Co-Komplex sein Adsorptionsmaximum im sichtbaren Spektr. hat, kann mit einem gewöhnlichen Colorimeter gearbeitet werden. Die durch Lösen von **I** in 0,1nNaOH bereitete Reagenslsg. ist relativ stabil. Das Verf. zeichnet sich durch gleiche Exaktheit wie das o-Nitrosokresolverf. aus, arbeitet aber schneller, vor allem bei gelegentlichen Kobaltbestimmungen. (Canad. J. Chem. **31**. 145—49. Febr. 1953. Ottawa, Can., Dep. of Agricult.) BRAASCH. G 335

Roy K. McAlpine, *Die Reaktion von Natriumcyanid mit Kupfertetramminion.* Vf. untersucht den Mechanismus der Titration von Cu^{2+} mit CN^-. Als Reaktionsgleichung wird angenommen: $2Cu(NH_3)_4^{2+} + 8CN^- = 2Cu(CN)_3^{2-} + (CN)_2 + 8NH_3$. Die Menge des gebildeten $(CN)_2$ kann durch Überführung mit H_2S in *Rubeanwasserstoff*, $C_2S_2(NH_2)_2$, colorimetr. bestimmt werden. Bei p_H 9 entstehen 89%, bei p_H 10,1 19,1% u. bei p_H 10,8 5,3% der berechneten $(CN)_2$-Mengen. Die Ergebnisse werden diskutiert u. verschiedene Möglichkeiten aufgezeigt, den Reaktionsmechanismus zu klären. (Analytic. Chem. **25**. 331—34. Febr. 1953. Ann Arbor, Mich., Univ. of Michigan.) MOSLÉ. G 358

W. Uytenbogaardt, *Über die mikroskopische Identifizierung von Erzmineralien.* Zur Identifizierung von Erzmineralien schlägt Vf. zwei tabellar. Zusammenstellungen vor, von denen die erste Tabelle die Mineralnamen mit zunehmender Härte, außerdem die Zus., die Reflexionsfähigkeit u. den Anisotropiegrad enthält. Die zweite enthält wieder die Mineralnamen mit zunehmender Reflexionsfähigkeit u. außerdem Zus., Härte u. Anisotropiegrad. (Schweiz. mineral. petrogr. Mitt. **30**. 499—500. 1950. Stockholm.)
GOTTFRIED. 5290

N. Je. Wedenejewa und **M. A. Ratejew,** *Identifizierung von dispersen Mineralien in Tonen mit Hilfe von Farbstoffen auf der Grundlage von spektrophotometrischen Daten.* Aus der Unters. der Absorptionskurven für *Benzidin* (**I**), *Methylenblau* (**II**) u. *Neomethylenblau* (**III**) an 25 Sedimentproben aus Wasserbecken mit verschied. hydrochem. u. klimat. Bedingungen ergeben sich 3 Typen: 1. *Montmorillonit* (**IV**)-Typ; 2. *Glimmer–Illit* (**V**)-Typ; 3. *Kaolinit* (**VI**)-Typ. In Typ 1 liegt das **I**-Maximum bei 605 mμ. **II** wandert nicht auf Silicagel. Sein Maximum liegt in Ggw. von KCl u. NH_4Cl bei 625—630 mμ. Das **III**-Maximum liegt ohne K^+ u. NH_4^+ bei ebenfalls 625—630 mμ. Elektronograph. sind alle Linien von **IV** u. **V** nachweisbar. Die Erhitzungskurven weisen je einen endothermen Effekt bei 130 u. 570° auf. In Typ 2 liegen die Maxima für **I** bei 575 mμ, für **II** bei 560 mμ (in Ggw. von K^+ bei 600 mμ), für **III** ebenfalls bei 560 mμ. Es tritt eine schwache Wanderung auf Silicagel auf. Röntgenograph. treten die Linien von **V**, teilweise von *Biotit, Halloysit* u. **VI** auf. In Typ 3 fehlen **IV** u. die glimmerartigen Mineralien. **I** gibt keine Färbung. Die einander gleichen Maxima von **II** u. **III** werden durch KCl nicht verschoben. Die Wanderung auf Silicagel ist stark. Es treten die Röntgenlinien von **VI** auf, während die von **IV** u. **V** fehlen. (Доклады Академии Наук СССР [Ber. Akad. Wiss. UdSSR] [N. S.] **71.** 141—44. 1/3. 1950. Inst. für Kristallographie u. Inst. der geolog. Wiss. der Akad. der Wiss. der UdSSR.) LEBTAG. 5290

b) Organische Verbindungen.

Robin Van Meter, C. W. Bailey und **E. C. Brodie,** *Prüfung von Dumas-Verfahren durch Massenspektrometrie.* Zur besseren Erkennung der Fehlerquellen (zu hohe N-Werte, unzulängliche Reaktionsfähigkeit des CuO u. metall. Cu, Luftzutritt u. a) sowie zum Nachw. u. zur Identifizierung der entstehenden Gase bei der Mikro-DUMAS-N-Best., deren Resultate bei Schieferölen bzw. ihren Fraktionen stark streuten (1,45—2,04%), haben Vff. nach der DUMAS-Best. u. nach Trocknung über wasserfreiem $MgClO_4$ das Nitrometergas einer Analyse im Massenspektrometer (Modell 21-102) unterzogen. Es enthielt neben N_2 (18—100%) Fremdgase, deren Konzz. erheblich schwankten; sie bestanden im wesentlichen aus KW-stoffen (meistens CH_4, 0—81,3%), Stickoxyd (0—4%) u. CO_2 (0—0,3%). Es waren daher Korrekturen bei der N-Best. erforderlich, die dann bemerkenswerte Verbesserungen der N-Resultate ergaben. Anordnung der App. u. DUMAS-Mikroanalysen von Schieferölfraktionen sowie von synthet. N-haltigen Ölen werden angegeben. (Analytic. Chem. **23.** 1638—39. Nov. 1951. Laramie, Wyo., U. S. Bureau of Mines.) WINGCHEN. 5352

R. T. Moore, Philip McCutchan und **D. A. Young,** *Bestimmung von basischem Stickstoff durch Titration mit Perchlorsäure.* Vff. berichten über potentiometr. Verss. nach dem Verf. von WITTMANN zur Best. des bas. N mit $HClO_4$ in Schieferölen u. Petroleumdestillaten (Pyridin u. -derivv.), die auch eine Best. des anderen, nichtbas. N-Geh. (Pyrrol u. ähnliches) durch Abzug des bas. vom nach KJELDAHL ermittelten Gesamtstickstoff erlaubt. 0,7—1 g Öl wird in 100 cm^3 Eisessig gelöst unter Zusatz von 5—10 cm^3 Toluol bei völliger Wasserabwesenheit; Titration mit 0,1 n $HClO_4$; Meßbereich zwischen 400—800 mV; Dauer 15—45 Minuten. Von mehreren Schiefer- u. Petrolölen wird der gefundene bas. u. der Gesamt-N-Geh. angegeben; ebenso der titrierte N-Geh. folgender reiner N-Verbb.: Pyridin, 2-Methyl-, 2.6-Dimethyl- u. 2.4.6-Trimethylpyridin, Chinolin u. Isochinolin, Acridin, Piperidin, Morpholin, Anilin, Benzyl-, Tribenzyl-, Tri-n-butyl-, α-Naphthyl- u. Monoäthanolamin u. Aminoessigsäure. — 2-Aminobenzthiazol, 2.5-Dimethylpyrrol u. Benzoltriazol gaben nur sehr unbefriedigende Resultate. — Keinen titrierbaren N zeigten: Pyrrol, N-Methylpyrrol, Indol, 3-Methylindol, Carbazol, Benzonazol, Diphenylamin, Harnstoff, Acetamid, Allylcyanid, Isatin u. Methylrot. (Analytic. Chem. **23.** 1639—41. Nov. 1951. Wilmington, Calif., Union Oil Co. of Calif.) WINGCHEN. 5352

V. P. Whittaker und **S. Wijesundera,** *Die Trennung von Cholinestern durch Papierchromatographie.* Cholinester (Acetyl-, Acetyl-β-methyl-, Propionyl-, Butyryl-, Benzoyl-, Lactyl-, Butyryl-β-methyl-, Succinylmono- u. Succinyldicholin) lassen sich papierchromatograph. voneinander u. von Cholin u. β-Methylcholin trennen. Entw. mit n-Propanol- oder n-Butanol–Wassergemisch, unter Umständen mit Zusatz eines weiteren Lösungsm., wie Benzylalkohol oder Ameisensäure; in den verschied. Lösungsmitteln erhaltene R_F-Werte sind tabellar. angegeben. Sichtbarmachung erfolgt entweder mit alkal. Hydroxylamin (Hydroxamsäurebldg.) u. nachfolgender Komplexbldg. mit Ferrisalz oder mit Joddampf nach BRANTE (C. **1949.** E. **593**) oder mit Phosphorwolframsäure–$SnCl_2$ nach CHARGAFF, LEVINE u. GREEN (J. biol. Chemistry **175.** [1948.] 67) oder im Falle von Acetylcholin durch pharmakol. Versuch. (Biochem. J. **51.** 348—51. Juni 1952. Oxford, Univ., Dep. of Biochem.) FRESENIUS. G 920

Walter Troll und **R. Keith Cannan,** *Eine modifizierte photometrische Ninhydrinmethode zur Analyse von Amino- und Iminosäuren.* Verbesserung der Meth. von MOORE u. STEIN (J. biol. Chemistry **176.** [1948.] 367) durch Änderung des Lösungsm. u. Red. mittels KCN: Zur photometr. Best. von prim. Aminosäuren wird 0,4—0,5 ml ihrer wss. Lsg. (p_H zwischen 1 u. 8) mit einem Geh. von 0,05—0,5 μMol mit 1 ml Reagens 1 (2 ml 0,01 mol. KCN-Lsg. mit NH_3-freiem Pyridin (I) auf 100 ml aufgefüllt) u. 1 ml Reagens 2 80 g Phenol in 20 ml absol. A. gelöst) in einem sd. Wasserbad erwärmt, bis die Lsgg. die Wassertemp. erreicht haben. 0,2 ml Ninhydrinlsg. (500 mg Ninhydrin in 10 ml absol. Alkohol) wird zugefügt, das Gefäß verschlossen u. 3—5 Min. im Wasserbad gelassen. Dann werden die Lsgg. abgekühlt, mit 60%ig. A. auf 10 ml aufgefüllt u. die Extinktion bei 570 mμ bestimmt. I u. Reagens 2 werden durch vorheriges Schütteln mit Permutit von etwa absorbiertem NH_3 befreit. Außer Tryptophan u. Lysin gaben alle untersuchten Aminosäuren Farbausbeuten zwischen 97 u. 102%, bezogen auf die äquimol. Menge Diketohydrindylidendiketohydrindamin. NH_3 gibt ca. $^1/_3$ der theoret. Ausbeute, während Harnstoff, Harnsäure, Kreatin u. Kreatinin nicht reagieren. Eine Meth. zur photometr. Best. von Oxyprolin in Aminosäuregemischen wird beschrieben, die auf der Benzolextraktion einer roten Verb. aus dem Reaktionsgemisch mit Ninhydrin beruht. (J. biol. Chemistry **200.** 803—11. Febr. 1953. New York, N. Y., New York Univ., Coll. of Med., Dep. of Chem.) NEHRING. G 950

W. I. Tichonowa, *Bestimmung von Acetophenon in Gegenwart von Aceton.* 2. Mitt. *zur Untersuchung der colorimetrischen Bestimmung von Ketonen.* (Vgl. C. **1950.** I. 2137.) In der 1. Mitt. war von Vf. gezeigt worden, daß die Kondensation geringer Mengen von *Furfurol* (I) mit *Aceton* (II) u. *Acetophenon* (III) die Best. von III bei einem beträchtlichen Überschuß der Ketone gestattet. Während II mit I ein in saurem Medium *farbloses gesätt. Keton* (IV) gibt, entsteht unter den gleichen Bedingungen aus III u. I ein *ungesätt. Keton* (V), dessen Farbe je nach Konz. der Lsg. zwischen bernsteinfarben u. gelbgrün liegt. Die Unters. des Einfl. des Verhältnisses zwischen II u. III im Reaktionsgemisch ergab, daß ein größerer als 20facher (mol.) II-Überschuß die Rk. zwischen I u. III bereits verhindert, während eine II-Best. noch bei einem 200fachen III-Überschuß möglich ist. — Für die Best. von III in Ggw. von II in den angegebenen Grenzen wird eine colorimetr. Meth. beschrieben. — N a c h w.: 1 ml alkoh. oder wss.-alkoh. Ketonlsg., 1 ml 0,001 mol. wss. I-Lsg. u. 1 ml konz. wss. KOH (bei Emulsionsbldg. etwas A. zugeben!) werden im Reagensglas 5 Min. auf 40—50° erwärmt (Wasserbad). Gibt man nun 1 ml der Lsg. zu 10 ml 60%ig. H_2SO_4, so tritt, falls III vorliegt, gelbgrüne Färbung auf. Orange Färbung deutet auf Bldg. von Furfuryliden-II statt IV, was durch Erhöhung der II-Konz. in der Anfangslsg. unterbunden werden kann. b) B e s t.: Es werden 2 Gemische hergestellt: 1. 3 ml 0,002 mol. wss. I-Lsg., 3 ml III-Standardlsg. (0,005—0,010 mol. III-Lsg. in A.), 3 ml der zu untersuchenden Lsg. u. 3 ml 60%ig. wss. KOH. 2. 3 ml 0,002 mol. wss. I-Lsg., 3 ml der zu untersuchenden Lsg., 3 ml A. u. 3 ml 60%ig. KOH. 1. u. 2. werden 10 Min. auf 40—50° erwärmt oder 30 Min. bei Zimmertemp. stehen gelassen, worauf man je 2 ml entnimmt u. in je 20 ml 60%ig. H_2SO_4 gibt u. colorimetriert (DUBOSQ). Genauigkeit der Meth. $\pm$4%. (Журнал Прикладной Химии [J. angew. Chem.] **23.** 1113—15. Okt. 1950. Saratow, Med. Inst., Labor. für allg. Chem.) v. PEZOLD. G 1160

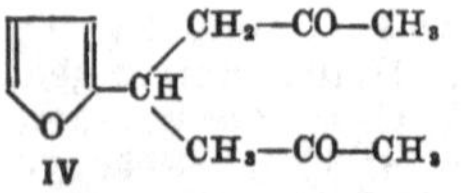
IV

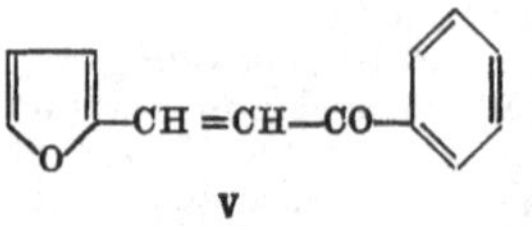
V

H. U. Daeniker, *Der Nachweis kleiner Mengen Picolin mit Hilfe von Ultraviolett- und Infrarotabsorptionsspektren.* Um in einem *Picolin*-Gemisch, das bei der Unters. eines Naturstoffes durch Abbau-Rkk. in kleinen Mengen erhalten wurde, die Anteile der einzelnen Picoline zu bestimmen, wurden die Infrarotabsorptionsspektren von 3—15 μ von α-, β- u. γ-*Picolin* in Nujol u. die UV-Absorptionsspektren von 230—270 mμ der Verbb. *Pyridin* in A. gemessen. Die Infrarotabsorptionsspektren zeigen bes. im „*Fingerprint*"-Gebiet genügend Unterschiede, um einen eindeutigen qualitativen Nachw. zu erlauben. Die UV-Spektren von α- u. β-*Picolin* sind deutlich bathochrom verschoben gegenüber dem Spektr. von γ-*Picolin.* (Helv. chim. Acta **35.** 1955—57. 15/10. 1952. Zürich, ETH, Organ. Chem. Labor.) D. BRÜCK. G 3231

c) Bestandteile von Pflanzen und Tieren.

R. Leboime, *Metallimprägnierungen bei der Planktonuntersuchung.* Beschreibung einer Technik zum Sichtbarmachen der Umrisse von Mikroorganismen durch Fällen von Edelmetallen (Au aus $AuBr_3$) auf ihre Oberfläche. (Bull. Microscopie appl. [2] **2.** 103—05. Juli/Aug. 1952. Mus. nat. d'Hist. Natur.) BLUMRICH. 5661

W. W. Ratschinski, Je. I. Knjasjatowa und **B. Je. Krawzowa,** *Analyse von Zuckern in Pflanzen nach der Methode der Papierchromatographie.* Vff. benutzen ihre Meth. der Papierchromatographie von Zuckern (vgl. C. **1953.** 4095) zur Unters. verschied. Pflanzenextrakte. Ausführlich beschrieben wird die Herst. der verschied. Extrakte u. deren Wirksamkeit. Zur Unters. gelangen Extrakte mit absol. A., 82%ig. A., absol. Ae., W. bei 60—80° u. W. bei 20°. Die besten Resultate werden mit A. erhalten, da die Extrakte fast frei von Salzen u. anderen Stoffen sind. Die geeignetste Trenn-Fl. ist Phenol. Anschließend wird die Reinigung der Auszüge von Ionen beschrieben. Zum Schluß geben Vff. Beispiele für das Vork. von Zuckern (Fructose, Glucose u. Saccharose) in grünen Teilen von Kulturpflanzen an. Untersucht wurden u. a. Hafer, Gerste, Roggen, Winter- u. Sommerweizen, Klee, Luzerne. (Биохимия [Biochemie] **18.** 19—23. Jan./Febr. 1953. Moskau, Labor. für künstl. Klima der Landw. Timirjasew-Akad.) WITTWER. 5666

K. Paech und **H. Ruckenbrod,** *Die Bestimmung von Chlorogensäure in Pflanzenmaterial. Chlorogensäure* (I) wird aus Pflanzenteilen nach Hitze- oder Bisulfitinaktivierung der Polyphenoloxydasen mit 70%ig. A. extrahiert. Der Extrakt wird eingeengt u. daraus I papierchromatograph. isoliert. Erkennung durch mattblaue Fluorescenz im UV-Licht u. als grünlich-gelber Fleck nach Bedampfen mit NH_3. R_F-Wert unter den gewählten Bedingungen 0,73. I kann aus dem Papier mit W. oder 70%ig. A. herausgelöst u. in der Lsg. durch UV-Absorptionsmessung bei 324 mμ quantitativ bestimmt werden. Mindestmenge 3 γ I/cm³. (Ber. dtsch. bot. Ges. **66.** 76—79. 26/3. 1953. Tübingen, Univ.) FRESENIUS. 5666

d) Medizinische und toxikologische Analyse.

Ingrid Flotow, *Unterscheidung von Fluorid-, Oxalat- und Citratblutproben.* Es werden Nachweismethoden für *Fluorid* (I), *Oxalat* (II) u. *Citrat* (III) in Blutproben angegeben. Für I- u. II-Nachw. wird die La-Nitratprobe genannt. I kann außerdem mit der Zr-Alizarinprobe nachgewiesen werden. Auf III wird nach der Acetondicarbonsäuremeth. geprüft. (Pharmazie **7.** 488. Aug. 1952. Dresden, Hyg. Untersuchungsanstalten.) WALLIS. 5727

Christian Thin und **A. Robertson,** *Die Bestimmung von Acetonkörpern.* Es werden Methoden beschrieben, die die getrennte Best. von *Aceton* (I) sowie von *Acetessigsäure, β-Oxybuttersäure* u. *Isopropanol* durch Überführung in I gestatten. I wird durch die mit alkal. Salicylaldehydlsg. entwickelte orangerote Farbe in einem photoelektr. Colorimeter bestimmt. Die Anwendung der Verff. zur Best. der Acetonkörper in *Blut, Milch, Harn* u. *Pansen-Fl.* wird mitgeteilt. (Biochem. J. **51.** 218—23. Mai 1952. Edinburgh, Univ., Royal School of Veterin. Stud., Dep. of Hyg. and Preventive Med.) KRUSEN. 5727

I. E. Bush, *Papierchromatographie von Steroiden in Säugetierblut und -geweben.* 2 Verff.: 1. Verwendet wird Papier, das mit $Al_2(SO_4)_3$ u. $CaCl_2$ in bestimmter Weise imprägniert wurde. Reine Substanzen, Nebennierenextrakte u. Blut werden untersucht. Für einfache Chromatographie (aufsteigend) dienen Bzl. (I), I + Chlf., Aceton + I als Lösungsmittel. Nachw. erfolgt durch Behandeln des Chromatogramms mit Jod. p_H des Papiers liegt bei 7—7,5. Durch Variation der $CaCl_2$-Konz. kann die Adsorptionskraft verändert werden. Papier ohne $CaCl_2$-Behandlung ist sehr sauer u. adsorbiert nur gering. Die R_F-Werte von 12 Steroiden [*Progesteron* (II), *Testosteron* (III), *Dehydroandrosteron, Androsteron, Corticosteron-(21)-acetat* u. die Derivv. *12-Desoxy* (VIII), *11-Dehydro, 11-Dehydro-17-oxy* (V), *17-Oxy* (VI), sowie *Östron, Östradiol*] werden ermittelt. Mit Jod geben fast alle Farben zwischen Gelb u. Rotbraun. *11-Dehydro-17-oxycorticosteron* (IV) u. *11-Desoxy-17-oxycorticosteron* (VII) geben bei p_H 7,5 gelbe, bei 7 grüne u. bei 6,5 blaue Farbe. 2. Für die Verteilungschromatographie (absteigend) mit Lösungsmittelsystemen Methanol + W. + KW-stoff (Bzl., Toluol, Leichtbenzin, auch mit Zusatz von Essigester) werden Steroide in 3 Gruppen nach der Polarität u. Löslichkeit eingeteilt u. R_F-Werte für *Corticosteron* u. die Derivv. *17-Oxy, 11-Dehydro, 11-Desoxy-*, sowie **IV, VI, VII, VII**-*(21)-acetat*, **VIII, III, II,** *Androst-4-en-3.17-dion* u. *-3.11.17-trion* angegeben. Geeignete Extraktherst. u. Nachweistechnik werden beschrieben. Eine vorläufige Unters. der „amorphen Substanzen" von WINTERSTEINER u. PFIFFNER (J. biol. Chemistry **116.** [1936.] 291) ergab die Ggw. von wenigstens 3 stark polaren Bestandteilen mit UV-Absorption bei 254 mμ. (Biochem. J. **50.** 370—78. Jan. 1952. London, Nat. Inst. for Med. Res.) FRESENIUS. 5727

C. T. J. Alkemade, J. Smit und **J. C. M. Verschure,** *Weiterer Beitrag zur Entwicklung der flammenphotometrischen Bestimmung von Natrium und Kalium im Blutserum.* 2. Mitt. (1. vgl. C. **1951.** II. 2231.) Zur Verbesserung der früher beschriebenen Meth. (l. c.) wird ein neues Flammenphotometer beschrieben, bei dem eine Propanflamme, ein leistungsfähiger Zerstäuber sowie eine Vervielfältigungsphotozelle, die direkt mit dem Galvanometer verbunden ist, verwendet werden. Dadurch werden Substanzverbrauch verringert u. Störungen, bes. Interferenzen zwischen *K* u. *Na*, weitgehend vermieden. (Biochim. biophysica Acta [Amsterdam] **8.** 562—70. Mai 1952. Utrecht, Univ., Physic. Labor. and Med. Clin., Biochem. Labor.) KRUSEN. 5728

Wilhelm Bitter, *Die Kupfer–Mangan-Reaktion, eine quantitative Schnellmethode zur Bestimmung von Serum- und Liquorproteinen.* Mit Cu–Mn-Reagens (I) lassen sich Eiweißwerte von 10—160 mg-% photometr. bestimmen. Die optimale Zus. von I ist: 7 g K–Na-Tartrat; 2 g $CuSO_4 \cdot 5\ H_2O$; 0,008 g $KMnO_4$; 1000 g n/5 NaOH. Filter S 57 des PULFRICH-Photometers. Fehlergrenze maximal 8%. (Z. ges. inn. Med. Grenzgebiete **7.** 978—81. 1/11. 1952. Düsseldorf, Med. Akad., Dermatol. Klinik.) FRESENIUS. 5728

K. Schattmann, *Über eine spektrophotometrische, quantitative, coffeinfreie Serum–Bilirubin-Nachweismethode mit dem Lange-Universalcolorimeter.* Abänderung der Serum–Bilirubin-Bestimmungsmeth. nach JENDRASSIK u. CLEGHORN (Biochem. Z. **289.** [1936.] 1). Ersatz des Coffeinzusatzes durch *Medizinal-Präcutan,* ein Kondensat aus hochpolymeren Fettsäuren u. Schwefelsäureestern, zur Vermeidung von Filtrationsschwierigkeiten. 0,6 cm^3 Medizinal-Präcutan entsprechen 0,5 cm^3 der üblichen Coffeinlösung. (Aerztl. Wschr. **7.** 1154—56. 5/12. 1952. Berlin, Städt. Krankenhaus Westend, II. Med. Klinik.) SCHELER. 5728

Jean Montreuil und **Paul Boulanger,** *Papierchromatographie von Harn- und Blutzucker.* Harn wird bei 4° in Ggw. von Toluol 24 Std. lang gegen dest. W. dialysiert, das Dialysat dann über *Permutite 50* zur Abscheidung „bas." Stoffe u. über *Deacidite 20* oder *Amberlite IR 4 B* zur Abscheidung „saurer" Stoffe geleitet. Die „bas." Stoffe werden dann mittels einer 5 Vol.-%ig. NH_3-Lsg., die sauren Substanzen durch eine 15 Vol.-%ig. HCOOH-Lsg. verdrängt. Die Rückstände der sodann bei niedriger Temp. zur Trockne gebrachten Auswaschungen werden mit dest. W. aufgenommen u. chromatographiert, wobei sich die Identifizierung der Zucker durch spezif. Rkk. vornehmen läßt. — Nach der Behandlung des Blutplasma mit A. oder Aceton zeigt die Chromatographie im allg. außer Glucose nur die Ggw. von Fructose, Mannose u. freiem Glucosamin mit einigen mg je Liter an. (C. R. hebd. Séances Acad. Sci. **236.** 337—39. 19/1. 1953.) LIEBNER. 5732

W. I. Fedorowa, *Bestimmung von Siliciumdioxyd in Lymphknoten durch Mikroverbrennung (Veraschung) bei Silicose.* Untersucht wurden die Lymphknoten der Brusthöhle bei Silicose u. Silicotuberkulose. Im Spodogramm (Schnitte von Lymphknoten nach Verbrennung der Gewebselemente) findet sich wesentlich mehr SiO_2 (I)-Staub als in Schnitten, die wie üblich wie Hämatoxylin–Eosin gefärbt wurden. Am staubreichsten sind die reticuloendothelialen Elemente in den Sinus der Knoten, wo sich unter dem Einfl. des aufgenommenen I zunächst ein hyperplast., nachher ein progressiver sklerot. Prozeß entwickelt. Wenig Staub findet sich in den Kapseln, am wenigsten in den Follikeln. Die Größe der in den Staubzellen u. außerhalb derselben gelegenen I-Partikel beträgt 0,25—2μ. Die Kleinheit der Teilchen u. das Fehlen scharfer Kanten an denselben weist darauf hin, daß die aus der Lunge transportierten Staubteilchen mit der Zeit gelöst werden, wobei sich koll. I bildet, welches die fortschreitende Sklerosierung der Lymphknoten verursacht. Die Meth. der Spodographie gibt die Möglichkeit, bei einer Reihe von Pneumokoniosen den Charakter der in den Lymphknoten abgelagerten Staubteilchen zu differenzieren. (Архив Патологии [Arch. Pathol.] **15.** Nr. 1. 41—45. Jan./Febr. 1953. Inst. für Arbeitshyg. u. Berufskrankheiten der Akad. der Med. Wiss. der UdSSR, Abt. für pathol. Anatomie.) RENTZ. 5756

Kodak-Pathé, Frankreich, *Bestimmung von Ag in Ag-haltigen Lösungen.* Als Reagens verwendet man eine Lsg. von Thioharnstoff, Alkylthioharnstoff, Allyldiäthylthioharnstoff oder Thiosemicarbazid, von denen jeweils 1—2 in 100 cm^3 gelöst werden. Als Schutzkoll. dient 0,4%ig. Gelatinelsg., die mit Thymol oder einem lösl. 8-Oxychinolinderiv. konserviert ist. Durch Zufügen des Reagenses zur Ag-Lsg. entsteht Ag_2S, das durch das Koll. in Suspension gehalten wird. Man colorimetriert gegen eine Vergleichssuspension bestimmten Gehaltes. (**F. P. 976 027** vom 20/3. 1942, ausg. 13/3. 1951.) WITTHOLZ. G 359

H. Angewandte Chemie.

I. Allgemeine chemische Technologie.

Thomas Archer, Allestree, England, *Dichtungsmittel.* Trocknende oder halbtrocknende Öle werden mit Wachs zusammengeschmolzen, mit Metallseifen u. anorgan. Füllstoffen, wie Kalkmehl, vermischt u. bes. in die Form von Bleistiften gebracht. Es bildet sich an deren Oberfläche eine Schicht von oxydiertem Öl, die das Innere der Stifte vor Erhärtung schützt u. gebrauchsfähig hält. (**E. P. 648 855** vom 10/10. 1947, ausg. 17/1. 1951.) LÜTTGEN. 5813

Genesee Research Corp., übert. von: **Chester M. White**, Rochester, N. Y., V. St. A., *Flüssiger Dichtungskitt*, bestehend aus 49—55(%) geblasenem Ricinusöl, 1,15 bis 4,6 45%ig. KOH, 8—12 Kolophonium, 14—17 niedrigsd. Lösungsm. u. 17—23 inerten Füllmitteln. (**A. P. 2 613 161** vom 17/9. 1947, ausg. 7/10. 1952.) LÜTTGEN. 5813

Nouvelle Soc. Induschimie d'Études et de Construction pour l'Industrie Chimique (Soc. An.), Belgien, *Vorrichtung zur Behandlung von Gasen*. Beschreibung eines Wärmeaustauschers für chem. Rkk., wie Oxydation von SO_2 zu SO_3, Oxydation von Naphthalin zu *Phthalsäureanhydrid* oder FISCHER-TROPSCH-Synthese. — Zeichnung. (**F. P. 990 870** vom 15/7. 1949, ausg. 27/9. 1951. Belg. Prior. 29/10. 1948.) NOUVEL. 5815

Dow Chemical Co., Midland, Mich., V. St. A., *Körnige, sulfonierte Ionenaustauscherharze* sind sulfonierte Phenolharze u. Mischpolymerisate aus Styrol, Äthylvinylbenzol u. Divinylbenzol mit $<$15% W., die in W. zerfallen, mit Alkalisalzen aber, ohne zu zerfallen, reagieren. (**E. P. 659 775** vom 25/1. 1949, ausg. 24/10. 1951.) SALZMANN. 5827

Badische Anilin- & Soda-Fabrik, Ludwigshafen/Rh. (Erfinder: **Wilhelm Schlenk**, Mannheim), *Zerlegung von Gemischen geradkettiger, aliphatischer Verbindungen* in einzelne Verbb. oder Fraktionen mit verschied. F. durch Überführen der Gemische in *Harnstoffaddukte*, die stufenweise, z. B. durch Erwärmen, Behandeln im Gasstrom oder durch beide Maßnahmen gleichzeitig, notfalls im Vakuum, oder durch Extraktion mit einer Fl. zerlegt werden. Als Ausgangsstoffe sind verwendbar: Gemische aus *KW-stoffen, Alkoholen, Aldehyden, Ketonen, Äthern, Fettsäuren, Estern, N-, S-* oder *Halogenverbindungen*. — Aus einem Paraffingemische, F. 51°, erhält man durch Extraktion des Harnstoffadduktes mit Trichloräthylen Paraffinfraktionen mit den FF. 44, 50, 53, 60 u. 65°. — Aus einem KW-stoffgemisch gewinnt man n-Heptan, n-Dekan u. n-Heptadecan. — Ein Fettsäuregemisch, mittleres Mol.-Gew. 245, F. 27,5—29,5°, liefert 3 Fraktionen mit den FF. 30, 38 u. 44°. (**D. B. P. 862 009** Kl. 12o vom 30/4. 1944, ausg. 8/1. 1953.) KRAUSS. 5829

René Ballot, Frankreich, *Filterelement*, bestehend aus übereinanderliegenden Geweben verschied. Maschenweite. Es können 5 Schichten übereinander angeordnet werden, von denen die obere oder Außenschicht die größte, die innere Gewebeschicht die kleinste Maschenweite besitzt, wenn die zu filtrierende Fl. von außen in das Innere des Filterelementes strömt. (**F. P. 978 057** vom 13/11. 1948, ausg. 9/4. 1951.) WITTHOLZ. 5831

Vokes Ltd., England, *Imprägnierte Filtertücher mit elektrischer Ladung*. Filtertücher, wie sie in der Industrie üblich sind, werden mit einem pulverförmigen Kunstharz imprägniert. Bes. eignet sich dazu ein mit *Kolophonium* modifiziertes *tert.-Butyl-Formaldehyd-Phenolharz*, das unter der Bezeichnung „Beckacit 1643" bekannt ist. Dieses hält die ihm mitgeteilte Ladung lange Zeit. Aber auch andere Kunstharze können verwendet werden, wenn die elektr. Ladung nur kurze Zeit wirksam sein soll. (**F. P. 988 376** vom 16/6. 1949, ausg. 27/8. 1951. E. Prior. 23/6. 1948.) WITTHOLZ. 5831

Imperial Chemical Industries Ltd., London, England, *Gaserzeugendes Gemisch* für Sprengungen, zur Verteilung von verdampfbaren Ungeziefervertilgungsmitteln, Rodentiziden, Raketenantrieb, Feuerlöscher usw., in welchem durch örtliche Erhitzung eine sich selbst unterhaltende exotherme, nichtdetonierende Zers. ausgelöst werden kann. Es enthält Guanidinnitrat u. ein durch mindestens 2 NO_2- bzw. NO-Gruppen substituiertes Phenol, z. B. 2.4-Dinitro- oder 2.4.6-Trinitroresorcin, Dinitrosoresorcin, 3.5-Dinitrosalicylsäure. (**Schwz. P. 277 311** vom 9/10. 1948, ausg. 16/11. 1951. E. Prior. 10/10. 1947.) HEINSEN. 5847

Colasit Akt.-Ges., Schweiz, *Beseitigung von sauren und nitrosen Verunreinigungen aus Luft*. Die verunreinigte Luft wird zuerst durch eine besondere Fl. gesaugt, wobei sie sich mit der bas. Substanz belädt. Sie wird dann durch eine Schicht eines oberflächenakt. Stoffes geleitet, in der die Verunreinigungen mit der bas. Substanz zur Rk. gelangen. Um die letzten Spuren der Verunreinigung zu entfernen, läßt man die Luft eine 2., mit W. berieselte gleiche Schicht durchstreichen. Als bas. Substanzen eignen sich Lsgg. der Hydroxyde von K, Na, NH_4, Ca, Carbonate u. Bicarbonate von K, Na, NH_4, sowie Alkalialuminate u. -zinkate. Als oberflächenakt. Stoffe können gewöhnliche Aktivkohle oder mit Verbb. der Metalle Fe, Ni, Co, Al, U, Zn, Pb, Sn, Sb, Cd, Cu, Bi beladene Holzkohle, Bimsstein, poröser Ton, Infusorienerde, Asbest verwendet werden. — 100 (Gewichtsteile) Holzmehl werden mit 150 $FeCl_3$-Lsg. (50%ig) zu einem Teig geknetet u. zu Körnern von 10—15 mm Durchmesser gepreßt. Die Preßlinge werden bei 650° geglüht. — Zeichnung, Vorrichtung. (**Oe. P. 172 923** vom 3/11. 1950, ausg. 25/10. 1952. Schwz. Priorr. 8/12. 1949 u. 25/1. 1950.) HEYNE. 5849

„Combusta" G. m. b. H., Linz, Österreich, *Entfernen von S aus technischen Gasen.* Die Gase werden mit einer Wasch-Fl., die durch ein O_2-haltiges Gas zerstäubt u. regeneriert wird, behandelt. Die Wasch-Fl. wird bei ihrer Regenerierung, vorzugsweise auch bei der Behandlung des zu reinigenden Gases, durch Beaufschlagen der Stirnflächen einer oder mehrerer rasch rotierender Scheiben zerstäubt. (**Oe. P. 173 239** vom 21/11. 1950, ausg. 25/11. 1952.) WITTHOLZ. 5849

Gesellschaft für Linde's Eismaschinen Akt.-Ges., Höllriegelskreuth (Erfinder: **Heinrich Kahle**, Pullach bei München), *Wirbelentspannung von Gasen*, dad. gek., daß man sowohl den Kaltgas (I)- als auch den Heißgasanteil (II) zur Förderung von Trennprozessen auf chem. oder physikal. Wege verwendet. Der II kann zur Entladung beladener Ad- oder Absorptionsmittel u. der I zu deren Beladung verwendet werden, indem bei Entladung erhitzt, bei Beladung gekühlt wird. (**D. B. P. 871 611** Kl. 17g vom 23/12. 1951, ausg. 23/3. 1953.) SCHINDLER. 5857

National Distillers Products Corp., New York, N. Y., übert. von: **Lloyd M. Burghart**, Darien, Conn., V. St. A., *Einphasen–Antirost-Flüssigkeit*, die ein Alkalimetallborat u. einen langkettigen Alkohol enthält, als Zusatz zu W. enthaltenden Kühlsystemen von Verbrennungsmaschinen. Die Fl. besteht aus: 1. 65—95 Vol.-% Äthylen- oder Propylenglykol (I); 2. 5—35 Vol.-% Isopropanol, n- oder tert.-Butanol, u. dann gelöst; 3. 0,005—0,05 g Alkalinitrit pro ml I, 0,10—0,25 g Alkalimetaborat pro ml I u. 0,05 bis 0,25 g eines gesätt. aliphat., einwertigen A. mit 8—14 C-Atomen (II) pro ml I, oder an Stelle von 3:3a) 0,005—0,05 g Alkalinitrit pro ml I, 0,10—0,20 g Alkalimetaborat pro ml I u. 0,15—0,50 g eines Gemisches von Äthylenglykolglycerin–monoricinoleaten pro ml I, oder an Stelle von 3:3b) 0,005—0,05 g Alkalinitrit pro ml I, 0,10 bis 1,0 g eines Metaborates von Äthanol-, Propanol- oder Diacetonalkamin III pro ml I, 0,10—0,3 g III pro g Metaborat u. 0,15—0,35 g II pro ml I. (**A. PP. 2 566 923, 2 566 924** u. **2 566 926** vom 13/11. 1947, ausg. 4/9. 1950.) REICHELT. 5859

Michele Bonotto, Princeton, N. J., V. St. A., *Extraktion.* Man leitet ein Lösungsm. mit höherer D. als der des zu extrahierenden Feststoffes (I) im Gegenstrom zu diesem I u. bildet so allmählich einen Sumpf (II) von fl. Miscella (III). Mit Hilfe dieses II schwemmt man die feinen Teilchen aus der III aus, die sich an I anlagern. Diesen so beladenen I führt man kontinuierlich ab. — Vorrichtung. (**A. P. 2 614 911** vom 7/5. 1947, ausg. 21/10. 1952.) NEBELSIEK. 5863

Soc. pour l'Exploitation des Procédés Ab-der-Halden, Frankreich, *Automatische Regelung des Rückflusses in einer Rektifikationskolonne* durch Bemessung der Wärmemenge, welche der Kolonne zugeführt wird. Die Regelung besteht darin, daß die D. einer ständig abgezogenen Probe konstant gehalten wird, was eine Folge der Temp. am Kopf der Kolonne ist. Die Regelung der Temp. u. Wärmezuführung geschieht automatisch. — Zeichnung. (**F. P. 973 258** vom 6/8. 1941, ausg. 9/2. 1951.) M. F. MÜLLER. 5865

Telefonaktiebolaget L. M. Ericsson, Stockholm, Schweden, *Herstellung einer übersättigten Lösung* zwecks Förderung des Wachstums von Salzkristallen durch Zirkulation (I) einer Salzlsg. in einer Vorr., die aus einer Auflösungskammer u. einer damit verbundenen Kristallisationskammer besteht. Dabei wird die I durch die Änderung der D. infolge Erwärmung u. Abkühlung bzw. Salzauflösung u. -ausscheidung durch Kristallisation erzielt. — Zeichnung. (**Schwz. P. 282 369** vom 10/12. 1949, ausg. 1/8. 1952. Schwed. Prior. 11/12. 1948.) NEBELSIEK. 5869

Domenico Meneghini, Chimica applicata ed industriale. Vol. I. 6a ed. completamente rifatta e ampliata. Milano: F. Vallardi. 1952. (XIV + 350 S. m. 158 Abb. u. 3 Taf.) 8°.

III. Elektrotechnik.

Gebr. Ruhstrat (Erfinder: **Reinhold Mannkopff**), Göttingen, *Kohlestäbe für spektralanalytische Zwecke.* Die in waagerechter Lage angeordneten Kohlestäbe (I) werden bei ca. 3800° unter Abschirmung des Luftzutrittes von unten in der für jedes Material vorher bestimmten kleinsten Zeitdauer unter elektr. Durchgangsheizung ausgeglüht. Anschließend erfolgt das Abbrennen der als Anode geschalteten, zweckmäßig einseitig um ihre Längsachse in Umdrehung versetzten Stäbe von ihren freien Enden nach den eingespannten Enden zu u. von da zurück durch einen zwischen den Stäben u. der in ihrer Höhe selbsttätig oder von Hand einstellbaren Kathode übergehenden Lichtbogen. Man kann die Zeitdauer für das Ausglühen der Stäbe opt. durch Beobachtung des Eintritts der Dampfbldg. des C bestimmen u. von diesem Zeitpunkt an die Stromstärke vermindern. — Vorrichtung. (**D. B. P. 861 553** Kl. 12i vom 7/2. 1951, ausg. 5/1. 1953.) ZÜRN. 5953

Badische Anilin- & Soda-Fabrik, Ludwigshafen/Rh. (Erfinder: **Mathias Pier,** Heidelberg, und **Theodor Wilhelm Pfirrmann,** Ludwigshafen/Rh.), *Herstellung von Kohlenelektroden,* bes. solchen, die erst in dem Ofen gebrannt werden, während sie in ihm verwendet werden. Als Bindemittel (gegebenenfalls zusammen mit bisher üblichen Bindemitteln, z. B. Pech) werden solche Bitumina verwendet, die aus festen C-haltigen Stoffen (z. B. Kohlen, Torf, Holz) durch Behandeln bei erhöhter Temp. u. unter Druck mit im Vgl. zur Aufnahmefähigkeit des C-haltigen Stoffes unzureichenden Mengen H_2 erhalten wurden. Das Bitumen kann vor seiner Verwendung als Bindemittel durch Dest., Extraktion, Erhitzen in Ggw. kondensierend wirkender Katalysatoren bzw. unter Hindurchleiten von Luft oder durch Zugabe hochschm. Bitumina auf einen Erweichungspunkt oberhalb 80° (bes. 100—300°) gebracht werden. (**D. B. P. 868 292** Kl. 12h vom 1/4. 1943, ausg. 23/2. 1953.) SCHREINER. 5953

General Motors Corp., Detroit (Erfinder: **Karl Schwartzwalder,** Holly, **Alexander S. Rulka** und **Robert W. Smith,** Flint), Mich., V. St. A., *Temperaturabhängige Widerstände* bestehen aus Magnetit (**I**) u. Fe_2O_3 (**II**), die durch eine Glasphase (**III**) miteinander verbunden sind, bes. aus 70(%) **I** u. 10 **II**. Zur Bldg. der **III** dient prakt. Borsilicat- u. Mg-Boratglas zu gleichen Teilen. (**D. B. P. 871 178** Kl. 21c vom 1/10. 1950, ausg. 19/3. 1953. A. Prior. 8/1. 1945.) KESSEL. 5955

Ford Motor Co. Ltd., London, England (Erfinder: **C. W. Rainey**), *Zündspule mit Magnetkern, Primär- und Sekundärwicklung in einem Metallgehäuse.* Die Wicklungen werden zum Schutz gegen mechan. Verletzungen beim Zusammenbau mit einer nachgiebigen *Isolierschicht* umgeben, die ein magnet. Pulver enthält. Für diese Schutzschicht eignet sich eine Kautschukemulsion mit pulverisiertem Magnetstahl mit hohem Si-Geh. oder Magneteisen. — Zeichnung. (**Schwed. P. 132 830** vom 5/3. 1948, ausg. 4/9. 1951. A. Prior. 26/4. 1947.) JÜRGEN SCHMIDT. 5957

N. V. Philips' Gloeilampenfabrieken, Eindhoven, Holland, *Piezoelektrische Elemente,* bestehend aus Mischkristallen mit tetragonaler Struktur aus Pb- oder Ba-Titanat, gegebenenfalls mit Titanaten von Ca, Sr oder Cd. Vorzugsweise enthalten die Mischkristalle $PbTiO_3$ mit bis 10% $BaTiO_3$. Die Massen werden bei ca. 1250° oder höher gesintert. (**N. P. 79 487** vom 23/12. 1947, ausg. 10/12. 1951. E. Priorr. 22/3. 1946 u. 10/11. 1947.) JÜRGEN SCHMIDT. 5961

Wiener Isolierrohr-, Batterie- und Metallwarenfabrik G. m. b. H., Wien, Österreich, *Poröse Kohleelektrode mit Sauerstoffpolarisation.* Als positive Elektrode in *Primärelementen* dienende poröse Kohlekörper, bes. aus Aktivkohle, durch deren Poren Luft oder reiner O_2, gegebenenfalls unter erhöhtem Druck, als Depolarisator zur Elektrodenoberfläche tritt, halten höhere Dauerstromdichten aus (bei Luftdepolarisation mindestens die 10- bis 30fache, bei Depolarisation mit reinem O_2 die 150fache) u. zeigen die Eig. der Umkehrbarkeit, wenn sie mit der Lsg. von in der Wärme zersetzlichen, oxydierend wirkenden Schwermetallsalzen imprägniert, z. B. durch Hindurchsaugen mittels Unterdruck oder Einpressen mittels Überdruck, u. dann auf Tempp. erhitzt werden, bei denen die Salze unter Bldg. der katalyt. wirksamen Metalle oder Metallverbb. zers. werden. Zweckmäßig werden die Kohlekörper zuvor mit Kohle angreifenden Agentien behandelt, z. B. mit konz. HCl, HNO_3 oder Mischungen beider, gegebenenfalls unter Zusatz von Fluorwasserstoffsäure. Als geeignete Schwermetallsalze sind angegeben: Nitrate, Nitrite, Chromate, Oxalate, Acetate, Formiate oder Gemische davon. Zweckmäßig wird eine Lsg. von Salzen mindestens zweier, vorzugsweise von 5 oder mehr verschied. Metallen verwendet. Der Lsg. können vorteilhaft noch Salze der Erdalkalimetalle (einschließlich des Mg) oder Al-Salze oder Gemische einzelner oder aller dieser Salze zugesetzt werden. Als Beispiele für Imprägnierungslsgg. sind angegeben: 10,0 (g) $AgNO_3$, 5,0 Eisennitrat, 1,0 Kupfernitrat, 0,1 Ammoniumvanadat u. 100,0 W., oder 3,0 Mangannitrat, 4,7 Kupfernitrat, 3,6 Aluminiumnitrat, 1,0 $AgNO_3$ u. 100,0 W., oder 5,0 Nickelformiat, 1,0 Silberformiat u. 100,0 W., oder 1,5 Kobaltnitrat u. 3,5 Aluminiumnitrat in 100,0 Wasser. (**Oe. P. 168 040** vom 24/3. 1949, ausg. 10/4. 1951.) KLEIN. 5971

Accumulatoren-Fabrik Akt.-Ges., Hagen, Westf. (Erfinder: **Alfred Rapp** und **Jakob Popp,** Berlin), *Trocknen von formierten negativen Masse- oder Gitterplatten elektrischer Akkumulatoren.* Damit die wirksame M. der Platten, die aus feinverteiltem, frisch red. metall. Pb besteht, nach der Trocknung ohne zusätzliche Aufladung möglichst ihre volle Kapazität besitzt, werden die Platten durch spontane, kurzzeitige Erwärmung mittels eines Hochfrequenzfeldes im luftverd. Raum, in den noch zusätzlich inerte Gase eingeleitet werden können, getrocknet. (**D. B. P. 873 579** Kl. 21b vom 19/7. 1942, ausg. 16/4. 1953.) LAASS. 5971

Richard Röser, Hofheim (Erfinder: **Edmund Wolff**, Frankfurt/M.), *Thermoelement.* Die Lötstellen einer aus mehreren Einzelelementen bestehenden Batterie werden mit einem die Wärme leitenden, den Strom aber nichtleitenden Stoff oder gegebenenfalls mit Al oder Cu umgeben, das gegen die Lötstellen durch eine elektr. nichtleitende Oxydschicht oder auch Glimmer isoliert ist. — Zeichnungen. (**D. B. P. 873 265** Kl. 21b vom 31/8. 1950, ausg. 13/4. 1953.) LAASS. 5961

Watt Glühlampen- und Elektrizitäts-Akt.-Ges. (Erfinder: **Walter Stoidl** und **Alois Semler**), Wien, Österreich, *Elektrische Glühlampe mit luminophorem Kolbenbelagstoff.* Bei elektr. Glühlampen mit Edelgasfüllung sowie mindestens einfach gewendeltem Glühfaden, deren Kolbeninnenseite einen lichtstreuenden Belag aus einem chem. adsorptiv wirksamen Stoff, z. B. aus ihren organ. Verbb. erhaltener Kieselsäure, trägt, wird eine Erhöhung der Lichtstärke u. des Wirkungsgrades durch einen Zusatz zu dem in feinstverteiltem Zustand aufgebrachten Kolbenbelagstoff von luminophorem Stoff ebenfalls in feinster Verteilung u. durch Erhöhung des Edelgasanteiles an der Stickstofflampenfüllung auf mindestens 95(%) bei Ar u. auf mindestens 90 bei Kr oder Kr u. Ar erzielt, wenn der Luminophor nach Menge u. Art so gewählt wird, daß der Mehrertrag an UV-Strahlung, der durch die als Folge des erhöhten Edelgaszusatzes mögliche höhere Belastung (Temp.) der Wendel bedingt ist, in sichtbare Strahlung umgewandelt wird. Enthält der lichtstreuende Belag SiO_2, so wird dieser Anteil durch Zers. bzw. oxydative Zers. organ. Kieselsäureverbb. oder von Siliciumchloroform hergestellt u. mit der luminophoren Belagskomponente innig vermischt. (**Oe. P. 170 991** vom 18/1. 1950, ausg. 10/4. 1952.) KLEIN. 5973

J. Visseaux & Cie. (Erfinder: **André Rignol**), Seine, Frankreich, *Opalisierung von Glas oder anderen durchsichtigen Stoffen,* bes. von *Glühlampen,* durch Aufbringen einer pulverförmigen Schicht, die eine zerstreuende Wrkg. auf das Licht ausübt. Das Pulver muß eine große Deckkraft u. gute Haftfestigkeit auf dem Körper aufweisen u. darf z. B. bei einer Lampe bei 450° nicht der Zerstörung anheimfallen. In dem Falle, wo man ein möglichst weißes Licht wünscht, finden Sn-Oxyd, Ti-Oxyd oder ein weißer Farbstoff Verwendung, in allen anderen Fällen andere Farbstoffe. Das Pulver (3—15 Gew.-%) wird in einer Fl., z. B. einem organ. Lösungsm., suspendiert, auf den Glasgegenstand aufgetragen u. dieser in der Wärme getrocknet. (**F. P. 989 349** vom 25/4. 1949, ausg. 7/9. 1951.) BEWERSDORF. 5973

Vacuumschmelze Akt.-Ges. (Erfinder: **Walter Deisinger** und **Eleonore Horn**), Hanau, *Röntgenröhrenanode.* Der Anodenschaft (I) besteht mindestens an seinem der Antikathode (II) abgewandten Ende aus feinkörnigem Cu. Zur Herst. wird auf die II ein kon. Cu-I aufgeschmolzen oder aufgegossen, dessen dickeres Ende der II abgewandt ist u. der dann durch Kalt- oder Warmverformung u. anschließende Rekristallisationsglühung bei 700—800° auf zylindr. Form gebracht wird. (**D. B. P. 861 294** Kl. 21g vom 7/4. 1951, ausg. 29/12. 1952.) KESSEL. 5975

IV. Wasser. Abwasser.

C. A. H. von Wolzogen Kühr und **L. S. Van der Vlugt**, *Aerobe und anaerobe Eisenkorrosion in Wasserversorgungsanlagen.* Eine krit. Besprechung u. Diskussion der einschlägigen Literatur (28 Literaturzitate) über aerobe u. anaerobe Fe-Korrosion in Wasserversorgungsanlagen ermöglicht es den Vff., diese beiden bisher immer als getrennt angesehenen Vorgänge unter einem gemeinsamen Gesichtpunkt zu betrachten. Der wesentlichen Beschleunigung der durch physikal. gelösten O_2 hervorgerufenen Depolarisation des Korrosions-H_2 durch gelösten O_2-aktivierende H-oxydierende Bakterien im aeroben Medium wird die Depolarisation des H_2 im anaeroben Medium durch den infolge der Tätigkeit der sulfatreduzierenden Bakterien aktivierten Sulfat-O gegenübergestellt. Auf den kausalen Zusammenhang zwischen der aeroben Knollen- oder „Tuberkel"-bildenden Fe-Korrosion u. dem anaeroben Fe-Angriff als notwendige Folge der im Innern dieser Knollen oder „Tuberkel" herrschenden anaeroben Bedingungen wird aufmerksam gemacht u. so eine Synth. zwischen diesen beiden Formen des Fe-Angriffes hergestellt. Demgegenüber beschränkt sich die Tätigkeit der Fe-Bakterien, die nicht die Fähigkeit besitzen, H zu oxydieren, auf die Oxydation des Fe^{2+} zu Fe^{3+}. Der Beginn u. der Hauptpunkt der Fe-Korrosion im W. ist in jedem Fall die Depolarisation des an den kathod. Stellen der Korrosionslokalelemente gebildeten H_2. Ob dann diese Depolarisation u. damit die Korrosion aerob oder anaerob auf den angegebenen Wegen vollendet wird, ist lediglich eine Frage der örtlichen Bedingungen u. kann auf die einheitliche Auffassung der Fe-Korrosion keinen Einfl. ausüben. (J. Amer. Water Works Assoc. **45.** 33—46. Jan. 1953.) NIEMITZ. 6010

A. S. Goldin, J. S. Nader und **L. R. Setter,** *Die Feststellung unterhalb der Toleranzgrenze liegender Radioaktivität im Wasser.* Vff. untersuchen die Faktoren, die bei der Feststellung unterhalb der allg. angenommenen Toleranzgrenze von ca. $1{,}10^{-7}$ μc pro cm^3 liegender Radioaktivität im W. eine Rolle spielen, wie: Nulleffekt, Empfindlichkeit der Anzeigeanordnung u. Probemenge. Es wird gezeigt, daß die beiden letztgenannten Faktoren größeren Einfl. auf die Meßgenauigkeit ausüben als der Nulleffekt u. daß die größte Genauigkeit bei Verwendung von Proportionalzählrohren u. einer eingedampften Probenmenge von zweckmäßig mindestens 200 cm^3 erreicht werden kann. In diesem Fall lassen sich α- bzw. β-Teilchen mit einer Aktivität von $1{,}5 \cdot 10^{-9}$ bzw. $1{,}1 \cdot 10^{-8}$ μc pro cm^3 noch nachweisen, also wesentlich weniger als im Trinkwasser als erlaubte Grenze bei länger dauerndem Genuß angesehen wird. Aus den Ergebnissen wird eine Formel abgeleitet, die geringste nachweisbare Radioaktivität u. Nulleffekt zueinander in Beziehung setzt, u. es werden graph. Darstellungen für diesen Zusammenhang u. den zwischen geringster nachweisbarer Radioaktivität, Zählrohrempfindlichkeit u. Probenmenge gegeben. (J. Amer. Water Works Assoc. **45.** 73—79. Jan. 1953. Cincinnati, O., U.S. Public Health Serv., Environmental Health Center.) NIEMITZ. 6014

J. H. Förch, *Karussellfilter.* Beschreibung einer rotierenden, sich selbsttätig wiederbelebenden Ionenaustauschvorr. zur Wasserenthärtung mit geringer Schichthöhe, großer Wassergeschwindigkeit u. geringem Umlauf. (Chem. Weekbl. **48.** 531—34. 19/7. 1952.) WESLY. 6020

William J. Lacy, *Beseitigung radioaktiven Materials aus Wasser durch Behandeln mit Metallpulver.* Es wird über Verss. berichtet, W. durch Behandeln mit Metallpulvern (Fe, Al, Zn u. Cu) in Konzz. von 100—2000 mg/Liter von radioakt. Verunreinigungen zu befreien. Die mit verschied. reinen radioakt. Isotopen sowie mit Testmischungen von Isotopen, wie sie etwa bei einer Atombombenexplosion entstehen, durchgeführten Verss. zeigen, daß weitgehende Reinigung des radioakt. verseuchten W. auf diese Weise möglich ist. Um auch bei längerem Genuß unschädliches W. zu erhalten, wird zweckmäßigerweise eins der üblichen Reinigungsverf. (Flockung mit $FeCl_3$ oder $Al_2(SO_4)_3$ mit anschließender Filtration oder Austauscherbehandlung) nachgeschaltet. Fe-Pulver scheint die beste Wirksamkeit zu besitzen, wohl deswegen, weil hier zusätzlich zur hauptsächlich auf Adsorption beruhenden Wrkg. die Reinigung durch, wenn auch geringe, Flockenbldg. hinzukommt. Im allgemeinen steigt die Reinigungswrkg. mit steigender Zusatzmenge (es gibt jedoch radioaktive Isotope, wie Zr^{95} oder Ce^{141}, bei denen durch 2000 mg/Liter Fe nicht mehr entfernt wird als durch 100 mg/Liter), jedoch nicht proportional, was zusammen mit der Tatsache, daß die Reinigungsgeschwindigkeit zuerst sehr groß ist, um bei längerer Einwirkungszeit sehr schnell abzunehmen, für das Vorherrschen oberflächenakt. Adsorptionsvorgänge spricht. (J. Amer. Water Works Assoc. **44.** 824 bis 825. Sept. 1952. Fort Belvoir, Va., Eng. Res. and Developm. Lab.) NIEMITZ. 6024

Joseph C. Federick, *Verwendung intermittierender Sandfilter in Anstalten.* Intermittierende Sandfilter sind nach Vorreinigung in Imhoffbecken für abgelegene Heilanstalten mangels eines aufnahmefähigen Vorfluters oder bei hohen Anforderungen an die Beschaffenheit des Ablaufes die zweckmäßigste Lsg. der Abwasserreinigung. Angaben über bewährte Einzelheiten für Entwurf u. Ausführung. (Wastes Engng. **23.** 355—57. 360. Juli 1952. Syracuse, N. Y., State Dep. of Public Works.) MANZ. 6040

J. T. Sprague, *Betrieb von Schlammfaulräumen.* (Vgl. C. **1952.** 4828.) Bei ausreichenden Abmessungen des Faulraumes u. bei Abwesenheit hemmender Stoffe ist zur Erzielung eines guten Faulschlammes u. Überlaufes die Einhaltung einer geeigneten Temp. (zweckmäßig 26—35°), eines p_H-Wertes über 6,8, tägliche Zugabe an Frischschlamm von höchstens 5%, bezogen auf die Trockensubstanz des Faulschlammes, u. gute Vermischung wichtig. (Wastes Engng. **23.** 461—80. Sept. 1952. Miami, Okla.) MANZ. 6048

Maurice Dodero, *Über die Verwendung des Natriumbichromats zur colorimetrischen Abflußmengenmessung von Wasserläufen.* Vf. gibt nähere Einzelheiten über die prakt. erreichbaren Endverdünnungen u. die entsprechenden Meßgenauigkeiten seiner bereits früher (Bull. Soc. Sci. Dauph. **63.** Nr. 2. März 1948) angegebenen Meth. zur colorimetr. Abflußmengenmessung von Wasserläufen mittels $Na_2Cr_2O_7$ (**I**), dessen photometr. Nachweis durch die Rk. mit Diphenylcarbazid mit einer Genauigkeit von 10% bei einem Geh. an **I** von 0,02 mg/Liter bzw. einer solchen von 0,1% bei einem Geh. von 2 mg/Liter erfolgt. Es wird kurz über prakt. Erfahrungen an mehr als 500 Messungen an Alpenflüssen berichtet. (C. R. hebd. Séances Acad. Sci. **234.** 1462—64. 31/3. 1952.) NIEMITZ. 6060

Masayoshi Ishibashi, Tsunenobu Shigematsu und **Yasuharu Nakagawa,** *Quantitative Nickel- und Kobaltbestimmung in Meerwasser.* Zu 40—60 Liter Meerwasser werden 200 mg Fe als $FeCl_3$-Lsg. zugegeben, mit 60 ml NH_4OH (1:10) gefällt u. die Lsg. 3 Tage stehengelassen. Der Nd. wird mit 30 ml 1:1 HCl gelöst, 10 ml 10% Citratlsg. zugegeben u. mit NH_4OH neutralisiert. Zur Ni-Best. wird 2mal mit je 10 ml 1%iger *Dimethylglyoxim* (I)-Chlf.-Lsg. das Ni extrahiert u. aus dieser Lsg. mit 10 ml 5 n HCl ausgezogen. Die HCl-saure Lsg. wird mit Bromwasser oxydiert, mit NH_4OH schwach alkal. gemacht, mit 1 ml 0,1% I-A.-Lsg. versetzt u. die Farbintensität photometr. bestimmt. 85% des Ni konnten so erfaßt werden. Zur Co-Best. wird die neutrale Lsg. 3mal mit je 5 ml 0,01% Dithizon-CCl_4-Lsg. extrahiert, eingedampft u. bei 500° verglüht. Der Rückstand wird mit Königswasser abgeraucht, mit wenig W. aufgenommen u. mit 3 ml 10% NH_4SCN-Lsg., 3—4 Tropfen 20% $SnCl_2$-Lsg. u. 15 ml Aceton versetzt u. auf 25 ml aufgefüllt. Die Farbintensität wird bestimmt. 80% des Co konnten erfaßt werden. Im Seewasser der Küste Shirahama, Präfektur Wakayama wurden 0,8 γ Ni/Liter u. 0,5 γ Co/Liter gefunden. (Bull. Inst. chem. Res., Kyoto Univ. [J. Kagaku Kenkyusho Hokoku] **26.** 68—69. Sept. 1951. Ishibachi-Labor. [Orig.: engl.]) MOSLÉ. 6060

Eugene M. Diskant, *Stabile Indicatorlösungen zur komplexometrischen Bestimmung der Gesamthärte in Wasser.* Nach einem Überblick über die bisherigen ergebnislosen Verss., die Schwierigkeiten bzgl. mangelnder Stabilität der Eriochromschwarz-T-(I)-Indicatorlsgg. zu beheben, berichtet Vf. über eigene Verss. in dieser Richtung. Lsgg. von 0,5 g I, 0,5 ml 1 n Na_2CO_3, 15 ml W. aufgefüllt zu 50 ml mit folgenden Lösungsmitteln: Cellosolve (II), Methyl-II, Glycerin, Pyridin (III), Triäthanolamin (Tri-IV), Essigsäure, Dioxan, Äthylenglykol, Aceton u. A. erwiesen sich mit Ausnahme der mit III u. Tri-IV hergestellten nach spätestens 3 Monaten als unbrauchbar. Weitere Unterss. ohne Na_2CO_3 u. W. an 0,5 g I enthaltenden (in 50 ml) Lsgg. in IV, Di- u. Tri-IV, Nitromethan, Formamid, Acetonitril, absol. A. u. Methylalkohol, II, Methyl-II u. tert. Butylalkohol ergaben, daß lediglich die mit Di- u. Tri-IV hergestellten Lsgg. länger als 4 Monate stabil blieben, u. zwar wenigtens 7 Monate. Da diese Lösungsmittel außerdem I schnell u. vollständig lösen, werden sie zur Herst. der I-Lsgg. vorgeschlagen. Verss., die etwas störende hohe Viscosität durch Verdünnung mit W. oder absol. A. oder Methylalkohol zu verringern, mißlangen, da diese Lsgg. bereits nach 2 Monaten Zers.-Erscheinungen zeigten. Es ist nicht erforderlich, die mit Di- oder Tri-IV hergestellten Lsgg. vor Licht zu schützen oder kühl aufzubewahren, es empfiehlt sich lediglich, durch gutes Verschließen die Aufnahme von W. durch die hygroskop. Lösungsmittel möglichst einzuschränken. Eine Erklärung für die gute Wirksamkeit der genannten Lösungsmittel kann vorläufig nicht gegeben werden. (Analytic Chem. **24.** 1856—57. Nov. 1952. Los Angeles, Calif., Dep. of Water and Power, San. Eng. Div.) NIEMITZ. 6062

V. Anorganische Industrie.

A. G. Arend, *Wasserstoff aus Calciumhydrid.* Durch Erhitzen von CaO mit Mg in H_2-Atmosphäre erhält man eine zur H_2-Herst. geeignete Mischung von MgO mit 42% CaH_2, die für viele Zwecke der Metallurgie, anorgan. u. organ. chem. Industrie statt des reinen CaH_2 benutzt werden kann. Als Trocknungsmittel bietet CaH_2 den Vorzug, daß es fast bis zur Erschöpfung wirksam u. auch in der Wärme verwendbar ist, so daß Luft bis auf 10^{-23} mg W./Liter getrocknet werden kann. In Trockenpackungen wirkt es durch Trocknung u. H_2-Bldg. korrosionsverhütend. (Chem. Products chem. News [N. S.] **15.** 213—14. Juni 1952.) METZENER. H 238

J. Grunberg, *Das Oxytonverfahren.* Ausführliche Beschreibung des *Oxyton*-Verf. von L'AIR LIQUIDE zur Herst. von 95%ig. O_2 (3stufige Rektifizierung von fl. Luft bei 5,5, 2,5 u. 1,3 at, deren schwerer abtrennbarer A-Geh. zu $^2/_3$ im O_2 belassen wird, während 1% O_2 im N_2 verbleibt) u. Vgl. mit dem 2stufigen Verf. von CLAUDE. (Ind. Chemist **26.** 61—66. Febr. 1950.) METZENER. H 239

—, *Wasserstoffsuperoxyd. Einige weniger bekannte Herstellungsverfahren.* Überblick, bes. auf Grund deutscher Veröffentlichungen u. Patente, über Herstellungsarten, Konzentrierung u. Gefahren (mit ihrer Vermeidung) des H_2O_2. (Chem. Age **65.** 355—57. 15/9. 1951.) METZENER. H 241

James L. Weeks und **Ralph L. Seifert,** *Notiz über die Wärmeleitfähigkeit des synthetischen Sapphirs.* Abweichend von KNAPP (J. Amer. ceram. Soc. **1943.** 26.48) wurde die Wärmeleitfähigkeit des synthet. Sapphirs in der Richtung 60° von der c-Achse mit 0,065 cal/Sek. cm/Grad bei 90—100° bestimmt. (J. Amer. ceram. Soc. **35.** 15. 1/1. 1952. Chicago, Argonne National Labor.) STEINER. 6150

Imperial Chemical Industries Ltd. (Erfinder: **Malcolm Percival Appleboy,** Norton-on-Tees), London, *Herstellung von grobkristallinem $(NH_4)_2SO_4$* durch Bldg. von gesätt. $(NH_4)_2$·SO_4-Lsgg. (I) mit > 1,5% freier Säure, die außerdem noch 3wertige Fe-, Al- oder Cr-Ionen enthalten. Diesen I werden HF, HJ, HCN, HCNS oder Salze dieser Säuren einzeln oder in Mischung zugesetzt, die mit dem 3wertigen Fe, Al oder Cr eine unter den Betriebsbedingungen des Sättigers beständige Komplexverb. bilden, die die n. Rk. dieser 3wertigen Ionen nicht mehr aufweist. (**D. B. P. 877 297** Kl. 12k vom 7/11. 1937, ausg. 21/5. 1953. E. Priorr. 11/11. 1936 u. 12/1. 1937.) NEBELSIEK. H 243

Heinrich Koppers G. m. b. H. (Erfinder: **Adolf Schmalenbach**), Essen, *Gewinnung von für die Erzeugung von S oder H_2SO_4 geeignetem konzentriertem H_2S* aus Gasen, die wenig H_2S u. daneben auch CO_2 enthalten, durch Behandeln des Ausgangsgases mit einer Alkalicarbonat–Bicarbonat-Lsg. u. Abtreiben des von dieser aufgenommenen H_2S durch Erhitzen unter vermindertem Druck, indem das Gas mit einer mehr als 21 % kohlensaure Kalisalze (bezogen auf Carbonat) enthaltenden Lsg. behandelt wird. Man erhält ein H_2S-Gas mit bis zu 95 % H_2S. (**D. B. P. 865 627** Kl. 26d vom 1/12. 1943, ausg. 2/2. 1953.) DEMMLER. H 253

Kali-Chemie Akt.-Ges., Sehnde, *Herstellung von Alkaliperpyrophosphathydrat.* Man löst 1 (Mol) neutrales anhydr. Pyrophosphat (I) in mindestens 3 H_2O_2, z. B. in Form einer 35 %ig. Lsg., dampft die Lsg. unter Vakuum bis kurz vor dem Ausfallen fester Teilchen ein, verfestigt den entstandenen Sirup mit so viel **I**, wie zur Bindung von freiem H_2O_2 notwendig ist, u. trocknet. (**E. P. 679 908** vom 6/6. 1951, ausg. 24/9. 1952. D. Prior. 13/6. 1950.) LÜTTGEN. H 264

Säurefabrik Schweizerhall (Erfinder: **Walter Frey**, Basel, und **Robert Weber**, Muttenz), Schweizerhalle, Baselland, Schweiz, *Aufbereitung von Chlorierungsgasen oxydischer Erze* zwecks Gewinnung flüchtiger *Metallchloride* (I). Die Hauptmenge des flüchtigen $FeCl_3$ wird zunächst in fester Form kondensiert, u. nach weiterer Abkühlung bis knapp oberhalb des Taupunktes der fl. I u. Entfernung des $FeCl_3$ werden die anderen I ($TiCl_4$, $AlCl_3$, $CrCl_3$, $ZrCl_4$, $ThCl_4$) in durch abfallende Tempp. unterschiedenen Stufen kondensiert. (**D. B. P. 877 448** Kl. 12n vom 13/12. 1949, ausg. 26/5. 1953. Schwz. Prior. 25/1. 1949.) NEBELSIEK. H 270

Hans Bode, Hamburg, *Herstellung von Perfluoriden der Alkalien*, dad. gek., daß man auf Alkalihalogenide bei höherer Temp. F_2 einwirken läßt. So werden z. B. durch Behandeln von Rb-Chlorid, -Bromid oder -Jodid, Cs- oder K-Chlorid mit einem (HF-freien) F_2-Strom bei 170—190° Perfluoride, wie RbF_2, CsF_3 oder KF_2, erhalten. (**D. B. P. 850 605** Kl. 12i vom 5/7. 1950, ausg. 25/9. 1952.) SCHREINER. H 272

Bolidens Gruvaktiebolag, Stockholm (Erfinder: **Axel Rudolf Lindblad**, Djursholm, **Sven Walldén**, Skelleftehamn, und **Karl Arne Sivander**, Perstorp), Schweden, *Gewinnung von Lithiumverbindungen aus Lithiumsilicatmineralien.* Die zerkleinerten u. auf 700 bis 1200° vorerhitzten Li-Silicatmineralien werden mit neutralen oder alkal. Lsgg. von Alkali- oder Erdalkalisalzen, bes. von Na_2SO_4, NaCl oder $NaNO_3$, die mit CaO, $Ca(OH)_2$, NaOH oder KOH alkal. gemacht sind, bei über 100° unter erhöhtem Druck ausgelaugt. Als Ausgangsmaterialien dienen bes. *Spodumen*, *Petalit* u. *Lepidolith.* Es werden ca. 95 % des Li-Geh. gelöst, u. das Na–Al-Silicat kann leicht abfiltriert werden. Aus der Li-Salz-Lsg. wird durch Fällung mit Na_2CO_3 Li_2CO_3 gewonnen. (**D. B. P. 862 150** Kl. 12l vom 14/6. 1939, ausg. 8/1. 1953. Schwed. Priorr. 22/6. u. 6/12. 1938.) KARST. H 273

Chemische Fabrik Kalk G. m. b. H. und **Fritz Vorster** (Erfinder: **Fritz Vorster**), Köln, *Herstellung von Ammoniaksoda* unter Verwendung von CO_2 aus zur H_2-Erzeugung dienenden Gasen, wobei zur Dest. der Sodamutterlauge $Ca(OH)_2$ benutzt wird, das bei der Herst. von C_2H_2 aus CaC_2 anfällt. Hohe Umsetzungsgeschwindigkeit des C_2H_2-Abfallkalkes gegenüber n. Branntkalk. Bes. gute Filtriereigg. bei hoher Konz. der Filterlaugen. (**D. R. P. 753 523** Kl. 12l vom 12/12. 1940, ausg. 5/1. 1953.) KARST. H 274

Jean Charles Seailles, Paris, Frankreich, *Al_2O_3-Gewinnung.* Al_2O_3-haltiges Rohmaterial (I), das geringe Verunreinigungen an CaO, FeO u. SiO_2 enthält, wird mit einer Alkalicarbonat-Lsg. mehrere Std. bei ca. 50—60° gelaugt. Dann laugt man mit dieser Al_2O_3-haltigen Lsg. nochmals dieselbe Menge **I** unter Rühren u. fällt aus der Lsg. durch Einleiten von CO_2 Al_2O_3 aus. (**E. P. 637 578** vom 28/8. 1946, ausg. 24/5. 1950. F. Prior. 6/5. 1942.) NEBELSIEK. H 294

Soc. An des Manufactures des Glaces et Produits Chimiques de Saint-Gobain, Chauney & Cirey, Paris, Frankreich, *Vorbereitung von Al_2O_3- und SiO_2-haltigen Materialien* (I), die zur Herst. von Al_2O_3 durch Auslaugen mit W. oder alkal. Laugen bestimmt sind, indem dem **I** ein bas. Metalloxyd, z. B. FeO, zugesetzt wird, durch welches die SiO_2 ganz oder teilweise in Form von in der Behandlungs-Fl. unlösl. Verbb. gebunden wird. (**D. B. P. 859 299** Kl. 12m vom 7/8. 1949, ausg. 11/12. 1952. F. Priorr. 6/8. u. 9/10. 1948.) NEBELSIEK. H 294

I. G. Farbenindustrie Akt.-Ges., Frankfurt/M. (Erfinder: **Hans Martini** und **Werner Funke**, Leverkusen), *Herstellung von Aluminiumfluorid aus Tonerdehydrat und Fluß-*

säure. Man läßt in eine sich drehende Trommel gleichzeitig Tonerdehydrat u. wss. HF mittlerer Konz. einlaufen u. beläßt nach beendeter Rk. die M. in der sich weiterdrehenden Trommel bis zur Erstarrung. (**D. R. P. 752 730** Kl. 12i vom 9/3. 1940, ausg. 28/8. 1952.) SCHREINER. H 294

Aluminum Co. of America, Pittsburgh, Pa., V. St. A., *Gewinnung von Aluminium-Ammoniumfluorid bzw. Aluminiumfluorid* durch Behandeln einer $(NH_4)_2SO_4$-haltigen HBF_4 mit $Al(OH)_3$ u. anschließend mit NH_4OH. Der Nd. aus $AlF_3H_4 \cdot NF$ wird abgetrennt, mit Al_2O_3 bzw. $Al(OH)_3$ gemischt u. auf 300—560° erhitzt. Dabei entweicht NH_3; nach dem Abkühlen wird AlF_3 gewonnen. (**E. PP. 635 552** u. **635 553**, beide vom 8/8. 1946, ausg. 12/4. 1950. Schwz. Prior. 15/8. 1945.) NEBELSIEK. H 294

British Aluminium Co. Ltd., London, England, *Gewinnung von Aluminiumphosphat* durch Behandeln von Aluminiumalkoxyd [$Al(OR)_3$, worin R eine Alkylgruppe, z. B. C_3H_7 oder C_4H_9, darstellt] mit der stöchiometr. Menge H_3PO_4 in alkoh.Lösung. (**E. P. 634 837** vom 27/1. 1948, ausg. 29/3. 1950.) NEBELSIEK. H 294

United States of America, übert. von: **Hermann J. Schlesinger,** Chicago, Ill., und **Herbert C. Brown,** Detroit, Mich., V. St. A., *Gewinnung von Aluminiumborhydrid.* Man erhitzt ein Alkaliborhydrid, z. B. $LiBH_4$, mit $AlCl_3$ inert zuerst auf ca. 60° u. dann auf ca. 100°. Zum Schluß dest. man $Al(BH_4)_3$ ab. (**A. P. 2 599 203** vom 22/3. 1946, ausg. 3/6. 1952.) NEBELSIEK. H 294

Aluminum Co. of America, übert. von: **Ralph Waldo Brown,** East St. Louis, Ill., V. St. A., *Galliumgewinnung.* In Ga-haltige Alkalialuminatlsg. (Al : Ga = 25 : 1) leitet man CO_2 u. fällt Al_2O_3 zusammen mit Ga_2O_3 aus, erhitzt auf ca. 300—600° u. löst in NaOH. Aus der Lsg. gewinnt man durch Elektrolyse metall. Ga. (**A. P. 2 582 377** vom 11/4. 1947, ausg. 15/1. 1952.) NEBELSIEK. H 295

Hazeltine Research, Inc., Chicago, Ill., V. St. A., übert. von: **Nora A. Wooster** und **William A. Wooster,** Cambridge, England, *Züchten großer Quarzkristalle.* In einer Lsg. von ca. 25 g/Liter Na_2SiO_3 werden an Drähten aufgehängte Formlinge aus glasiger SiO_2 in Ggw. von krist. SiO_2 als Impfkristalle auf 300—400° erhitzt unter Erzeugung eines Druckes von 600—800 at. Das Größenwachstum der Kristalle wird gefördert durch die Ggw. von lösl. Fluoriden, Na_2WO_4 oder NaH_2PO_4. (**A. P. 2 508 208** vom 4/4. 1947, ausg. 16/5. 1950. E. Prior. 31/10. 1945.) BRÄUNINGER. 6151

VI. Silicatchemie. Baustoffe.

Riccardo Sersale und **Elvira Gregorio,** *Technologische Eigenschaften von Proben von eisenhaltigem Magnesit aus dem Ortlergebiet.* Die untersuchten *Magnesite* (**I**) enthalten in wechselnden Mengen $FeCO_3$ gelöst in $MgCO_3$ (*Breunnerit*), daneben sehr kleine Hämtit-Interkristalle zwischen groben **I**-Körnern eingeschlossen. Beim Brennen werden die schwarzen Mineralteile hell, helle an FeO reiche Adern intensiv braun. Die Bldg. der Periklaskristalle bei der Sinterung wird durch die Beimengungen gefördert, jedoch wirken Calcitadern ungünstig auf die Beständigkeit der bei 1460—1500° gesinterten Proben gegen Hydratation. (Ricerca sci. **22.** 2164—73. Nov. 1952. Napoli, Univ., Ist. di chim. industr.) R. K. MÜLLER. 6208

John Marquis, *Eine allgemeine Übersicht über Glasurfehler.* Eine ausführliche Analyse von 10 grundsätzlichen Glasurfehlern, der Erscheinungen ihres Auftretens, ihrer Ursachen u. den Möglichkeiten, sie durch entsprechende Fertigungsverff. zu vermeiden. Dabei weist Vf. bes. darauf hin, daß in vielen Fällen gegensätzliche Einfll. (Temp. zu hoch oder zu tief, Gehh. an verschied. Bestandteilen zu groß oder zu klein) die gleichen Erscheinungen hervorrufen können, so daß meistens nur Verss. zu sicherer Beseitigung der Fehler führen können. (J. Canad. ceram. Soc. **21.** 45—51. 1952.) KÜHNERT. 6212

C. W. Merritt, *Fehler in der Glasur von Kunstporzellanen.* Vf. gibt kurzen Überblick über das Verf. des Glasierens von Kunstporzellanen, eine Aufzählung der Fehler an den Porzellankörpern, die zu Glasurfehlern führen können, u. eine Charakterisierung von 5 der wesentlichsten Fehler, die auftreten können. (J. Canad. ceram. Soc. **21.** 42—44. 1952.) KÜHNERT. 6212

H. H. Symonds, *Abplatzen von Email.* Berichtet wird über die Ursachen des Abplatzens von Emailüberzügen auf gegossenen Messingbuchstaben. Es sind dies: Freiwerden von beim Gießen aufgenommenen Gasen, Beizrückstände, nicht entfernte Oxyde, Entw. von sauerstoff- oder schwefelhaltigen Gasen beim Einbrennen. (Metal Ind. [London] **76.** 63—64. 27/1. 1950.) MARKHOFF. 6212

R. Fahn, Armin Weiss und **U. Hofmann,** *Über die Thixotropie bei Tonen.* Durch Absublimieren der Fl. aus gefrorenen thixotropen Gelen von *Bentonit, Kaolin* u. *Halloy-*

sit (bei —10°) gelang es, das aus den festen Teilchen gebildete Gerüst zu isolieren, wobei die aus Bentonit u. Kaolin erhaltenen Gerüstkörper eine ebenso große Raumerfüllung wie das Vol. der thixotropen Gele u. meßbare Druckfestigkeit besaßen. Bei Bentonit konnten Gerüste mit einem Raumgewicht von 0,055 g/cm³ erhalten werden. Diese Gerüste sind wahrscheinlich schon im erstarrten thixotropen Gel vorhanden, wofür auch der Befund spricht, daß das Vol. thixotroper Bentonitgele durch langdauerndes Zentrifugieren verkleinert werden kann. (Ber. dtsch. keram. Ges. e. V. Ver. dtsch. Emailefachleute e. V. **30.** 21—25. Febr. 1953. Darmstadt TH, Eduard Zintl-Inst.) HENTSCHEL. 6216

R. E. Pyle und **P. R. Jones,** *Die Wirkungen der Netzmittel auf die physikalischen Eigenschaften von Tonmassen.* Inhalt ist ident. mit der in C. **1953.** 2981 ref. Arbeit. (Amer. ceram. Soc. Bull. **31.** 233—36. Juli 1952.) HENTSCHEL. 6216

Pierre Munier, *Zusammenfassende Übersicht über keramische Tone.* 1. Mitt. *Vereinfachte Einteilung keramischer Tone.* Eine von RIVIÈRE (Bull. Soc. Franç. Céram. **1949.** 7) gegebene umfassende Klassifikation beschränkt Vf. auf die keram. ausreichenden kaolin. Tone u. die *Illite* mit ihren Übergängen. Kaolin. Tone sind gek. durch hohe Feuerfestigkeit, poröse Scherben, SiO_2-Umwandlung in *Cristobalit* u. katalyt. Flußmittelwrkg., Illite durch leichte Schmelzbarkeit, dichte Scherben u. Entstehung einer glasigen M. aus SiO_2 + Flußmitteln. Identifizierung röntgenograph., therm., dilatometr. oder aus Entwässerungsverhalten. (Bull. Soc. franç. Céram. **1950.** Nr. 7. 1—5. April/Juni. Inst. de Céram. Franç. Paris. Juni 1949. Congrès Tech. Céram.) HEINRICH. 6216

Pierre Munier und **Jean Meneret,** *Zusammenfassende Übersicht über keramische Tone.* 2. Mitt. *Dilatometrische Identifizierung roher keramischer Tone.* (1. vgl. vorst. Ref.) Im Gegensatz zu der meist bestimmten Brennschwindung keram. Tone gibt die dilatometr. Analyse nach CHEVENARD (Analyse dilatométrique des matériaux. Paris, 1928) eine Vorausbestimmung des Brennverlaufs u. gleichzeitig eine einfache Identifikation der Tone hinsichtlich ihrer mineral. Bestandteile. Nach Erörterung des Einfl. der Erhitzungsgeschwindigkeit (höchstens zulässig 43°/Std., angewandt 33°/Std.), der Feuchtigkeit (angewendete Trockentemp. 30—40°) u. der Formgebung wurden charakterist. Tone untersucht u. die Ergebnisse diskutiert. (Bull. Soc. franç. Céram. **1950.** Nr. 7. 6—17. April/Juni. Inst. Céram. Franç. Paris. Juni 1949. Congrès Technique Céramique.) HEINRICH. 6216

E. W. Scripture jr., *Korallen und Salzwasser als Ausgangsmaterialien für Beton.* (Vgl. DEMPSEY, C. **1952.** 4047.) Es wird klargestellt, daß die frühzeitige Ansteifung des vorliegenden Betons tatsächlich vom Gebrauch des Meerwassers als Anmachwasser herrührt. (J. Amer. Concrete Inst. **24.** Nr. 4. Part 2. Discuss. 48-12. 168-1-3. Dez. 1952.) K. SEIDEL. 6222

Claes Hedin, J. Arvid Hedvall und **Bengt Aggeryd,** *Ziegeluntersuchungen.* 1. u. 2. Mitt. Vff. untersuchten an 2 schwed. Tonen den Einfl. von Gasatmosphären (Luft, N_2, CO_2, CO u. SO_2) auf Schmelz- u. Glasierungstempp., auf Färbung u. Farbveränderungen, Treiben u. Schwund beim Ziegelbrennen. Zus. der unter üblichen Bedingungen nach dem Brennen rot u. braungelb aussehenden 2 Tone u. a.: 1. Ton = SiO_2 62,8 (%), Al_2O_3 18,6, CaO 1,4, rot. 2. Ton = SiO_2 41,1 (%), Al_2O_3 16,4, CaO 16,5, braungelb; beide Tone 7,1% Fe_2O_3; Geh. an organ. Verbb. 0,4 bzw. 0,2. Sedimentationsangaben, Brenntempp. u. -dauer bei den Verss. u. Form u. Abmessungen der Versuchskörper werden mitgeteilt u. bes. die Wrkg. des CaO bzw. $CaCO_3$-Geh. beim Brennen behandelt. — Zur weiteren Erforschung des Verh. von Tonen beim Brennen bes. auch bzgl. der Färbung u. der verschied. Kristallverbb. wurden einzelne Komponenten von Tonen u. Tone synthet. Zus. hergestellt u. untersucht: 1. CaO; Al_2O_3; Fe_2O_3 u. SiO_2. 2. Bin. Systeme: CaO–Al_2O_3; CaO–Fe_2O_3; CaO–SiO_2; Al_2O_3–SiO_2; Fe_2O_3–SiO_2. 3. Tern. Systeme: CaO–Al_2O_3–Fe_2O_3; CaO–Al_2O_3–SiO_2; CaO–Fe_2O_3–SiO_2; Al_2O_3–Fe_2O_3–SiO_2. 4. Das quatern. Syst.: CaO–Al_2O_3–Fe_2O_3–SiO_2. Angaben über Unterss. an natürlichen Tonen mit Zusätzen (CaO oder SiO_2). (Röntgen- u. Dreikomponenten-Diagramme; Sedimentationskurven; Farbtafel.) (Acta polytechn. [Stockholm] Nr. 72. Chem. includ. Metallurgy Ser. 2. Nr. 5. Chalmers Tekn. Högskolas Handl. Nr. 37 u. 64 [in Schwedisch]. 1—60. 1950.) WINGCHEN. 6228

Hans J. Karmaus, *Neuerungen bezüglich Schleif- und Poliermittel.* Vf. berichtet über Schleif- u. Poliermittel, die Nachteile porzellanartiger Bindemittel vermeiden sollen. Ein nicht reagierendes Bindemittel wird dadurch erhalten, daß die Fritte eines Alkalimetallborosilicats vor dem Brennen u. Abkühlen bei 1300° gebildet u. in zerkleinerter Form als Bestandteil des Bindemittels verwendet wird. Ferner wird ein gesinterter Hartstoff erhalten aus einer Mischung von 85% Al_2O_3 u. 15% Fe-Pulver red. Atmosphäre vorgesintert u. dann in oxydierender Atmosphäre bei 1700° gebrannt. Berylliumcarbid u. Berylliumborocarbid sind bes. als hartes Schleif- u. Poliermittel geeignet. (Sprechsaal Keram., Glas, Email **83.** 296. 5. Aug. 1950.) THIENE. 6238

Ernst Leitz G. m. b. H., Wetzlar (Erfinder: **Gustav Weissenberg**, Marburg, Lahn), *Reflexionsmindernde Schichten auf optisch wirksame Flächen, z. B. Glasflächen.* Die zu beschichtenden Flächen von opt. Linsen oder dergleichen werden nach sorgfältiger Reinigung im Hochvakuum mit Si oder ähnlichen Elementen bedampft u. die so hergestellten Schichten nachträglich oxydiert. Die Oxydation kann durch O_2 erfolgen, der durch den mit der Temp. regelbaren O_2-Partialdruck von in das Hochvakuum eingeführten reinsten CO_2 erhalten wird, bes. durch örtliche Erhitzung in möglichster Nähe der aufgebrachten Schicht. (**D. B. P. 855 767** Kl. 32b vom 18/11. 1939, ausg. 17/11. 1952.) HANS HOFFMANN. 6189

Pittsburgh Corning Corp., Allegheny County, übert. von: **Dominic D'Eustachio**, Port Allegany, Pa., V. St. A., *Zellglas.* Zur Erzeugung eines Zellglases mit durchgehenden Poren wird ein in üblicher Weise hergestellter Zellglaskörper mit geschlossenen Hohlräumen allmählich unter Gas- oder Flüssigkeitsdruck gesetzt, unter dessen Einw. die Zellwände zerdrückt werden, ohne daß der Körper seinen Zusammenhalt verliert. (**A. P. 2 596 659** vom 13/5. 1949, ausg. 13/5. 1952.) HANS HOFFMANN. 6201

Pittsburgh Corning Corp., Allegheny County, übert. von: **Walter D. Ford,** Port Allegany, Pa., V. St. A., *Zellglas.* Zur Herst. eines Zellglases, welches der Durchdringung von W., Wasserdampf u. Wärme hohen Widerstand entgegensetzt, wird ein pulverförmiges Gemisch aus einem durch C reduzierbaren sulfathaltigem Glas (**I**), Sand (**II**) oder Feldspat (**III**) sowie C (**IV**) in Mengen von 0,1—0,2 (Gew.-%) **IV**, 10—40 **II** bzw. **III**, Rest **I** bis auf die Sinter-Tempp. von **I** erhitzt. Ohne **I** zum Schmelzen zu bringen, tritt eine Rk. ein, wobei sich gasgefüllte Zellen in der gesinterten M. bilden. Das zellige Prod. wird dann ausgeglüht. (**A. PP. 2 596 669** vom 12/3. 1947, ausg. 13/5. 1952 u. **2 600 525** vom 12/3. 1947, ausg. 17/6. 1952.) HANS HOFFMANN. 6201

Pittsburgh Corning Corp., Allegheny County, übert. von: **Walter D. Ford,** Port Allegany, Pa., V. St. A., *Zellglaskörper.* Eine feinverteilte Mischung aus 55 (Gew.-Teilen) SiO_2, 18 Na_2SO_3, 15 dolomit. Kalkstein, 12 Nephelinsyenit, 1 Sb_2O_3 u. 0,7 Ruß wird in eine feuerfeste Form geschüttet, die bis zu $^1/_7$ gefüllt wird. Dann wird die M., ohne sie zu schm., auf Sinter-Temp. (1400 bis 1800° F.) erhitzt, wobei sie sich unter Ausfüllung der Form verfestigt. (**A. P. 2 611 712** vom 12/1. 1949, ausg. 23/9. 1952.) HANS HOFFMANN. 6201

Corning Glass Works, übert. von: **William H. Armistead,** Corning, N. Y., V. St. A., *Optisches Glas.* Dieses besteht im wesentlichen aus 3—70 (Gew.-%) BaO, 3—75 CdO u. 12—50 SiO_2 u./oder B_2O_3·BaO + CdO + SiO_2 + B_2O_3 soll wenigstens 70, BaO + CdO wenigstens 40 des Glases ausmachen, während der Rest aus geeigneten Oxyden besteht. Der Brechungsindex n_D soll wenigstens 1,60 betragen u. der Dispersionsindex ν soll oberhalb der Werte $\nu = 202-100\, n_D$ u. $\nu = 111{,}4-46{,}6\, n_D$ liegen. Z. B. hat ein Glas von der Zus.: 25 BaO, 25 CdO, 40 SiO_2 u. 10 K_2O $n_D = 1{,}6105$ u. $\nu = 49$. — Diagramm. (**A. P. 2 606 841** vom 31/5. 1949, ausg. 12/8. 1952.) HANS HOFFMANN. 6201

Österreichisch-Amerikanische Magnesit Akt.-Ges. (Erfinder: **Josef Berlek, Paul Lanser** und **Norbert Skalla**), Radenthein, Kärnten, Österreich, *Herstellung gereinigter Magnesien für feuerfeste Erzeugnisse.* Z. B. werden 200 t Sintermagnesia 10,88 t gebrannter Dolomit zugesetzt. Der Gesamtsatz enthält dann 5,16 Dolomit u. 94,84 Sintermagnesia. Nach dem Verschmelzen im elektr. Ofen u. Abkühlung wird die aus Sintermagnesia bestehende äußere Kruste von der im Innern durchgeschmolzenen Magnesia abgetrennt. Da das in der Zone zwischen der Schmelzmagnesia u. der Kruste angereicherte Dicalciumsilicat beim Abkühlen zerrieselt, läßt sich die Trennung des reinen Schmelzprod. von der Kruste leicht mechan. bewerkstelligen. Das reine Schmelzprod. ist bedeutend reiner als das Ausgangsprod. Sintermagnesia. (**Oe. P. 172 679** vom 19/9. 1950, ausg. 10/10. 1952. D. Prior. 13/2. 1943.) BEWERSDORF. 6209

Siemens-Schuckertwerke Akt.-Ges., Berlin und Erlangen (Erfinder: **Hubert Wagner,** Ludwigsburg), *Oberflächenveredlung von keramischen Erzeugnissen.* Die M. des zu engobierenden Formlings u. die M. des Engobierschlickers müssen annähernd gleiche Brennschwindung aufweisen. — Z. B. wird eine aus gesinterter Tonerde aufbereitete Preßmasse mit einer Brennschwindung von 20% zu Rohkörpern verpreßt, mechan. bearbeitet u. die gewünschten Stellen in einen zweckmäßig entlüfteten Gießschlicker getaucht, der ebenfalls eine Brennschwindung von 20% hat. Die Oberfläche ist nach dem Brennen glatt u. unempfindlich gegen die Anlagerung von Ruß, Öl u. andern Fremdstoffen. (**D. B. P. 854 323** Kl. 80b vom 7/10. 1944, ausg. 4/11. 1952.) REINHART. 6213

Minnesota Mining & Mfg. Co., St. Paul, übert. von: **Gordon R. Pole,** White Bear Township, Ramsey Country, Minn., V. St. A., *Gefärbte Dachplatten oder dergleichen.* Zum Überziehen von Asbestzementplatten oder dergleichen mit einer gefärbten Deckschicht wird ein homogener Schlicker aus Pigmentfarbstoffen, einer Alkalisilicat-Lsg. u. $NaBF_4$ oder NH_4BF_4 verwendet. Die Salze treten bei n. Temp. nicht in Reaktion.

Nach der Aufbringung eines dünnen Überzuges auf die Unterlage wird diese auf 375 bis 500° F erhitzt. (**A. P. 2 553 604** vom 3/4. 1950, ausg. 22/5. 1951.)
HANS HOFFMANN. 6213

Patent-Treuhand-Gesellschaft für elektrische Glühlampen m. b. H., Heidenheim/Brenz (Erfinder: **Ernst Friederich,** Berlin-Charlottenburg), *Dichte Körper aus Aluminiumoxyd.* Pulverförmigem Al_2O_3 wird pulverförmiges oder blättchenförmiges Al (Al-Bronze) in Mengen von 0,05—20% einverleibt u. der Preßkörper in bekannter Weise durch Brennen in oxydierender Atmosphäre, z. B. Luft, gesintert. Beim Sintervorgang wird dann das zugefügte Al in Al_2O_3 verwandelt, so daß das Fertigerzeugnis durchgehend aus Al_2O_3 besteht. Durch die Zugabe des Al werden beim Preßvorgang die Preß- oder Formbacken der Preßwerkzeuge ganz wesentlich geschont. Es genügen bereits wenige %, unter Umständen sogar nur Bruchteile eines einzigen Prozentes des zugefügten Al, um den Zweck der Schonung der Preßwerkzeuge zu erreichen. (**D. B. P. 862 723** Kl. 80b vom 26/4. 1944, ausg. 12/1. 1953.)
REINHART. 6217

Canadian Refractories Ltd. (Erfinder: **Frank Eugene Lathe,** Ottawa, **Norman Percy Pitt** und **Lisle Hodnett**), Montreal, Can., *Ungebrannter Körper.* Bildsames oder körniges Gut, z. B. feuerfeste Stoffe, werden mit Natriumsilicat als Bindemittel u. Zusätzen, wie 0,4—0,3% eines Carbonats, Bicarbonats, Chlorats, Nitrits oder Nitrats von K oder Na oder Gemischen dieser Stoffe, versetzt, welche die Wanderung des Silicats in Ggw. von W. verhindern. Dadurch wird die Anreicherung des lösl. Silicats an der Oberfläche der Körper beim Trocknen verhindert. (**D. B. P. 854 321** Kl. 80b vom 14/12. 1937, ausg. 4/11. 1952. A. Prior. 24/4. 1937.)
REINHART. 6219

National Lead Co., New York, N. Y., V. St. A., *Keramisch-elektrische Widerstände* mit niederem bis mittlerem spezif. Widerstand. Die Massen bestehen hauptsächlich aus *Titanaten* von *Cr, V* oder *Cu,* wobei sie außerdem noch Oxyde von Fe, Cu oder V enthalten können. Zur Herst. brennt man Gemische von TiO_2 mit den entsprechenden Oxyden. Die elektr. Widerstandswerte sind für zahlreiche Mischungen tabellar. wiedergegeben. (**N. P. 79 395** vom 5/2. 1947, ausg. 19/11. 1951. A. Prior. 7/2. 1941.)
JÜRGEN SCHMIDT. 6221

Canadian Refractories Ltd., Montreal, Can. (Erfinder: **F. E. Lathe**), *Verbinden von körnigen, schwerschmelzenden keramischen Teilchen miteinander.* Man vermischt eine körnige schwerschmelzbare mit einer leichter schmelzenden M. (F. zu 75% oder mehr unter 1500°) u. erhitzt bis zum beginnenden Schmelzen der leichter schm. M., worauf Verfestigung durch chem. Rkk. eintritt. Die schwerschmelzbare M. soll mindestens 80% CaO, MgO u. SiO_2 bei einem Verhältnis CaO/SiO_2 von mindestens 2,1 enthalten. Geeignet sind z. B. totgebrannter Dolomit, Diopsit u. eine M. mit 10—22% Kalk, 2—7% SiO_2, Rest MgO. Die leichter schm. M. soll mindestens 75% SiO_2, Kalk u. MgO aufweisen, nämlich 42—74% SiO_2, 6—58% Kalk u. MgO-Werte von 0—33% bei 42% SiO_2 oder 38% bei 56% SiO_2. Als solche M. ist z. B. Wollastonit geeignet. Diese leichter schm. M. soll 50% oder mehr betragen. Das Endprod. soll hauptsächlich aus *Di-* oder *Tricalciumsilicat* neben *Periklas* bestehen. (**Schwed. P. 133 396** vom 23/5. 1949, ausg. 23/10. 1951.)
JÜRGEN SCHMIDT. 6221

Standard Oil Development Co., Del., übert. von: **Walter A. Rex** und **Chester L. Read,** Westfield, N. J., V. St. A., *Zementherstellung.* Ölschiefer, der als mineral. Bestandteile SiO_2, Al_2O_3 u. Fe_2O_3 enthält, wird in grobkörniger Form in einem Behälter unter dem Einfl. eines aufwärtsgerichteten Gasstromes aufgewirbelt u. in der Schwebe auf die Destillationstemp. des Öles erhitzt (Destillationszone), dessen Dämpfe abgezogen werden. Unter ähnlichen Bedingungen werden die C-haltigen Destillationsrückstände in einer Erhitzungszone unter Verbrennung des C auf 1100—1800° F erhitzt u. in die Destillationszone zurückgeführt, der sie die zur Dest. erforderliche Wärmemenge zuführen. Der Kreislauf wird einige Zeit aufrechterhalten, bis das Brenngut sich auf Zementfeinheit zerteilt hat. Hierauf wird in der Erhitzungszone feingemahlener Kalkstein in der zur Zementerzeugung erforderlichen Menge zugesetzt. Das Feine wird dann von dem Gröberen getrennt u. in üblicher Weise zu Zement gebrannt. — Verfahrensschaubilder. (**A. P. 2 592 468** vom 6/12. 1947, ausg. 8/4. 1952.)
HANS HOFFMANN. 6223

Ellis-Forster Co., Montclair, N. J., V. St. A., übert. von: **Ladislaw Vilmos Farkas,** Jerusalem, Palästina, und **Michael Mojzesz Szwarc,** Manchester, England, *Herstellung eines säurebeständigen Zementes.* Die wss. Lsg. eines Alkalisilicates wird mit dem Ester eines mehrwertigen Alkohols, z. B. Glycerin oder Glykol, dessen eine Hydroxylgruppe unverestert ist, z. B. Glycerindiacetat, sorgfältig gemischt u. ein inerter Füllstoff zugegeben. Der Ester soll in solchen Mengen zugegeben werden, daß das Alkali des Silicats zu 80—90% neutralisiert ist. (**Can. P. 477 539** vom 27/10. 1947, ausg. 2/10. 1951. E. Prior. 19/6. 1946.)
SCHÖNAUER. 6223

Kaspar Winkler & Cie., Zürich, Schweiz (Erfinder: **A. Ammann**), *Verbesserung der Eigenschaften von hydraulischen Bindemitteln.* Man setzt den Bindemitteln lösl. organ. Stoffe zu, die mit Erdalkalisalzen Komplexe bilden. Geeignet sind organ. Stoffe, wie *Nitrilotriessigsäure, Äthylendiamintetraessigsäure, Iminodiessigsäure, Methyliminodiessigsäure, Anthranilsäurediessigsäure, Uramil-7.7-diessigsäure* u. *Brenzcatechindisulfonsäure.* Diese Zusatztoffe setzen einmal die Oberflächenspannung des W. beim Anmachen von Zement herab, erhöhen die Plastizität des hergestellten Betons sowie dessen Festigkeit nach dem Abbinden. (**Schwed. P. 133 753** vom 24/10. 1947, ausg. 27/11. 1951. Schwz. Prior. 24/10. 1946.) JÜRGEN SCHMIDT. 6223

Bernhard Kleinschmidt, Wörterbuch der Schleif- und Poliertechnik. T. 1. 2. Deutsch-Englisch. — Englisch-Deutsch. Berlin: Cram 1952. (96 S. m. Abb.) 8°. DM 9,80.

VII. Agrikulturchemie. Schädlingsbekämpfung.

Gunnar Semb, *Erduntersuchungen und Versuch.* Vf. erläutert die Verknüpfung von Geländebeobachtungen u. Bodenunterss. im Labor. mit Feldverss. zur Erzielung einer systemat. Anbautechnik. (Tidsskr. norske Landbruk **59.** 230—42. Juli/Aug. 1952.) R. K. MÜLLER. 6300

D. Rhind und **U. Tin**, *Nachwirkungen von Superphosphat, Thomasmehl und Knochenmehl auf einigen Reisböden in Niederburma.* Die Nachwirkungen von Superphosphat, Thomasmehl u. Knochenmehl (**I**) auf die Reiserträge von 2 verschied. Böden wurde untersucht u. in Kurven dargestellt. Bei Berücksichtigung nur der Mehrerträge von $>$150 lbs./acre ergab sich eine Nachwrkg. für mindestens 4—10 Jahre. Auf sauren Alluvialböden war **I** den beiden anderen P-Düngern beträchtlich überlegen. — Die Wrkg. wurde in der Halbwertszeit des Düngemittels ausgedrückt, wodurch die Rkk. verschied. Düngemittel auf verschied. Böden vergleichbar werden. (Trop. Agriculturist **108.** 102—07. April/Juni 1952.) RANG. 6304

P. A. Baranow und **M. W. Dankowa**, *Über die Eigenschaften granulierter Düngemittel.* Da aus granuliertem Superphosphat (**I**) ein Teil der lösl. P_2O_5 gleich nach der Unterbringung in die umgebende 10—15 mm dicke Bodenschicht abwandert u. dort gebunden wird, u. da ferner bei darauffolgender Bodenbearbeitung durch Berührung mit ungesätt. Boden weitere Wanderung u. Festlegung von P_2O_5 erfolgt, wurden Verss. zu Winterroggen u. Sommergerste in der Weise angelegt, daß das granulierte **I** entweder bei der Bodenbearbeitung vor der Saat oder zugleich mit der Saat untergebracht wurde. Während bei Roggen die Unterschiede durch ungünstige Witterung verwischt wurden, wurde bei Gerste nach der zweiten Meth. ein Mehrertrag erzielt (1,4 dz/ha). Bei pulverigem **I** betrug der Mehrertrag nur 0,5 dz/ha. (Доклады Всесоюзной ордена Ленина Академии Сельскохозяйственных Наук имени В. И. Ленина [Ber. Allunions landwirtsch. (Lenin-Orden) Lenin-Akad.] **17.** Nr. 1. 3—8. 1952.) LINTER. 6304

P. W. Jakowlew, *Die Wirksamkeit granulierter Düngemittel unter den Bedingungen des äußersten Nordens.* Granuliertes *Superphosphat* (**I**) + Humus, enthaltend 7,5 kg P_2O_5/ha, übertraf im Gerstenertrag auf schwachpodsoligem Lehmboden granuliertes **I** um 8,2 dz/ha. Bei Kartoffeln erbrachte granuliertes **I** + Humus (7,5 kg P_2O_5 u. 140 kg Humuserde/ha) einen Ertrag von 214 dz/ha u. übertraf das pulverige **I** (mit gleichem P_2O_5-Geh.) um 20,7 dz je ha. Verss. mit Kartoffeln ergaben, daß organ.-mineral. granulierte Dünger wirksamer sind als einfache Mischungen dieser Düngemittel (144 bzw. 104,2 dz/ha). Mit zunehmender Korngröße (nicht über 3—5 mm) stieg die Wrkg. an. Bei Gerste bewährte sich die Einbringung des granulierten **I** in die Saatfurche besser als die Zufuhr vor der Saat (14,9 bzw. 13,0 dz/ha). (Советская Агрономия [Sowjet. Landwirtschaftskunde] **10.** Nr. 7. 62—66. Juli 1952. Beresowsk, Landw. Versuchsstat.) LINTER. 6304

A. A. Lysin, *Einfluß der Düngung auf den Ertrag des auf Stoppeln ausgesäten Winterweizens in den Steppengebieten der Wolga.* Bei Frühjahrsgaben von 20—40 kg/ha N bewirkte granuliertes *Superphosphat* (15 kg/ha P_2O_5) eine bedeutende Ertragssteigerung des auf Sommerweizen folgenden Winterweizens. Den höchsten Ertrag ergab granuliertes Superphosphat bei N-Gaben im Frühjahr, wenn zuvor mit 20 t/ha Stallmist gedüngt wurde. (Агробиология [Agrobiologie] **1952.** Nr. 1. 101—05. Jan./Febr. Besentschuk, Selektions-Versuchsstat.) M. GORDIENKO. 6304

J. van Garderen, C. F. J. van der Walt und **L. H. Stein**, *Radioaktiver Phosphor in einem einleitenden Feldversuch über Phosphorsäureaufnahme durch Mais.* Radioakt. Superphosphat von der spezif. Aktivität von 287 μrd (1 μrd [μ-Rutherford] = 1 Zerfall/Sek.) wurde in einem Feldvers. auf einem stark eisenhaltigen roten Lehmboden teils in den Reihen der Pflanzen, teils breitwürfig ausgestreut. Die aufgenommene Phosphorsäure wurde nach einem Aufschluß des Pflanzenmaterials mit konz. u. rauchender HNO_3 auf dem Wasserbade bestimmt. Für die Best. der Phosphorsäure aus dem Korn wurden die Proben mit Ca-Acetatlsg. behandelt u. verascht. Die Messung der aufgenommenen radioakt. Phosphorsäure wurde mit einem Standardpräp. verglichen u. aus der Gesamtaufnahme an P_2O_5 u. der bekannten spezif. Aktivität des zur Düngung benutzten Superphosphates der Anteil der aufgenommenen P_2O_5 aus dem zugefügten Düngemittel in mg P je 100 g Trockensbustanz berechnet. Nur 2% des Gesamt-P der Maispflanzen stammen aus dem zugefügten Düngemittel. Im Anfangsstadium des Wachstums wird mehr P aufgenommen, wenn der Dünger in Reihen gestreut wird, als wenn er breitwürfig ausgestreut wird. (South African J. Sci. **48.** 226–31. Febr. 1952. Pretoria, Agricult. Res. Inst.) GRÜTZ. 6304

F. M. Ponnamperuma, *Der Kalizustand der Böden auf Ceylon.* Übersicht über die Gehh. charakterist. Bodenarten auf Ceylon an austauschbarem K, Gesamtbasen u. Gesamt-K u. das hieraus sich ergebende K-Düngebedürfnis. (Trop. Agriculturist **108.** 94–101. April/Juni 1952.) RANG. 6304

K. T. Starowoitow, *Aus Versuchsergebnissen bei Kalkung der Böden.* Kalkung auf sauren Böden kann nicht durch Gaben von Phosphoritmehl ersetzt werden. Als Kalkdüngung bewährte sich Asche von Niederungstorf, deren Wrkg. diejenige von Dolomitmehl u. Kalkstuff übertraf. Auf den Samenertrag des Klees wirkte die Kalkung schlecht, jedoch konnte diese negative Wrkg. durch Beidüngung von B völlig beseitigt werden. (Советская Агрономия [Sowjet. Landwirtschaftskunde] **10.** Nr. 11. 46–50. Nov. 1952. Inst. für sozial. Landw. der Akad. der Wiss. der WeißrussSSR.) M. GORDIENKO. 6304

Asbjørn Sorteberg, *Versuche mit verschiedenen Kalkmitteln bei Weißmoostorf.* Kalksteinmehl wird im Vgl. mit reinem $CaCO_3$ in Gefäßverss. mit Torfboden für Gerste u. Kopfsalat angewandt, um festzustellen, ob es genügend Spurenelemente (B, Mo, Fe) enthält, um deren Mangel zu beheben. Dies ist nicht der Fall. (Tidsskr. norske Landbruk **59.** 206–13. Mai/Juni 1952.) R. K. MÜLLER. 6304

A. D. Kosstjutschenko und **L. I. Petrowa,** *Kalkgaben bei Gras–Flachs-Fruchtfolgen.* Bei Gras–Flachs-Fruchtfolgen kann die Anwendung über 1,5–2,0 t $CaCO_3$ (I) je ha Brache schädlich auf die Qualität des Flachses wirken, bes. bei Böden in schlechter Kultur u. bei Mangel an Wasser. Ausstreuen von 5–10 dz I zu Wintergetreide vor der Aussaat des Klees oder Einbringen von 2 dz I mit der Grasaussaat erhöht den Heuertrag im 1. u. 2. Jahr so stark wie große I-Gaben zur Brache. (Агробиология [Agrobiologie] **1952.** Nr. 6. 73–79. Nov./Dez.) A. JACOB. 6304

G. Torstensson und **Sven Alvelid,** *Über die Anwendung von Hochofenschlacke als Kalkungsmittel in der Landwirtschaft.* Literaturbericht (42 Hinweise) u. Bericht über eigene Versuche. Die untersuchten 30 Schlackeproben zeigen große Unterschiede in der Eignung als Kalkungsmittel von gänzlich wertlosen Proben bis zu solchen, die der üblichen Kalkschlacke gleichwertig sind. In jedem einzelnen Fall sind Unterss. des Neutralisationsvermögens u. der Wasserlöslichkeit u. Gefäßverss. unter Berücksichtigung der Standortverhältnisse erforderlich. Mn-haltige Schlacken können zur Behebung von Mangelerscheinungen geeignet sein. (Kungl. Lantbruksakad. Tidskr. **91.** 57–76. 1952. Kungl. Lantbrukshögsk., Inst. f. allm. jordbrukslära.) R. K. MÜLLER. 6304

A. F. Kalinkewitsch, *Über die Anwendung von magnesiumhaltigen Düngemitteln zu Leguminosen und Gräsern.* Durch Ersatz von KCl durch $MgCl_2$ (I) erzielte man bei Klee eine Erhöhung des Heuertrages um 7,0 dz/ha, auch stieg dabei der N-Geh. des Heues bedeutend, da durch I die Aktivitäten bei N-fixierenden Knöllchenbakterien gesteigert werden. (Советская Агрономия [Sowjet. Landwirtschaftskunde] **10.** Nr. 11. 57–61. Nov. 1952. Allunions Wiss. Forschungsinst. für Düngemittel, Agrartechnik u. Agrarbodenkunde.) M. GORDIENKO. 6304

P. S. Pandya und **G. G. Patil,** *Eine Übersicht über Gründüngungsversuche im Staate Bombay.* Gründüngung mit verschied. einheim. Leguminosen erzielte auf bewässerten Böden sehr gute Erträge der Nachfrucht (z. B. Zuckerrohr, Tabak, Zwiebeln u. Weizen). Die Anwendung auf trockenen Böden war wenig erfolgreich, da der Wassermangel als ertragsbegrenzender Faktor auftritt. (Poona agric. Coll. Mag. **43.** 140–46. Nov. 1952/Febr. 1953.) RANG. 6304

R. M. Fainstein, *Verbrauchtes Gumbrin als Düngemittel für Weinberge.* Das als Bleichmittel für Erdölprodd. dienende *Gumbrin* (Ton mit 40% organ. Substanz) wurde bei Düngungsverss. in Weinbergen angewandt. Mit 10 t/ha erzielte man eine 7,1%ig., mit 20 t/ha eine 19,8%ig. Ertragssteigerung. Die Wrkg. des Gumbrin äußerte sich in erster Linie in einer Verbesserung der Wasser- u. Temperaturverhältnisse des Bodens. (Виноделие и Виноградарство СССР [Weinbereit. u. Weinbau UdSSR] **12.** Nr. 6. 40—41. Juni 1952.) M. GORDIENKO. 6304

O. Handte, *Beiträge zur Bekämpfung des Pfefferminzrostes Puccina menthae Pers. 1. Mitt. Einfluß verschiedener Beizmittel auf die Keimfähigkeit der Teleutosporen von Puccinia menthae Pers.* Im Tauchverf. wurden folgende Beizen geprüft: *Germisan, Abavit* (I), *Formalin* u. $CuSO_4$. I (Hg-haltig) bewährte sich am besten. Der Beizerfolg unmittelbar nach der Winterruhe der Teleutosporen ist wirksamer als zu Beginn der Keimruhe. Um das zur Beizung bestimmte Pflanzenmaterial (Triebe) vor Schädigung zu bewahren, wurde die Dosis tolerata u. die Dosis curativa bestimmt. (Pharmazie **8.** 268—75. März 1953.) BORSUTZKI. 6312

A. W. A. Brown, *Die Bekämpfung von Insekten mit Chemikalien.* Vortrag. Bes. berücksichtigt werden *DDT* u. *BHC.* — 17 Literaturhinweise. (Canad. J. publ. Health **44.** 1—8. Jan. 1953. London, Ontario, Can., Univ.) WINIKER. 6312

L. W. Jones, *Die DDT-Stabilität und ihr Einfluß auf die mikrobiologische Bodentätigkeit.* Dem Boden normalerweise zugesetzte DDT-Konzz. (0,01 u. 0,001%) üben auf nitrifizierende, ammonifizierende u. schwefeloxydierende Bakterien keinen schädigenden Einfl. aus. Tox. Wirkungen treten erst bei Konzz. von ca. 0,1% auf. — Bodenkonzz. von 1% DDT sind für N-bindende Bakterien unschädlich. — Das dem Boden einverleibte DDT bleibt während des 1. Jahres stabil, wird jedoch gegen Ende des 2. u. im 3. Jahr stark zersetzt. (Soil Sci. **73.** 237—41. März 1952. Utah, Agric. Exp. Stat.) RANG. 6312

Jean L'Hoste und **Lucienne Ravault,** *Über eine mögliche Geschmacksänderung von Kartoffeln von mit Insekticiden behandelten Böden.* Überhöhte Gaben von Gammamitteln (**Lindane**) verleihen gewissen Kartoffelsorten einen unangenehmen Geschmack. — Aus Sicherheitsgründen sollte man bei Chlordan, Aldrin u. Dieldrin niemals mehr als 7,5 kg/1 h geben. (Engrais **67.** Nr. 57. 10—12. Dez./Jan. 1953.) GRIMME. 6312

György Várallyay und **Béla Keresztény,** *Unterschiede und biologisch bedingte Veränderungen im Gehalt leicht löslicher Nährstoffe im Boden.* Entgegen der Auffassung von SIK u. SCHÖNFELD (vgl. C. **1953.** **3785**) kommen Vff. auf Grund eigener Unterss. zu dem Ergebnis, daß jahreszeitliche Schwankungen der EGNÉR- u. NEHRING-Werte sowohl durch die Probenahme als auch die geringe Analysengenauigkeit vergrößert erscheinen. Es werden Methoden zur Eliminierung dieser Fehler mitgeteilt. Biol. bedingte Veränderungen im Nährstoffgeh. machen sich lediglich beim N mit 200 bis 300% bemerkbar. Aus den Ergebnissen einer großen Anzahl von Unterss. schließen Vff., daß EGNER- u. NEHRING-Werte zur Aufstellung von Richtlinien für die Kunstdüngung von Böden weiterhin geeignet sind. — Beleganalysen. (Agrokémia és Talajtan [Agrochem. u. Bodenkunde] **1.** 401—24. Okt. 1952. Mosonmagyaróvár, Ungarn, Mezögazd. Kisérl. Intéret, Agrokém. Osztalya.) v. PILINSZKY. 6324

D. N. Iwanow, *Die Anwendung von Interferenzfiltern zur Bestimmung von Natrium und Kalium in Böden.* Ausarbeitung einer Meth., um *Na* u. *K* bereits in einer Menge von 1 mg/Liter unter Ausschaltung des Ca-Einfl. zu bestimmen. Beim Vgl. von Glas-Membran- u. Interferenzfiltern ergab sich, daß letztere die besten Resultate brachten. Störend wirkte immer noch das Ca, u. zwar ergaben 100 mg/Liter Ca beim Na eine Erhöhung um 0,6 mg u. beim K um 0,1 mg/Liter. Der Grund dafür war, daß die monochromat. Wrkg. der Interferenzfilter, obgleich sie wesentlich höher ist als die der anderen, nicht stark genug ist, um den Durchgang des Lichtes einer Ca-Bande zu verhindern, die der Na-Linie u. K-Linie naheliegt. (Почвоведение [Bodenkunde] **1953.** 61—66. Jan. Dokutschajew-Inst. für Bodenkunde der Akad. der Wiss. der UdSSR.) A. JACOB. 6324

L. L. Ramsey und **W. I. Patterson,** *Neuer qualitativer Nachweis von Monofluoressigsäure.* Monofluoressigsäure, im Handel unter der Bezeichnung 1080, wird neuerdings vielfach als Rodenticid verwendet. Wegen seiner hohen Giftigkeit empfiehlt es sich, die geernteten Beeren bzw. Fruchtsäfte auf diesen Stoff zu prüfen. Vf. haben gefunden, daß sich hierfür bestens die offizielle Meth. zum Nachw. von Monochloressigsäure (Indigoprobe) eignet. (J. Assoc. off. agric. Chemists **34.** 827—31. 15/11. 1951. Washington, D. C.) GRIMME. 6328

William E. Bissinger und **Robert H. Fredenburg,** *Bestimmung von Mikromengen von Isopropyl-N-phenylcarbamat (IPC) in Kopfsalat.* Isopropyl-N-phenylcarbamat (IPC) wird neuerdings vielfach als selektives Herbicid verwendet. Es zerfällt bei der Hydrolyse quantitativ in Anilin, Isopropylalkohol u. CO_2. Auf der Best. des Anilins beruht die Meth. der Verfasser. 300 g ($\pm$0,1 g) Salat werden in der WARING-Mühle

2 Min. zerkleinert, nach Zusatz von 200 cm³ Methylendichlorid (I) läßt man die Mühle noch 10 Min. lang laufen unter Einhaltung der Temp. unter 35° durch Zugabe von Eis. Methylendichloridlsg. durch Zentrifugieren trennen, nachspülen mit 100 cm³ I, Mischung filtrieren, I durch Einblasen trockener Luft verjagen, Rückstand quantitativ mit Ae. aufnehmen, aus kleinem Kolben den Ae. durch Einblasen von Luft vertreiben, Rückstand hydrolysieren mit 10 cm³ eines Gemisches von 91 cm³ 85%ig. H_3PO_4 + 9 cm³ konz. HCl unter Zugabe von 5 cm³ Eisessig 1 Std. lang unter Rückfluß, nach Abkühlen auf ca. 50 cm³ verd. u. mit 60 cm³ 25%ig. NaOH alkalisieren. Mit Wasserdampf 25—35 cm³ abdest., bei 20° auf 50 cm³ auffällen. 10 cm³ werden mit 2 Tropfen frisch bereiteter Ca-Hypochloritlsg. u. 2 cm³ HCl versetzt. Nach 5 Min. zum Sieden erhitzen u. 5 cm³ frisches Phenolreagens (5 g Phenol, gelöst in 5 cm³ 28%ig. NH_4OH + 95 cm³ W.) zugeben, auf 20 cm³ verd. u. nach 15 Min. colorimetrieren im Vgl. mit Anilinlsgg. von 0,01, 0,1 u. 1 mg. Bewährung: p. p. m. JPC = mg Anilin·1,93·1000/Einwaage. (J. Assoc. off. agric. Chemists **34**. 812—16. 15/11. 1951. Baberton, O.)
GRIMME. 6328

Enrico Romano und **Giorgio Giulimondi,** *Schnellbestimmung des Parathiongehalts von benetzbaren Pulvern.* 1 g 15%ig. Pulver (= 0,075 g Parathion) wird in 500 cm³-Kolben mit 50 cm³ nNaOH + 150 cm³ W. 10 Min. lang gekocht. Nach Abkühlen unter fließendem W. wird in einem 500 cm³-Meßkolben übergespült u. bis zur Marke aufgefüllt. Jetzige NaOH-Konz. = 0,1 normal. Filtrieren u. vergleichen im DRUBORG-Colorimeter mit einer Lsg. von p-Nitrophenol in 0,1 nNaOH. Erhaltener Wert mal 2,1 = % Parathion. (Ann. Staz. chim.-agrar. sperim. Roma [3] Pubbl. Nr. 53. 1—4. 1951. Rom, Stazione Chimico-Agraria Sperimentale.) GRIMME. 6328

Gebr. Borchers Akt.-Ges., Chemische Fabrik, Goslar, Harz (Erfinder: **Hugo Salaschek,** Bad Harzburg), *Wuchsstoff zur Förderung des Wachstums von Pflanzen und Pflanzenteilen.* Hormonamide, wie *Naphthylacetamid,* werden im Gemisch mit *Thioharnstoff* im beträchtlichen Überschuß, *Isoascorbinsäure* u. *Ascorbinsäure* verwendet. Schädigungstendenzen bei Überdosierungen werden vermindert. Anwendung als wss. Lsgg. oder im Gemisch mit Trägerstoffen. Ertragssteigerungen bei Obstbäumen, Beerensträuchern, Tomaten, Zwiebeln oder dgl.; *Stecklingsbewurzelungen* werden gefördert. (**D. B. P. 871 606** Kl. 16 vom 28/4. 1943, ausg. 23/3. 1953.) KARST. 6297

Schering Akt.-Ges. (Erfinder: **Herbert Schotte †**), Berlin, *Beizen von Saatgut.* Die Beizmittel werden in zähfl., wss. Kolloidlsgg. bzw. Aufschlämmungen, die bes. 0,5 bis 10% an Kolloiden enthalten, verwendet. — Beispiele: *Agar-Agar, Pektin, Tragant, Leinsamenschleim, Albumin, Leim, Stärke, Methylcellulose, Vinylpolymerisate, Phenol-CH_2O-Kondensate* u. dergleichen. Organ. Hg-Verbb. u. fungicide Stoffe werden den Kolloiden zugefügt. Bes. geeignet zur Bekämpfung von *Weizensteinbrand, Schneeschimmel* u. *Streifenkrankheit der Gerste.* (**D. B. P. 866 870** Kl. 451 vom 30/7. 1944, ausg. 12/2. 1953.) KARST. 6313

Soc. d'Étude et de Recherches pour l'Assainissement Général, Frankreich, *Zerstäuben von Flüssigkeiten mittels komprimierten Gases.* Die beim Zerstäuben von Insekticiden, Bakterieiden u. dgl. zumeist verwendete CO_2 wird durch CCl_4 ersetzt. Den Druckgasen, wie CH_3Cl, Vinylchlorid, Propylen, wird eine geringe Menge CCl_4 zugesetzt, um das Gemisch unentflammbar zu machen. (**F. P. 980 876** vom 23/12. 1948, ausg. 18/5. 1951.) WITTHOLZ. 6313

Dow Chemical Co., übert. von: **Robert C. Dosser,** Midland, und **Leeds C. White jr.,** Bay City, Mich., V. St. A., *Herstellung von Alkanolaminsalzen der 2.4.5-Trichlorphenoxyessigsäure* (I) der Zus. II (R = H oder CH_3). Man erhitzt z. B. die Suspension von 127,2 (g) I in 84,6 Monoäthanol-diisopropanolamin (III) unter Rühren ½ Std. auf 90—100°, gibt dann zur Reaktionsmischung portionsweise nochmals 9,5 III, bis das p_H 7 beträgt. I-III-*Salz*, n_D^{60} 1,5316; $D.^{60}_4$ 1,352,

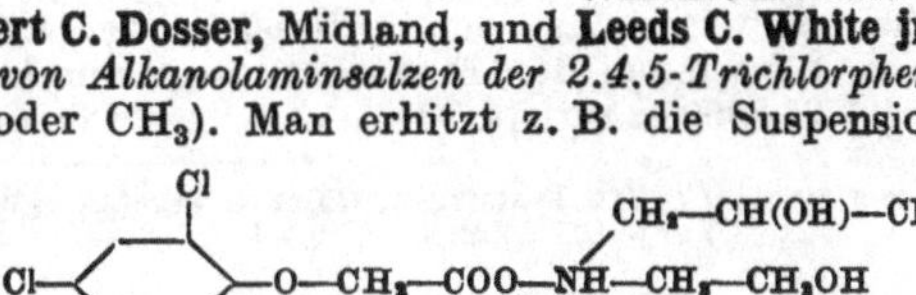

II

Viscosität 18,605 cp. (60°). — I-*Diäthanolmonoisopropylaminsalz*, n_D^{60} 1,5428; $D.^{60}_4$ 1,357; Viscosität 10,855 cp. (60°). — Herst. von wss., *herbicid* wirkenden *Sprühmitteln.* (**A. P. 2 590 815** vom 9/3. 1950, ausg. 25/3. 1952.) MÜLLER-MEININGEN. 6313

Georges F. E. Stampe, Belgien, *Insekticide, antiseptische und Desinfektionsmittel,* bestehend aus Ae. als Lösungsm. u. keimtötenden Stoffen, wie Salicylsäure, Sulfamide, Phenol, Thymol, $HgCl_2$, Acetylcholin u. dergleichen. — Man mischt in der Kälte 9 (g) Phenol, 10 Salicylsäure, 2 Milchsäure, 0,01 Menthol, 1 Liter Äther. (**F. P. 983 999** vom 14/10. 1948, ausg. 29/6. 1951. Belg. Priorr. 16/10. 1947 u. 1/10. 1948.)
WITTHOLZ. 6313

Francis Marinesco und **Gilbert A. Gmet**, Frankreich, *Kolloidales Kupfer als Mittel gegen Pilzbefall der Pflanzen.* Cu wird elektrolyt. in W. zerstäubt, dem Spuren von Glucose, Gelatine oder Albumin zugesetzt sind; auch andere Schutzkolloide, wie Leim, Dextrin u. Gelatine, können verwendet werden. Durch Eindampfen oder Konzentrieren unter red. Druck erhält man halbfeste Gele, die sich gut abpacken lassen. Bes. gegen *Meltau* besitzt das Mittel gute Wrkg., so daß es im Weinbau, Gartenbau u. Landwirtschaft wertvolle Dienste leistet. (**F. P. 984 440** vom 24/9. 1943, ausg. 5/7. 1951.) WITTHOLZ. 6313

Farbenfabriken Bayer, Leverkusen-Bayerwerk (Erfinder: **Gerhard Schrader**, Opladen-Bruchhausen, und **Walter Lorenz**, Wuppertal-Elberfeld), *Thiophosphorsäureester* der Formel $R_1SO_2R_2OP(=S)(OR_3)(OR_4)$ (R_1, R_3 u. R_4 = beliebiges Alkyl, R_2 = Alkylen) entstehen durch Kondensation von Dialkylthiophosphorsäuremonochloriden mit Oxalkylalkylsulfonen in Ggw. eines säurebindenden Mittels u. zweckmäßig eines Lösungsm., bes. bei 50—90°. — Methyl-β-oxyäthylsulfon, $Kp._1$ 148—149°, gibt in Methyläthylketon mit O.O-Diäthylthiophosphorsäurechlorid in Ggw. von calciniertem Na_2CO_3 u. Cu-Pulver bei 50—60° *Thiophosphorsäure-O.O-diäthyl-O-β-(methylsulfoyläthyl)-ester*, viscoses, in W. wenig lösl. Öl. — Äthyl-β-oxyäthylsulfon → *Thiophosphorsäure-O.O-diäthyl-O-β-(äthylsulfoyläthyl)-ester.* — *Insekticide*, bes. gegen *Pflanzenschädlinge.* (**D. B. P. 876 692** Kl. 12o vom 7/7. 1951, ausg. 18/5. 1953.) KRAUSS. 6313

Farbenfabriken Bayer, Leverkusen-Bayerwerk (Erfinder: **Walter Lorenz**, Wuppertal-Elberfeld), *Dithiophosphorsäureester* entstehen durch Anlagerung von Dithiophosphorsäure-O.O-dialkylestern an Alkylvinylsulfone bei erhöhter Temp. nach dem Reaktionsschema: $R_1SO_2CH{=}CH_2 + HSP(=S)(OR_2)(OR_3) \rightarrow R_1SO_2CH_2CH_2SP(=S)\cdot(OR_2)(OR_3)$ (R_1, R_2, R_3 = beliebiges Alkyl). — Dithiophosphorsäure-O.O-diäthylester gibt mit Methylvinylsulfon, $Kp._1$ 75°, in Ggw. von Triäthylamin nach dem Erhitzen *$CH_3SO_2CH_2CH_2SP(=S)(OC_2H_5)_2$*, **rotbraunes, wasserunlösl., nichtdestillierbares Öl.** — *$C_2H_5SO_2CH_2CH_2SP(=S)(OC_2H_5)_2$.* — Verwendung als *Insekticide*, bes. gegen *Pflanzenschädlinge* (Tabellen). (**D. B. P. 876 691** Kl. 12o vom 6/7. 1951, ausg. 18/5. 1953.) KRAUSS. 6313

Farbenfabriken Bayer, Leverkusen (Erfinder: **Gerhard Schrader**, Opladen), *Thiophosphorsäureester von 3-Halogenoxycumarinen.* Man setzt Dialkylthiophosphorsäuremonochloride bei erhöhter Temp. in Ggw. von säurebindenden Mitteln (**I**), bes. in einem Verdünnungsmittel (**II**) u. in Ggw. von etwas feinverteiltem Cu-Pulver, mit 3-Halogenoxycumarin um. Aus *3-Chlor-4-methyl-7-oxycumarin* (**III**) u. Dimethylthiophosphorsäuremonochlorid erhält man in Ggw. von Methyläthylketon (als **II**) u. K_2CO_3 (als **I**) den *Dimethylthiophosphorsäureester* von **III**; F. 105°. Der *Diäthylthiophosphorsäureester* von **III** schm. bei 91°, der des *3-Brom-4-methyl-7-oxycumarins* bei 105°. — Mittel zur Abtötung von Mückenlarven. (**D. B. P. 881 194** Kl. 12o vom 31/7. 1951, ausg. 29/6. 1953.) BRÖSAMLE. 6313

Allan A. Sollers, Baltimore, Md., V. St. A., *Toxische Köder zum Schutz von Austernbänken.* Hochofenschlacke oder dgl. wird zu Stücken geformt, die den natürlichen Austern hinsichtlich Größe, Form u. Farbe ähnlich sind. Die Schlackenstücke werden im Vakuum getrocknet, in Austern-Fl. getaucht, getrocknet, mit Lsgg. von tox. Stoffen, z. B. *DDT*, *Thiocyanbenzoseäure*, *Diisopropylfluorphosphat* oder dgl., imprägniert, dann nochmals getrocknet u. evakuiert, um die Luft aus den Poren zu entfernen. Die so erhaltenen Schlackenstücke werden ringförmig um die in Küstengebieten befindlichen Austernbänke oder in dieselben verteilt. Austernbohrer, Sternfische u. echinoderm. Schädlinge der Austern werden durch die Köder vernichtet. (**A. P. 2 613 474** vom 7/3. 1950, ausg. 14/10. 1952.) KARST. 6313

Angelo Menozzi e Ugo Pratolongo, Chimica vegetale e agraria. Vol. II. 3a edizione. Milano: U. Hoepli. 1952. (XVI + 461 S. m. 50 Abb.) L. 2000,—.

VIII. Metallurgie. Metallographie. Metallverarbeitung.

W. Titze, *Die metallurgische Eignung des SM-Ofens nach System Maerz.* Ein Vgl. der Schmelzbedingungen im MAERZ-Ofen für verschied. Herstellungsverff. u. Stahlqualitäten mit denen der Öfen n. Bauart ergab, daß beim MAERZ-Ofen die Frischwrkg. höher ist, was sich in einem erhöhten Abbrand an C, Mn u. Si äußert. Im MAERZ-Ofen läßt sich jede gewünschte Frischgeschwindigkeit einstellen u. bei sorgfältiger Bedienung jede verlangte Stahlqualität herstellen. (Radex-Rdsch. **1951**. 234—42. Okt. Donawitz.) PAHL. 6370

John S. Marsh, *Fortschritt in den Stahlerzeugungsverfahren in Amerika.* (Metal Progr. **63**. Nr. 1. 74—77. Jan. 1953. Bethlehem, Pa., Bethlehem Steel Co.) HOCHSTEIN. 6408

F. Modersohn, *Melasstahl.* Das MELAS-Verf. besteht in der Anwendung einer Reihe von Kaltformungsgängen, die in bestimmter Reihenfolge u. mit gegenseitiger Abstimmung vorzunehmen sind. Als Rohmaterial wird vorwiegend unlegierter Vergütungsstahl verwendet, der durch eine vorbereitende Wärmebehandlung den für die Kaltverformung günstigsten Gefügeaufbau erhalten hat. Der Ausgangszustand ist durch ein möglichst feinkristallines Grundgefüge mit gleichmäßiger Verteilung des Zementits in kugeliger Form gekennzeichnet. Dieser Gefügeaufbau ist auch nach der Kaltveredelung vorhanden, nur daß die Kristalle gestreckt sind u. eine Faserstruktur gebildet ist. Es werden die Festigkeitseigg. der so behandelten Stähle besprochen. (Konstruktion **4.** 275—80. Sept. 1952. Berlin.) HOCHSTEIN. 6408

Erich Piper, Heinz Hagedorn und **Horst Backes,** *Das Verhalten des Wasserstoffs bei der Stahlerzeugung.* Probenahme u. H_2-Analyse wurden so weit verbessert, daß die H_2-Gehh. vom fl. Roheisen bis zum fertigen Stahlblock ermittelt u. die Zeitpunkte der H_2-Aufnahme bestimmt werden konnten. Die Unterss. lassen für die Schmelzverff. der Stahlwerke einen Einfl. der Feuchtigkeit des Einsatzgutes u. der Zuschläge auf die Höhe von H_2 nicht erkennen, solange der Stahl von einer Schlacke bedeckt ist u. W. nicht direkt mit dem blanken Stahlbad in Berührung kommt. Der Wasserdampf der Ofenatmosphäre tritt nur zu einem geringen Teil durch die Schlacke in den Stahl über. Sowohl im bas. SIEMENS-MARTIN- als auch bas. Lichtbogenofen ist ein Ansteigen von H_2 ab Mitte der Entkohlungszeit zu beobachten. Am stärksten ist sie im ersten Ofen am Ende der Entkohlung u. im Elektroofen nach dem Abziehen der schwarzen Schlacke. Diese Anreicherung wird auf das Zusammenspiel zwischen Bad, Schlacke u. Wasserdampf zurückgeführt. Im bas. SIEMENS-MARTIN-Ofen erfolgt die H_2-Aufnahme des Stahles meist zusammen mit einer Erhöhung der Fe_2O_3-Gehh. der Schlacke. Bei allen Schmelzverff. steigt der H_2-Geh. meist nach dem Abstich an. In Gußformen ist sie höher als in Kokillen. In Blöcken, die nach dem Gießen ohne Wärmebehandlung u. Verformung gelagert werden, ist nach mehreren Wochen im Kern annähernd die gleiche H_2-Menge enthalten wie in der beim Gießen abgesaugten fl. Probe. — Diskussion. (Stahl u. Eisen **73.** 817—28. 18/6. 1953. Völklingen.) HOCHSTEIN. 6408

Otto Hengstenberg und **Walter Jänicke,** *Das Verhalten von unberuhigten kohlenstoffarmen Thomas- und Siemens-Martin-Stählen bei der Festigkeits- und Kerbschlagzähigkeitsprüfung.* Es werden Zug- u. Kerbschlag–Biege-Verss. an gewalzten ungealterten, natürlich u. künstlich gealterten Proben aus unberuhigten THOMAS-Schmelzen mit verschied. N_2-Gehh. sowie an unberuhigten SIEMENS-MARTIN-Schmelzen von ähnlicher Zus. durchgeführt u. der Einfl. von *N* auf Streckgrenze, Bruchdehnung, Brucheinschnürung u. Verfestigungszahl ermittelt. Ferner wurde der Anteil der Kaltverformung, der spontanen natürlichen Alterung sowie des Anlassens bei 250° an der gesamten Verschlechterung der Kerbschlagzähigkeit bei künstlicher Alterung an unberuhigten u. verbesserten THOMAS- sowie an unberuhigten SIEMENS-MARTIN-Schmelzen untersucht. Es wird dabei nachgewiesen, daß den verschied. Versuchsbedingungen für den Kerbschlagbiegevers. ein entscheidender Einfl. auf die Prüfergebnisse zukommt. Zum Teil werden sowohl zwischen den untersuchten SIEMENS-MARTIN- u. verbesserten THOMAS-Stählen als auch innerhalb der letzteren Stahlgruppe selbst Unterschiede erhalten, die nicht allein auf die *P*- u. N_2-Gehh. zurückgeführt werden konnten. (Stahl u. Eisen **73.** 828—38. 18/6. 1953. Essen u. Rheinhausen.) HOCHSTEIN. 6408

H. Heitmüller und **H. W. Grönegress,** *Temperaturmessung beim Brennhärten.* Das im Gebiet 200—1500° brauchbare, trägheitslos arbeitende Temperaturmeßgerät *Milliskop* kann überall dort verwendet werden, wo an bewegten Werkstücken schnelle Temperaturänderungen gemessen werden müssen. (Werkstatt u. Betrieb **83.** 322—24. Juli 1950. Kiel bzw. Gevelsberg.) HABBEL. 6480

Kurt Meyer, *Die Eingliederung des Härteprüfverfahrens nach Rockwell-C in das betriebliche Meß- und Prüfwesen.* Erörtert werden die Fehlerquellen u. Maßnahmen zum Erreichen vergleichbarer Härtewerte. (Werkstattstechn. u. Maschinenbau **42.** 458—63. Nov. 1952. Bremen.) HOCHSTEIN. 6480

U. R. Evans und **R. Tomlinson,** *Ein neues anodisches Verfahren zum Übertragen der Oxydfilme von wärmebehandeltem Eisen auf Glas oder plastische Massen.* Das mittels Harz auf eine Glasoberfläche befestigte oxydierte Probeblech wird anod. behandelt, so daß sich das Fe auflöst u. der Oxydfilm auf der Glasfläche zurückbleibt u. untersucht werden kann. — 3 Abbildungen. (J. appl. Chem. **2.** 105—09. März 1952. Cambridge, Dep. of Metallurgy.) MARKHOFF. 6480

Heinz Thiede, *Ultraschall und seine Anwendungen in der Technik.* Überblick über die Ultraschallerzeugungsverff. u. ihre physikal. Zusammenhänge. (Z. Erzbergbau Metallhüttenwes. **4.** 212—21. Juni 1951. Bremen.) HABBEL. 6480

E. H. Bucknall und **P. Hersch,** *Einige Ausblicke auf die praktische Anwendung von Legierungsphasendiagrammen.* Vortrag. Mit Hilfe der *Legierungsphasendiagramme* (I) läßt sich eine große Zahl prakt. metallurg. Probleme lösen, wie z. B. in der *Extraktionsmetallurgie*, Aufklärung der *Sulfid–Oxyd-Gleichgewichte, Trennung von Zn u. Pb* in der Dampfphase, bei Raffinationsprozessen durch *Fällungszusätze.* Ferner eignen sich die I zur Voraussage der Struktur von Legierungen, der Wärmebehandlung, des Reinheitsgrades usw.; die Phasenzus. steht bes. mit dem *Kriechwiderstand* (creep resistance) im Zusammenhang, der bei bin. Legierungen mit dem Übergang vom Einphasen- zum Zweiphasensyst. zunimmt. — Beispiel für die isotherm. Umwandlung eines unterkühlten *Austenits* usw. (Metal Treatment Drop Forging **17.** 42—43. 1950.) ROTTER. 6482

N. F. Mott, *Verformung von Metallen. Der Vorgang der Kalthärtung.* Erörterung einer Kalthärtungstheorie auf Grund der Annahme von freien Gitterplätzen u. Verlagerungen. (Iron and Steel **26.** 24—28. Jan. 1953. Bristol, Univ.) HOCHSTEIN. 6490

P. L. Pocock, *Auftragsschweißen in der Eisen- und Stahlindustrie.* Beschreibung des Verf. u. Vermeidung von Fehlern. (Iron and Steel **24.** 323—26. Juli 1951.) KATZ. 6506

Wilh. Ahlert, *Die Reparaturschweißung großer Maschinenteile nach dem „Thermit"-Verfahren.* Überblick über die Metallurgie der Thermitsorten, ihren Einsatz bei der Schweißung von Schienenbrüchen u. der Reparatur von Werkstücken verschied. Größe, die Vorbereitung u. Ausführung der Schweißung u. ihre Ergebnisse. (Dechema Monogr. **15.** 188—206. 1950. Essen.) METZENER. 6506

K. Wellinger und **H. Gaisser,** *Untersuchungen von Auftragsschweißungen an Schienen.* (Schweißen u. Schneiden **3.** 173—78. Juni 1951. Stuttgart, TH.) HABBEL. 6506

A. Matting, *Die Leichtmetallschweißung im Apparatebau.* Die Schweißbarkeit der wichtigsten Leichtmetallegierungen wird erörtert. Der Schweißrißneigung wird durch Anwesenheit eines Eutektikums entgegengewirkt, das in die sich entlang der Korngrenzen bildenden Warmrisse einfließt u. damit den stofflichen Zusammenhang wieder herstellt. Der „Mausi"-Effekt (grobe Aufblätterungen durch lange Wärmeeinw. bei zur Blasenbldg. anfälligen Werkstoffen) u. die Korrosionsneigung der Leichtmetalle werden in bezug auf ihren Verwendungszweck krit. erörtert u. die wichtigsten Schweißverff. an prakt. Beispielen im Apparatebau vergleichend besprochen. — Schrifttumsangaben. (Metall **5.** 429—34. Okt. 1951. Hannover u. Madrid.) HOCHSTEIN. 6506

G. Rossi-Landi, *Zunder, eine Plage für die Beizer.* Schwierigkeiten bei der Entzunderung durch Beizen u. besondere Beizprobleme. (Métallurgie Construct. mécan. **83.** 389—91. Mai 1951.) KATZ. 6512

J. Groome, *Metallentfettung.* Übersicht über die Verff. zur Metallentfettung, die Geschwindigkeit ihrer Anwendbarkeit, Zweckmäßigkeit u. Wirtschaftlichkeit. Die mechan. Entfettung u. das Abbrennen der Fettschicht sind veraltet u. unzweckmäßig. Techn. bedeutungsvoll bleiben die Entfettung mit alkal. Lösungsmitteln oder Trichloräthylen, bes. mit elektrolyt. Nachbehandlung mit einer alkal. Lösung. (Metalen **7.** 282—85. 12/7. 1952. Imp. Chem. Ind.) WESLY. 6512

A. Wogrinz, *Bemerkung über die Stromausbeutefaktoren bei galvanotechnischen Bädern.* Diskutiert werden die von STEINER mit Hilfe der Ringkathode ermittelten Strom- u. Metallverteilungsfaktoren im Hinblick auf die Schaffung eines Gerätes zur Best. der Stromausbeutefaktoren. (Metalloberfläche, Ausg. B **4.** 161—62. Nov. 1952. Wien, TH, Elektrochem. Inst.) MARKHOFF. 6514

Robert T. Hood, *Werkstoffkontrolle in Plattieranlagen.* (Metal Ind. [London] **81.** 287—88. 10/10. 1952.) PAHL. 6514

Ernst Raub, *Elektrolytische Abscheidung von Legierungen.* Überblick über die Abscheidung von *Cu-, Ni-, Zn-* u. *Edelmetall*-Legierungen. — 57 Literaturangaben. (Feinwerktechnik **54.** 288—93. Okt./Nov. 1950. Schwäbisch-Gmünd.) MARKHOFF. 6514

Samuel Storchheim, *Elektropolieren von rostfreiem Stahl.* Einführung in Meth. u. Technik. (Amer. Machinist **96.** Nr. 10. 140—41. 12/5. 1952. Bayside, N. Y., Sylvania Electric Products Inc.) J. FISCHER. 6514

Joseph Haas, *Galvanische Metallüberzüge auf nichtrostenden Stählen. Kritische Übersicht nebst empfehlenswerten Verfahren.* (Metal Finishing **49.** 50—54. Juni 1951.) SKALIKS. 6514

Webster B. Knight, *Niederschlagen von Weißmessing — eine Lösung bei Nickelknappheit.* Die von WERNLUND u. OPPLINGER angegebenen Zuss. von Weißmessingbädern, die harte u. spröde Abscheidungen ergaben, werden durch neue Zusätze verbessert. Der Glanzbereich u. die anod. Löslichkeit werden dadurch größer. Gute Badbewegung u. größte Reinheit der Salze u. der Anode verringern die Sprödigkeit der Abscheidungen.

Die Bäder sind dauernd zu überwachen. Eine dünne Cr-Schicht verbessert die Korrosionssicherheit des Weißmessings wesentlich. Bei gleicher Schichtdicke sollen Weißmessing–Cr-Überzüge besser sein als Cu–Ni–Cr-Überzüge. Erstere ergeben im Salzsprühnebel erst nach 100 Std. roten Rost, letztere bereits nach 32 Stunden. (Metal Progr. **61.** Nr. 3. 61–64. März 1952. Detroit, Knight Plating Co.) J. FISCHER. 6514

W. H. Safranek, W. C. Schickner und **C. L. Faust,** *Elektroformierte „Waveguides" aus Aluminium unter Verwendung von Bädern aus Organoaluminiumverbindungen.* Das Al wurde auf Kerne aus Cd–Ni-Legierungen (1–2% Ni) niedergeschlagen, die nach dem Guß auf genaue Außenmaße bearbeitet u. im Pyrophosphatbad verkupfert waren. Die Cu-Schicht wurde außerdem in einem CrO_3–H_3PO_4-Bad elektropoliert. Die Bäder zur Abscheidung des Al bestanden aus einer Dispersion von Toluol in einer Toluollsg., des Schmelzprod. von 1 Mol *Äthylpyridiniumbromid* (F. 114–116°) mit 2 Mol wasserfreiem *$AlCl_3$* (eutekt. Gemisch mit F. –40°). Außerdem enthielten die Bäder Zusätze zur Verbesserung der physikal. Eigg. des Al. Als bester Zusatz erwies sich *tert.-Butylmethyläther.* Badzus.: 32 (Gew.-%) $AlCl_3$-Eutektikum, 67 Toluol, 1 Butylmethyläther. Das im Ruhezustand aus 2 Schichten bestehende Bad wurde für die Elektrolyse durch Einleiten von N_2 in eine homogene Dispersion übergeführt, aus der sich dichte, duktile Al-Schichten (0,65–1,0 mm stark) abscheiden ließen. Badtemp. 30°. Kathod. Stromdichte 1,1–2,2 A/dm². Gleichstrom; es wurde Wechselstrom überlagert. Die Bäder hielten 560 Amperestunden/Liter (44 Tage) aus u. konnten noch länger benutzt werden. — Nach der Abscheidung des Al wurde die Cd-Legierung bei 370° herausgeschmolzen u. der Cu-Belag mit HNO_3 (D. 1,42) bei 40° abgelöst. Die so freigelegte innere Oberfläche des Al war spiegelglänzend. — Im Original sind verschied. Einzelheiten über die Herst. der Bad-Fll. sowie über die App. (Schaltschema) mitgeteilt. — Ausführliches Literatur- u. Patentverzeichnis. (J. electrochem. Soc. **99.** 53–59. Febr. 1952. Columbus, O., Batelle Memorial Inst.) SKALIKS. 6514

—, *Bronzetönung galvanisch verkupferter Medaillen und Plaketten.* Überblick über Naß-, Trocken- u. Schmelzverfahren. (Dtsch. Goldschmiede-Ztg. **50.** 360–61. Dez. 1952.) MARKHOFF. 6516

Hans Reininger, *Gestörte Haftgrundmetalloberflächen: Ursachen, Schädlichkeit und Verhinderung.* Überblick auf die verschied. Ursachen der bes. schädlichen Oxydeinschlüsse in Metalloberflächen für die Haftung von Überzugsschichten u. die Maßnahmen zu ihrer Vermeidung. — Abbildungen. (Metalloberfläche **6.** Nr. 9. Ausg. B **4.** 129–37. Sept. 1952. Bad Schandau/Elbe.) MARKHOFF. 6516

Hans von Hofe, *Instandsetzen durch Metallspritzen.* Besprechung der Festigkeitseigg. u. Haftfestigkeit der Werkstoffe. Wärmebehandlung zur Erhöhung der Haftfestigkeit, Härte der Spritzschichten u. der Haftgrundvorbereitung. (Maschinenschaden **24.** 57–65. 1951.) KATZ. 6516

G. B. Lewis und **L. Frost,** *Herstellung billiger Formen für Flugzeugteile durch Metallisieren.* Anwendung der Metallspritztechnik für Preßformen. (Machinery [New York] **58.** Nr. 4. 152–56. Dez. 1951.) KATZ. 6516

A. M. Edelsson, *Anwendung einer Metallisation durch Zerstäubung bei der Herstellung von Wellen für Wasserpumpen.* Die Zapfen einer schweren Welle werden mittels eines Elektrometallisators mit einer Schicht aus nichtrostendem Stahl *Ch 18N9* mit einer Schichtdicke von 1,5 mm überzogen. Der zu zerstäubende Draht enthält 0,18(%) C, 0,31 Si, 17,42 Cr u. 9,26 Ni. Nach der Herst. des Überzuges werden die Zapfen abgedreht. (Вестник Машиностроения [Nachr. Maschinenbau] **32.** Nr. 7. 58–59. Juli 1952.) HOCHSTEIN. 6516

K. G. Soderberg und **H. L. Pinkerton,** *Galvanische Antimonniederschläge.* Berichtet wird über galvan. Abscheidung matter bis glänzender Sb-Überzüge aus komplexen citronensauren Bädern sowie aus gluconsauren Bädern mit H_2O_2-Zusatz. Andere organ. Säuren, wie Oxal-, Ameisen- u. verschied. Sulfonsäuren, eignen sich nicht zur Herst. eines Elektrolyten für die Sb-Abscheidung. Zusätze von Pb-, Cu-, Tl-, Ag-, Bi-, Zr-, Sn-, Cd-, Zn-, Mo-, Co- oder Ni-Salzen sowie von Netzmitteln zu den citronensauren Bädern haben keine oder verschlechternde Wirkung. (Metal Ind. [London] **76.** 271–73. 7/4. 1950.) MARKHOFF. 6516

P. B. G. Upton und **E. F. G. Herington,** *Eine schnelle Eintauchversilberungsmethode hoher Leistungsfähigkeit.* Schwere u. rasche Versilberungen mit 1%ig. ammoniakal. $AgNO_3$-Lsg. mit Zusatz verd. Pyridin enthaltender Hydrazinsulfatlsg. ließen sich auf eingetauchten Oberflächen, die nacheinander mit $SnCl_2$- u. $AgNO_3$-Lsg. behandelt u. mit W. gespült waren, erzielen. Ag-Ndd. traten im Bad u. an den Behälterwänden kaum auf. Das Pyridin darf nicht zur ein sein oder es müssen kleine Mengen oberflächenakt. Stoffe, wie Cetylpyridiniumbromid (*Fixanol C*), zugesetzt werden. Mit diesem

Zusatz ergaben auch Cyclohexylamin u. NH_3 an Stelle von Pyridin gute Wirkungen. (Research **3.** 289—90. Juni 1950. Teddington, D. S. I. R. Chem. Res. Labor.)
BLUMRICH. 6516

H. H. Symonds, *Fehler beim elektrolytischen Aufbringen von Cadmiumüberzügen.* Berichtet wird über Verss. zur Aufklärung der Ursachen der beobachteten Fleckenbldg. von Cd-Überzügen. Als Hauptursache wurde die Einw. von korrodierenden Fll. festgestellt, die sich in äußerst feiner Verteilung in der Atmosphäre befinden. — Diskussion. (Metal Ind. [London] **76.** 43—44. 20/1. 112. 10/2. 146. 24/2. 1950.)
MARKHOFF. 6516

E. Meyer-Rässler, *Leichtmetallzylinder mit hartverchromter Lauffläche.* Es wird die Durchführung der Verchromung mit geeigneter Vorbehandlung für die Haftung eines Ölfilmes auf der Cr-Schicht beschrieben. (Aluminium **28.** 33—36. Jan./Febr. 1952. Stuttgart-Bad Cannstatt.)
J. FISCHER. 6518

M. Loiseau, *Anlage für die Hartverchromung.* Beschrieben werden das Verf. u. Einrichtungen zur Hartverchromung. (Metal Ind. [London] **76.** 229—30. 24/3. 1950.)
MARKHOFF. 6518

John H. Mort, *Verzinken von Stahlplatten.* Überblick über Einrichtungen u. Arbeitsmeth. für die Heiß- u. elektrolyt. Verzinkung. (Iron and Steel **23.** 74—78. März. 125—30. April 1950.)
J. FISCHER. 6522

—, *Südamerikanische Drahtverzinkungsanlage.* Beschreibung u. Verbesserungsvorschläge. (Wire Ind. **19.** 135—38. Febr. 1952.)
J. FISCHER. 6522

K. Wickert und **H. Wiehr,** *Evans-Elemente. Eine Entgegnung zu Masings Bemerkungen zur Theorie der Korrosion durch Lokalelemente.* Vff. wiederholen frühere Verss. von WICKERT mit kleineren äußeren u. elektrolyt. Widerständen. Es wird festgestellt, daß die Deutung der Verss. von EVANS erst dann mit den Ergebnissen von WICKERT übereinstimmen, wenn die Aktivitätshöhe der Elektrodenoberfläche berücksichtigt wird. Von wesentlicher Bedeutung ist also die Oberflächenbearbeitung. Passive Oberflächen haben keinen kathod. Metallschwund, u. die Aktivitätshöhe ist gleich Null. Es besteht in diesem Fall nur ein anod. Metallschwund. Bei geeigneter Aktivitätshöhe der Kathode kann der kathod. Metallschwund größer als der anod. sein. Diese Tatsachen sind unabhängig von den Widerständen der Elemente. Die Widersprüche in den Behauptungen von EVANS u. WICKERT lassen sich nur durch die Oberflächenaktivität erklären. (Werkstoffe u. Korrosion **1.** 299—302. Aug. 1950. Berlin.)
J. FISCHER. 6538

O. Niezoldi, *Abwehr von Verschleiß und Korrosion durch Konstruktion und Werkstoff.* An Beispielen wird gezeigt, wie die Forderungen bzgl. Verschleiß bzw. Korrosion zufriedenstellend erfüllt werden können. (Konstruktion **4.** 145—48. Mai 1952. Berlin.)
HABBEL. 6538

Doris Kuhlmann-Wilsdorf und **Georg Masing,** *Das Verhalten von kupferhaltigem Aluminium in Kochsalzlösungen.* Die Unters. des Korrosionsverh. von bis 6,5% Cu-haltigem Al in wss., gepufferten NaCl-Lsgg. der p_H-Werte 4—6 zeigt, daß zwischen Reinst-Al (99,99%) u. Al–Cu-Legierungen nur 2 wesentliche Unterschiede bestehen. Einerseits ist das stationäre Potential der Legierungen um so edler, je höher der Cu-Geh. des Mischkristalls ist, u. andererseits wird bei der Auflösung des Mischkristalls das Cu zunächst mit aufgelöst, dann aber wieder abgeschieden, wodurch die H_2-Überspannung herabgesetzt u. die H_2-Entw. begünstigt wird. Während der erstgenannte Unterschied vielleicht durch den Ansatz gedeutet werden kann, daß sich auf Cu-haltigem Al eine zähere Oxydhaut ausbildet als auf reinem Al, kommt dem zweitgenannten auch prakt. Bedeutung zu, da er die Ursache zu einer Lochfraßanfälligkeit ist. Die mit der Cu-Abscheidung zusammenhängenden Erscheinungen scheinen theoret. recht übersichtlich zu sein. (Z. Metallkunde **41.** 497—503. Dez. 1950. Göttingen, Inst. für Allg. Metallkunde.)
HABBEL. 6538

T. G. Owe Berg, *Zur Passivität vom Eisen.* Aus der Aktivierungsenergie der Lösungsgeschwindigkeit von *Cu* u. *Fe* in HNO_3 wird geschlossen, daß die Adsorption von undissoziierten HNO_3-Molekeln maßgebend für die Lösungsgeschwindigkeit (I) von *Cu* ist. Demnach sollte *Cu* im Aktivitätsbereich mit O_2, der von den undissoziierten HNO_3-Molekeln abgespalten wird, im Passivitätsbereich mit H_2, der von dissoziierten HNO_3-Molekeln abgespalten wird, beladen sein. Das Umgekehrte gilt für *Fe.* Die Passivität von *Fe* wird demnach von adsorbiertem O_2 bewirkt. Elektrochem. Vorgänge in Form von Ladungsübergängen beeinflussen die I nicht. (Z. Metallkunde **44.** 82—83. März 1953. Avesta, Schweden.)
HOCHSTEIN. 6538

Paul Melchior, *Korrosion von Aluminiumgeschirr.* Die Bldg. schwarzer Grübchen im Al-Geschirr ist nicht auf Verunreinigungen von Al, sondern durch carbonisierte

Kohlenhydrate zurückzuführen, die bei der Zubereitung der Speisen entstehen. Eine mechan. Reinigung des Geschirrs von den anhaftenden C-Teilchen ist der beste Schutz gegen den durch sie hervorgerufenen Lochfraß. (Z. Metallkunde **44.** 83—84. März 1953. Berlin-Dahlem, Materialprüfungsamt.) HOCHSTEIN. 6538

Armco International Corp., Middletown (Erfinder: **John Martin Jackson,** Middletown, O., und **Viktor William Carpenter,** Franklin), V. St. A., *Herstellung von Elektrobandstahl mit die Stanz- und Ziehwerkzeuge schonenden Oberflächeneigenschaften aus Siliciumstahl.* Der Si-Stahl wird warm zu Feinblechen der endgültigen Stärke gewalzt, mehrere Bleche werden zur Bldg. eines Bandes an ihren Enden verschweißt u. dieses Band wird bei noch mit dem heißen Walzzunder bedeckter Oberfläche in einer reduzierenden Atmosphäre innerhalb eines geteilten Bereiches von ca. 760—1175°, ausgenommen von ca. 940—1040°, einer offenen Glühbehandlung so unterworfen, daß dadurch eine Entkohlung des Stahles, eine Red. des darauf befindlichen Zunders u. ein Enderzeugnis mit fester Oberflächenbeschaffenheit bewirkt wird. (**D. B. P. 861 702** Kl. 18c vom 21/6. 1951, ausg. 5/1. 1953.) HOCHSTEIN. 6409

Leonide Levitsky, Issy-les-Moulineaux, Frankreich, *Wärmebehandlung von Stahl und Gußeisen.* Zur Herst. von Werkstücken mit hoher Zugfestigkeit, hoher Dehnung u. großer Elastizität werden diese zur Austenitbldg. genügend lange auf eine Temp. oberhalb der krit. Temp. erhitzt, dann schroff auf die A_1-Umwandlungstemp. abgekühlt u. unmittelbar darauf während der Zeit, wo die Temp. von der A_1-Umwandlungstemp. unter Beibehaltung des austenit. Gefüges auf eine Temp. unterhalb der Rekristallisationstemp. absinkt, warmverarbeitet u. schließlich auf Raumtemp. abgekühlt. — Diagramm. (**E. P. 647 797** vom 24/12. 1947, ausg. 20/12. 1950. F. Prior. 27/9. 1946.) HOCHSTEIN. 6409

Metallgesellschaft Akt.-Ges. (Erfinder: **Gerhard Roesner, Hellmut Ley** und **Hans Kassner**), Frankfurt/M., *Entfernen von Arsen und Antimon aus Wolframerzen.* Beim Abrösten des Erzes werden die beim Austreiben des As aus Fe-Erzen bekannten reduzierend wirkenden Gaszuss. angewendet, welche aus 50—70(%) CO_2, Rest CO oder 70—90 CO_2, Rest H_2, bestehen. Es können auch aus H_2 u. Wasserdampf bestehende Gasmischungen benutzt werden, bei denen eine Red. von Fe-Oxyden über die Fe_3O_4-Stufe hinaus nicht möglich ist. Die gewünschte Gasatmosphäre wird z. B. durch teilweise Verbrennung von Generatorgas im innen beheizten Drehrohrofen erzeugt, die durch stufenweise über den Umfang verteilte Gasbrenner erfolgt. (**D. B. P. 862 057** Kl. 40a vom 17/6. 1939, ausg. 8/1. 1953.) HANS HOFFMANN. 6441

Friedr. Krupp Akt.-Ges., Essen (Erfinder: **Walther Dawihl,** Kohlhasenbrück über Babelsberg-Ufastadt, und **Karl Schröter,** Berlin), *Hartlegierungen* bestehen aus 2—48 (%) *TaC*, mehr als 5—49 *TiC, VC, MoC, NbC, ZrC* u./oder *TaC*, Rest *WC*. Das Pulvergemisch dieser Carbide läßt sich nach üblicher Formgebung durch Sintern bei 1400—1700° in Formkörper von sehr großer Härte u. Festigkeit verwandeln, die ein feinkörniges Gefüge, große Zähigkeit u. Schneidleistung aufweisen. (**D. R. P. 758 126** Kl. 40b vom 12/1. 1938, ausg. 2/2. 1953.) GÖTZE. 6477

Friedr. Krupp Akt.-Ges. (Erfinder: **Ernst Amman** und **Josef Hinnüber**), Essen, *Bohrwerkzeug.* In einen Trägerwerkstoff wird als Bohrkrone eine Hartmetallmasse eingesetzt, die aus mindestens einem Carbid von *W, Mo* oder *Cr*, gegebenenfalls Carbiden von *Ti, Zr, V, Nb* oder *Ta* mit bis zu 25% *Co, Ni* oder *Fe* besteht. In dieser Hartmetallmasse sind eingebettet Körner größerer Härte aus mindestens einem Carbid von *W, Mo, Cr, Ta, Nb, V* oder *Ti*, gegebenenfalls unter Beimischung von nicht mehr als 5% *Co, Ni* oder *Fe*. Der Körneranteil beträgt ca. 5—70% u. die Korngröße je nach Verwendungszweck 0,1—4 mm. (**D. R. P. 751 241** Kl. 40b vom 17/12. 1938, ausg. 23/2. 1953.) GÖTZE. 6477

Vereinigte Leichtmetall-Werke G. m. b. H., Hannover (Erfinder: **Paul Brenner,** Hannover-Kleefeld), *Verbundwerkstoff, besonders aus Stahl oder Aluminiumlegierungen.* An Stelle verschied. Metalle für den Kern u. die Deckschicht von Verbundwerkstücken wird für die Plattierung der gleiche Werkstoff in durch Knetbehandlung vorgeformtem Zustande verwendet wie für den Kernwerkstoff. Es wird eine techn. durchaus befriedigende Erhöhung der Korrosionsbeständigkeit u. Verbesserung der Oberfläche erzielt. Dem Kern- u. Plattierwerkstoff können in geringer Menge solche Elemente zugesetzt werden, die den Legierungscharakter u. die Festigkeitseigg. nicht oder nur unwesentlich verändern, vorzugsweise derart, daß der Plattierwerkstoff unedler ist als der Kernwerkstoff. (**D. B. P. 841 509** Kl. 4d vom 13/10. 1950, ausg. 16/6. 1952.) GÖTZE. 6479

Wieland-Werke Akt.-Ges., Ulm/Donau (Erfinder: **Hermann Kästner,** Vöhringen/Iller, und **Alfons Kreil,** Neu-Ulm), *Verbesserung der spanlosen Verformbarkeit von schwer-*

verformbaren Metallen. Der gegossene Block, bes. aus Leichtmetall, wird zunächst kalt einer Querschnittsveränderung bis zu 20 (%), vorzugsweise 1—5, durch Walzen unterworfen, dann geglüht u. darauf warm oder kalt in üblicher Weise ausgewalzt. Bes. vorteilhaft ist die Anwendung dieses Verf. in Verb. mit einer Stranggießanlage, wenn unmittelbar hinter der Stranggießform ein Walzwerk angeordnet ist. (**D. B. P. 830 571** Kl. 40d vom 6/5. 1942, ausg. 4/2. 1952.) Götze. 6491

Robert Bosch G. m. b. H., Stuttgart (Erfinder: **Fridolin Schäfer**, Stuttgart-Frauenkopf), *Erhöhung der Schleuderfestigkeit von Stromwendern.* Vor dem Zusammenbau der Stromwender werden die Lamellen, bes. aus hartem *Cu*, durch Wärmebehandlung bei 500—600° auf gleichmäßige Weichheit gebracht u. anschließend gebeizt. Durch die nachträgliche Lötung wird das Material nicht mehr verändert. (**D. B. P. 866 100** Kl. 40d vom 9/12. 1941, ausg. 5/2. 1953.) Götze. 6493

Soc. d'Électro-Chimie, d'Électro-Métallurgie et des Aciéries Électriques d'Ugine, Frankreich, *Passivieren von nichtrostendem Stahl.* Ein nichtrostender Stahl, z. B. mit 18 (%) Br u. 8 Ni, wird zunächst einer korrodierenden Behandlung, z. B. in kalter H_2SO_4 von 40° Bé, unterworfen, bis ein Gewichtsverlust von 150 g/m² eingetreten ist. Dann wird durch anod. Behandlung oder in nichtkorrodierender, oxydierender Säure, z. B. 10%ig. NHO_3, passiviert. Die Oberfläche wird danach durch heiße H_2SO_4 von 40° Bé nicht mehr angegriffen. (**F. P. 997 966** vom 15/9. 1945, ausg. 14/1. 1952.) Markhoff. 6513

Solventol Chemical Products, Inc., übert. von: **Charles A. Campbell**, Detroit, Mich., V. St. A., *Entfettungsbad für Metallgegenstände* besteht aus einem wasserunlösl. Fettlösungsm., das im wesentlichen aus einem Petroleum-KW-stoff von der D. 0,70—0,85 besteht, u. aus einer Emulsion dieses Lösungsm. in W., die ein wasserlösl. Oleat als Emulgiermittel enthält. Die Emulsion enthält 8 (Teile) Emulgiermittel auf 150 der übrigen Bestandteile. Zweckmäßig besteht das Fettlösungsm. aus 36—250 (Teilen) des KW-stoffes u. 15 Fichtenöl oder Terpinyl-äthylenglycol-monoäther. Der Anteil des Emulgiermittels ist so bemessen, daß nur ein Teil des Fettlösungsm. emulgiert wird. Durch das Nebeneinander von Emulsion u. Fettlösungsm. wird eine bes. wirksame Entfettung der Metalloberfläche erzielt. — Abbildung. (**A. P. 2 583 165** vom 30/12. 1948, ausg. 22/1. 1952.) Markhoff. 6513

Diffusion Alloys Ltd., London, England, *Erzeugen von Metallüberzügen durch Diffusion.* Das zu überziehende Metall wird in Ggw. von dem Überzugsmetall u. von Al_2O_3 oder Kaolin sowie von NH_4J oder HJ erhitzt. Z. B. wird ein Stahlgegenstand in Ferrochrompulver eingebettet u. unter Zusatz von NH_4J in einer H_2-Atmosphäre 6 Std. auf 1100° erhitzt. Man erhält eine gleichmäßige u. verhältnismäßig tiefe Diffusionszone auf der Stahloberfläche. (**E. P. 646 637** vom 27/2. 1947, ausg. 29/11. 1950.) Markhoff. 6517

Diffusion Alloys Ltd., London, England, *Erzeugen von Metallüberzügen auf Metallen durch Diffusion.* Die zu überziehenden Gegenstände werden in einem Reaktionskessel in einer Atmosphäre eines Halogens des Überzugsmetalls erhitzt. Der Kessel wird hierbei durch eine Substanz abgedichtet, die bei der Reaktionstemp. fl. wird, bei n. Tempp. aber fest ist, z. B. durch ein Gemisch von Kalk, Soda u. SiO_2. Durch das Festwerden bei n. Temp. wird der Zutritt von Luft in den Reaktionskessel beim Abkühlen nach Beendigung der Rk. verhindert, während bei der Rk. die Gase entweichen können. (**E. P. 646 638** vom 7/3. 1946, ausg. 29/11. 1950.) Markhoff. 6517

Birmingham Small Arms Co. Ltd. und **Philip Hector Lawrence**, Birmingham, England, *Verbesserung der Korrosionsbeständigkeit von Stahl- und Eisengegenständen.* Die Oberfläche wird mit einer Cr-Diffusionsschicht versehen, auf die dann eine *Ni–Cr*-Schicht vom Typ 80/20 aufgeschweißt wird. (**E. P. 640 616** vom 2/6. 1949, ausg. 26/7. 1950.) Markhoff. 6517

Udylite Corp., Detroit, Mich., übert. von: **Henry Brown**, Kansas City, Mass., V. St. A., *Erzeugen galvanischer Metallniederschläge.* Zur Abscheidung von *Cu, Sb, Ni, Co, Fe, Zn, Cd* oder deren Legierungen werden den entsprechenden Metallsalzlsgg. geringe Mengen eines aliphat. *Alkyläthersulfonates* zugesetzt, dessen Alkylgruppe eine Kette von 6—18 C-Atomen enthält, z. B. eine Verb. der Formel $CH_3-(CH_2)_{10}-CH_2-O-CH_2-SO_3Na$. — Nach E. P. 638 307 wird ein lösl. aliphat. *Sulfomonocarboxylsäureester* eines wasserlösl. Polyalkohols, der teilweise noch mit einer Fettsäure mit 8—18 C-Atomen verestert ist, zugesetzt. Die Sulfomonocarboxylgruppe soll 2—6 C-Atome enthalten. Z. B. wird eine Verb. folgender Formel zugesetzt: $CH_3-(CH_2)_8-CO-O-CH_2-CH_2-O-CO-CH_2-SO_3Na$. Die Zusätze verringern die Porenbildung. (**E. PP. 636 050** vom 24/6. 1947, ausg. 19/4. 1950. A. Prior. 15/5. 1941 u. **638 307** vom 24/6. 1947, ausg. 7/6. 1950. A. Prior. 3/3. 1941.) Markhoff. 6517

Curtiss-Wright Corp., übert. von: **Russell D. Gray jr.**, Haworth, und **William A. Paecht**, West Caldwell, N. J., V. St. A., *Erzeugen von galvanischen Cadmium–Zinn-Legierungsüberzügen.* Als Elektrolyt wird eine *Cd-* u. *Sn*-Fluorboratlsg. mit ca. 80 (Teilen) Cd u. 20 Sn u. einem p_H-Wert von 3—5 verwendet, während die Anodenoberfläche zu 75% aus Sn, Rest Cd, besteht. Bei entsprechender Dicke der Schichten sind sie korrosionsbeständig. Der Lsg. aus $Cd(BF_4)_2$ u. $Sn(BF_4)_2$ wird noch zweckmäßig H_3BO_3, NH_4BF_4, HBF_4, Phenolsulfosäure u. Protein zugesetzt. (**A. P. 2 609 338** vom 1/12. 1948, ausg. 2/9. 1952.) MARKHOFF. 6517

Soc. An. pour la Protection et la Coloration des Métaux, Tréfileries et Laminoirs du Havre, Paris, und **Jean Francois Germain Herenguel,** Bourg-la-Reine, Frankreich, *Elektrolytisches Polieren und anodische Oxydation von Aluminium.* Die Gegenstände werden unter Bewegung in einer konz. Lsg. von H_2SO_4 u. H_3PO_4 anod. mit einer Stromdichte von 8—25 Amp/dm behandelt. Temp. 75—100°. Zus. der Lsg.: 50—80 (%) H_2SO_4 u. 25—5 H_3PO_4. Der entstandene dünne Hydroxydfilm wird abgebeizt u. die Gegenstände dann anod. oxydiert. (**E. P. 638 321** vom 27/10. 1947, ausg. 7/6. 1950, F. Prior. 15/2. 1947.) MARKHOFF. 6531

Soc. An. pour la Protection et la Coloration des Métaux, Tréfileries et Laminoirs du Havre, Paris, und **Jean Francois Germain Herenguel,** Bourg-la-Reine, Frankreich, *Anodische Erzeugung von Oxydschichten auf Aluminium und seinen Legierungen.* Zunächst wird eine dicke u. porige Oxydschicht erzeugt, die die frei gebliebenen Stellen nach der ersten Oxydierung bedeckt. Die dünne Schicht wird mit einem Elektrolyten aus *Mono-* oder *Dinatriumphosphat* u. $Na_2B_4O_7$ oder $NaHSO_3$ erzeugt. Man erhält sehr korrosionsbeständige Überzüge. — Diagramm. (**E. P. 644 887** vom 27/10. 1947, ausg. 18/10. 1950. F. Prior. 22/9. 1944.) MARKHOFF. 6531

Parker Rust Proof Co. (Erfinder: **Cecil W. Glasson**), Detroit, Mich., V. St. A., *Erzeugen von Phosphatüberzügen auf Metalloberflächen.* Die Gegenstände werden in einem Behälter behandelt, bei dem die Phosphatierungslsg. aus einem Vorratsbehälter dem Behandlungsbehälter von unten zuströmt u. oben ab- u. in den Vorratsbehälter zurückfließt. Die Lsg. wird vor der Rückführung in den Behandlungsraum regeneriert. Bei der Innenphosphatierung von Hohlkörpern dienen diese selbst als Behandlungsbehälter. — Abbildungen. (**D. B. P. 862 699** Kl. 48d vom 1/10. 1950, ausg. 12/1. 1953. A. Prior. 14/6. 1946.) MARKHOFF. 6533

American Chemical Paint Co. (Erfinder: **Gerald Christian Romig**), Ambler, Pa., V. St. A., *Vorbehandlung von alkaligereinigten Metalloberflächen, besonders aus Eisen, vor dem Phosphatieren.* Die Werkstücke werden vor dem Phosphatieren mit einer Fl. gespült, deren Azidität zwischen ca. p_H 4,2 u. 6 liegt. Als Spülfl. wird z. B. verbrauchte Phosphatierungslsg. verwendet. Verringerung des Chemikalienverbrauchs. (**D. B. P. 862 848** Kl. 48d vom 20/2. 1940, ausg. 12/1. 1953. A. Prior. 30/8. 1939.) MARKHOFF 6533

American Chemical Paint Co. (Erfinder: **Gerald Christian Romig**), Ambler, Pa., V. St. A., *Phosphatierungslösung für Zink und Zinklegierungen* besteht aus einer schwach sauren Zn-Phosphatlsg. mit einem Geh. an Co oder Ni. Dieser soll $^1/_{100}$—$^1/_2$ des Zn-Geh. betragen. Die hiermit erzeugten Schichten sind festhaftend, korrosionsschützend u. bieten einen guten Haftgrund für Anstriche. (**D.B.P. 862 700** Kl. 48d vom 13/4. 1937, ausg. 12/1. 1953. A. Prior. 30/11. 1936.) MARKHOFF. 6533

E. Crivelli, Il rame nella metallurgia e nelle applicazioni all'agricolturiere e alle industrie chimiche e manifatturiere. Firenze: Cya. 1952. (IV + 236 S. m. 60 Abb. u. 5 Taf.) L. 2500,—.

—, Iron and steel directory. 7th edn. London: Louis Cassier. 1953. (386 S.) 25 s.

IX. Organische Industrie.

G. Carrière, *Dicy (Dicyandiamid).* Übersicht über die physikal., physiol. u. chem. Eigg. von Dicyandiamid (I), bes. die Rkk., in denen die $NH_2—\overset{|}{C} = NH$-Gruppe, die Nitril-Gruppe oder beide eine Rolle spielen. I dient als Zwischenprod. für Melamin, Barbitursäurederivv. u. die meisten Guanidinsalze. (Chem. pharmac. Techniek 8. 69—70. 15/11. 81. 1/12. 1952.) WESLY. H 880

Phillips Petroleum Co., übert. von: **Karl H. Hachmuth,** Bartlesville, Okla., V. St. A., *Trennung von Verbindungen mit nahe beieinanderliegenden Siedepunkten durch zweistufige Lösungsmittelextraktion,* z. B. von Mischungen aus Paraffinen, Cycloparaffinen, Olefinen, Diolefinen, Aromaten, Synth.-Prodd., nach FISCHER-TROPSCH, Glykolen u. Alkoholen, Alkoholen u. Äthern, S-Verbb. u. KW-stoffen. Eine Mischung aus Butanen, Butenen u. 1.3-Dibutadien (erhalten durch zweistufige Dehydrierung von Butan) wird im Gegenstrom mit Äthanolamin behandelt, wobei die ungesätt. Verbb. in Lsg. gehen.

Das aus Butanen bestehende Raffinat wird fraktioniert. Aus dem Extrakt werden in einer Destillationskolonne unter weiterem Zusatz von Äthanolamin die Butene fast rein abgetrennt. Das Bodenprod. wird mit einem 2. Lösungsm., z. B. Pentan, im Gegenstrom extrahiert u. die Mischung aus Butadien u. Pentan dann fraktioniert. Vgl. Tabellen. Als 1. Lösungsm. kann auch β-Oxypropionitril bzw. Äthylenglykol bzw. Furfurol verwendet werden. — Vorr., 2 Zeichnungen. (**A. P. 2 515 217** vom 2/1. 1948, ausg. 18/7. 1950.) KRAUSS. H 500

Standard Oil Development Co., V. St. A. (Erfinder: **Lawrence W. McLean**), *Herstellung sauerstoffhaltiger organischer Verbindungen.* Die in bekannter Weise aus Olefinen, CO u. H_2 in Ggw. eines Katalysators hergestellten Carbonylverbb. werden mit H_2 unter 175—210 at Druck bei 218—260° zu *Alkoholen* red., wobei ein nach folgendem Verf. hergestellter Katalysator, der Mo-Sulfid enthält, verwendet wird: Man imprägniert gekörnte Kohle mit NH_4-Molybdat, trocknet u. erhitzt in einem H_2S-Strom auf 426—482°, oder man imprägniert die Kohle mit einer Lsg. von Mo-Oxyd in $(NH_4)_2S$, trocknet u. erzeugt das Mo-Sulfid durch Erhitzen. — Zeichnung. (**F. P. 993 717** vom 24/8. 1949, ausg. 6/11. 1951. A. Prior. 16/11. 1948.) NOUVEL. H 560

Pittsburgh Plate Glass Co., Allegheny County, Pa., übert. von: **Alphonse Pechukas**, Akron, O., V. St. A., *Sulfitester von primären und sekundären Alkoholen.* Zu einem sd. Nichtlöser für sich bildenden HCl, der jedoch das Reaktionsprod. u. die Reaktionskomponenten löst, gibt man eine Mischung aus $SOCl_2$ u. einem Alkohol. Man erhält in CH_2Cl_2 aus $SOCl_2$ u. 2-Äthylhexylalkohol *Dioctylsulfit*, n_D^{20} 1,4488. — *Dimethylsulfit*. — *2-Chloräthylsulfit*. — Als Nichtlöser bzw. Löser können z. B. verwendet werden: Äthylchlorid, Chlf., CCl_4, Dichlorpropan, Monochlorbenzol, Perchloräthylen, Difluordichlormethan, o-Dichlorbenzol, Heptan, Hexan, Cyclohexan, Bzl., Xylol, Toluol, Gasolin. Ferner können die *Sulfitester* hergestellt werden von: *Isopropyl-, n-Butyl-, Isoamyl-, Cyclohexyl-, Benzyl-, Allyl-, Methallyl-, Crotyl-, Propargyl-, Benzyl-, Cinnamyl-, β-Phenyläthylalkohol, Methylhexylcarbinol, Methylvinylcarbinol, Stearyl-, Lauryl-, Nonyl-, Oleyl-, Spermalkohol, Phenol, Kresol, Ester* von *Oxysäuren, Äthyllactat, Äthylsalicylat, Äthylglykolat, Äthylen-, Propylenglykol, Glycerin, Hydrochinon.* (**A. P. 2 553 721** vom 20/8. 1947, ausg. 22/5. 1951.) KRAUSS. H 590

Standard Oil Development Co., übert. von: **Lawrence T. Eby**, Roselle, N. J., V. St. A., *β-(tert.-Alkylthio)-äthanole* der Formel $(R)_3C-S-C(R_1, R_2)-C(R_3, R_4)OH$ (R = Alkyl, Aryl, Aralkyl, Alkaryl, R_1, R_2, R_3 u. R_4 = H oder Alkyl, Aryl, Aralkyl oder Alkaryl) erhält man durch Kondensation eines tert. Alkylmercaptans mit einem Alkylenoxyd in Ggw. von Alkalien, Erdalkalien oder substituierten Ammoniumbasen bei 1—150°, bes. 20—100°. — Diisobutylmercaptan wird in 10%ig. NaOH bei 30—40° mit Äthylenoxyd behandelt, wodurch man *β-(tert.-Octylthio)-äthanol*, $Kp._1$ 95—106°; n_D^{20} 1,4839, erhält. — *β-(tert.-Octylthio)-isopropanol*, $Kp._1$ 83—95°; n_D^{20} 1,4801. *β-(tert.-Dodecylthio)-äthanol*; *β-(tert.-Dodecylthio)-isopropanol.* Die Ester, Äther, Estersäuren dienen als *Weichmacher* für Kautschuk u. plast. Massen u. als *Oxydationsverzögerer* für Kautschuk u. organ. Materialien, als *Netzmittel, Insecticide* u. *Fungicide.* (**A. P. 2 570 050** vom 26/7. 1945, ausg. 2/10. 1951.) KRAUSS. H 600

Shell Development Co., San Francisco, übert. von: **Curtis W. Smith**, Berkeley, Calif., V. St. A., *Herstellung von Sulfoessigsäureanhydriden* der Formel **I**, worin R_1 bzw. R_2 H-Atome u./oder Alkyl-, Aryl-, Alkaryl-, Aralkyl- oder Cycloalkylreste, die jedoch keine Doppelbindung enthalten dürfen, darstellen, durch Rk. von SO_3 mit Keten bzw. dessen R_1 u./oder R_2-Substitutionsprodd. (Methyl-, Phenyl-, Methylphenyl-, Benzyl-, Aethylcyclohexyl- usw. -ketene) in fl., wasserfreiem Medium bei unter 50°. Beispiel: Darst. des inneren Anhydrids der Sulfoessigsäure aus äquimol. Mengen Keten u. SO_3 in Dioxan-Äthylenchloridgemisch bei ca. 15°. Analog *α-Sulfopropionsäureanhydrid, Phenylsulfoessigsäureanhydrid, α-Phenyl-α-sulfopropionsäureanhydrid.* Anhydride gehen mit Mono-/Polylaminen, z. B. Anilin, Verbb., teilweise polymerer Natur, ein. Mit Olefinen-Olefinderivv. Bldg. 6-gliedriger Ringe der Zus. **II** (worin R beliebiger Substituent), die nach Zusatz verd. Alkalis aufgespalten werden. — Vielfach verwendbar, bes. als Zwischenprodd., Insekticide, Pflanzenwachstum regulierende Mittel; mit verd. Alkali behandelt, Reinigungsmittel. (**A. P. 2 566 810** vom 26/4. 1950, ausg. 4/9. 1951.) SCHMAUSSER. H 600

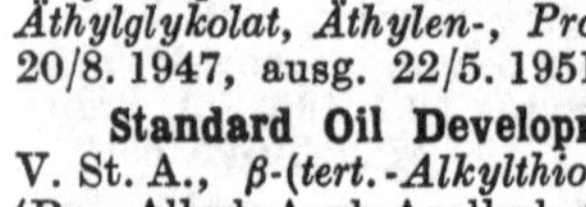

I II

N. V. de Bataafsche Petroleum Mij., Holland (Erfinder: **Leslie M. Peters, Kenneth D. Detling** und **Thurston Skei**), *Partielle Oxydation organischer Verbindungen.* Ein Gemisch aus einem oxydierbaren organ. Stoff u. O_2 oder einem O_2-haltigen Gas wird über einen erhitzten Cu_2O-Katalysator unter Druck geleitet. Sobald eine Analyse der abziehenden Gase zeigt, daß nur noch wenig O_2 verbraucht wird, die Aktivität des Katalysators also gesunken ist, wird für kurze Zeit entweder die O_2-Zufuhr abgestellt oder die Temp. des Katalysators erhöht oder der Druck erniedrigt. Nur eine der 3 Bedingungen soll geändert werden, während die beiden anderen Bedingungen unverändert bleiben. Dadurch steigt die Aktivität des Katalysators wieder an, ohne jedoch den vollen anfänglichen Wert wieder zu erreichen. Sodann wird unter den ursprünglichen Bedingungen der O_2-Menge, der Katalysator-Temp. u. des Druckes weiter gearbeitet u. das Verf. so oft wiederholt, bis die Ausbeuten unter das gewünschte Maß sinken. Z. B. leitet man ein Gemisch aus Propylen u. Luft über den auf 375—400° erhitzten Katalysator unter 4,2 at Druck, unterbricht nach 35 Std. für 5 Min. die Luftzufuhr oder erhöht die Katalysator-Temp. auf 400—500° oder erniedrigt den Druck auf Atmosphärendruck u. stellt dann die ursprünglichen Bedingungen wieder her. Man erhält *Acrolein.* Analog wird Methyläthylketon in *Diacetyl* übergeführt. — Zeichnung. (**F. P. 988 220** vom 13/6. 1949, ausg. 24/8. 1951. A. Priorr. 15/6. u. 28/6. 1948.) NOUVEL. H 650

Standard Oil Development Co., V. St. A., *Herstellung organischer Sauerstoffverbindungen.* Die bei der katalyt. Umsetzung von Olefinen mit CO u. H_2 entstehenden Reaktionsprodd. (*Aldehyde*) werden zusammen mit nicht umgesetzten Olefinen u. den aus den Co-Katalysatoren gebildeten Co-Carbonylen in eine Zone geleitet, in der ein Druck von 3,25—28,1 at u. eine Temp. von 93—205° herrschen. Die Olefine werden fraktioniert überdest., u. die Co-Carbonyle, die in den Reaktionsprodd. gelöst sind, zers. sich u. scheiden sich in metall. Zustande ab. — Zeichnung. (**F. P. 982 720** vom 8/3. 1949, ausg. 14/6. 1951. A. Prior. 12/8. 1948.) NOUVEL. H 670

Phillips Petroleum Co., Del., übert. von: **John C. Hillyer** und **James T. Edmonds,** Bartlesville, Okla., V. St. A., *Herstellung von Adipinsäure* (**I**) durch katalyt. Hydrierung eines Lactons (**II**) der Formel $C_9H_{12}O_3$ (vgl. A. P. 2 551 674; C. **1953. 6141**) u. anschließende Oxydation des Hydrierungsprod.; z. B. wird **II** in A. mit einem Pd–Kohle-Katalysator hydriert u. anschließend unter Kühlung in Ggw. von V_2O_5 mit HNO_3 behandelt u. zu **I** aufgearbeitet. (**A. P. 2 551 675** vom 17/11. 1949, ausg. 8/5. 1951.) K. HEINZE. H 820

Gesellschaft für Kohlentechnik m. b. H., Dortmund-Eving (Erfinder: **Walter Klempt,** Dortmund-Eving, und **Jakob Ochs,** Gelsenkirchen), *Harnstoff* aus Gaswasser. In weiterer Ausbldg. des Verf. des D. R. P. 758 587 wird das fehlende CO_2 dem gegebenenfalls schon entschwefelten NH_3–W. in Form von festem oder gelöstem NH_4HCO_3 zugesetzt. (**D. B. P. 881 506** Kl. 12o vom 22/3. 1941, ausg. 29/6. 1953. **Zusatz zu D. R. P. 758 587; C. 1953. 1084.**) BRÖSAMLE. H 880

Gesellschaft für Kohlentechnik m. b. H. (Erfinder: **Erich Curland, Otto Grosskinsky** und **Walter Klempt**), Dortmund-Eving, *Harnstoff* aus Gaswasser. In weiterer Ausbldg. des Verf. gemäß D. R. P. 758 587 werden die den Abtreiber verlassenden Schwaden des rohen NH_3–W. teils in kondensierter, fl. Form oben, teils unverdichtet u. heiß gleichzeitig mit CO_2 unten in einen Entschwefler eingeführt — Zeichnungen. (**D. B. P. 881 507** Kl. 12o vom 1/5. 1941, ausg. 29/6. 1953. **Zusatz zu D. R. P. 758 587; C. 1953. 1084.**) BRÖSAMLE. H 880

Gesellschaft für Kohlentechnik m. b. H. (Erfinder: **Walter Klempt**), Dortmund, *Gewinnung von HCN* aus Sättigungsabschwaden (**I**), die bei Verarbeitung des bei der trockenen Dest. bituminöser Brennstoffe anfallenden NH_3–W. auf NH_4-Salze entstehen, indem man die **I** kondensiert, das Kondensat, gegebenenfalls nach Ansäuern, abtreibt u. die abgetriebenen Dämpfe dephlegmiert u. kühlt. — Vorr., Zeichnung. (**D. R. P. 760 924** Kl. 12k vom 18/11. 1941, ausg. 9/4. 1953.) NEBELSIEK. H 890

E. I. du Pont de Nemours & Co., Wilmington, Del., V. St. A., *Herstellung von Blausäure* aus NH_3 u. KW-stoffen ohne Katalysatoren u. unter Erzeugung eines Teils oder der ganzen zur Rk. erforderlichen Wärme durch gleichzeitige, im Reaktionsraum verlaufende Verbrennung. Man verwendet dabei auf 1 (Teil) NH_3 2—5 bes. 4 CH_4 bzw. entsprechende Mengen anderer KW-stoffe u. 1—3 O_2 oder äquivalente Mengen O_2-haltiger Gase u. arbeitet in Ggw. poröser C, bes. Holzkohle. (**D. R. P. 767 708** Kl. 12k vom 17/7. 1934, ausg. 9/4. 1953. A. Prior. 21/7. 1933.) NEBELSIEK. H 890

Paul Fouché, Seine, Frankreich, *Synthese von racemischem β.β-Dimethylcystein.* Man läßt Benzylmercaptan auf 2-Phenyl-4-isopropylidenoxazolon in Ggw. von Na-Methylat u. Bzl. einwirken, verseift den entstandenen Methylester mit HCl zum *N-Benzoyl-S-benzyl-dl.β.β-dimethylcystein,* $C_{19}H_{21}O_3NS$, F. 161—162,5°, überführt dieses durch Kochen mit HCl u. Essigsäure in *S-Benzyl-dl.β.β-dimethylcystein,* $C_{12}H_{17}O_2NS$, F. 192 bis 195°, u. sprengt mit Na u. NH_3 die Benzylgruppe ab. Das erhaltene *dl.β.β-Dimethylcystein,* $C_5H_{11}O_2NS$, F. 206—208°, Ausbeute 65%, wird über das Pb-Salz gereinigt. (**F. P. 957 225** vom 13/12. 1947, ausg. 15/2. 1950.) NOUVEL. H 950

U. S. Industrial Chemicals, Inc., New York, V. St. A., *dl-Methionin* = α-*Amino-γ-methylthiolbuttersäure* (**V**) erhält man durch Rk. von Acrolein (**I**) mit Methylmercaptan

(II) u. HCN (III) über das α-Oxy-γ-methylthiolbutyronitril in den formulierten 3 Ausführungsformen. — Beispiel: Zu 324 (g) fl. **III** von 2—3° gibt man 576 **II** u. 2.4 KCN in 3.6 W. u. hierzu unter Rühren langsam 672 **I** bei ca. 10°. Nach Beendigung der exothermen Rk. fügt man 288 wasserfreies NH_3 zu, läßt auf Raumtemp. abkühlen, entfernt überschüssiges NH_3 im Vakuum bei ca. 75°, gibt 2400 cm³ konz. HCl zu, kocht ca. 1 Std. unter Rückfluß, filtriert beim Abkühlen ausgeschiedenes NH_4Cl ab, wäscht mit A. u. dampft das Filtrat im Vakuum am Wasserbad ein, gibt 840 (cm³) konz. NH_3 u. 4200 A. zu u. wäscht das bei Raumtemp. abgeschiedene **IV** mit Alkohol. Weitere Reinigung durch Umkrist. aus W., gegebenenfalls in Ggw. von Aktivkohle. F. ca. 281°. (**Schwz. P. 276 719** vom 28/2. 1948, ausg. 16/10. 1951. A. Priorr. 17/4., 23/6. 1945 u. 9/4. 1947.) MÜLLER-MEININGEN. H 950

Montclair Research Corp., Montclair, N. J., V. St. A., *Organische Siliciumverbindungen.* Siliciumhalogenide oder -oxyhalogenide werden mit Halogen-KW-stoffen in Ggw. von metall. Mg unter Rückfluß erhitzt. — In 1500 (g) Ae., dem 24,4 Mg-Späne zugesetzt sind, wird ein Gemisch aus 114,7 $SiCl_4$ u. 76,2 C_2H_5Br zugetropft, wobei das Gemisch beim Sieden gehalten wird. Nach mehrmaliger Reinigung erhält man 124,4 $C_2H_5SiCl_3$. — Unter Änderung der Mengenverhältnisse erhält man analog $(C_2H_5)_2SiCl_2$ Ferner angegeben sind $(C_2H_5)_3SiCl$ u. entsprechende Butyl- u. Hexylverbindungen. (**E. P. 635 194** vom 23/3. 1945, ausg. 5/4. 1950.) MÖLLERING. H 980

Jan-Marcel-Didier Aron-Samuel, Pierre Chabrier und **André-Émile-Gaston Desjobert,** Seine, Frankreich, *Ester der Orthophosphorsäure.* H_3PO_4 wird mit Aminoalkoholen, die am N disubstituiert sind, in Ggw. von P_2O_5 u. in Abwesenheit von W. mehrere Std. auf 125° erhitzt. Man kann auch Na_3PO_4 mit am N disubstituierten Aminoalkylhalogeniden in ws. Lsg. mehrere Std. bei gewöhnlicher Temp. behandeln. Auf diese Weise sind z. B. folgende Ester erhältlich: *Mono-(diäthylaminoäthyl)-orthophosphat, Mono-(morpholyläthyl)-orthophosphat, Mono-(piperidyläthyl)-orthophosphat* u. *Mono-(γ-diäthylamino-β-oxypropyl)-orthophosphat.* Die Verbb. sind sirupöse Fll. u. bilden saure u. neutrale Salze. — Therapeutica, Weichmachungsmittel u. Insekticide. (**F. P. 992 802** vom 30/5. 1949, ausg. 23/10. 1951.) NOUVEL. H 980

United States of America, übert. von: **Hermann I. Schlesinger,** Chicago, Ill., und **Herbert C. Brown,** Detroit, Mich., V. St. A., *Alkoxyborhydride* (I) erhält man durch Kondensation eines Alkali- oder Erdalkalimetallhydrids mit einem Alkylborat (Borsäurealkanolester) in Abwesenheit von O_2-haltigen Gasen. — Aus NaH u. Methylborat erhält man unter N_2 bei ca. 68° *Trimethoxyborhydrid.* Die **I** geben mit Alkoholen das entsprechende *Tetraalkoxybor* u. zeigen reduzierende Eigenschaften. (**A. P. 2 494 968** vom 17/7. 1945, ausg. 17/1. 1950.) KRAUSS. H 980

Standard Oil Development Co., übert. von: **Henry J. Hibshman,** Plainfield, und **Robert H. Lafferty,** Bradley Beach, N. J., V. St. A., *Extraktionsverfahren mit flüssigdampfförmigem Lösungsmittel.* Bei der Extraktion von KW-stoffen, bei denen in die Kolonne oberhalb der Einführung des dampfförmigen KW-stoffes fl. Lösungsm. zugeführt wird, treten relativ hohe Lösungsmittelverluste dadurch auf, daß das abgehende Raffinat verhältnismäßig viel Lösungsm. enthält, das durch Dest. nicht oder nur schwer abgetrennt werden kann. Durch Einspritzung eines zweiten Lösungsm., das ganz oder teilweise mit dem ersten mischbar, aber im KW-stoff weitgehend unlösl. ist, am höchsten Punkt der Kolonne können diese Verluste auf $^1/_2$—$^1/_{10}$ herabgesetzt werden. Ausführungsbeispiel: Extraktion von *Toluol* aus einer Erdölfraktion, wobei erstes Lösungsm. Phenol, zweites W. ist. (**A. P. 2 520 006** vom 11/10. 1944, ausg. 22/8. 1950.) v. HUHN. H 1010

Aktiebolaget Bofors, Bofors, Schweden, *Behandlung von zwei miteinander nicht mischbaren Flüssigkeiten.* Die Behandlung erfolgt in einer Vorr., die aus einem Mischbehälter und einem stationären Abscheider (II) besteht, die so miteinander verbunden sind, daß die eine der beiden Fll. durch beide Behälter infolge ihrer Schwerkraft ohne Zuhilfenahme von Pumpen oder anderen Zirkulationseinrichtungen im Kreislauf (I) geführt wird. **I** wird dad. bewirkt, daß diese Fl. im Behandlungsbehälter (III) durch einen Zentrifugalrührer an den Wänden eine solche Höhe erreicht, daß die unten abgezogene Misch-Fl. nach Trennung im **II** in der Kreislaufführung eine so hohe Stellung einnimmt, daß sie durch ihr eigenes Gefälle in den Hohlraum, der sich durch die Zirkulation im **II** bildet, zurückfließen kann. Hierbei kann sowohl die schwere als auch die leichte Behandlungskomponente zurückgeführt werden. Als Beispiel wird die *Nitrierung von Toluol* beschrieben. — Vorr., Zeichnung. (**N. P. 78 373** vom 4/2. 1949, ausg. 9/4. 1951.) JÜRGEN SCHMIDT. H 1010

I. G. Farbenindustrie Akt.-Ges., Frankfurt/M. (Erfinder: **Werner Hiltner,** Leverkusen, **Hans Dott,** Köln, und **Alfred Dierichs,** Leverkusen), *Gewinnung von Brenzcatechin* (I) aus Fraktionen solcher Phenolöle, die durch Extraktion aus den Wässern der pyrogenen Zers. von Braunkohle oder Steinkohle, z. B. Schwelwässern. erhältlich sind. I wird aus den Fraktionen durch Halogen-KW-stoffe ($CHCl = CCl_2$) abgeschieden. (**D. R. P. 753 348** Kl. 12q vom 4/5. 1941, ausg. 15/6. 1953.) FABEL. H 1060

Raymond-Pierre-Germain Quelet, Gironde, Frankreich, *Aromatische Polyalkoxyverbindungen.* Die Chlormethylierung von aromat. Polyalkoxyderivv. mit CH_2O u. HCl erfolgt ohne Nebenrkk., wenn man zuvor den Kern bromiert. Auf diese Weise lassen sich z. B. folgende Umwandlungen vornehmen: Veratrol über *4-Bromveratrol,* $Kp._{16}$ 135 bis 140°, in *2-Brom-4.5-dimethoxybenzylchlorid,* F. 65°; *3.4*-Diäthoxybenzylalkohol (Acetat, F. 50°, $Kp._{15}$ 170°) über das Br-Deriv. in *2-Brom-4.5-diäthoxybenzylchlorid,* F. 68°; Hydrochinondimethyläther über *2.5-Dimethoxybrombenzol,* $Kp._{17}$ 141—143°, in *4-Brom-2.5-dimethoxybenzylchlorid,* F. 110°; Pyrogalloltrimethyläther über *2.3.4-Trimethoxybrombenzol,* $Kp._{22}$ 157°, in *5-Brom-2.3.4-trimethoxybenzylchlorid.* — Aus den chlormethylierten Prodd. sind durch Oxydation, Behandlung mit NaCN, Verseifung, Entbromierung usw. nachst. Verbb. erhältlich: *2-Brom-4.5-dimethoxybenzaldehyd,* F. 148°; *2-Brom-4.5-dimethoxyphenylacetonitril,* F. 89—90°; *2-Brom-4.5-dimethoxyphenylessigsäure,* F. 118°; *2-Brom-4.5-diäthoxyphenylacetonitril,* F. 67°; *2-Brom-4.5-diäthoxyphenylessigsäure,* F. 134°; *Homoveratrumsäure,* F. 97°; *3.4-Diäthoxyphenylessigsäure,* F. 79—80°; *3.4-Methylendioxyphenylessigsäure,* F. 127°; *2-Brom-4.5-dimethoxybenzylmalonsäure,* F. 170°; *2-Brom-4.5-dimethoxyphenylpropionsäure,* F. 118—119°; *4.5-Dimethoxyphenylpropionsäure,* F. 123°; *4-Brom-2.5-dimethoxybenzoesäure,* F. 171—172°; *4-Brom-2.5-dimethoxyphenylacetonitril,* F. 108°; *4-Brom-2.5-dimethoxyphenylessigsäure,* F. 128—129°; *2.5-Dimethoxyphenylessigsäure,* F. 122°; *5-Brom-2.3.4-trimethoxyphenylessigsäure,* F. 98°; *2.3.4-Trimethoxyphenylessigsäure,* F. 102—103°. (**F. P. 977 613** vom 27/8. 1942, ausg. 3/4. 1951.) NOUVEL. H 1060

Deutsche Hydrierwerke Akt.-Ges., Düsseldorf (Erfinder: **Winfried Hentrich,** Riehen, Basel, Schweiz), *Herstellung von hydroxylsubstituierten Aryl- oder Diaryldisulfimiden.* Aryl- oder Diaryldisulfimide, die im Kern in 4- u./oder 2-Stellung zur Disulfimidgruppe Halogenatome enthalten, werden mit alkal. Stoffen (NaOH) unter Druck zur Rk. gebracht. — Mono-Na-Salz des *4.4'-Dioxydibenzoldisulfimids,* Zersetzungspunkt 243°, *2-Oxy-5-chlor-4'-methyldibenzoldisulfimidnatrium,* F. 275°, *2.2'-Dioxy-5.5'-dichlordibenzoldisulfimidkalium,* F. 336°. — Zwischenprodukte. (**D. B. P. 874 446** Kl. 12q vom 3/10. 1942, ausg. 23/4. 1953.) FABEL. H 1090

Wingfoot Corp., Akron, O., V. St. A., *Phthaloylchloride* erhält man durch Erhitzen von m- oder p-Trichlormethylbenzoylchlorid (I) mit einer anhydridbildenden Dicarbonsäure, bes. in Ggw. eines hydrolysierend wirkenden Katalysators, indem man z. B. 206,4 (Teile) p-I mit 1,5 $ZnCl_2$ auf 135—140° erhitzt, unter Rühren allmählich 94 Maleinsäureanhydrid zusetzt, danach noch 15 Min. weiterrührt, die fl. Anteile abgießt u. im Vakuum dest., wobei man 86% *Terephthaloylchlorid,* F. 80—82°, erhält. (**E. P. 644 071** vom 1/10. 1947, ausg. 4/10. 1950. A. Prior. 8/3. 1947.) MÜLLER-MEININGEN. H 1220

Badische Anilin- & Soda-Fabrik (Erfinder: **Heinrich Hopff** und **Hermann Spänig**), Ludwigshafen/Rh., *N-γ-Oxobutyl-p-aminosalicylsäure* entsteht durch Rk. von p-Aminosalicylsäure (I) mit Vinylacetylen in wss.-alkoh. H_2SO_4 in Ggw. von $HgSO_4$. F. 164—165°. (**D. B. P. 865 600** Kl. 12q vom 16/12. 1950, ausg. 5/3. 1953. **Zusatz zu D. B. P. 839 803; C. 1952. 7224.**) LANGER. H 1250

Knoll Akt.-Ges., Chemische Fabriken, Ludwigshafen/Rh. (Erfinder: **Hermann Richtzenhain,** Stockholm, Schweden), *Herstellung von substituierten Alkoxyarylnitrilen* der Formel I (R = KW-stoffrest). Man läßt auf Verbb. der Formel II Organo-Mg-Verbb. mit wenigstens 2 C-Atomen einwirken. *2-Äthyl-3-methoxybenzonitril,* F. 35°; *2-n-Heptyl-3-methoxybenzonitril,* $Kp._{0,6}$ 131—134°; *2-Cyclohexyl-3-methoxybenzonitril,* F. 66°; *2-Methoxydiphenylcarbonsäurenitril-(6),* F. 86°; *2-Äthyl-3-methoxy-5-propionylbenzonitril,* F. 110°. (**D. B. P. 874 448** Kl. 12q vom 28/7. 1943, ausg. 23/4. 1953.) FABEL. H 1250

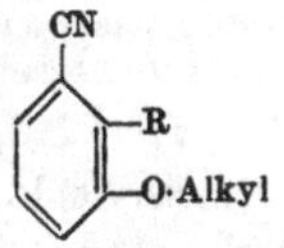

I

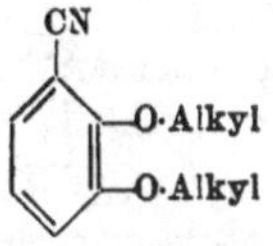

II

Badische Anilin- & Soda-Fabrik (Erfinder: **Richard Schnabel**), Ludwigshafen/Rh., *Herstellung von Nitrilen von Oxyarylcarbonsäuren.* Ungesätt. aliphat. Nitrile [z. B. Acrylnitril (I), Ölsäurenitril (II)] werden in Ggw. von FRIEDEL-CRAFTS-Katalysatoren mit Phenolen oder Naphtholen umgesetzt. — Aus Phenol u. I erhält man *p-Oxyphenylpropionitril,* F. 58°; analog aus o-Kresol (III) u. m-Kresol *Methyloxyphenylpropionitrile* mit den FF. 60—62° u. F. 98—99°. Aus III u. II erhält man eine Verb. vom $Kp._{0,5-1,0}$ 220—270°. — Zwischenprodd. für Farbstoffe oder Weichmacher. (**D. B. P. 870 273** Kl. 12q vom 2/9. 1942, ausg. 12/3. 1953.) FABEL. H 1250

Alfred Dornow und **Albert Frese,** Hannover, *Primäre Amine* entstehen durch Red. von Ketoximen der Formel R·C(:N·OH)·R', worin R u. R' beliebige Reste mit mindestens 2 C-Atomen bedeuten, mit H_2 u. Pt-Oxyd (I) in neutralem Medium. — *1,5-Diphenylpentylamin-(3).* Aus Dibenzalacetonoxim, H_2 u. I in Methanol bei n. Temp. u. 3,4 at. *Hydrochlorid,* F. 154°. — Analog: *1-Phenyl-3-aminopentanhydrochlorid,* F. 205°. — *1-p-Methoxyphenyl-3-aminopentanhydrochlorid,* F. 156°. (**D. B. P. 872 944** Kl. 12q vom 1/9. 1951, ausg. 9/4. 1953.) LANGER. H 1300

Naphthol-Chemie Offenbach (Erfinder: **Karl Jelbinek** und **Wilhelm Seidenfaden**), Offenbach/M., *Herstellung von Diazolösungen und leichtlöslichen Diazosalzpräparaten aus festen Diazonium-Metallchlorid-Doppelsalzen* nach Patent 727 685, dad. gek., daß an Stelle der $ZnCl_2$-Doppelsalze die Mn- oder Cd-Chlorid-Doppelsalze verwendet werden. Die Löslichkeit wird durch Zusatz von K-Oxalat oder Oxalsäure bes. gesteigert. Beispiele für 4′-Methoxydiphenylamin-4-diazoniumchlorid-Cd-Chlorid-Doppelsalz u. 5-Chlor-2-(4′-chlorphenoxy)-benzol-1-diazoniumchlorid-Mn-Chlorid-Doppelsalz. (**D. B. P. 865451** Kl. 12q vom 25/3. 1950, ausg. 2/2. 1953. **Zusatz zu D. R. P. 727 685; C. 1943. I. 785.**) SCHINDLER. H 1310

Badische Anilin- & Soda-Fabrik (Erfinder: **Walter Reppe,** Ludwigshafen/Rh., **Hans Krzikalla,** Heidelberg, und **Otto Dornheim,** Rainbach über Neckargmünd), *N-Vinylverbindungen* erhält man durch Einw. von Acetylen auf in der Imidogruppe unsubstituierte Carbon- oder Sulfonsäureimide oder -amide, die am N der NH_2-Gruppe nur ein H tragen, in Ggw. alkal. Stoffe als Katalysatoren. — N-Acetylanilin gibt in Ggw. von N-Acetylanilin-Na mit Acetylen bei 140—150° *N-Vinyl-N-acetylanilin,* $Kp._1$ 100 bis 115°, F. 45°, aus dem durch Hydrierung N-Äthyl-N-acetylanilin entsteht. Weitere Ausgangsstoffe sind: Diacetamid, Phthalimid, N-Methylacetamid, Phenacetin, N-Acetylaminodiphenyläther, Di-(acetylamino)-benzole, N.N′-Diacetylbenzidin, N-Acetylaminonaphthalin, -aminoanthrachinone, -aminodiphenylenoxyd, -aminochinolin, N-Benzoyldodecylamin, -aniline, p-Toluolsulfonsäureanilid. — Zwischenprodd. zur Herst. von Farbstoffen, Textilhilfsmitteln, Heilmitteln u. Kunststoffen. (**D. B. P. 877 757** Kl. 12o vom 1/1. 1939, ausg. 26/5. 1953.) KRAUSS. H 1310

British Thomson-Houston Co. Ltd., London, England, *Organohalogenmonosilane.* Beim Erhitzen von Methylchlordisilanen (I), die als hochsd. Rückstand bei der Rk. von CH_3Cl mit Si bei erhöhter Temp. u. in Ggw. von Cu als Katalysator erhalten werden, auf ca. 525° unter n. Druck erhält man ein Gemisch, das zu 26 (%) aus CH_3SiCl_3 u. zu 23 aus $(CH_3)_2SiCl_2$ besteht. Erhitzt man die I in Ggw. einer gleichen Menge Chlorbenzol, so erhält man ein Gemisch, das vorwiegend aus $CH_3C_6H_5SiCl_2$ u. $C_6H_5SiCl_3$ besteht. (**E. PP. 685 656** vom 9/8. 1950 u. **685 657** vom 10/8. 1950, beide ausg. 7/1. 1953. A. Prior. 18/8. 1949.) BRÖSAMLE. H 1380

Dow Corning Corp., Midland, Mich., V. St. A., *Aromatische Chlorsilane.* Beim 16std. Erhitzen eines Gemisches von 1402 (g) Bzl., 4880 $HSiCl_3$ u. 64 BCl_3 in einer 14,4-Liter-Bombe auf 300° bei 105 at erhält man ein Gemisch, das aus 1478 *Phenyltrichlorsilan* (**I**), 436 *Bis-(trichlorsilyl)-benzol* (**II**), 166 *Diphenyldichlorsilan* (**III**), 143 $C_6H_5SiCl_2 \cdot C_6H_4 \cdot SiCl_3$ (**IV**) u. 189 öligem Rückstand besteht. Geht man von einem Gemisch aus 390 Bzl., 6775 $HSiCl_3$ u. 72 BCl_3 aus, so erhält man analog ein Gemisch aus *1,2-Bis-(trichlorsilyl)-äthan,* Kp. 199°, *1,1-Bis-(trichlorsilyl)-äthan,* Kp. 182°, **I, II, III, IV** u. einem öligen Rückstand. — U. a. werden noch dargestellt: *Tolyltrichlorsilan; Bis-(trichlorsilyl)-toluol; Mesityltrichlorsilan,* $Kp._{30}$ 142°; *Phenylchlordifluorsilan.* (**Schwz. P. 286 488** vom 25/11. 1948, ausg. 16/2. 1953. E. Prior. 4/12. 1947.) BRÖSAMLE. H 1380

Dow Corning Corp., Midland, Mich. (Erfinder: **John L. Speier,** Pittsburgh, Pa.), V. St. A., *Triorganosilylphenoxysilane.* Durch Rk. von p-Chlorphenoxyäthoxydimethylsilan mit Äthoxydimethylchlorsilan u. metall. Na in sd. Toluol erhält man $(CH_3)_2(C_2H_5 \cdot O)$ *Si—O*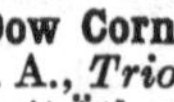*—Si(OC₂H₅)(CH₃)₂* vom $Kp._{25}$ 168°. Aus 3-Methyl-4-chlorphenoxytrimethylsilan, Äthoxydimethylchlorsilan u. Na analog: *3-Methyl-4-äthoxydimethylsilylphenoxytrimethylsilan.* — *2-Phenyl-4-äthoxydimethylsilylphenoxysilan.* Als Nebenprodd. entstehen regelmäßig polymere Produkte. — Zwischenprodukte. (**D. B. P. 862607** Kl. 12o vom 26/11. 1950, ausg. 12/1. 1953. E. Prior. 29/11. 1949. **E. P. 685 543** vom 29/11. 1949, ausg. 7/1. 1953.) BRÖSAMLE. H 1380

Soc. An. d'Innovations Chimiques, Sinnova ou Sadic, Seine-et-Marne, Frankreich, *Kationaktive Derivate von Alkoholnitraten.* Man versetzt HNO_3 tropfenweise mit hochmol. prim. aliphat. Alkoholen unter Rühren bei —5° bis 0°, dekantiert die obere, aus den Alkoholnitraten bestehende Schicht ab u. erhitzt sie mit einem tert. Amin (Dimethylanilin, Pyridin). Auf diese Weise sind z. B. krist. oder pastenförmige, gelbe bis braune Verbb. der Formel I oder II erhältlich, in denen R für Octyl, Nonyl, Decyl, Dodecyl, Tridecyl, Tetradecyl, Hexadecyl,

I

II

Octadecyl oder Octadecenyl steht. — Schaum-, Netz-, Reinigungs-, Dispergier-, Emulgier- u. Egalisiermittel sowie Baktericide u. Fungicide. (**F. P. 965 162** vom 7/4. 1948, ausg. 5/9. 1950.) NOUVEL. H 3231

Soc. An. d'Innovations Chimiques, Sinnova ou Sadic, Seine-et-Marne, Frankreich, *Kationaktive Derivate von Arylsulfochloriden oder Arylsulfonaten.* Man erhitzt hochmol. Arylsulfochloride (Octyl-, Decyl- oder Dodecylbenzolsulfochlorid) oder Arylsulfonate mit tert. Aminen (Pyridin, Dimethylanilin). Auf diese Weise sind z. B. folgende Verbb. erhältlich: *Laurylpyridiniumphenylsulfonat, Dimethyllaurylphenylammoniumphenylsulfonat, Octyl-, Decyl-* oder *Dodecylbenzolsulfonylpyridiniumchlorid, Octyl-, Decyl-* oder *Dodecylphenylpyridinium-n-butylsulfonat, Octyl-, Decyl-* oder *Dodecylphenyldimethylphenylammoniumbutylsulfonat.* — Schaum-, Netz-, Reinigungs-, Dispergier-, Emulgier- u. Egalisiermittel sowie Baktericide u. Fungicide. (**F. P. 965 163** vom 7/4. 1948, ausg. 5/9. 1950.) NOUVEL. H 3231

X. Färberei. Organische Farbstoffe.

Ralph L. Evans Associates, New York, N. Y., übert. von: **Ralph L. Evans**, Bay Shore, und **Everett G. McDonough**, Yonkers, N. Y., V. St. A., *Dichloraminlösungen.* Acetylcitronensäuretriäthylester ist ein indifferentes Lösungsm. für Dichloramin T, Benzolsulfondichloramid u. Azochloramid. Die Lsgg. können verdickt werden, bes. mit Celluloseacetatbutyrat. (**A. P. 2 618 584** vom 20/3. 1942, ausg. 18/11. 1952.) LANGER. 7007

Badische Anilin- & Soda-Fabrik, Ludwigshafen/Rh., *Färben von fadenbildenden Kunstmassen.* Man setzt den Massen Pigmente aus wasserunlösl. Estern von Leukoküpenfarbstoffen der Anthrachinonreihe mit niedrigmol. Carbonsäuren zu, z. B. werden in 1000 (Teile) Viscoselsg., die 75 Cellulose enthält, 2,5 des Essigsäureesters des Leukodibenzanthrons in feiner Verteilung eingerührt. Beim Verspinnen erhält man tief rotbraun gefärbte Fäden. (**Schwz. P. 283 437** vom 23/5. 1950, ausg. 1/10. 1952. D. Prior. 18/6. 1949.) v. SCHILLER. 7021

Badische Anilin- & Soda-Fabrik (Erfinder: **Helmut Pfitzner** und **Julius Eisele**), *Ludwigshafen*/Rh., *Herstellung echter Färbungen auf Fasermaterial* durch Nachbehandeln von mit Azofarbstoffen erzielten Färbungen. Man verwendet solche Azofarbstoffe, die mindestens einmal in nur einer o-Stellung zu einer Azogruppe eine metallbindende Gruppe enthalten, u. führt die Nachbehandlung mit Cu-Salzen in neutralem bis schwach saurem Bad in Ggw. solcher Oxydationsmittel aus, die in diesem Medium oxydierend wirken. Z. B. wird der Diazofarbstoff aus 2 (Mol) diazotiertem Anilin u. 1 5.5′-Dioxy-2.2′-dinaphthylamin-7.7′-disulfonsäure verwendet. (**D. B. P. 868 287** Kl. 8m vom 10/3. 1951, ausg. 23/2. 1953.) v. SCHILLER. 7021

Farbwerke Hoechst, vormals Meister Lucius & Brüning, Frankfurt/M., *Herstellung von Färbungen auf Stoffen mit Faserstruktur.* Man färbt mit sauren Farbstoffen, die eine oder mehrere Gruppen $-SO_2-CR=CH_2$ enthalten, in denen R = H oder einen niederen KW-stoffrest oder Halogen bedeutet. Die Farbstoffe zeigen eine besondere Affinität zu Wolle, Seide, Acetatseide, animalisierter Zellwolle, Polyamidfaser. Als

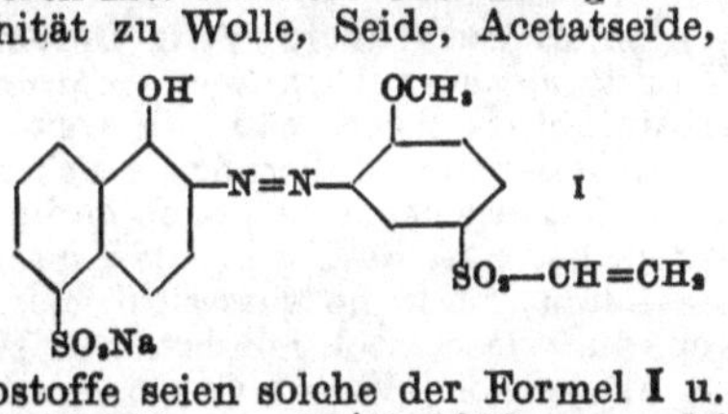

I

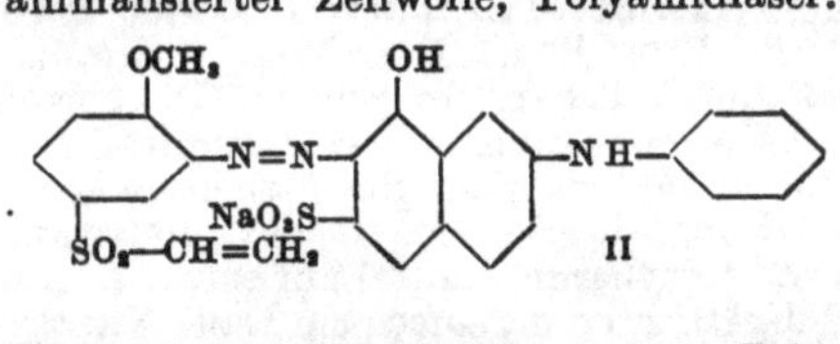

II

Farbstoffe seien solche der Formel **I** u. **II** erwähnt. — Zahlreiche weitere Beispiele. (**N. P. 80 046** vom 29/12. 1950, ausg. 15/4. 1952. D. Prior. 9/1. 1950.) JÜRGEN SCHMIDT. 7021

Badische Anilin- & Soda-Fabrik (Erfinder: **Otto Ambros**), Ludwigshafen/Rh., *Herstellung von Pigmentdrucken.* Man verwendet als Bindemittel ein Gemisch aus OH- oder NH_2-Gruppen enthaltenden Polyestern (I) u. Polyisocyanaten (II) u. unterwirft die Drucke einer Wärmebehandlung. Die **I** werden durch Erhitzen von Dicarbonsäuren (in Ggw. kleiner Mengen eines 3wertigen Alkohols oder eines Triamins) mit Glykolen bis zur Beendigung der Wasserabspaltung erhalten. Die **I** u. **II** setzen sich zu unlösl. Polyurethanen oder Polyharnstoffen um. (**D. B. P. 870 084** Kl. 8n vom 22/10. 1943, ausg. 9/3. 1953.) v. SCHILLER. 7023

Arnold Messerli, Schweiz (Erfinder: **Hans Scheidegger**), *Wasserunlösliche Farbstoffe für Textildruck* werden erhalten durch Rk. eines bas. Farbstoffes mit einem wasserlösl. sauren Farbstoff. — Man vermischt z. B. eine Lsg. von 200 g des Farbstoffes Nr. 230

(SCHULTZ, Farbstofftabellen, 7. Aufl.) in 5000 g warmem W. mit einer Lsg. von 150 g des Farbstoffes Nr. 934 in 500 g warmem W., filtriert den Nd., wäscht mit W., trocknet, vermahlt 400 g mit 500 g Leinölfirnis, 50 g Mineralöl u. 50 g Al-Hydroxyd, bedruckt hiermit ein Gewebe aus Natur oder Kunstseide, dämpft 40 Min. u. wäscht. Der lebhafte gelbe Druck ist von guter Licht- u. Waschechtheit. (**F. P. 982 604** vom 22/6. 1948, ausg. 13/6. 1951. Schwz. Prior. 22/6. 1947.) HOPPE. 7023

Ciba Akt.-Ges. (Erfinder: **Max Schmid**, Riehen, und **Eduard Moser**), Basel, Schweiz, *Herstellung von Azofarbstoffen,* indem man noch bewegliche Halogenatome enthaltende Kondensationsprodd. aus heterocycl. Verbb. von der Art des Cyanurchlorids, in welchen der heterocycl. Ring aus 6 Gliedern besteht, die selbst aus 3—4 C u. 3—2 N bestehen u. wobei höchstens 2 N benachbart sind u. mindestens 2 u. höchstens 3 C des Heteroringes die beweglichen Halogenatome tragen, z. B. Cyanurbromid, 1-Phenyl-3.5-dichlortriazin, 1-Methyl-3.5-dichlortriazin, Dichlorchinazolin oder Tribrompyrimidin, u. Aminoverbb., die durch Red. mindestens einer Nitrogruppe zu einer Aminogruppe aus der 4.4′-Dinitrostilben-2.2′-disulfonsäure (I) erhalten werden, mit Aminoazofarbstoffen

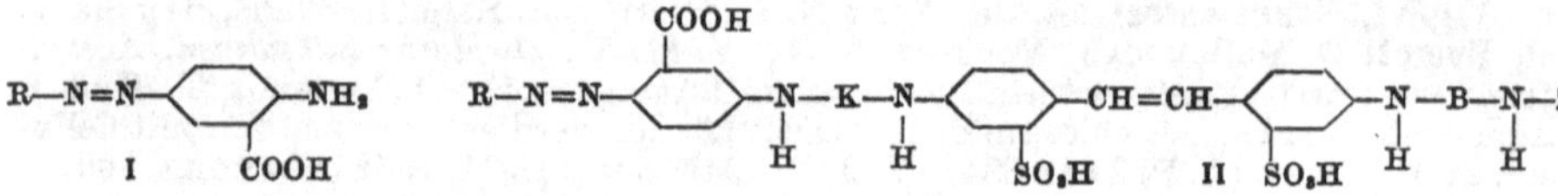

der allg. Formel I, in welcher R der Rest einer Verb. mit einer enolisierbaren Ketogruppe bedeutet, verkettet, gegebenenfalls die noch verbleibende Nitrogruppe zu einer Aminogruppe red. u. diese in an sich bekannter Weise mit Hilfe von Phosgen oder einer heterocycl. Verb. von der oben angegebenen Art mit einem gelben Aminoazofarbstoff, der fähig ist, komplexe Metallverbb. zu bilden, verkettet, wobei nach erfolgten Verkettungen noch etwa vorhandene bewegliche Halogenatome mit Verbb. mit austauschbarem H umgesetzt u. gegebenenfalls die erhaltenen Farbstoffe, die der allg. Formel **II** entsprechen, in der R für den Rest einer Verb. mit einer enolisierbaren Ketogruppe, K für den Rest der heterocycl. Verb., B für den Rest einer heterocycl. Verb. wie K oder für eine C=O-Gruppe, u. N(H)—Z für den Rest eines gelben Aminoazofarbstoffes, stehen, in ihre Metallkomplexverbb. übergeführt werden. Zweckmäßig wird mindestens eine der Verkettungen mit den Aminoazofarbstoffen in der Weise vorgenommen, daß an Stelle des fertigen Aminoazofarbstoffes ein Diamin oder ein Nitroamin einseitig mit der Aminostilbensulfonsäure kondensiert wird u. daß hierauf die Azofarbstoffbldg., gegebenenfalls nach Red. der Nitrogruppe zu einer Aminogruppe, durch Diazotieren des Kondensationsprod. u. Kuppeln mit einer Azokomponente vorgenommen wird, die dann so auszuwählen ist, daß mindestens einer der so entstandenen Aminoazofarbstoffreste eine zur Metallkomplexbldg. befähigte Atomgruppierung enthält. Lichtechte Farbstoffe von gelben Tönen. (**D. B. P. 859 343** Kl. 22a vom 10/3. 1943, ausg. 15/12. 1953. Schwz. Prior. 6/3. 1942.) GRÄGER. 7053

Ciba Akt.-Ges. (Erfinder: **Friedrich Felix, Alphons Heckendorn, Fritz Oesterlein,** Basel, und **Ernst Reich,** Neue Welt), Schweiz, *Herstellung neuer esterartiger Azofarbstoffderivate* durch Behandeln von o.o′-Dioxyazofarbstoffen (I), zweckmäßig in Ggw. von tert. Basen, mit organ. Acylierungsmitteln, die neben der die Acylierung bewirkenden Gruppe mindestens einen Substituenten enthalten, der, gegebenenfalls nach geeigneter Umwandlung, die Löslichkeit des Acylierungsprod. bedingt, dad. gek., daß man die genannten Acylierungsmittel auf solche I einwirken läßt, die keine wasserlösl. machenden Substituenten u., sofern sie keine Nitrogruppe aufweisen, noch mindestens 2 Halogenatome enthalten. — Z. B. 1-Oxy-2-amino-4-chlorbenzol (**IV**) → 1-Oxy-5.8-dichlornaphthalin (**II**), verestert mit Benzoesäure-3-sulfochlorid (**III**) in Pyridin (gelbbraun, chromiert: rotstichigblau), 1-Oxy-2-amino-4.6-dichlorbenzol (**V**) → **II** mit **III** (gelbbraun, chromiert: blau), **IV** → 2-Oxy-4,6-dibromnaphthalin mit **III** (chromiert: rotstichigblau), **V** → 2.4-Dioxychinolin mit Benzoesäure-3.5-disulfochlorid (chromiert: bordeauxrot), 1-Oxy-2-amino-5-nitrobenzol → 2-Oxynaphthalin (**VI**) mit **III** (rot, chromiert: schwarz), 1-Oxy-2-amino-4-nitrobenzol → **VI** mit **III** (rötlichgelb, chromiert: braun), 1-Oxy-2-amino-4-chlor-5-nitrobenzol → **VI** mit **III** (rot, chromiert: marineblau), u. 1-Oxy-2-amino-4-chlor-6-nitrobenzol **VI** mit **III** (orange, chromiert: rotstichigblau). (**D. B. P. 863 968** Kl. 22a vom 28/12. 1948, ausg. 22/1. 1953. Schwz. Priorr. 6/10. 1944 u. 22/8. 1945.) GRÄGER. 7053

Ciba Akt.-Ges. (Erfinder: **Eduard Moser**), Basel, Schweiz, *Herstellung von Monoazofarbstoffen,* indem man diazotierte Dehydrothio-p-toluidindisulfonsäure (I), die in jedem Benzolkern eine Sulfonsäuregruppe trägt u. deren eine Sulfonsäuregruppe in o-Stellung zur diazotierbaren Aminogruppe steht, mit einem 1-Acetoacetylamino-2-alkoxy-4-halogen-5-alkylbenzol kuppelt, das im Alkyl- u. im Alkoxyrest höchstens 4 C-Atome enthält. Die erhaltenen Farbstoffe entsprechen der allg. Formel **II**. — Z. B. **I** → 1-Acetoacetyl-amino-2-methoxy-4-chlor-5-methylbenzol; direkte Färbung auf Baumwolle od. Fasern regenerierter Cellulose grünstichiggelb. Bei Verwendung von 1-Acetoacetylamino-2-äthoxy-4-chlor-5-methylbenzol oder 1-Acetoacetylamino-2-methoxy-4-brom-5-methylbenzol rotstichiggelbe Töne. (**D. B. P. 863 972** Kl. 22a vom 28/2. 1949, ausg. 22/1. 1953. Schwz. Priorr. 16/4. 1948 u. 10/2. 1949.) GRÄGER. 7053

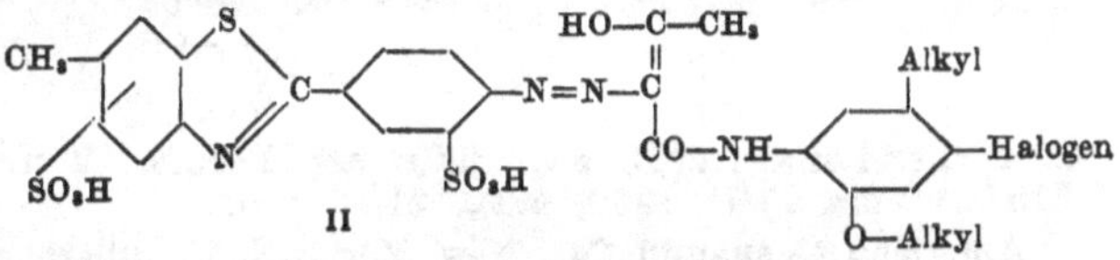

II

Ciba Akt.-Ges., Basel (Erfinder: **Fritz Straub**, Kaiseraugst, **Willy Widmer**, Bottmingen, und **Hermann Schneider**, Riehen), Schweiz, *Azofarbstoffe*. Diazoverbb., die lackbildende Gruppen enthalten, werden mit solchen 2.6-Dioxynaphthalinen gekuppelt, deren eine OH-Gruppe veräthert ist, u. in denen beide o-Stellungen zur freien OH-Gruppe unbesetzt sind. Die Verätherung kann mit niedrigmol. Alkylgruppen oder Resten von mehrwertigen Alkoholgruppen erfolgt sein; die Diazokomponenten können beliebige, in der Azofarbstoffchemie übliche Substituenten enthalten. Sie eignen sich zum Bedrucken u. Färben von tier. u. pflanzlichen Fasern, sowie von Leder in olivgrünen bis grauen Tönen; sie können in Substanz, im Färbebade u. auf der Faser metallisiert werden. — Beispiel: 23,4 g 4-Nitro-2-amino-1-oxybenzol-6-sulfonsäure → 18 g 2-Oxy-6-methoxynaphthalin. Violettschwarzes, wasserlösl. Pulver. (**D. B. P. 855 140** Kl. 22a vom 20/2. 1944, ausg. 10/11. 1952. Schwz. Priorr. 22/12. 1942 u. 4/11. 1943.) KALIX. 7053

J. R. Geigy Akt.-Ges., Basel (Erfinder: **Adolf Krebser** und **Werner Bossard**, Riehen, Basel), Schweiz, *Herstellung von kupferhaltigen Trisazofarbstoffen* in Abänderung des Verf. nach D. B. P. 850 042, indem man anstatt des dort verwendeten 4.4'-Tetrazodiphenyls oder dessen Substitutionsprodd. allg. tetrazotierte ein- oder mehrkernige Diamine, die auch substituiert sein können, erst halbseitig mit einer Oxyaryl-o-carbonsäure, wie 1-Oxybenzol-2-carbonsäure oder 1-Oxy-3 (oder 6)-methylbenzol-2-carbonsäure, kuppelt, die Diazoverb. dann mit einem in p-Stellung kuppelnden aromat. Amin bzw. einer Aminosulfonsäure, die in o-Stellung zur diazotierbaren Aminogruppe einen zur Bldg. von Metallkomplexverbb. befähigten Substituenten enthalten, wie 1-Amino-2-methoxynaphthalin-6-sulfonsäure oder 1-Amino-2-methoxynaphthalin, vereinigt, den Aminodisazofarbstoff weiter diazotiert, die Diazodisazoverb. mit einer 2-Acylamino-6-oxynaphthalin-8-sulfonsäure, wie 2-Benzoyl-, 2-Acetyl-, 2-Maleinyl- oder 2-Chloracetylamino-6-oxynaphthalin-8-sulfonsäure, kuppelt u. den Trisazofarbstoff nach üblichem Verf. in die Cu-Komplexverb. überführt oder auf der Faser nachkupfert. Graue u. grüne Töne. Man kann auch von ein- oder mehrkernigen aromat. Aminoacylamino- bzw. den entsprechenden Nitroaminoverbb. ausgehen, diese → o-Oxyarylcarbonsäure, den Acylaminoazofarbstoff verseift bzw. die Nitrogruppe im Nitromonoazofarbstoff zur Aminogruppe red., den erhaltenen Aminomonoazofarbstoff weiter diazotiert u. die erhaltene Diazoazoverb. wie oben weiter behandelt. (**D. B. P. 858 441** Kl. 22a vom 14/8. 1940, ausg. 8/12. 1952. Schwz. Prior. 2/8. 1940. **Zusatz zu D. B. P. 850 042; C. 1953. 4605.**) GRÄGER. 7055

General Aniline & Film Corp., New York, N. Y., übert. von: **David I. Randall**, Easton, Pa., und **Edgar E. Renfrew**, Phillipsburg, N. J., V. St. A., *Anthrachinonfarbstoffe* der allg. Zus. **I** (R = H oder niedere Alkylgruppe, X = H, Halogen, OH, Alkyl, Alkoxy, COOH oder SO_3H, Z = zum Schließen des Lactamringes erforderlicher Alkylenrest), die Wolle in leuchtenden grünstichig blauen Tönen färben, erhält man durch Umsetzen von 1-Amino-4-bromanthrachinon-2-sulfonsäure (**II**) mit den entsprechenden Aminen, die man durch Kondensation einer Nitrobenzolverb., wie m-, o- oder p-Chlornitrobenzol, p-Nitrobenzol, 2-Chlor-p-nitrotoluol usw., mit einem Lactam oder ähnlichen Verbb., wie 2-Pyrrolidon (γ-Butyrolactam), 2-Piperidon (δ-Valerolactam), 1-Aza-2-cyclooctanon (7-Suberolactam) u. dgl., in Ggw. von CH_2O u. anschließende Red. herstellen kann. — Aus **II** u. 1-(5-Amino-2-methylbenzyl)-2-pyrrolidon erhält man so in üblicher Weise den Farbstoff der Zus.

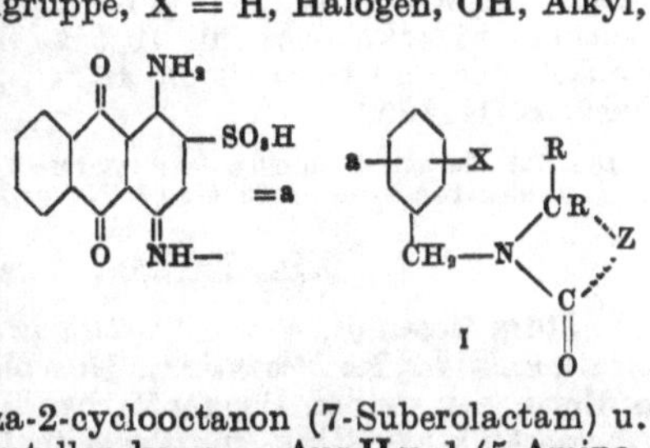

I

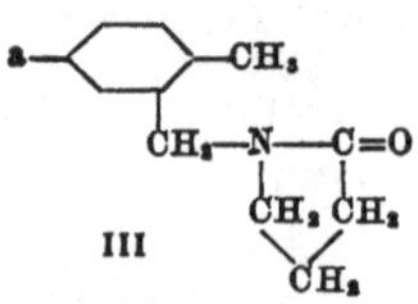
III

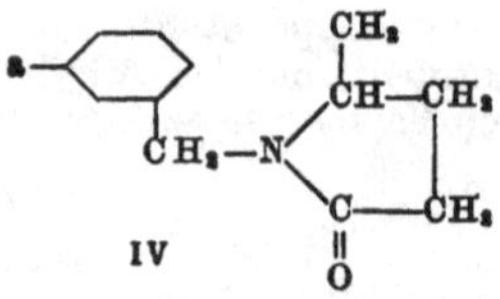
IV

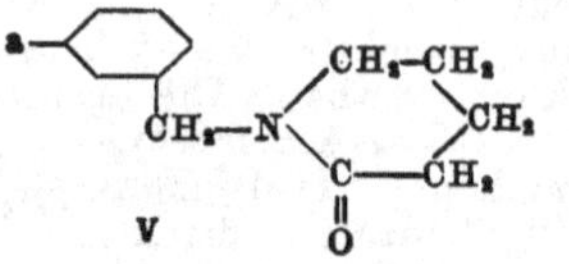
V

III. Ferner können z. B. Farbstoffe der Formel **IV** u. **V** erhalten werden. (**A. P. 2 615 021** vom 17/11. 1950, ausg. 21/10. 1952.) Roick. 7059

American Cyanamid Co., New York, N. Y., übert. von: **Richard C. Clapp**, Old Greenwich, Conn., V. St. A., *Benzophenothiazinfarbstoffe*. Durch Oxydation, bes. mit Chromsäure, erhält man in inerten Lösungsmitteln, wie W., niederen Fettsäuren, niederen Alkoholen, bei Tempp. von vorteilhaft 60—110° entsprechend dem Reaktionsschema **I** (R_1 u. R_2 = niedere Alkylgruppen, R_3=Aryl) die Farbstoffe, die als Hydrochlorid oder Citrat blaue u. als Basen rote Lsgg. ergeben. Durch ihre Eig., tier. Gewebe verschieden zu färben, können sie in der *Chirurgie* u. *Pathologie* Verwendung finden. Die Verbb., in denen R_1 u. R_2 Propyl u. R_3 p-Tolyl bedeutet, sind wirksam gegen *Tuberkelbacillen* bei Mäusen. — Aus 2-Amino-5-diäthylaminobenzolthioschwefelsäure u. N-Phenyl-1-naphthylamin (**II**) erhält man einen Farbstoff in eisessigsaurer Lsg., aus dem die Base nach dem Ausfällen mit Ammoniak, Auskochen mit Bzl. u. weiterer Reinigung in Form dunkelgrüner glitzernder Kristalle aus Bzl.-Hexan vom F. 235—241° gewonnen wird. Weitere Farbstoffe können erhalten werden aus: 2-Amino-5-dipropylaminobenzolthioschwefelsäure (erhältlich aus p-Aminodipropylanilin in Al-Sulfatlsg. durch Zugabe einer Na-Thiosulfat- u. $ZnCl_2$-Lsg. u. Oxydation mit einer K-Dichromatlsg. unter Rühren im Eisbad, farblose feine Kristalle aus A., F. unter Zers. bei 208°) u. N-p-Tolyl-1-naphthylamin, Base krist. in 2 Formen: a) dunkelbraune Nadeln aus Heptan (**c**), F. 174—176°; b) grüne, metall. glänzende Kristalle aus **c**. **a** kann durch Umkristallisieren aus **c** u. Impfen mit b-Kristallen in b umgewandelt werden; 2-Amino-5-dimethylaminobenzolthioschwefelsäure u. **II**, Base: braunes Prod. aus Bzl. u. PAe., F. 244—249°. (**A. P. 2 607 774** vom 2/4. 1951, ausg. 19/8. 1952.) Roick. 7063

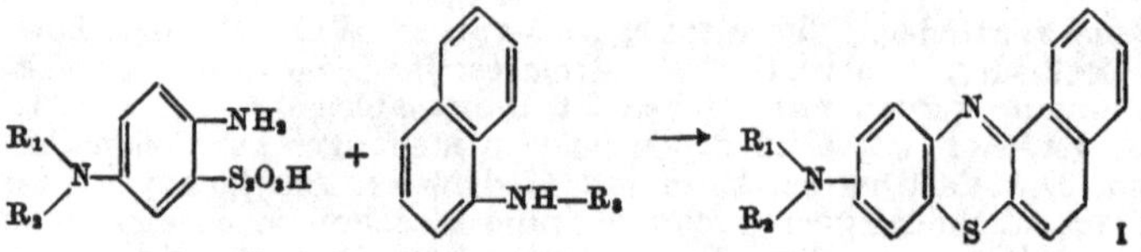
(R_1 u. R_2 = niedere Alkylgruppen, R_3 = Aryl)

Ciba Akt.-Ges., Basel, Schweiz, *Küpenfarbstoffe*. Durch Erhitzen einer Verb. der Zus. I bei Tempp. zwischen ca. 120 u. 180° mit $AlCl_3$ unter Zus. einer tert. Base erhält man je nach Wahl der Base u. der Reaktionstemp. in sehr beuchechten, braunstichig echten, braunstichig grauen Tönen färbende Farbstoffe, die als Pigmente oder zum Färben u. Bedrucken von bes. cellulosehaltigen Fasern, wie Baumwolle, Leinen oder Kunstseide u. Zellwolle aus regenerierter Cellulose als solche oder in Form der Leukoester, verwendet werden können. — I kann aus 4-Chlor- u. 4-Amino-1.1'-dianthrimid erhalten werden, violettes Pulver, in konz. H_2SO_4 grün löslich. — 4-Chlor-1.1'-dianthrimid erhält man durch 5std. Verrühren bei n. Temp. von in konz. H_2SO_4 gelöstem 4-Amino-1.1'-dianthrimid mit $NaNO_2$, Anrühren des erhaltenen feuchten Filterkuchens mit 10%ig. HCl u. 2std. Verrühren mit CuCl in konz. HCl, dunkelrotes Pulver, in konz. H_2SO_4 grün löslich. (**Schwz. P. 284 078** vom 26/5. 1950, ausg. 17/11. 1952.) Roick. 7069

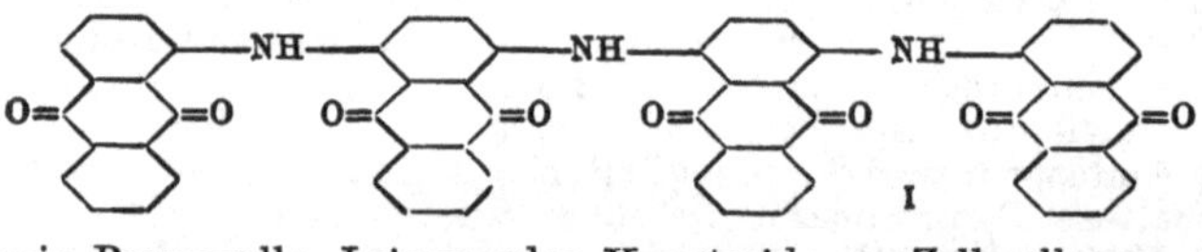
I

I. **Uraldini**, Lezioni di chimica degli intermedi e delle sostanze coloranti sintetiche. Milano: Libreriapolitecnica Tamburini. 1953. (450 S. Litogr.) 8°. L. 2300,—.

XIa. Farben. Anstriche. Lacke. Naturharze.

Sture Rosenlöf, *Neuere Fortschritte in der Frage der weißen Pigmentfarben vom Gesichtspunkt des Farbtechnikers*. Überblick über die neuere Forschung zur Aufklärung u. Entw. der weißen Pigmentfarben Titanweiß (Vorteile der Rutilstruktur gegenüber Anatasstruktur), Zink- u. Bleiweiß. (Teknillisen Kemian Aikakausilehti **9**. 547—53. Dez. 1952.) R. K. Müller. 7092

H. W. Thalen und **P. M. J. Jansen Verplanke-Kupers,** *Untersuchung einiger farbtechnischer Eigenschaften des Leindotteröles.* Untersucht wurde das Öl von Camelina sativa (Leindotteröl) auf seine lacktechn. Verwendungsmöglichkeiten. Das rohe Öl trocknet bei Sikkativzusatz langsamer als ein in gleicher Weise sikkativiertes Leinöl. Mit Leindotteröl modifiziertes Alkydharz (30% Phthalsäureanhydrid) trocknet ziemlich rasch u. eignet sich für lufttrocknende Lacke sowie für Einbrennlacke; beim Einbrennen (1 Std., 120°) vergilbt es weniger als Leinölalkyd. Auch ist es als Weichmacher in Nitrocelluloselacken anwendbar. (Verfkroniek **25.** 331–32. Dez. 1952.)
SCHEIFELE. 7096

Philip Heiberger, *Die Entwicklung der chemischen Technologie in der Anstrichtechnik.* Vf. berichtet über den Stand des chem. Apparatebaues u. beschreibt moderne Ausrüstungen der Anstrichmittelindustrie, bes. Mischer- u. Mühlenkonstruktionen. — 37 Abbildungen. (Paint Varnish Product. **42.** Nr. 11. 22–33. 90–92. Nov. 1952.)
GRAF. 7106

D. Cannegieter, *Einfluß der Struktur der Metalloberfläche auf die Eigenschaften der darüber aufgetragenen Lackfarben.* Die Haftfähigkeit der Lackfilme ist bes. abhängig von der Oberflächenstruktur des Metalls (Stahl). Einschichtfilme einer Einbrennemaille zeigten bzgl. Elastizität (ERICHSEN) u. Haftfestigkeit beträchtliche Unterschiede auf warmgewalztem, geglühtem u. kaltgewalztem Stahlblech. Auch die Art der Vorbehandlung der Oberfläche durch Abblasen mit Sand oder Stahlkies, Schleifen u. Säurebeizen kann die Resultate bedeutend beeinflussen. — Abb., Diskussion. (Verfkroniek **25.** 326–30. Dez. 1952.)
SCHEIFELE. 7106

C. Harris, *Farb- und Bronzeauftrag auf Metalle.* Überblick. (Metal Ind. [London] **77.** 295–99. 22/12. 1950.)
MARKHOFF. 7106

Ernst Sachse, *Korrosionsschutz durch Anstrich in der Bitumenindustrie.* Es werden zum Korrosionsschutz geeignete Anstrichmittel für ober- u. unterird. Bauteile auf Leinöl-, Alkydharz- u. Bitumenbasis besprochen. (Bitumen, Teere, Asphalte, Peche verwandte Stoffe **1.** 297–99. 1950.)
F. C. MÜLLER. 7106

K. Stark, *Schutzlacke für Silberwaren.* Überblick. (Metalloberfläche **7.** Nr. **4.** Ausg. B **5.** 65. April 1953.)
MARKHOFF. 7106

Otto Löwe, *Über das Verhalten von verschiedenem Farbspritzstaub in der Luft.* Öl- u. Kunstharzlacke ergeben beim Zerstäuben relativ grobe Tröpfchen; am kleinsten sind die Tröpfchen bei ölarmen Nitrocelluloselacken. Die Tröpfchenbldg. dürfte unabhängig von irgendeiner elektr. Aufladung sein. (Ind.-Lackier-Betrieb **20.** 105–06. Juni 1952.)
SCHEIFELE. 7106

François Buitelaar, Vlaardingen, Holland, *Herstellung von Perlenessenz* aus verschied. Ausgangsmaterial, wie Fische, Fischschuppen, Schwimmblasen oder anderen silberweißen Teilen von Fischen, u. Guano, durch deren Behandlung mit einem Suspensionsmittel, das aus einer mit W. nichtmischbaren Fl. besteht, z. B. Amylacetat, Bzl., Toluol, Xylol, CS_2, Chlf., CCl_4 oder Tetrachloräthan, indem es darin mittels W. oder Wasserdampf auf Tempp. zwischen 65 u. 100° erhitzt wird, worauf die Fl. auf eine D. zwischen 1,1 u. 1,3 so eingestellt wird, daß die Guaninkristalle in Suspension bleiben, während die Schleimstoffe auf der Oberfläche schwimmen u. so leicht abgetrennt werden können. Die Guaninkristalle sind dann leicht durch Filtrieren, Sedimentieren oder Zentrifugieren zu isolieren. (**E. P. 645 803** vom 18/10. 1948, ausg. 8/11. 1950. Holl. Priorr. 24/10. 1947 u. 21/8. 1948.)
GRÄGER. 7093

International General Electric Co., Inc., New York, N. Y. (Erfinder: **Herman Christian Froelich** und **Joseph Maurice Margolis,** Cleveland Heights, O.), V. St. A., *Stabilisierter Calciumphosphat-Luminophor.* Das 2wertiges Mn u. 3wertiges Ce als Aktivatoren enthaltende Ca-Orthophosphat enthält zusätzlich als Stabilisator ein weiteres Metall der 2. Gruppe des Period. Syst. (außer Be, Cd, Hg, Ra) in einer Menge von höchstens 0,22 (Mol), z. B. 0,01–0,03 ZnO, 0,10–0,22 SrO, 0,01–0,10 BaO oder 0,01 bis 0,02 MgO, je 1 CaO. Nach dem 2. Patent soll der Stabilisator ein Alkalimetall in einer Menge von ca. 0,001–0,05 Alkalioxyd, z. B. 0,008–0,035 Na_2O, 0,015–0,03 Li_2O oder 0,001–0,05 K_2O, je 1 CaO sein. (**D. B. PP. 868 037** Kl. 22f vom 24/10. 1951, ausg. 26/2. 1953, u. **868 777** Kl. 22f vom 24/10. 1951, ausg. 23/2. 1953. Beide A. Prior. 26/10. 1950.)
SCHREINER. 7093

British Thomson-Houston Co. Ltd., London, und **Robert Stirling Wells,** Rugby, England, *Luminescierendes Calciumwolframat.* NH_4-Wolframat wird mit $CaSO_4$ (im Überschuß) u. geringen Mengen einer Pb-Verb. [z. B. bis 10, bes. 5 Gew.-% $Pb(NO_3)_2$] als Aktivator erhitzt (mehrmals je 1 Std. auf ca. 1100°, bis zum Erreichen höchster Leuchtkraft), so daß sich Pb-aktiviertes Ca-Wolframat bildet, das überschüssige

$CaSO_4$ aber erhalten bleibt. Gewichtsverhältnis im Ausgangsgemisch $CaSO_4$:NH_4-Wolframat 1:0,025 bis 1:2, bes. 1:1,25. (**E. P. 634 616** vom 15/1. 1948, ausg. 22/3. 1950.) SCHREINER. 7093

Farbenfabriken Bayer (Erfinder: **Ernst Podschus**), Leverkusen-Bayerwerk, *Zinksulfid-Luminophor besonders langer Nachleuchtdauer*, gek. durch einen Geh. von 10^{-6} bis 10^{-3}% Co neben dem üblichen Geh. von 10^{-3} bis 10^{-2}% Cu. (**D. B. P. 868 036** Kl. 22f vom 9/1. 1942, ausg. 23/2. 1953.) SCHREINER. 7093

Hans P. Kaufmann, Münster/Westf., *Verbesserung der Trockenfähigkeit trocknender Öle*, vorzugsweise solcher mit konjugiert-ungesätt. Fettsäuren, durch Zusatz von Carotinoiden, wie Carotin oder Vitamin A u. dessen Ester, z. B. der Palmitinsäure. Die Öle, wie Holz- oder Oiticicaöl, werden zweckmäßig vorher raffiniert, um Inhibitoren auszuschalten. (**D. B. P. 870 312** Kl. 22h vom 30/9. 1950, ausg. 12/3. 1953.) GRÄGER. 7097

Badische Anilin- & Soda-Fabrik (Erfinder: **Hans Schermann**), Ludwigshafen/Rh., *Herstellung härtbarer Lackharze* auf der Grundlage von Aminoplasten u. Novolaken, dad. gek., daß man den durch saure Kondensation von CH_2O mit Stoffen, die mit ihm Aminoplaste bilden, in Ggw. von Alkoholen hergestellten Lackharzen nichthärtbare Phenol–CH_2O-Kondensationsprodd., sogenannte Novolake, zumischt. Man erhält sowohl bei n. Temp. härtende als auch bei Tempp. über 100° elast. einbrennbare Lackharze. (**D. B. P. 867 119** Kl. 22h vom 25/2. 1943, ausg. 16/2. 1953.) GRÄGER. 7097

Farbenfabriken Bayer (Erfinder: **Richard Wegler**), Leverkusen, *Herstellung von öl- bzw. harzartigen Kondensationsprodukten*, dad. gek., daß man auf sauerstoffhaltige Kondensate, wie sie durch Einw. eines Überschusses an CH_2O auf alkylierte Aromaten in saurem Medium erhältlich sind, Verbb. mit aliphat. gebundenen OH-Gruppen einwirken läßt. — Z. B. werden 300 (Teile) Xylol–Formaldehyd-Kondensationsprod. mit 10,2% O, 2,65 n-Octylalkohol u. 1 Toluolsulfonsäure auf 150° erhitzt, worauf man innerhalb 2½—3 Std. die Temp. langsam auf 180° ansteigen läßt, wobei 19 Volumenteile H_2O abdestillieren. Durch anschließendes Erhitzen im Vakuum bis 188° wird der nichtumgesetzte Alkohol entfernt. 500 helles, leichtfl. Harz, mischbar mit Benzin. Die Verfahrensprodd. können zur *Modifizierung trocknender Öle* sowie zur *Herst. von Einbrennlacken* verwendet werden. (**D. B. P. 871 646** Kl. 39c vom 25/5. 1941, ausg. 26/3. 1953.) HERBST. 7097

Pinchin Johnson & Co., Witley, England, *Herstellung von Styrol enthaltenden Mischpolymerisaten*. Partielle Ester aus mehrbas. Alkoholen u. ungesätt. Fettsäuren mit nichtkonjugierten Doppelbindungen werden zusammen mit Styrol (**I**) unter Rückfluß auf <180° bis zum gewünschten Polymerisationsgrad erhitzt. — 50 (g) dehydratisierter Monoglycerinester der Ricinolsäure u. 25 **I** werden 5 Std. auf 250° erhitzt. Mit Methylanthrachinon kann katalysiert werden. Die Prodd. geben klare Lacke u. Filme. — Nach E. P. 647 352 wird ein unpolymerisierter Ester aus einem mehrwertigen Alkohol u. einer trocknenden oder halbtrocknenden Fettsäure unter Rückfluß auf Tempp. <180° erhitzt, wobei nach u. nach **I** zugesetzt wird. — 100 Leinöl werden auf 200° erwärmt u. in 2½ Std. 25 **I** zugefügt, wobei die Temp. nicht unter 180° sinken soll. Das erhaltene viscose Öl dient als Zusatz zu *Lacken* u. *Filmen*. (**E. PP. 644 877** vom 12/8. 1947, ausg. 18/10. 1950, u. **647 352** vom 9/8. 1947, ausg. 13/12. 1950.) MÖLLERING. 7097

Deutsche Hydrierwerke Akt.-Ges., Düsseldorf (Erfinder: **Winfried Hentrich**, Riehen, Basel, Schweiz, und **Kurt Stickdorn**, Dessau-Roßlau), *1ᵃ.2ᵃ.Diamino-1.2-diäthylcyclohexan* [**I** = *1.2-Bis-(β-aminoäthyl)-cyclohexan*] *und seine Kernsubstitutionsprodukte*. Cyclohexan-1.2-diessigsäure (**II**) oder ihre Substitutionsprodd., deren NH_4-Salze oder Amide, werden in bekannter Weise in Ggw. oder bei Diamiden auch in Abwesenheit von NH_3-abspaltenden Stoffen (Essigsäureanhydrid, Keten, $COCl_2$) auf über 130° in die Dinitrile übergeführt u. diese in An- oder Abwesenheit von NH_3 zum Diamin in bekannter Weise reduziert. — Das NH_4-Salz von **II** (erhalten durch Oxydation von Perhydro-β-naphthol mit HNO_3) wird unter Durchleiten von NH_3 auf 220° erhitzt, bis die Wasserabspaltung beendet ist. Das entstandene Diamid wird dann mit 5% $(NH_4)_3PO_4$ unter NH_3 auf 300° erhitzt u. die Dämpfe über ein auf Rotglut erhitztes $(NH_4)_3PO_4$-Silicagel geleitet, wodurch das *Cyclohexandiessigsäuredinitril*, $Kp._{20}$ 200 bis 205°, entsteht; dieses gibt bei der Hydrierung in fl. NH_3 bei 200 at H_2 u. 135° in Ggw. eines Co–Cr-Katalysators **I**, $Kp._{20}$ 145—150°, starke, mit W. mischbare Base. Die Diamine geben bei der Kondensation mit höhermol. Fett- oder Wachssäuren Wachsprodukte. Verwendung für *Lackharze*. (**D. B. P. 866 938** Kl. 12o vom 9/12. 1942, ausg. 12/2. 1953.) KRAUSS. 7097

Gesellschaft für Chemische Industrie in Basel, Basel, Schweiz, *Herstellung von Lacken*. Man verwendet als Lackbindemittel oder Lackzusatz CH_2O-Kondensations-

prodd. von Aminotriazinen, bes. Melamin, die zweckmäßig in Ggw. eines sauren oder alkal. Kondensationsmittels hergestellt sind. Ebenso verwendbar sind gemischte Kondensationsprodd., die durch Zusatz weiterer Stoffe erhalten werden, die mit Aldehyden Kondensationsprodd. bilden, wie Phenole, Harnstoff, Thioharnstoff oder Anilin. (**D. R. P. 752 582** Kl. 22h vom 6/10. 1935, ausg. 9/3. 1953. Schwz. Prior. 28/9. 1935.)
GRÄGER. 7107

Monsanto Chemical Co., St. Louis, Mo. (Erfinder: **Ralph Marotta,** Malden, Mass.), V. St. A., *Feuerhemmende Überzugsmasse* mit potentieller Schwellfähigkeit, enthaltend ein filmbildendes Kondensationsprod. (I) von 4.4'-Dioxydiphenyldimethylmethan mit Epichlorhydrin (I), ein Umsetzungsprod. von Phosphorylchlorid mit NH_3, bes. Polyphosphorylamid, u. zweckmäßig ein in der Wärme abbindendes Kunstharz, z. B. ein alkyliertes Deriv. eines Kondensationsprod. einer Verb. aus der Gruppe, die CH_2O u. dessen Polymere enthält, mit einer Aminoverb., die vorzugsweise 1—9 C im Mol. enthält u. die Gruppe $\begin{matrix}Z\\NH_2\end{matrix}\!\!>\!C{-}N<$ hat, worin Z O, S oder NH ist u. $N<$ mit den freien Valenzen an verschied. Atome oder an ein Atom mit Doppelbindung gebunden ist, z. B. mit Thioharnstoff, Guanidin, Cyanamid, Dicyanamid, Melamin, 2-Chlor-4.6-diamino-1.3.5-triazin, 2-Oxy-4.6-diamino-1.3.5-triazin, Alkyl- oder Arylguanaminen zusammen mit einem Lösungsm. für I, wie Toluol, Xylol, Butanol, 2-Äthoxyäthylacetat, Butylacetat oder Methyläthylketon. Zweckmäßig ist noch ein alkal. Katalysator, wie Diäthylentriamin, Triäthylentetramin oder Tetraäthylenpentamin, in Mengen von 0,25—5,0 Gew.-% zugesetzt. Nach dem Anstrich wird das Mittel einer Wärmebehandlung unterzogen. (**D. B. P. 864 297** Kl. 22g vom 27/6. 1950, ausg. 22/1. 1953. A. Prior. 28/6. 1949.)
GRÄGER. 7107

Salimuzzaman Siddiqui, Delhi, Indien, *Herstellung eines trocknenden Produktes aus Bhilavanschalenöl,* das nicht Blasen zieht, durch Copolymerisation mit Terpentin in Ggw. von HNO_3 oder deren Bildungskomponenten Salpeter u. HCl, zweckmäßig bei Tempp. unter 50—60°. Das Prod. in Bzl. oder Terpentin gelöst, gibt lufttrocknenden *Firnis* oder *Lack.* (**E. P. 653 037** vom 20/7. 1948, ausg. 9/5. 1951. Ind. Prior. 21/8. 1947.)
GRÄGER. 7107

XIb. Plaste (Kunstharze. Plastische Massen).

Harvyn Products Ltd., London, England, *Plastische Masse.* Pulverisiertes Polyvinylchlorid oder Celluloseacetat wird, mit einem Weichmacher vermischt, ohne Druck strahlender Wärme ausgesetzt, bis das Pulver zu gelieren anfängt, u. der Mischprozeß bis zur Abkühlung u. Bldg. eines trockenen, frei fließenden Pulvers fortgesetzt; Weichmacher, Füll- u. Farbstoffe werden nach beginnender Gelierung zugegeben. (**E. P. 679 624** vom 20/5. 1949, ausg. 24/9. 1952. D. Prior. 1/10. 1948.) SALZMANN. 7171

Standard Oil Development Co., Del., V. St. A., übert. von: **Leslie R. Gould** und **Graham George Wanless,** Sarnia, Can., *Reinigung der bei der Olefinpolymerisation verwendeten Reaktionsgefäße* erfolgt durch Abspritzen mit fl. Isobutylen bei —6 bis —30°, worauf man mit einem Lösungsbenzin nachwäscht. (**A. P. 2 580 019** vom 9/10. 1946, ausg. 25/12. 1951.)
MÖLLERING. 7173

Badische Anilin- & Soda-Fabrik (Erfinder: **Max Fischer**), Ludwigshafen/Rh., *Feste Polymerisate aus Äthylen oder äthylenreichen Gasen* erhält man durch Einw. von $AlCl_3$ zusammen mit $TiCl_4$ unter Druck u. bei erhöhter Temp., gegebenenfalls unter Zusatz von anderen Halogeniden aus der Reihe der FRIEDEL-CRAFTS-Katalysatoren u. vorteilhaft in Ggw. von HCl-bindenden Metallen, bes. Al-Pulver. Verminderung der Bldg. von fl. Polymerisaten. (**D. B. P. 874 215** Kl. 39c vom 18/12. 1943, ausg. 20/4. 1953.)
SCHINDLER. 7173

E. I. du Pont de Nemours & Co., Wilmington, Del., V. St. A., *Hochschmelzende Äthylenpolymerisate* mit F. 125—132°, bes. 127—132°, u. D. 0,955—0,970 erhält man durch Behandlung von C_2H_4 bei 45—200° u. 5000—20000 at mit Polymerisationskatalysatoren, ausgenommen Metallen der 2. Gruppe des Period. Systems. Geeignet sind Azonitrile, organ. Peroxyde, Aminoxyde u. Hydrazine. — In 89 (Teile) Bzl. mit einem Zusatz von 0,425 2,2'-Azo-bis-2.4-dimethylvaleronitril werden insgesamt 78 C_2H_4 eingedrückt. Durch einen hydraul. Verstärker läßt man einen Druck von 6500—7300 at bei 45° einwirken. Das mit 11,8 Ausbeute erhaltene Polymerisat hat F. 130,3°. Gegenüber einem bei 1000 at erhaltenen Polymerisat zeigt das Prod. höhere D., höhere Reißfestigkeit, z. B. in Form eines Filmes, u. höheren Schmelzpunkt. (**E. P. 639306** vom 5/4. 1948, ausg. 28/6. 1950. A. Prior. 3/4. 1947.) MÖLLERING. 7173

Farbwerke Hoechst, vormals Meister Lucius & Brüning, Frankfurt/M. (Erfinder: **Werner Starck,** Hofheim/Taunus), *Herstellung von Polyvinylalkohol oder seinen wasser-*

löslichen Derivaten, dad. gek., daß man wss. Emulsionen von Polyvinylestern oder deren Mischpolymerisaten in Ggw. von niedrigsd. Alkoholon unter gleichzeitigem Abdest. des sich bildenden Esters, gegebenenfalls in Ggw. von leicht mit den OH-Gruppen des Polyvinylalkohols reagierenden Stoffen, wie Aldehyden, verseift. — Beispiel. (**D. B. P. 874 664** Kl. 39c vom 16/6. 1942, ausg. 27/4. 1953.) SCHINDLER. 7173

Monsanto Chemical Co., St. Louis, Mo., übert. von: **Shea Smith,** *Polymerisation von Vinylidenverbindungen* erfolgt in wss. Emulsion mit koll. Si-Verbb. als Emulgiermittel. — 240 (Teile) Styrol, 160 Isopren, 15 wss. koll. SiO_2-Lsg. (15%ig), 2 $K_2S_2O_8$, 1,6 Dodecylmercaptan, 2,75 Na_2HPO_4, 0,7 NaH_2PO_4 u. 6 Na-Salz einer alkylierten Arylsulfonsäure werden in 572 W. 17 Std. unter Rückfluß erwärmt. (**E. P. 643 045** vom 17/12. 1947, ausg. 15/9. 1950. A. Prior. 18/2. 1947.) MÖLLERING. 7173

Farbwerke Hoechst, vormals Meister Lucius & Brüning, Frankfurt/M. (Erfinder: **Ernst Braun,** Leverkusen, und **Hans Joachim Hahn,** Frankfurt/M.), *Herstellung feinkörniger oder perlförmiger Polymerisate* aus ungesätt. organ. Verbb. oder deren Mischungen, dad. gek., daß man die Polymerisation in wss. Lsgg. von Salzen aus Mischpolymerisaten für sich allein nicht polymerisierbarer ungesätt. Carbonsäuren mit polymerisationsfähigen organ. Verbb. durchführt, ausgenommen die Polymerisation des Vinylmethylketons u. seiner Mischungen mit höchstens gleichen mol. Mengen anderer ungesätt. Verbb., mit organ. Peroxyden als Katalysatoren. — Beispiele mit NH_4-Salzlsgg. des Mischpolymerisates aus Maleinsäureanhydrid u. Styrol u. Vinylacetat u. Crotonsäure. (**D. B. P. 879 315** Kl. 39c vom 11/3. 1939, ausg. 11/6. 1953.) SCHINDLER. 7173

Novacel Soc. An., Paris, Frankreich, *Schrumpfkapseln,* hergestellt aus einer 10%ig. Polyvinylchloridlsg. in 1—2% Trikresylphosphat enthaltendem Acetonylaceton (I) u. W. in Spuren. Die überzogenen Tauchformen werden in die gleiche I-Lsg. mit einem Wassergeh. von 12—15% getaucht. Die Kapseln besitzen hohe Elastizität. — Kapseln aus Polyvinylacetat u. seinen Mischpolymerisaten werden mit einer 10—15%ig. wss. Glykoldiacetatlsg. imprägniert u. feucht verpackt; elast. Dehnung bis 500%. (**E. PP. 644 779** u. **644 790** vom 6/3. 1947, ausg. 18/10. 1950. F. Prior. 21/9. 1939 bzw. 3/5. 1945.) SALZMANN. 7173

Farbwerke Hoechst, vormals Meister Lucius & Brüning, Frankfurt/M. (Erfinder: **Hans Overbeck,** Frankfurt/M., und **Heinz Sönke,** Bad Soden), *Stabilisieren von Polyvinylchlorid,* dad. gek., daß man den in fester, gelöster oder dispergierter Form vorliegenden Polymerisaten Alkalisalze olefin. ungesätt., für sich allein nicht polymerisierbarer Säuren oder die Anhydride oder Imide ungesätt. Dicarbonsäuren zusammen mit NaOH oder Na_2CO_3 zusetzt. Geeignet sind z. B. die Alkalisalze von Zimtsäure, Maleinsäure, Maleinamidsäuren (Maleinsäuremonomethylamid), Maleinsäurehalbester, Fumarsäure, Itaconsäure u. Methylenmalonsäure. — Herst. von Platten, Filmen, Preßkörpern u. Fäden. (**D. B. P. 875 865** Kl. 39b vom 1/3. 1940, ausg. 7/5. 1953.) SALZMANN. 7173

Farbwerke Hoechst, vormals Meister Lucius & Brüning, Frankfurt/M. (Erfinder: **Kurt Billig,** Adelsberg), *Behandlung von Vinylmischpolymerisaten,* dad. gek., daß man diese mit ungesätt. Verbb., welche gleichzeitig noch Carboxylgruppen enthalten (Crotonsäure), Tempp. von mindestens 130° aussetzt. (**D. B. P. 874 663** Kl. 39b vom 1/9. 1944, ausg. 27/4. 1953.) SALZMANN. 7173

Farbwerke Hoechst, vormals Meister Lucius & Brüning, Frankfurt/M. (Erfinder: **Werner Starck,** Hofheim, Taunus), *Herstellung von Polymerisatemulsionen,* dad. gek., daß Vinylester allein oder in Mischung mit anderen polymerisationsfähigen Verbb. in Ggw. geringer Mengen hydrophiler, zur Mischpolymerisation befähigter Stoffe in organ. Lösungsmitteln polymerisiert u. diese Lsgg. in W. eingerührt werden. Werden die Vinylester mit Säuren (Acrylsäure) polymerisiert, so wird unter Zusatz von NaOH oder NH_3 in W. eingerührt. — Beispiele. (**D. B. P. 879 019** Kl. 39c vom 30/9. 1944, ausg. 8/6. 1953.) SCHINDLER. 7173

E. I. du Pont de Nemours & Co., Wilmington, Del., übert. von: **Orville Horwitz Bullitt jr.,** Swarthmore, Pa., V. St. A., *Polymerisationsverfahren.* Monomere, wie Methacrylester u. Vinylacetat, werden bei ca. —30 bis —90°, unter Verwendung eines Alkalisalzes einer sehr schwachen Säure vom pKa 15—75 (pKa erläutert in HAMMETT, Physical Organic Chemistry [1940.] 48—50.) als Polymerisationskatalysator polymerisiert. Solche Aktivatoren sind z. B. Phenyl-Li, Alkaliamid, Alkalialkoholate; zweckmäßig erfolgt die Polymerisation in einem fl. Medium, wie fl. NH_3, Ae., Methanol oder einem aliphat. Amin. — Z. B. wird ca. 0,1 (Teil) Na in 410 fl. NH_3 unter N_2 bei —77° verrührt. Nach 15 Min. werden 20 Methacrylsäurenitril in ca. 2 Min. eingerührt. Das Polymere fällt als hochmol. Nd. aus. (**A. P. 2 608 555** vom 3/7. 1948, ausg. 26/8. 1952.) HERBST. 7173

Röhm & Haas G. m. b. H., Darmstadt (Erfinder: **Ernst Trommsdorf** und **Klaus Tessmar,** Darmstadt, und **Franz Esser,** Gundershausen), *Organisches Glas*, bestehend aus Mischpolymerisaten von Methacrylsäuremethylestern mit Verbb. mit nebenvalenzartig vernetzenden Gruppen, z. B. 5—20% ungesätt. Carbonsäuren oder deren Amide bzw. substituierte Amide u. 0,1—7,5% Verbb. mit hauptvalenzartig vernetzenden Gruppen mit mehr als einer polymerisierbaren Doppelbindung. — 20 (Teile) N-Methylolmethacrylsäureamid u. 1 N.N-Methylendimethacrylamid werden in 79 monomerem Methacrylsäuremethylester gelöst u. unter Zusatz von 0,1 Dibenzoylperoxyd polymerisiert. (**D. B. P. 874 371** Kl. 39b vom 5/1. 1950, ausg. 23/4. 1953.) SALZMANN. 7173

Badische Anilin- & Soda-Fabrik, Ludwigshafen/Rh. (Erfinder: **Georg Kränzlein, Martin Corell,** Frankfurt/M., und **Heinz Sönke,** Bad Soden), *Stickstoffhaltige Polymerisationsprodukte* von Acrylsäureamiden (I) der Formel $CH_2{=}CH{\cdot}CO{\cdot}N(R_1){\cdot}R_2$, worin R_1 u. R_2 Alkyl oder Aryl sein können, oder in denen N, R_1 u. R_2 ein Ringsyst., z. B. einen Carbazolring, darstellen können, werden durch Polymerisation für sich oder in Mischung untereinander oder mit anderen polymerisationsfähigen Vinylverbb. erhalten. Als I sind genannt: Acrylsäure-N-methylanilid, -dibutylamid, -carbazolid, -diphenylamid u. Mischungen dieser mit Vinylchlorid oder Styrol. Plast. Massen, Filme, Folien. Erweichungspunkt bei 135—138° nach *Vicat*. (**D. B. P. 871 837** Kl. 39c vom 14/10. 1939, ausg. 26/3. 1953.) SCHINDLER. 7173

Bakelite G. m. b. H., Frankfurt/M. (Erfinder: **Georg Meder,** Scharzfeld, und **Otto Süssenguth,** Letmathe, Westf.), *Herstellung von Novolaken* durch Erzeugung von Phenolalkoholen (I) u. Rk. mit etwa äquimol. Mengen von Phenolen (II) im sauren Medium, dad. gek., daß techn. Phenolatlaugen (III) als Ausgangsmaterial für die Erzeugung der Phenolalkohole verwendet werden. — Die Rk. der I u. der II kann unter Druck vorgenommen werden. — Z. B. werden 100 (kg) III (30%ig) u. 20 Formalin (40%ig) ½ Std. auf 60° erwärmt, dann 30 Kresol zugesetzt u. die M. mit überschüssigem HCl neutralisiert, so daß danach 1,8 Liter 2nHCl vorhanden sind. Darauf wird 1 Std. erhitzt, das Harz abgetrennt u. entwässert. Verwendung für Preßmassen. (**D. B. P. 866 249** Kl. 39c vom 7/1. 1943, ausg. 9/2. 1953.) HERBST. 7177

Deutsche Gold- und Silberscheideanstalt vorm. Roessler, Frankfurt/M. (Erfinder: **Hans Wagner,** Konstanz), *Herstellung von harzartigen Kondensationsprodukten*, dad. gek., daß man α.β-ungesätt. Aldehyde mit Verbb., die gegebenenfalls veresterte bzw. verätherte, mindestens aber 3 freie Alkylolgruppen, bes. Methylolgruppen, an einem C-Atom besitzen, in Ggw. von sauer wirkenden Stoffen bei p_H ca. 1—3 u. vorteilhaft bei höheren Tempp. zur Rk. bringt. — Z. B. werden 200 (Teile) Pentaerythrit, 56 Acrolein u. 0,5 p-Toluolsulfonsäure 8—16 Std. erhitzt, worauf mit 0,5 Na-Acetat neutralisiert u. W. u. Essigsäure bei 90° u. 12 mm abdest. werden. Es hinterbleibt ein klares, viscoses Harz, das nach Zusatz von Oxalsäure, H_2SO_4 oder einer anderen starken Säure als *Gießharz* zur Anwendung gelangen u. bei 60—80° zu einem glasklaren Kunstharzkörper ausgehärtet werden kann. (**D. B. P. 870 032** Kl. 39c vom 10/4. 1941, ausg. 9/3. 1953.) HERBST. 7177

Dynamit Akt.-Ges. vorm. Alfred Nobel & Co. (Erfinder: **Hans Orth**), Troisdorf, *Elastifizieren von Phenolharzen*, vorzugsweise des Resoltyps. Die Harze, u. a. auch Novolakharze, werden mit 2fach ungesätt. Diacetalen bzw. Diketalen aus mindestens tetrafunktionellem Alkohol u. ungesätt. Oxoverbb. bzw. deren Polyaddukten mit polyvalenten Alkoholen zur Rk. gebracht. — Herst. von *Filmen* u. *Gießkörpern*. (**D. B. P. 874 835** Kl. 39b vom 26/7. 1950, ausg. 27/4. 1953.) SALZMANN. 7177

British Industrial Plastics Ltd., London, England, **Henry Peter Wohnsiedler,** Darien, und **William Samuel Sloatman jr.,** Stamford, Conn., V. St. A., *Formkörper und Bindemittel* werden aus einem Aminoplast hergestellt, das, mit bis zu 30% Polyvinylbutyral als prim. Weichmacher angerührt, mit o-Kresyl–Glycerinäther (bzw. Benzamid oder Acrylamid) (sek. Weichmacher) u. Zn-Stearat vermischt worden ist. Füllstoffe sind α-Cellulose, Holzmehl, Asbest, Glasfasern. (**E. P. 644 450** vom 11/11. 1947, ausg. 11/10. 1950. A. Prior. 19/7. 1946.) SALZMANN. 7181

Westinghouse Electric International Co., New York, N. Y., V. St. A., *Magnetische Schichten mit einem isolierenden Überzug* stellt man durch Aufwalzen einer Mischung von z. B. 32(%) *Melaminharz*, 14 Isopropylalkohol, 8 Ruß (Fe_2O_3, SiO_2, Asbeststaub, Al_2O_3, MgO oder Bentonit) u. 46 W. her u. härtet unmittelbar danach in einem Trockenschrank 5 Sek. bei 150°. Der Überzug soll nicht mehr als 2% der Magnetbanddicke betragen. Mittlerer Widerstand: 375 Ohm/cm². (**E. P. 642 734** vom 6/6. 1947, ausg. 13/9. 1950. A. Prior. 8/6. 1946.) SALZMANN. 7181

Bata, Národní Podnik, Zlin, Tschechoslowakei, *Herstellung von Polyamiden.* Dicarbonsäuresulfamide der Formel $HOOC\cdot(CH_2)_nNH\cdot SO_2\cdot NH(CH_2)_nCOOH$ (n = 1 bis 15) werden bei erhöhter Temp. mit Diaminen der Formel $H_2N\cdot(CH_2)_mNH_2$ (m = 4 bis 15) umgesetzt. — Äquivalente Mengen Hexamethylendiamin u. Bis-carboxymethylsulfamid, $SO_2(NH\cdot CH_2\cdot COOH)_2$, werden unter Vakuum auf 200° erhitzt. (**E. P. 636 198** vom 17/1. 1947, ausg. 26/4. 1950. D. Prior. 25/6. 1940.) MÖLLERING. 7181

I. G. Farbenindustrie Akt.-Ges., Frankfurt/M., *Herstellung von schmelzbaren, hochpolymeren, linearen Polyamiden,* dad. gek., daß man Ameisensäureverbb. von organ. Diaminen oder Aminoalkoholen mit Dicarbonsäuren (mindestens 4 C-Atomen zwischen den Carboxylgruppen) oder funktionellen Derivv. von solchen, wie Estern oder Amiden, gegebenenfalls in Ggw. von W. oder flüchtigen Oxyverbb., in der Hitze kondensiert. — Z. B. wird aus Hexamethylendiamin u. Methylformiat das Diformyl-1.6-hexamethylendiamin (F. 103°) erhalten, das mit Adipinsäure ein Reaktionsprod. mit F. ca. 260° für elast. Fäden ergibt. Ähnliche Prodd. entstehen aus Diformyl-$\beta.\beta'$-diaminodiäthyläther u. Sebacinsäure u. Oktamethylendiamindiformiat u. Adipinsäure. (**D. R. P. 755 428** Kl. 39c vom 8/2. 1939, ausg. 4/5. 1953.) SCHINDLER. 7181

Deutsche Hydrierwerke Akt.-Ges. (Erfinder: **Wolfgang Gündel**), Düsseldorf, *Weichmachungsmittel* für synthet. lineare Superpolymere, bes. *Polyamide, Polyurethane* u. *Polyharnstoffe,* bestehend aus eine oder mehrere Methylolgruppen enthaltenden aromat. Verbb., z. B. Dimethylolbenzol, -m-xylol, -n-octyloxybenzol, -naphthalin, Methyloldiphenyläther, -diphenyl u. andere. (**D. B. P. 875 567** Kl. 39b vom 4/6. 1943, ausg. 4/5. 1953.) SALZMANN. 7181

Quaker Oats Co., Chicago, Ill., V. St. A., *Wasserunlösliche, viscose, wärmehärtbare Harze* erhält man durch Kondensation von NH_4CNS (**I**), Furfurylalkohol (**II**) u. einem Aldehyd, wie CH_2O, Furfural, Furylacrolein, Acet-, Propion-, Butyraldehyd, Glyoxal, Croton- oder Benzaldehyd. — 481 (Teile) **I**, 624 **II**, 526 CH_2O-Lsg. (37%ig.) werden auf 95—103° erwärmt. Unter Vakuum entfernt man 280 W. u. erhält ein viscoses Harz, das bei 150—175° (ohne Katalysatorzusatz) aushärtbar ist. (**E. P. 634 126** vom 3/7. 1937, ausg. 15/3. 1950. A. Prior. 2/8. 1946.) MÖLLERING. 7181

Rohm & Haas Co., übert. von: **Charles L. Levesque,** Philadelphia, Pa., V. St. A., *2-Oxy-4.6.6-trimethylheptansäure* erhält man durch Rk. von 3.5.5-Trimethylcapronaldehyd (erhalten durch katalyt. Druck-Rk. von Diisobutylen mit CO u. H_2) mit HCN bei —30 bis +25° in Ggw. von 0,5—5% eines, bes. tert., Amins u. Verseifung des erhaltenen 2-Oxy-4.6.6-Trimethylheptonitrils mit starker Mineralsäure, z. B. HCl. — *Weichmacher,* bes. für *Zein-Filme,* u. Zwischenprodukt. (**A. P. 2 569 422** vom 18/11. 1949, ausg. 25/9. 1951.) MÜLLER-MEININGEN. 7199

Otto Berning & Co., Schwelm (Erfinder: **Stefan Bakonyi,** Dössel), *Preßpulver aus keratinhaltigen Stoffen und Harnstoff–Formaldehyd-Kondensationsprodukten.* Zerkleinerte Hufe, Klauen, Hörner, Haare oder Federn werden nach einer Vorbehandlung mit z. B. 1—5%ig. HCl zunächst einer Oxydation mit 0,5—2%ig. H_2O_2-Lsg. u. anschließend einer Red. mit 0,5—1%ig. $NaHSO_3$-Lsg. unterworfen. Alsdann vermischt man mit dem Kondensationsprod., das durch Ankondensieren von Harnstoff oder seinen Derivv. mit überschüssigem CH_2O in neutraler oder schwach saurer Lsg. in Ggw. von NH_3 als Katalysator u. Fertigkondensieren bei Anwesenheit von katalyt. wirksamen Säuren, wie Adipin-, Sebacin-, Bernstein-, Phthal- oder Harnsäure, erhalten wurde. Herst. von Dosen, Schachteln, Photo- u. Radioapparaten, Lampenschirmen, Möbelbeschlägen, Schreibmaschinen, Auto- u. Textilzubehör, Galanteriewaren, von Preßlingen für die chem. u. elektrotechn. Industrie. (**D. R. P. 745 386** Kl. 39b vom 27/8. 1938, ausg. 20/3. 1953.) SALZMANN. 7205

XII. Kautschuk. Guttapercha. Balata.

C. Falconer Flint, *Eigenschaften, Anwendungen und Verwendung von Latex.* (Vgl. C. **1953.** 5267.) Fortschrittsbericht 1952. — 123 Literaturhinweise. (Annu. Rep. Progr. Rubber Technol. **16.** 25—36. 1952.) WINIKER. 7222

W. J. S. Naunton, *Physik und Chemie des Rohkautschuks.* Fortschrittsbericht 1952. Behandelt werden: Mastizierung, Plastizität, nichtvulkanisierte Mischungen, Vulkanisation, Einw. von O_2, Kautschukderivate. — 44 Literaturhinweise. (Annu. Rep. Progr. Rubber Technol. **16.** 37—43. 1952.) WINIKER. 7222

J. T. Watts, *Synthetischer Kautschuk.* Fortschrittsbericht 1952. — 50 Literaturhinweise. (Annu. Rep. Progr. Rubber Technol. **16.** 44—50. 1952.) WINIKER. 7222

L. Mullins, *Physikalische und chemische Eigenschaften von vulkanisiertem Kautschuk.* (Vgl. C. **1952.** 780 u. **1953.** 5267.) Fortschrittsbericht 1952. Behandelt werden: Alterung,

Elastizität, dynam. Eigg., Verh. bei tiefen Tempp., Abrieb u. Dehnung. — 45 Literaturhinweise. (Annu. Rep. Progr. Rubber Technol. **16.** 79—84. 1952.) WINIKER. 7228

A. Cooper, *Schaumgummi.* (Vgl. C. **1952.** 1253 u. **1953.** 5267.) Fortschrittsbericht 1952. — 86 Literaturhinweise. (Annu. Rep. Progr. Rubber Technol. **16.** 129—36. 1952.) WINIKER. 7230

W. H. Reece, *Medizinische Gummiwaren.* Fortschrittsbericht 1952. — 15 Literaturhinweise. (Annu. Rep. Progr. Rubber Technol. **16.** 123—25. 1952.) WINIKER. 7230

E. C. Woods, *Reifen.* (Vgl. C. **1953.** 5267.) Fortschrittsbericht 1952. — 62 Literaturhinweise. (Annu. Rep. Progr. Rubber Technol. **16.** 85—90. 1952.) WINIKER. 7230

B. L. Davies, *Hartgummi.* (Vgl. C. **1953.** 5267.) Fortschrittsbericht 1952. — 28 Literaturhinweise. (Annu. Rep. Progr. Rubber Technol. **16.** 137—39. 1952.) WINIKER. 7230

R. Houwink, A. J. de Vries und **J. W. F. van't Wout,** *Ebonit aus Hevealatex.* (Gummi u. Asbest **6.** 104. 106—07. 1/3. 1953. Delft, Holland, Rubber-Stichting. — C. **1953.** 3807.) WINIKER. 7230

J. W. Martin, C. I. Seely und **W. H. Knight,** *Einwirkung von Herbiciden auf mit Kautschuk überzogene Kabel.* Eine Isolierung von Kabeln mit einem Gemisch auf Basis Neopren machte dieselben prakt. unangreifbar durch die üblichen Herbicide. (Agric. Engng. **32.** 497—98. Sept. 1951.) GRIMME. 7230

Dewey and Almy Chemical Co., North Cambridge, Mass., V. St. A. (Erfinder: **A. J. Leydon**), *Herstellung einer homogenen Kautschukmischung.* Man mischt 2 Kautschukarten mit einer Fl., die nur die eine Kautschukart löst, die andere aber dispergiert, z. B. Neopren GN u. Naturkautschuk (I) in Octan, das nur I löst. Die Dispersionen werden wie üblich verarbeitet. (**Schwed. P. 135 867** vom 21/2. 1947, ausg. 27/5. 1952. A. Prior. 1/3. 1946.) JÜRGEN SCHMIDT. 7225

Farbenfabriken Bayer (Erfinder: **Hermann Wolz** und **Hermann Holzrichter**), Leverkusen, *Stabilisierungsmittel* für kautschukartige Polymerisate von Butadienen oder deren Mischungen mit aktivierten Vinylverbb., bestehend aus teilweise hydrierten Naphtholen, bes. Tetrahydronaphtholen. (**D. B. P. 871 832** Kl. 39b vom 3/8. 1943, ausg. 26/3. 1953.) OVERBECK. 7227

General Tire & Rubber Co., Akron, O., übert. von: **John H. Kelly jr.,** Wabash, Ind., V. St. A., *Blähmittel für Schwammkautschuk,* bestehend aus einem KW-stoffverträglichen gesätt. aliphat. Amin, das bei Vulkanisationstemp. flüchtig ist u. am N-Atom eine gesätt. aliphat. oder cycloaliphat. KW-stoffgruppe mit 5—12 C trägt. (**A. P. 2 592 708** vom 18/9. 1947, ausg. 15/4. 1952.) OVERBECK. 7227

B. F. Goodrich Co., New York, N. Y., übert. von: **Donald V. Sarbach,** Cuyahoga Falls, O., V. St. A., *Blähmittel für Kautschuk,* bestehend aus $NaHCO_3$ mit einem Zusatz von 2—30 (%), bes. 3—10, einer N-Verb. der Formel $(CH_2N_2)_x$, wobei x eine kleine ganze Zahl ist, wie Cyanamid, Dicyandiamid u. bes. Melamin. (**A. P. 2 613 189** vom 2/9. 1950, ausg. 7/10. 1952.) OVERBECK. 7227

Farbenfabriken Bayer, Leverkusen (Erfinder: **Helmut Kleiner, Otto Bayer, Rupprecht Ecker** und **Karl Taube**), Leverkusen, *Vulkanisationsähnliche Kautschukumwandlungsprodukte* werden dadurch hergestellt, daß man natürlichen oder synthet. Kautschuk mit Diisocyanaten behandelt, z. B. mit Tetramethylen-, 1.6-Hexamethylen-, Toluylen-, Cyclohexylen-1.4-, Dipropylthioäther-3.3'- oder Dicyclohexylmethan-4.4'-diisocyanat, ferner auch mit Verbb., die bei höherer Temp. wie Diisocyanate reagieren, z. B. Bisphenylurethane oder Anlagerungsverbb. von Diisocyanaten an Verbb. mit der Konfiguration $-CO\cdot CH_2\cdot CO-$, bes. Malonsäureester u. Acetessigester. (**D. B. P. 871 831** Kl. 39b vom 9/11. 1940, ausg. 26/3. 1953.) OVERBECK. 7229

Rempel Enterprises (Erfinder: **Dietrich Gustaf Rempel**), Akron, O., V. St. A., *Herstellung von Hohlgegenständen aus Kautschukmilch.* Bei der Herst. von Kautschukhohlkörpern aus Kautschukmilch mittels poröser, um mehrere Achsen drehbarer Hohlformen wird der capillare Wasserentzug u. die anschließende Verdampfung der wss. Fl. durch die Formwandung hindurch durch Senkung der relativen Feuchtigkeit außerhalb der Form beschleunigt. — Vorrichtung. (**D. B. P. 868 344** Kl. 39b vom 8/2. 1949, ausg. 23/2. 1953.) OVERBECK. 7231

Wingfoot Corp., übert. von: **Thomas H. Rogers,** Akron, O., V. St. A., *Herstellung von Schwammkautschuk* aus Kautschukmilchschaum mit einem Zusatz von 0,075—5% Alkalifluorsilicat u. geringen Mengen eines wasserlösl. Guanidinsalzes einer Mineral- oder Carbonsäure, wie HNO_3, H_2SO_4, HCl, H_2CO_3, Essig-, Stearin-, Caprin-, Valerian-,

Acryl-, Sebacin-, Adipin-, Bernstein-, Benzoe-, Phthal-, Cyclopentancarbon-, Cyclohexancarbon- oder Camphersäure. (**A. P. 2598018** vom 12/5. 1950, ausg. 27/5. 1952.) OVERBECK. 7231

Latex Industries Ltd., übert. von: **Lucian Landau**, London, England, *Herstellung von Kautschukschwämmen.* Kautschukmilch wird zu grobblasigem Schaum geschlagen, dann wird unverschäumte Milch u. gleichzeitig oder anschließend ein Verdickungsmittel zugefügt. Unter Zusatz eines verzögernd wirkenden Koagulators wird gut durchmischt u. vulkanisiert. Verwendung für Toilettenschwämme. (**E. P. 642230** vom 6/7. 1948, ausg. 30/8. 1950.) OVERBECK. 7231

XIV. Zucker. Kohlenhydrate. Stärke.

Mario Borghi, *Die Anwendung von Ionenaustauschern auf Rohsaft.* Vor der Behandlung des Rohsaftes mit Ionenaustauschern müssen erst Eiweißstoffe u. Kolloide ausgefällt werden. Dies geschieht durch Kalk, nachfolgende Neutralisation mit SO_2 u. Filtration. Der so vorbehandelte Rohsaft kann durch Austauscher auf eine Reinheit von 98—99% gebracht werden. Es ist zweckmäßig, bei den Austauschern die Austauschfähigkeit für Anionen etwas höher zu bemessen als für Kationen. (Ind. saccarif. ital. **44.** 21—28. Jan./Febr. 1951. Labor. Sperimetale SPZ.) A. JACOB. 7412

F. Schneider und **E. Reinefeld**, *Bericht über die Saftgewinnung in Diffusionstürmen (BMA). Betriebsergebnisse aus den Kampagnen 1951/52 und 1952/53.* (Zucker-Beih. Nr. **2.** 45—55. Juli 1953. Beilage zu Zucker. Braunschweig, TH, Inst. für landw. Technol. u. Zuckerind.) WINIKER. 7412

Dario Teatini, *Beiträge zum Studium des Kochens und der Kochapparate.* Betrachtungen über das Verkochen von Rübensaft, Zuckerverluste während des Kochens, Dauer u. Temp. des Kochens, Ausbildung der Zuckerkristalle, Berechnung der von den Kristallen während des Kochens aufgenommenen Zuckermenge, Einführung von Kristallkeimen, Zirkulation der Füllmasse. (Ind. saccarif. ital. **44.** 1—20. Jan./Febr. 1951.) A. JACOB. 7414

F. Schneider und **G. Baumgarten**, *Über Kristallzertrümmerung beim Absacken von Weißzucker.* (Zucker-Beih. Nr. **2.** 56—58. Juli 1953. Beilage zu Zucker. Braunschweig, TH, Inst. für landw. Technol. u. Zuckerind.) WINIKER. 7438

Ernstgeorg Hanssen, Erika Dodt und **Ernst-Georg Niemann**, *Bestimmung von Korngröße, Kornoberfläche und Korngewicht bei pflanzlichen Stärken.* Für Weizen (I), Roggen, Gerste, Mais, Reis (II) u. Kartoffel wird Kornzahl-, Kornoberflächen- u. Korngewichtsverteilung (**III**) der Stärke angegeben. Bei **I** wird eine Proteolyse mit Pepsinsalzsäure, bei **II** mit NaOH vorgenommen. **III** wird im ROSIN-RAMMLER-Diagramm dargestellt. Häufigkeitsdiagramme für die Stärkekorngrößenverteilung werden angegeben. Die für die Stärkearten bekannte Schichtung, Kernspalten u. Risse sind in nichtwss. Medien (Pentan) nicht sichtbar. Bildungszentrum der Kartoffelstärke u. Kernhöhle der Maisstärke bleiben in Dioxan erkennbar. (Kolloid-Z. **130.** 19—31. Jan. 1953. Hannover, H. Bahlsens Keksfabrik.) FRESENIUS. 7448

M. Ulmann, *Die Grundlagen des thermischen Stärkeabbaues.* Kartoffelstärke wird bei Tempp. zwischen 60 u. 220° trocken erhitzt, dann in sd. W. in Lsg. gebracht u. an einer Al_2O_3-Säule chromatographiert. Sichtbarmachung der Stärkebestandteile mit n/400 J–KJ-Lösung. Größere Molekülaggregate des Amylopektins werden bei 120—130° zu niederen Aggregaten abgebaut. Bei 130—180° werden diese, wie auch die Amylose, schnell weiter abgebaut. Ab 150—160° sind Dextrine nachweisbar. Bei mehr als 200° sind keine mit Jod eine Färbung gebenden Abbauprodd. mehr vorhanden. (Kolloid-Z. **130.** 31—39. Jan. 1953. Potsdam-Rehbrücke, Inst. für Ernährungsforsch.) FRESENIUS. 7448

A. Frey und **E. Lottner**, *Der enzymatische Abbau von Röstdextrinen.* Vergleichende Unterss. der A.-Ausbeuten bei Verzuckerung von 2 verschied. Röstdextrinen (**I**; weiß u. gelb) im Verlaufe von 72 u. 120 Std. durch HCl, Brennereidarrmalz, „Diastase“, „Biolase C 96“ u. ein Pilzdiastasepräpp. ergab nach 72 Std. bei HCl u. dem Pilzpräp. bei weißem **I** die höchsten Ausbeuten, ca. 50 cm³ A. aus 100 g **I**. Die anderen Fermente erbrachten nur 23—36 cm³ Äthylakohol. Beim gelben **I** werden von den Fermenten durchgehend geringere A.-Mengen gebildet (11—23 cm³) als bei HCl (49 cm³). Das Pilzpräp. vermag, was auch aus weiteren Verss. folgt, über das von Malz erreichte Maß hinaus **I** zu vergärbaren Zuckern abzubauen, es muß über die Fähigkeit verfügen, zusätzliche Bindungen zu lösen u. tiefer in die Struktur der **I** einzugreifen. Für die Struktur von **I** folgern Vff., daß hier vorwiegend intermol. 1.4- u. 1.6-glucosid. Bindungen vorliegen, letztere in größerer Zahl als bei nativer Stärke. Mit einer intermol. 1.6-Kondensation zu Lävoglucosan dürfte kaum zu rechnen sein. (Stärke **5**. 56–61. März 1953. Weihenstephan, Inst. für landwirtschaftl. Technol.) ULMANN. 7448

Rudolf Köhler, *Alginsäure und ihre Anwendungen.* Überblick über die Chemie der Alginsäure, ihr Vork. in der Natur, die Verff. zur techn. Herst. ihrer Salze, Anwendung u. Eigenschaften. (Stärke **5**. 65–69. März 1953. Düsseldorf, Fa. Henkel & Cie.) ULMANN. 7460

E. Lindemann, *Die Bestimmung der Ergiebigkeit von Weizen-, Mais- und Milostärke.* Trotz der Möglichkeit, mit dem BRABENDER-Viscographen für verschied. Stärkekleister (6–8%) charakterist. Viscogramme zu erhalten, tritt Vf. doch für die Beibehaltung des Begriffes der „Ergiebigkeit" ein, da hier durch eine einzige Zahl ein Stärkemuster bewertet werden kann. Bei Weizen-, Mais- u. Milostärke wird eine neue Bestimmungsmeth. für die Ergiebigkeit in Vorschlag gebracht, der die Messungen mit dem BRABENDER-Viscographen zugrunde liegt. Eine Stärke erhält die Ergiebigkeitszahl 100, wenn ihre Viscosität sich mit der errechneten Durchschnittsviscosität dieser Stärkeart deckt. (Stärke **5**. 62–64. März 1953. Detmold, Bundesanst. für Getreideverarbeitung.) ULMANN. 7490

Rohm & Haas Co., Philadelphia, Pa., V. St. A., übert. von: **James Clinton Winters** und **Robert Kunin,** *Reinigen von Zuckerlösungen* durch Überleiten über einen Kunstharzkationenaustauscher, bestehend aus Mischpolymerisat von z. B. 95% Methacrylsäure u. 5% Divinylbenzol. Hieran kann sich die Behandlung mit einem Anionenaustauscher u. gegebenenfalls nochmals mit einem Kationenaustauscher schließen. — Beispiele. (**E. P. 670 438** vom 12/4. 1949, ausg. 16/4. 1952. A. Prior. 13/4. 1948.) SCHINDLER. 7413

Siemens-Schuckertwerke Akt.-Ges., Berlin und Erlangen (Erfinder: **Hermann Bachmann,** Berlin), *Förderung der Kristallisation von Zuckerlösungen und dergleichen* durch Einw. von mechan. Schwingungen auf die kristallisationsreif gekochte M., bes. in der Abflußleitung, zur Weiterverarbeitung. Es können hochfrequente, z. B. Ultraschall, u. auch niederfrequente Schwingungen angewendet werden. (**D. B. P. 873 829** Kl. 89d vom 28/2. 1941, ausg. 16/4. 1953.) SCHINDLER. 7417

Phrix-Werke Akt.-Ges., Hamburg (Erfinder: **Hugo Koch,** Bad Warmbrunn, und **Alfred Ecke,** Hirschberg/Riesengeb.), *Herstellung von kristallisierten Zuckern und Zuckersirupen aus cellulosehaltigen Abfallstoffen,* bes. der Zellstoff- u. Zellwolleherst., durch Behandlung mit starker H_2SO_4, dad. gek., daß nach der Säurebehandlung das Reaktionsgemisch durch Kochen in möglichst konz. Lsg. bei 10–25% H_2SO_4-Geh. hydrolysiert u. unmittelbar abgekühlt wird, worauf neutralisiert, gereinigt, eingedampft u. gegebenenfalls der Zucker auskrist. wird. Die Vorhydrolyse führt zu reinen Kristallisaten. — Beispiele. (**D. B. P. 874 730** Kl. 89i vom 17/4. 1943, ausg. 27/4. 1953.) SCHINDLER. 7417

Corn Products Refining Co., New York, N. Y., übert. von: **William B. Newkirk,** La Grange, und **John E. Dlouhy,** Forest Park, Ill., V. St. A., *Hydrolysieren von Stärke* zum Herstellen von z. B. Maissirup. Ein Stärkebrei von ca. 18° Bé wird mit H_2SO_4 hydrolysiert u. das Hydrolysat mit Bentonit von fettartigen u. koll. Stoffen befreit. Nach der Filtration wird auf p_H 4,8 umgestellt u. über Kohle entfärbt. Durch Zusatz von Fettsäuren, fettsauren Salzen, Seifen oder deren Mischungen können letzte Stärkereste aus dem Sirup entfernt werden, der dann konz. werden kann. (**A. P. 2 610 132** vom 15/11. 1949, ausg. 9/9. 1952.) SCHINDLER. 7447

Mij. voor Kolenbewerking Stamicarbon N. V., Heerlen, Holland, *Reinigen von Stärke,* bes. Weizenstärke von Kornhüllen usw., durch Herst. einer Suspension von 4° Bé in W. u. Einengen dieser Suspension mit 10 at in einem Hydrocyclon mit 30 mm Maximaldurchmesser. Bei 800 Liter Durchsatz/Std. findet eine Stärkekonz. auf 22,8° Bé statt. (**E. P. 682 527** vom 16/1. 1950, ausg. 12/11. 1952. Holl. Prior. 15/1. 1949.) SCHINDLER. 7449

Corn Products Refining Co., übert. von: **Jakob B. Gottfried,** New York, N. Y., V. St. A., *Entsalzen zuckerhaltiger Lösungen,* bes. *Dextroselösungen,* durch aufeinanderfogende Behandlung mit einem Kationen- u. dann mit einem Anionenaustauscher mit Regeneration auf kontinuierlichem Wege. Als Kationenaustauscher sollen sulfonierte Kohle oder sulfoniertes Polystyrolharz, als Anionenaustauscher ein Aminharz, verwendet werden. — Arbeitsschema. (**E. P. 683 478** vom 8/11. 1949, ausg. 26/11. 1952. A. Prior. 10/8. 1949.) SCHINDLER. 7461

J. A. Radley, Starch and its derivatives. 3rd ed. London: Chapman & H. 1953. (510 S. m. Abb.) 65 s.

XVI. Nahrungs-, Genuß- und Futtermittel.

E. Lindemann, *Der Einfluß einer Beschädigung der Stärkekörner sowie der Körnchengröße von Weizenstärke auf Viscosität und backtechnisches Verhalten.* Mechan. Beschädigungen von Weizenstärke (I) führen zur Abnahme der Viscosität ihrer Kleister. Sandtorten mit 80% beschädigter I zeigen eine nachteilige Beeinflussung der Lockerung u. Gleichmäßigkeit. Auch therm. Schädigungen von I führen zu Viscositätserniedrigungen u. zu einer Abnahme des Gebäckvolumens. Reihenverss. zeigten, daß feuchte Stärke gegenüber therm. Schädigungen viel empfindlicher ist als trockene. Bei mit Hilfe eines Mikroplesspiralwindsichters isolierten Fraktionen verschied. Korngröße ergaben solche kleinerer Körner nach Verkleisterung eine höhere Viscosität. Mit zunehmender Konz. der Kleister werden die Unterschiede geringer. Auf die Ergebnisse von Backverss. erwies sich eine verschied. Korngröße ohne Einfluß. (Stärke **5.** 33—36. Febr. 1953. Detmold, Bundesanst. für Getreideverarbeitung.) ULMANN. 7674

Karl-Heinz Wagner, *Ist die Vitamin-B_1-Versorgung durch unsere tägliche Kost gesichert?* Im Rahmen einer allg. Abhandlung fordert Vf., um eine ausreichende *Vitamin-B-* u. Mineralstoffversorgung bei dem heute üblichen Verzehr von hellem Brot zu erreichen, den Zusatz von 4,2—5,6 mg *Vitamin B_1*, 2,2—3,0 mg *Vitamin B_2*, 32—43 mg *Nicotinsäure*, 30 mg *Fe* u. 1,1 g *Ca* zu 1 kg 72%ig. Mehl. (Müllerei **6.** 17—19. 10/1. 34—35. 17/1. 1953. Gießen, Justus-Liebig-Hochsch., Inst. für Ernährungswiss.) KRUSEN. 7674

Judith Blass (unter Mitarbeit von **Claude Richard**), *Mikrochromatographie von Nuoc-Mam.* Die Papierchromatographie des Nuoc-Mam, eines als Nahrungsmittel dienenden Fischhydrolysats, wird durch das anwesende NaCl gestört. Seine Entfernung erfolgt durch Fällung mit aceton. HCl, da Proteine u. Peptide fehlen. Lösungsmittelgemische: **A**, Butanol–W.–Essigsäure, **B**-Phenol + NH_3, **C**, Kollidin + Lutidin wassergesätt., **D**, tert.-Isoamylalkohol, gesätt. mit Diäthylamindämpfen. Entw. erfolgt mit **A** bis **D** in einer Richtung u. mit **A** + **B** bzw. **B** + **C** in 2 Richtungen. Die erhaltenen Chromatogramme werden diskutiert. *Prolin* (**I**) wird nach ACHER u. Mitarbeiter (C. **1951.** I. 594) nachgewiesen, *Tryptophan* (**II**) mit EHRLICHs Reagens. *Leucin* (**III**) u. *Isoleucin* (**IV**) werden nach WORK (C. **1951.** I. 2028) mit **D** getrennt, *Histidin* (**V**) u. *Lysin* (**VI**) mit **B** u. **C**. Nachw. von **V** nach CONSDEN u. Mitarbeiter (Biochem. J. **40.** [1946.] 33) u. DENT (Biochem. J. **43.** [1948.] 169). 18 Aminosäuren werden quantitativ bestimmt, *Cystin, Asparaginsäure, Glutaminsäure, Serin, Glykokoll, Threonin, Alanin, Valin,* **III, IV,** *Phenylalanin,* **VI,** *Arginin,* **V** (?), **I, II,** *Tyrosin, Methionin.* Außerdem werden α- u. *γ-Aminobuttersäure* als Stoffwechselprodd. von Bakterien gefunden sowie eine weitere Substanz (*5-Aminopentansäure?*), die nicht endgültig erkannt wurde. (Ann. Inst. Pasteur **83.** 791—99. Dez. 1952. Inst. Pasteur.) FRESENIUS. 7752

O. Bratlie, *Produktionshygiene und Milchqualität.* Bericht über Unterss. des Einfl. der für die Reinigung der Geräte verwendeten Reinigungsmittel (*Calgonite, Rensium, MIF, Manusol*) auf die Milchqualität. (Tidsskr. norske Landbruk **59.** 243—51. Juli/Aug. 1952. Hellerud Forsoksfjos.) R. K. MÜLLER. 7756

A. Lembke, W. Kaufmann und **H. Gantz,** *Elektrophoretische Untersuchungen an Milchproteinen.* 1. Mitt. Elektrophoret. Unterss. an HAMMARSTEN-Caseinen ergeben 3 Komponenten, die sich durch ihren unterschiedlichen Dissoziationsgrad erklären. In Milchseren werden die gleichen 3 Caseinkomponenten wiedergefunden. Durch elektrophoret. Unterss. an Colostrum wird die Lage der Albumin- u. Globulinfraktionen bestimmt. Absorptionsmessungen im UV-Bereich zeigen Unterschiede zwischen Casein u. Globulin. Elektrophoret. Unterss. von entrahmter u. aufgerahmter Milch zeigen Unterschiede im Globulingeh., aus denen der Agglutinationsvorgang gedeutet wird. (Kieler milchwirtsch. Forschungsber. **4.** 571—77. 1952. Kiel, Bundes-Versuchs- u. Forschungsanst. für Milchwirtschaft.) TIEDEMANN. 7756

M. J. Robb, *Die Milchsäuerung.* Kurze Schilderung der Vorgänge bei der Milchsäuerung u. ihrer chem. Bestimmung. (Milk Ind. **33.** 104—06. Sept. 1952.) FRESENIUS. 7756

Petersen, *Penicillin, Bakteriophagen und Rahmsäuerungsschwierigkeiten. Kulturkranke Säurewecker — Inaktivierung schädlicher Penicillinwirkung.* Die Inaktivierung von Penicillin in Milch ist am einfachsten durch Verdünnen letzterer auf 1:200 zu erreichen. Es werden bereits Präpp. auf Enzymbasis zu Inaktivierung fabrikmäßig hergestellt, die jedoch sehr teuer sind. Den Schäden durch Bakteriophagen kann man bisher nicht vorbeugen. (Molkerei-Ztg. **4.** 1431—32. 7/12. 1950. Kiel-Kopenhagen.) HÜCKSTÄDT. 7756

Jiří Sadílek, *Vorläufige Mitteilung von Versuchen über die Herstellung von Schlagsahne.* Die Korrektur des Fettgeh. der Sahne mit Mager- oder Vollmilch, wie sie häufig üblich ist, hat als Verdünnungsvorgang einen ungünstigen Einfl. auf das Schlagen. Die Neigung zur Plasmaabscheidung wird regelmäßig erhöht. Mit steigendem Fettgeh. nimmt die Schaumdichte zu, die Plasmaabscheidung ab, u. es verkürzt sich die Schlagdauer. Am besten ist ein Fettgeh. von 34—36%. Unter Reifung der Sahne werden physikal.-kolloidchem. Vorgänge verstanden, die sich bei verschied. Tempp. in verschieden langer Zeit abspielen. Bei Verss. lag die Reifungstemp. bei ca. 4°, die Schlagtemp. bei 5°. Nach 4 Std. wird die größte D. der Schlagsahne erreicht. Durch längere Reifungsdauer wird die Plasmaabscheidung nur wenig erhöht. Die Schlagzeit weist bei einer Reifung von 1—24 Std. fallende Tendenz auf. Geschmacklich ist 24 Std. lang gereifte Schlagsahne am besten. Auf das Schlagen besitzt auch seine Geschwindigkeit Einfl.; optimale Schlagtemp. 5—9°. (Mlékařské Listy **42.** 65—67. 25/5. 1950.) FREYTAG. 7756

Bruno Waeser, *Chemische Verfahren der Molkenverwertung.* Übersicht mit Patent- u. Literaturangaben. Milchsäure ist eine breitere Basis für die chem. Industrie als Milchzucker. (Molkerei-Ztg. **4.** 1427—28. 7/12. 1950. Koolmar, Holstein.) HÜCKSTÄDT. 7756

M. Bensson, *Die Gewinnung eines diätischen Sauermilchgetränkes.* Das Getränk kann aus frischer u. trockener Magermilch unter Säuerung mit einer Reinkultur von Milchsäurestäbchen u. Zugabe von 1—2% Rahm bereitet werden. Die Pasteurisierung erfolgt bei 82—85°. Die Regulierung des Säuregrades soll nur durch die Menge des Säureweckers (0,5—1%) erfolgen, nicht durch Änderung der Temp. u. Dauer (21—22°; 15 Std.), da sonst Aromaänderungen auftreten u. bei höherer Temp. eine krümelige Struktur den unerwünschten Austritt der Molke begünstigt. (Молочная Промышленность [Milchindustrie] **11.** Nr. 5. 30—34. Mai 1950.) SCHMELZ. 7756

—, *Über den Carotin- und Vitamin-A-Gehalt in Milch und Butter.* Auf Grund von in Schweden angestellten Verss. wird festgestellt, daß der Carotin- u. Vitamin-A-Geh. der Butter großen jahreszeitlichen Schwankungen unterliegt. Weidegang auf Kleeweide ergab den höchsten Vitamin-A-Geh. der Milch. (Molkerei-Ztg. **7.** 273. 12/3. 1953.) FRESENIUS. 7758

R. P. Hansen und **F. B. Shorland,** *Jahreszeitliche Schwankungen in der Fettsäurezusammensetzung von New Zealand Butterfett.* Literaturüberblick über die Zus. von Butterfett in Abhängigkeit vom Futter, von der Jahreszeit, vom geograph. Standort der Tiere; systemat. Unterss. an genau definierten Proben unter Anwendung der Arbeitsweise der Methylesterfraktionierung nach HANSEN (C. **1952.** 3586). Die krit. Auswertung der Ergebnisse an jeweils 6 Proben, entnommen in 2monatigen Abständen, hinsichtlich der jahreszeitlichen Schwankungen in der Fettsäurezus., der jährlichen Schwankungen, der Beziehungen zwischen chem. u. physikal. Konstanten sowie hinsichtlich der diese Schwankungen verursachenden Faktoren lehrt, daß von Juli bis November der Geh. an gesätt. C_6—C_{14}-Säuren regelmäßig ansteigt; anschließend tritt ein Abfall ein; die ungesätt. C_{18}-Säuren verhalten sich umgekehrt. Der Geh. an Buttersäure schwankt unregelmäßig, zeigt aber die Tendenz einer leichten Abnahme ab Juli; die Palmitinsäure weist prakt. keine Veränderung auf, auf die gesamten gesätt. Fettsäuren aber bezogen, macht sich ein geringes Ansteigen ab Juli bemerkbar. Beim Vgl. von 2monatigen Proben über 1 Jahr läßt die statist. Auswertung bemerkenswerte Unterschiede erkennen, bes. für die Monate Mai u. November. Auch bei Proben des gleichen Monates, aber verschied. Jahre, sind deutliche, wenn auch geringe Schwankungen feststellbar. Die Änderungen im Geh. an ungesätt. C_{18}-Fettsäuren spiegeln den Einfl. des Wechsels im Futter während der Jahreszeiten sowie den Einfl. der Lactation wider. (Biochem. J. **52.** 207—16. Okt. 1952. Wellington, NZ., Dep. of Sci. and Ind. Res., Fats Res. Labor.) TÄUFEL. 7758

M. Arefjewa und **N. Golowkin,** *Über Rahmbutterverluste bei langer Aufbewahrung.* Durch Abkühlung gesalzener u. ungesalzener Butter von ±1° bzw —9,8 bis —18° verminderte sich das Gewicht im Durchschnitt um 0,0008%, unabhängig von der Art der Verpackung u. der Anfangstemperatur. Bei Kühlhauslagerung bei —14 bzw. —18° betrug der Verlust in 21 Monaten 0,002—0,003% je Monat. (Молочная Промышленность [Milch-Ind.] **13.** Nr. 11. 23—26. Nov. 1952. Leningrad, Inst. für Kälte- u. Milchindustrie.) M. GORDIENKO. 7758

M. Gibschman und **A. Manenkowa,** *Die fabrikmäßige Herstellung von Säureweckern.* Die Zus. des Säureweckers ist bes. für die Käsebereitung aus pasteurisierter Milch (30—45 Min. auf 92—95°) von Bedeutung. Für Käse mit niedriger Nachwärmetemp. wird eine Kombination von Milchstreptokokken u. -stäbchen empfohlen; für solche mit hoher Nachwärmetemp. thermophile Milchsäurestäbchen. Die Tempp. bei der Säuerung müssen zur Vermeidung einer Verschiebung des Verhältnisses der einzelnen Bakterien innerhalb 2° eingehalten werden. Nach der Säuerung muß schnell auf 8—10° gekühlt werden. (Молочная Промышленность [Milch-Ind.] **11.** Nr. 5. 40—41. Mai 1950. Allunions Wiss. Forschungsinst. für Käsebereitung.) SCHMELZ. 7760

Gustav Tinz, *Siloverfahren zur natürlichen Frischhaltung von Sauermilchtrockenquark.* Bericht über ein Verf., das ohne Konservierungsmittel u. Salz arbeitet. (Molkerei-Ztg. **7.** 277—78. 12/3. 1953. Varel/Oldenburg.) FRESENIUS. 7760

H. Uotila, *Über den Minderfettgehalt von Emmentaler Käse.* Als Ursachen eines Minderfettgeh. von Emmentaler Käse sind neben einem Minderfettgeh. der Milch u. einem zu hohen Fettgeh. der Molken zahlreiche techn. Fehler, bes. bei der Labung u. der Behandlung des Bruches, zu beachten. (Karjantuote **33.** 210—11. 6/4. 1950.) BECKMANN. 7760

Arvo Lehto, *Der Einfluß des Wassergehaltes auf die Qualität von Edamer Käse.* Obwohl der Edamer Käse ein ausgesprochener „Rezeptkäse" ist, empfiehlt Vf. zwecks Erzielung eines qualitativ gleichmäßigen Erzeugnisses eine sorgfältigere Verfolgung des Wassergeh., am besten nach der Schnellmeth. von OLSSON. Ein 40%ig. Edamer Käse sollte unmittelbar nach dem Pressen ca. 58,5—59,5% W. in der fettfreien Substanz enthalten. — Für die Fettbest. in Käsereien ist die Meth. von THOLSTRUP-PEDERSEN bes. geeignet. (Karjantuote **33.** 345—51. 16/6. 1950.) BECKMANN. 7760

Samuel A. Goldblith, Bernard E. Proctor und **Olivia A. Hammerle,** *Verfahren zur Bewertung von Lebensmittelbestrahlungen. Quantitative chemische Messungen bei Benutzung von energiereichen Kathodenstrahlen.* Vff. bestimmen die Vorgänge bei der Bestrahlung mit hochgespannten Kathodenstrahlen gegenüber Methylenblau. Dieses wird in wss. Lsg. irreversibel zerstört; in nichtwss. Lsg., das ist in Glycerin u. in CH_3OH-Lsg., trat teilweise umkehrbare Red. u. auch Zerstörung ein. Der Grad der letzteren war nicht konstant u. viel kleiner als in wss. Lösung. (Ind. Engng. Chem. **44.** 310—14. Febr. 1952. Cambridge, Mass., Massachusetts Inst. of Technol., Dep. of Food Technol.) LIEBNER. 7788

E. Kardos und **E. Pichler,** *Bestimmung der Trockensubstanz im Tomatenmark.* 0,2—0,4 g der Substanz werden zwischen zwei 75×20 mm großen getrockneten Filterpapierstreifen ausgebreitet u. im Vakuum bei 70° getrocknet. Eine Best. erfordert 40—50 Minuten. (Mezögazdasag és Ipar **4.** 24—32. März 1950. Budapest, Chem. Landesanst.) PLANK. 7808

H. Tanner und **H. Rentschler,** *Die quantitative Bestimmung der Äpfelsäure in süßen und vergorenen Getränken.* Äpfelsäure läßt sich unabhängig vom Gerbstoffgeh. mit einem Fehler von $<2\%$ durch a) 3malige Behandlung des Getränks mit dem Kationenaustauscher *Amberlite IR 120,* b) anschließende Behandlung mit dem Anionenaustauscher *Amberlite IR 45* (**I**) isolieren. Nach Auswaschen der **I**-Säule mit W. u. A. wird die Äpfelsäure mit 2nNH_3 eluiert, durch Behandlung mit KOH in Fumarsäure übergeführt u. diese polarograph. bestimmt. (Schweiz. Z. Obst- u. Weinbau **62.** 74—77. 21/2. 1953. Wädenswil, Eidgenöss. Versuchsanst.) FRESENIUS. 7818

R. B. Maxcy, *Vorschlag für ein modifiziertes Babcock-Verfahren zur Fettbestimmung in „Halb-und-halb"-Milcherzeugnissen.* Zur Fettbest. in homogenisierten Milcherzeugnissen (**I**) mit 8—13% Fett, z. B. „Halb-und-halb", werden **I**, H_2SO_4 (**II**, 1,825—1,83), bei Raumtemp. gesätt. Tri-Na-Citratlsg. (**III**) u. n-Propylalkohol (**IV**) auf 70° F gebracht. 9 g **I** werden in einem graduierten Gefäß angewogen, dazu gibt man 2 ml **IV** u. 9 ml **III**. Dann gibt man in 3 Portionen bei jedesmaligem 2 Min. langem Schütteln 17,5 ml **II** hinzu, zentrifugiert u. setzt wie beim üblichen BABCOCK-Verf. bei Milch heißes W. zu. Dann wird im Wasserbad 5 Min. auf 135—140° F temperiert u. abgelesen. (Milk Dealer **42.** Nr. 4. 42—43. 52—53. Jan. 1953. Cudahy, Wis., Geo. J. Meyer Mfg. Co.) FRESENIUS. 7856

Maxwell L. Cooley, *Calciumbestimmung in Futtermitteln durch Flammenphotometrie.* Die Asche des Futters wird in verd. Essigsäure gelöst, nach NH_4-Phosphatzusatz aufgefüllt, zerstäubt u. die Flammenintensität bei 622 mμ gemessen. Unter den Versuchsbedingungen stören Na, K, Mg u. Mn selbst dann nicht die Ca-Best., wenn sie in einer die das Ca mehrfach übersteigenden Konz. vorhanden sind. Die Störung durch Co, Cu u. Fe ist gering, wenn die Konz. kleiner als die des Ca ist. Der Einfl. des Na kann durch Vorschaltung eines Didymfilters gemildert werden. (Cereal Chem. **30.** 39—47. Jan. 1953. Minneapolis, Minn., General Mills, Inc.) FRESENIUS. 7868

Fritz Tödt und **Gerhard Ruschmann,** Berlin, *Einsäuern von Gemüse und Futterpflanzen* durch Erzeugung einer Milchsäuregärung, wobei vor der Einsäuerung Zucker in Form einer durch Entfernung der Kalisalze veredelten Melasse zugesetzt wird. Zur

Beschleunigung der Milchsäuregärung können Milchsäurebakterienkulturen verwendet werden. (**D. B. P. 866 593** Kl. 53c vom 3/10. 1950, ausg. 2/4. 1953.) KRANZ. 7691

Percy E. Schultz, Hans Schmalfuss und **Helene Schmalfuss,** Hamburg-Othmarschen, *Schaumartige Emulsionen* für Genußzwecke, bes. Konditoreiwaren. Gehärtete Fette werden zusammen mit einem Milcheiweiß, W. u. einem Gemisch von mindestens 2 aus verschied. Stoffgruppen gewählten Emulgatoren verschmolzen u. homogenisiert. Die eine Emulgatorgruppe besteht aus Lecithinen, Cephalinen u. Cetylalkohol, die andere aus Estern höherer Fettsäuren mit mehrwert. Alkoholen, in denen eine oder zwei Oxygruppen unverestert sind. (**D. R. P. 740 560** Kl. 53f vom 10/11. 1940, ausg. 4/5. 1953.) KRANZ. 7705

Heinrich Wilhelm Harmsen, Berlin, *Herstellung haltbarer Zubereitungen aus Citrusfrüchten.* Die Früchte werden zerkleinert, nach Zugabe von geringen Mengen Zuckerlsg. bis zum Erweichen der Schale gekocht, in Breiform übergeführt u. mit Milchsäure bis zu 25% vermischt. (**D. R. P. 759 282** Kl. 53k vom 3/2. 1942, ausg. 11/5. 1953.) KRANZ. 7703

United States of America, übert. von: **Roderick K. Eskew,** Glenside, **Richard P. Homiller,** Three Tuns, und **George W. M. Phillips,** Philadelphia, Pa., V. St. A., *Fruchtsaftkonzentrat.* Die beim Konzentrieren des Fruchtsaftes entweichenden Aromastoffe werden durch Rektifikationen gewonnen u. mit dem Konzentrat von nicht über 50° Brix. vereinigt. Die Mischung wird in Behälter gefüllt, schnell gefroren u. bei tiefer Temp. gelagert. (**A. P. 2 573 699** vom 24/10. 1950, ausg. 6/11. 1951.) KRANZ. 7707

United States of America, übert. von: **Rochard P. Homiller,** Three Tuns, und **Nelson H. Eisenhardt,** Philadelphia, Pa., V. St. A., *Fruchtsaftkonzentrat.* Fruchtsaft (**I**) wird zunächst bei n. Druck teilweise verdampft, dann depektiniert u. im Vakuum weiterkonzentriert. Die bei den einzelnen Verfahrensstufen entweichenden Aromastoffe werden aufgefangen, konz. u. dem **I**-Konzentrat wieder zugeführt. (**A. P. 2 572 846** vom 20/6. 1950, ausg. 30/10. 1951.) KRANZ. 7707

Hilpra Pirhonen, Mustida, Finnland, *Fruchtsaftgewinnung.* Die Früchte, z. B. Beeren, werden mit einer sauren Invertzuckerlsg. bedeckt u. kalt stehen gelassen, wobei der Saft durch Osmose allmählich austritt. (**E. P. 640 573** vom 5/8. 1947, ausg. 26/7. 1950. Finn. Prior. 19/2. 1941.) KRANZ. 7707

Fritz Hostettler sen., Zürich, Schweiz, *Entschwefeln von Säften* (**I**), denen zwecks Konservierung schweflige Säure (**II**) zugegeben wurde. Die **I** werden in einer Kolonnenapp. mit Luft zunächst zur Entfernung der freien **II** bei einer Temp. durchspült, die niedriger ist als die zum Freimachen der gebundenen **II** notwendige, dann auf höhere Temp. gebracht, zur Entfernung der gebundenen **II**. Anschließend wird den **I** die so freigesetzte **II** mindestens teilweise entzogen. (**Schwz. P. 276 132** vom 21/7. 1949, ausg. 17/9. 1951.) KRANZ. 7707

Robert P. M. Bousser, Marokko, *Kaltkonservieren von Früchten, Fruchtsäften* u. dergleichen. Man mischt kalt die Früchte oder Fruchtsäfte mit 62—67% Zucker auf 32—33% Gesamtwassergeh. berechnet. Dieser M. wird 0,3—3% Pektin u. geringe Mengen Citronensäure u. Alkalisulfit zugegeben. Zweckmäßig gibt man erst einen Teil des Zuckers, der zu geringem Teil durch Traubenzucker ersetzt sein kann, dann das Pektin u. dann den Rest des Zuckers zu. (**F. P. 994 969** vom 29/6. 1949, ausg. 26/11. 1951.) WITTHOLZ. 7707

Alginate Industries-Ltd. (Erfinder: **Edwin George Millatt** und **Ervin Gyorgy Müller**), Maidenhead, England, *Reversible Alginatgele.* Eine wss. Lsg. von Ca-Alginat, enthaltend $(NH_4)_3 \cdot PO_4$ u. $NH_4.OH$, wird durch Zugabe einer wss. Lsg. von CH_2O u. Na-Hexametaphosphat zum Gelieren gebracht. (**E. P. 637 864** vom 21/2. 1947, ausg. 31/5. 1950.) KRANZ. 7709

Oscar Salenger, Beverly Hills, übert. von: **Bernard T. Malter,** Los Angeles, Calif., V. St. A., *Entfärben und Sterilisieren von Gewürzen wie Pfeffer.* Das feingemahlene Gewürz wird mit einem Lösungsm., wie Trichloräthylen, extrahiert. Das Filtrat wird mit Aktivkohle bei ca. 60° entfärbt u. mit dem getrennt davon mit einem Bleichmittel, wie H_2O_2, behandelten Filterrückstand wieder vereinigt. (**A. P. 2 615 813** vom 23/12. 1949, ausg. 28/10. 1952.) KRANZ. 7715

C. F. Boehringer & Soehne G. m. b. H. (Erfinder: **Erich Rabald,** Mannheim-Waldhof, und **Fritz Voeller,** Heidelberg), *Herstellung eines Pfefferaustauschstoffes* nach D. B. P. 853 380 unter Verwendung der die Säuren mit ca. 7—15 C-Atomen umfassenden Fraktion des durch Oxydation von Paraffin erhaltenen Fettsäuregemisches, wobei man letzteres über die Säureamide in die entsprechenden Methylole überführt u. diese mit Guajacol zur Rk. bringt. (**D. B. P. 875 431** Kl. 53k vom 29/7. 1941, ausg. 4/5. 1953. **Zusatz zu D. B. P. 853 380; C. 1953. 2210.**) KRANZ. 7715

Richard A. Parske, Wuppertal, *Tabakfermentation* durch Zusatz von Radioisotopen pflanzenphysiol. wirksamer Elemente, z. B. P-32, Co-60, Si-31, allein oder in Verbindung mit Glykosiden oder diese enthaltenden Pflanzenteilen. Die Behandlung des Tabaks kann in Ggw. von Luftschwingungen hoher Frequenz (Ultraschall) erfolgen. (**D. B. P. 872 024** Kl. 79c vom 25/1. 1949, ausg. 30/3. 1953. Oe. Prior. 28/4. 1947.) KRANZ. 7735

General Cigar Co., Inc., New York (Erfinder: **Walter Gustave Frankenburg,** Millersville, Pa., und **Paul William Garbo,** Freeport, N. Y.), V. St. A., *Herstellung von Tabakwaren.* Tabakpulver wird mit einem Bindemittel, wie Methylcellulose, Na-Carboxymethylcellulose oder Na-Alginat, zu einer Paste verarbeitet, wobei die viscose M. eine Viscosität von nicht weniger als 1500 Centipoises bei 25° aufweist, verformt u. getrocknet. (**D. B. P. 872 176** Kl. 79c vom 3/10. 1950, ausg. 30/3. 1953. A. Priorr. 15/6., 24/8. 1946 u. 7/1. 1947.) KRANZ. 7735

E. I. du Pont de Nemours & Co., Wilmington, Del. (Erfinder: **Ralph Benjamin Elliott,** South Snyder, N. Y.), V. St. A., *Veredeln von fermentiertem Tabak.* Der Tabak wird mit einer ammoniakal. H_2O_2-Lsg. besprüht, die auf $<10^0$ gekühlt ist, mindestens 11 Vol.-% H_2O_2 enthält u. auf p_H 9—11 eingestellt ist. Nach ca. 24 Std. Lagerzeit wird der Tabak bei 83—125° auf einen Feuchtigkeitsgeh. von 6—8% getrocknet. (**D. B. P. 876 825** Kl. 79c vom 6/3. 1941, ausg. 18/5. 1953. A. Priorr. 6/3. u. 8/3. 1940.) KRANZ. 7735

Émile-Louis Bélime, Frankreich, *Herstellung einer Pflanzenmilch* von ähnlicher Zus. wie tier. Milch. Durch Auspressen des zerkleinerten Fruchtfleisches frischer Cocosnüsse wird eine Emulsion gewonnen. Diese trennt sich nach dem Stehen oder Zentrifugieren in 2 Schichten. Die untere, wss., enthält Zucker, Mineralsalze u. Vitamine (Vitamin C), die obere das Öl u. die Eiweißstoffe. Letztere werden durch Zusatz von Feigensaft vom Öl getrennt. Zu der wss. Fl. gibt man so viel von dem Öl u. den Eiweißstoffen, ferner Zucker (Rohr- oder Rübenzucker), daß der Geh. an diesen Stoffen demjenigen der Kuhmilch entspricht. Nach dem Homogenisieren der Mischung kann diese Pflanzenmilch weiter wie Kuhmilch behandelt werden, z. B. durch Pasteurisieren, Konzentrieren, Trocknen. (**F. P. 992 939** vom 6/10. 1944, ausg. 24/10. 1951.) HEYNE. 7743

Félix-Vivant-Pierre Martin, Frankreich, *Genußfertiges Nahrungsmittel* in Körner-, Kugel- oder Puderform. Mehle von Getreiden, Hülsenfrüchten, Erdnüssen, Sojabohnen, Stärke werden mehrere Std. mit W. von 45—55° behandelt. Man läßt absitzen u. entfernt die überstehende Flüssigkeit. Zu dem Brei gibt man je nach Art des gewünschten Prod. Gemüse, Früchte, Fleisch, Fisch in feinzerteiltem Zustand, ferner Gewürze u. Treibmittel, wie $(NH_4)_2CO_3$, $NaHCO_3$, Weinsäure, Weinstein oder auch Bäckerhefe, hinzu. Das Gemisch, dem auch ein Teil eines bereits fertigen Prod. hinzugefügt werden kann, wird in dünner Schicht auf polierten Metallplatten ausgebreitet u. der Einw. von Infrarotstrahlen ausgesetzt. Nach dem Trocknen wird die M. zerkleinert u. in Körner-, Kugel- oder Pulverform gebracht. Zum Anrichten genügt kaltes oder warmes Wasser. (**F. P. 996 637** vom 8/5. 1945, ausg. 24/12. 1951.) HEYNE. 7743

Rudolf Ruß, Augsburg, *Nährmittel.* Stärke, wie Kartoffelmehl, wird mit stärkeabbauenden Fermenten, z. B. in Form von Malzextrakt, sowie vitaminhaltigen Stoffen, wie Karottensaft, Hagebuttenextrakt u. Lebertranextrakt, gemischt u. bei $<50^0$ im Vakuum getrocknet. Im Verhältnis 1 : 5 mit Milch verrührt u. erhitzt, dient das Prod. als Säuglingsmilch. (**D. R. P. 764 697** Kl. 53k vom 16/4. 1939, ausg. 5/1. 1953.) KRANZ. 7757

Forschungsgemeinschaft Dr. Kremers G. m. b. H. (Erfinder: **Karl Kremers,** Eislingen, und **Albert Meyer**), Stuttgart, *Schlag- und backfähige Eiweißerzeugnisse.* Eiweißhaltige Stoffe, wie Magermilch, werden zu einem Teil alkal., zum anderen Teil sauer behandelt, in ein Trockenprod. übergeführt u. in einem solchen Mengenverhältnis gemischt, daß sich beim Auflösen ein p_H von 6—8 ergibt. (**D. R. P. 752 797** Kl. 53i vom 28/6. 1942, ausg. 18/5. 1953.) KRANZ. 7757

Franco Lorenzola e Guglielmo Pozzi, Alimenti. Prodotti vari di uso comune. Analisi. Legislazione. 2a ed. aggiornata ed aumentata. Vercelli: Savit, Soc. per az. vercellese industria tipografica. 1952—53. 2 voll. (XXIV + 1195 S. compless.) 8°.

XVII. Fette. Seifen. Wasch- u. Reinigungsmittel. Wachse. Bohnermassen usw.

—, *Die Verwendung von Ultraschall in der Ölindustrie — die Chayen-Methode.* An Stelle der bisherigen Wärmeextraktion Protein enthaltender Substanzen zur Ölgewinnung wird von der BRITISH GLUES AND CHEMICALS LTD. nach folgendem Verf. die Gewinnung von Knochenöl vorgenommen: Das zerkleinerte Material wird mit der siebenfachen Menge kalten W. versetzt. Diese Suspension passiert einen „Impulsgeber", wo es mit einer Frequenz von 1800 Oscillationen pro Sek. behandelt wird. Ölausbeute 85%. (Norsk Hvalfangst-Tid. **42.** 140—42. März 1953.) BÖSS. 7872

W. Depmer, *Übersicht über die Entwicklung der Pflanzenölgewinnung.* Übersicht über die Entw. der Ölgewinnung durch Pressen u. bes. Extraktion mit organ. Lösungsmitteln. Vf. unterscheidet 5 verschied. Gruppen von Extraktionsverff., die kurz erläutert werden. (Zucker **3.** 448—51. 15/10. 1950.) GRAU. 7894

—, *Ein einfaches Verfahren für die Geruchsbeseitigung von Tran.* Beschreibung des von CULMANN entwickelten Desodorisierungsverf., bei dem mit Niederdruckdampf bei 110—120° mit Alaun oder $Al_2(SO_4)_3$ unter Rühren gearbeitet wird. (Seifen-Oele-Fette-Wachse **78.** 508—09. 8/10. 1952.) BÖSS. 7898

M. M. Black und **H. M. Schwartz,** *Südafrikanische Fischprodukte.* 30. Mitt. *Jahreszeitliche Veränderungen in der Zusammensetzung des Pilchard (Sardina ocellata Jenyns).* (29. vgl. C. **1949.** I. 1308.) Unter Heranziehung der üblichen, früher beschriebenen Meth. werden in der an den südafrikan. Küsten auftretenden Sardine (*Sardina ocellata Jenyns*) die jahreszeitlichen Veränderungen im Geh. an W., Protein u. Fett ermittelt; Kennzeichnung des Fettes durch die Kennzahlen sowie den Geh. an Vitamin A u. D. Es zeigt sich, daß der Fettgeh. der Fische im März/April 10—15, im Mai/Juni 16—17, im Sept./Okt. 2—4% beträgt. Die JZ. bewegt sich zwischen 172—203, ohne daß ein regelmäßiger Gang erkennbar ist. In 1 g Öl sind enthalten 106—290 I.E. Vitamin A u. 33—120 I.E. Vitamin D. Ersteres ist hauptsächlich in der Leber gespeichert, das Öl in Kopf u. Körper. (J. Sci. Food Agric. **1.** 182—85. Juni 1950. Cape Town, Univ., Fats, Waxes and Proteins Unit of the Nat., Chem. Res. Labor., Dep. of Chem., u. Dep. of Commerce and Ind., Union of South Africa, Div. of Fisheries.) TÄUFEL. 7898

M. M. Black und **H. M. Schwartz,** *Südafrikanische Fischprodukte.* 31. Mitt. *Die Zusammensetzung von Sardinen- und Maasbankeröl.* (30. vgl. vorst. Ref.) Unter Heranziehung der üblichen Verff. werden 3 durch Extraktion gewonnene Proben von südafrikan. Sardinen- (*Sardina ocellata Jenyns*) u. 1 Probe von Maasbankeröl (*Trachurus trachurus*) auf verseifbare u. unverseifbare Bestandteile untersucht. Sardinenöl: Geh. der Fische 2,4—15,7%; JZ. 187,3—202,6, VZ. 184,3—194,3; Unverseifbares 1,65 bis 6,40%, darin Vitamin A 0,3—0,7% neben anderen Konstituenten (vgl. Original). Es zeigt sich, daß in den mageren Sardinen der Geh. an C_{22}-Säuren auf Kosten der Palmitin- u. der C_{18}-Säuren vermehrt ist. Maasbankeröl: Geh. der Fische 5,5—6,1%; JZ. 142,4 bis 164,3; VZ. 181,0—182,4; Unverseifbares 3,89—4,03%, darin Vitamin A 0,2% neben anderen Konstituenten (vgl. Original). Letzteres Öl unterscheidet sich vom Sardinenöl dadurch, daß der Geh. an C_{20}-ungesätt. Säuren erniedrigt u. der an C_{22}-ungesätt. Vertretern erhöht ist; beide Gruppen von Säuren sind weniger stark ungesätt. als die vom Sardinenöl. Hauptbestandteil des Unverseifbaren beider Öle ist Cholesterin (50—67%); daneben finden sich α-Glyceryläther, gesätt. u. ungesätt. KW-stoffe, Fettalkohole. (J. sci. Food Agric. **1.** 248—51. Aug. 1950. Cape Town Univ., Dep. of Chem., Fats, Waxes and Proteins Unit of the Nat. Chem. Res. Labor., u. Div. of Fisheries, Dep. of Commerce and Ind., Union of South Africa.) TÄUFEL. 7898

—, *Von Glycerinwässern und Seifenunterlaugen.* Allg. gehaltene Ausführungen über TWITCHELL-Spaltwässer u. Unterlaugenglycerin u. deren Aufarbeitung bei höchstmöglicher Glycerinausbeute. Die derzeitige Bewertung von Rohglycerinen wird krit. besprochen. (Seifen-Oele-Fette-Wachse **78.** 503—07. 8/10. 1952.) BÖSS. 7908

Martin Sprößig, *Untersuchungen über die Brauchbarkeit der Fettalkoholsulfonat-„Seifen" als Händedesinfektionsmittel.* Es standen für die Verss. zur Verfügung: Fettalkoholsulfonatseifen ohne Zusätze, mit 1% Phenol (I), 2% I u. 3% Sulfanilamid, 10% I, 5% Holzteer, 5% Steinkohlenteer, eine 70%ig. Fettsäureseife mit 10% I, eine medizin. Teerseife mit S, eine Chloraminseife mit Mianin DAB VI, eine Palmolive Badeseife u. eine Terpentinkernseife, weiter Ultraphen (auf I-Basis) u. Optal (n-Propanol). Aus den Verss. wird erkannt, daß der Fettalkoholsulfonatseife nur für die hygien. Händedesinfektion eine Bedeutung zukommt. Hier erweist sie sich mit dem Zusatz einer hautfreundlichen Fettkomponente als brauchbare Trägersubstanz für I-Abkömmlinge. Bei geeigneter Auswahl u. genügender Konz. dieser I-Prodd. kann die baktericide Kraft der Seife gegenüber Bacterium Coli der der handelsüblichen Desinfektionsmitteln für Händedesinfektion gleichgesetzt werden. Sie übertrifft alle ausgetesteten Fettsäureseifen mit u. ohne keimtötende Zusätze u. überbietet als einzige die relativ hohe Desinfektionskraft der Kontrollwaschungen ohne Seife. (Arch. Hyg. Bakteriol. **136.** 295 bis 302. 1952. Elster, Forschungsinst. des Staatsbades.) BOYE. 7910

—, *Synthetische Waschmittel.* Darlegung der allg. Bedeutung synthet. Waschmittel an Hand ihrer Konst., Zus., Eigg. u. Anwendung. (Chem. Rdsch. [Solothurn] **3.** Nr. 8. II. Bl. 15/4.; Nr. 9. II. Bl. 1/5. 1950.) FREYTAG. 7912

Leo Ivanovszky, *Die synthetischen Wachse. Ein Beitrag zur Warenkunde der Wachse.* Der Begriff „Wachs" u. sein Inhalt, Einteilung der Wachse. Die „Verseifbarkeit" u. neuere Kennzahlen vom F. u. anderen Wachseigenschaften. (Seifen-Oele-Fette-Wachse **76.** 13—14. 4/1. 33—37. 18/1. 55—56. 1/2. 1950. London.) ROSENDAHL. 7924

Donau Chemie Akt.-Ges., Wien, und **Georg Gorbach,** Graz, Österreich, *Gewinnung von Ölen oder festen Fettstoffen durch Extraktion* Man verwendet als Lösungsm. **aliphat.** chlorierte KW-stoffe mit mindestens 2 C-Atomen u. mindestens 2 Cl-Atomen, in denen ein C-Atom nicht von Cl-Atomen besetzt ist. Geeignet sind z. B. *1.1-Dichloräthan, 1.1.1-Trichloräthan, 1.1-Dichloräthylen* oder *1.2-Dichlorbutylen.* (**Dän. P. 73 925** vom 1/6. 1948, ausg. 24/3. 1952. Oe. Prior. 11/1. 1947.) JÜRGEN SCHMIDT. 7873

Henkel & Cie. G. m. b. H. (Erfinder: **Bruno Blaser** und **Werner Stein**), Düsseldorf, *Isomerierte Fettsäureester.* Man erhitzt fette Öle, z. B. Erdnußöl, in Ggw. von Co-Katalysatoren, z. B. $Co(CO)_4$, mehrere Std. auf 180—190° unter einem CO-Druck von 135—150 ata, wodurch eine Erhöhung von F. u. SZ. u. Erniedrigung von JZ. u. VZ. erfolgt. (**E. P. 674 884** vom 14/4. 1949, ausg. 2/7. 1952.) LÜTTGEN. 7889

Baker Castor Oil Co., Jersey City, übert. von: **Ivor M. Colbeth,** Maplewood, N. J., und **James S. F. Carter,** Rockville Centre, N. Y., V. St. A., *Extraktion von Ricinussaat.* Die zerkleinerte Saat wird mit Lösungsm. gemischt, auf 150—180° F. erhitzt, um die Proteine zu koagulieren, worauf die Miscella bes. mittels Trommelfilter abgetrennt u. auf $<41°$ F abgekühlt wird. Es bilden sich 2 Schichten, deren untere ca. 50—55% Öl u. deren obere $<3\%$ Öl enthält. Letztere wird in das Verf. zurückgeführt. — Zeichnung. (**A. PP. 2 616 907, 2 616 908, 2 616 909** vom 18/4. 1950, ausg. 4/11. 1952.) LÜTTGEN. 7895

Aktiebolaget Filimo, Stockholm, Schweden (Erfinder: **L. M. Jenesa**), *Reinigungs- oder Emulgierverfahren.* Man verwendet als Emulgier- oder Reinigungsmittel in W. lösl. Kondensationsprodd. aus *Harnstoff* (**I**) u. *Hexamethylentetramin* (**II**). Zur Herst. dieser Prodd. kondensiert man **I** u. **II** im Verhältnis 3 : 1 bis 5 : 1 bei 128—150° oder auch im Verhältnis 5 : 1 bis ca. 10 : 1 unter Zusatz von 20—100% Wasser. Man kann bei der Verwendung auch noch andere Netz-, Schaum- u. Verteilungsmittel mitverwenden. Bes. wird das Prod. als *fl. Seife* verwendet; es besitzt ein gutes Schaumvermögen. (**Schwed. P. 133 002** vom 20/11. 1942, ausg. 25/9. 1951. D. Priorr. 20/11. 1941 u. 11/5. 1942.) JÜRGEN SCHMIDT. 7913

National Southern Products Corp., Del., übert. von: **Clarence B. F. Young,** Leonia, N. J., V. St. A., *Träger für Putzmittel,* bestehend aus höheren gesätt. Fettsäuren, auch hydrierten ungesätt. mit F. 55—65°, u. Tallöl im Verhältnis 1 : 3 bis 1 : 1. F. des Gemisches 40—45°. Das Schleifmittel (Fe_2O_3; Al_2O_3 usw.) soll 68—87% betragen. Als Fettsäure ist Stearinsäure genannt. — Beispiele. (**A. P. 2 570 904** vom 24/1. 1949, ausg. 9/10. 1951.) SCHINDLER. 7917

Fred Fiala, Cleveland, O., V. St. A., *Gewinnung von Wollfett.* Rohwolle wird kalt mit einem nitrierten KW-stoff (**I**) gewaschen, der durch mehrtägiges Behandeln von I (Kp. 100—350°) mit kleinen Mengen HNO_3 u. anschließendes Waschen mit schwachen Alkalien hergestellt wird. — Zeichnung. (**E. P. 675 660** vom 23/8. 1948, ausg. 16/7. 1952. Tschech. Prior. 31/7. 1948.) LÜTTGEN. 7925

XVIIIa. Holz. Cellulose. Zellstoff. Papier. Papierdruck. Celluloid. Linoleum.

R. C. Richter, *Holzvorbereitung.* Zur Sulfatkochung wird möglich frisches Holz verwendet, da trockenes Holz schlechteren Zellstoff u. weniger Sulfatterpentin ergibt. Es werden weitere Angaben über M., Vorbereitungen u. Fehler des Holzes gegeben. Vf. glaubt, daß beim Kochen eine Oberflächen-Rk. eintritt, u. fordert daher eine einheitliche Größe der Hackspäne; zu kleine Hackspäne, Sägespäne u. Borke verbrauchen nur Chemikalien, ohne Zellstoff zu geben, da sie in der Reaktionszeit abgebaut werden. (Paper Mill News **76.** Nr. 2. 15—18. 10/1. 1953. St. Mary's Kraft Corp.) H. BECKER. 7960

William J. Nolan, *Das Sulfatverfahren.* Vf. gibt eine genaue Übersicht über Aufbau u. Zus. des Holzes, Einfl. der Holzart, der Größe der Hackspäne der Reaktionsbedingungen u. des Verf. auf die Eigg. u. Verwendung des Sulfatzellstoffs. (Paper Mill News **76.** Nr. 2. 20—32. 10/1. 1953. Univ. of Florida.) H. BECKER. 7960

H. F. Rance, *Der Einfluß der Celluloseeigenschaften auf das Verhalten bei der Papierherstellung: Lumpen und chemischer Holzzellstoff.* Leinenlumpen ergeben einen Zellstoff (I) mit geringem Anteil an Hemicellulose (II). Das erhaltene Papier ist fest, hart u. dicht. Ein Holz-I mit gleichem Geh. an II gibt dagegen ein weiches, schwaches u. absorbierendes Papier. Man nimmt an, daß der I aus Leinenlumpen eine hochwertige II enthält, die als Zement wirkt. Die Menge u. Güte der II im Holz-I hat außer auf die Festigkeit noch Einfl. auf die Verfärbung des Papiers beim Altern. Ein hoher Geh. an Lignin (III) gibt einen harten I. III hat noch Einfl. auf die Bleichbarkeit. Um das III bei hohem Geh. während des Bleichens restlos zu entfernen, sind drast. Verff. nötig, die leicht zu einem Abbau des I führen. Die große Faserlänge von ca. 18 mm bei Leinen-I bewirkt eine hohe Durchreißfestigkeit. Die Festigkeit der Fasern läßt sich schwer messen, dürfte aber nach Meinung des Vf. auch einen großen Einfl. auf die Eigg. des Papiers haben. (Paper Making Paper Selling **71.** 16—17. 1952/53.) H. BECKER. 7974

R. E. Reisinsch, *Bestimmung der Faserlänge nach einer Schnellmethode.* Angaben über Verbesserungen des App. von IWANOW (C. **1949.** II. 1141). Die Best. des Vermahlungsgrades u. der Faserlänge wird gleichzeitig im gleichen Gefäß vorgenommen, wodurch sich eine bessere Reproduzierbarkeit der Messungen erzielen läßt. Die Rahmenanordnung, durch die aus einer 0,2%ig. Faseraufschlämmung eine bestimmte Menge von Fasern in Abhängigkeit von deren Eigg. herausgehoben wird, hat im neuen App. eine runde Form von 125 mm Durchmesser. (Бумажная Промышленность [Papier-Ind.] **28.** Nr. 4. 23—26. April 1952.) ULMANN. 8004

Milton Roberts, *Physikalische Prüfung von Zellstoff.* Zusammenfassender Überblick über die Geräte u. Verff. zur Unters. der physikal. Eigg. des Zellstoffs nach den Standard TAPPI-Methoden. (Paper Mill News **76.** Nr. 2. 37—39. 10/1. 1953. St. Regis Paper Corp.) H. BECKER. 8006

Peter B. Borlew, *Kontrollmethoden.* Die Grün- u. Weißlaugen bei der Herst. von Kraftzellstoff enthalten hauptsächlich NaOH, Na_2CO_3 (I) u. Na_2S. Bei der Best. durch die ABC-Titration sind A die ml n-Säure bis Phenolphthalein (II)-Endpunkt, B bis Methylorangeumschlag u. C dasselbe nach Zugabe von $BaCl_2$; dann ist I = B — C; NaOH = 2 A — B; Na_2S = B + C — 2 A. Nach SWARTZ werden bei A in Ggw. von I mehr als die Hälfte, ca. $^6/_{10}$ Na_2S neutralisiert, u. Na_2S ist $^5/_4$ (B + C — 2 A). Bei der BCD-Titration sind D die ml Säure bis II-Umschlag nach $BaCl_2$-Zugabe. Dann sind NaOH = 2 D — C u. Na_2S = 2 (C — D). Na_2SO_3 kann durch CH_2O oder Furfurol unschädlich gemacht werden, Na_2SiO_3 fällt durch $BaCl_2$ aus. Weiter gibt Vf. eine Betrachtung über die Umwandlung der Grün- in Weißlauge u. den Wert der Titrationskontrolle dabei. (Paper Mill News **76.** Nr. 2. 34—36. 10/1. 1953. Container Corp. of America.) H. BECKER. 8006

Lea Valtasaari, *Die Anfangsviscosität nativer Cellulose in Cupriäthylendiaminlösungen.* Von 20 Cellulosemustern (Linters, Viscosewatte, aschefreier Filterstoff, gebleichter Sulfitzellstoff, Hydrocellulose) von 150—2000 DP-Grad wurden nach LINDSLEY (vgl. C. **1952.** **2444**) Lsgg. in Cu-Äthylendiamin hergestellt u. davon im OSTWALD-Viscosimeter die relativen Viscositäten bestimmt. Hieraus wurden dann die Anfangsviscositäten nach einer mathemat. abgeleiteten Formel berechnet. (Paperi ja Puu **34.** 58—62. 15/3. 1952.) BORCHERS. 8006

L. A. Boggs, *Zweidimensionale Papierchromatographie mittels einer für eindimensionale Trennung gebräuchlichen Vorrichtung für den Zuckernachweis in Sulfitablauge.* Ein Gemisch von *Xylose, Arabinose, Mannose, Glucose, Galaktose* u. *Fructose* wird untersucht. Lösungsm.: Phenol, wassergesätt. (**A**) u. ein Einphasengemisch von Essigsester–Essigsäure–W. (**B**). Das Papier wird in Felder eingeteilt u. mit **A** entwickelt. Dann wird im Vakuum getrocknet u. in 3 Längsstreifen zerschnitten. Die beiden äußeren werden mit p-Anisidin u. Trichloressigsäure besprüht u. erhitzt. Dabei entstehen an Stellen der Ggw. von Aldosen braune, von Fructose gelbe Flecke. Aus dem Mittelstreifen wird an den Stellen, bei denen die Indicatorstreifen die Ggw. von Zuckern anzeigen, ein 2 cm breites Stück ausgeschnitten, in die zerschlitzte Starterlinie eines neuen Papiers geflochten u. dann mit **B** entwickelt. In dem genannten Gemisch können alle Zuckerarten gefunden werden, wenn sich die meisten Flecke auch überschneiden. In Sulfitablauge wurden die Aldosen auch gefunden. Feststellbare Mengen von Fructose sind nicht vorhanden. (Analytic. Chem. **24.** 1673—75. Okt. 1952. Appleton, Wis., Sulphite Pulp Manufacturers' Res. League, Inc.) FRESENIUS. 8006

Soc. des Laboratoires de Recherches pour Applications Industrielles, übert. von: **Lucien Rouzet,** Paris, Frankreich, *Holzkonservierungsmittel.* Das Mittel enthält 10 (%) Steinkohlenteeranthracenkuchen, 3 Naphthalin, 0,3 p-Chlor-m-kresol u. 86,5 Heizöl.

Trichlorphenol, Trichlorkresol oder Pentachlorphenol können ebenfalls zugesetzt werden. Die M. wird in Konzz. von 0,2—0,5% verwendet u. besitzt starke fungicide Wirkung. (**A. P. 2 605 206** vom 12/12. 1947, ausg. 29/7. 1952. F. Prior. 30/12. 1946.) KARST. 7953

Pechiney Comp. de Produits Chimiques & Électrométallurgiques und Soc. Progil, Paris, Frankreich, *Konservieren von saftfrischem Holz.* Man verdrängt den Saft durch wss. Lsgg., die Polychlorphenolate mit 2—4 Cl-Atomen u. Alkaliphosphate, -metaphosphate oder -polyphosphate oder Alkalisalze von Aminocarbonsäuren enthalten. Z. B. besteht das **Verdrängungsgemisch** aus W., das 1% eines Gemisches aus 1 (Teil) $NaPO_3$ 0,05 $Na_2 \cdot CO_3$ u. 5 Na-Tetrachlorphenolat enthält. (**N. P. 79 670** vom 12/7. 1950, ausg. 4/2. 1952. F. Prior. 30/7. 1949.) JÜRGEN SCHMIDT. 7953

Paper & Industrial Appliances, Inc., New York, V. St. A., *Holzaufschluß zur Herstellung von Papier.* Man führt den Aufschluß in einem senkrechten Kessel oberhalb 100° u. bei erhöhtem Druck durch, wobei das Ausgangsmaterial in einer Zuführungszone zusammengepreßt u. gleichzeitig bereits ein Aufschlußmittel zugesetzt wird, das schon an dieser Stelle eine Erweichung der Inkrusten herbeiführt. Die M. wird dann nach dem Aufschluß unter Suspension in einem Gas abgeführt. (**Finn. P. 26 064** vom 26/7. 1950, Auszug veröff. 29/11. 1952. A. Prior. 26/7. 1949.) JÜRGEN SCHMIDT. 7957

Metallgesellschaft Akt.-Ges. (Erfinder: **Hans-Wolfgang Szubinski**), Frankfurt/M., *Rückgewinnung von Salzen bei der elektrischen Reinigung der Abgase aus Verbrennungsöfen für Sulfatzellstoffablauge.* Die Abgase werden durch eine Trockenreinigung, einen Waschturm u. eine Naßreinigung geführt. Die in letzterer anfallende Lauge wird im Waschturm konz. u. dabei der SO_3-Geh., z. B. durch Zusatz von Schwarzlaugenverbrennungsschmelze oder NaOH, so weit neutralisiert, daß Waschturm u. Naßreinigung keine säurefeste Auskleidung erfordern. Die Salze aus der Trockenreinigung werden mit den Laugenkonzentraten aus dem Waschturm der zu verbrennenden Schwarzlauge zugeführt. — Zeichnung. (**D. B. P. 874 986** Kl. 55b vom 3/2. 1951, ausg. 30/4. 1953.) G. VOGEL. 7961

A/B Rosenblads Patenter, Stockholm, Schweden, *Eindampfen von krustenbildenden Flüssigkeiten (Sulfitablauge).* Das Eindampfen erfolgt in rohrförmigen Aggregaten, die period. wechselnd von Eindampfgut u. Kondensat durchströmt werden. Hierbei werden mehrere Eindampfaggregate verwendet u. das Kondensat aus einem Aggregat wird direkt oder indirekt mit dem Kondensat vermischt, das zum Reinigen eines anderen Aggregats dienen soll, das nicht vom Abdampf der erstgenannten Aggregatgruppe erhitzt wurde u. in dem die Neigung zur Krustenbldg. größer ist als im erstgenannten Kondensat. Hierdurch wird die Lösefähigkeit für die krustenbildenden Stoffe erhöht. Man kann auch ein Kondensat mit hoher Neigung zur Krustenbldg. von einem oder mehreren in Serie geschalteten Aggregaten abführen u. mit dem Kondensat vermischen, das über verkrustete Heizflächen strömen soll, aber ein verhältnismäßig schwaches Lösungsvermögen für Krustenstoffe aufweist, wodurch das Lösungsvermögen erhöht wird. (**Finn. P. 26 065** vom 21/11. 1950, Auszug veröff. 29/11. 1952. Schwed. Prior. 30/11. 1949.) JÜRGEN SCHMIDT. 7963

Wargöns Aktiebolag, Vargön, Schweden (Erfinder: **A. G. Benton** und **R. Mossmark**), *Verbrennen von Asche aus unvollständig verbrannter Sulfitablauge.* Die noch brennbare Teile enthaltende Asche wird filtriert u. dann der Filterrückstand in eine Feuerung eingeblasen, die mit Holz oder Kohle betrieben wird, wobei die Luftmenge so abgepaßt wird, daß die Aschenbestandteile der organ. Teile u. die zurückbleibenden eine so hohe Temp. erreichen, daß ein Verschlacken mit der n. Brennstoffschlacke u. der Schlacke aus den Metallsalzen erfolgt. (**Schwed. P. 134 519** vom 31/10. 1949, ausg. 5/2. 1952.) JÜRGEN SCHMIDT. 7967

American Viscose Corp., Philadelphia, Pa., V. St. A., *Nichtklebender Cellulosehydratfilm.* Der feuchte Film wird mit einem wss., 0,05—2% eines acylierten Polyalkylenpolyamins (I), z. B. N-(β-Aminoäthyl)-N'-(β-stearamidoäthyl)-äthylendiamin oder seines Bernstein- bzw. Essigsäuresalzes enthaltenden Bade imprägniert. Für trockne Filme werden Lsgg. des **I** in organ. Lösungsmitteln verwendet. (**E. P. 681 494** vom 28/7. 1950, ausg. 22/10. 1952. A. Prior. 1/8. 1949.) SALZMANN. 7971

Norton Co., Worcester, Mass., V. St. A. (Erfinder: **Y. H. Nordstrom**), *Herstellung und Verbinden von Schleifmassen zu segmentartigen Schleifsteinen.* Für die Herst. von *Holzschliff* werden Rotationsschleifsteine hergestellt, die auf einem Betonkern einen Schleifkranz aufweisen, der in Segmente unterteilt ist. Zwischen den einzelnen Segmenten befindet sich eine Fuge, die durch eine M. aus einer Lamellenscheibe gebildet wird. Die Lamellenscheibe hat auf beiden Außenseiten Schichten aus Butadien–Acrylnitril-Mischpolymerisaten mit einer Härte, die einer Vulkanisierung von 5 Std. bei 146° in Ggw. von 25% S entspricht. In der Mitte ist eine Schicht aus Naturkautschuk

vorgesehen, die nicht härter ist als eine M., die bei 146° 5 Std. mit 30% S gehärtet wurde. Jedoch darf diese letzte Schicht nicht weicher sein als eine, die bei 146° 5 Std. mit 12% S gehärtet wurde. Die innere Schicht kann eine Dicke von 0,6—5 mm aufweisen u. gegebenenfalls beim Vulkanisieren durch Gasbldg. porös gemacht sein. (**Schwed. P. 134 420** vom 27/9. 1948, ausg. 29/1. 1952. A. Prior. 30/9. 1947.)
JÜRGEN SCHMIDT. 7975

Marcel Chêne, Frankreich, *Papier und Pappenfabrikation.* Zwecks Steigerung der Reißfestigkeit sowie des Lochungs- u. des Falzwiderstandes usw. in trockenem sowie in feuchtem Zustande u. zur Verringerung der Alterungserscheinungen werden dem Stoff in der Bütte oder im Holländer Kunstharze, wie Melamin–Formaldehyd-Harze, beigemischt, wobei dafür Sorge zu tragen ist, daß während des ganzen Arbeitsganges der p_H-Wert 7 nicht wesentlich überschritten wird. Salze der Erdalkalien können beigefügt werden, welche, falls nicht lösl., als Beschwerungsmittel dienen. Neben mechan. gewonnenen Fasern soll der Stoff nur geringe Mengen chem. aufgeschlossener Fasern enthalten, wobei die kürzeren Fasern überwiegen sollen. (**F. P. 1 005 346** vom 5/7. 1947, ausg. 9/4. 1952.)
GLAFEY. 7979

J. R. Geigy Akt.-Ges., Basel, Schweiz (Erfinder: **William Carr,** Manchester, England), *Färben von Papier.* Es wird ein pulverförmiges Präp. aus einer Mischung von bas. Farbstoff (I), einer komplexen Polysäure (II), die mit I einen Farblack bildet, u. einem Dispergiermittel (III) verwendet. Das Präp. wird dem Stoff vor dem Zusatz von Leim, Alaun usw. zugefügt oder mit Bindemitteln auf die Papierbahn aufgeklotzt. Als I sind Auramin O u. Rhodamin B, als II bes. Phosphormolybdänsäure u. als III bes. das Na-Salz eines Kondensationsprod. aus Naphthalinsulfonsäure u. CH_2O, z. B. 30—50 (Teile) I, 40—60 II u. bis zu 20 III, genannt. (**D. B. P. 859 857** Kl. 55c vom 22/7. 1950, ausg. 18/12. 1952. E. Prior. 22/7. 1949.)
G. VOGEL. 7981

XVIIIb. Textilfasern.

—, *Textilgerüche und ihre Entfernung.* Es wird eine einfache App. zur Prüfung von Verbb. auf ihre Eignung zur Entfernung von Gerüchen beschrieben. Die unter Verwendung von Chlorophyllin–Soda–Kupfer als Geruchsentferner ausgeführten Verss. sind in 2 Tabellen zusammengefaßt. (Amer. Dyestuff Reporter **42.** P 67—69. 2/2. 1953.)
H. G. FRÖHLICH. 8022

—, *Bemerkungen über optische Bleichmittel.* Übersicht über die neueren von der chem. Industrie herausgebrachten Produkte. (Rev. gén. Teinture, Impress., Blanchiment, Apprêt (Tiba) **29.** Nr. 10. 24—25. Sept./Okt. 1952.)
ROSSOW. 8026

R. Hünlich, *Die Stabilisierung von Peroxydbleichlösungen.* H_2O_2-Bleichlsgg. enthalten vielfach Katalysatoren in Form von Verunreinigungen. Positive Katalysatoren, die H_2O_2 zers., sind OH-Ionen u. Fe-Salze in saurer Lsg.; stabilisierend wirken dagegen Mg-, Ca-, Sn(II)- u. Sn(IV)-Salze sowie Phosphate, bes. in Ggw. freier Säuren, z. B. saure oder neutrale Alkalipyrophosphate in Ggw. von Salicylsäure, ferner Na-Benzoat, Methyl-p-oxybenzoat, K-Oxychinolinsulfat, Phenolderivv., Luminal u. Chininsulfat. (De Tex **12.** 265. 15/3. 1953.)
WESLY. 8026

Narao Saito, *Über die Eigenschaften des Gewebes, das durch eine neuartige Kunststoffnachbehandlung veredelt wurde.* 1. Mitt. *Messungen der Knitterfestigkeit.* Von handelsüblichen Kunstseide- u. Baumwollgeweben werden Daten über die Knitterfestigkeit (verbesserte Meth. des Shirley Inst.) in einer Tabelle wiedergegeben. Die deutlich verbesserten Werte gehen vermutlich darauf zurück, daß die härtbaren bzw. thermoplast. Kunststoffe in die Faser eingedrungen sind u. diese umgeben. (Bull. Inst. chem. Res., Kyoto Univ. [Kagaku Kenkyusho Hokoku] **24.** 88—89. März 1951. Horio Labor.)
SCHÄFF. 8032

G. Rordorf, *Die Wirkung oberflächenaktiver Verbindungen bei Veredlungsprozessen.* Zusammenfassende Übersicht. (Z. ges. Textilind. **55.** 428. 431—34. 437. 2. Aprilheft 1953.)
P. ECKERT. 8032

M. W. Almasowa, *Bleichen mit Wasserstoffperoxyd.* Vf. untersucht den Einfl. verschied. Faktoren auf das Bleichen von baumwollenen u. kunstseidenen Wirkwaren mit H_2O_2 (I). Als Stabilisatoren, die ein Ausscheiden von O_2 u. damit eine Schädigung der Cellulose verhindern, empfiehlt sich ein Zusatz von Na-Silicat (3 g/Liter), $MgSO_4$ (1 g/Liter), *Nekal BCh* (3 g/Liter), *Alizarinöl, OPJ* (Zus. nicht angegeben) oder von Netzmittel *Kontakt* (3 g/Liter). Temperaturerhöhung über 80—90° ruft erhöhten Zerfall an I u. Schädigung der Cellulose ohne besseres Bleichergebnis hervor. Ggw. von Cu oder Fe bedingt einen schnellen Zerfall des I, weniger wirksam ist Pb, am günstigsten nichtrostender Stahl. Gute Bleichergebnisse erzielte man für Baumwolle bei einer Arbeitsdauer von 3 Std. bei 80° in einem Bad von je 2 g/Liter: Silicat, Kontakt, Peroxyd, NaOH. Für Viscosewirkwaren entsprechend: 1,5—2 Std., 70°, Silicat 1, Kontakt 1, Peroxyd 1, NaOH 0,5. (Легкая Промышленность [Leichtind.] **11.** Nr. 12. 25—26. Dez. 1951.) STSCHERBINA. 8032

—, *Moderne Annetzungsmethoden.* Alle Textilien bedürfen zu ihrer Veredelung einer guten Annetzung. Eine solche kann durch Zugabe von Seife erreicht werden; *Naphthenseifen* sind bes. wirksam. Beim Schlichten von Kunstseide u. Seide ist es empfehlenswert, hoch sulfonierte Öle als Netzmittel zuzusetzen. Bei dem Carbonisieren von Wolle ist gute Durchnetzung mit Säure wichtig. Beim Färben von Viscoseseide im Kuchen treten oft Benetzungsschwierigkeiten auf. Das Packklotzfärben führt oft zu Schwierigkeiten durch schlechte Benetzung. Feine Leinengewebe, die nach dem Pigmentklotzverf. gefärbt werden, erfordern feinste Verteilung des Pigments u. daher sorgfältige Netzung. Für eine Küpenfärberei bedient man sich vorteilhaft der Standfast-Maschine. (Textile Mercury Argus **124.** 769—73. 4/5. 1951.) FRIEDEMANN. 8028

A. S. Weatherburn und **C. H. Bayley,** *Die Sorption synthetischer oberflächenaktiver Verbindungen durch Textilfasern.* Die Aufnahme oberflächenakt. Verbb. aus wss. Lsg. durch Baumwolle, Viscosereyon, Acetat, Nylon u. Wolle wurde in Abhängigkeit von der Kettenlänge der Verb., des p_H u. Zusätzen untersucht. Kation. Verbb. werden am stärksten, nichtion. am wenigsten gebunden. Na_2SO_4 erhöht die Sorption von Na-Alkylsulfaten. Bei nichtion. Diisobutylkresoläthylenoxydverbb. nimmt die Sorption mit wachsender Kettenlänge des Polyäthylenoxydrestes leicht ab. Die Sorption wird in erster Linie der hydrophil-hydrophoben Natur der oberflächenakt. Moll., nicht den Micellen zugeschrieben. Die verschied. Fasern haben sehr verschied. Sorptionskapazitäten. (Textile Res. J. **22.** 797—804. Dez. 1952. Ottawa, Can., Nat. Res. Counc. Canada, Textile Labor.) ZAHN. 8040

Ethel L. Phelps, Frances P. McLean, Marian M. Moore, Louise S. Greenwood, Une Very, Norma H. Holm und **Vivian White,** *Rolle des Waschens und Tragens bei der Verschlechterung von 4 Arten von baumwollenen Uniformstoffen.* 20, 40 u. 60 Wäschen ohne u. mit eintägigem Tragen wurden Kleidungsstücke aus feinem Wäschestoff, Popeline, Anzugstoff u. Baumwollköper unterworfen. Die Unters. der Dicke, des Gewichts, der Bruch- u. Berstdruckfestigkeit u. Dehnung ergab, daß vor allem die Festigkeitsverluste gegenüber dem unbehandelten Material durch das Tragen zwei- u. mehrfach so groß sind wie durch die Wäschen. Die Wäschen bewirken eine Zunahme des Gewichts, der Bruchfestigkeit u. der Dehnung. (J. Home Econ. **45.** 174—78. März 1953. Minnesota, Univ., School of Home Econ.) A. v. KÖNIG. 8040

Carl M. Conrad und **Ralph A. Rusca,** *Viscositätsuntersuchungen an Baumwollcellulose in Abhängigkeit von der mechanischen Bearbeitung.* Die ausgeführten Unterss. sollten zeigen, inwieweit die Baumwollcellulose durch die rein mechan. Arbeitsgänge während der Herst. zu Garnen geschädigt wird. Wie die Vff. zeigen konnten, verursachen die einzelnen mechan. Arbeitsgänge (abgesehen der Mahlvorgang in einer Schwingmühle) keinerlei chem. Schädigung, die sich in einer Verringerung der Viscosität bemerkbar macht. Die Versuchsergebnisse werden an Hand von Figuren u. Tabellen besprochen. (Textile Res. J. **23.** 168—74. März 1953. New Orleans, La., Southern Reg. Res. Labor.) H. G. FRÖHLICH. 8044

Bertil Oloffson, *Das Säurebindungsvermögen von Wolle.* Vf. bestimmt mittels Titration die Sorption von H-, Cl- u. SO_4-Ionen durch die Wolle u. vergleicht die erhaltenen Werte mit denen, die nach den Theorien von GILBERT-READEL, DONNAN u. der Ionenaustauschtheorie errechnet wurden. Hierbei stimmen die experimentellen Ergebnisse am besten mit den errechneten Werten von GILBERT-READEL überein. Im weiteren Verlauf der Unterss. wird die Aufnahme des SO_4-Ions diskutiert. (J. Soc. Dyers Colourists **68.** 506—10. Dez. 1952. Göteborg, Schweden. Textilforschungsinst.) H. G. FRÖHLICH. 8060

—, *Schmälzen.* Es wird eine kurze zusammenfassende Übersicht über die Anwendung der verschiedensten Schmälzmittel für die Wollverarbeitung gegeben. — Literaturnachweis. (Z. ges. Textilind. **55.** 278—79. 20/3. 1953.) P. ECKERT. 8060

J. H. Dillon, *Die Festigkeitseigenschaften neuer Fasern.* Besprochen werden die Kraft-Dehnungs-Diagramme von *Viscose-* u. *Acetatreyon,* von *Nylon, Orlon, Dacron, Dynel, Acrilan, X-51, Vicara* u. Regeneratseide, u. das mechan. Verh. dieser Fasern wird in Beziehung zur chem. Struktur gesetzt. Eingegangen wird ferner auf die Abhängigkeit der mechan. Eigg. der Fasern von deren Morphologie sowie auf die Abhängigkeit der Kräuselungswrkg. vom HOOKEANschen Modul. (Ind. Engng. Chem. **44.** 2115—22. Sept. 1952. Princeton, N. J., Textile Res. Inst.) P. ECKERT. 8070

Julius B. Goldberg, *Viscose.* Allg. Ausführungen bes. über die Eigg. der Viscosefaser u. Hinweise auf die Vorteile neuerer vollsynthet. Fasern. (Ind. Engng. Chem. **44**. 2169 bis 2170. Sept. 1952. New York, N. Y., J. P. Stevens & Co., Inc.) P. ECKERT. 8074

Wolfgang Bobeth, *Mikroskopische Fasererkennungsreaktion an Polyesterfaserstoffen (Terylene).* An Hand von 17 Mikroaufnahmen wird eine neue Meth. zur Identifizierung von Polyesterfasern beschrieben. Zu den Unterss. wurden sowohl eigene Versuchs- als auch Handelsprodd. verwendet. Die Meth. beruht darauf, daß das Material mit handwarmem, konz. Phenol behandelt wird. Die durch das Quellmittel Phenol bewirkte Faserumsetzung wird vom Vf. als „opt. Abschälung" bezeichnet. Für die sofortige Fasererkennung ist die Ausbildung von kelchartigen Faserausweitungen u. Pilzköpfen an den Faserenden charakterist., während die Geschwindigkeit des weiteren Reaktionsverlaufes bestimmend für die Intensität der vorangegangenen Fixierung ist. In diesem Zusammenhang wird darauf hingewiesen, daß die Fasermasse von außen nach innen konzentr. in gequollene u. homogene (durchsichtige) Fasermasse umgesetzt wird, wobei es an den Enden des noch nicht umgesetzten Faserkernes zu typ. Spitzenbldg. kommt. Die vorwiegend kelchartigen Erweiterungen der Faserenden sind dabei typ. für noch nicht nachbehandelte Fasern, während Pilzköpfe auf zylindr. u. mitunter zackig/fibrillärem Faserende Hinweise auf vorangegangene Wärmebehandlung sein können. Die Mikro-Rk. kann in engen Grenzen auch dann verlangsamt werden, wenn es sich um bes. stark verstreckte Polyesterfasern handelt. (Faserforsch. u. Textiltechn. **4.** 45—55. Febr. 1953. Pirna-Copitz u. Dresden, Inst. für Technol. der Fasern der Dtsch. Akad. der Wiss. zu Berlin.) P. ECKERT. 8116

Ciba Ltd., Basel, übert. von: **Franz Ackermann,** Binningen, Schweiz, *Wasserlösliche Aminostilbene.* Zu Can. P. 465 322; C. **1950.** II. 2224 sind noch folgende Verbb. nachzutragen: CH_2O-Bisulfit + 4-Amino-4'-[aminobenzoylamino]-stilbendisulfonsäure-(2.2') → $NaO_3SCH_2NHC_6H_3(SO_3Na)CH{=}CHC_6H_3(SO_3Na)NHCOC_6H_4NHCH_2SO_3Na$. — Benzaldehydbisulfit + 4.4'-Bis-[4-aminobenzoylamino]-stilbendisulfonsäure-(2.2') → $(NaO_3S)(C_6H_5)CHNHC_6H_4CONHC_6H_3(SO_3Na)CH{=}CHC_6H_3(SO_3Na)NHCOC_6H_4NHCH\cdot(SO_3Na)(C_6H_5)$. — Furfurolbisulfit + 4.4'-Bis-[4-aminobenzoylamino]-stilbendisulfonsäure-(2.2'). Verwendung als *opt. Bleichmittel* für Papier u. Textilien. (**A. P. 2 567 796** vom 16/11. 1948, ausg. 11/9. 1951. Schwz. Prior. 12/12. 1947.) KRAUSS. 8027

Soc. An. d'Innovations Chimiques, Sinnova ou Sadic, Seine-et-Marne, Frankreich, *Verbesserung der Lösungen von sulfonierten Fettalkoholen.* Die Viscosität der Lsgg. von mit NH_3 neutralisierten Fettalkoholsulfonaten (z. B. von *NH_4-Laurylalkoholsulfonat*) wird durch Zusatz von Salzen des Na, K, NH_4, Li, Mono-, Di- oder Triäthanolamins wesentlich erhöht. Am besten geeignet ist NH_4Cl in einer Menge von 2—10 g auf 100 g Sulfonat. — *Schaummittel.* (**F. P. 990 742** vom 6/5. 1949, ausg. 25/9. 1951.) NOUVEL. 8029

I. G. Farbenindustrie Akt.-Ges., Frankfurt/M. (Erfinder: **Bruno Wendt,** Dessau), *Erhöhung der Viscosität von wässerigen oder Wasser enthaltenden organischen Lösungen von Kohlenhydraten oder ihren Derivaten* (Zucker, Stärke, Methylcellulose). Vor oder nach der Auflösung werden farblose Stoffe zugesetzt, die auf Cellulose substantiv aufziehen können, z. B. o-Oxycarbonsäureamide oder Verbb. mit substantiv machenden Gruppen, die in Azofarbstoffen verwendet werden. — Herst. von *Schlichten* u. *Appreturen.* (**D. R. P. 752 642** Kl. 12o vom 20/12. 1939, ausg. 8/6. 1953.) FABEL. 8031

Cluett, Peabody & Co., Inc., Troy, N. Y., V. St. A., *Nicht einlaufendes Textilgewebe aus natürlichen oder regenerierten Cellulosefasern.* Man behandelt das Gut mit einer wss. Lsg. vom $p_H < 5$, die neben einem Kondensationskatalysator das Reaktionsprod. aus 3 (Mol) CH_2O u. 2—6 Formamid (I) enthält, schleudert u. trocknet. — Ein 40% Wolle enthaltendes Viscosegewebe wird mit einer Lsg. imprägniert, die 20% des Reaktionsprod. aus 375 (g) CH_2O-Lsg. (37%ig.) u. 163 I enthält u. mit 3% $AlCl_3$ als Katalysator versetzt wird. Man imprägniert auf 100% Gewichtszunahme u. trocknet 5 Min. bei 149°. (**E. P. 673 642** vom 1/12. 1950, ausg. 11/6. 1952.) MÖLLERING. 8033

Heberlein & Co. Akt.-Ges. (Erfinder: **Ernst Weiss**), Wattwil, Schweiz, *Transparentieren von Fasern bzw. Geweben.* Man behandelt mit Lsgg. von in Ggw. von 5% Alkoholen kondensierten Aminoplasten u. fixiert das eingebrachte Harz durch eine Wärmebehandlung. — Geeignet ist z. B. ein Ätherharz aus 454 (g) n-Butanol, 300 Paraformaldehyd, 6 Hexamethylentetramin, 240 Harnstoff u. 0,6 Ameisensäure. Nach der Rk. dest. man ca. 2 Mol. Reaktionswasser (144 g) ab. Mit einer Lsg. von 800 Harz in 100 A. u. 100 Trikresylphosphat imprägniert man Musselingewebe, trocknet vor bei 60° u. fixiert 1 Std. bei 90°. (**D. B. P. 868 286** Kl. 8k vom 25/12. 1942, ausg. 23/2. 1953.) MÖLLERING. 8037

Monsanto Chemical Co., St. Louis, Mo., übert. von: **Basil G. Skalkeas,** Lowell, Mass., V. St. A., *Haftmittel für zu kämmende Cellulosefasern, besonders Baumwolle.* Ein aus Wasserglas mit H_2SO_4 erhaltenes SiO_2-Gel wird unter Druck mit einer NaOH-Lsg. in ein SiO_2-Sol mit p_H 9,5 übergeführt. Eine solche Lsg. mit 12,5% SiO_2 wird mit einem Schmälzmittel aus Mineralöl (I), pflanzlichem Öl u. sulfoniertem I sowie Propylenglykol gemischt u. der mit W. weiter verd. Ansatz auf die Fasern vor dem Kämmen aufgesprüht. (**A. P. 2 590 659** vom 24/6. 1949, ausg. 25/3. 1952.) MÖLLERING. 8045

James Mackie & Sons Ltd. und **John Pringle Mackie,** Belfast, England, *Spulen für Bastfaser-, Zwirn- und Fachmaschinen.* Kopf u. Fuß werden aus einer thermoplast. M. gepreßt, die aus 50 (Teilen) Phenolharz, 50 Sulfitzellstoff, 10 Butadien–Acrylnitril-Mischpolymerisat, 2 Stearinsäure, 2 Farbstoff u. 40 Aceton besteht. (**E. P. 653 191** vom 21/6. 1948, ausg. 9/5. 1951.) SALZMANN. 8051

Ciba Akt.-Ges., Basel, Schweiz, *Chloren von Wolle.* Man verwendet in W. gelöstes Cl_2 oder HOCl oder deren Salze in Ggw. eines Cl_2-absorbierenden wasserlösl. ungehärteten — gegebenenfalls alkylierten (methylierten) — Melamin–CH_2O-Kondensationsprod.-(I). Die Rk. des Cl_2 mit der Wolle wird auf diese Weise derart verzögert, daß die Entstehung von unter- oder überchlorten Stellen weitgehend verhindert wird; die behandelte Wolle zeigt bei der Wäsche die gewünschte *Schrumpf-* u. *Filzbeständigkeit* u. gute Formbeständigkeit. — An Stelle von I kann auch ein wasserlösl. Alkyläther, bes. ein Dimethyl- oder Diäthyläther des Dimethylolharnstoffes verwendet werden. (**Oe. PP. 170 260** vom 24/5. 1950, ausg. 11/2. 1952. Schwz. Prior. 27/4. 1949, u. **172 932** [Zusatzpatent] vom 5/6. 1951, ausg. 25/10. 1952. Schwz. Prior. 12/7. 1950.) RAETZ. 8061

Variapat Akt.-Ges., Basel (Erfinder: **Henry Martin,** Feuerthalen, Schaffhausen), Schweiz, *N-2'-[4''-Chlor-2''-sulfophenoxy-(1'')]-5'-chlorphenyl-N'-3.4-dichlorphenylharnstoff,* ein *Mottenschutzmittel,* erhält man vorteilhaft durch Kondensation eines Alkalisalzes der 2-Amino-4.4'-dichlor-1.1'-diphenyläther-2'-sulfonsäure mit 3.4-Dichlorphenylisocyanat in trockenem Acetonitril. (**D. B. P. 881 942** Kl. 12o vom 9/12. 1951, ausg. 6/7. 1953. Schwz. Prior. 26/12. 1950.) BRÖSAMLE. 8063

Comp. Centrale Rousselot, Frankreich, *Wiedergewinnung von Haaren aus Leimmark.* Bei der Verarbeitung tier. Felle, bes. Abfälle, auf Leim hinterbleibt ein Rückstand, der als Leimmark bezeichnet wird u. mehr oder weniger reich an Haaren ist. Er wird mit W. gewaschen, bis die letzten Spuren Leim entfernt sind, dann mit 0,1nH_2SO_4 — bei empfindlichen Haaren wird vorher noch mit 0,1 oder 0,01nNa_2CO_3-Lsg. nachgewaschen — behandelt, anschließend mit W. gewaschen u. getrocknet. Die Haare haben ihre ursprüngliche Festigkeit u. Länge. (**F. P. 982 084** vom 15/6. 1943, ausg. 4/6. 1951.) WITTHOLZ. 8067

Phrix-Werke Akt.-Ges., Hamburg (Erfinder: **Richard Eugen Dörr,** Mölln), *Kontinuierliche Viscoseherstellung.* Der von der Papiermaschine kommende, noch 50% W. enthaltende Zellstoff wird vor oder nach der Alkalisierung mittels Kolbenpumpe der Zellwollerzeugungsanlage zugeführt, in welcher der Zellstoff bzw. die Alkalicellulose abgepreßt, zerfasert, sulfidiert u. in *Viscose* übergeführt wird. (**D. B. P. 874 631** Kl. 29a vom 16/3. 1944, ausg. 27/4. 1953.) SALZMANN. 8075

Zschimmer & Schwarz vorm. Chemnitz, Brilon (Erfinder: **Richard Huttenlocher,** Braubach, **Maximilian Hussong,** Oberlahnstein, und **Walter Brennecke,** Wuppertal), *Entlüften von Viscose* durch Zugabe von 1‰ u. weniger eines Terpenalkohols. Zeitverkürzung: 25%. (**D. B. P. 876 887** Kl. 29b vom 21/10. 1943, ausg. 18/5. 1953.) SALZMANN. 8075

Phrix-Werke Akt.-Ges., Hamburg (Erfinder: **Hans Cäsar Stuhlmann,** Goslar), *Feinporige, Hohlräume enthaltende Fäden aus Viscose* (I) erhält man durch einen Zusatz von in CS_2 oder in wss. Na_2S gelöstem S zur I u. Entschwefeln der Fäden. (**D. B. P. 876 291** Kl. 29b vom 20/5. 1943, ausg. 11/5. 1953.) SALZMANN. 8075

Ciba Akt.-Ges., Basel, Schweiz, *Härten von auf Faserstoffen aufgetragenen Kunstharzen.* Man verwendet als Härtungsmittel eine konz. wss. Lsg. aus einem Salz einer starken Säure mit einem 1- oder 2-wertigen Metall, bes. $CaCl_2$, u. Borsäure. Z. B. wird *Zellwolle* mit einer wss. Lsg. von Methylolmelaminmethyläther imprägniert, die je Liter 12 g $CaCl_2$ u. $B(OH)_3$ enthält. Das Härten erfolgt bei 140° in ca. 5 Minuten. (**N. P. 80 200** vom 27/4. 1950, ausg. 12/5. 1952. Schwz. Prior. 25/7. 1949.) JÜRGEN SCHMIDT. 8075

I. G. Farbenindustrie Akt.-Ges., Frankfurt/M. (Erfinder: **Heinrich Lange, Konrad Reichardt, Otto Nicodemus,** Frankfurt/M., **Albert Schaeffer,** Hofheim, und **Werner Asch,** Frankfurt/M.), *Veredlung künstlicher Eiweißfasern,* bes. aus Casein, durch Behandlung mit wss. Lsgg. von *Dialdehyden* der Formel $OHC\cdot(CH_2)_n\cdot X\cdot(CH_2)_m\cdot CHO$ (X = O, S, S_2, NH, CH_2 oder NR; R = Alkyl- oder Acylrest; n u. m = ganze Zahlen). Geeignet ist u. a. *β.β'-Dioxodiäthylsulfid.* — 100 (g) Fasern aus Fischeiweiß werden mit einer Lsg. von 20 vorher verseiftem N-Äthyldiacetalylamin in 2000 W. 1 Std. bei 60—70° behandelt. Derartige Fasern sind gegen Alkali, Seife u. höhere Tempp. unempfindlich u. können kochend gefärbt werden. (**D. R. P. 753 945** Kl. 8k vom 25/6. 1940, ausg. 17/11. 1952.)

MÖLLERING. 8079

Karl Schams, Handbuch der Weberei, Färberei und Ausrüstung. Bd. 4, T. 2. — 4. Bindungstechnik gewebter Stoffe. T. 2. 2. Bindungen für verstärkte u. mehrfache Gewebe, für Sonderausführungen u. Anleitung zum Musterzeichnen. Leipzig: Fachbuchverlag 1952. (176 S. m. 273 Abb.) 8°. DM 12,50.

XIX. Brennstoffe. Erdöl. Mineralöle.

Elmer R. Weaver, *Formeln und Diagramme für die Darstellung der Austauschbarkeit von Brennstoffgasen.* Für die Verwendung von Gasen bzw. Gasgemischen als Brennstoff in Feuerungsanlagen ist es von Bedeutung, zu wissen, wie sich die Eigg. der Gasgemische in bezug auf ihre Verwendung, d. h. die erzeugten Flammen, ihr Abheben vom Brenner, ihren Heizwert usw. ändern, wenn sich die Zus. der Gemische ändert, bzw. welche Gasgemische untereinander austauschbar sind, ohne daß sich die interessierenden Eigg. ändern. Vf. gibt 6 einfache Gleichungen an, mit deren Hilfe aus der Zus. einer Mischung von 2 Brenngasen das Ausmaß der Wirkungen vorhergesagt werden kann, die eintreten, wenn das eine Gas durch das andere ersetzt wird. Die Gleichungen werden abgeleitet u. ihre Anwendung durch Vgl. mit ausführlichen Verss. der „American Gas Association“ erläutert. Es zeigt sich, daß die Gleichungen, von denen 4 neu sind, die Beobachtungsergebnisse besser wiedergeben als die bisher angewandten Methoden. (J. Res. nat. Bur. Standards **46.** 213—45. März 1951. Washington.) FREIWALD. 8128

André Dumez, *Analyse der Gase und des Rauches im Hinblick auf die Untersuchung der Verbrennung.* Arten der Verbrennung: neutrale, mit Luftüberschuß u. mit Unterschuß. Notwendige Menge der Luft bei den verschied. Arten der Verbrennung. Best. der entwickelten Rauchmengen. Rauchanalyse, Verbrennungsdiagramme nach PIGRAIS u. OSTWALD. Kontrolle der Verbrennung: vorher, durch Festlegung, ob neutral, mit Luftüberschuß oder mit Luftmangel, nachher, durch Analyse der Rauchgase u. Eintragung der Ergebnisse in die Diagramme. (Usine nouv. **1951.** Nr. Spec. 25—32. April.)

FRIEDEMANN. 8128

Paul Dolch, *Die rechnerische Erfassung der Vorgänge bei der Brennstoffvergasung.* Die Vorausberechnung von Vergasungsvorgängen wird einmal unter der Annahme durchgeführt, daß sich sowohl das homogene Wassergas- als auch das BOUDOUARDsche Gleichgewicht einstellen, wobei, von der Vergasung reinen C ausgehend, die Berechnung auf die Vergasung natürlicher Brennstoffe mit Wasserdampf u. mit O_2–Wasserdampf-Gemischen (Oxywassergas) ausgedehnt wird. Infolge des trägen Verlaufes der BOUDOUARD-Rk. (bei den üblichen Tempp.) geht der Vf. im 2. Teil der Arbeit nur von der Einstellung des Wassergasgleichgewichtes aus; er muß hierbei aber die Gleichgewichtstemp., die von empir. Größen abhängt (Reaktionsfähigkeit des Brennstoffs, Gleich- oder Gegenstromvergasung, Verweilzeit des Gases usw.) annehmen, um zu einem eindeutigen Ergebnis zu gelangen. (Brennstoff-Chem. **32.** 232—38. 15/8. 1951. Linz/Donau.)

H. SCHÖBERL. 8148

Isamu Sano, Yoshiyasu Fujitani und **Shikaji Tsuda,** *Teilchengrößenverteilung bei Kohlenstaub im Winkler-Generator.* Bei Änderung der Windgeschwindigkeit wird nur bei den gröberen Teilchen eine Änderung in der Verteilung bewirkt. Teilchen unter 0,6 μ Radius werden nicht beeinflußt u. bleiben schwer absetzbar. (J. chem. Soc. Japan, ind. Chem. Sect. [Kōgyō Kagaku Zassi] **54.** 155—57. Febr. 1951. Nagoya Univ. [Orig.: japan.]) SCHULER. 8148

Aleksandar Petrunić, *Portlandzemente in der Erdölindustrie.* Bei Verwendung von Zement in der Erdölindustrie in tieferen Regionen bei Tempp. von 100° u. mehr sind die Hydratationsprozesse sehr beschleunigt. Es ist daher erforderlich, das Abbinden der eingepumpten Zementmilch zu verzögern, ohne die Festigkeit des abgebundenen Zements zu vermindern. Es wurde untersucht, ob sich der Erhärtungsvorgang durch Zugabe verschied. Chemikalien lenken läßt, u. gefunden, daß Rohrzucker, der an sich peptisierend wirkt, bei höheren Tempp. das Abbinden stark verzögert u. schließlich auch höhere Festigkeitswerte ergibt. Am besten sind Zementmischungen mit 0,04—0,08% Zucker u. 2—5% Gips. — Da die Verfolgung des Abbindevorgangs mit der VICATschen Nadel sich als unzureichend erwies, wurde dazu ein U-Rohr von 2,5 Zoll Durchmesser verwendet, das sich in einem erwärmten Wasserbad befand u. in Bewegung gehalten wurde. Die angegebene Methodik hat sich in jahrelanger Praxis bewährt. (Nafta [Zagreb] **2.** Nr. 12. 3—13. Dez. 1951. Kutina, Kroatien, „Metan“.) BECKMANN. 8190

J. S. Bardin und **D. W. Beery,** *Erzeugung von Synthesegas.* Ein Reinigungsverf. für Synthesegas wird beschrieben, in dem sich meist CO, Alkohole u. KW-stoffe als Verunreinigungen finden, welche teils den Katalysator schädigen, teils sich im Umlaufgas anreichern. Bei Anlagen, in denen Synthesegas durch partielle Verbrennung mit O_2 gewonnen wird, steht überschüssiger N_2 zur Verfügung, der hier zum Auswaschen der Gase im Gegenstrom verwendet wird. Es läßt sich so ein 96–98%ig. H_2 gewinnen, wobei CO durch Verflüssigen ausgeschieden wird, in dem sich CH_4 löst u. so gleichfalls entfernt wird. (Petroleum Refiner **32.** Nr. 2. 99–102. Febr. 1953. Pittsburgh, Pa., Chem. Plants Div. Blaw-Knox Co.) SCHMELING. 8200

Israel Cornet und **Alexander Boodberg,** *Emulgiertes Ammoniumnitrat als Verbrennungsbeschleuniger.* Es wird die Wrkg. von emulgiertem wss. NH_4NO_3 bei der Verbrennung von KW-stoffen bei atmosphär. Druck u. bei dem Betrieb in Verbrennungskraftmaschinen beschrieben. Dabei werden Vgll. angestellt zwischen den KW-stoffen allein u. mit KW-stoffen, die emulgiert wss. NH_4NO_3 enthielten. Es wurde gefunden, daß in beiden Fällen das wss. NH_4NO_3 die Zündverzögerung vermindert. Solche emulgierten Kraftstoffe haben nach Ansicht der Vff. für spezielle Anwendungen in Dieselmotoren, Gasturbinen oder Kesselfeuerungen Bedeutung. Versuchsbericht mit Ergebnissen u. Diagrammen; 12 Literaturhinweise. (Ind. Engng. Chem. **45.** 1033–35. Mai 1953. Berkeley, Calif., Univ. of California.) K. O. MÜLLER. 8204

Hjalmar Ström, *Die Betriebspflege von Dieselmotoren.* Allg. Ausführungen, bes. über die Eigg. von Dieselölen. (Teknillinen Aikakauslehti **43.** 60–63. 10/2. 1953.) BECKMANN. 8212

A. v. Hoyningen-Huene, *Schmierölzusätze.* Vortrag. Umfassender Überblick über die verschied. Additive zur Erreichung verschied. Zwecke. (Erdöl u. Kohle **5.** 779–84. Dez. 1952. Hamburg.) ROSENDAHL. 8220

László Helzler, *Die Verwendung von Bitumen beim Straßenbau und bei der Brikettherstellung.* Übersicht. (Magyar Kémikusok Lapja [Z. Ver. ung. Chemiker] **8.** 113–17. April 1953.) v. PILINSZKY. 8224

Helmut Jacob, *Petrographische Untersuchungen zur Frage des Bitumens von Weichbraunkohlen.* Ob in der Weichbraunkohle (I) die Primärbitumina erhalten bleiben oder ob Sekundärbitumina im Sediment neu gebildet werden, hängt von den physikal.-chem. Zustandsbedingungen ab. In I ist nur den Pflanzen entstammendes Primärbitumen zu erwarten. Über den prozentualen Anteil von Bitumenwachs u. Bitumenharz in den Bitumina der I kann nur die mkr. Unters. Aufschluß bringen. (Bergakademie [Freiberg] **4.** 457–66. Dez. 1952.) F. C. MÜLLER. 8224

Ch. Tixier, *Betrachtungen über die Verwendung von Goudron zum Heizen von Öfen.* Es wird über die Schwierigkeiten der Verwendung von *Goudron* (I) als Heizmaterial u. über deren Überwindung berichtet. Weiter werden die Methoden der Pulverisierung von I dargelegt u. die Vorbereitungen von I hierzu. (J. Usines Gaz **77.** 71–72. März 1953) BOYE. 8228

K. Demus, *Die Rauchgasprüfung und ihre Auswertung.* Nach Darlegung der Bedeutung der Rauchgasprüfung für die Feuerführung werden die verschied. Geräte zur Messung des CO_2 allein oder zugleich mit O_2 u. CO oder mit CO u. H_2 oder der 4 Komponenten beschrieben, der ORSAT-App. für die Stichprobenprüfung u. die Eichung anderer Geräte, die wie der vorige App. mit Absorptions-Fll. u. volumetr. Messung arbeitenden JCE- u. Monorauchgasprüfer für kontinuierliche Aufzeichnung u. der auf dem Unterschied der Wärmeleitfähigkeiten beruhende AEG-Rauchgasprüfer für die augenblickliche Feuerüberwachung oder für die dauernde Registrierung zur Betriebskontrolle. (Z. ges. Textilind. **55.** 109–12. 5/2. 1953.) METZENER. 8242

E. Mudersbach, *Rauchgasmessungen in Dampferzeugern.* Die Rauchgasströme in Dampferzeugern erschweren infolge ihrer starken Schichtung exakte Messungen. In Verss. konnte gezeigt werden, daß in Feuerraummitte bei guter Verbrennung ein CO_2-Geh. von 17%, am Rande jedoch zur gleichen Zeit unter 12% gemessen werden kann. Der Saugzug mischt die Strömung vollständig. In diesem Querschnitt genügt dann eine CO_2-Bestimmung. Der wirkliche Strömungsmischwert („gewogenes Mittel") läßt sich als Quotient aus CO_2-Teilstrom u. Gesamtstrom ermitteln. Man bedient sich der Gitternetzmessung für den CO_2-Gehalt. Die mathemat. Ableitung hierfür wird mitgeteilt. Wegen der starken Unterschiede in der Temperaturverteilung ist Best. der mittleren Temp. innerhalb des Rauchgasquerschnittes erforderlich. An allen Meßpunkten werden gleichzeitig Differenzdruck, Temp. u. CO_2-Geh. gemessen. Das hierzu benutzte Gerät war aus einem Staurohr, einem Thermoelement u. einem CO_2-Entnahmerohr zusammengebaut. Die Darst. der Schichtlinien wird beschrieben. Bei laufenden Betriebsmessungen kann der wahre Strömungsmischwert erfaßt werden, wenn die Meßstelle in eine durch vorherige Gitternetzmessung festgestellte Schichtströmung des Querschnittes verlegt wird, die dem errechneten Mischwert entspricht. Die Strömungsverlagerung bei Laständerung muß geprüft werden. (Brennstoff. Wärme. Kraft 3. 385—88. Nov. 1951. Heidelberg.) FREYTAG. 8250

Holcroft & Co., übert. von: **Walter H. Holcroft**, Detroit, Mich., V. St. A., *Herstellung eines Heizgases*, zum Beheizen von Öfen, durch Rk. eines gasförmigen KW-stoffs mit Luft. Es wird zunächst das Gas unter indirekter Aufheizung eines Katalysators verbrannt, aus dem Reaktionsprod. der Hauptteil des W. u. anderer kondensierbarer Verunreinigungen, z. B. durch Auswaschen, entfernt, ein solcher Teil KW-stoff zugegeben, daß das zurückbleibende CO_2 in CO u. H_2 konvertiert werden kann, u. die Mischung über den erhitzten Katalysator geleitet. — Zeichnungen. (**A. P. 2 589 810** vom 29/3. 1948, ausg. 18/3. 1952.) STEIL. 8133

Antoine Vloeberghs, Antwerpen, Belgien, *Brennstofformlinge*. Als Bindemittel für z. B. feinzerkleinerten Anthrazit dient ein in W. unlösl. Harz (ca. 1—3%), bes. ein Kondensationsprod. aus Phenol u. CH_2O, das zusammen mit 2—6% Sulfitablauge der Celluloseherst. verwendet wird. Die Formlinge sind wasserbeständig u. besitzen eine gute Standfestigkeit im Feuer. (**E. P. 648 813** vom 20/5. 1946, ausg. 10/1. 1951. Belg. Prior. 22/9. 1939.) W. HAUSWALD. 8137

Antoine Vloeberghs, Antwerpen, Belgien, *Preßbrennstoffe*, die unter Mitverwendung von agglutinierenden oder zum Abgeben eines agglutinierenden Stoffes fähigen Fettbrennstoffen u. einem festen Magerungsbrennstoff, wie Anthrazit, hergestellt werden. Das zu einem Brikett zusammengepreßte Ausgangsgemisch wird während der Unterdruckhaltung durch Erwärmen auf die Erweichungstemp. der Fettkohle gebracht. Zweckmäßig werden die zusammenzupressenden Brennstoffe einer Vorwärmung bis zu einer dem Erweichungspunkt naheliegenden Temp. unterworfen. (**D. B. P. 852 683** Kl. 10b vom 27/9. 1950, ausg. 16/10. 1952. Belg. Priorr. 23/1. 1941 u. 11/9. 1947.) W. HAUSWALD. 8137

C. Otto & Co. G. m. b. H. (Erfinder: **Rudolf Mewes**), Bochum, *Schwelen nichtbackender Brennstoffe, insbesondere von Bergen.* In Abänderung des Verf. nach dem Hauptpatent, bei dem in einem fortlaufend betriebenen senkrechten Spülgasofen der beim Trocknen des Brennstoffes entstehende überschüssige Wasserdampf als Spülmittel benutzt wird, soll dem Wasserdampf vor seiner Verwendung ein Sauerstoffträger zugefügt werden, um durch teilweises Verbrennen des Brennstoffes die erforderliche Wärme zu erzeugen. (**D. B. P. 854 494** Kl. 10a vom 20/4. 1950, ausg. 4/11. 1952. **Zusatz zu D. B. P. 849 838.**) W. HAUSWALD. 8141

Standard Oil Development Co., übert. von: **Homer Z. Martin**, Roselle, und **Karl J. Nelson**, Cranford, N. J., V. St. A., *Herstellung hochaktiver rauchloser Brennstoffagglomerate.* Feines Kohlenmaterial wird in fluidisiertem Zustand verkokt u. der erhaltene *Koks* mit einem Bindemittel (Kohlenteerpech, Petroleumrückstände u. dgl.) in einer Drehtrommel bei 600—900° F imprägniert. Der Koks nimmt hierbei Sphäroid- oder Kugelgestalt an. Die Agglomerate haben einen Durchmesser von 1—8 inch. u. besitzen eine hohe Festigkeit. (**A. P. 2 560 357** vom 15/8. 1946, ausg. 10/7. 1951.) W. HAUSWALD. 8145

Heinrich Hock, Clausthal, *Druckfeste Formkoksstücke aus Steinkohlenschwelkoks* durch Verpressen von gekörntem, mit backender Steinkohle versetztem Koks u. nachfolgender Verkokung der Preßlinge. Man geht von einem Steinkohlenschwelkoks mit bis zu 5% flüchtigen Bestandteilen u. einer Kokskörnung von 0—4 mm aus. Mit steigendem Geh. an flüchtigen Bestandteilen im Koks wird die Körnung immer feiner gewählt. Bei 12—15% beträgt die Korngröße 0—0,5 mm, die auch die zugesetzte backende Steinkohle besitzen soll. (**D. B. P. 854 194** Kl. 10a vom 25/4. 1943, ausg. 30/10. 1952.) W. HAUSWALD. 8145

Standard Oil Development Co., übert. von: **William W. Odell**, Washington, D. C., V. St. A., *Wärmebehandlung fester kohlehaltiger Stoffe.* Diese werden durch aufwärtsströmende Gase im Reaktionsraum im fluidisiertem Zustande in Ggw. hocherhitzter feiner Wärmeträger, wie Sand oder kohlefreier Feststoffe mit einem geringen Prozentsatz C-haltiger Bestandteile an ihren Oberflächen, die in einem getrennten Erhitzer auf die erforderliche Temp. gebracht worden sind, erhitzt. Das behandelte Material wird von dem abgekühlten Wärmeträger vermöge der unterschiedlichen Fluideigg. von Kohle u. Wärmeträger getrennt u. letzterer dem Erhitzer von oben zugeführt, während Brennstoff u. O_2 von unten eingeführt werden. Die Geschwindigkeit der nach oben steigenden heißen Verbrennungsgase wird dabei derart geregelt, daß der feste Wärmeträger im Gegenstrom zu den Gasen abwärts sinken kann. Der erhitzte Wärmeträger wird dem Reaktionsraum in einer mittleren Zone zugeführt u. die Geschwindigkeit des Gases so geregelt, daß er nur langsam nach unten sinkt. (**A. P. 2 557 680** vom 15/2. 1947, ausg. 19/6. 1951.) W. HAUSWALD. 8149

Standard Oil Development Co., Del., übert. von: **Bruno E. Roetheli,** Cranford, N. J., V. St. A., *Kontinuierliches Vergasen von pulverisierter Kohle.* Gemahlene Kohle (I) wird mit überhitztem Wasserdampf (**II**) in eine Vorkammer geblasen, wo **I** u. **II** getrennt u. **I** mit Luft in die Verbrennungskammer geblasen wird. Hier wird ein Teil des Verbrennungsgemisches (**III**) abgezweigt u. der Vorkammer im Kreislauf zugeführt, während der Hauptteil von **III** in eine Kühlzone übergeführt, von Destillationsprodd. befreit, über einen Koksstaubabscheider geführt u. zur Herst. von **II** verwendet, sowie hauptsächlich als *Brenngas* abgegeben wird. — Reaktionsschemata. — Nach A. P. 2 579 398 wird die Aufheizung der Verbrennungskammer mittels eines noch geringe Mengen **I** enthaltenden Abgases bewirkt. — 5 Abbildungen. (**A. PP. 2 579 397** vom 15/5. 1943 u. **2 579 398** vom 8/8. 1945, beide ausg. 18/12. 1951.) MÖLLERING. 8149

Vereinigte Werkstätten Wittenau G. m. b. H. (Erfinder: **Friedrich Domann**), Berlin, *Restlose Vergasung von Kohle,* bei der die Kohle mittels eines als Spülgas dienenden Teilstromes des durch Vergasen des Schwelrückstandes erzeugten Gases geschwelt, der andere Teilstrom des Vergasungsgases getrennt von dem Gemisch aus Spül- u. Schwelgas abgezogen, der Schwel- u. Spülgasstrom u. der abgezogene Vergasungsteilstrom nach Teerabscheidung bzw. Reinigung miteinander gemischt u. dieses Gemisch der Verwendung, z. B. in einer Feuerung, zugeführt wird. Der getrennt von dem Gemisch aus Spül- u. Schwelgas abgezogene, gereinigte, abgekühlte Vergasungsteilstrom wird zwecks Vermeidung des Anfallens von Schwelwasser auf eine Temp. gebracht, die nach dem Mischen dieses Teilstromes mit dem entteerten Gemisch aus Spül- u. Schwelgas eine Temp. des gesamten Gasgemisches ergibt, die um einen mindestens dem Temperaturabfall in der Zuleitung zur Verwendungsstelle entsprechenden Betrag über dem Taupunkt des Gesamtgemisches liegt. (**D. B. P. 867 727** Kl. 24e vom 16/2. 1951, ausg. 19/2. 1953.) DEMMLER. 8149

Badische Anilin- & Soda-Fabrik, Ludwigshafen/Rh. (Erfinder: **Franz Sabel,** Trier), *Diskontinuierliche Erzeugung von Wassergas.* Der Gaserzeuger wird mit Wind–Dampfperioden von höchstens 2 Min. Gesamtdauer betrieben, wobei die Dampfgeschwindigkeit in der Brennstoffschicht mindestens die Hälfte der Windgeschwindigkeit beträgt u. die Dampfzeit nicht größer ist als höchstens die doppelte Windzeit. (**D. B. P. 865 623** Kl. 24e vom 31/1. 1942, ausg. 2/2. 1953.) DEMMLER. 8153

Stora Kopparbergs Bergslags Aktiebolag, Falun, Schweden (Erfinder: **J. L. Ståhlhed** und **J. A. B. Ödberg**), *Karburieren von Gasen.* Man leitet die Gase im Gleichstrom mit einer Koksschicht durch einen Schachtofen, wobei der Koks elektr. aufgeheizt wird, jedoch darf der F. der Aschenbestandteile nicht überschritten werden. Man kann dem Koks auch Stoffe zusetzen, wie Kalk oder Fe, z. B. Fe-Schwamm, die S-Verbb. binden. — Vorr., Zeichnung. (**Schwed. P. 134 654** vom 31/10. 1946, ausg. 26/2. 1952.) JÜRGEN SCHMIDT. 8159

Badische Anilin- & Soda-Fabrik (Erfinder: **Lothar Lorenz** und **Wilhelm Chorbacher**), Ludwigshafen/Rh., *Aufarbeitung von Lösungsmitteln,* die zur Abtrennung von C_2H_2 aus C_2H_2 enthaltenden Gasen verwendet worden sind, z. B. von Butyrolacton, indem man das gebrauchte Lösungsm. einer Dest. unterwirft, bis der größte Teil abgetrieben ist, den Rückstand mit W. versetzt u. von dem dabei entstehenden wasserunlösl. Nd. abtrennt. (**D. B. P. 865 506** Kl. 26d vom 18/2. 1951, ausg. 2/2. 1953.) DEMMLER. 8165

Koppers Co., Inc. (Erfinder: **Joseph A. Shaw**), Pittsburgh, Pa., V. St. A., *Reinigen von Gasen,* bes. Koksofengasen, von S-Verbb., bes. von CS_2, indem die Gase mit einer aminhaltigen Fl. gewaschen werden, wobei sich in der Wasch-Fl. S–Amin-Komplexverbb. bilden, die mittels eines mit der aminhaltigen Fl. nichtmischbaren Lösungsm. für die Komplexe ausgewaschen werden, wonach aminhaltige Fl. u. Lösungsm. für Komplexe voneinander getrennt u. die ausgewaschenen Komplexe durch Behandlung mit Chemikalien u. gegebenenfalls Wärme wieder aufgespalten u. reine S-Verbb. gewonnen werden, während die abgetrennte, den Rest an freiem Amin enthaltende Wasch-Fl. wieder in den Kreislauf zurückgeführt wird. Als aminhaltige Wasch-Fl. wird ein piperidinhaltiges KW-stofföl u. als Lösungsm. für die S–Amin-Komplexverb. W. verwendet. (**D. B. P. 869 106** Kl. 26d vom 28/9. 1950, ausg. 2/3. 1953. A. Prior. 11/7. 1944.) DEMMLER. 8165

Constanz Eymarn, Düsseldorf, *Entfernung von HCN aus Kohlendestillationsgasen* usw. durch eine Wäsche der von NH_3 befreiten Gase mit W. u. Wiederaustreiben des HCN mittels Gasen, indem das HCN-haltige W. zur direkten Kühlung oder Wäsche von Generator- oder Gichtgasen oder ähnlichen Unterfeuerungsgasen benutzt wird, die ohnehin unmittelbar einer Verbrennung zugeführt werden. (**D. B. P. 868 953** Kl. 26d vom 1/11. 1940, ausg. 2/3. 1953.) DEMMLER. 8169

Heinrich Koppers G. m. b. H. (Erfinder: **Adolf Schmalenbach**), Essen, *Gewinnung von Kohlenwasserstoffen aus Waschöl,* bes. von Bzl. u. Homologen aus angereichertem Benzolwaschöl, unter Regenerierung des Waschöls, wobei das Waschöl zunächst unter Erzeugung eines Destillates, das etwa zur Hälfte aus Waschölanteilen besteht, abgetrieben wird u. danach das Destillat in einem Röhrenerhitzer verdampft u. in einer Fraktionierkolonne in mehrere Fraktionen zerlegt wird, dad. gek., daß das vom Abtreiber kommende Destillat zusammen mit ausgebrauchtem **Waschöl** in einem Röhrenerhitzer unter Druck derart erhitzt wird, daß bei Entspannung sämtliche KW-stoffe bis auf die sehr hochsd. Pechbeimengungen verdampfen u. in der daran anschließenden Kolonne eine Waschölfraktion gewonnen wird, die frei von harz- u. pechartigen Verunreinigungen ist. (**D. B. P. 870 885** Kl. 26d vom 6/3. 1941, ausg. 16/3. 1953.) DEMMLER. 8171

Universal Oil Products Co., übert. von: **Richard Marston Deanesly** und **Charles Henry Watkins,** Riverside, Ill., V. St. A., *Oxydatives Cracken von aliphatischen, gesättigten Kohlenwasserstoffen, wie Propan, Butan, Pentan.* Die auf 540—870° vorerhitzten KW-stoffe werden einer Teilverbrennung mit getrennt vorerhitzten O_2-haltigen Gasen unterworfen u. die Verbrennungswärme zur Umsetzung der KW-stoffe benutzt. Die heißen Reaktionsprodd. dienen zur Vorerhitzung der Reaktionsteilnehmer. Bei der Teilverbrennung wird die Mischung so eingestellt, daß sie 10—35 Gew.-% O_2 (bezogen auf KW-stoff) enthält. In der Reaktionszone wird eine Raumgeschwindigkeit von 5000—40000 R (ausgedrückt als m^3 Reaktionsmischung je m^3 Reaktionsraum/Std., wobei R das Verhältnis des absol. Druckes in der Reaktionszone zum atmosphär. Druck ist). Die Verweilzeit in der Reaktionszone beträgt ca. 0,05 Sekunden. Es wird die Bldg. von Koks vermieden, die zur Unterbrechung des Prozesses führen könnte, u. die Möglichkeit geschaffen, Prodd. von über ein weites Gebiet reichenden Qualitäten zu gewinnen. — Diagramme. (**E. P. 659 616** vom 24/1. 1949, ausg. 24/10. 1951. A. Prior. 30/3. 1948.) W. HAUSWALD. 8197

Phillips Petroleum Co., Del., übert. von: **William C. Douce,** Bartlesville, Okla., V. St. A., *Aufarbeiten von Erdölrückständen* mit Kpp. $>$ 800° F erfolgt, indem man den Ausgangsstoff mittels Propan (I) entasphaltiert, I mit fl. KW-stoffen vom Rückstand trennt u. die fl. KW-stoffe nach Abtreiben von I katalyt. spaltet. Der Rückstand der Spaltanlage u. der Entasphaltierungsanlage gelangen zur destruktiven Hydrierung u. anschließend zur Fraktionierung. Entstandene C_1—C_4-KW-stoffe leitet man als Kopfdest. ab, u. oberhalb des Bodens gewinnt man die schwereren KW-stoffe, die der Reformierung zu Gasen, Gasolin u. Gasöl sowie schwereren Prodd. unterworfen werden. Der Rückstand der Fraktionierung kann dem Ausgangsstoff zugeführt oder abermals fraktioniert werden, wobei das Kopfdestillat der katalyt. Spaltung u. das Bodenprod. der destruktiven Hydrierzone zugeführt werden kann. — Zeichnung. (**A. P. 2 559 285** vom 2/1. 1948, ausg. 3/7. 1951.) G. KÖNIG. 8197

Albin Marty, Goudron-benzol. Paris: Presses documentaires. 1953. 2 vol. (m. Abb.) Fr. 1950,—.

XXI. Leder. Gerbstoffe.

R. Reed, *Die Bedeutung der Mucoide von Häuten und Fellen in der Wasserwerkstatt.* Die Mucoide, d. h. Schleimstoffe, befinden sich bevorzugt an der Verbindungsfläche von Corium u. Epidermis, sowie um die Haarwurzeln u. sonstigen Gefäße angereichert. Wahrscheinlich dienen sie dort zum Verkleben der Fibrillen bzw. zum Elastifizieren derselben. Bis jetzt konnten erst Hyaluronsäure u. Chondroitinschwefelsäure (letztere ist bes. fest an die Hautfasern gebunden) identifiziert werden. Beim Äschern der Haut werden nun neben dem Hautgewebe auch die Mucoide angegriffen bzw. aufgelöst, wodurch das Ablösen der Epidermis wesentlich erleichtert wird. Wird ein Enzymäscher verwendet, so muß die Haut zunächst mit Alkali vorbehandelt werden, was sicherlich mit der Auflösung der Mucoide durch das Alkali zusammenhängt. Auch bei der Weiche von sonnengetrockneten Häuten scheint die Auflösung der Mucoide ein entscheidender Vorgang zu sein. (J. Soc. Leather Trades' Chemists **37.** 75—81. März 1953. Leeds, Univ., Dep. of Leather Ind., Atkin-Thompson Res. Labor.) H. G. FRÖHLICH. 8334

D. Burton, R. Reed und **F. O. Flint,** *Das Enthaaren von Häuten und Fellen ohne Kalk und Sulfid.* Wie Vff. zeigen konnten, spielt die Auflösung der zwischen Corium u. Epidermis sowie in der Umgebung der Haarwurzeln lokalisierten Mucoide beim Äschern eine wesentliche Rolle. In diesem Zusammenhang wird darauf hingewiesen, daß die mucolyt. Enzyme, wie Pektinase, Diastase u. Pankreas-Elastase, bes. bei leichten Häuten, eine sehr schonende Enthaarung bei p_H-Werten von 4,0, 6,5 bzw. 8,9 erlauben. Die Haare werden prakt. nicht angegriffen u. der Narben ist von bes. hoher Qualität. Die Auflösung tiefer im Corium liegender Mucoide bewirkt gleichzeitig mit dem Enthaaren ein Beizen der Haut. Nach der Auffassung der Vff. scheint das Enthaaren mit mucolyt. Enzymen bes. für die Herst. von feinen Oberledern von Interesse zu sein. (J. Soc. Leather Trades' Chemists **37**. 82–87. März 1953. Leeds Univ., Dep. of Leather Ind., Atkin-Thompson Res. Labor.) H. G. FRÖHLICH. 8334

E. Ehwald, *Läßt sich der Gerbstoffgehalt der Fichtenrinden an äußeren Merkmalen erkennen?* Stärkere Verborkung (zunehmendes Alter) führt zur Abnahme des Gerbstoffgehalts. Er beträgt zwischen 4,7 u. 22%, im Mittel 11,6%. (Forstwirtsch.-Holzwirtsch. **4**. 364–69. 15/12. 1950. Jena, Versuchsabt. für forstl. Standortskartierung.) HERRMANN. 8336

—, *Sulfitcelluloseextrakt. Beschreibung kürzlich ausgeführter Versuche.* Es werden Gerbverss. mit Mimosa- u. Kastanienextrakt, bei denen 15 bzw. 25% des vegetabil. Gerbstoffes durch Sulfitcelluloseextrakt (*Totanin*; I) ersetzt werden. Die Konz. der Gerbbrühe betrug 7° Bé, der p_H 3,3, die Temp. 17–20° u. die Dauer 34 Tage. Die hierbei erhaltenen Ergebnisse zeigen für Mimosa, daß der Zusatz von I zu einer Erhöhung der Gerbstoffaufnahme u. somit des Rendements, sowie zu einer Abnahme der wasserlösl. Substanz führt, während bei Kastanie die Gerbstoffaufnahme, das Rendement u. die wasserlösl. Substanz abnehmen. Das unterschiedliche Verh. von Mimosa u. Kastanie wird auf das stärkere Bindungsvermögen des Kastanienextraktes an die positiven NH_2-Gruppen der Hautsubstanz zurückgeführt, da diese Gruppen für die Bindung von I an die Haut verantwortlich sind. (Leather Trades' Rev. **107**. 531–32. 18/3. 1953.) H. G. FRÖHLICH. 8336

C. David Wilson, *Die Basizität bei der Chromgerbung.* Es wird der Einfl. verschied. Basizität (33, 43 u. 53%) von Chrombrühen auf das fertige Leder untersucht, wobei die Basizität entweder durch die Schwefelsäuremenge bei der Red. oder kurz vor Gebrauch durch Zugabe von Säure bzw. Lauge zu Brühen mittlerer Basizität eingestellt wurde. Je nach der Art der Einstellung der höheren bzw. niedrigeren Basizität zeigen die Leder unterschiedliche Auswirkungen auf Fülle, Narbenfestigkeit, Geschmeidigkeit u. Verteilung des Chroms im Leder. Um auch mit geringerem Materialeinsatz zu einem einigermaßen zuverlässigen Ergebnis zu kommen, hat Vf. ein besonderes Syst. der Auswertung entwickelt. (Leather and Shoes **125**. 56–57. 138. 141–42. 21/2. 1953.) STADLER. 8336

A. F. Carter und **J. W. Harrison,** *Die Eigenschaften von Zirkoniumgerbstoffen.* Neben der Cr-Gerbung gewinnt die Zr-Gerbung immer mehr an prakt. Bedeutung. Als geeignete Zr-Verbb. kommen hierfür die bas. Zr-Verbb., wie $ZrOCl_2$, $ZrOSO_4$ oder das Doppelsalz $Na_2SO_4 \cdot ZrOSO_4 \cdot 2H_2O$ in Frage. Mit diesen Zr-Gerbstoffen erreicht man bei einer Aufnahme von 12–15% an ZrO_2 im Leder Schrumpfungstempp. von ca. 95° neben allg. guten Ledereigenschaften. Das Färben der Zr-Leder erfolgt genau so wie das Färben von Cr-Leder; lediglich beim Trocknen muß man sehr vorsichtig vorgehen. Am besten man läßt zuvor über Nacht hängen u. geht erst dann in den Trockenraum. Der Vorgang einer Zr-Gerbung alleine sowie in Verbindung mit Cr-Gerbstoff wird beschrieben. (Leather Trades' Rev. **108**. 334–35. 13/5. 1953.) H. G. FRÖHLICH. 8336

Luigi Del Pezzo, *Über den elektrischen Widerstand des Leders.* Der elektr. Widerstand verschied. Lederarten wurde gemessen. Die niedrigsten Werte wurden bei pflanzlich gegerbten Ledern (0,98–2,37 $\Omega \cdot cm \cdot 10^8$), höhere Werte bei Chromledern (15,53 bis 34,18 $\Omega \cdot cm \cdot 10^8$) gefunden. An pflanzlich gegerbten Ledern wurde festgestellt, daß Entfettung eine geringfügige Erhöhung des Widerstands bewirkt. Entfettete u. mit W. ausgewaschene Leder hatten einen beträchtlich höheren Widerstand. Bei unbehandelten u. bei entfetteten Ledern ist der Widerstand im Croupon etwas größer als in den Seiten, bei entfetteten u. ausgewaschenen Ledern ist es umgekehrt. Bei Gleichstrom geben entfettete u. ausgewaschene Leder etwas höhere Widerstandswerte als bei Wechselstrom. Der gemessene Widerstand steigt mit der Dauer des Stromdurchgangs, bis zu $1^3/_4$ Std., etwas an. Die Meßmethodik wird beschrieben. — 6 Tabellen, 2 Abbildungen. (Cuoio-Pelli-Mater. concianti **28**. 455–64. Dez. 1952. Napoli, Stazione Sperimantale Ind. pelli e materie concianti.) O. ENGEL. 8340

G. E. Benskin, *Einige Faktoren, welche die Bruch- und Reißfestigkeit von Spaltleder beeinflussen.* Es wurde festgestellt, daß die Reißfestigkeit von Spaltleder ca. 18% höher, die Bruchfestigkeit dagegen um ca. 16% geringer ist als der entsprechende Wert bei der ursprünglichen Haut. Der Narbenspalt selbst soll mindestens 2,3 mm dick sein, da oberhalb dieses Wertes die Bruchfestigkeit mit der Dicke des Spaltes etwa proportional verläuft. Diese Ergebnisse werden durch entsprechende Änderungen von Salzgeh. u. p_H-Wert während der Gerbung kaum beeinflußt. Dagegen wurde gefunden, daß sich die vegetabil. sowie die Zweibad-Cr-Gerbung im Gegensatz zur Einbad-Cr-Gerbung günstig auf die Reißfestigkeit auswirken. Um maximale Bruchfestigkeit zu erreichen, ist ein Mindestfettgeh. von 10% im Leder erforderlich. Die Reißfestigkeit wird hiervon jedoch nur wenig beeinflußt. (J. Soc. Leather Trades' Chemists **37.** 126—42. April 1953. Beverley, Yorks.) H. G. FRÖHLICH. 8340

W. O. Nutt, *Synthetische Harze in der Lederzurichte.* Bei den in der Lederindustrie verwendeten Harzen handelt es sich bevorzugt um die Kunststoffe auf Basis *Butadien, Butyl-* u. *Äthylacrylat, Styrol, Acrylnitril, Vinylacetat, Methyl-* u. *Butylmethacrylat,* die im allg. in Form von Dispersionen angewandt werden. Die hierbei auf der Lederoberfläche gebildeten Filme sind fest u. sehr widerstandsfähig u. haben zudem den Vorteil, daß sie den Charakter des jeweiligen Leders nicht ändern. (Leather Trades' Rev. **108.** 62—64. 8/4. 1953.) H. G. FRÖHLICH. 8340

Irwin W. Sizer, *Die Bestimmung des Reinheitsgrades von Kollagen durch Ultrarotspektroskopie.* Für die hier beschriebenen Verss. wurden Känguruhsehnen, Rindssehnen, verschied. Schafkollagene, hochgereinigtes Kalbskollagen, Gelatine u. Catgut verwendet. Dieses Material wird zunächst in 6n NaOH hydrolysiert (1 Std. in sd. Wasserbad) u. in dieser Form für die Ultrarotphotometrie verwendet (BECKMANN-Spektrometer). Am besten sind konz. Hydrolysate geeignet, da sie eine bedeutend größere Genauigkeit ermöglichen. Es wurde nun gefunden, daß die Gesamtabsorption bei 275 mμ ein sehr genaues Maß für die im Kollagen vorhandenen Verunreinigungen darstellt. Ebenso lassen sich auch aus dem Tyrosingeh. Rückschlüsse auf den Reinheitsgrad ziehen. (J. Amer. Leather Chemists Assoc. **47.** 634—42. Okt. 1952. Cambridge, Mass., Massachusetts Inst. of Technol., Dep. of Biol.) H. G. FRÖHLICH. 8362

Seymour S. Kremen und **R. Lee Southwood,** *Schnellmethoden zur Bestimmung des p_H-Wertes und des Gehaltes an wasserlöslicher Substanz im Leder.* Als Schnellmeth. zur Best. des p_H-Wertes u. des Geh. an wasserlösl. Substanz im Leder wird die Verwendung eines Mischhomogenisators („Waring-Blendor") empfohlen. Zur Best. des p_H-Wertes werden 10 g lufttrockenes Ledermehl u. zur Best. des Geh. an wasserlösl. Substanz 3 g lufttrockenes Ledermehl mit je 200 cm³ dest. W. 5 Min. lang in dem Mischhomogenisator behandelt. Danach wird sofort durch ein feines Gewebe filtriert. Im Filtrat wird dann der p_H-Wert bzw. der Geh. an wasserlösl. Substanz oder beides bestimmt. An Hand einer Tabelle werden die Werte nach der Schnellmeth. mit der offiziellen Meth. verglichen. Die Übereinstimmung ist recht gut. (Leather Manufacturer **64.** Nr. 3. 5—6. 41. März 1953. Cincinnati, O., Univ., Tanners' Council Res. Labor.) H. G. FRÖHLICH. 8368

Lepetit S. p. Az. (Erfinder: **Gino Carrara**), Mailand, Italien, *Herstellung von Schaumtannin aus Sumachblättern* (I). Man unterwirft die **I** einer fraktionierten Extrahierung mit W., die einen ca. 50—55% der in den **I** vorhandenen Gerbsäure enthaltenden wss. Extrakt liefert, der nach Reinigung u. Einengung auf 28—30 Bé einer 2. Extrahierung mit Essigäther (**II**) unterworfen wird, worauf dieser 2. Extrakt auf einen 25—30% nicht übersteigenden Geh. an **II** konz. u. schließlich getrocknet wird. (**D. B. P. 870 735** Kl. 28a vom 15/7. 1942, ausg. 16/3. 1953. It. Prior. 22/12. 1941.) v. SCHILLER. 8337

Farbenfabriken Bayer, Leverkusen, *Emulsionen für die Herstellung von Leder.* Man verwendet bes. als Zusatz zu wss. Lederdeckfarben oder als Grundlage für in organ. Lösungsmitteln lösl. Deckfarben, Emulsionen aus wasserunlösl. Mischpolymerisaten von Acrylnitril u. (bis 45%) Butadien. Daneben können noch weitere polymerisierbare Vinylverbb. vorhanden sein. (**N. P. 79 641** vom 4/4. 1950, ausg. 4/2. 1952. E. Prior. 5/4. 1949.) JÜRGEN SCHMIDT. 8339

Tanner & Cie, Frauenfeld, Schweiz, *Behandlung von gegerbtem Leder* zwecks Verbesserung seiner Eigg., bes. der Reiß- u. Naßfestigkeit u. der Wärmebeständigkeit. Man verwendet Polyester, welche durch Rk. von mehrbas. Säuren oder deren Derivv. mit Alkoholen, z. B. Glykolen, gewonnen werden. Das kunstharzbildende Gemisch kann in Lsg. oder Emulsion eingebracht werden, z. B. wird vegetabil gegerbtes Bodenleder während 20 Min. in eine Lsg. von 40 (Teilen) Diäthylenglykol-bis-allylphthalat, 30 Cyclopentadien, 10 Dibutylperoxyd u. 1 Dibenzoylperoxyd getaucht. Man verhängt im Trockenraum 4 Std. bei 30° u. läßt 2 Tage bei n. Temp. lagern. (**Schwz. P. 283 431** vom 20/3. 1950, ausg. 1/10. 1952.) v. SCHILLER. 8341

Farbenfabriken Bayer, Leverkusen, *Zurichtung von Leder.* Man verwendet wss. Emulsionen von in W. unlösl. Polymerisationsprodd., die durch Mischpolymerisation einer in W. emulgierten Mischung, die Acrylnitril u. Butadien umfaßt, erhalten wurden. Es können auch weitere aktivierte Vinylverbb., z. B. Acrylester, Vinylacetat oder Styrol, mitverwendet werden. (**Schwz. P. 283 430** vom 15/3. 1950, ausg. 1/10. 1952.) v. SCHILLER. 8341

I. G. Farbenindustrie Akt.-Ges., Frankfurt/M. (Erfinder: **Ferdinand Kohl,** Mannheim), *Waschmittel für Leder und Bekleidungsleder,* dad. gek., daß es mineral., synthet. oder natürliche Gerbstoffe (I) sowie oberflächenakt. organ. Reinigungsmittel enthält, die unter den Aciditätsbedingungen wirksam sind, bei denen die I des Waschmittels eine Verminderung des I-Geh. des zu waschenden Leders verhindern. — Beispiel: Man mischt 1 (Teil) octodecenylsulfonsaures Na, 1 Oleoyltaurid-Na u. 1 Chromacetat. (**D. R. P. 753 280** Kl. 8i vom 25/4. 1937, ausg. 26/5. 1953.) LÜTTGEN. 8341

F. Edlinger K. G. (Erfinder: **Alfred Edlinger**), Wien, Österreich, *Herstellung eines lederartigen Werkstoffes* durch Beschichten von Faserstoff (I) aller Art mit natürlichen oder künstlichen kautschukartigen Materialien. I wird zwecks Erzeugung der natürlichen Ledernarbung unter Bldg. eines stehenden Faserpelzes (II) mechan. vorbehandelt, z. B. vorgerauht, gegebenenfalls gefärbt oder gebleicht, nachgerauht, verfilzt u. geschoren, u. hierauf das Auftragsmaterial unter Beibehaltung von II schichtweise aufgebracht. Anschließend kann noch eine Nachbehandlung, z. B. in warmen W. unter Zusatz eines Netzmittels, erfolgen u. spannungslos getrocknet werden. (**D. B. P. 870 546** Kl. 8l vom 23/11. 1950, ausg. 16/3. 1953. Oe. Prior. 5/7. 1948.)
v. SCHILLER. 8353

Svit, Národní Podnik, Gottwaldov, Tschechoslowakei, *Herstellung von Kunstleder.* Man imprägniert Fasermassen, die wenigstens teilweise aus Polyamidfasern bestehn, mit einer Lsg. linearer N-haltiger Polymerer u. preßt, gegebenenfalls nach vorheriger teilweiser Trocknung. Die N-Polymere sind z. B. Polyurethane oder Polyamide. Die Lsg. wird bei n. Temp. angewendet u. kann Pigmente u. Weichmacher enthalten. (**Schwz. P. 280 195** vom 2/1. 1948, ausg. 16/4. 1952. Tschech. Prior. 10/6. 1947.)
v. SCHILLER. 8353

XXIV. Photographie.

M. Biltz, *Die photographische Empfindlichkeit in Abhängigkeit von Belichtungszeit und Temperatur.* Aus der Empfindlichkeitsänderung einer Halogensilberemulsion nach Belichtung bei verschied. Tempp. u. den hierbei festzustellenden Abweichungen vom Reziprozitätsgesetz lassen sich Rückschlüsse auf die Entstehung des latenten Bildes ziehen. Zu diesem Zweck werden im Temperaturbereich von +50 bis —195° die Reziprozitätsfehlerkurven für das Belichtungsintervall von 1—256 Sek. bestimmt. Die Verss. wurden an einer feinkörnigen Positivemulsion aus AgBr mit 2,4 Mol-% AgJ durchgeführt. Probe I war chem. nicht sensibilisiert, II war durch Reduktionsmittel, III durch S-Verbb. sensibilisiert worden. Belichtet wurden die Teststreifen 1, 4, 16, 64 u. 256 Sek. lang hinter einem Stufenkeil mit Licht der Wellenlänge 400 mμ in einem DEWAR-Gefäß bei +50, —50, —115, —150, —170 u. —195°. Als Oberflächenentwickler wurde *Glycin* ohne Sulfit verwendet (24 g Glycin u. 52 g $Na_2CO_3 \cdot H_2O$ in 1000 cm³ W., Entwicklungszeit 3 Min. bei 20°). Für die Entw. des Innenkornbildes wurde bei 20° 5 Min. in einer 0,1%ig. Chromsäurelsg. gebadet, dann 10 Min. gewaschen u. bei 20° 3 Min. lang mit KODAK-D 72 (3 g Metol, 12 g Hydrochinon, 45 g Na_2SO_3, 80 g $Na_2CO_3 \cdot H_2O$ u. 2 g KBr in 1000 cm³ W.) entwickelt, dem auf 1000 cm³ 25 cm³ einer 10%ig. KBr-Lsg. u. 30 cm³ einer 30%ig. Na-Thiosulfatlsg. zugesetzt war. Bei der Auswertung der Schwärzungskurven diente als Empfindlichkeitskriterium die Schwärzung 0,4 über dem Schleier. Da der Empfindlichkeitsverlust bei tiefen Tempp. von der geringeren Absorption des Lichtes durch das Halogensilber abhängt, wurde diese bei verschied. Tempp. gemessen (Kurve vgl. Original). — Die Auswertung der Reziprozitätsfehlerkurven bestätigt die bereits bekannte Tatsache, daß bei Reduktions- u. Schwefelsensibilisierung die Abweichungen vom Reziprozitätsgesetz bei 50 u. 25° gering sind, wenn geringe Belichtungsintensitäten angewandt werden. Bei Entw. des inneren latenten Bildes wird prakt. bei geringen Intensitäten auch bei u. unter —50° kein Reziprozitätsfehler beobachtet. Bei Oberflächenentw. zeigen sich zwischen —50 u. —150° keine Abweichungen vom Reziprozitätsgesetz. Bei höheren Intensitäten treten im untersuchten Temperaturbereich in keinem Fall Reziprozitätsfehler auf. Zwischen —150 u. —195° setzt bei Oberflächenentw. ein starkes Absinken der Empfindlichkeit ein, verbunden mit einem neuen Typ eines Reziprozitätsfehlers bei hohen Intensitäten. Gleichzeitig stellt sich bei diesen Tempp. eine stark temperaturabhängige Fluorescenz ein. Es wird angenommen, daß beide Effekte voneinander abhängen. Aus sensitometr. Gründen ist wahrscheinlich, daß die Fluorescenz auf die Kornoberfläche beschränkt bleibt. Sie wächst mit der Intensität des anregenden Lichtes. (J. opt. Soc. America **42.** 898—903. Dez. 1952. Rochester, N. Y., Eastman Kodak Comp., Res. Labors.)
W. GÜNTHER. 8598

Shin-ichi Kikuchi, Hajime Ogawa, Yoshinobu Nakano, Motoyoshi Oshima und **Ken-ichi Ariga,** *Über das kontinuierliche Verfahren zur Herstellung photographischer Emulsionen.* 1. Mitt. Die Möglichkeit kontinuierlicher Herst. photograph. Emulsionen wird auf physikal.-theoret. Grundlage erörtert u. durch Verss. geprüft. Um den Reifungsvorgang kontinuierlich durchzuführen, muß die Besonderheit der jeweiligen Emulsion beachtet werden. Danach richtet sich das Verhältnis r der in der Zeiteinheit zuzuführenden Menge an Ausgangsmaterial zu der jeweils im Reifungsgefäß weilenden Emulsionsmenge. Bei Kenntnis von r, des Herstellungsrezepts u. der üblichen anderen Bedingungen ist die Herst. einer beliebigen Positiv- oder Negativemulsion im kontinuierlichen Verf. durchführbar. (J. chem. Soc. Japan, ind. Chem. Sect. [Kōgyō Kagaku Zassi] **54.** 263—66. April 1951, Tokyo, Noguchi Res. Labor. [Orig.: japan.]) Schuler. 8600

Henri Gauvin, *Die Aktivität photographischer Entwickler, die nur Kalium- oder Natriumsalze enthalten.* In einer früheren Arbeit (C. **1951.** II. 2137) konnte Vf. zeigen, daß ein *Hydrochinon*-Entwickler, der nur die K-Salze K_2SO_3 u. K_2CO_3 enthält, kräftiger arbeitet als ein solcher mit Na_2SO_3 u. Na_2CO_3. Die sensitometr. Unterss. der beiden Entwickler werden ergänzt durch Ermittlung der Reziprozitätsfehlerkurven für Zeiten zwischen $^1/_{1000}$ u. 3600 Sekunden. Für die Verss. wurden die Entwickler auf gleiches p_H oder Redoxpotential eingestellt. Die Entwicklungszeit betrug 8 Min. bei 20°. — Es wurden folgende Beobachtungen gemacht: Bei Anwendung schwacher Belichtungen unterscheidet sich der K-Entwickler vom Na-Entwickler bzgl. der Reziprozitätsfehlerkurven nur wenig. Die Schwärzungskurven gehen in diesem Belichtungsbereich nahezu parallel zueinander, ihre γ-Werte sind gleich. Ebenso ist im Schleier kein Unterschied. Beide Entwickler besitzen in diesem Fall ident. Entwicklungsgeschwindigkeiten. Im Gegensatz hierzu laufen die Fehlerkurven bei kurzer intensiver Belichtung auseinander, wobei die Abweichungen vom Reziprozitätsgesetz beim Na-Entwickler größer als beim K-Entwickler sind. Die Verschiedenheit der beiden Entwickler wird durch ihr unterschiedliches Reaktionsvermögen mit dem inneren latenten Bild erklärt. Der K-Entwickler ist wirksamer, weil er befähigt ist, in das Innere eines Halogensilberkornes einzudringen u. die dort befindlichen Entwicklungskeime zu entwickeln. Dieser Nachw. konnte durch Behandeln der photograph. Schicht mit Oxydationsmitteln erbracht werden, wobei das durch den Na-Entwickler entwickelbare äußere latente Bild zerstört wird, während das innere latente Bild für den K-Entwickler entwickelbar bleibt. (C. R. hebd. Séances Acad. Sci. **236.** 807—09. 23/2. 1953.) W. Günther. 8618

Albert Thiels, *Einige colorimetrische Folgen der Diffusionsvorgänge bei Farbfilmentwicklung.* 2. Mitt. (1. vgl. C. **1953.** 1591.) Es wird untersucht, ob die Farbwiedergabe auch qualitativ durch den Diffusionsvorgang beeinflußt wird, nachdem in der 1. Mitt. rein quantitative Betrachtungen angestellt worden waren. Auf semi-experimentellem Wege leitet Vf. eine γ-Bedingung für das Negativ–Positiv-Verf. ab. Aus dem Vgl. der Farbkoordinaten wird geschlossen, daß der Diffusionseffekt während der Farbentw. die Wiedergabe in dreifacher Beziehung verbessert: a) der Farbtonunterschied zwischen Aufnahme u. Wiedergabe wird kleiner, b) die Sättigung der Bildfarben wird im allg. höher, c) die Bildfarben werden heller, sie nähern sich der Helligkeit der idealen Farben. Für die Praxis ergibt sich die Forderung, den Diffusionseffekt aus den genannten Gründen nach Möglichkeit zu verstärken. (Z. wiss. Photogr., Photophysik Photochem. **47.** 246—55. 1952. Antwerpen-Mortsel, Gevaert Photo-Produkten.)
W. Günther. 8630

Farbenfabriken Bayer, Leverkusen, *Material und Verfahren für die Schnellphotographie.* Die verwendete lichtempfindliche Schicht enthält Emulsionen verschied. Gradation u. Sensibilisierung, von denen jede durch Anwendung von Kopierfiltern selektiv belichtet werden kann. Außerdem enthalten die Schichten Entwicklersubstanzen u. schleierverhindernde Stoffe. Nach der Belichtung wird nur mit einer Alkalihydroxydlsg. entwickelt. (**E. P. 680 180** vom 16/11. 1950, ausg. 1/10. 1952. D. Prior. 18/11. 1949.) Kalix. 8601

Ernst Rüst jr., Meilen, Kt. Zürich, Schweiz, *Photographisches Verfahren zur Herstellung von Skalen.* Zur Verbesserung der Haftfestigkeit der Markierungen wird der Schichtträger (Metall, Glas oder Kunststoff) oberflächlich mattiert, darauf eine gut deckende ätzfähige Schicht aus Metallen oder anderen Verbb. u. auf diese die lichtempfindliche Schicht, vorzugsweise Bichromatgelatine, aufgetragen. Die Skala wird dann in der üblichen Weise aufkopiert, entwickelt u. geätzt. (**Schwz. P. 284 109** vom 6/2. 1952, ausg. 1/11. 1952.) Kalix. 8603

Kodak Akt.-Ges., Stuttgart (Erfinder: **Frank Luther White** und **Grafton Hersey Keyes,** Rochester, N. Y.), V. St. A., *Sensibilisierung mit Hemicyaninen.* Verwendet werden Verbb. der allg. Formel $PQN-(CH=CH)_n-CNRX$. Hierbei sind P u. Q aliphat. Gruppen oder eine aliphat. Gruppe u. ein H-Atom, n = 1, 2 oder 3, CN ist ein in α- oder γ-Stellung mit einer Vinylkette verbundener Pyridin-, Indolenin-, Thiazol-, Oxazol- oder Selenazolkern, R ist eine Alkylgruppe u. X ein Säurerest. — Beispiele: 2-(Di-β-oxyäthylaminobutadienyl)-benzthiazoljodäthylat, Sensibilisierungsbereich (I) für AgCl 540 mμ, Sensibilisierungsmaximum (II) 515 mμ; 2-(Di-n-butylaminobutadienyl)-benzthiazoljodäthylat, I für AgBr 560 mμ, II 480 mμ; 2-(Diäthylaminobutadienyl)-benzthiazoljodäthylat, F. 164—166° (Zers.); 2-(n-Butylaminobutadienyl)-benzthiazoljodäthylat, F. 174,5—176,5° (Zers.), I für AgBr 560 mμ, II 480 mμ; 2-(Diäthylaminobutadienyl)-β-naphthothiazoljodäthylat, F. 205—208° (Zers.), I für AgBr 590 mμ, II 530 mμ; 2-(Diäthylaminobutadienyl)-benzselenazoljodäthylat, F. 120—122° (Zers.), I für AgBr 570 mμ, II 480 mμ. (**D. B. P. 873 357** Kl. 57b vom 22/4. 1938, ausg. 13/4. 1953. A. Prior. 23/4. 1937.) KALIX. 8605

E. I. du Pont de Nemours & Co., Wilmington, Del., übert. von: **William Alexander Stanton,** Westfield, N. J., V. St. A., *Härtemittel für Halogensilberemulsionen.* Den Emulsionen (oder Gelatinelsgg. für irgendwelche Hilfsschichten auf photograph. Material) wird *2.5-Dimethoxytetrahydrofuran* in Mengen von 5—30, bes. 6—12, cm³ auf 100 g Trockengelatine zugesetzt. Die Schichten werden trotz großer Härte nicht brüchig u. nicht schwer benetzbar für die Behandlungsbäder. (**A. P. 2 585 596** vom 29/12. 1949, ausg. 12/2. 1952.) KALIX. 8611

General Aniline & Film Corp., New York, übert. von: **Keith Famulener,** Owego, und **Herman Hoerlin,** Binghamton, N. Y., V. St. A., *Antistatische Schicht für photographisches Material.* Das Material enthält an beliebiger Stelle eine Celluloseacetatschicht. Diese wird aus einer Lsg. hergestellt, in der 5—15% Celluloseacetat (I) in einem Lösungsm. gelöst sind, das zugleich ein Lösungsm. für den zu beschichtenden Film darstellt, ferner 0,5—1, vorzugsweise 0,1—0,5, Gew.-% *Polymethylensalicylsäure* (II) u. eine Suspension von *Ca-Silicat in Benzylalkohol* (III). — Beispiel: 5 (Teile) 20%ig. **III**, 1 **II**, 50 10%ig. Lsg. von **I** in 30 Methanol (**IV**) + 70 Äthylendichlorid (**V**), 400 **IV**, 500 **V**, 44 Benzylalkohol. (**A. P. 2 584 337** vom 24/6. 1949, ausg. 5/2. 1952.) KALIX. 8613

Kodak Aktieselskab, Frederiksberg, Dänemark, *Herstellung von lichtempfindlichem Material für die Farbenphotographie.* Man überzieht einen Träger mit einer oder mehreren Schichten, die drei für verschied. Farben sensibilisierte Emulsionen von Silberhalogeniden in einem wasserunlösl., für W. jedoch durchdringbaren Bindemittel (I) enthalten. Als I sind Cellulosederivv., natürliche oder synthet. Harze geeignet. Außerdem enthalten die I einen Farbstoffkuppler, der auf einem wasserlösl. Koll., z. B. Gelatine, angebracht ist, u. zwar zwischen den Emulsionen, die sich sonst berühren würden. Als I für die Emulsionen verwendet man z. B. Kollodium, das zur Erhöhung der Wasserdurchdringbarkeit noch mit einem Weichmacher versetzt sein kann. (**Dän. P. 73 444** vom 11/11. 1944, ausg. 26/11. 1951. E. Priorr. 23/1., 28/12. u. 29/12. 1939.) JÜRGEN SCHMIDT. 8631

Attilio Albrici, La Chaux-de-Fonds, und **Pierre Balloux,** Bern, Schweiz, *Reproduktionsverfahren.* Das zu reproduzierende Bild wird mit nichtluminescierenden Farbstoffen auf einen luminescierenden Untergrund, der z. B. Chininsulfat enthält, gezeichnet oder gemalt u. dann 2mal, zuerst unter Bestrahlung mit n. Beleuchtung, dann unter UV-Bestrahlung, auf einen Film photographiert. (**Schwz. P. 279 323** vom 18/11. 1950, ausg. 1/3. 1952.) KALIX. 8625

Chemische Fabriek L. van der Grinten (Erfinder: **Lodewijk Pieter Frans van der Grinten, Matheus Marcinus** und **Paulus Vallen**), Venlo, Holland, *Lichtempfindliches Material für die Raster-Reflexdiazotypie.* Ein transparenter Träger ist auf der einen Seite mit einer lichtempfindlichen Schicht für positive Diazotypie versehen u. auf der anderen Seite mit einer abziehbaren Folie, die einen Raster enthält. Nach der Belichtung oder Entw. wird diese Folie entfernt. — Die abziehbare Rasterfolie besteht vorzugsweise aus einem Material, das im Flexometer von SCHIEFER (Research Paper 555 des Bureau of Standards) eine Knitterfestigkeit von 3—15°, bes. von 6—10°, besitzt, wenn der Scheitel der gebogenen Folie 2,5 cm vom Gelenk des Flexometers entfernt ist, u. das ein Gewicht von 2—8, bes. 4—6 g/m², besitzt, z. B. Celluloseacetatbutyrat. (**D. B. PP. 857 733** Kl. 57b vom 1/1. 1949, ausg. 1/12. 1952. Holl. Priorr. 1/11. 1945 u. 23/4. 1946, u. **858 355** Kl. 57b vom 1/1. 1949, ausg. 4/12. 1952. 1952. Holl. Prior. 31/12. 1947.) KALIX. 8633

Herausgeber u. verantwortlich für den Inhalt: Prof. Dr. Maximilian Pflücke, Berlin W 8, Jägerstraße 22/23, Fernsprecher: 200481, 201464. Redaktion: Chefredakteure Dr. Eugen Klever und Prof. Dr. Maximilian Pflücke. Verlag: Akademie-Verlag GmbH, Berlin N 8, Mohrenstraße 39 (Fernsprecher 203096, Postscheckkonto Berlin 35021) u. Verlag Chemie, GmbH, Weinheim/Bergstraße (Postscheckkonto Frankfurt/M. 145314 u. Berlin [West] 7430, Fernsprecher: Weinheim 2017). Bestell- u. Verlags-Nr. dieses Heftes: 1007/124/42. Das Chemische Zentralblatt erscheint wöchentlich.
Satz u. Druck: VEB Leipziger Druckhaus, Leipzig, III/18/203. X. 53.
Veröffentlicht unter der Lizenznummer 1212 des Amtes für Literatur und Verlagswesen der Deutschen Demokratischen Republik.
Printed in Germany.

Die Aufgabe von Anzeigen kann sowohl beim Akademie-Verlag, Berlin, als auch beim Verlag Chemie, GmbH, Weinheim/Bergstraße, erfolgen

FSC
www.fsc.org
MIX
Papier | Fördert
gute Waldnutzung
FSC® C083411

Kolibri 360 GmbH
Ferdinand-Jühlke-Straße 7
99095 Erfurt, Deutschland
produktsicherheit@kolibri360.de